Internal Erosion of Existing Dams, Levees and Dikes, and their Foundations. Case histories, Investigations, Testing, Remediation and Surveillance

VOLUME 2

l'Érosion Interne dans les Barrages et Digues en Explotation et leur Fondation. Études de cas, Reconnaissances, Essais, Réparation et Surveillance

VOLUME 2

ICOLD Bulletin 164 Volume 2 presents case histories of internal erosion failures and incidents, and advises on the investigations, sampling and testing that can be used to provide the data needed to carry out analyses of the vulnerability of dams and levees to internal erosion. It also advises on remediation, if analyses have demonstrated that it is necessary, and on surveillance and monitoring systems to check and confirm the continuing ability of the dam to resist internal erosion in the long-term.

The Working Group on Internal Erosion has brought together experts from all continents at annual meetings and their work provides the basis for most of Volume 2. Information on case histories has been most generously provided by owners and engineers, recognizing that such information

INTERNATIONAL COMMISSION ON LARGE DAMS
COMMISSION INTERNATIONALE DES GRANDS BARRAGES
6 quai Wattier – 78500 Chatou (Franc
http://www.icold-cigb.org.

will contribute to preventing tragic events in future. The work of specialists in laboratory testing and geophysics who have contributed actively to the Working Group over many years is now accessible to dam engineers in the chapters on investigations and monitoring in **ICOLD Bulletin 164 Volume 2**.

Le **ICOLD Bulletin 164 Volume 2** présente des cas de ruptures et d'incidents par érosion interne et donne des conseils sur les reconnaissances, les prélèvements et les essais qui peuvent fournir les données nécessaires à l'analyse de la tenue des barrages et digues à l'érosion interne. Il donne également des conseils sur les mesures correctives, quand elles sont jugées nécessaires par l'évaluation du risque d'érosion interne, et sur les systèmes de surveillance et de contrôle permettant de vérifier et de confirmer la capacité permanente du barrage à résister à l'érosion interne à long terme.

Le groupe de travail sur l'érosion interne a réuni des experts de tous les continents et leurs travaux constituent la base de la majeure partie du volume 2. Les maîtres d'ouvrage et les ingénieurs ont généreusement fourni des informations sur les études de cas, reconnaissant que ces informations contribueront à prévenir à l'avenir de tels événements tragiques. Le travail des géotechniciens et des géophysiciens, qui ont activement contribué au groupe de travail pendant de nombreuses années, est maintenant accessible aux ingénieurs des barrages dans les chapitres du **ICOLD Bulletin 164 Volume 2** sur les reconnaissances et la surveillance.

Cover illustration: Gillon, M.D. and Newton, C.J. 1991. Abutment repairs at the Matahina Dam

Couverture: Gillon, M.D. et Newton, C.J. 1991. Réparation de la culée du barrage de Matahina

CRC Press/Balkema is an imprint of the Taylor & Francis Group, an informa business

Typeset by codeMantra

Published by: CRC Press/Balkema
Schipholweg 107C, 2316 XC Leiden, The Netherlands
e-mail: Pub.NL@taylorandfrancis.com
www.routledge.com – www.taylorandfrancis.com

Original text in English
French translation by
Canadian Dam Association/ Association
Canadienne des Barrages
Layout by Nathalie Schauner

Texte original en anglais
Traduction en français par
Association Canadienne des Barrages
Mise en page par Nathalie Schauner

ISBN: 978-1-032-98706-4 (Pbk)
ISBN: 978-1-003-60280-4 (eBook)

COMMITTEE ON EMBANKMENT DAMS

COMITE DES BARRAGES EN REMBLAIS

Chairman:

Canada	JEAN-PIERRE TOURNIER

Vice Chairman:

Russia / *Russie*	VADIM RADCHENKO

Members:

Australia / *Australie*	MICHAEL MARLEY
Austria / *Autriche*	PETER TSCHERNUTTER
Brazil / *Brésil*	J PIMENTO DE AVILA
Bulgaria / *Bulgarie*	NETZO DIMITROV
China / *Chine*	PROF NENG-HUI LI
Colombia / *Colombie*	ALBERTO MARULANDA
Finland / *Finlande*	JUHA LAASONEN
France	JEAN-JACQUES FRY
Germany / *Allemagne*	MARKUS LIMBACH
Greece / *Grèce*	GEORGIOS DOUNIAS
India / *Inde*	V K KAPOOR
Indonesia / *Indonésie*	D JAWARDI
Iran	NASSER TARKESH DOOZ
Italy / *Italie*	FRANCESCO FEDERICO
Japan / *Japon*	T HORI
Norway / *Norvège*	HELGE SAXEGAARD
Pakistan	K ALAMGIR
Portugal	E MARANHA DAS NEVES
Slovakia / *Slovaquie*	MARIAN MISCIK
South Africa / *Afrique du Sud*	DANIE BADENHORST
Spain / *Espagne*	ANTONIO SORIANO
Sri Lanka	L SOORIYABANDARA
Sweden / *Suède*	INGVAR EKSTRÖM
Switzerland / *Suisse*	PETER BRENNER
Thailand / *Thaïlande*	A SRAMOON
Turkey / *Turquie*	M ASKEROGLU
United Kingdom / *Royaume Uni*	RODNEY BRIDLE
United States / *États Unis*	DAVID PAUL
Venezuela	G MARTINEZ

Co-opted members:

Canada	ERIC PELOQUIN

SOMMAIRE	CONTENTS

TABLE DES MATIÉRES

TABLE OF CONTENTS

TABLEAUX & FIGURES

FIGURES

TABLES & FIGURES

FIGURES

TABLEAUX

TABLES

TITRE ET STRUCTURE DES CHAPITRES

Chapitre	Titre et contenu
	RÉSUMÉ
1	AVANT-PROPOS Ce chapitre retient de la mécanique de l'érosion interne du Volume 1 neuf points fondamentaux de l'érosion interne.
2	ÉTUDES DE CAS Ce chapitre présente de nombreux exemples de ruptures et d'incidents d'érosion interne. Il analyse et utilise les connaissances de la mécanique de l'érosion interne du Volume 1 pour expliquer autant que possible les défaillances et les incidents résultant de l'érosion de conduit, y compris la fracturation et le soulèvement hydrauliques, de l'érosion régressive, de l'érosion de contact et de la suffusion. Il donne également des exemples d'érosion interne arrêtée par la capacité de filtration des remblais aval de barrages zonés, à partir du concept de seuils de filtration d'érosion pour définir les propriétés des remblais comme étant des matériaux sans érosion, avec érosion limitée, importante ou permanente. Les barrages en remblai "homogènes" (non zonés) n'ont pas de capacité de filtration.
3	RECONNAISSANCES Ce chapitre traite des études requises sur site pour déterminer les propriétés du barrage et de ses matériaux et caractériser les propriétés nécessaires à l'évaluation de la vulnérabilité d'un barrage et de sa fondation à l'érosion interne, résumées dans le Tableau 3.1. Il donne des informations sur les essais in situ et les dispositifs spécifiques aux études de sol qui fournissent les données nécessaires, résumées dans le Tableau 3.2. Il intègre des informations sur les méthodes géophysiques de détection des fuites, résumées dans le Tableau 3.4.
4	ESSAIS DE LABORATOIRE Ce chapitre détaille l'essai d'érosion de conduit, celui d'érosion de jet et d'autres tests de laboratoire qui peuvent être utilisés pour fournir les paramètres à appliquer dans la justification de la tenue à l'érosion interne. Il détaille aussi l'évaluation de la capacité de filtration des remblais de barrages zonés.
5	RÉPARATION Ce chapitre décrit et discute les méthodes de confortement disponibles pour améliorer la résistance des barrages dont la tenue à l'érosion interne n'a pas pu être justifiée.
6	SURVEILLANCE Ce chapitre rappelle des éléments de surveillance à long terme par des surveillants bien formés et des instruments d'auscultation, résumés dans le Tableau 3.2, y compris ceux provenant des données de fibres optiques, résumés dans le Tableau 3.4.
	RÉFÉRENCES Liste détaillée de références sur l'érosion interne jusqu'en 2016, réactualisée par la suite jusqu'en 2022 (voir note de l'éditeur introduisant le chapitre 1 Généralités)

CHAPTER HEADINGS AND STRUCTURE

Chapter	Title and content
	EXECUTIVE SUMMARY
1	OVERVIEW Provides a summary of the mechanics of internal erosion from Volume 1 and gives nine fundamental points about internal erosion
2	CASE HISTORIES Gives numerous internal erosion case histories of failures and incidents. Analyses and uses the knowledge of internal erosion mechanics given in Volume 1 to explain as far as possible failures and incidents resulting from concentrated leak erosion including hydraulic fracture and uplift, from backward erosion, from contact erosion and from suffusion. Also gives examples of internal erosion being arrested by the filtering capability of downstream fills in zoned dams using the filter erosion boundaries concept to define the properties of fills as no-, some-, excessive- or continuing-erosion materials. 'Homogeneous' (unzoned) embankment dams have no filtering capability.
3	INVESTIGATIONS Deals with the site investigations to determine dam and soil properties required to provide the parameters needed for engineering analyses of the vulnerability of a dam and foundations to internal erosion, summarized in Table 3.1. Provides information on field tests and specialist equipment for ground investigations to provide data needed, summarized in Table 3.2. Includes information on geophysical leakage detection methods, summarized in Table 3.4.
4	LABORATORY TESTS Gives details of the Hole Erosion Test, the Jet Erosion Test and other laboratory tests that can be used to provide parameters for application in internal erosion analyses. Also gives information on assessment of filtering capability of fills in zoned dams.
5	REMEDIATION Describes and discusses remediation methods available to improve resistance of dams shown by analyses to be vulnerable to internal erosion.
6	SURVEILLANCE Provides information on surveillance by well-briefed observers and monitoring instruments for long-term monitoring, summarized in Table 3.2, including those using data from optic fibers, summarized in Table 3.4.
	REFERENCES A comprehensive collection of internal erosion references up to 2016, subsequently updated to 2022 (as note in 1, Overview below)

PRÉFACE ET REMERCIEMENTS

Le Comité des barrages de la CIGB a décidé en 2009 de rédiger des directives sur l'érosion interne, car elle est à l'origine de nombreuses ruptures de barrage et d'incidents. La plupart des incidents se produisent pendant ou peu après le premier remplissage, mais environ un tiers des défaillances dues à l'érosion interne se produisent dans les barrages en exploitation. Un événement tragique de ce type s'était produit au début de l'année 2009 en Indonésie, où la rupture du barrage de Situ Gintung, achevé en 1930, causa la mort de plus de 100 personnes.

Ce bulletin est le volume 2 du bulletin 164 de la CIGB sur l'érosion interne des barrages, digues et levées en exploitation et de leurs fondations. Le volume 1 a été achevé en version finale le 19 février 2015 après relecture des comités nationaux de la CIGB et était disponible sur le site internet de la CIGB. Il a été publié en 2017 sous forme de livre et est également disponible en pdf sur le site Internet de la CIGB (CIGB, 2017). Le volume 1 porte sur les processus d'érosion interne et l'évaluation technique. Il innove en traitant de la mécanique de l'érosion interne, en montrant que l'érosion interne se déclenche lorsque les forces hydrauliques exercées par l'eau traversant les barrages dépassent la résistance des sols et des roches des barrages et de leurs fondations. Les plus fortes forces hydrauliques se produisent lorsque le niveau d'eau dans le réservoir est élevé en période de crue. Le volume 1 fournit des méthodes pour estimer le niveau d'eau à partir duquel l'érosion interne se déclenchera et conduira à la rupture dans les quatre mécanismes d'initiation : fuites concentrées, érosion régressive, érosion de contact et suffusion.

Le volume 2 présente des cas de ruptures et d'incidents par érosion interne et donne des conseils sur les reconnaissances, les prélèvements et les essais qui peuvent fournir les données nécessaires à l'analyse de la tenue des barrages à l'érosion interne. Il donne également des conseils sur les mesures correctives, quand elles sont jugées nécessaires par l'évaluation du risque d'érosion interne, et sur les systèmes de surveillance et de contrôle permettant de vérifier et de confirmer la capacité permanente du barrage à résister à l'érosion interne à long terme.

Une fois de plus, le groupe de travail européen de la CIGB sur l'érosion interne a réuni des experts de tous les continents lors de leurs réunions annuelles et leurs travaux constituent la base de la majeure partie du volume 2. Les maîtres d'ouvrage et les ingénieurs ont généreusement fourni des informations sur les études de cas, reconnaissant que ces informations contribueront à prévenir à l'avenir de tels événements tragiques. Le travail des géotechniciens et des géophysiciens, qui ont activement contribué au groupe de travail pendant de nombreuses années, est maintenant accessible aux ingénieurs des barrages dans les chapitres du volume 2 sur les reconnaissances et la surveillance.

Le groupe de travail se réunit tous les deux ans lors des conférences internationales sur l'affouillement et l'érosion, organisées par le comité technique 213 de la Société internationale de mécanique des sols et de géotechnique (ISSMGE). Cette nouvelle collaboration bienvenue avec l'ISSMGE rassemble des spécialistes travaillant sur l'interface entre l'hydraulique et la géotechnique et offre l'opportunité à ceux qui travaillent sur l'érosion interne de partager leurs expériences avec celles des collègues travaillant sur l'érosion externe et d'en tirer des enseignements.

La compréhension des causes et des parades à l'érosion interne des barrages, des digues et de leurs fondations évolue, ainsi les lecteurs devraient continuer à suivre dans la littérature les développements postérieurs à l'écriture de ce Bulletin.

Nous tenons à remercier tout particulièrement M. Rodney Bridle (Royaume-Uni), le Dr. Jean-Jacques Fry (France) et les membres du groupe de travail Européen de la CIGB sur l'érosion interne pour leur contribution au volume 2, ainsi que les membres du comité de la CIGB pour leur soutien continu.

Jean-Pierre TOURNIER,
Président, du Comité des barrages en remblai

FOREWORD AND ACKNOWLEDGEMENTS

The ICOLD Embankment Dams Committee decided in 2009 to write guidance on internal erosion because it is the cause of many dam failures and incidents. Most incidents occur during, or shortly after first filling, but about one third of internal erosion failures occur in existing dams. One such tragic event had occurred earlier in 2009 in Indonesia where Situ Gintung dam, completed in 1930, failed causing more than 100 fatalities.

This is Volume 2 of ICOLD Bulletin 164 on internal erosion of existing dams, dikes and levees and their foundations. Volume 1 was completed in final draft on 19 February 2015 after comments from ICOLD National Committees and was available from the ICOLD website. It was published in 2017 as a book and is also available in pdf from the ICOLD website (ICOLD, 2017). Volume 1 is on internal erosion processes and engineering assessment. It breaks new ground by dealing with the mechanics of internal erosion, showing that internal erosion initiates when the hydraulic loads imposed by water flowing through dams exceed the ability of the soils and rocks in dams and their foundations to resist them. The highest hydraulic loads occur when the water level in the reservoir is high during floods. Volume 1 provides methods to estimate the water level at which internal erosion will initiate and lead to failure in the four initiating mechanisms: concentrated leaks, suffusion, backward erosion and contact erosion.

Volume 2 presents case histories of internal erosion failures and incidents, and advises on the investigations, sampling and testing that can be used to provide the data needed to carry out analyses of the vulnerability of dams to internal erosion. It also advises on remediation, if analyses have demonstrated that it is necessary, and on surveillance and monitoring systems to check and confirm the continuing ability of the dam to resist internal erosion in the long-term.

Once again, the ICOLD European Working Group on Internal Erosion has brought together experts from all continents at annual meetings and their work provides the basis for most of Volume 2. Information on case histories has been most generously provided by owners and engineers, recognizing that such information will contribute to preventing tragic events in future. The work of specialists in laboratory testing and geophysics who have contributed actively to the Working Group over many years is now accessible to dam engineers in the chapters on investigations and monitoring in Volume 2.

The Working Group meets in alternate years at the International Conferences on Scour and Erosion, organized by Technical Committee 213 of the International Society on Soil Mechanics and Geotechnical Engineering (ISSMGE). This welcome new collaboration with ISSMGE brings together specialists working on the interface between hydraulics and geotechnics and provides the opportunity for those working on internal erosion to share information with and learn from colleagues working on scour - external erosion.

Understanding of what causes, and how to prevent, internal erosion in dams, dikes and their foundations is evolving and readers should continue to look in the literature for new developments following the production of this Bulletin.

Special thanks go again to Mr. Rodney Bridle (UK), Dr. Jean-Jacques Fry (France), and the members of the ICOLD Working Group on Internal Erosion for their contributions to Volume 2, and to members of the ICOLD committee for their on-going support.

Jean-Pierre TOURNIER,
Chairman, Committee on Embankment Dams

RÉSUMÉ

L'érosion interne est la cause de nombreuses ruptures et incidents, soit environ le tiers de ceux des barrages en exploitation. L'érosion interne cause presque le même nombre de ruptures que la surverse. Les ruptures par surverse sont évitées grâce à des évacuateurs capables de déverser en sécurité des crues extrêmes, dont la conception a fait l'objet de nombreuses recherches de la part des ingénieurs et des hydrologues pendant des décennies. Les ruptures par glissement représentent une faible proportion (environ 6%) car la stabilité statique et dynamique ainsi que la liquéfaction sont suffisamment bien comprises pour être facilement analysées et prendre les actions correctives suffisantes.

Ce bulletin est le volume 2 du Bulletin 164 de la CIGB sur l'érosion interne dans les barrages et les digues en exploitation et dans leurs fondations. Le Volume 1 a été achevé le 19 février 2015 et depuis les textes en anglais et en français ont été disponibles sur le site web de la CIGB. La version imprimée et reliée a été publiée en 2017 (CIGB, 2017).

Le texte de la version anglaise du volume 2 a été approuvé le 6 mai 2016 (CIGB, 2016). Le texte français a été remis en Février 2021. La version finale bilingue introduit des réactualisations de connaissance ou d'expérience de la période 2016–2022.

Le Volume 1 (CIGB, 2017) intitulé processus d'érosion interne et leur diagnostic (*Volume 1: Internal erosion processes and engineering assessment* en anglais) innove en traitant de la mécanique de l'érosion interne. Il démontre que l'érosion interne s'amorce lorsque les forces hydrauliques exercées par l'eau traversant les barrages dépassent la résistance des sols et des roches des remblais de barrage et de leurs fondations. Des forces hydrauliques élevées se produisent lorsque le niveau de la retenue est élevé par des crues. Le Volume 1 fournit des méthodes pour estimer le niveau d'eau auquel l'érosion interne va s'amorcer et entraîner la rupture par au moins un des quatre mécanismes initiateurs : érosion de conduit, érosion régressive, érosion de contact et suffusion.

Le volume 2 comprend six chapitres et des références, comme suit:

Le chapitre 1 « Généralités » renvoie le lecteur au Volume 1, mais résume la mécanique des quatre mécanismes initiateurs : l'érosion de conduit, l'érosion régressive, l'érosion par contact et la suffusion. Il présente également neuf points sur l'érosion interne, destinés à aider les ingénieurs qui utilisent les deux volumes du Bulletin pour rassembler des données et analyser la vulnérabilité des barrages à l'érosion interne.

Le Chapitre 2 « Etudes de cas de ruptures et d'incidents d'érosion interne » présente des ruptures lors du premier remplissage de nouveaux barrages, notamment celles de Teton, aux États-Unis (1970) et de Dale Dike, au Royaume-Uni (1864), et des ruptures de barrages en exploitation, comme celle de Situ Gintung, en Indonésie, qui en 2009, causa plus de 100 victimes. Les données disponibles sont suffisantes pour analyser rétrospectivement certains de ces cas et montrer que les méthodes présentées dans le Bulletin peuvent être utilisées, avec discernement, pour estimer correctement la charge hydraulique (niveau d'eau) qui *conduira à la rupture* par érosion interne.

Le chapitre 3 « Reconnaissances » traite des reconnaissances de sols sur site afin de fournir les données pour analyser la vulnérabilité des barrages à l'érosion interne. Les données peuvent être utilisées pour effectuer les analyses basées sur la mécanique de l'érosion interne du Volume 1 et estimer le niveau d'eau qui causera la rupture par érosion interne. Il est nécessaire de compléter ces analyses par la prédiction du comportement du barrage lorsque des charges hydrauliques élevées seront appliquées par le passage des cres dans la retenue. En effet, la rupture peut être rapide et il existe peu de signes avant-coureurs permettant de prévenir que l'érosion interne conduisant à la rupture se produira.

EXECUTIVE SUMMARY

Internal erosion is the cause of many dam failures and incidents, about one third of which occur in existing dams. Internal erosion causes about the same number of dam failures as are caused by overtopping. Overtopping failures are guarded against by providing spillways capable of safely discharging extreme floods, the scale of which has been the subject of much research by engineers and hydrologists over past decades. Slope failure causes few dam failures (about 6%) because the mechanics of static and seismic stability and liquefaction are now well enough understood to be readily analyzed and to take sufficient remedial action.

This is Volume 2 of ICOLD Bulletin 164 on internal erosion of existing dams, dikes and levees and their foundations. Volume 1 was completed in final draft on 19 February 2015 and preprints in English and French were available from the ICOLD website. The printed version was published in 2017 (ICOLD, 2017).

Volume 2 in English was approved for issue as a preprint on 6 May 2016 (ICOLD, 2016). The French translation was completed in February 2021. This final version in English and French includes updates of new knowledge and experience from the period 2016–2022.

Volume 1 (ICOLD, 2017): Internal erosion processes and engineering assessment (in French: *Les processus d'érosion interne et leur diagnostic*) breaks new ground by dealing with the mechanics of internal erosion. It demonstrates that internal erosion initiates when the hydraulic loads imposed by water flowing through dams exceed the ability of the soils and rocks in dam fills and their foundations to resist them. High hydraulic loads occur when the water level in the reservoir is high during floods. Volume 1 provides methods to estimate the water level at which internal erosion will initiate and lead to failure in the four initiating mechanisms: concentrated leaks, suffusion, backward erosion and contact erosion.

Volume 2 comprises six chapters and references, as follows:

Chapter 1: "Overview", refers readers to Volume 1, but summarizes the mechanics of the four initiating mechanisms: backward erosion, contact erosion, suffusion and concentrated leak erosion. It also makes nine points about internal erosion, intended to assist engineers as they use the two Volumes of the Bulletin to assemble data and analyze the vulnerability of dams to internal erosion.

Chapter 2: "Case histories of internal erosion failures and incidents", including failures during first filling of new dams including Teton, USA (1976) and Dale Dike, UK (1864) and failures of existing dams, a recent example is Situ Gintung, in Indonesia, which failed in 2009, causing more than 100 fatalities. Sufficient data was available to back-analyze some of the cases and show that the methods in the Bulletin can be used, with judgment, to give satisfactory estimates of the hydraulic loads (water level) that will lead to failure by internal erosion.

Chapter 3: "Investigations" deals with site and ground investigations to provide data for analyses of the vulnerability of dams to internal erosion. The data can be used to carry out analyses based on the mechanics of internal erosion in Volume 1 to estimate the water level that will cause internal erosion failure. It is necessary to complete analyses to predict how the dam will perform when high hydraulic loads are applied as floods pass through the reservoir. This is because failure may be rapid and there are few reliable signs beforehand that internal erosion *leading to failure* will occur.

Des conseils sont prodigués sur les données nécessaires aux analyses, ainsi que sur les reconnaissances, les prélèvements et les essais in situ qui peuvent être utilisés pour fournir ces données. Récupérer des échantillons de filtres et de remblais et faire des granulométries pour déterminer leur capacité de filtration est un objectif primordial dans l'étude des barrages zonés. La perméabilité in situ est une propriété importante dans l'analyse de l'érosion régressive et de l'érosion de contact. Plusieurs méthodes pour la déterminer sont indiquées. Les analyses granulométriques sont également importantes dans l'étude du potentiel de suffusion. Toutes les données nécessaires et les moyens de les trouver sont résumés respectivement dans les Tableaux 3.1 et 3.2.

De nombreuses méthodes indirectes de détection des fuites sont décrites au chapitre 3. Aucune ne peut directement détecter si une érosion interne se produit. Toutes donnent des indications sur le cheminement des fuites, certaines déterminent le débit de fuite, d'autres la vitesse particulaire, utile dans les études pour en déduire la perméabilité et la vitesse de Darcy.

Le chapitre 4 “Essais de laboratoire” décrit les essais d'érosion de conduit et les essais d'érosion par jet, qui fournissent les paramètres de la résistance au cisaillement hydraulique des sols des parois de fissures et de cavités, si les valeurs indiquées dans les Tableaux du Volume 1 sont jugées insuffisantes pour être appliquées à l'évaluation du risque d'érosion de conduit par écoulement préférentiel. Il décrit les essais au perméamètre pour évaluer la perméabilité en laboratoire, y compris les essais sophistiqués pour vérifier la suffusion à des gradients hydrauliques et des contraintes de confinement variables. Il décrit également les essais utilisés pour fournir des indications sur la vitesse de Darcy dans les sols grossiers qui causeront une érosion de contact aux interfaces avec les sols fins. Les analyses granulométriques conventionnelles sont essentielles dans les investigations sur l'érosion interne. Des tests de triple et double dispersion pour examiner la dispersivité des échantillons sont décrits. Pour conforter les études sur la capacité des remblais à arrêter l'érosion par filtration, il donne des informations sur l'essai de filtre sans érosion et l'essai de filtre avec érosion continue.

Le chapitre 5 “Réparations” traite des mesures correctives visant à protéger les barrages des ruptures par érosion interne dues aux quatre mécanismes initiateurs. Les principales solutions sont les filtres ou les écrans. Dans certains cas, des évacuateurs de sécurité peuvent maintenir le niveau de l'eau en dessous du niveau critique. En ce qui concerne l'érosion de conduit, il est souligné que la crête et les sols le long des bajoyers de déversoir y sont vulnérables en raison de la dessication et du retrait, aussi des mesures sont recommandées pour protéger ces parties du barrage. La résistance à l'érosion régressive est assurée par l'élargissement des remblais afin de réduire le gradient hydraulique global. Une étude de cas montre que les tapis amont peuvent être inefficaces parce qu'ils peuvent être traversés par les conduits d'érosion régressive, les tapis de filtres aval évitent cela. Les filtres peuvent être une barrière à la suffusion; les recharges posées sur un filtre doivent être capables de résister à la pression, là où une forte érosion colmate le filtre. Il est difficile de prédire les effets des écrans ou des filtres sur l'érosion de contact, et la meilleure façon d'éviter l'érosion de contact pourrait être de limiter le gradient en contrôlant si possible le niveau aval.

Le chapitre 6 “Surveillance et auscultation” énonce le principe selon lequel le risque d'érosion interne du barrage doit être évalué avant de mettre en place des systèmes de surveillance et d'auscultation. En effet, bien qu'il y ait souvent des dommages sous des charges hydrauliques qui n'atteignent pas la valeur critique de l'érosion de contact, régressive ou de suffusion, il est évident qu'il y a peu, voire aucun, signe fiable avant-coureur qu'une érosion interne *conduisant à la rupture* va se produire.

L'initiation et la continuation d'une suffusion potentiellement préjudiciable peuvent être révélées par l'augmentation des fuites et des tassements. Tandis que l'initiation de l'érosion régressive et de l'érosion de contact peuvent former des tumuli de sable, et des fontis dans certains mais non dans tous les cas, à des niveaux d'eau inférieurs au niveau critique qui conduirait à la rupture. L'érosion de conduit peut être précédée par des fuites visibles, mais il n'est pas facile d'évaluer si cela précède l'érosion et la rupture. Les changements de contrainte ou de pression interstitielle peuvent entraîner la formation soudaine d'ouvertures par fracturation hydraulique, par lesquelles l'érosion interne (ou le soulèvement) peut conduire à une rupture.

Advice is given on the data needed to carry out the analyses, and the investigations, sampling and in-situ testing that can be used to provide the data. Sampling filters and fills to give grading data from which to determine their filtering capability is a primary objective in the investigation of zoned dams. In-situ permeability is an important property in the analysis of backward erosion and contact erosion. Several methods to determine it are given. Grading data is also important in investigating the potential for suffusion. All the data needed and the means of finding it are summarized in Tables 3.1 and 3.2 respectively.

Details of the many indirect means of leakage detection are described in Chapter 3. None can detect if internal erosion is occurring. All give indications of leakage routes, some determine leakage quantity, others determine pore velocity, which can be used to derive permeability for application in analyses and estimate Darcy velocity.

Chapter 4: "Laboratory tests" describes Hole Erosion Tests and Jet Erosion Tests which provide parameters on hydraulic shear strength of the soils in the walls of cracks and openings, if the values given in tables in Volume 1 are inadequate, for application in analyses of the vulnerability to concentrated leak erosion. Permeameter tests to assess permeability in the laboratory are described, including sophisticated testing to examine suffusion at varying hydraulic gradients and confining stresses. The tests used to provide the guidance on the Darcy velocity in coarse soils that will cause contact erosion at interfaces with fine soil are also described. Conventional particle size analyses are essential in internal erosion investigations. Triple and double dispersion tests to examine the dispersivity of samples are described. To support investigations of the capability of fills to arrest erosion by filtering information is given on the No Erosion Filter Test and the Continuing Erosion Filter Test.

Chapter 5: "Remediation" deals with remediation to protect dams against internal erosion failure by the four initiating mechanisms. The major options are filters or barriers. In some cases safe overflows may keep water level below critical. In relation to erosion in concentrated leaks, it is pointed out that the crests and upper parts of spillway walls are vulnerable to concentrated leak erosion because of drying and shrinkage and recommends measures to protect these parts of dams. Resistance to backward erosion is provided by widening embankments to reduce the overall hydraulic gradient. A case history shows that upstream blankets can be ineffective because the backward erosion pipes break out upwards through them, downstream blankets avoid this. Suffusion can be resisted by filters; filtered berms must be capable of resisting the water pressure where heavy erosion clogs the filter. Predicting the effects of barriers or filters on contact erosion is uncertain, and contact erosion may be best 'resisted' by limiting the gradient by providing overflows at a safe level, if possible.

Chapter 6: "Surveillance and monitoring" states the principle that dams should be examined for their vulnerability to internal erosion before setting surveillance and monitoring systems in place. This is because, although there is often damage at sub-critical hydraulic loads in contact and backward erosion and suffusion, the evidence is that there are few, if any, reliable signs beforehand that internal erosion *leading to failure* will occur.

The initiation and continuation of potentially damaging suffusion may be revealed by increasing leakage and settlement. However, backward erosion and contact erosion can initiate, forming sand boils and sinkholes in some, but not all, cases, at water levels below the critical level that would lead to failure. Erosion in concentrated leaks may be preceded by visible leakage but whether this precedes erosion and failure cannot be readily assessed. Changes in stress or pore pressure may cause openings to form suddenly by hydraulic fracture through which internal erosion (or uplift) may lead to failure.

Il est aussi évident que la rupture se produirait rapidement si le niveau de l'eau était égal ou supérieur au niveau critique déclenchant la rupture. Dans ces circonstances, il n'y aurait pas le temps d'éviter la rupture, mais seulement d'avertir les personnes en aval pour qu'elles évacuent le chenal de la crue de rupture. Il est donc indispensable d'évaluer le risque de rupture sur la base des mécanismes d'érosion interne du Volume 1 et d'estimer le niveau d'eau qui provoquerait la rupture par érosion interne.

Comme l'érosion interne ne donne que peu de signes extérieurs précis avant la rupture, les systèmes de surveillance et d'auscultation doivent être conçus et mis en œuvre avec soin. Des surveillants bien formés et expérimentés devront procéder à des inspections visuelles de l'ensemble du barrage, au-delà des sections instrumentées et des chambres de fuite. Les surveillants doivent effectuer des inspections à des intervalles qui laissent suffisamment de temps, pour demander aux personnes en aval d'évacuer, si elles constatent que l'érosion interne a débuté. L'instrumentation pour la surveillance à long terme est résumée dans le Tableau 3.2. Le moyen le plus efficace de confirmer qu'une érosion interne se produit est la présence de quantités importantes de matériaux érodés dans les eaux de fuite. Les systèmes de collecte des fuites et les déversoirs de mesure sont les moyens les plus simples et les plus directs de détecter le début de l'érosion interne, facilement contrôlés de visu sur place et par des dispositifs de lecture à distance à tout moment. Les fibres optiques constituent un moyen pratique de détecter les modifications engendrées par les fuites dans les structures longues, les digues, par exemple, et dans les endroits où la collecte des fuites dans les drains et les fossés n'est pas possible, par exemple au pied de barrages normalement noyés par la retenue d'un barrage en aval.

Le volume 2 se termine avec une liste exhaustive de références sur l'érosion interne complétant celles du Volume 1.

Also, the evidence is that failure will occur rapidly when water level is at or above the critical level at which internal erosion will lead to failure. There will not be time to avert failure in these circumstances, time only to warn people downstream to evacuate the dambreak floodway. It is therefore necessary to carry out analyses using the information on the mechanics of internal erosion in Volume 1 to estimate the water level that will cause internal erosion failure.

As internal erosion gives few definite outward signs prior to failure, surveillance and monitoring systems must be carefully designed and implemented. Well-briefed and experienced observers will need to make visual inspections of the entire dam, beyond the instrumented sections and leakage chambers. Observers should make inspections at intervals that would give sufficient time to warn people downstream to evacuate if they found that internal erosion had initiated. Instrumentation for long-term monitoring is summarized in Table 3.2. The most effective means of confirming that internal erosion is occurring is the inclusion of substantial amounts of eroded materials in leakage waters. Leakage collection systems and measuring weirs are the simplest and most direct means of detecting the onset of internal erosion, easily checked visually on site and by remote reading devices at any time. Optic fibers provide a convenient means of investigating varying leakage properties in long structures, flood dikes, for example, and in locations where leakage collection in drains and ditches is not possible, at the toe of dams normally submerged in the water retained by a dam downstream, for example.

Volume 2 concludes with a comprehensive list of internal erosion references adding to those in Volume 1.

1. GÉNÉRALITÉS

Note de l'éditeur : mises à jour du prétirage publié le 6 mai 2016.

Des progrès ont été réalisés dans la compréhension et l'expérience de l'érosion interne depuis 2016, date à laquelle la version anglaise de ce volume 2 du bulletin 164 de la CIGB a été approuvée par le comité exécutif de la CIGB et mise à disposition sous forme de pré-édition. Des textes et des références supplémentaires sont inclus dans cette version pour mettre à jour les connaissances de 2016. Ces mises à jour mentionnent qu'elles sont des ajouts au texte de 2016. De brèves mises à jour facilement accessibles sur de nombreuses questions peuvent être trouvées dans CIGB (2019) et EWGIE27-UBC (2019). Bridle (2019a) donne également une vue d'ensemble.

Pour faciliter la recherche de Figures et de Tableaux dans le Volume 1 (ICOLD, 2017), les numéros de Figure et les numéros de Tableau du prétirage 2016 ont été inclus dans ce document, car ils comprennent le numéro de chapitre (par exemple, la Figure 20 dans CIGB (2017) est la Figure 4.4 dans la pré-édition 2016).

1.1. CE QUE DIT LE VOLUME 1 SUR L'ÉROSION INTERNE

L'érosion interne est l'une des principales causes de rupture des barrages. Des travaux récents ont permis de mieux comprendre la mécanique de l'érosion interne, sur lesquels le Bulletin de la CIGB s'appuie pour guider les ingénieurs dans l'évaluation du risque d'érosion interne d'un barrage ou d'une digue.

Le Volume 1 du Bulletin présente les nouvelles connaissances sur la mécanique de l'érosion interne. Il permet de déterminer si l'érosion interne sera initiée par érosion de conduit, par érosion régressive, par érosion de contact ou par suffusion. L'érosion interne s'amorce lorsque les forces hydrauliques dépassent la résistance à l'érosion des matériaux du barrage et des fondations. Les forces hydrauliques les plus élevées se produisent généralement lors des crues lorsque le niveau de l'eau dans le réservoir est élevé. Une fois initiée, l'érosion interne peut être stoppée par un certain type de filtration dans les barrages zonés, mais si cela ne se produit pas, la progression jusqu'à la brèche peut être rapide, en particulier si le niveau d'eau est supérieur au niveau "critique" générant des forces hydrauliques juste suffisantes pour initier l'érosion.

Ce volume 2 du Bulletin fournit des informations sur les investigations, les essais, l'auscultation et les mesures correctives et les études de cas afin de conforter les analyses et les décisions que les ingénieurs doivent prendre pour déterminer et réduire, si nécessaire, le risque d'érosion interne des barrages.

Ces analyses suivront le chapitre 9 du Volume 1, qui recommande que les évaluations techniques soient effectuées systématiquement en huit étapes pour identifier tous les modes de défaillance potentiels et suivent l'une des trois approches d'évaluation des charges et des méthodes analytiques du risque d'érosion interne. Toutefois, ce qui suit, tiré en grande partie de Bridle, Fell et Fry (2013), a pour but de rappeler aux ingénieurs, avant qu'ils n'entreprennent les évaluations du risque d'érosion interne présentées dans le Volume 1, neuf points fondamentaux sur le comportement et la performance des barrages issus de la récente compréhension de la mécanique de l'érosion interne apprend aux ingénieurs.

1.2. PROCESSUS D'ÉROSION INTERNE

Un membre du Comité technique de la CIGB sur les barrages en remblai a déclaré que le Volume 1 du Bulletin de la CIGB sur l'érosion interne des barrages en exploitation est "une œuvre

1. OVERVIEW

Editor's Note: Updates to preprint issued on 6 May 2016

There have been advances in understanding and experience of internal erosion since 2016, when the English version of this Volume 2 of ICOLD Bulletin 164 was approved by the ICOLD Executive and made available as a preprint. Additional text and references are included in this version to update what was known in 2016. These updates mention that they are additions to the 2016 text. Brief easily accessible updates on many issues can be found at ICOLD (2019) and EWGIE27-UBC (2019). Bridle (2019a) also gives an overview.

To make it easier to find figures and tables in Volume 1 (ICOLD, 2017) the Figure Numbers and Table Numbers from the 2016 preprint of have been included in this document because they include the Chapter Number (e.g., Figure 20 in ICOLD (2017) is Figure 4.4 in the 2016 preprint).

1.1. WHAT VOLUME 1 (ICOLD, 2017) TELLS US ABOUT INTERNAL EROSION

Internal erosion is one of the main causes of dam failures. Recent work has led to an improved understanding of the mechanics of internal erosion, which the ICOLD Bulletin uses to guide engineers into assessing if a dam or levee is vulnerable to internal erosion.

Volume 1 of the Bulletin (ICOLD, 2017) presents the new understanding of the mechanics of internal erosion. It makes it possible to determine if internal erosion will be initiated in concentrated leaks, by backward erosion, by contact erosion or by suffusion. Internal erosion initiates when hydraulic loads exceed the resistance to erosion of the materials in the dam and foundation. The highest hydraulic loads usually occur during floods when the water level in the reservoir is high. Once initiated, internal erosion may be arrested by some kind of filtering action in zoned dams, but if this does not occur, progression to breach may be rapid, particularly if the water level is higher than the 'critical' water level generating hydraulic forces just sufficient to initiate erosion.

This Volume 2 of the Bulletin provides information on investigations, testing, monitoring, remediation and case histories to support the analyses and decisions that engineers must make to determine and improve, if necessary, the vulnerability of dams to internal erosion.

Those analyses will follow Chapter 9 of Volume 1 (ICOLD, 2017) which recommends that engineering assessments are carried out systematically in eight steps to identify all Potential Failure Modes and follow one of three approaches to assess the loads and the analytical methods to determine whether or not internal erosion could progress to failure. However, what follows, taken largely from Bridle, Fell and Fry (2013), is intended to remind engineers, before they undertake analyses, of the mechanics of internal erosion presented in Volume 1 and to give nine fundamental insights into what the new understanding of internal erosion mechanics tells engineers about the behavior and performance of dams.

1.2. INTERNAL EROSION PROCESSES

A member of the ICOLD Technical Committee on Embankment Dams said that Volume 1 of the ICOLD Bulletin on Internal Erosion at Existing Dams is 'a monumental work and leaves no

monumentale qui ne laisse aucune question sans réponse". Il s'appuie en effet sur les travaux de nombreux chercheurs et praticiens, notamment par le biais du groupe de travail européen de la CIGB sur l'érosion interne, et traite de manière exhaustive des connaissances actuelles. Il indique également dans quelle direction s'orientent les travaux futurs.

La compréhension actuelle de la mécanique de l'érosion interne découle en partie d'études de cas, en partie d'essais en laboratoire et sur modèle, et en partie d'analyses. Par conséquent, il y a des cas où ce que l'on pourrait attendre d'un travail en laboratoire et d'une appréciation de la mécanique de l'érosion interne n'est pas confirmé par des preuves sur le terrain. Les vérités dérangeantes de tels conflits entre la mécanique et les preuves de terrain sont mises en évidence et discutées dans le texte.

Le Bulletin aborde l'érosion interne en examinant la mécanique de l'érosion interne - il cherche à répondre à la question : L'érosion interne peut-elle mécaniquement provoquer la rupture du barrage? Il est impossible de répondre à cette question sans connaître les propriétés des sols et des roches du barrage et de sa fondation et sans savoir si le profil du barrage comprend des zones plus ou moins verticales (par exemple, le noyau, les filtres, les recharges) ou est "homogène" (le terme "non zoné" serait plus approprié pour les barrages dont le remblai n'est pas divisé en zones plus ou moins verticales).

Tous les barrages en terre et en enrochement et les fondations de tous les barrages, digues et seuils non fondés sur des roches non érodables, sont sujets à l'érosion interne. L'érosion interne est la cause d'environ la moitié des ruptures de barrages, qu'ils soient neufs ou anciens. Les objectifs du Bulletin de l'érosion interne sont d'aider les ingénieurs à décider si les barrages peuvent ou non résister à l'érosion interne et de donner des conseils sur les mesures correctives et la surveillance pour les protéger contre ce phénomène.

L'érosion interne est un processus mécanique qui se produit lorsque des particules d'un sol constitutif d'un barrage en remblai ou de sa fondation sont transportées en aval par le flux d'infiltration.

Le processus d'érosion interne peut être divisé en quatre phases : initiation, continuation ou non filtration, progression jusqu'à former un conduit d'érosion (ou déchaussement en surface) et initiation d'une brèche.

Il existe quatre mécanismes d'initiation : l'érosion de conduit, l'érosion régressive, l'érosion de contact et la suffusion.

Le processus d'érosion illustré à la Figure 1.1 concerne l'érosion interne à travers le remblai, initiée par l'érosion régressive.

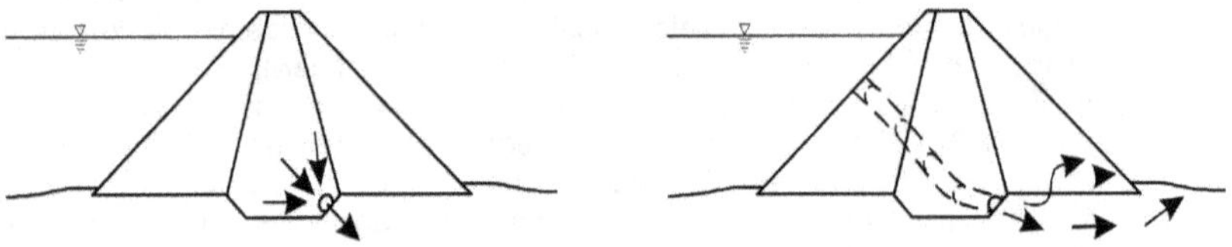

INITIATION	CONTINUATION	PROGRESSION	BRECHE
Suite à une fuite du noyau dans la fondation une érosion du noyau s'initie vers la fondation	Continuation de l'érosion	Érosion progressive qui forme un conduit. Le sol érodé est transporté dans la fondation	La brèche se forme

Fig. 1.1
Érosion interne du remblai dans la fondation initiée par érosion régressive (Foster and Fell 1999b)

question unanswered'. It does indeed draw on the work of many researchers and practitioners, notably through the ICOLD European Internal Erosion Working Group, and deals comprehensively with current knowledge. It also indicates where further work is progressing.

The present understanding of the mechanics of internal erosion is derived in part from case histories, in part from laboratory and model testing, and in part from analysis. Consequently, there are instances where what might be expected from laboratory work and an appreciation of the mechanics of internal erosion is not borne out by field evidence. The inconvenient truths of such conflicts between mechanics and field evidence are highlighted and discussed in the text.

The Bulletin approaches internal erosion by examining the mechanics of internal erosion – it seeks to answer the question: Is it mechanically possible for internal erosion to cause the dam to fail? This question cannot be answered without some knowledge of the properties of the soils and rocks in the dam and foundation and whether the dam section includes more or less vertical zones (e.g. core, filters, shoulders) or is 'homogeneous' ('unzoned' might be a better term for dams where the fill is not divided into more or less vertical zones).

All earth and earth rock embankment dams and foundations of all dams, dikes and weirs not founded on non-erodible rock, are vulnerable to internal erosion. Internal erosion is the cause of about half of all dam failures of both new and existing dams. The objectives of the Internal Erosion Bulletin are to assist engineers to decide if dams can or cannot resist internal erosion and to give guidance on remediation and monitoring to protect dams against it.

Internal erosion is a mechanical process which occurs when soil particles within an embankment dam or its foundation are carried downstream by seepage flow.

The process of internal erosion can be broadly broken into four phases: initiation, continuation, progression to form an erosion pipe (or surface sloughing); and initiation of a breach.

There are four initiating mechanisms: concentrated leaks, backward erosion, contact erosion and suffusion.

The erosion process shown in Figure 1.1 is for internal erosion through the embankment initiated by backward erosion.

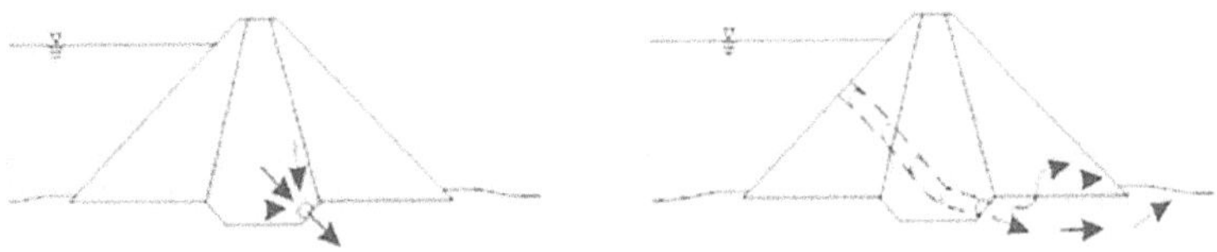

INITIATION	CONTINUATION	PROGRESSION	BREACH
Leakage exits the core into the foundation and backward erosion initiates as core erodes into the foundation	Continuation of erosion	Backward erosion progresses to form a pipe. Eroded soil is transported in the foundation	Breach mechanism forms

Fig. 1.1
Internal erosion from embankment to foundation initiated by backward erosion (Foster and Fell,1999b)

1.3. NEUF POINTS FUNDAMENTAUX DE L'ÉROSION INTERNE

Comme il y a quatre phases dans le processus d'érosion interne et quatre mécanismes initiateurs, l'étude de l'érosion interne peut devenir complexe. Afin d'aider les ingénieurs à garder une certaine perspicacité lorsqu'ils étudient les différentes voies de rupture par érosion interne, cette partie met en évidence neuf points fondamentaux sur l'érosion interne que les ingénieurs des barrages devraient connaître. Ces points permettent d'acquérir une compréhension rapide des enjeux et sont abordés plus en détail par la suite. Ils concernent :

1. L'érosion interne s'amorce lorsque les forces hydrauliques dépassent la résistance à l'érosion des matériaux du barrage et des fondations. Cela se produit lorsque le niveau de la retenue est à son niveau le plus élevé ou proche de son niveau le plus élevé, mais peut se produire à des niveaux d'eau plus bas, lors du remplissage, par exemple.

2. L'érosion interne peut être stoppée dans les barrages zonés si des filtres y sont efficaces et/ou si les recharges ont un pouvoir de filtrer les particules du noyau ou d'autres remblais adjacents. Dans les barrages homogènes, il n'y a pas de zones, par conséquent si l'érosion se déclenche, elle ne peut pas être arrêtée.

3. Les recharges peuvent aussi limiter les infiltrations à un niveau insuffisant pour déclencher l'érosion.

4. L'érosion interne n'"évolue" pas ou ne "se développe" pas comme on le pense souvent. Le déclenchement de l'érosion se produit lorsque les forces d'infiltration dépassent la capacité des matériaux du barrage à y résister. Par conséquent, l'infiltration seule n'est pas un indicateur que l'érosion va ou ne va pas se déclencher. La connaissance des matériaux que traversent les infiltrations, et notamment de leur résistance à l'érosion, et l'évaluation des forces hydrauliques sont les deux conditions nécessaires pour déterminer si l'érosion peut se déclencher.

5. Les barrages en service ont normalement démontré qu'ils sont capables de résister ou d'arrêter l'érosion au moins jusqu'au niveau de retenue le plus élevé jamais atteint. Les parties les plus élevées du barrage qui n'ont pas encore été testées peuvent être plus vulnérables, et tout niveau d'eau plus élevé peut alors imposer un supplément de forces suffisant pour déclencher l'érosion dans les zones sensibles, n'importe où dans le barrage ou ses fondations.

6. Cependant, la capacité d'un barrage à résister aux forces d'érosion n'est pas constante dans le temps. En effet, les fissures dues à des tassements ou à des fracturations hydrauliques, ou encore les zones de faible contrainte, peuvent créer des zones où l'érosion peut s'amorcer même à des niveaux d'eau déjà atteints.

7. L'érosion interne n'est pas causée par le vieillissement des sols dans les remblais ou les fondations du barrage (sauf s'ils subissent des modifications chimiques, telle la cimentation ou la dissolution par exemple). Elle peut se produire parce que les éléments du barrage, telles que les conduites, se détériorent avec l'âge et créent de nouvelles amorces de l'érosion interne.

8. Si l'érosion de conduit commence et n'est pas arrêtée par la filtration (c'est-à-dire qu'elle a continué), le délai avant la rupture et la brèche dans presque tous les types de sol est trop court pour intervenir et arrêter la rupture. Cela signifie que si la justification de la tenue d'un barrage existant montre qu'il n'a pas la capacité d'arrêter l'érosion, il faut réaliser des filtres (ou des écrans d'étanchéité).

9. Comme la rupture par érosion interne est plus susceptible de se produire lorsque le niveau d'eau du réservoir est élevé, la probabilité de rupture est liée à l'hydrologie des crues.

1.3. NINE FUNDAMENTAL POINTS ABOUT INTERNAL EROSION

As there are four elements in the process of internal erosion, and four initiating mechanisms, investigating internal erosion may become complex. To assist engineers to maintain perspective as they investigate the various routes to failure by internal erosion, the paper brings out nine fundamental points about internal erosion that dam engineers should know. These points build up understanding progressively and are discussed in more detail later. They are:

1. Internal erosion initiates when the hydraulic forces exceed the ability of the materials in the dam and foundation to resist them. This occurs when the water level in the reservoir is at or near its highest ever but may occur at lower water levels, on refilling, for example.

2. Internal erosion may be arrested in zoned dams if any filters are effective and/or if the shoulder fills provide some kind of filter to the core or other adjoining fill. In homogeneous dams there are no zones, consequently if erosion initiates, it cannot be arrested.

3. The shoulder fills may also limit flows to be insufficient to generate the hydraulic forces needed to initiate erosion.

4. Internal erosion does not 'evolve' or 'develop' as is often thought. Initiation of erosion occurs when the seepage forces exceed the ability of the dam materials to resist them. Consequently, seepage alone is not an indicator that erosion will or will not initiate. Knowledge of the materials through which seepage may pass, including their resistance to hydraulic forces, and knowledge of the likely hydraulic forces is necessary to assess if erosion could initiate.

5. Existing dams have normally demonstrated that they are likely to be capable of resisting or arresting erosion at least to the highest water level ever retained. The higher not yet tested parts of the dam may be more vulnerable, and any higher water level may also impose additional forces sufficient to initiate erosion at vulnerable zones anywhere in the dam or its foundations.

6. However, the ability of a dam to resist erosive forces is not constant over time. This is because cracking from settlement, or from hydraulic fracture, or zones of low stress, may create sites where erosion can initiate even at water levels previously experienced.

7. Internal erosion is not caused by ageing of the soils in the dam fills or foundation (unless they undergo chemical changes such as cementing). It may occur because components, such as culverts, in the dam deteriorate with age and provide new sites where internal erosion may initiate.

8. If erosion initiates and is not arrested by filtering action (i.e. it has continued), the time to failure and breach in almost all soil types is too short to take steps to stop failure. This means that if on examination an existing dam is shown not to have the ability to arrest erosion, filters (or barriers) should be provided.

9. As failure by internal erosion is more likely to occur at high reservoir water level, the probability of failure is related to the flood hydrology.

1.4. JUSTIFICATION DES NEUFS POINTS FONDAMENTAUX DE L'ÉROSION INTERNE

1.4.1. Point 1 : L'érosion interne s'initie quand les forces hydrauliques dépasse la résistance à l'érosion des matériaux du barrage et de sa fondation

1.4.1.1. Érosion régressive

L'érosion régressive d'un chenal se produit lorsqu'un matériau peut " soutenir un toit " au-dessus de sables non plastiques à grains fins ou moyens dans la fondation. Un conduit d'érosion se développe, du pied aval jusqu'au réservoir, comme l'illustre la Figure 1.1. Lorsque le niveau de la retenue atteint le seuil critique, un conduit d'érosion débouche dans le réservoir et provoque la rupture du barrage. Le gradient critique est défini par l'expression de (Sellmeijer et al, 2012 et Van Beek et al, 2010a, 2010b) :

$$H/L = 1/c = F_R \, F_S \, F_G$$

Notez, comme le montre la Figure 1.2, que ce gradient est mesuré par rapport à la base du barrage, bien que physiquement, ce soient les gradients de sortie qui déclenchent réellement l'érosion. Le paramètre « c » est le "coefficient d'érosion", et les trois facteurs F qui caractérisent les propriétés du sol érodé sont détaillés dans le chapitre 4 du Volume 1. Un Tableau y est aussi pour aider à déterminer le gradient critique. D'autres détails, dont la gamme de sols de fondation auxquels ces relations s'appliquent, sont également donnés.

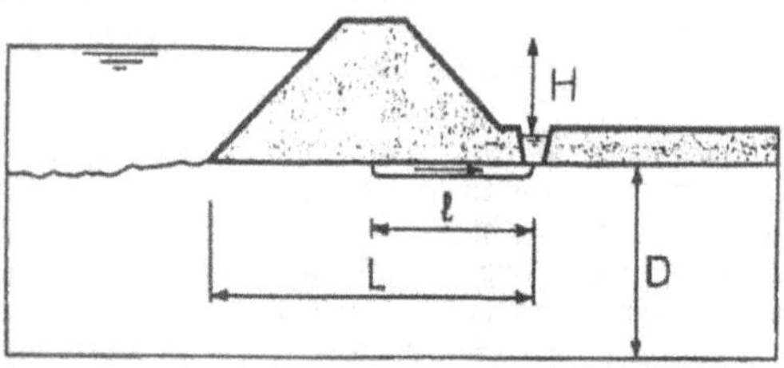

Fig. 1.2
Paramètres géométriques de l'érosion régressive

Des progrès ont été réalisés dans la connaissance et l'expérience du phénomène de l'érosion régressive depuis la publication du prétirage du Volume 2 du Bulletin en 2016. Rice et al (2021) font le point sur les avancées et les problèmes actuels de la recherche sur l'érosion régressive. Bridle (2019a) fournit un résumé de la compréhension actuelle de la mécanique de ce mécanisme et de la façon dont les nouvelles connaissances peuvent être appliquées dans la pratique. Les avancées importantes sont :

1. **Appréciation de l'érosion régressive de chenal en 2D & 3D (Vandenboer et al, 2018) :**

    a. Le processus d'érosion régressive sous un toit (BEP) nécessite qu'une quantité suffisante d'eau soit disponible pour initier l'érosion à l'exutoire, entraîner le fond du chenal d'érosion en direction du réservoir et transporter les particules érodées du fond jusqu'à la sortie du chenal en pied du remblai. Une sortie libre au pied de la digue, généralement dans un fossé provoque une érosion 2D.

    b. Une véritable érosion régressive 2D qui provoquerait une érosion tout le long du pied nécessiterait un aquifère continu avec une charge d'eau élevée pour entretenir le processus, ce qui formerait une "fente", et non un chenal, sous le remblai, entraînant un effondrement rapide.

1.4. JUSTIFICATION OF THE NINE FUNDAMENTAL POINTS

1.4.1. Point 1: Internal erosion initiates when the hydraulic forces exceed the ability of the materials in the dam and foundation to resist them

1.4.1.1. Backward Erosion

Backward erosion occurs where a dam can 'hold a roof' above non-plastic fine to medium grained sands in the foundation. An erosion pipe works backwards from toe to reservoir as illustrated in Figure 1.1. When the water level rises to the critical level an erosion pipe will break through into the reservoir and cause the dam to fail. The critical gradient causing the backward erosion pipe to progress upstream is defined by the expression (from Sellmeijer et al, 2012 and Van Beek et al, 2010a, 2010b):

$$H/L = 1/c = F_R \, F_S \, F_G$$

Note, as Figure 1.2 shows, this gradient is measured in relation to the bottom width of the dam, although it is gradients close to the toe that actually initiate erosion. The parameter c is the 'erosion coefficient', and the three F factors which characterize the eroded soil properties are detailed in Chapter 4 in Volume 1. A chart is also included to assist in the determination of the critical gradient. Other details, including the range of foundation soils to which the relationships apply are also given.

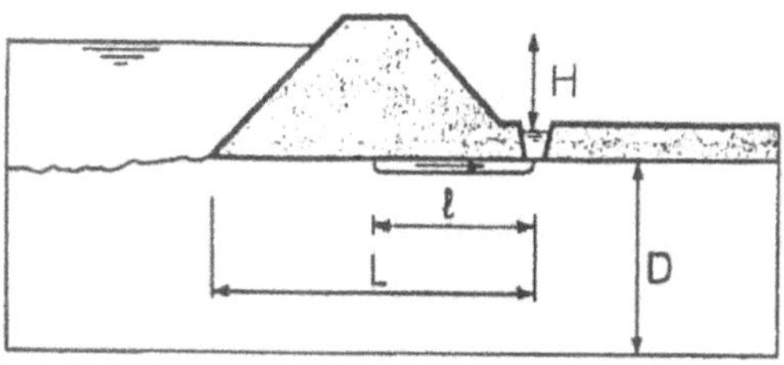

Fig. 1.2
Defining parameters used in backward erosion

There have been advances in knowledge and experience of the backward erosion phenomenon since Volume 2 of the Bulletin was issued as a preprint in English in 2016. Rice et al (2021) give an update on advances and current issues in research on backward erosion. Bridle (2019a) provides a summary of present understanding of backward erosion mechanics and how the new knowledge can be applied in practice. Important advances are:

1. **Appreciation of 2D and 3D backward erosion and piping (Vandenboer et al, 2018):**

   a. The backward erosion and piping (BEP) process requires that sufficient water is available to initiate erosion at the toe, to drive the tip of the erosion pipe 'backwards' towards the reservoir and to transport particles eroded at the 'tip' along the pipe to the outlet at the toe of the embankment. When there is a free outlet at the toe, usually into a ditch, 2D backward erosion occurs.

   b. 'True 2D BEP' which would cause backward erosion all along the toe would require a continuous aquifer supplying water at high head to sustain the process, which would form a 'slot', not a pipe, under the embankment, leading to rapid collapse.

c. L'érosion régressive 2D de Sellmeijer se produit, comme dans les essais à grande échelle d'IJkdijk, lorsque des chenaux d'érosion discrets se forment, puisant l'eau dans des aquifères plus vastes sous le remblai, qui, lorsque le gradient hydraulique au fond du chenal est suffisant pour l'attirer vers le réservoir. L'eau du réservoir s'écoule alors vers le pied de la digue, agrandissant la conduite d'érosion, et provoquant finalement l'effondrement de la digue. La Figure 20 du Volume 1 (Figure 4.4 du prétirage) donne les gradients qui conduiraient à une rupture par BEP dans des fondations en sable de propriétés et de profondeurs aquifères variables.

d. L'érosion régressive 3D se produit lorsqu'un trou se forme (par soulèvement) à travers une couche de sol fin confinant le sable sous la surface du terrain naturel à l'aval, formant souvent des " bouillonnements de sable ". Elle est alimentée par un grand aquifère et produit donc des chenaux d'érosion régressive à des gradients hydrauliques plus faibles que dans les situations 2D. L'hydraulique de cette érosion 3D a été étudiée par Robbins et al (2020).

e. Une " simplification " très approximative pour appliquer les méthodes d'évaluation 2D de Sellmeijer (Figure 20 du Volume 1) à l'érosion régressive 3D a été dérivée des données d'essai de Van Beek et al (2015). Le gradient critique 3D est très approximativement la moitié de la valeur Sellmeijer 2D (Bridle. 2019a, b). On en dit plus à ce sujet dans l'historique du cas A V Watkins au paragraphe 2.3.1.

f. Il existe de nombreux cas de formation de bouillonnements de sable se déposant en tumulus, mais très peu de cas où ce type d'érosion régressive a provoqué la rupture du remblai. Bezuijen (2017) et Marchi et al (2021) ont étudié des exemples de tumulus de sable existants qui n'ont pas provoqué la rupture de la digue sur le fleuve Po en Italie. Bezuijen a conclu que la rupture par surverse était plus probable que par érosion régressive.

2. **Érosion régressive globale ascendante :**

   a. Bridle (2019b) décrit des événements d'érosion régressive ascendante se produisant à des rythmes variés, lentement dans les remblais argileux, très rapidement à travers les fines dans les sédiments grossiers profonds. La ténacité du processus d'érosion dans la progression des conduits vers le haut est soulignée. Elle a entraîné l'abandon du premier barrage de Shikwamkwa au Canada (plus de détails au 2.3.1) et a rendu impossible le remplissage du réservoir derrière le barrage achevé de Lar en Iran (2.3.2).

   b. Bridle (2019b) discute également de la façon dont le colmatage par les fines accumulées par la suffusion descendante peut être dégagé vers le bas par une érosion régressive ascendante. L'efficacité d'" aquifères " de géométrie et d'exutoire de diamètre différents pour fournir suffisamment d'eau pour entraîner les grains est également discutée.

1.4.1.2. Érosion de conduit

L'érosion de conduit se produit dans les fissures et les cavités des sols plastiques et des sols secs non plastiques à forte teneur en fines. Les formules ci-dessous indiquent la valeur de la contrainte de cisaillement imposée par l'écoulement aux sols des parois des fissures et des cavités.

c. Sellmeijer 2D occurs as in the IJkdijk large scale tests when discrete erosion pipes form, drawing water supplies from wider aquifers below the embankment, which when the hydraulic gradient is sufficient drive the tip of the pipe through to the reservoir. Reservoir water then flows towards the toe of the embankment, enlarging the erosion pipe, eventually causing collapse of the embankment. Figure 20 in Volume 1 (Figure 4.4 in preprints) gives the gradients that would lead to failure by BEP in sand foundations of varying properties and aquifer depths.

d. 3D BEP occurs when a hole forms (by uplift) through a fine soil 'confining layer' on the ground surface over the sand at the downstream toe, often forming 'sand boils'. 3D BEP draws on a large aquifer, and consequently forms backward erosion pipes at lower hydraulic gradients than in 2D situations. The hydraulics of 3D BEP were investigated by Robbins et al (2020).

e. A very approximate 'short-cut' to apply Sellmeijer 2D assessment methods (Figure 20 in Volume 1) to 3D backward erosion and piping was derived from the testing data in Van Beek et al (2015). The critical gradient causing 3D BEP is very approximately half the Sellmeijer 2D value (Bridle. 2019a,b). More is said about this in the A V Watkins case history in paragraph 2.3.1.

f. There are numerous cases of sand boils forming, but very few cases where the BEP caused failure of the embankment. Bezuijen (2017) and Marchi et al (2021) examined examples of existing sand boils that did not cause embankment failure on the River Po in Italy. Bezuijen concluded that failure caused by overtopping and erosion of the slopes was more likely than collapse resulting from the penetration of backward erosion pipe breaking through into the river bed.

2. **Global upward backward erosion:**

   a. Bridle (2019b) describes global upward backward erosion events occurring at various rates, slowly in clay fill, very rapidly through the fines in deep coarse sediments. The tenacity of the backward erosion process in progressing pipes upward is emphasized. It resulted in the abandonment of the first dam at Shikwamkwa in Canada (more details at 2.3.1) and has made it impossible to fill the reservoir behind the completed dam at Lar in Iran (2.3.2).

   b. Bridle (2019b) also discusses how clogging by fines accumulated in downwards suffusion may be cleared by global upward backward erosion from below. The effectiveness of various 'aquifers' resulting from differing geometries and diameters of the 'free' outlets at the base of the pipes in supplying sufficient water to clear the fines is also discussed.

1.4.1.2. Concentrated Leak Erosion

Concentrated leak erosion occurs in cracks and openings in plastic soils and non-plastic soils with high fines content. The formulae below show the hydraulic shear stress imposed on the soil in

Plus de détails sont donnés au chapitre 3 du Volume 1. Si la contrainte de cisaillement hydraulique dépasse la valeur critique, qui est la résistance à l'érosion, une érosion de fuite concentrée se produira.

(a) Trou cylindrique :	(b) Fissure verticale transversale :
$\tau = \rho_w \frac{gH_f d}{4L}$	$\tau = \frac{\rho_w gH_f^2 W}{2(H_f + W)L}$

Notez que les contraintes imposées se rapportent à H_f/L, le gradient hydraulique à travers la fissure ou le trou, mesuré sur la longueur du trou ou de la fissure.

Bien que le gradient puisse être simplement déterminé, l'évaluation des emplacements et des dimensions des fissures est l'un des aspects les plus difficiles des investigations sur l'érosion interne. Les causes des fissures et des trous sont nombreuses et leur emplacement et leurs dimensions peuvent ne pas être constants dans un barrage, comme expliqué au point 6. Si l'érosion des fissures ou des trous ne serait pas arrêtée par la rétention des remblais aval, le bulletin conseille d'installer des filtres ou des écrans d'étanchéité comme protection de tous les barrages, à l'exception des plus insignifiants.

Les reconnaissances et l'analyse des emplacements et des dimensions des fissures se poursuivent depuis 2016. Le comité technique de la CIGB sur les barrages en remblai est en train de rédiger un bulletin donnant plus de détails sur les dimensions des fissures. Ceci est particulièrement important au niveau des crêtes des barrages et des digues où des filtres ou des barrières sont souvent installés par précaution, car le manque de données ou de méthodes pour évaluer les dimensions des fissures ne permet pas de décider si ces mesures sont réellement nécessaires. Les travaux sont en cours (en 2022), mais ils sont difficiles et aucune date de publication n'a encore été donnée.

Les essais d'érosion par trou (HET) et les essais d'érosion par jet (JET) (voir chapitre 4) sont utilisés pour déterminer la "contrainte de cisaillement critique", la résistance au cisaillement hydraulique requise pour évaluer la résistance à l'érosion interne (et externe) des matériaux de remblai et de fondation. L'utilisation du test d'érosion par jet a récemment été remise en question en raison des difficultés à évaluer les forces de cisaillement érosives exercées par un jet d'eau vertical sur des surfaces de sol plus ou moins horizontales. Cette question est en cours d'étude (Fox et al, 2022). En attendant, le HET peut être utilisé pour des sols plus fins, plastiques, capables de maintenir le 'trou' ouvert à saturation et pour les autres sols, les informations données dans le chapitre 3 concernant les propriétés du sol et la 'contrainte de cisaillement critique' peuvent être utilisées.

1.4.1.3. Érosion de contact

L'érosion de contact se produit lorsque des sols grossiers et fins non plastiques sont en contact, comme expliqué au chapitre 5 du Volume 1. Deux exemples sont donnés dans la Figure 1.3.

the walls of cracks and openings. Details are given in Chapter 3 of Volume 1. If the imposed shear stress exceeds the critical hydraulic shear strength of the soils, concentrated leak erosion will initiate.

(a) Cylindrical pipe:	(b) Vertical transverse crack:
$\tau = \rho_w \frac{gH_f d}{4L}$	$\tau = \frac{\rho_w gH_f^2 W}{2(H_f + W)L}$

Note that the imposed stresses relate to H_f/L, the hydraulic gradient through the crack or opening, measured across the length of the base of the crack.

Although the gradient can be simply determined, the assessment of locations and dimensions of cracks is one of the most challenging aspects of internal erosion investigations. The causes of cracks and openings are many and their locations and dimensions may not be constant in a dam, as explained in relation to Point 6. The Bulletin gives guidance, but in all but the most inconsequential of dams, if erosion through cracks or openings will not be arrested by filtering action in downstream fills, filters or barriers should be installed to protect against it.

Investigations and analysis of the locations and dimensions of cracks has continued since 2016. The ICOLD Technical Committee on Embankment Dams is writing a Bulletin giving more detail on crack dimensions. This is particularly important at the crests of dams and levees where filters or barriers are often installed as a precaution because the lack of data or methods to assess crack dimensions makes it impossible to decide if such measures are actually necessary. The work is on-going (in 2022) but challenging and no publication date has yet been given.

Hole Erosion Tests (HET) and Jet Erosion Tests (JET) (see Chapter 4) are used to determine the 'critical shear stress', the hydraulic shear strength required to assess the resistance of dam fill and foundation materials to internal (and external) erosion. The use of the Jet Erosion Test has recently come into question because of difficulties in assessing the erosive shear forces exerted by a vertical jet of water on to more-or-less horizontal soil surfaces. The matter is under investigation (Fox et al, 2022). Meanwhile the HET can be used for finer, plastic soils able to hold the 'hole' open on saturation and for other soils the information given in Chapter 3 relating soil properties to the 'critical shear stress' can be used.

1.4.1.3. Contact Erosion

Contact erosion occurs when non-plastic coarse and fine soils are in contact, as explained in Chapter 5 of Volume 1. Examples are given in Figure 1.3.

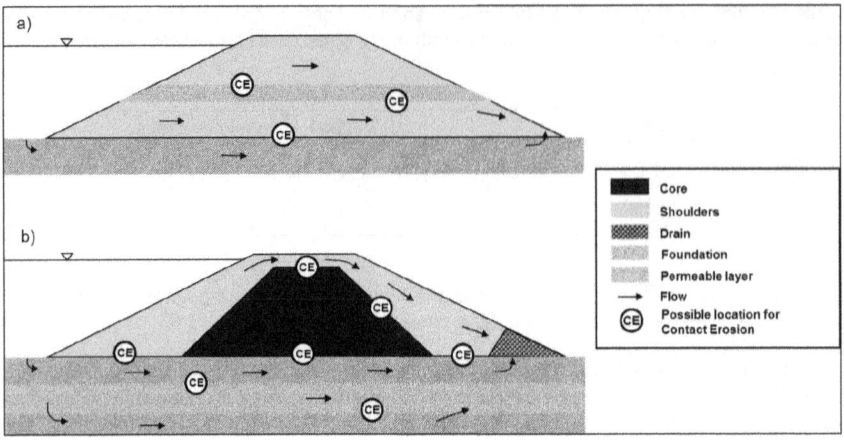

Fig. 1.3
Lieux possibles de déclenchement de l'érosion de contact. a) Barrage non zoné avec un remblai stratifié couches en raison de la ségrégation pendant la construction sur un sol de fondation grossier. b) Barrage zoné avec un potentiel d'érosion de contact à des niveaux de réservoir élevés au-dessus du noyau et dans les couches de sols grossiers de la fondation (Beguin et al, 2009).

L'érosion de contact se déclenche lorsque la vitesse d'écoulement dans le sol grossier est suffisante pour déclencher l'érosion du sol fin. La Figure 1.4 montre la vitesse de Darcy à laquelle l'érosion de contact sera initiée pour divers sols fins, à la fois au-dessus et au-dessous des sols grossiers.

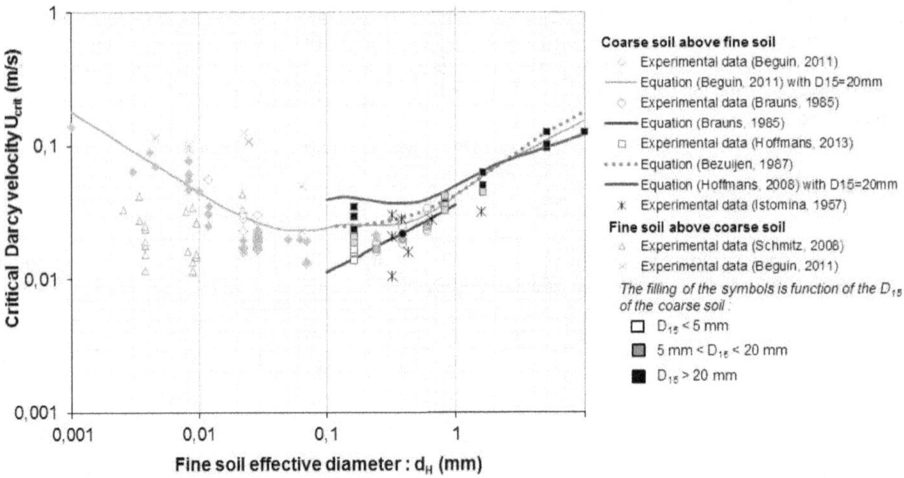

Fig. 1.4
Vitesses critiques d'érosion de contact d'une couche de limon ou de sable fin au-dessus ou en dessous d'une couche de gravier (Beguin)

La vitesse de Darcy (v) est simplement liée par la perméabilité (k) au gradient hydraulique (I = H/L) car v = ki.

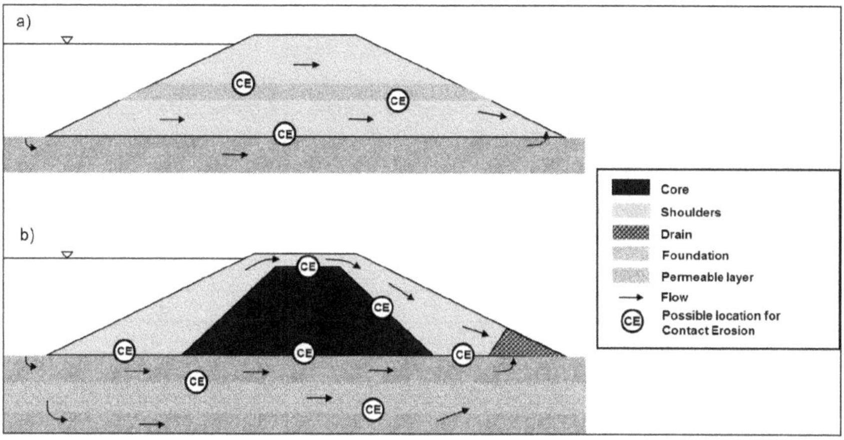

Fig. 1.3
Possible locations of contact erosion initiation. a) Homogeneous dam with layered fill due to segregation during construction and a coarse foundation soil. b) Zoned dam with potential for contact erosion at high reservoir levels above the core and for erosion into coarse layers in the foundation (Beguin et al, 2009).

Contact erosion initiates when the velocity of flow in the coarse soil is sufficient to initiate erosion of the fine soil. Figure 1.4 shows the Darcy velocity at which contact erosion will be initiated for various fine soils both above and below coarse soils.

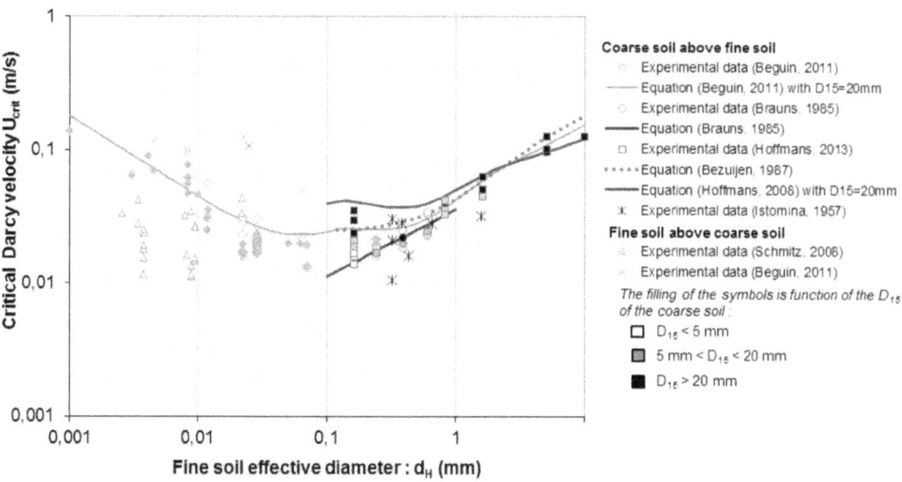

Fig. 1.4
Critical velocities for contact erosion of sand above and below gravel (this is a copy of Figure 23 in Volume 1, ICOLD, 2017, Figure 5.2 in preprints) (courtesy of Dr Remi Beguin)

The Darcy velocity (v) is simply related through permeability (k) to the hydraulic gradient (i = H/L) because v = ki.

1.4.1.4. Suffusion

La suffusion se produit dans les sols à granulométrie instable, discontinue ou très étalée, par érosion sélective des particules fines à travers la matrice des grosses particules, de telle sorte que les particules fines sont transportées dans les pores et constrictions des grosses particules par les écoulements, laissant un squelette de particules les plus grosses. La Figure 1.5 présente des exemples de sols suffusifs et non suffusifs. Notez les petites différences de granulométrie entre eux, et les faibles gradients auxquels la suffusion s'amorce dans les sols sensibles. D'autres méthodes d'identification des sols sensibles à la suffusion sont données au chapitre 6 du Volume 1.

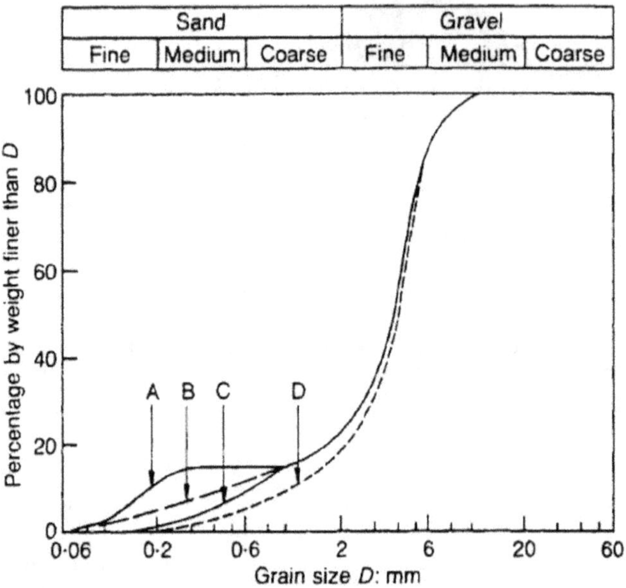

Fig. 1.5
Courbes granulométriques des sols dans les tests de Skempton et Brogan (1994). Les échantillons A et B sont suffusifs, C et D ne le sont pas. La Suffusion dans l'écoulement ascendant a commencé à un gradient hydraulique critique ic = 0,2 pour A et ic = 0,34 pour B. Pour les échantillons non suffusifs C et D, la rupture par soulèvement s'est produite à i = 1,0, comme prévu par Terzaghi (1939).

1.4.1.5. Tous les quatre mécanismes sont déclenchés par des niveaux d'eau élevés

Comme on peut le voir, la mécanique de l'érosion interne montre *que les quatre types d'érosion interne se déclenchent au-delà d'un gradient critique* ($i_c=H_c/L$), ce qui confirme le point 1 selon lequel le déclenchement de l'érosion interne se produit normalement lorsque le niveau d'eau du réservoir est à son niveau le plus élevé ou proche de celui-ci.

Les cas de rupture de remblai montrent qu'ils se sont produits lorsque le niveau de l'eau était le plus élevé ou à un mètre de ce niveau.

Il existe des cas de rupture par la fondation pour des niveaux de retenue inférieurs au niveau le plus élevé précédemment enregistré (Foster et al, 1998, 2000). Il existe des preuves que de telles ruptures et incidents de fondations se sont produits lorsque le niveau de l'eau baissait après avoir été élevé (Engemoen, 2011, 2012).

1.4.1.4. Suffusion

Suffusion occurs in internally unstable, gap-graded or broadly graded soils by selective erosion of finer particles from the matrix of coarser particles, in such a manner that the finer particles are removed through the voids between the larger particles by seepage flow, leaving behind a soil skeleton formed by the coarser particles. Figure 1.5 shows examples of suffusive and non-suffusive soils. Note the small differences in the gradings between them, and the low gradients at which suffusion initiates in susceptible soils. Other methods of identifying soils susceptible to suffusion are given in Chapter 6 of Volume 1.

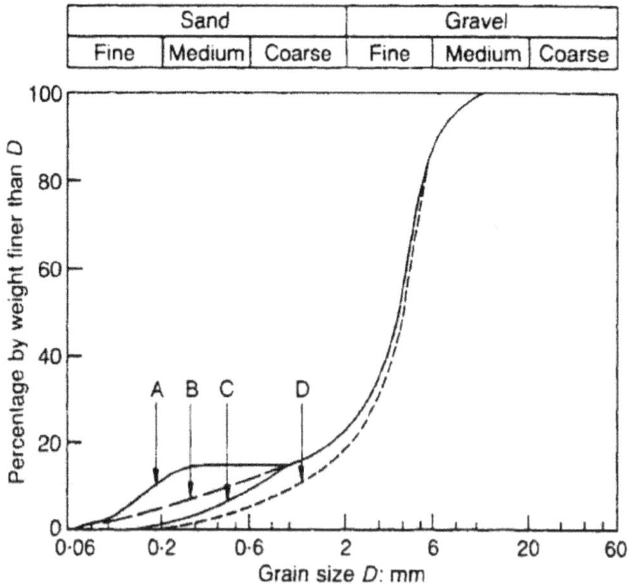

Fig. 1.5
Grain size distribution curves of soils in Skempton and Brogan (1994) tests. Samples A and B were suffusive, C and D were not. Suffusion in upward flow initiated at critical hydraulic gradient ic = 0.2 in A and ic = 0.34 in B. In non-suffusive samples C and D, 'general piping' occurred at i = 1.0, as expected from Terzaghi (1939).

1.4.1.5. All four types of internal erosion initiate at high water level

As can be seen, the mechanics of internal erosion show that *all four types of internal erosion initiate at a critical gradient (i_c=H_c/L)*, confirming Point 1 that initiation of internal erosion normally occurs when the reservoir water level is at or near its highest ever.

Records of failures *through the embankment* show that they occurred when water level was at its highest or within a meter of that level.

There are records of failures *through the foundation* when the water level was below the highest level previously recorded (Foster et al, 1998, 2000). There is some evidence that such foundation failures and incidents occurred as the water level dropped after having been high (Engemoen, 2011, 2012).

1.4.2. *Point 2 : L'érosion interne peut être arrêtée dans les barrages zonés si la recharge a un pouvoir filtrant vis à vis du noyau ou d'un remblai adjacent. Dans les barrages homogènes, il n'y a pas de zonage, par conséquent si l'érosion se déclenche, elle ne peut pas être arrêtée*

Les barrages homogènes sont particulièrement vulnérables à l'érosion interne. Les barrages zonés sont moins vulnérables. Il a été reconnu (Foster et Fell, 1999a; Foster et Fell, 2001) que les filtres grossiers selon les normes de conception modernes et les recharges aval non conçus comme filtres peuvent offrir une certaine protection contre la continuation de l'érosion. Ceci est dû à l'"auto-filtration", définie dans la terminologie du Volume 1 comme le processus par lequel les particules grossières empêchent l'érosion interne des particules moyennes, qui à leur tour empêchent l'érosion des particules fines, "construisant" ainsi un filtre suffisamment fin pour arrêter l'érosion. Le chapitre 7 du Volume 1 donne plus de détails sur ce qui se produit lorsque des filtres de plus en plus grossiers interceptent les chemins d'érosion, comme suit :

- ***Rétention sans érosion*** - le matériau filtrant stoppe l'érosion sans ou avec très peu d'érosion du matériau qu'il protège. L'augmentation du débit de fuite est si faible qu'il est peu probable qu'elle soit détectable.

- ***Rétention après érosion limitée*** - le matériau filtrant n'empêche pas initialement l'érosion du sol qu'il protège, mais il finit par colmater et arrêter l'érosion. Le débit de fuite dû à l'érosion de conduit peut atteindre 100 L/s, mais il est autocolmatant.

- ***Rétention après érosion massive*** - le matériau filtrant permet l'érosion du matériau qu'il protège et, ce faisant, permet une augmentation importante du débit de fuite (jusqu'à 1000 L/s), mais le débit est autorégulé. L'ampleur de l'érosion est telle qu'elle provoque des fontis sur la crête et des conduits d'érosion à travers le noyau.

- ***Érosion continuelle*** - le matériau filtrant est trop grossier pour arrêter l'érosion du matériau qu'il protège et rend possible une érosion continuelle. Il est probable que l'érosion et les fuites soient illimitées.

Si le remblai peut supporter des fuites importantes jusqu'au moment où les filtres colmatent, le barrage ne cèdera pas. Dans certains cas, l'érosion reprendra à proximité de la zone d'origine en raison de la modification du cheminement des fuites, ce qui provoquera un second incident.

1.4.3. *Point 3 : Les recharges peuvent aussi limiter les infiltrations en dessous du seuil d'initiation de l'érosion*

Le Bulletin donne des précisions pour évaluer si le remplissage des fissures (Gillon, 2007, Nilsson, 2007a, b, et Foster et Fell, 1999b) ou la limitation du débit en amont (Fell et al, 2008) seront efficaces pour éviter l'initiation. Selon leur perméabilité, les zones en amont et en aval peuvent générer des pertes de charge hydraulique tellement élevées que l'érosion d'une fissure passant par le noyau peut être stoppée. Fry (2007) a modélisé l'érosion de conduit à travers une fissure de 2 mm de largeur dans le noyau en argile d'un barrage zoné de 50 m de hauteur sans filtre flanqué de recharges non plastiques. Celui-ci a montré trois comportements : l'érosion ne commence pas, l'érosion commence et s'arrête, et l'érosion ne s'arrête pas. Ces domaines de comportement ne dépendent que de la contrainte de cisaillement critique du noyau, qui contrôle l'initiation et l'arrêt de l'érosion, et de la perméabilité des recharges, qui contrôle la perte de charge aux bords du noyau. Pour une perméabilité de recharge inférieure à 10^{-3} m/s, le débit de fuite final s'est stabilisé en dessous de 10 L/s pour le cas modélisé.

1.4.2. *Point 2: Internal erosion may be arrested in zoned dams if the shoulder fill provides some kind of filter to the core or other adjoining fill. In homogeneous dams there are no zones, consequently if erosion initiates, it cannot be arrested*

Homogeneous dams are particularly vulnerable to internal erosion. Zoned dams are less vulnerable. What has been recognized (Foster and Fell, 1999a; Foster and Fell, 2001) is that filters that are too coarse by modern design standards and downstream fills not designed as filters may provide some protection against the continuation of erosion. This is because of 'self-filtering', defined in the Terminology in Volume 1 as the process in which coarse particles prevent the internal erosion of medium particles, which in turn prevent erosion of fine particles, thereby 'constructing' a filter fine enough to arrest erosion. Chapter 7 in Volume 1 gives details of what occurs when filters of increasing coarseness intercept erosion paths as follows:

- ***Seals with No Erosion*** – the filtering material stops erosion with no or very little erosion of the material it is protecting. The increase in leakage flows is so small that it is unlikely to be detectable.

- ***Seals with Some Erosion*** – the filtering material initially allows erosion from the soil it is protecting, but it eventually seals up and stops erosion. Leakage flows due to piping can be up to 100 L/s, but are self-healing.

- ***Seals with Excessive Erosion*** – the filter material allows erosion from the material it is protecting, and in the process permits large increases in leakage flow (up to 1000 L/s), but the flows are self-healing. The extent of erosion is sufficient to cause sinkholes on the crest and erosion tunnels through the core.

- ***Continuing Erosion*** – the filtering material is too coarse to stop erosion of the material it is protecting and continuing erosion is permitted. Unlimited erosion and leakage flows are likely.

Provided the embankment can accommodate the substantial leakage that occurs up to the time the filters seal, the dam will not fail. In some cases, erosion will initiate again adjacent to the original area due to changed leakage pathways, causing a second incident.

1.4.3. *Point 3: The shoulder fills may also limit flows to be insufficient to generate the forces needed to initiate erosion*

The Bulletin gives guidance on assessing whether crack filling (Gillon, 2007, Nilsson, 2007a, b, and Foster and Fell, 1999b) or upstream flow limitation (Fell et al, 2008) will be effective in preventing initiation. Depending on permeability, both upstream and downstream zones can generate such high hydraulic losses that erosion in a crack passing through the core can be stopped. Concentrated leak erosion through a 2 mm wide crack in the plastic core of a 50 m high zoned dam without a filter and with non-plastic shoulder fill was modeled by Fry (2007). This showed three behaviors: erosion does not initiate, erosion initiates and stops, and erosion does not stop. These behaviors are mainly dependent on the critical shear stress of the core which controls the initiation and the stabilization of erosion, and the permeability of the upstream shoulder which controls the head loss at the borders of the core. For shoulder permeability lower than 10^{-3} m/s the final discharge rate stabilized below 10 L/s for the case modeled.

1.4.4. Point 4 : Le débit seul n'est pas un indicateur de la présence ou non de l'érosion

L'érosion interne n'"évolue" pas ou ne "se développe" pas comme on le pense souvent. L'érosion est déclenchée lorsque les forces d'infiltration dépassent la résistance à l'érosion des matériaux du barrage. Par conséquent, les fuites en elles-mêmes ne sont pas un indicateur de l'initiation de l'érosion. La connaissance des matériaux traversés par les écoulements, et notamment de leur résistance à l'érosion, et l'évaluation des forces hydrauliques, sont indispensables pour déterminer si l'érosion peut se déclencher. Ce point crucial a été reconnu par Smith et Cote (2011).

Ces faits représentent un défi considérable pour la surveillance qui signalera la présence d'une érosion interne avant qu'elle ne s'amorce. Ce volume 2 traite des méthodes permettant de relever ce défi. En attendant, il est suggéré que l'eau qui émerge des barrages ou de leurs fondations soit appelée "fuite", à moins qu'il soit plus ou moins certain que l'érosion interne ne puisse pas se produire, dans un barrage correctement filtré, par exemple, auquel cas l'eau émergente peut être appelée "percolation".

De plus, l'érosion peut se produire dans des circonstances où la fuite n'est pas visible, par exemple, lorsque des matériaux érodés s'écoulent dans les fondations (comme dans la Figure 1.1) ou dans des fractures hydrauliques qui s'ouvrent lorsque le tassement ou les tremblements de terre réduisent la contrainte totale principale minimale à une valeur inférieure à la pression interstitielle.

1.4.5. Point 5 : Les barrages existants ont démontré qu'ils sont capables de résister ou d'arrêter l'érosion au moins jusqu'au plus haut niveau d'eau jamais atteint

Les parties supérieures du barrage, qui n'ont pas encore été testées, peuvent être vulnérables, car les fissures et la dessiccation sont plus probables près de la crête, et parce que souvent les filtres n'ont pas été mis au-dessus du niveau de retenue normal. Tout niveau d'eau plus élevé peut alors imposer un supplément de forces suffisant pour initier l'érosion des zones sensibles n'importe où dans le barrage ou sa fondation.

1.4.6. Point 6 : Cependant, la capacité d'un barrage à résister aux forces d'érosion n'est pas constante dans le temps

En effet, la fissuration, y compris la fissuration par fracturation hydraulique, ou les zones de faible contrainte, peuvent créer des endroits où l'érosion peut se déclencher. Ces endroits peuvent résulter d'un tassement post-construction, d'un tassement à long terme, d'un tassement et d'un gonflement à mesure que le niveau de l'eau baisse et monte, d'un tassement lors de tremblements de terre, d'un mouillage et d'un séchage saisonniers et d'une dessiccation. Cette évolution du risque d'érosion interne au fil du temps est due au fait que les sols ne sont pas élastiques et que les cycles de chargement entraînent des contraintes irréversibles, qui peuvent progressivement créer de nouveaux points sensibles à l'érosion interne. La vidange du réservoir et son remplissage ultérieur peuvent modifier sensiblement l'état de contrainte et peuvent expliquer les nombreux incidents d'érosion interne qui se produisent lors du remplissage.

1.4.7. Point 7 : L'érosion interne n'est pas le produit du vieillissement

L'érosion interne peut se produire parce que des composants du barrage, tels que les conduites, se détériorent avec l'âge et créent de nouveaux points de départ de l'érosion interne.

Cependant, l'érosion interne dans les barrages de tout âge ne commence que lorsque les forces hydrauliques dépassent la résistance à l'érosion des sols des remblais ou de leurs fondations,

1.4.4. Point 4: Seepage alone is not an indicator that erosion will or will not initiate

Internal erosion does not 'evolve' or 'develop' as is often thought. Initiation of erosion occurs when the seepage forces exceed the ability of the dam materials to resist them. Consequently seepage by itself is not an indicator that erosion will or will not initiate. Knowledge of the materials through which seepage may pass, including their resistance to hydraulic forces, and knowledge of the likely hydraulic forces, is necessary to assess if erosion could initiate. This crucial point was recognized by Smith and Cote (2011).

These facts present a considerable challenge for monitoring that will warn of internal erosion before it initiates. This Volume 2 deals with methods to address this challenge. Meanwhile, to make this point, it is suggested that water emerging from dams or their foundations should be called 'leakage' unless it is more or less certain that internal erosion could not occur, in a properly filtered dam, for example, in which case the emerging water may be called 'seepage'.

Also, erosion may initiate in circumstances where leakage is not visible, for example, where leakage carrying eroded materials flows into the foundations (as in Figure 1.1) or in hydraulic fractures that open as settlement or earthquake shaking reduces minimum principal total stress to be below pore pressure.

1.4.5. Point 5: Existing dams have demonstrated that they are capable of resisting or arresting erosion at least to the highest water level ever retained

The upper previously untested parts of the dam may be vulnerable because cracking and desiccation are more likely near the crest, and often filters are not taken above reservoir full supply level. Any higher water level may also impose additional forces sufficient to initiate erosion at vulnerable zones anywhere in the dam or its foundations.

1.4.6. Point 6: The ability of a dam to resist erosive forces is not constant over time

This is because cracking, including cracking by hydraulic fracture, or zones of low stress, may create sites where erosion can initiate. Such sites may result from post-construction settlement, long term settlement, settlement and swelling as water level falls and rises, settlement during earthquakes, seasonal wetting and drying and desiccation. This changing vulnerability to internal erosion over time arises because soils are not elastic and the cycles of loading result in irreversible strains, which may gradually create new sites vulnerable to internal erosion. Emptying the reservoir and subsequent refilling has the potential to change the stress state markedly and may explain the many internal erosion incidents that occur during refilling.

1.4.7. Point 7: Internal erosion is not caused by ageing

Internal erosion may occur because components, such as culverts, in the dam deteriorate with age and provide new sites where internal erosion may initiate.

However, internal erosion in dams of any age initiates only when the hydraulic forces exceed the ability of the soils in the dam fills or foundation to resist them, although, as mentioned above, dams

bien que, comme mentionné ci-dessus, les barrages peuvent devenir plus sujets à l'érosion interne en vieillissant parce que les cycles de chargement entraînent de nouvelles déformations irréversibles.

Dans les cas où les propriétés d'un sol changent avec l'âge, par exemple en par cimentation ou dissolution, la résistance à l'érosion peut également changer avec l'âge.

On dit parfois que les vieux barrages ne sont pas sensibles à l'érosion interne parce qu'ils ont survécu pendant de nombreuses années. Cependant, il est plus probable qu'ils n'ont peut-être pas encore été en réalité soumis à des chargements hydrauliques suffisants pour déclencher l'érosion.

1.4.8. Point 8 : Si l'érosion de conduit commence et n'est pas arrêtée par la filtration (phase de continuation), le délai avant la rupture et la brèche dans presque tous les types de sol est trop court pour intervenir et arrêter la rupture.

Le Volume 1 montre que le temps pour qu'un conduit en cours d'érosion passe de 25 mm à 1 m n'est qu'une question d'heures dans la plupart des sols. Dans les sols très résistants, l'élargissement se produit en seulement 100–500 heures, soit 4 jours à 3 semaines. Dans les sols moins résistants, la vitesse est très rapide. Dans d'autres situations, la vitesse de progression de l'érosion interne initiée par l'érosion régressive, l'érosion par contact et la suffusion peut aussi être rapide (Fell et al, 2005). Ces périodes sont trop courtes pour que l'on puisse prendre des mesures autres que des alarmes et des précautions pour atténuer certains des impacts de la défaillance. Par conséquent, sauf dans le cas des barrages où les conséquences de la rupture sont minimes, certaines actions correctives, telles que la mise en place d'un filtre, doivent être prises pour empêcher l'érosion de se poursuivre dans le cas où les investigations montrent qu'elle pourrait s'amorcer et ne pas être stoppée par filtration dans la recharge. Il faut reconnaître que dans les cas où il y a des dommages évidents dus à l'érosion interne, des tassements, des dolines, etc., parfois sur de longues périodes sans défaillance ou avant défaillance, c'est un symptôme que le niveau de retenue normal est très proche de celui qui provoquera la défaillance. De tels remblais sont très vulnérables, la rupture peut se produire soudainement lorsque le niveau d'eau est plus élevé que la normale lors d'une crue exceptionnelle, par exemple.

Récemment, des expériences à petite échelle ont été menées pour tenter de quantifier le taux de progression des conduits d'érosion régressive lorsque des charges hydrauliques critiques et supercritiques sont soudainement appliquées. Des essais à plus grande échelle sont aussi prévus (Vandenboer et al., 2019, Pol et al., 2021).

1.4.9. Point 9 : Comme la rupture par érosion interne est plus susceptible de se produire lorsque le niveau d'eau de la retenue est élevé, la probabilité de rupture est liée à l'hydrologie des crues

L'érosion interne commence, continue et progresse jusqu'à la rupture tant que des gradients hydrauliques supérieurs à la valeur critique se produisent. La probabilité d'occurrence du niveau de retenue qui générerait un gradient hydraulique supérieur au seuil critique peut être évaluée à partir de l'hydrologie des crues. Si ce niveau d'eau est inférieur au niveau d'eau maximum prévu lors du passage de l'évacuateur par la crue de projet, le barrage doit être protégé par des filtres ou des barrières pour empêcher une rupture par érosion avec une probabilité plus élevée (et un niveau d'eau plus bas) qu'une rupture par surverse. Rationnellement, le barrage devrait également être stable en cas de tremblement de terre de même probabilité. Dans ce cas, le barrage a la même probabilité (ou pour être positif la même invraisemblance) de se rompre par surverse, glissement ou érosion interne.

Cette approche, appelée " évaluation quantitative des risques basée sur les chargements ", dans laquelle la probabilité d'occurrence d'inondations ou de tremblements de terre de la magnitude qui provoquerait une défaillance a été développée par Bridle (2018). Elle devrait améliorer les approches actuelles qui ne se rapportent pas toujours à la probabilité d'occurrence des forces susceptibles de provoquer une défaillance et donnent donc des résultats peu fiables ou irréalistes

may become more vulnerable to internal erosion as they age because the cycles of loading result in irreversible strains.

In circumstances where a soil's properties change with age, by cementing for example, its resistance to erosion may also change with age.

Old dams are sometimes said not to be vulnerable to internal erosion because they have survived for so many years. However, the reality is more likely to be that they may not yet have been subjected to hydraulic loads sufficient to initiate erosion.

1.4.8. Point 8: If erosion initiates and is not arrested by filtering action (i.e., it has continued), the time to failure and breach in almost all soil types is too short to take steps to stop failure.

Volume 1 shows that the time for an erosion pipe caused by a concentrated leak to enlarge from 25 mm to 1 m is only a matter of hours in most soils. In very resistant soils enlargement occurs in only 100–500 hours, or 4 days to 3 weeks. In less resistant soils, the rate is very rapid. In other situations, the rate of progression of internal erosion initiated by backward erosion, contact erosion and suffusion could be also rapid (Fell et al, 2005). These periods are too short to take any action other than issue warnings and take precautions to alleviate some of the impacts of failure. Therefore, other than at dams where the consequences of failure are minimal, some positive action, such as providing filter protection, should be taken to prevent erosion from continuing if investigations show that it could initiate and would not be arrested by filtering in the shoulder fill. It should be recognized that in cases where there is obvious damage from internal erosion, settlement, sinkholes, etc., sometimes over long periods without failure or before failure, it is a symptom that normal high-water levels are very close to those that will cause failure. Such embankments are very vulnerable, failure may occur suddenly when water levels in the reservoir are higher than normal during an exceptional flood, for example.

Recently small-scale experiments have been carried out attempting to quantify the progression rate for backward erosion piping when critical and supercritical hydraulic loads are suddenly applied. Tests at larger scale are now planned (Vandenboer et al., 2019, Pol et al., 2021).

1.4.9. Point 9: As failure by internal erosion will occur at high reservoir water level, the probability of failure is related to the flood hydrology

Internal erosion initiates and may continue and progress to breach when critical hydraulic gradients occur. The probability of occurrence of the reservoir water level that would generate the critical hydraulic gradient can be assessed from the flood hydrology. If this water level is lower than the maximum water level expected during the passage of the spillway design flood, the dam should be protected by filters or barriers to prevent failure by erosion at a higher probability (and lower water level) than failure by overtopping. Rationally, the dam should also be stable in earthquakes of the same probability. Then the dam is equally likely (or being positive, equally unlikely) to fail from overtopping, instability or internal erosion.

This approach, termed 'load-based quantitative risk assessment' in which the probability of occurrence of floods or earthquakes of the magnitude that would cause failure was developed further by Bridle (2018). It should improve on current approaches that do not always relate to the probability of occurrence of the forces that may cause failure and therefore give unreliable or unrealistic results

(Bridle, 2021). Mallet (2019) ajoute aux travaux précédents (Mallet et Fry, 2016, Mallet et al, 2014) et à la description de l'érosion par fuite concentrée à travers les terriers de blaireaux en 2.2.1 plus de détails sur l'évaluation quantitative des risques (approche probabiliste) utilisée comme base au Symadrem pour la conception de digues de remplacement dans le delta du Rhône en France. Les relevés des brèches survenues lors de crues historiques ont été utilisés dans la conception des nouvelles digues pour fournir les données sur les niveaux de crue et la probabilité d'occurrence.

Le Centre de gestion des risques (RMC) de l'US Army Corps of Engineers (USACE) a développé une suite de feuilles de calcul d'Érosion Interne RMC dans Microsoft Excel (boîtes à outils) en support des évaluations de risques pour la sécurité des barrages et des digues (USACE 2022). Les outils du tableur appliquent les mécanismes connus de l'érosion interne pour évaluer la probabilité d'événements menant à une brèche. Les informations obtenues à partir de ces tableurs sont utilisées avec d'autres informations pertinentes pour aider à estimer les probabilités des modes de défaillance de l'érosion interne. La pratique de l'USACE pour l'estimation des probabilités est d'utiliser les meilleures méthodes disponibles pour évaluer le potentiel d'érosion, mais toutes les probabilités finales sont estimées par l'élicitation de l'équipe sur la base de la totalité et de la solidité des preuves provenant des calculs, des histoires de cas, des données de performance, etc. (O'Leary 2022).

1.5. UTILISER LA COMPRÉHENSION RÉCENTE DES MÉCANISMES D'ÉROSION

1.5.1. Du Volume 1 au Volume 2

La compréhension récente de la mécanique de l'érosion interne déduite du Volume 1, et résumée par les neuf points, rend nécessaire la détermination des propriétés du barrage et de sa fondation et de justifier si l'érosion interne peut ou non se déclencher, et si elle se déclenche, si elle peut se poursuivre jusqu'à ce qu'une brèche se produise.

Le Volume 1 donne des informations complètes et doit être lu et utilisé lors des analyses et des évaluations. Il comprend des généralités sur la surveillance et la réhabilitation. Le volume 2 contient en plus les éléments suivants :

- des enseignements tirés de l'expérience des ruptures, accidents et incidents d'érosion interne du chapitre 2;
- des conseils dans le chapitre 3 sur les reconnaissances et dans le chapitre 4 sur les essais de laboratoire pour fournir les données nécessaires aux calculs et aux évaluations;
- des informations au chapitre 5, en plus de ceux prodigués dans le Volume 1 et dans certaines études de cas, sur les mesures correctives visant à améliorer la résistance d'un barrage à l'érosion interne, lorsque l'évaluation a montré que c'était justifié;
- des conseils au chapitre 6 sur la surveillance et l'auscultation à long terme des barrages après l'achèvement des évaluations, et sur les mesures correctives à envisager par la justification de la tenue de l'ouvrage, afin de confirmer une performance satisfaisante, d'identifier tout changement susceptible d'entraîner une baisse de résistance à l'érosion, et de repérer à temps le début d'une érosion inattendue pour avertir les populations en aval d'une rupture imminente.

1.5.2. Résultats potentiels de la justification à l'érosion interne

Si l'évaluation montre que le barrage, dans son état actuel, peut résister ou se protéger de l'érosion lorsque des chargements extrêmes lui sont appliqués (généralement des niveaux d'eau très

(Bridle, 2021). Mallet (2019) adds to previous work (Mallet and Fry, 2016, Mallet et al, 2014) and to the description of concentrated leak erosion through badger burrows in 2.2.1 by giving more details of the quantitative risk assessment (probabilistic approach) used as the basis for the design of replacement levees for Symadrem in the Rhome Delta in France. The records from breaches in historic floods were used to provide the flood hydrology water level and probability of occurrence data for the design of the new levees.

The US Army Corps of Engineers (USACE) Risk Management Center (RMC) has developed the RMC Internal Erosion Suite of Microsoft Excel spreadsheets (toolboxes) to support risk assessments for dam and levee safety (USACE 2022). The spreadsheet tools apply the known mechanics of internal erosion to assess the likelihood of events that lead to breach. The information obtained from these spreadsheet tools is used along with other pertinent information to help estimate probabilities of internal erosion failure modes. USACE practice for estimating probabilities is to utilize the best available methods for evaluating erosion potential, but all final probabilities are estimated using team elicitation based upon the totality and strength of the evidence from calculations, case histories, performance data, etc. (O'Leary 2022).

1.5. USING THE NEW UNDERSTANDING OF INTERNAL EROSION MECHANICS

1.5.1. From Volume 1 to Volume 2

The new understanding of the mechanics of internal erosion derived from Volume 1, and summarized by the nine points, makes it necessary to determine the properties of a dam and its foundation and carry out analyses to assess whether or not internal erosion can initiate, and whether, if initiated, erosion can continue until breach occurs.

Volume 1 gives full information and should be read and referred to when making the analyses and assessments. It includes overviews of monitoring and remediation. This Volume 2 provides the following:

- Information from experience of internal erosion failures, accidents and incidents in Chapter 2
- Guidance in Chapters 3 on investigations and in Chapter 4 on laboratory tests to provide data for the analyses and assessments
- Information in Chapter 5, in addition to that given in Volume 1 and in some of the case histories, on remediation to improve the resistance of a dam to internal erosion, if the assessments have shown this to be necessary
- Advice in Chapter 6 on the long term monitoring and surveillance of dams after completion of assessments, and remediation if this has been necessary, to confirm satisfactory performance, identify any changes that may lead to reduced resistance to erosion, and identify the onset of unexpected erosion in time to warn people downstream of imminent failure.

1.5.2. Potential outcomes from assessments

If the assessments show that the dam in its present condition can resist or protect itself from erosion when extreme loads occur (usually very high water levels), remediation would not be

élevés), il ne sera pas nécessaire de procéder à une remise en état. Si le barrage ne peut pas résister ou se protéger de l'érosion sous ces chargements extrêmes, il sera nécessaire de procéder à une remise en état sous la forme d'écrans d'étanchéité ou de filtres. Dans les deux cas, des changements à long terme peuvent encore modifier la situation, comme expliqué au point 6.

Si des gradients ou des vitesses critiques se produisent, l'érosion se déclenchera, et si elle n'est pas immédiatement stoppée par la filtration d'une recharge apte à être "sans érosion" ou par des filtres, les fuites visibles seront considérées comme contenant des particules érodées. Si les recharges ou les filtres sont des filtres "d'érosion limitée" ou "d'érosion massive", l'érosion cessera au bout d'un certain temps, l'eau de fuite visible redeviendra claire et les quantités de fuite diminueront. Si la recharge ou les filtres sont propices à « l'érosion permanente », l'érosion continuera rapidement à faire des brèches dans leurs sols sauf les plus résistants.

1.5.2.1. Données nécessaires pour réaliser les analyses et justifications

Des reconnaissances doivent d'abord être menées pour établir les propriétés du barrage, y compris les données géométriques des zones concernées. Les gradients hydrauliques à travers les différentes zones et leur fondation peuvent être estimés à partir des données hydrologiques (point 9) et de la géométrie du barrage.

Les propriétés caractéristiques des sols du remblai et de la fondation du barrage doivent également être déterminées. Il est recommandé d'adopter une approche progressive en recherchant des informations supplémentaires si nécessaire pour affiner l'analyse.

Les évaluations utilisant ces données et appliquant les Tableaux, graphiques et formules du Volume 1, devraient révéler si l'érosion peut ou non se déclencher dans le barrage (point 1), et établir la capacité de filtration des recharges et des filtres éventuels (point 2). Dans certaines circonstances, les recharges, amont et aval, peuvent limiter les débits de fuite à un point tel que les forces hydrauliques sont insuffisantes pour déclencher l'érosion (point 3).

Il est possible d'évaluer, avec discernement, si l'érosion régressive, l'érosion de contact et la suffusion vont se déclencher en utilisant respectivement les graphiques et les Tableaux des chapitres 4, 5 et 6 du Volume 1. Le jugement est toutefois nécessaire, car les informations figurant sur les graphiques ne peuvent, par exemple, concerner que des propriétés particulières du sol.

Il est difficile d'évaluer si des fissures ou des ouvertures seront présentes dans un barrage et, le cas échéant, si leurs dimensions seront telles qu'une érosion de conduit se produira. Ceci est expliqué au point 1 et aux chapitres 3, 8 et à la section 9.11.2 du Volume 1. Si les recharges ou les filtres ne sont pas capables de filtrer, ou si la limitation des fuites est insuffisante pour éviter de déclencher l'érosion, des filtres ou des écrans d'étanchéité sont nécessaires pour protéger le barrage, à moins qu'une rupture ne soit sans conséquence (point 8).

Pour évaluer la capacité de filtration du barrage, il faut déterminer les propriétés caractéristiques des matériaux constitutifs du remblai et de la fondation du barrage. Il s'agit des enveloppes des fuseaux granulométriques du filtre et du noyau ou du corps du barrage.

Si ces matériaux assurent une filtration totale sous forme de filtres ou de recharge aval "sans érosion", deux autres conditions doivent être déterminées pour assurer une protection totale :

1. Le filtre ou le remblai se trouve aux bons endroits et n'est pas contourné, par exemple au niveau des structures, telles que les évacuateurs de crues, les tuyaux ou les conduites traversant le corps du barrage, un collier de filtre périphérique ou une autre protection de filtre doit être prévu pour combattre l'érosion interne et empêcher la progression de l'érosion (point 7).

necessary. If the dam cannot resist or protect itself from erosion under extreme loads, remediation in the form of barriers or filters will be necessary. In either case, changes over the long term may alter the situation, as explained in Point 6.

If critical gradients or velocities occur erosion will initiate, and if not immediately arrested by filtering in 'no erosion' shoulder fill or any filters, visible leakage will be seen to contain eroded particles. If the shoulder fill or any filters are 'some erosion' or 'excessive erosion' filters, erosion will cease after a time, visible leakage water will become clear again and leakage quantities will reduce. If the shoulder fill or any filters are 'continuing' filters, erosion will rapidly continue to breach in all but the most resistant of soils.

1.5.2.1. Data needed to carry out analyses and assessments

Investigations must first be carried out to establish the dam details, including details of the geometry of any zones. The hydraulic gradients across the various zones and foundation can be estimated from hydrological data (Point 9) and the dam geometry.

The relevant properties of the soils in the dam fill and foundation must also be determined. A phased approach is recommended seeking further information if necessary to refine the analysis.

Assessments using these details and applying the tables, charts and formulae in Volume 1, should reveal whether erosion can or cannot initiate in the dam (Point 1), and the filtering capability of the shoulder fills and any filters (Point 2). In some circumstances, the shoulder fills, upstream and downstream, can limit leakage flows to such an extent that the hydraulic forces are insufficient to initiate erosion (Point 3).

Whether backward erosion, contact erosion and suffusion will initiate can be assessed, with judgment, by using the charts and tables in Chapters 4, 5, 6 respectively in Volume 1. Judgment is required, however, because the information on the charts may relate only to particular soil properties, for example.

It is difficult to assess whether cracks or openings will be present in a dam and, if present, whether their dimensions will be such that concentrated leak erosion will initiate. This is explained in Point 1 and in Chapters 3, 8 and Section 9.11.2 of Volume 1. If the shoulder fills or any filters are not capable of filtering, or limiting leakage to be insufficient to initiate erosion, filters or barriers are necessary to protect the dam unless failure would be inconsequential (Point 8).

To assess the filtering capability of the dam the most relevant properties of the soils in the dam fill and foundation must be determined. They are the extreme gradations of filter and the extreme gradations of the core or of the dam body.

If these materials provide total filtering as 'no erosion' filters or downstream shoulder fill, two other conditions must be determined to ensure total protection:

1. The filter or fill is at the right locations and is not by-passed, for instance at any structures, such as spillways, pipes or culverts passing through the dam body, a surrounding filter collar or other filter protection should be provided to control internal erosion and prevent the progression of erosion (Point 7).

2. Le filtre ne doit ni supporter une fissure ni être fracturé hydrauliquement. Pour vérifier la possibilité d'une fracture hydraulique, les gradients hydrauliques et les vitesses d'écoulement à travers les différentes zones et fondations peuvent être estimés à partir des données hydrologiques (point 9) et de la géométrie du barrage.

Une fois les investigations et les évaluations terminées, et les éventuelles mesures correctives effectuées, le barrage a été protégé contre la rupture due à l'érosion interne. Les "fuites" qui traversent le barrage sont censées être inoffensives et peuvent être appelées " percolations " (point 4).

1.5.2.2. Les évaluations identifient les objectifs de la surveillance à long terme

Cependant, le comportement du barrage et de sa fondation doit être surveillé pour confirmer qu'il reste satisfaisant et pour donner un signal d'alerte rapide en cas de changement pouvant entraîner une érosion interne. L'érosion interne ne se "développe" pas ou "évolue", mais se déclenche lorsque les forces hydrauliques dépassent la résistance des sols sur le chemin d'infiltration.

La surveillance des infiltrations ne permet pas à elle seule de contrôler l'érosion interne, mais elle reste importante car l'eau d'infiltration contiendra des particules érodées si l'érosion interne se déclenche et se poursuit de manière inattendue. Dans la mesure du possible, il faut éviter que les infiltrations ne s'écoulent dans les fondations sans qu'on les voie, il faut les détourner vers des tuyaux et des chambres où on peut les voir. Les surveillants sont alors facilement sensibilisés par la présence de particules érodées au fait que l'érosion interne a commencé et se poursuit. Les évaluations pourraient montrer que l'érosion cesserait après un certain temps si les recharges ne permettaient qu'une érosion " limitée " voire " excessive », sinon l'érosion continuera jusqu'à la rupture.

La surveillance doit également être conçue pour identifier toute augmentation des gradients hydrauliques ou des vitesses d'infiltration. Une attention particulière doit être accordée aux zones les plus vulnérables tout le long du barrage, par exemple en cas de profil de fondation défavorable, de présence de matériaux suffusifs ou de risque de fracturation hydraulique. Les conduites et les évacuateurs de crues traversant le barrage constituent également des endroits où l'érosion interne peut se produire. Leur état et les infiltrations dans ces conduites ou le long de celles-ci et à leurs extrémités en aval doivent être soigneusement surveillés.

On peut s'attendre à certains changements, par exemple si la recharge a été évaluée comme un filtre "d'érosion limitée", comme expliqué au point 3, on pourrait alors s'attendre à des épisodes de débit de fuite, contenant des particules érodées allant jusqu'à 100 litres/seconde, pendant un certain temps avant que l'"auto-filtration" ne colmate le filtre et que l'épisode d'érosion ne cesse.

D'autres changements pourraient être inattendus, tels que des fuites provenant d'écoulement préférentiels inattendus ou non détectés, ou des gradients ou vitesses hydrauliques plus élevés. Des changements à long terme (point 6) et des changements dus au vieillissement des conduites ou des évacuateurs de crues traversant le barrage (point 7) se produisent également.

L'auscultation devrait également être conçue pour identifier des écoulements préférentiels nouvellement créés ou révélés par des chargements extrêmes, tels que des tremblements de terre ou des niveaux d'eau plus élevés que ceux observés précédemment au barrage (point 5). Il n'est pas facile de surveiller l'apparition de nouvelles fissures de dessiccation ou d'autres fissures ou ouvertures. À moins qu'il n'ait été démontré que les fissures ne pouvaient pas être suffisamment larges ou profondes pour que l'eau qui s'y infiltre génère une érosion de conduit ou de fissure, tous les endroits vulnérables doivent être protégés.

2. The filter cannot sustain a crack or be hydraulically fractured. To check for the possibility of hydraulic fracture, the hydraulic gradients and flow velocities across the various zones and foundation can be estimated from hydrological data (Point 9) and the dam geometry.

After investigations and assessments are completed, and any remediation carried out, the dam has been protected against failure from internal erosion. 'Leakage' flows through the dam are expected to be innocuous, and can be called 'seepage' (Point 4).

1.5.2.2. Assessments identify objectives of long-term monitoring

However, the performance of the dam and foundations must be monitored to confirm continuing satisfactory performance, and to give early warning of changes that may lead to initiation of internal erosion. Internal erosion does not 'develop' or 'evolve' but initiates when the hydraulic loads exceed the resistance of the soils on the seepage path.

Seepage monitoring alone cannot monitor for internal erosion, but remains important because the seepage water will contain eroded particles if internal erosion unexpectedly initiates and continues. If possible, seepage should not be allowed to flow unseen into the foundation, it should be diverted towards pipes and chambers where it can be seen. Observers are then easily made aware by the presence of eroded particles that internal erosion has initiated and is continuing. The assessments may have shown that the erosion will cease after a time because the shoulder fills allow only 'some' or 'excessive' erosion, otherwise the erosion should be expected to continue to breach.

The monitoring should also be designed to identify any increases in hydraulic gradients or seepage velocities. Particular attention should be given to the most vulnerable positions along the length of the dam, where there is an unfavorable foundation profile, for example, or where there are suffusive materials or where hydraulic fracture may occur. Conduits and spillways through the dam also provide sites where internal erosion may initiate. Their condition and seepage into them or along them and at their downstream ends should be carefully monitored.

Some changes may be expected, for example if the shoulder fill had been assessed to be a 'some erosion' filter when, as explained in Point 3, episodes of seepage flows up to 100 L/s, containing eroded particles, could be expected for a time before 'self-filtering' seals the filter and the episode of erosion ceases.

Other changes would be unexpected, such as leakage from previously unexpected or undetected leakage pathways, or higher hydraulic gradients or velocities. Long term changes (Point 6) and changes as a result of ageing of conduits or spillways through the dam (Point 7) also occur.

Monitoring should also be designed to identify new leakage pathways revealed or created by extreme loads, such as earthquakes or water levels higher than previously experienced at the dam (Point 5). It is not practicable to monitor for new desiccation cracks or other cracks or openings. Unless it has been demonstrated that any cracks could not be wide enough or deep enough for water leaking through them to generate sufficient forces to overcome the resistance of the soil in the crack walls, all likely locations should be protected.

2. ÉTUDES DE CAS

2.1. LEÇONS APPRISES DES RUPTURES ET INCIDENTS

2.1.1. Description de ruptures et d'incidents

Les études de cas de ruptures et incidents dus à l'érosion interne sont interprétées avec la compréhension accrue des mécanismes causaux de ce phénomène fournis dans le Volume 1 (CIGB, 2017). Le chapitre 1 du présent volume présente les faits saillants du Volume 1, et permet au lecteur une récapitulation complète du phénomène avant d'entamer la lecture du présent chapitre.

Les causes précises des incidents et ruptures historiques sont rarement claires et ne peuvent être aisément expliquées. Le Volume 2 tente de fournir une meilleure compréhension de ces causes menant à l'érosion interne. De nombreuses ruptures dues à l'érosion interne surviennent rapidement et les investigations sont souvent effectuées après travaux de réhabilitation, ou à la suite d'incidents sans rupture. En conséquence, certaines hypothèses sont mises en avant, afin de tenter d'expliquer, le plus précisément possible, les causes et les mécanismes de la rupture. D'autre part, les connaissances utilisées dans le passé ont évolué, et les conclusions de ces rapports sont parfois difficilement transférables dans le contexte actuel. Nonobstant ces difficultés, les études de cas de rupture et d'incident font référence aux parties du Bulletin (les deux volumes) qui expliquent le problème et couvrent les étapes du processus d'érosion interne, avec les informations supplémentaires, si elles sont pertinentes et disponibles, sur les travaux de réhabilitation ou les mesures d'urgence, tels que :

- La charge hydraulique appliquée, généralement avec un niveau de réservoir élevé;
- Les mécanismes d'initiation du processus : l'érosion de conduit, l'érosion régressive, l'érosion de contact, et la suffusion;
- La continuation ou l'arrêt de l'érosion par les filtres;
- La rapidité de la progression et de la formation d'une brèche;
- L'efficacité de l'auscultation et de la surveillance;
- Les mesures d'urgence et les contraintes associées;
- La réhabilitation, prompte et permanente.

La CIGB (1974) utilise les termes « rupture », « incident » et « accident » pour décrire les événements des nombreuses études de cas (voir Volume 1, section 13.3). Le terme « accident » est utilisé pour décrire une situation où un barrage est lourdement endommagé, mais qui n'a pas subi de rupture ou qui n'a pas entraîné la perte du réservoir. Néanmoins, l'usage courant du terme « accident » est décrit par « un événement qui survient sans cause apparente ». Cet usage semble inadéquat dans le contexte de ce Bulletin, où l'explication des causes et mécanismes de l'érosion interne ont permis l'amélioration des connaissances et la compréhension du phénomène. La CIGB utilise le terme « rupture » pour décrire l'effondrement ou le mouvement de terrain d'un barrage menant à la perte incontrôlée du réservoir et libérant ainsi subitement un volume d'eau considérable. La CIGB décrit un « incident » comme une « rupture » ou un « accident » selon la définition de la CIGB (1974), qui requiert des travaux de réparations importants. Les termes précédents sont d'usage courant. En conséquence, ces deux termes seront utilisés dans le présent document, avec le terme « incident » étant un événement ne menant pas à une « rupture » telle que défini par la CIGB.

2. CASE HISTORIES

2.1. LESSONS FROM FAILURES AND INCIDENTS

2.1.1. Descriptions of failures and incidents

The case histories of failures and incidents caused by internal erosion are interpreted in the light of the improved understanding of the mechanics of internal erosion derived from Volume 1 (ICOLD, 2017), some aspects of which are highlighted in Chapter 1 of this volume.

The exact causes of historic incidents and failures are often not easily explained. The Bulletin may make it possible to provide a better understanding of the causes. Many internal erosion failures occur rapidly, and investigations into such failures and investigations in dams which have survived incidents are usually made after remediation has been completed, consequently attempts to explain exactly what occurred inevitably includes some conjecture. Also reports were written in the light of knowledge and understanding of internal erosion at the time, not always easily transferred into the modern context. Notwithstanding these difficulties, the reports of failures and incidents include reference to the parts of the Bulletin (both volumes) which explain the issue and cover the steps in the mechanics of internal erosion process it demonstrates, with additional information if relevant and when available on remediation and emergency actions, as follows:

- Hydraulic load applied, usually high water level
- Initiating mechanism: concentrated leaks, backward erosion, contact erosion and suffusion
- Continuation or arrest of erosion by filtering
- Progression and breach formation, particularly speed
- Monitoring and surveillance and its effectiveness
- Emergency actions or constraints
- Remediation, immediate and permanent.

ICOLD (1974) uses the terms 'failure', 'accident' and 'incident' to define the events described in many of the case histories (see Section 13.3, Volume 1). 'Accident' is used to mean a situation where a dam is severely damaged, but does not fail or release large quantities of water. However, in normal usage, 'accident' means 'an event that is without apparent cause' and it seems inappropriate to use the word in the context of the improved knowledge and understanding of the mechanics and causes of internal erosion explained in this Bulletin. ICOLD 'failures' are collapses or movements of a dam resulting in the release of large quantities of water and ICOLD 'incidents' are either ICOLD failures or ICOLD accidents, requiring a major repair. Both definitions are as would be expected in normal usage. Consequently, only those two terms are used here, with incident meaning an event not resulting in an ICOLD failure.

2.1.2. L'initiation de l'érosion interne due aux niveaux élevés du réservoir

L'initiation de l'érosion interne se produit lorsque les charges hydrauliques imposées sont importantes, et que l'eau qui percole dans les fissures, les pores du remblai ou bien dans les fondations de l'ouvrage surpasse la capacité de ces sols à y résister.

Le Volume 1 (CIGB, 2017) et le chapitre 1 du présent volume montrent qu'il est possible d'estimer le niveau d'eau auquel le processus de l'érosion interne est amorcé.

L'ensemble des ruptures dues à l'érosion interne lors de la mise en eau initiale du réservoir, survient lorsque l'ouvrage est exposé à son niveau maximal historique. Ainsi, ces observations démontrent que le processus d'érosion interne débute lorsque la capacité des matériaux de l'ouvrage, ou de sa fondation, est insuffisante pour résister aux forces hydrauliques générées.

Plusieurs cas historiques de rupture lors du premier remplissage, tels que les barrages Dale Dike et Teton, en sont des exemples probants et seront décrits ultérieurement.

La résistance à l'érosion interne des barrages existants exposés à des niveaux d'eau élevés a été démontrée (point 5). Toutefois, un changement dans l'état de contrainte (point 6) peut mener à une rupture, même à des niveaux d'eau inférieurs. La vidange et le remplissage rapides du réservoir peuvent notamment entraîner un changement de l'état de contrainte et l'apparition de nouvelles fissures dans l'ouvrage. Ainsi, de tels changements peuvent expliquer les ruptures survenues à des niveaux d'eau inférieurs à ceux précédemment enregistrés, comme observé à Situ Gintung. D'autres causes de ce type de rupture peuvent être liées à la détérioration des conduites, des canalisations ou des évacuateurs de crues traversant les barrages qui peuvent devenir des chemins préférentiels et sites où l'érosion peut survenir.

La plupart des ouvrages en remblai existants n'ont pas encore été exposés à des niveaux d'eau importants, découlant d'une crue extrême.

2.1.3. Les ruptures survenant seulement si l'érosion interne n'est pas interrompue par les filtres

Lorsque l'érosion interne est amorcée, le processus continuera et progressera (si les forces hydrauliques maintiennent l'érosion et le transport des particules) jusqu'à ce que l'érosion soit arrêtée par l'action de filtres en place à l'aval du noyau. Il est donc primordial d'établir, pour les barrages zonés, les caractéristiques des matériaux de la zone pouvant subir l'érosion (habituellement le noyau), et la capacité de filtration des zones de filtres, soient les filtres ou les remblais de recharge aval.

La capacité de filtration des zones de filtres peut être diverse; dans certains cas il y a absence d'érosion, une érosion limitée ou une érosion importante. Certains matériaux de ces zones sont parfois trop grossiers, et permettent à l'érosion interne de progresser de façon incontrôlée. Les filtres se doivent d'être efficaces. Le matériau utilisé doit être non-plastique, doit fournir une protection continue du matériau à protéger qui doit être sans « fenêtre ». De plus, le filtre doit être situé sous une certaine épaisseur de remblai pour éviter une rupture par soulèvement lorsqu'il est colmaté et il ne doit pas être vulnérable à l'érosion causée par les venues d'eau à forts débits provenant des joints de la fondation rocheuse.

Les ouvrages en terre sans zonage, dits « homogènes », sont très vulnérables à l'érosion interne, car ce type d'ouvrage ne comprend aucune zone de filtre en aval du noyau. Par exemple, une amorce par érosion de contact à l'interface entre des couches de matériaux fins et grossiers dans le remblai, pourra continuer et mener à un tassement et une surverse sur la crête de l'ouvrage, si rien n'est fait.

2.1.2. *Internal erosion initiates at high water level*

Internal erosion is initiated when the hydraulic forces imposed by water flowing through cracks or seeping through the pore spaces in the soils in dam fills and foundations exceed the ability of those soils to resist them.

Volume 1 (ICOLD, 2017) and Chapter 1 show how the water level at which internal erosion will be initiated can be estimated.

All failures that have occurred as a result of internal erosion during first filling of the reservoir fail when the water level is the highest ever experienced at the dam, thereby demonstrating that internal erosion initiates when the hydraulic forces exceed the ability of the materials in the dam or foundation to resist them.

Well known examples of failures on first filling include Dale Dike Dam and Teton Dam, which are described later.

Existing dams have demonstrated their resistance to erosion to the highest water level experienced to date (Point 5), but their stress state may change over time (Point 6) and lead to failure at lower water levels. The anomaly of failures at water levels lower than previously experienced, such as at Situ Gintung, may be explained by a changed stress state and new cracks resulting from emptying and rapid refilling of the reservoir. Others may be explained by deterioration of pipes, culverts or spillways passing through dams, which provide new leakage routes and sites where erosion may occur.

Most existing dams have not yet experienced extremely high water levels, which would be generated only when severe floods occur.

2.1.3. *Failures occur only when internal erosion is not arrested by filtering*

If internal erosion initiates, it will continue and progress (if hydraulic forces can sustain the erosion and carry away eroded particles) unless the erosion is arrested by filtering action in downstream fills or filters. For this reason, it is important in zoned dams to determine the characteristics of the expected eroding zone (usually the core) and the filtering capabilities of the expected filtering zone(s), filters or the downstream shoulder fills.

The filtering zones may provide no, some, or excessive-erosion filtering capability, some may be too coarse and would allow erosion to continue unchecked. The 'filters' must be effective. They should be non-plastic, provide protection to the entire protected zone with no gaps, placed below adequate depths of fill to prevent 'blow-off' when clogged and not vulnerable to erosion from below by fast flowing water in open joints in the foundation.

Unzoned (so-called 'homogeneous') dams are very vulnerable to internal erosion. This is because in unzoned dams, there are no 'downstream' zones and if erosion can initiate, by contact erosion at the interface between coarse and fine layers of fill in the dam, for example, it will continue, carrying eroded fill downstream, resulting in settlement and overtopping.

2.2. RUPTURES ET INCIDENTS DUS À L'ÉROSION DE CONDUIT

2.2.1. Ruptures et incidents dus à l'érosion de conduit dans le corps de l'ouvrage

2.2.1.1. *Claquage hydraulique : la cause principale de la fissuration des remblais et de l'érosion de conduit*

La fracturation hydraulique n'explique peut-être pas à elle seule la formation de toutes les fissures et ouvertures dans les barrages, mais elle en est évidemment la cause prépondérante, et lorsque l'on considère la pression négative des pores (succion), elle peut expliquer toutes les fissures et ouvertures qui sont susceptibles de mener à l'érosion de conduit.

Le claquage hydraulique (voir 9.7.1 dans le Volume 1) survient lorsque la contrainte principale mineure (σ_3) est inférieure à la pression interstitielle (u). Ce phénomène physique peut survenir dans tous les types de sols, et la fissure ainsi créée est maintenue ouverte par la pression interstitielle. Cette dernière peut se refermer si les pressions interstitielles ou les contraintes principales changent due à la circulation de l'eau.

L'orientation défavorable de la contrainte principale mineure (σ_3) peut entraîner l'ouverture de fissures de l'amont vers l'aval, permettant ainsi à l'eau provenant de la retenue de s'écouler par les fissures dans le remblai. En fonction du type de sol et des forces hydrauliques à l'œuvre, un début d'érosion peut survenir sur les parois des fissures.

L'érosion de conduit le long de fractures hydrauliques est survenue lors de plusieurs ruptures ou incidents et constitue une partie importante des études de cas incluses dans ce Bulletin. L'érosion régressive sous un « toit » causé par claquage hydraulique est également traitée dans le Bulletin 164. Dans le cas du barrage Dale Dike, une partie du remblai situé au-dessus du niveau de la rivière a été déplacé vers l'aval le long de fissures subhorizontales ayant une pente vers l'aval, situées à la base de fissures sub-verticales longeant les flancs remplis d'eau à la pression de la retenue. Dans ce cas, aucune érosion n'a eu lieu, tel que décrit par la suite.

Malgré qu'aucune érosion ne semble avoir eu lieu, la Figure 2.1 (Garner et Fannin, 2010) montre que la combinaison défavorable de la charge hydraulique et de l'état de contraintes, soit deux des trois conditions nécessaires pour provoquer l'érosion interne dans un remblai, est indicative que les pressions interstitielles étaient supérieures aux contraintes en place entraînant un claquage hydraulique et un soulèvement d'une partie du remblai de l'ouvrage.

2.2. FAILURES AND INCIDENTS FROM CONCENTRATED LEAK EROSION

2.2.1. Failures and incidents from concentrated leak erosion in the body of the dam

2.2.1.1. Hydraulic fracture: the main cause of cracks and concentrated leak erosion

Hydraulic fracture may not readily explain the formation of all cracks and openings in dams, but it is obviously the cause of many, and when negative pore pressure (pore suction) is considered, it may explain all cracks and openings which are vulnerable to concentrated leak erosion.

Hydraulic fracture (see 9.7.1 in Volume 1) occurs when the minimum principal total stress ($\sigma 3$) is lower than the pore pressure (u). Fracture can occur in any soil type, the fracture is held open by the water pressure in it, and may close if pore pressures and/or stresses change as water flows through the fracture. If the orientation of the minimum principal total stress is unfavorable, fractures can open up in the upstream downstream direction, allowing reservoir water to flow through the fracture. Depending on soil type and hydraulic forces, erosion may initiate on the walls of the fracture.

Unfavorable orientations of stresses arise as a result of differential settlement on stepped foundations and on the sides of steep river valleys, above which steep sub-vertical fractures form. In some circumstances, such as arching of cores between well compacted shoulder fills, particularly rockfills, or arching of narrow vertical filters, and where collapse settlement occurs on wetting of poorly compacted loose fills, horizontal fractures can form.

Concentrated leak erosion along hydraulic fractures occurred in several of the failures and incidents reported in this Bulletin. Backward erosion under a 'roof' supported by hydraulic fracture is also reported. In one case, Dale Dike dam, failure seems to have occurred by transport of a section of the embankment above the course of the river channel, along fractures, sloping downstream at a low angle at the base and steep sub-vertical fractures at the sides, filled with water at reservoir pressure, without erosion, as described later.

Although erosion did not seem to occur, Figure 2.1, the Garner and Fannin (2010) Internal Erosion Venn Diagram, shows that an unfavorable combination of hydraulic load and the stress condition, only two of the three factors normally required to cause erosion, resulted in stresses lower than pore pressure to give hydraulic fracture and heave (or uplift).

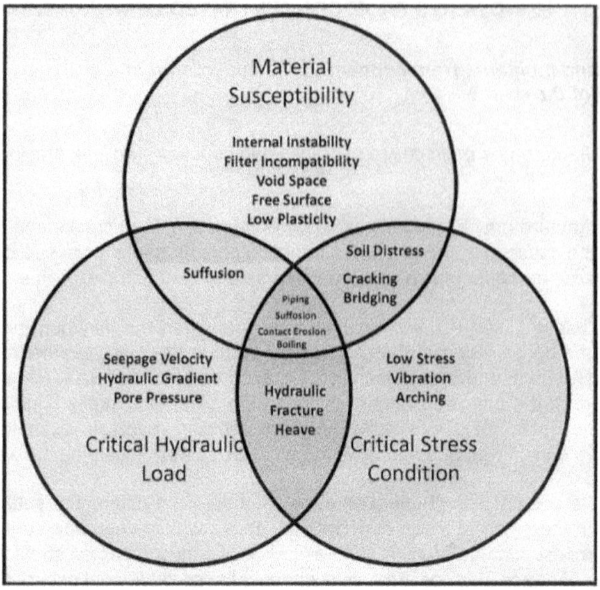

Fig. 2.1
Mécanismes de l'érosion interne illustrés par un diagramme de Venn. Une combinaison de charges hydrauliques et d'un état de contraintes critiques a vraisemblablement contribuée au claquage hydraulique, soulèvement et à la rupture du barrage Dale Dike (Garner and Fannin, 2010)

2.2.1.2. Premier cas de claquage hydraulique dans un barrage : Hyttejuvet

Le barrage de Hyttejuvet, maintenant connu sous le nom de Valldalsvatn, est situé en Norvège et a été construit en 1964–1965. Un mince noyau en terre peu plastique (Limite liquidité de 21, Limite de plasticité de 15) constitue l'étanchéité de cet ouvrage d'une hauteur de 90 m. Les zones de transition et les recharges en enrochement d'une largeur importante sont montrées à la Figure 2.2.

Lors de la mise en eau, la montée rapide de l'eau entre les élévations 737 et 740 m a entraîné une augmentation soudaine du débit de fuite à 63 L/s. Par ailleurs, environ une concentration de 0,1 g/L de particules fines grises étaient présentes dans les fuites. Lors de la montée graduelle du niveau du réservoir jusqu'à l'élévation 745 m, le débit d'infiltration a diminué à 45 L/s.

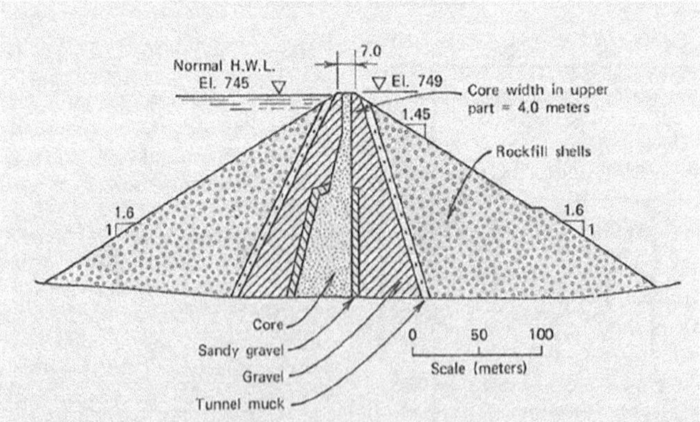

Fig. 2.2
Coupe type du barrage de Hyttejuvet (tirée de Sherard, 1973)

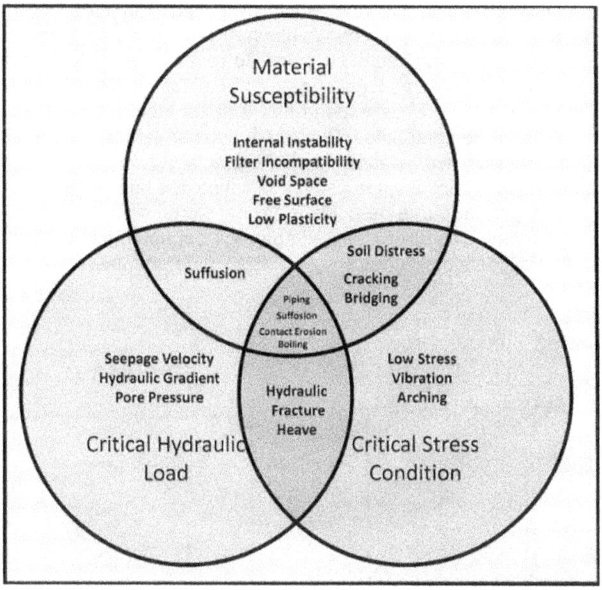

Fig. 2.1
Venn diagram showing internal erosion mechanisms. Critical hydraulic load and critical stress condition may have combined to cause hydraulic fracture, heave and failure of Dale Dike Dam (Garner and Fannin, 2010)

2.2.1.2. First record of hydraulic fracture in a dam: Hyttejuvet Dam

Hyttejuvet Dam (now called Valldalsvatn Dam) in Norway was constructed in 1964–65. It is about 90 m high, with a thin plastic earth core (Liquid Limit 21, Plastic Limit 15), wide transition zones and rockfill shoulders, as shown in Figure 2.2.

During rapid first filling of the reservoir, leakage increased sharply to 63 liters/sec as water level rose quickly from El 737 m to El 740 m. The leakage contained about 0.1 g/liter of grey fines. As the water level rose slowly towards overflow level of El 745 m, leakage decreased to 45 liters/sec.

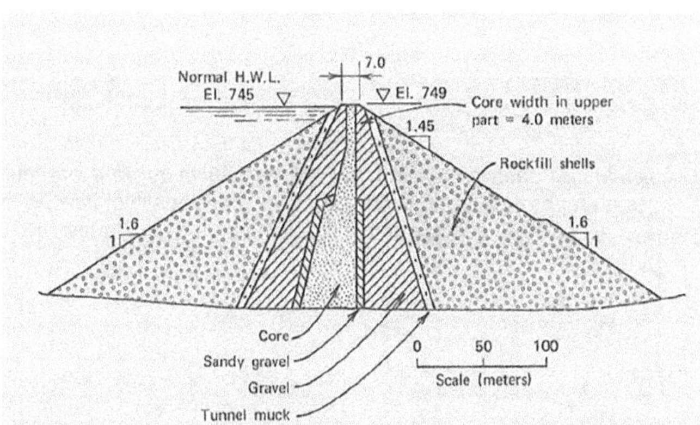

Fig. 2.2
Hyttejuvet dam section (from Sherard, 1973)

Comme le montre la Figure 2.3, une cellule de pression totale a été installée à 21 m de profondeur dans le noyau de l'ouvrage. La contrainte verticale totale enregistrée dans le noyau était de 15 tonnes/m², soit largement inférieure au poids du remblai de 40 tonnes/m² anticipé à cette profondeur dans le noyau. À noter que cette cellule de pression totale mesurait uniquement la contrainte totale verticale (σ_v) qui ne correspond pas à la contrainte totale principale mineure (σ_3) selon l'orientation du tenseur de contraintes. Pendant un certain temps, la contrainte verticale totale (σ_v) a été inférieure la pression hydrostatique dans le remblai (voir Figure 2.3). L'effet voûte, qui a pris naissance dans le noyau étroit, est jugé comme la cause des faibles contraintes mesurées dans ce dernier, tandis qu'une grande partie du poids a été transférée dans les zones de transition. Des forages effectués à espacement régulier le long du barrage ont notamment montré des pertes d'eau provenant des fissures horizontales situées entre 10 et 20 m de profondeur.

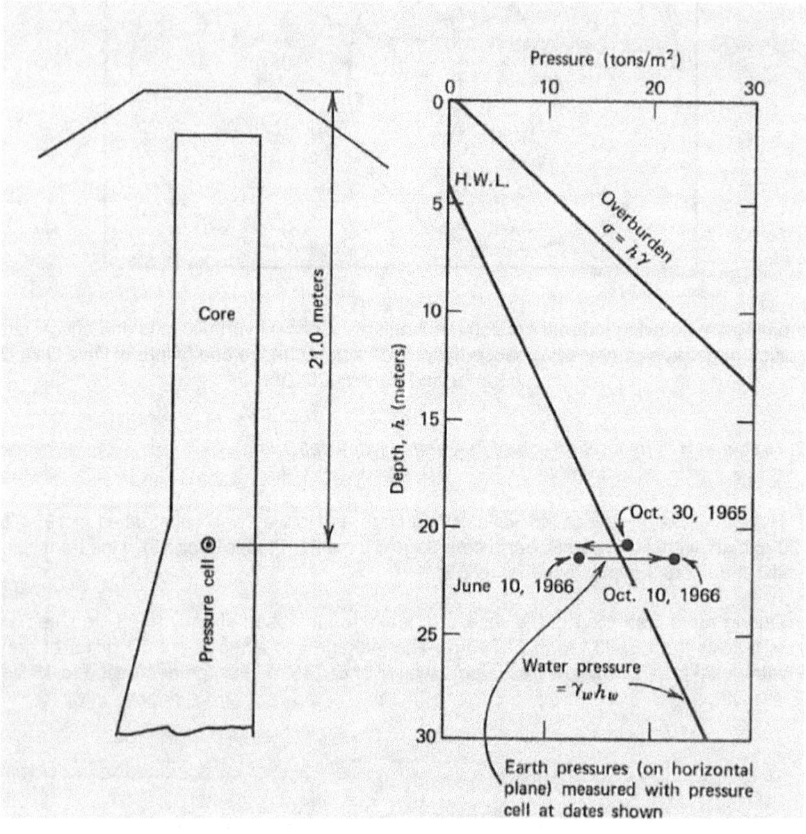

Fig. 2.3
Contraintes verticales totales dans le noyau du barrage Hyttejuvet qui sont fortement inférieures à la pression des terres au repos et qui descendent sous les pressions interstitielles menant ainsi au claquage hydraulique et la fissuration horizontale (tiré de Sherard, 1973)

A single earth pressure cell installed at 21 m depth in the core as shown in Figure 2.3, recorded vertical total stress in the core at around 15 tons/m^2, very much lower than overburden pressure (around 40 tons/m^2 at this depth). Note that the cell measured vertical total stress (σ_v) which, depending on the orientation of the principal total stresses, was not necessarily the minimum principal total stress (σ_3). For a time, the vertical total stress (σ_v) was lower than hydrostatic water pressure, as Figure 2.3 also shows. The low stresses in the core were thought to be the result of arching across the narrow core which transferred some of the load into the transition. Holes drilled at intervals along the dam lost water mostly at depths between 10 m and 20 m through horizontal cracks.

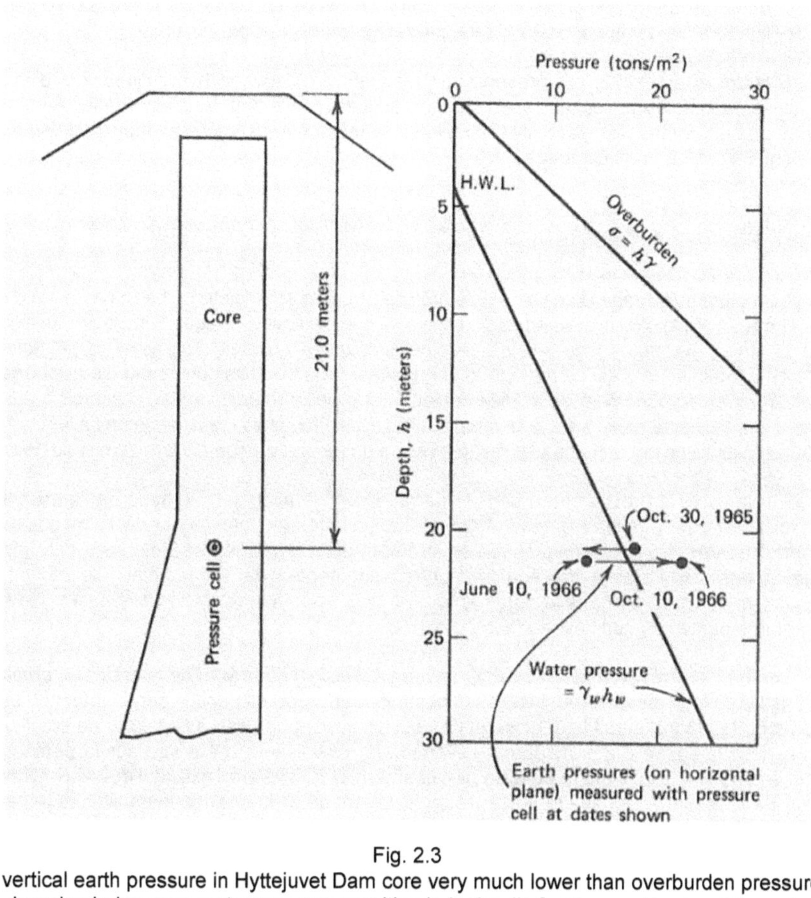

Fig. 2.3
Total vertical earth pressure in Hyttejuvet Dam core very much lower than overburden pressure and dropping below pore water pressure resulting in hydraulic fracture and horizontal cracks
(from Sherard, 1973)

À ce jour, il est possible d'affirmer que le claquage hydraulique a causé la fissuration de l'ouvrage. L'effet de voûte, mesuré par la cellule de pression totale, s'est propagé le long du barrage, tel que le confirment la présence de fissures et les pertes d'eau décelées dans les trous de forage. À l'époque, Sherard (1973), tiré de Kjaernsli & Torblaa (1968), ne statuait pas sur la cause de la rupture comme étant le claquage hydraulique. Toutefois, Vaughan et al. (1970) identifièrent le claquage hydraulique comme la cause de la fissuration au barrage Balderhead, et contribuèrent grandement aux discussions avec Dr. Bjerrum et M. Kjaernsli (NGI), décrivant une situation similaire au barrage Hyttejuvet.

Malgré que le barrage Hyttejuvet semble avoir été le premier cas reconnu de fissurations causées par le claquage hydraulique, Sherard (1973) fournit plusieurs autres exemples de perte d'eau par des trous de forage et des trous servant à l'injection de coulis, où la pression d'eau ou de coulis appliquée a dépassé, par mégarde, la contrainte totale principale mineure.

Bjerrum et al. (1972) ont présenté les résultats de claquage hydraulique lors d'essais de perméabilité et ont fourni les analyses mathématiques expliquant le phénomène. Ainsi, ils ont démontré que les contraintes existantes dans le sol peuvent être estimées en induisant une pression d'eau jusqu'à l'obtention du claquage.

2.2.1.3. Rupture le long de fissures horizontales et sub-verticales : barrage Dale Dike

La rupture du barrage Dale Dike, situé près de Sheffield en Angleterre, est survenue tard dans la nuit du 11 mars 1864 lors de la mise en eau du réservoir. Les séquelles de cette rupture ont été ressenties jusqu'à 12 km en aval du barrage à la ville de Sheffield, causant plus de 250 décès et des dommages importants aux infrastructures. Le barrage, d'une hauteur de 27 m, avait un noyau d'argile corroyée et des recharges en enrochement de schiste argileux et de pélite (*mudstone*). Le réservoir a été rempli lentement, sur plusieurs mois, jusqu'à une hauteur de 15 m. Toutefois, deux semaines avant la rupture, de fortes précipitations ont entraîné une montée rapide du réservoir jusqu'à 0,6 m du niveau de la crête.

Par la suite, la brèche créée dans le barrage semble avoir suivi le tracé de l'ancien lit de la rivière, telle que le montre les Figures 2.4, 2.5 et 2.6. La brèche, d'une largeur de 18 m, qui avait des pentes de fruit V/H=1,5, s'est développée entièrement dans le remblai et à distance des appuis du barrage. La base de la brèche était également quasi-entièrement dans le remblai. Elle pouvait retenir environ 8,5 m du réservoir dans la partie amont et allait jusqu'à la fondation originale à l'aval, pour présenter une pente longitudinale de fruit V/H= 1/10.

Lorsque le niveau du réservoir était environ à 3-3,5 m du niveau de la crête, un employé de la compagnie du fournisseur d'eau local avait observé un tassement dans la pente amont du barrage, à l'endroit où la brèche aurait lieu, ainsi qu'un bouillonnement de l'eau à l'intérieur de celui-ci. Dans l'après-midi et la soirée qui précédèrent l'événement, une fissure a été vue sur la pente aval du barrage, à environ 3,5 m sous la cote de déversement et parallèle à l'axe de l'ouvrage. Quoique la longueur de la fissure n'ait pas été notée, l'élargissement de celle-ci s'est poursuivi lors de la soirée précédant la rupture, jusqu'à « pouvoir enfoncer une main au complet ». La profondeur de la fissure a ensuite été confirmée à plus de 500 mm, à l'aide d'une règle pliante. Peu de temps avant la rupture, John Gunson, l'ingénieur de la Waterworks Company, qui avait également supervisé la construction du barrage, a aperçu de « l'eau passant par-dessus l'ouvrage » et entrant dans la fissure. La provenance de l'eau n'est pas indiquée. La fissure avait initialement été aperçue par un employé qui marchait le long de la partie supérieure de la pente aval et qui cherchait un abri des embruns venant des vagues du réservoir qui passaient par-dessus la crête. Aucun tassement de la crête n'avait été observé.

Au moment de la rupture, M. Gunson se trouvait dans la partie inférieure de la pente aval à proximité de la station de pompage. Il a vu l'ouverture de la brèche, sur plus de 27 m, sur la crête de l'ouvrage. Il est resté à l'écart et a pu constater la vidange du réservoir par la brèche; le contenu du réservoir est sorti par la brèche en 47 minutes.

L'enquête débuta immédiatement après la rupture et fut réalisée prestement, car le coroner désirait libérer les corps des victimes rapidement pour les funérailles. Plusieurs éminents ingénieurs

It now seems certain that the cracking was the result of hydraulic fracture. The effects of arching, shown by the low earth pressure measured at the earth pressure cell, persisted along the length of the dam as demonstrated by the cracks and water loss found in the holes drilled along the dam. At the time Sherard (1973), reporting from Kjaernsli & Torblaa (1968), did not state that hydraulic fracture was the cause. However, Vaughan et al (1970) reached a preliminary conclusion that hydraulic fracture was the cause of cracking at Balderhead dam and 'were much helped' in doing so 'by discussions with Dr Bjerrum and Mr. Kjaernsli of the Norwegian Geotechnical Institute, who described a similar experience at the Hyttejuvet dam.'

Although Hyttejuvet appears to have been the first instance in which hydraulic fracture was recognized as a cause of cracks in dams, Sherard (1973) gives many other examples of water loss from boreholes and grout holes, where water or grout pressures in the holes inadvertently exceeded the minimum principal total stress.

Bjerrum et al (1972) reported permeability tests where hydraulic fracture had occurred and provided mathematical analyses showing why it could occur. They also pointed out that by raising water pressure and inducing fracture the existing stresses in the ground could be estimated.

2.2.1.3. Failure along horizontal and sub-vertical fractures: Dale Dike dam:

Dale Dike Dam near Sheffield in England failed during first filling late at night on 11 March 1864. There were over 250 fatalities and extensive damage through villages downstream and into the City of Sheffield, about twelve kilometers from the dam, and beyond. The dam was about 27 m high with a puddle clay core and shale and mudstone fill shoulders. The reservoir had filled slowly to about 15 m deep over the months preceding the failure but it filled rapidly to within about 0.6 m of the overflow level during heavy rainfall in the two weeks immediately prior to the failure.

Afterwards the breach through the dam was seen to follow the route of the original river channel, as shown on Figures 2.4, 2.5 and 2.6. It was about 18 m wide at its base with side slopes of 1 (vertical) on about 1.5 (horizontal). It was clear of the abutments and entirely through the dam fills. The base of the breach was also almost entirely in fill, retaining about 8.5 m of water in the reservoir at the upstream end and being on the original ground in the foundations at the downstream end, a longitudinal slope of about 1 in 10.

An employee of the water company had observed settlement of the upstream slope near where the breach eventually occurred when the water level was 3-3.5 m below overflow level, and seen water 'boil' into it. On the afternoon and evening of the failure a crack was observed on the downstream slope of the dam. It was about 3.5 m down the slope below the crest and parallel to the centerline of the dam. The length was not noted but during the evening it was observed to have widened over the hours preceding the failure until a hand could be pushed into it. It had been confirmed to be at least 500 mm deep by pushing a folding rule into it. Shortly before the failure, John Gunson, the Waterworks Company Engineer, who also supervised construction of the dam, had seen water 'over the embankment' dropping down into the crack. The source of the water was not stated; but the crack had first been seen by a worker walking along the upper part of the downstream slope to shelter from the spray from waves on the reservoir passing over the crest. No settlement of the crest had been seen.

At the moment of failure, Gunson was on the lower part of the downstream slope near the valve house (see Figure 2.4), and saw a 30-yard (27 m) gap open in the crest of the dam. He was able to keep clear as the reservoir water poured through the gap, emptying the bulk of the stored water in 47 minutes.

The inquest immediately after the failure was conducted most urgently because the coroner was anxious to release the bodies of the victims for burial. Eminent engineers were summoned hastily from London and concluded that the failure had been caused by coarse shale/mudrock fill from the

de Londres furent dépêchés sur place. Ils arrivèrent à la conclusion que l'enrochement de pélites et schiste argileux excavés du plancher de la carrière et appuyé sur la partie supérieure du noyau entraîna la rupture ou que la rupture se produisit à cause d'une conduite passant par le remblai de l'ouvrage. Cette seconde hypothèse fut ensuite écartée, car la conduite se situait à l'extérieur de la zone de brèche, tel que le montre la Figure 2.4. Il a été confirmé ultérieurement, que la conduite est demeurée intacte, et n'a pas été affectée par la rupture du barrage.

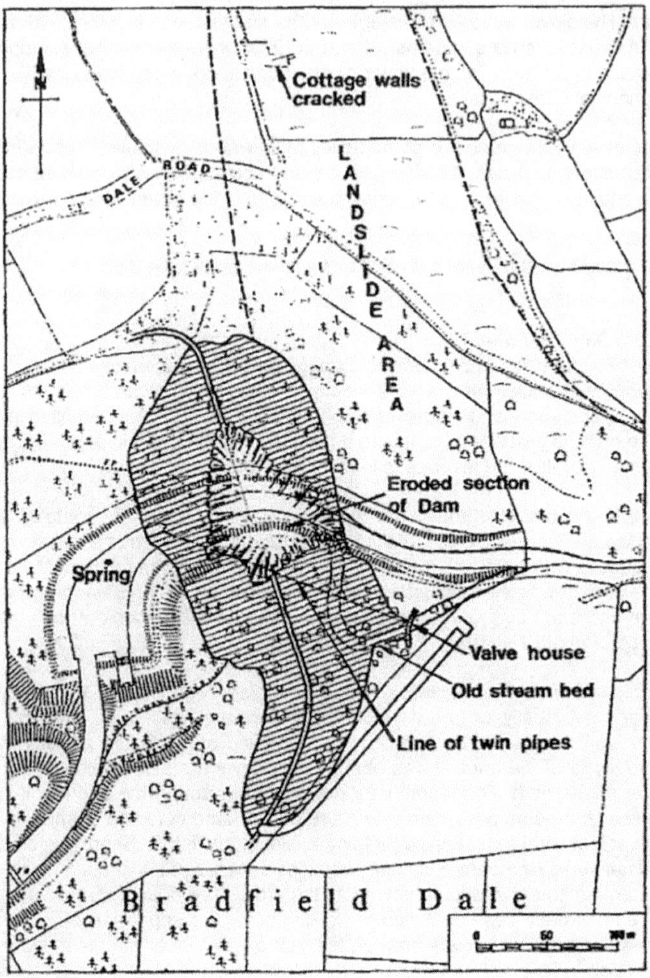

FIG. 4. The Dale Dyke dam failure in 1864 (plan based on Jacob 1866, and information supplied by Yorkshire Water Authority).

Fig. 2.4
Vue en plan du barrage et de la brèche. On note que la brèche suit le lit original de la rivière et est entièrement dans le remblai (Binnie, 1978)

base of the borrow pit being placed against the upper part of the core or by rupture of a pipe through the dam. The pipe was clear of the rupture zone as can be seen on Figure 2.4 and was later confirmed to be intact and entirely unaffected by the failure.

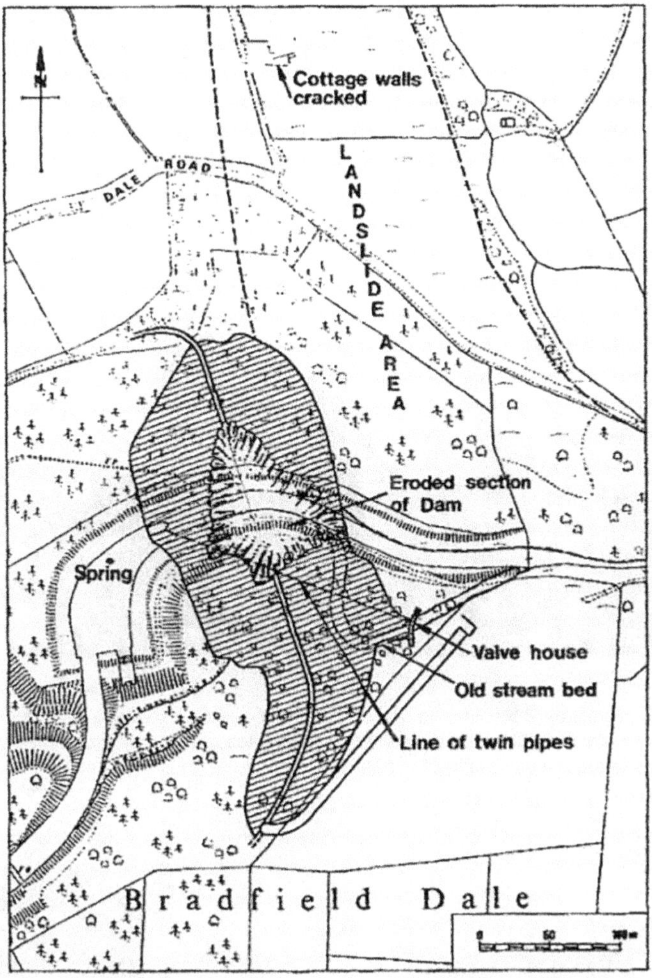

FIG. 4. The Dale Dyke dam failure in 1864 (plan based on Jacob 1866, and information supplied by Yorkshire Water Authority).

Fig. 2.4
Plan of dam and breach, note that the breach follows the route of the original river channel and is entirely through dam fill (from Binnie, 1978)

Peu de temps après, un groupe d'ingénieurs nommé par le propriétaire de l'ouvrage, Sheffield Waterworks Company, conclut que la rupture est survenue à la suite de la réactivation d'un ancien glissement de terrain situé en rive gauche à l'aval du barrage. L'observation de fissures dans les maisons situées au sommet du talus a conforté leur propos. Les ingénieurs nommés par la Sheffield Corporation ont approuvé les conclusions émises par les ingénieurs de l'enquête.

Subséquemment, le remblai de l'ouvrage fut excavé et utilisé pour le nouveau barrage Dale Dike construit environ 200 m en amont du site de la rupture. Lors de ces travaux d'excavation, la conduite dite rompue selon les allégations, a été retrouvée intacte et sans aucun indice de tassement ou de déformation. D'autre part, aucune preuve n'a été retrouvée pour confirmer l'hypothèse du glissement de terrain. Même si la cause de l'accident demeure non élucidée, les recommandations émises lors de la construction du nouveau barrage inclurent la mise en place de remblai composé de particules plus fines près du noyau d'argile corroyée, la réduction des tassements différentiels au droit des escarpements de la fondation et la prévention des ruptures de conduites, en les plaçant dans des tunnels excavés dans les sols non-remaniés des appuis de l'ouvrage.

Fig. 2.5
Rupture du barrage Dale Dike : vue de la rive gauche en regardant vers le parement amont jusqu'à la brèche vers l'évacuateur de crues en rive droite. Notez que la majeure partie du barrage est intacte et que la brèche est étroite et entièrement dans le remblai du barrage le long du tracé de l'ancien lit de la rivière (© Sheffield Archives, www.sheffield.gov.uk/archives)

Fig. 2.6
Rupture du barrage de Dale Dike : brèche suivant le lit initial de la rivière à travers les enrochements en pied aval (© Sheffield Archives, www.sheffield.gov.uk/archives)

Soon afterwards engineers appointed by the dam owners, the Sheffield Waterworks Company, concluded that the failure resulted from re-activation of an ancient landslide just downstream of the left (looking downstream) flank of the dam, evidenced by cracks in cottages at the top of the slope (see Figure 2.4). Engineers appointed by Sheffield Corporation supported the conclusions of the engineers at the inquest.

Subsequently, the fill remaining in the dam was excavated and used in the new Dale Dike dam constructed about 200 m upstream of the site of the failed dam. In the course of this work the allegedly ruptured pipe was found to be intact, with no sign of settlement or deformation. Nor was any specific evidence found to support the ancient landslide hypothesis. Although the cause of the failure remained unclear, it led to recommendations to improve practice by including zones of fine fill adjacent to puddle clay cores, to limit differential settlement by avoiding sharp steps in dam foundations, and to avoid pipe ruptures by putting draw-off pipes in tunnels through undisturbed ground in the abutments.

Fig. 2.5
Dale Dike Dam failure: from left flank looking along upstream slope across breach towards the spillway at right flank. Note that most of the dam remains, the breach is narrow and entirely in dam fill along the line of old river channel (© Sheffield Archives, www.sheffield.gov.uk/archives)

Fig. 2.6
Dale Dike Dam failure: breach along line of old river channel emerging through rockfill at downstream toe (© Sheffield Archives, www.sheffield.gov.uk/archives)

La coupe longitudinale (voir Figure 2.7) montre la base de la tranchée parafouille, la fondation et la brèche au travers du barrage. Il est possible de voir la localisation d'un escarpement important qui aurait pu mener à de la fissuration dans le noyau et les recharges du barrage. La position de cet escarpement était près du tassement observé dans la partie amont du remblai, là où l'eau bouillonnante fut observée. Il est également possible de remarquer sur cette Figure que la brèche est centrée sur l'ancien lit de la rivière. Ce lit est visible sur la coupe longitudinale, ce qui porte à croire que les rives n'ont pas été touchées. Cette situation aurait pu entraîner une fissuration, par tassement différentiel, entre les remblais des recharges amont et aval du barrage. Ces fissures auraient ensuite pu être élargies par claquage hydraulique avec la mise en eau du réservoir. Ce type de fissuration aurait fourni peu de résistance aux déplacements internes créant ainsi un milieu propice pour l'érosion. L'observation d'érosion a été rapportée dans les barrages en remblai modernes à l'intérieur de fissures causées et propagées par le tassement différentiel au-dessus des rives d'anciens lits de rivière (ex. : Water Power, 2013).

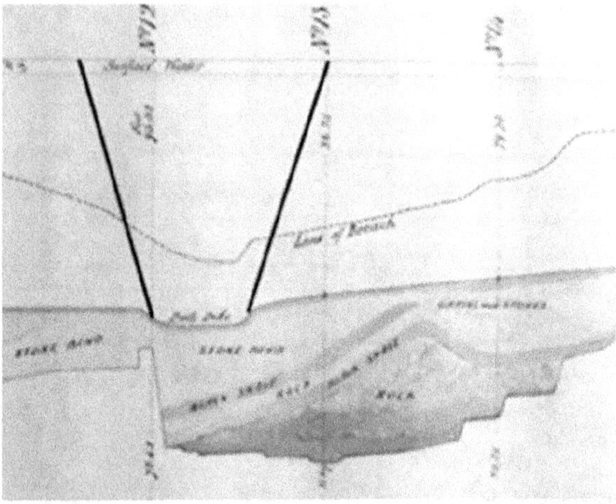

Fig. 2.7
Esquisse du profil longitudinal montrant le profil de la brèche formée après la rupture et la zone projetée du secteur de l'amorce de la rupture, bordée de part et d'autre par des fissures dues aux changements abrupts dans le profil de la fondation et/ou les rives de l'ancien lit de la rivière
(© Sheffield Archives, www.sheffield.gov.uk/archives)

Cette rupture continue à intéresser les ingénieurs des barrages. Avec l'avancement des connaissances sur la fracture hydraulique suite aux incidents du barrage de Hyttejuvet (maintenant appelé barrage de Valldalsvatn) (Kjaernsli et Torblaa, 1968) et de Balderhead (Vaughan et al, 1970), Binnie (1978, 1981 et 1983) a conclu que la rupture a été initiée par l'érosion dans une fissure sub-verticale à travers le noyau, probablement élargie et approfondie par une fracturation hydraulique, résultant d'un tassement différentiel sur une marche de la fondation de la tranchée parafouille

Charles (1998) montra que, lors de la mise en eau du réservoir, l'imbibition du remblai amont lâche contribua à l'effondrement du remblai et à la création d'ouvertures horizontales. Ces couches horizontales, avec des contraintes inférieures aux charges hydrauliques dues au réservoir, ont probablement été ouvertes par claquage hydraulique puis remplies par l'eau du réservoir. Sherard (1973, 1985) a fait état d'un incident similaire pour la partie du remblai du barrage Wister qui se trouvait au-dessus de l'ancien lit de la rivière. Dounias et al. (1996) a également montré que le claquage hydraulique, entraînant la formation de fissures horizontales lors du premier remplissage, a été observé dans le noyau du barrage Dale Dike.

Figure 2.7, the longitudinal section of the dam across the valley shows the base of the cut-off, ground level and the breach through the dam, with a large step at a position that could lead to cracks through the core and shoulder fill at the location of the breach. The position of the step was also near to the position where settlement of the upstream fill and water boiling into the dam had been observed. It should also be noted that the breach is centered over the river channel over much of its length. The river channel is visible on the longitudinal section, suggesting that the river banks were left in-situ, creating situations where differential settlement could have caused cracks in the upstream and downstream shoulder fill, possibly enlarged by hydraulic fracture as the reservoir filled. Such cracks would provide little resistance to movement and erosion could occur along them. Erosion has been reported in the fill of modern dams in cracks propagated by differential settlement above the sides of river channels (e.g. Water Power, 2013).

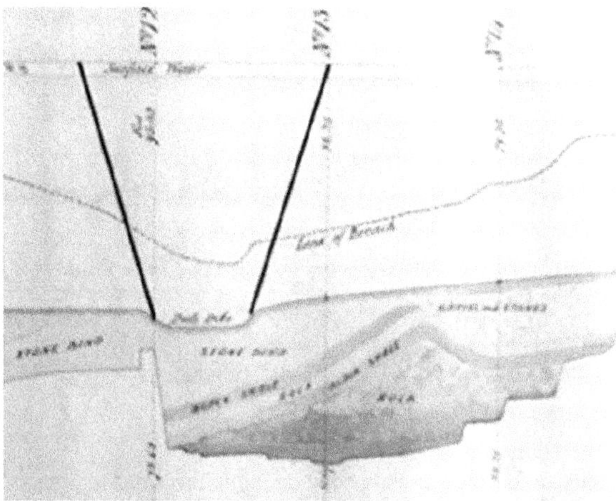

Fig. 2.7
Longitudinal section showing breach profile after failure and possible initial zone of failure bounded by cracks propagated from sharp change in foundation profile and/or banks of old river channel ((© Sheffield Archives, www.sheffield.gov.uk/archives)

The failure continues to be of interest to dam engineers. With advancing knowledge of hydraulic fracture following the incidents at Hyttejuvet Dam (now called Valldalsvatn Dam) (Kjaernsli and Torblaa, 1968) and Balderhead (Vaughan et al, 1970), Binnie (1978, 1981 and 1983) concluded that the failure was initiated by erosion in a sub-vertical crack through the core, possibly enlarged and deepened by hydraulic fracture, resulting from differential settlement over a step in the foundation of the cut-off trench.

Charles (1998) showed that collapse settlement of the loosely placed upstream fill on wetting as the reservoir filled could have resulted in horizontal openings, or layers of low stress lower than reservoir water pressure that would have opened by hydraulic fracture, to form a sub-horizontal opening filled with water at reservoir water pressure under the upstream fill. Sherard (1973, 1985) reports a similar incident in the fill above the original river channel at Wister dam. Dounias et al (1996) showed that horizontal cracks could have formed by hydraulic fracture on first filling through the core at Dale Dike.

Comme le montre la Figure 2.8, la fissure identifiée par Charles (1998) aurait pu croiser la fissure identifiée par Dounias et al. (1996) au travers du noyau. Ces fissures auraient pu se propager vers la partie aval du remblai de l'ouvrage, ou bien auraient pu être formées dans cette partie du remblai par le mécanisme d'effondrement identifié par Charles (1998). Ce mécanisme est le résultat du mouillage par les embruns sur la crête et par l'eau entrant dans la fissure identifiée par Binnie (1981). La fissure longitudinale, initialement observée sur le parement aval de l'ouvrage, pourrait être le résultat soit du mouillage ou des premiers mouvements de la recharge aval à la suite de la mise en eau. L'observation de venues d'eau au pied aval de l'ouvrage a confirmé le passage de l'eau dans le remblai.

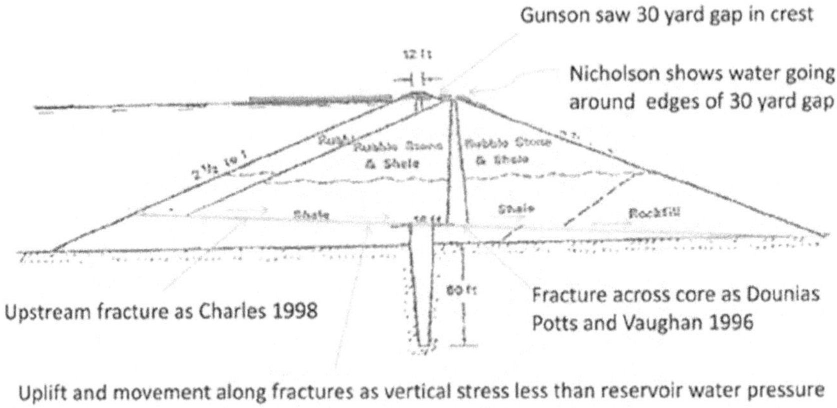

Fig. 2.8
Déplacement vers l'aval du barrage dans la zone de la rupture selon le plan formé par le claquage hydraulique dans les recharges et le noyau (adaptée de Binnie, 1978)

La résistance au cisaillement de la recharge aval non fissurée combinée à celle du pied en enrochement de l'ouvrage, a été insuffisante pour contrer la charge appliquée par le réservoir au corps libre « flottant », résultant ainsi en un mouvement soudain du remblai vers l'aval. La brèche émergea à travers l'enrochement du pied aval comme on peut le voir sur la Figure 2.6. Sur le plan de rupture, ce mouvement correspond à une ouverture de 27 m, telle que vue par Gunson. La charge hydraulique exercée sur le plan de rupture par le réservoir était supérieure à la résistance du remblai au-dessus de la surface, causant le soulèvement de la partie aval du remblai et la perte totale de résistance. Ainsi, la rupture rapide du remblai et la formation d'une ouverture de 27 m a été constatée. La Figure 2.7 montre que l'ouverture de 27 m était probablement confinée par des fissures dues au tassement différentiel créé par les escarpements de la fondation rocheuse et par les rives abruptes de l'ancien lit de rivière. (En supposant que les fissures se soient propagées selon (45°+ φ'/2) et que φ' soit environ de 30°, la largeur en crête de la masse serait de 22 m, ou 27 m en supposant que le lit de l'ancienne rivière est d'environ 5 m de largeur). Initialement, les fissures latérales abruptes de part de d'autre de la brèche, auraient été instables alors que l'eau s'échappant du réservoir les aurait érodées en pentes d'environ H/V=1,5/1, telles qu'observées après la rupture.

Lors de la rupture, l'eau s'échappant du réservoir aurait vraisemblablement fait le tour des extrémités de la crête de la masse de remblai vers l'aval. À la Figure 2.9, l'esquisse réalisée par W.S. Nicholson montre une masse de remblai demeurant au centre entre les ouvertures de la brèche. Il est peu probable que l'esquisse soit issue des observations de témoins visuels de l'événement, car la rupture est survenue en pleine nuit. Toutefois, l'esquisse de Nicholson montre un ciel éclairé par la lune, probablement suffisant pour illuminer les principales caractéristiques de la brèche et les chemins d'écoulement empruntés par l'eau s'échappant du réservoir.

As shown in Figure 2.8, the 'Charles (1998) cracks' may have linked to 'Dounias et al (1996) cracks' across the core. Such cracks may have propagated into the downstream fill or may have formed in it by the Charles (1998) collapse mechanism as it was wetted by spray over the crest and by water flowing through the Binnie (1981) crack. The crack seen parallel to the crest at the top of the downstream could be the consequence of settlement on wetting of the downstream shoulder fill, or the result of the initial movement of the downstream shoulder. Leakage was observed emerging at the downstream toe confirming that water flowed through the fill.

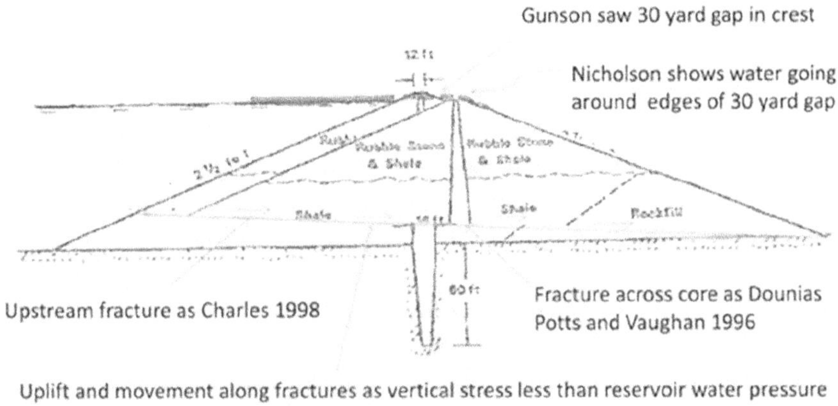

Fig. 2.8
Showing downstream displacement of dam in failure zone along plane formed by hydraulic fracture through shoulder fills and core (adapted from Binnie, 1978)

At some point the combined shear resistance of the not yet cracked downstream fill and the rockfill toe, may have become insufficient to resist the load imposed by the reservoir water pressure through the 'floating' fill, resulting in sudden movement downstream. The breach emerged through the rockfill at the downstream toe as can be seen on Figure 2.6. On the sloping failure surface, this would have led to the 30-yard (27 m) gap in the crest seen by Gunson. The reservoir water pressure acting on the failure surface would at some point have exceeded the weight of the overlying fill, causing uplift of the downstream fill and loss of any resistance, thereby adding to the rapidity of the failure and the sudden formation of the 27 m gap. As Figure 2.7 shows, the 27 m width may have been confined by the cracks propagated by differential settlement from the step in the foundation and from differential settlement across the river bed. (Assuming the cracks propagated at (45°+ø'/2) and ø' was about 30°, the top width of the failing mass would be about 22 m, or 27 m if the river bed was assumed to be about 5 m wide). These initially steep slopes at the sides of the breach would have been unstable and eroded by the escaping water to form the flatter 1 on 1.5 slopes seen after the failure.

Water would have escaped from the reservoir around the ends of the crest of the failing mass when the movement downstream severed the crest. Figure 2.9, the W S Nicholson sketch of the failure shows a central mass apparently remaining between deeper breaches at each side, as may have happened. Whether Nicholson's sketch was from reports by eye-witnesses of what had been seen seems improbable as the failure occurred at night. However, there was sufficient light for Gunson to see the 27 m gap, and Nicholson's sketch shows a moonlit sky, perhaps sufficient to illuminate the main features of the breach and the flow paths of the escaping water.

Fig. 2.9
Esquisse de W.S. Nicholson lors de la rupture. Cette Figure montre les principaux chemins d'écoulement de l'eau s'échappant du réservoir, ainsi qu'une masse centrale du remblai. Une telle observation résulte du mouvement de la masse sur les surfaces formées par le claquage hydraulique, où la charge hydraulique était supérieure aux contraintes totales verticales. Les surfaces de glissement se sont formées dans le remblai amont d'après Charles (1998) lors de l'effondrement de remblai lâche suite à l'imbibition rapide, dans le noyau d'après Dounias et al. (1996) par fissuration et se sont propagés au travers du remblai aval tel que le montre la Figure 2,6 (© Les archives de Sheffield, www.sheffield.gov.uk/archives).

L'hypothèse de l'érosion interne a été identifiée comme étant la cause de la rupture, mais les preuves d'érosion du remblai étaient insuffisantes. Les venues d'eau observées au pied de l'ouvrage ne contenaient pas de sédiments en suspension, telles qu'attendues si l'érosion interne avait été à l'œuvre. L'inspection du noyau à corroi d'argile après la rupture a révélée qu'il était de bonne qualité et aucune mention de fissuration n'a été notée. À part l'ouverture de 27 m, aucun autre tassement en crête n'a été observé. Seul le signalement de tassements et de bouillonnements a été fait sur le parement amont de l'ouvrage. Ceci pouvant résulter des tassements différentiels induits par l'effondrement du remblai suite à son premier mouillage et à la création de bulles s'échappant du remblai en enrochement. Les barrages britanniques avec un noyau d'argile corroyée ont souvent des parements amont irréguliers engendrés par une mise en place irrégulière des recharges sans arrosage et faiblement compactées, ce qui mène à des effondrements locaux fréquents lors de la mise en eau.

Malgré que l'érosion interne du remblai ne semble pas être survenue, la Figure 2.1 (Garner et Fannin, 2010) montre que la combinaison défavorable d'une charge hydraulique et de contraintes critiques, deux des trois facteurs nécessaires pour mener à l'érosion interne, a conduit à des contraintes inférieures aux pressions interstitielles pouvant résulter en un claquage hydraulique et un soulèvement.

Fig. 2.9
Nicholson's sketch of the failure. It shows major flows of escaping water around a remnant central mass as would be expected if the breach occurred by mass movement on surfaces formed by hydraulic fracture where reservoir water pressure exceeded total vertical stress on planes of low stress. The planes formed in the upstream fill by Charles (1998) collapse of loose fill on rapid wetting, in the core by Dounias et al (1996) fracture and propagated from these across the downstream fill as shown in Figure 2.8. (© Sheffield Archives, www.sheffield.gov.uk/archives)

The cause of the failure is said to be internal erosion, but there is little evidence of erosion of the fill materials. Observers had seen leakage from the toe of the dam but it was not reported to be sediment-laden as would be expected if substantial erosion was occurring. The puddle clay core found after the failure was of good quality and there was no mention of any open cracks. Other than the 27 m gap, no crest settlement was observed. There was the single report of the settlement and the 'boiling' water on the upstream slope. This may have been the result of local differences in settlement as the fill collapsed on wetting, with air bubbles escaping as water flowed into the stony fill. The upstream slopes of typical British puddle clay core dams are often irregular because of uneven placing, no sluicing during placing, little compaction and collapse on wetting during first filling of the reservoir.

Although erosion did not seem to occur, Figure 2.1, above, the Garner and Fannin (2010) Internal Erosion Venn Diagram, shows that an unfavorable combination of hydraulic load and the stress condition, only two of the three factors normally required to cause erosion, resulted in stresses lower than pore pressure to give hydraulic fracture and heave (or uplift).

Bridle (2022) confirme que la fracture hydraulique a été la cause de la rupture rapide, et note qu'une rupture rapide similaire s'est produite à Warmwithens (voir 2.2.4 ci-dessous).

La raison sous-jacente de la rupture était le remplissage rapide du réservoir. Il est souvent conseillé de remplir ou de remplir lentement les réservoirs, mais la vitesse de remplissage ne peut pas être contrôlée pendant les inondations. La capacité des conduites de vidange et des canaux de dérivation ne peut normalement pas contrôler les grands débits entrants qui se produisent pendant les inondations, de tels débits ne sont évacués que par la capacité substantielle des déversoirs.

C'est un danger pour tous les barrages, qu'ils soient nouveaux ou existants. L'effondrement des remblais correctement compactés, correctement humidifiés, ne devrait pas se produire. Les barrages existants ont survécu au premier remplissage, et un effondrement conduisant à des fractures horizontales étendues à travers le remblai ne devrait pas se produire au cours de cycles ultérieurs de vidange et de remplissage. Cependant, des fissures peuvent se produire lors de nouveaux remplissages dans des noyaux étroits et larges, comme l'ont démontré Dounias et al, 1996 et Soroush et Aghaei Araei, 2006. Les remblais non-plastiques non saturés et les remblais non-plastiques avec des fines peuvent présenter des fissures avant la saturation, les remblais d'argile peuvent présenter des fissures même lorsqu'ils sont saturés. Les filtres peuvent également subir des fissures en fonction de la teneur en fines (CIGB, 2015).

2.2.1.4. Observations sur des événements semblables au barrage Dale Dike et comment les éviter

Le barrage Dale Dike paraît avoir été construit selon les règles de l'art en cours, au même titre que les ouvrages de cette époque. Si en d'autres circonstances le réservoir s'était rempli lentement, le comportement du barrage aurait probablement été similaire aux autres barrages de la région. Le remblai amont aurait subi un tassement graduel attendu lors de la mise en eau. Sur le long terme, le remblai aurait probablement fissuré dû aux tassements différentiels, menant ainsi vers l'initiation de l'érosion interne. Une fois initiée, la continuation du processus aurait été dictée par la capacité de filtration de la partie supérieure du remblai aval en enrochement. Malgré ces précautions, une conduite au travers le remblai aurait pu se tasser, et aurait requis un revêtement ou un autre type de remplacement.

La construction d'un barrage tel que Dale Dike aujourd'hui n'inclurait pas une tranchée parafouille profonde en argile. Le barrage comprendrait plutôt des filtres alors que le remblai aurait été placé et compacté en couches successives. Mais, est-ce que la rupture aurait été ainsi évitée?

L'effondrement de remblais bien compactés ne devrait pas survenir. Lors de la mise en eau, le remblai et les filtres devraient être suffisamment larges pour éviter l'effet voûte, les faibles contraintes et le claquage hydraulique. Les barrages existants, ayant subi leur première mise en eau ainsi que les déformations et fissures qui s'en suivent, ne devraient pas présenter, après d'autres cycles de vidange et remplissage du réservoir, d'effondrements supplémentaires. Les remblais non-plastiques non-saturés et les remblais non-plastiques avec particules fines peuvent maintenir ouverte la fissuration lors de la saturation du matériau. De même, les remblais argileux ainsi que les filtres, selon la proportion de particules fines, peuvent également maintenir la fissuration (CIGB, 2015). Selon Dounias et al. (1996) et Soroush et Aghaei Araei (2006), la fissuration peut survenir dans les barrages à noyau étroit ou large lorsque le réservoir est rempli à nouveau. Les ouvrages à noyau large placé du côté humide de l'optimum ont moins de chance de subir de la fissuration alors que les matériaux des filtres amont peuvent remplir les fissures par autoréparation.

2.2.1.5. L'érosion de conduit dans des zones de faibles contraintes au-dessus d'un lit de rivière : Barrage Wister

Sherard (1973, 1985) et Redlinger (2013) ont présenté un rapport sur la rupture partielle du barrage Wister en 1949, dans l'état de l'Oklahoma aux États-Unis. Le barrage est un ouvrage en terre homogène avec un tapis drainant graveleux sur une partie de la fondation aval, situé sous le remblai.

Bridle (2022) confirms that hydraulic fracture was the cause of the rapid failure, and noted that a similar rapid breach occurred at Warmwithens (see 2.2.4 below).

The underlying reason for the failure was the rapid filling of the reservoir. A slow rate of filling or re-filling of reservoirs is often advised, but the rate of filling cannot be controlled during floods. The capacity of emptying pipes and by-pass channels cannot normally control the large inflows that occur during floods, such flows are passed only by the substantial capacity of spillways.

This is a hazard at all dams, new and existing. Collapse of properly compacted fills, sluiced as necessary, should not occur. Existing dams have survived first filling, and collapse leading to extensive horizontal fractures through the fill would not be expected during further cycles of emptying and filling. However, cracking can occur on re-filling in narrow and wide cores as demonstrated by Dounias et al, 1996 and Soroush and Aghaei Araei, 2006. Unsaturated non-plastic fills and non-plastic fills with fines can sustain cracks prior to saturation, clay fills can sustain cracks even when saturated. Filters can also sustain cracks depending on fines content (ICOLD, 2015).

2.2.1.4. Observations on occurrences similar to Dale Dike and how to avoid them

The dam seems to have been well built to similar standards as other reservoirs of the time. If circumstances were such that it had filled slowly, its performance would probably be similar to other dams. The upstream fill would have settled gradually during filling. In the longer term, differential settlement may have led to cracking and leaks, and because the upper fill was coarse and would not have limited flow, internal erosion may have initiated. Whether the erosion, once initiated, would have led to serious consequences would depend on the filtering capacity of the stony upper part of the downstream fill. In spite of the precautions taken, the pipe through the embankment may have settled and may have necessitated lining or other replacement, as has occurred at many reservoirs.

If Dale Dike were to be built today, there would be no deep clay-filled cut-off trench, the core would be protected by filters, and the fills would have been placed and compacted in layers, but would failure have been averted?

Collapse of properly compacted fills, sluiced as necessary, should not occur. Fill and filter zones should be wide enough to prevent arching, low stress and hydraulic fracture on wetting. Existing dams have survived first filling, and collapse leading to extensive horizontal fractures through the fill would not be expected during further cycles of emptying and filling. Unsaturated non-plastic fills and non-plastic fills with fines can sustain cracks prior to saturation, clay fills can sustain cracks even when saturated. Filters can also sustain cracks depending on fines content (ICOLD, 2015). Cracking can occur on re-filling in narrow and wide cores (Dounias et al, 1996; Soroush and Aghaei Araei, 2006). Wide core fills placed wet of optimum are less likely to crack. Upstream filters provide material to fill any cracks.

2.2.1.5. Concentrated leak erosion in holes in low stress zone above river channel: Wister Dam

Sherard (1973, 1985) and Redlinger (2013) reported on the partial failure in 1949 of Wister Dam in Oklahoma, USA. The dam is a homogeneous earthfill structure, with a gravel blanket drain

La mise en place du remblai s'est faite du côté sec et moins dense de l'optimum, l'exposant ainsi à du tassement lors de la mise en eau de l'ouvrage. Après l'incident, le remblai a été identifié comme étant en sol dispersif.

Les Figures 2.10 et 2.11 montrent que peu de temps après la fin de la construction et la mise en eau, des venues d'eau gorgées de sédiments ont été observées. Au début, ces venues d'eau ont été observées résurgentes du remblai de la berme aval pour ensuite graduellement progresser et ressurgir au-dessus de la berme. L'entonnement a été plus tard localisé au-dessus de la berme amont.

À la suite de pluies abondantes, le niveau du réservoir était d'environ 3 m au-dessus de la berme amont, pour diminuer ensuite progressivement. Pendant 6 jours, les infiltrations ont augmenté jusqu'à 500 L/s pour ensuite être complètement asséchées après 11 jours, après que la retenue se soit abaissée sous l'entonnement des fuites situé au-dessus de la berme amont,

Les points de sortie des venues d'eau les plus distantes ont été observés à environ 300 m en aval du barrage, le long du lit de la rivière. Comme le montre la Figure 2.10, le lit de la rivière sous le barrage décrit une courbe et suit approximativement à cet endroit l'axe du barrage. Des essais de traçage ont permis de démontrer que les chemins d'écoulement suivaient l'ancien lit de la rivière sous le barrage.

Tel que le montre la Figure 2.11, les rives naturelles de l'ancien lit de la rivière, étaient profondes et escarpées. Lors de la mise en eau, il semble que le remblai placé dans l'ancien lit de la rivière ait subi un tassement par effondrement et/ou effet voûte, menant à l'ouverture de fissures horizontales puis à la création de chemins d'écoulement. Le tassement différentiel a pu permettre le développement de fissures sub-verticales dans le remblai au-dessus des rives de l'ancien lit de la rivière. Il est possible que le claquage hydraulique ait également été un facteur actif. Ce phénomène pourrait ainsi expliquer la progression vers le haut, de la partie aval des trous d'écoulement, par lesquels les venues d'eau ont traversé le remblai du fait que le développement du claquage hydraulique (lorsque la pression interstitielle (u) devient supérieure à la contrainte principale mineure (σ_3)) a pu se s'interrompre durant l'effondrement et le tassement à la base du fait que la contrainte principale mineure augmenta et dépassa la pression interstitielle ($\sigma_3 > u$).

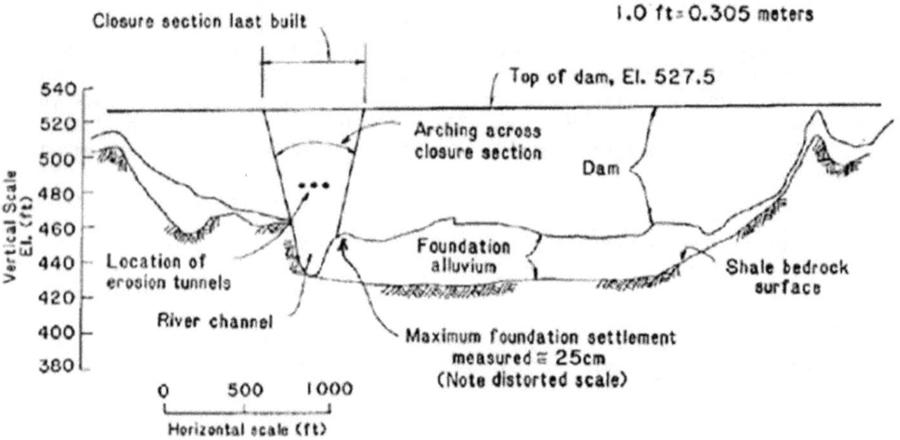

Fig. 2.10
Barrage Wister : vue longitudinale du barrage et de sa fondation montrant l'ancien lit de la rivière (Sherard, 1985)

below the fill over part of the downstream foundation. Most of the fill was placed drier and less dense than optimum, making it susceptible to settlement on wetting. The fill was later found to be dispersive.

Soon after construction was completed and the reservoir was filling, sediment-laden leakage occurred through several holes, as shown on Figures 2.10 and 2.11. Initially these emerged from the dam through the random fill in the downstream berm, but gradually moved upward to emerge just above the level of the downstream berm. They were later seen to enter the dam just above the upstream berm.

The reservoir level had peaked after heavy rain at about 3 m above the berm level and gradually subsided. The leakage increased over 6 days to 500 L/s and stopped after 11 days when the reservoir dropped below the inlets to the leakage holes just above the upstream berm.

The downstream ends of the leakage holes were located over about 300 m along the dam downstream of the river channel. As Figure 2.10 shows, the channel curved below the dam and in this location was sited approximately below the dam centerline. It was demonstrated by tracer tests that the holes followed the route of the old river channel.

The river channel was deep and steep sided as Figure 2.11 shows. It seems that the leakage holes formed because collapse settlement on wetting or/and arching of the fill placed in the river channel led to 'horizontal' openings. Differential settlement may have led to sub-vertical openings through the fill above the river channel sides. Hydraulic fracture may have occurred also. It would explain the upward progression of the downstream end of the holes because openings in the fill resulting from hydraulic fracture (when pore pressure, u, exceeds minimum principal total stress, ($\sigma 3$) may not have been sustained as the fill settled and collapsed causing the minimum principal total stress to increase and exceed the pore pressure (σ_3>u).

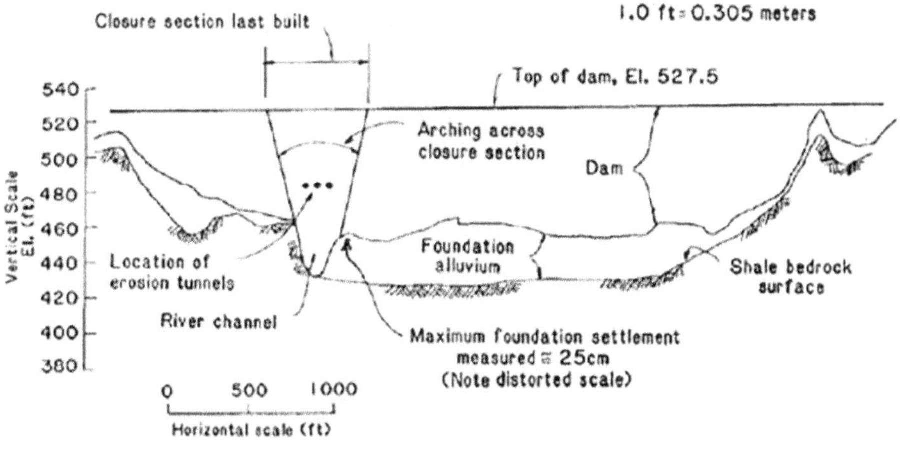

Fig. 2.10
Position of Wister Dam above old river channel and dam cross-section with leakage holes (from Sherard 1985)

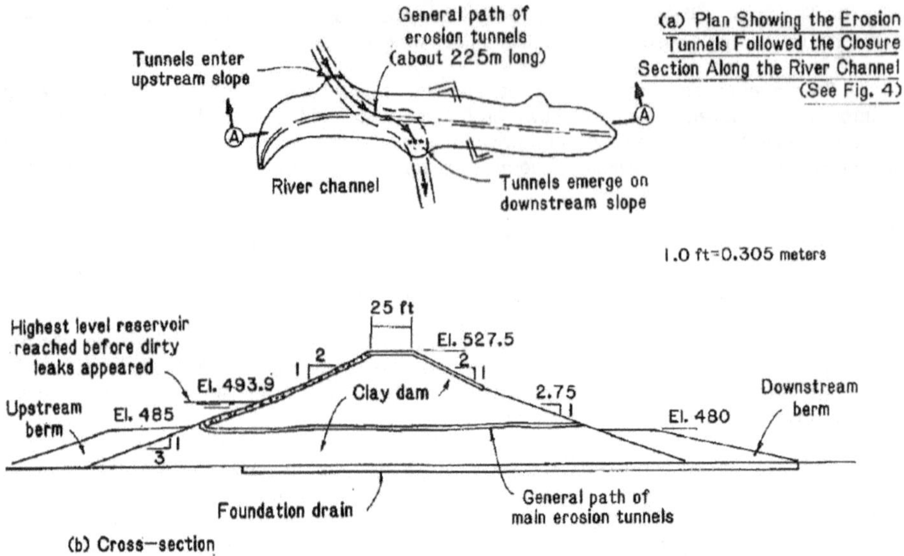

Fig. 2.11
Position du barrage Wister au-dessus de l'ancien lit de la rivière et coupe type et des chemins d'érosion (Sherard 1985)

Le professeur Arthur Casagrande a fait une évaluation de l'incident. Il a admis que la prédiction et la prévention de la fissuration des barrages puis de l'érosion interne qui peut en découler sont difficiles. Il a recommandé à la profession d'inclure des filtres « plus ou moins verticaux » (de type cheminée) ainsi que des filtres horizontaux (tapis) entre le remblai aval et la fondation de l'ouvrage.

La réparation du barrage Wister consista à installer un rideau de palplanches surmonté d'un remblai imperméable adjoint à la recharge amont juste au-dessus de la berme et à injecter depuis la crête jusqu'en fondation. Par la suite, une paroi moulée a été installée en aval du rideau de palplanches, et une berme avec filtre a été construite de la crête jusqu'au pied aval de l'ouvrage.

2.2.1.6. Une rupture due aux tassements différentiels: Barrage Stockton Creek

Le barrage de Stockton Creek est un remblai homogène d'une hauteur de 24 m, construit consciencieusement en 1950 avec un sable argileux de faible plasticité (Sherard, 1973). La Figure 2.12(a) montre le barrage Stockton Creek. Le remplissage de la retenue a été rapide de 13 m de profondeur jusqu'à environ 1,2 m au-dessus du seuil de l'évacuateur de crues le 18 novembre 1950. Les inspections réalisées en après-midi et en soirée n'ont révélé aucune observation anormale. Cependant, le lendemain matin, une section de l'appui droit du barrage avait été emportée, comme le montre la Figure 2.12(b).

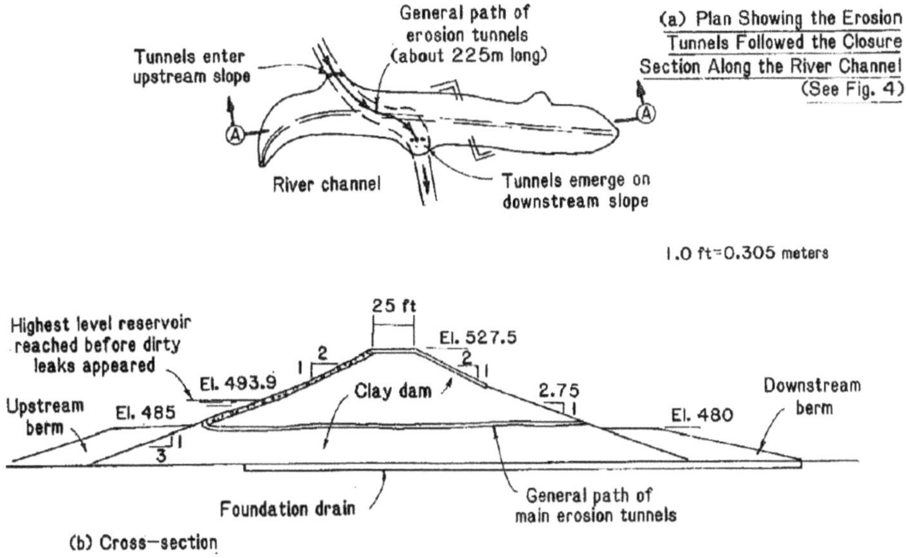

Fig. 2.11
Wister Dam: Longitudinal section showing river channel in foundation (from Sherard, 1985)

The incident was reviewed by Professor Arthur Casagrande. He recognized that it is difficult to predict and prevent cracking in dams, and that erosion may occur through cracks. He recommended to the profession that earth dams be protected from erosion by 'more or less vertical' filters in the fill (chimney filters) and horizontal filters (blanket filters) between the downstream fill and foundation.

The dam was repaired by installing a sheet pile cut-off capped by impermeable fill through the upstream fill from just above the berm, and by grouting through the crest to the foundation. Later, a diaphragm wall was installed downstream of the sheet piles, and a filtered berm was constructed from crest to toe on the downstream slope.

2.2.1.6. A failure from differential settlement: Stockton Creek Dam

Figure 2.12(a) shows Stockton Creek Dam, a 24 m high homogeneous dam carefully constructed in 1950 with fill of residual clayey sand soil of low plasticity (Sherard, 1973). It filled rapidly from 13 m deep to about 1.2 m over the spillway in November 18, 1950. Inspections in the afternoon and evening found nothing unusual, but the following morning it was found that a section of the dam near the right abutment had been washed out, as shown in Figure 2.12(b).

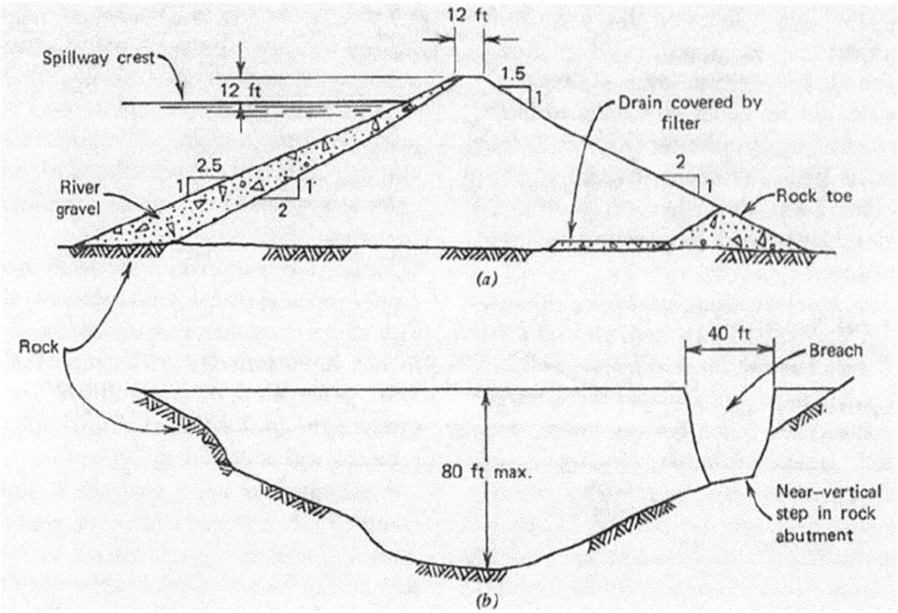

Fig. 2.12
Barrage Stockton Creek (a) coupe type et (b) brèche au-dessus de l'escarpement détectée dans la fondation

La cause la plus probable de rupture identifiée est liée au tassement différentiel adjacent aux escarpements des appuis rocheux de la fondation conduisant à l'initiation de l'érosion de conduit, menant rapidement à la formation progressive de renards.

Le remblai était sujet à la fissuration due aux tassements différentiels, car il était très raide et rigide. Malgré les précautions prises lors de la mise en place du remblai, il a été mis en place à environ 3% du côté sec de l'optimum Proctor Normal, ce qui le rendait fragile. Toutefois, ce type de sol était résistant à l'érosion, car au moment de la reconstruction, il put résister à une surverse. Lors de la mise en eau initiale, des mouvements de faibles envergures dans le remblai ont entraîné une diminution des contraintes au-dessus des appuis escarpés de la fondation rocheuse, créant rapidement l'ouverture de fissures sub-verticales, où se produisirent l'érosion et l'effondrement du remblai.

L'ouvrage homogène (sans zonage) n'avait pas de filtres ou de remblais aval ayant la capacité d'interrompre l'érosion. En présence de telles zones, la captation des particules érodées aurait été possible. L'action des filtres aurait contribué à l'obstruction des fissures, diminuant ainsi la vitesse d'écoulement ainsi que les forces hydrauliques à l'œuvre, sous le seuil requis d'érodabilité du remblai.

2.2.1.7. Les ruptures causées par l'érosion de conduit via les terriers d'animaux (blaireaux) : les levées de Camargue

En 2014, Mallet et al. ont procédé à une évaluation probabiliste et à la réhabilitation de levées sur environ 200 km protégeant 115 000 personnes de la région de Camargue, dans le delta du Rhône, une région du sud de la France.

Datant du 19e siècle, ces levées ont été construites entre 1840 et 1856 lorsque d'importantes inondations ont frappé la région. Par la suite, elles furent rehaussées à plusieurs reprises. Ces ouvrages non-zonés en terre, sont constitués d'un remblai hétérogène peu compacté constitué de couches de silt et de sable en alternance. Cet agencement les rend ainsi très vulnérables à l'érosion interne.

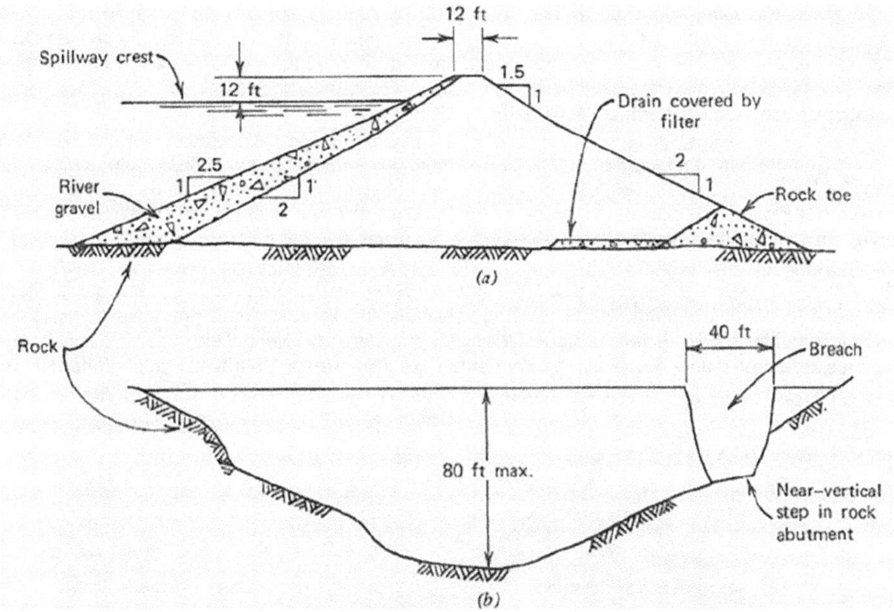

Fig. 2.12
Stockton Creek Dam, showing (a) cross-section and (b) breach above step in foundation

It was concluded that the most probable cause of failure was 'rapid progressive piping of an initial concentrated leak through a differential settlement crack adjacent to the near-vertical step in the abutment rock surface'.

The fill was very hard and rigid and hence susceptible to differential settlement cracking. It had been carefully placed but was about 3% dry of Standard AASHO optimum, making it brittle. It was resistant to erosion, as confirmed later when it withstood overtopping while being re-constructed. It seems that small movements during rapid filling reduced stress above the 'step' and abruptly opened sub-vertical cracks along which erosion and collapse occurred.

This was a 'homogeneous' (unzoned) dam without filters or downstream zones which if present may have arrested the erosion. If these zones were capable of filtering, eroded particles would be trapped, blocking the cracks and reducing leakage velocity, and hence the hydraulic forces, below that necessary to overcome the erosion resistance of the fill.

2.2.1.7. Failures from concentrated leaks through animal (badger) burrows: Camargue flood levees

Mallet et al (2014) reported on probability assessment and remediation of about 200 km of flood levees defending 115,000 people in the Camargue, the delta of the Rhone in southern France. More details are given by Mallet and Fry (2016) and by Mallet (2019).

The levees were constructed in 19th century after great floods in 1840 and 1856, and raised subsequently. They are unzoned earth embankments with heterogeneous lightly compacted fill of alternating silt and sand layers, very vulnerable to internal erosion.

Lors des inondations de 1993, 1994, 2002 et 2003 (ayant des périodes de retour entre 15 et 100 ans), 19 brèches sont survenues. Une seule résulte d'une surverse, tandis que les autres brèches ont été causées par un phénomène d'érosion de conduit lié à la présence de terriers de blaireaux, ou de conduits traversant les digues. Lors des inondations, des travaux d'urgences réalisés au moment opportun ont permis d'éviter plus de 22 brèches.

Conformément à la réglementation en France, une évaluation probabiliste a été réalisée pour identifier les tronçons de digues les plus vulnérables et estimer l'éventuel temps de rupture. Comme le montre la Figure 2.13, plusieurs terriers ont été bouchés de l'aval, laissant ainsi la majeure partie du terrier initial à l'intérieur de l'ouvrage. À ce problème, s'ajoute le fait qu'aucun suivi de la localisation exacte des terriers obturés n'a été réalisé. La probabilité du claquage hydraulique du bouchon a pu être estimée. L'essai d'érosion de trou HET (*Hole Erosion Test)* a été utilisé pour estimer la vitesse à laquelle le conduit s'élargit après claquage du bouchon libérant l'eau, provoquant l'érosion et éventuellement une brèche dans la digue. Des pistes d'accès en gravier ont été construites en urgence dans les zones les plus à risque afin de permettre l'exécution rapide de travaux de confortement aux zones endommagées par les terriers et exposées aux crues.

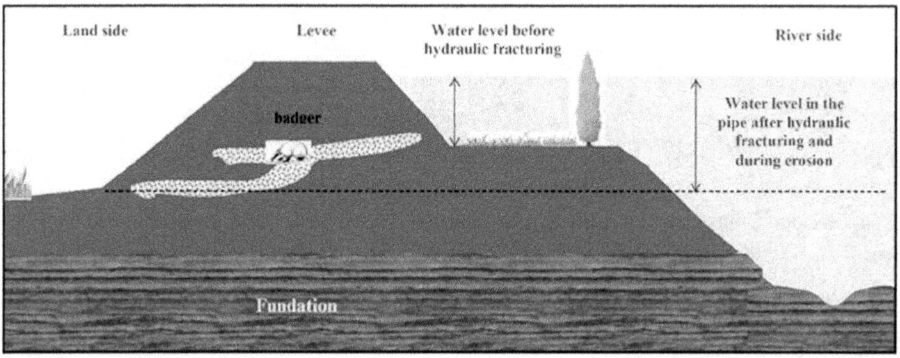

Fig. 2.13
Terrier de blaireau partiellement bouché et niveaux d'eau pouvant causer le claquage hydraulique entrainant l'érosion de conduit de l'amont vers l'aval (Mallet et al., 2014)

2.2.1.8. L'érosion de conduit dans les fissures dues aux tassements différentiels, interrompue ou non par les filtres dans l'enrochement : Barrage Matahina

Les événements survenus au barrage Matahina (Gillon, 2007), situé en Nouvelle-Zélande, est un exemple d'occurrence de l'érosion de conduit dans les fissures et ouvertures. Ce cas illustre aussi comment un remblai peut, suivant sa granulométrie et sa capacité à retenir une fissure ouverte, agir ou non comme un filtre et empêcher le développement de l'érosion de conduit.

Comme le montre la Figure 2.14, le barrage Matahina est un barrage en enrochement d'une hauteur de 73 m avec un noyau incliné vers l'amont en argile sableuse peu plastique (provenant d'un grès « *greywake* » altéré de classe USCS SC-CL, avec une limite de liquidité de 30%, et un indice de plasticité de 10%). L'enrochement est composé de blocs presque cubiques compris entre 150 et 900 mm et provient d'une carrière d'ignimbrite. Les zones de transition extérieures provenaient d'une ignimbrite déstructurée sans cohésion et les zones de transition intérieures d'un sable silteux à un silt sableux (SM-ML). Les transitions extérieures étaient prélevées par décapage des résidus de carrière recouvrant l'ignimbrite massive utilisée pour les enrochements.

Dès la mise en eau en 1967, il y a eu apparition de fissures près de l'appui droit, due au tassement différentiel provoqué par un escarpement du contact entre le noyau et la fondation rocheuse. Par la suite, l'érosion de conduit a entraîné la création de fuites chargées en sédiments jusqu'à 500 L/s, qui cessèrent après environ 24 h.

During floods of 1993, 1994, 2002 and 2003 (with return periods between 15 and 100-years), 19 breaches occurred. One was the result of overtopping; the eighteen others were from concentrated leak erosion at badger burrows or along water pipes crossing the levees. However, a further 22 breaches were prevented by focused and timely emergency works before and during the floods.

The probability assessment, required by law in France, was developed to identify the most vulnerable locations and the rate of failure. As shown in Figure 2.13, a particular challenge was that many badger burrows had been plugged, leaving much of the original burrow open within the body of the embankments. No records had been kept of the locations of the plugged burrows. The probability of hydraulic fracture of the plugs was estimated. The results of Hole Erosion Tests were used to estimate the rate at which the fractures through the plugs would enlarge and release water through the burrow causing erosion of the walls and eventual breach of the levee. Gravel emergency access tracks were provided to the more vulnerable parts of the levees to make it possible to carry out remedial work promptly at any burrows damaged and exposed during floods.

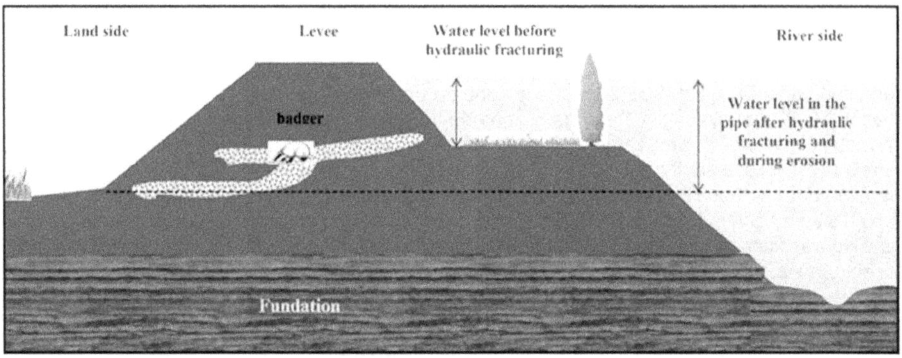

Fig. 2.13
Showing partially plugged badger burrows and water level to cause hydraulic fracture in partial plug forming complete concentrated leak from upstream to downstream (Mallet et al, 2014)

2.2.1.8. Concentrated leak erosion in differential settlement cracks arrested and not arrested by filtering in rockfill: Matahina

Events at Matahina Dam in New Zealand (Gillon 2007) demonstrate how concentrated leak erosion can occur in cracks and openings. It also shows how fills, depending on their ability to hold cracks open and their grading, do and do not act as filters to defend dams against concentrated leak erosion.

As Figure 2.14 shows, Matahina is a 73 m high rockfill dam, with a sloping SC-CL earthfill (weathered greywacke sandstone) plastic core (average liquid limit 30%, plasticity index 10). The rockfill was quarried ignimbrite, in 150–900 mm approximately cubical blocks. The transitions were from cohesionless soft ignimbrite, the inner transition from the upper surface was SM-ML silty sand-sandy silt. The outer transition was from the finer quarry stripping materials overlying the blocky ignimbrite used for the rockfill.

Differential settlement during first filling in 1967 led to cracks near the right abutment propagated from a stepped core-foundation contact zone. Erosion occurred, causing up to 500 L/s of sediment laden leakage which ceased after 24 hours.

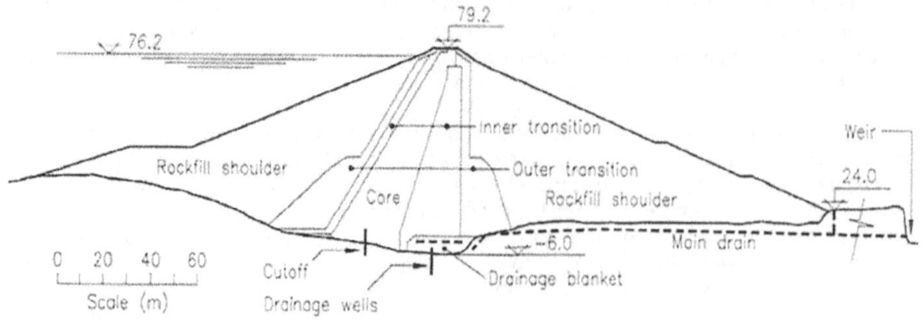

Fig. 2.14
Coupe type du barrage Matahina (tirée de Gillon, 2007)

Un puits de reconnaissance (Figure 2.15) fut creusé pour examiner la situation. Cet accès permit de constater qu'environ 20 m³ de la zone de transition amont ont été lessivés dans le noyau, environ 10 m³ du noyau l'ont été dans la zone de transition aval, et qu'environ 40 m³ de la zone de transition aval l'ont été dans l'enrochement aval. Le tassement a réduit la contrainte totale principale mineure (σ_3) sous le seuil de la pression interstitielle engendrant ainsi l'ouverture de fissures dans le matériau non-plastique due au claquage hydraulique. La fissuration est survenue à travers le noyau et a pu s'étendre vers la zone de transition intérieure, ayant une granulométrie similaire, et jusqu'à la zone de transition extérieure. L'érosion des lèvres des fissures a été provoquée par le fort gradient qui entraîna le déplacement de matériau du noyau et de la transition intérieure vers l'enrochement. La valeur du débit (500 L/s) montre que l'enrochement était un filtre à « rétention après érosion excessive » pour la zone de transition extérieure qui arrêta l'érosion au bout de 24 heures, probablement aidé par la migration des matériaux granulaires issus de la zone de transition amont.

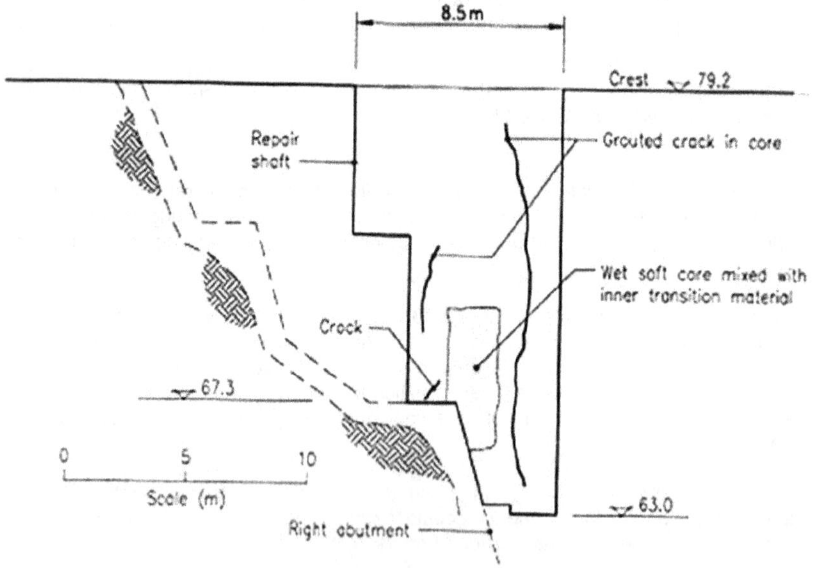

Fig. 2.15
Puits d'accès au site du tassement de l'appui droit de 1967 (vue de l'aval) où l'érosion a été stoppée (tirée de Gillon, 2007)

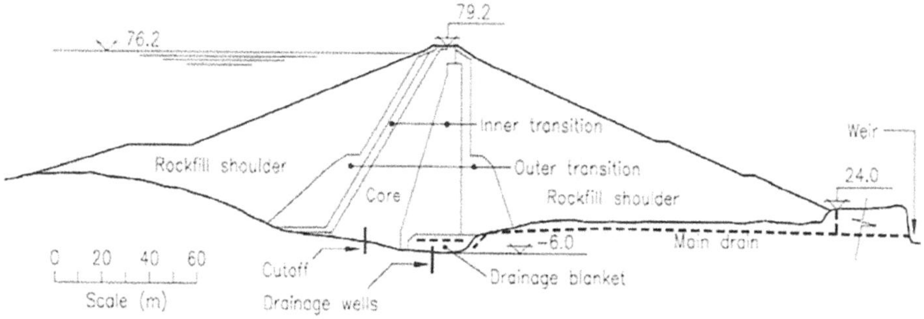

Fig. 2.14
Cross section Matahina Dam (from Gillon, 2007)

The situation was investigated with a shaft (Figure 2.15). It was found that about 20 m³ of the upstream transition was lost into the core, about 10 m³ of core was lost into the downstream transition, and 40 m³ of downstream transition was lost into the rockfill. The cracks had opened by hydraulic fracture in non-plastic materials because the settlement had reduced minimum principal total stress to be lower than the pore pressure. The cracks opened across the core and may have extended into the inner transition, of very similar grading to the core, and the coarser outer transition. The gradient was sufficient to erode the walls of the cracks and the eroded core and transition materials initially passed into the rockfill. The leakage of 500 L/s indicates that the rockfill was an excessive-erosion filter to the outer transition, and after 24 hours arrested the erosion, probably assisted by granular material drawn in from the upstream transition.

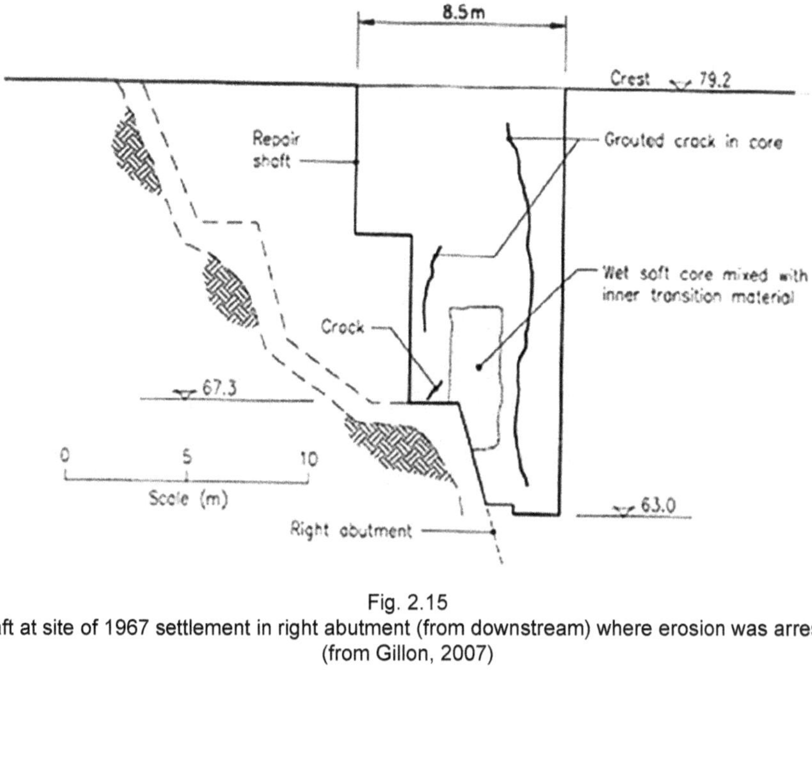

Fig. 2.15
Shaft at site of 1967 settlement in right abutment (from downstream) where erosion was arrested (from Gillon, 2007)

La Figure 2.16 montre les courbes granulométriques des matériaux de construction du barrage Matahina. Le D15 d'un filtre d'érosion excessive est de 4*d95 du sol de base. En considérant un diamètre d_{95} d'environ 10 mm pour le noyau et de 100 mm pour la zone de transition extérieure, Le D15 de l'enrochement (moins de 150 mm) est donc clairement un filtre de rétention après érosion excessive de la transition extérieure (moins de 4*d95 ou 400 mm). En revanche, il constitue un filtre d'érosion continuelle pour le noyau (supérieur à 4*d95 ou 40 mm). L'érosion semble donc avoir été progressivement arrêtée; tout d'abord par l'enrochement qui a stoppé l'érosion de la zone de transition externe, engendrant une accumulation de matériaux suffisamment fins pour agir à titre de filtre des matériaux du noyau. Les fissures ont dû être larges pour générer un écoulement suffisamment fort pour éroder rapidement une charge sédimentaire considérable et colmater ensuite l'enrochement par un filtre naturel.

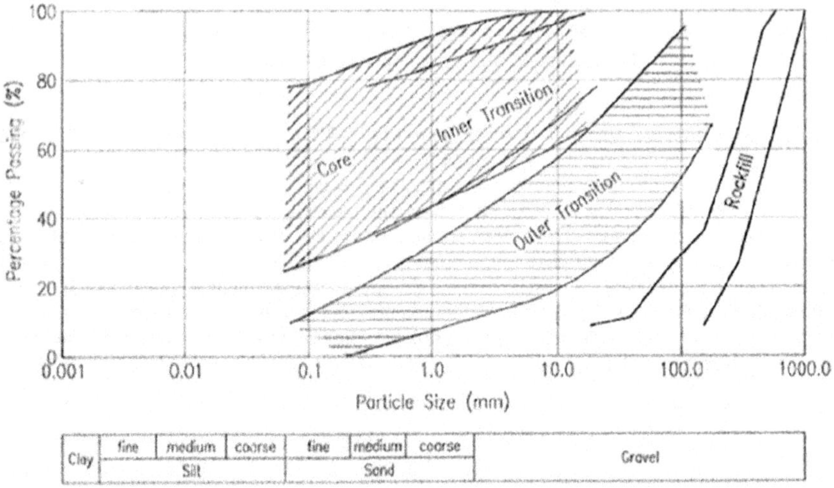

Fig. 2.16
Courbes granulométriques des matériaux du barrage Matahina (Gillon, 2007)

Un second incident est survenu en 1987 lors d'un séisme (Figure 2.17). Une zone de fissuration mineure s'est développée à l'appui gauche de la crête et après investigation, était localisée au-dessus d'une fissure préexistante dans le noyau. Environ neuf mois après le séisme, un fontis apparut en crête, au-dessus de la fissure et de la zone de transition aval. Il semble que le séisme ait entraîné l'ouverture d'une fissure située au-dessus de la zone de contact escarpée entre le noyau et la fondation rocheuse (il est possible que le tassement différentiel ait entraîné la réouverture de cette fissure, initialement créée lors de la construction, similairement à ce qui a été observé en rive droite lors de l'incident de 1967). Ensuite, l'érosion du noyau et des matériaux de transition vers l'enrochement est survenue.

Aucune venue d'eau n'a été détectée à la suite du séisme, et ce, malgré la continuation de l'érosion dans le remblai alors que la retenue était baissée.

Figure 2.16 shows the grading curves for the Matahina materials. The d95 size of the core is about 10 mm and the d95 of the outer transition is about 100 mm. The D15 size of an excessive-erosion filter is 4*d95 of the base soil. The D15 of the rockfill is about 100 mm, and it therefore plainly provides an excessive-erosion filter to the outer transition (less than 4* d95 or 400 mm). It is not an excessive-erosion filter to the core, however (4*d95 or 40 mm, less than 100 mm). The erosion therefore seems to have been arrested progressively, first the rockfill arrested erosion of the outer transitions, and this built up a filter that was fine enough to arrest erosion of core material. The cracks must have been wide allowing much leakage at a velocity sufficient to cause rapid erosion and the heavy sediment loads soon supplied sufficient material to build up the 'filter' in the rockfill.

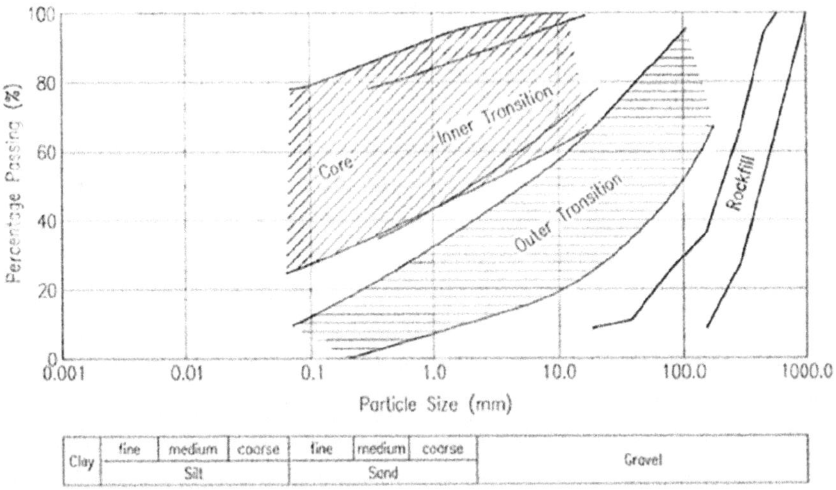

Fig. 2.16
Matahina grading curves (Gillon 2007)

A second incident occurred following an earthquake in 1987, as shown in Figure 2.17. Minor cracking on the left abutment crest was investigated and found to be above a crack in the core. A sinkhole subsequently appeared on the crest above the crack and downstream transition nine months after the earthquake. It appeared that settlement during the earthquake had opened (or re-opened a crack resulting from differential settlement soon after construction, similar to the right abutment cracking causing the 1967 incident) a crack above a step in the stepped core-foundation contact zone and led to erosion of core and transition materials into the downstream rockfill.

There was no detectable leakage at any time following the earthquake although the erosion was continuing even as the lake was drawn down.

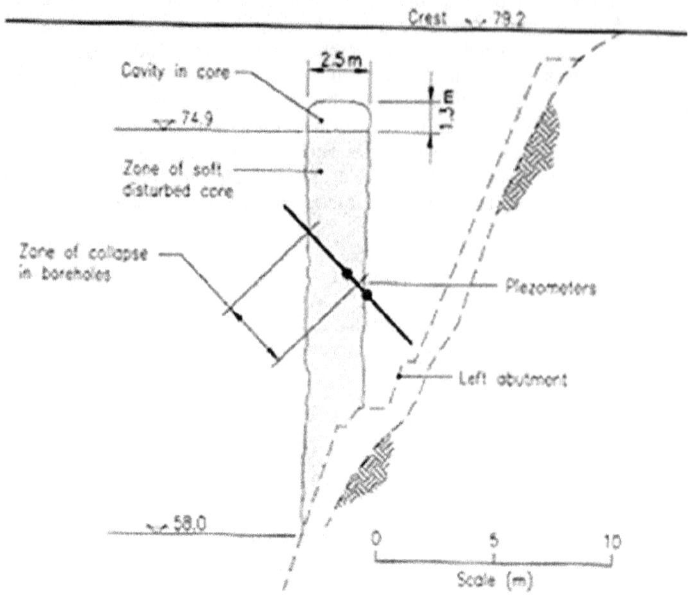

Fig. 2.17
Représentation de la fissure et de l'affaissement dans l'appui gauche (vue de l'aval) en 1987, où l'érosion s'est poursuivie jusqu'à la vidange du réservoir (tirée de Gillon, 2007)

Lors des travaux de réhabilitation qui suivirent, une cavité de 1,5 m de largeur de matériaux érodés a été découverte dans le noyau. La recharge aval en enrochement avait été envahie par les matériaux érodés du noyau et de la zone de transition. Quoique les matériaux fins dans l'enrochement entravaient le développement des fuites, l'enrochement n'agissait pas, contrairement à l'incident de 1967, comme une zone de filtre, et ne contribuait aucunement à bloquer l'érosion en progression. L'enrochement aurait pu être localement trop grossier pour agir comme un filtre. Toutefois, cette hypothèse semble peu probable, car la courbe granulométrique (voir Figure 2.16) était bien en deçà de la limite de rétention tardive des filtres (i.e. après érosion importante). Étant donné qu'aucune venue d'eau n'a été notée, le débit qui a causé l'érosion et la quantité de matériaux transportés dans l'enrochement semblent avoir été insuffisants pour créer un « filtre » à cet endroit.

Dans ce cas-ci, la différence avec l'événement de 1967, est la lente progression dans de plus fines fissures et le fait qu'elles aient été maintenues ouvertes au travers du noyau et des zones de transitions intérieures et extérieures. La plasticité du noyau permettait de maintenir les fissures ouvertes. La résistance des matériaux constituant le noyau était élevée (100 kPa) et il a été observé, lors du creusement de la galerie de reconnaissances dans le noyau (absente de la coupe type à la Figure 2.14) que le matériau parvenait à maintenir les fissures ouvertes. Les courbes granulométriques de la Figure 2.16 montrent que la zone de transition intérieure compactée et non-plastique contient 25% de particules fines (< 0,075 mm) qui a une probabilité de 0,4 de maintenir une fissure ouverte, voir Tableau 18 (ou Tableau 7.1 du prétirage) Volume 1. La transition extérieure contient quant à elle de 10 à 12% de particules fines (< 0,075 mm) et a donc une plus faible probabilité de maintenir une fissure ouverte de l'ordre de 0,05.

Bien que l'approche par critères de filtration, développée par Fell et Foster (Foster, 1999; Foster et Fell, 2001; raffinée par Fell et al., 2008), conduise à classer l'enrochement comme « filtre à érosion importante » pour la zone de transition extérieure, Gillon (2007) mentionne que la version initiale préconisée par Foster et Fell (1999a) avait correctement identifié une probabilité significative d'une « obstruction partielle ou absente, avec érosion significative » dans l'éventualité d'une érosion de conduit.

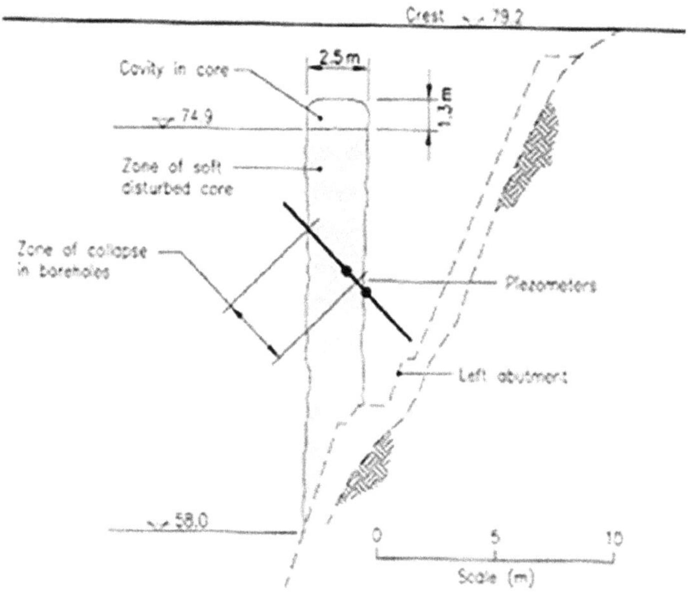

Fig. 2.17
Situation at location of 1987 crack and sinkhole in left abutment (looking downstream) where erosion was continuing until water level lowered (from Gillon, 2007)

During the subsequent remediation, a large void was found in the core arching over a 1.5 m wide zone of eroded material. The rockfill shoulder downstream was impregnated with eroded core and transition materials. The impregnated rockfill was impeding leakage but at this location the rockfill did not act as a filter (of any kind) and arrest the erosion as it had in 1967. The rockfill may have been too coarse locally to act as a filter, but this seems unlikely as its grading (see above) was well within the excessive erosion boundary. No leakage was detected, indicating that only small quantities of water were available to cause erosion and only limited quantities of eroded material were passing into the rockfill, perhaps insufficient to accumulate within the rockfill and combine to 'build' a filter in-situ.

The difference may have been because in this location, erosion continued slowly through narrower cracks than in 1967, and the cracks were open through the core and inner and outer transitions. The core, being plastic, could sustain open cracks. The core material was strong (100 kPa) and was seen to hold cracks when the earth dam inspection gallery (not shown on cross-section, Figure 2.14) had been tunneled through the core. As shown on the grading curves (Figure 2.16), the non-plastic compacted inner transition, with a fines content (<0.075 mm) of at least 25%, could also hold a crack, with a likelihood of about 0.4, see Table 18 (Table 7.1 preprints) in Volume 1, ICOLD, 2017). The outer transition with as much as 10–12% fines (<0.075 mm) could also hold cracks, but with a lower likelihood of 0.05.

Although the 'filter erosion boundaries' approach (Foster, 1999 and Foster and Fell, 2001, refined in Fell et al, 2008) leads to identification of the rockfill as at least an excessive erosion filter to the outer transition, Gillon (2007) reports that the earlier Foster and Fell (1999a) approach correctly identified a significant likelihood of 'partial or no seal with large erosion' in the event of a concentrated leak.

Des travaux de réhabilitation importants ont été effectués après ces deux évènements. La zone de contact escarpée en béton entre le noyau et la fondation a été remplacée par un contact lisse avec une forme concave vers le haut, sans changement abrupt dans la pente d'où la fissuration pourrait se propager (voir Figure 2.18).

Fig. 2.18
Barrage Matahina : Zone de contact en béton entre le noyau et la fondation (courtoisie de M Gillon)

Il est important de souligner les différences entre les deux événements qui sont survenus sur les appuis opposés de ce barrage. L'incident de 1967 est apparu soudainement lors de la mise en eau et présentait des venues d'eau importantes et une auto-filtration menant à l'arrêt du phénomène. L'incident de 1987 s'est développé progressivement sur une période de 9 mois suite au séisme, sans débit décelable dans les drains et, à en juger par la grandeur des cavités observées dans le noyau, se serait probablement terminé par un incident avec des fuites importantes ou même une rupture. L'absence de débit visible pose questions : est-ce que les filtres à érosion importante ont uniquement besoin de fuites importantes avec une charge sédimentaire considérable, pour former rapidement une zone de filtre efficace? Est-ce que les fissures formées lors du séisme et maintenues ouvertes dans le noyau et les zones de transition (avec un pourcentage élevé de particules fines) étaient trop étroites pour fournir une source suffisante de sédiments afin de former une zone de filtre efficace dans l'enrochement?

Plus tard une reconnaissance sismique détaillée a découvert une faille active dans la fondation rocheuse du barrage. La section du barrage, située au-dessus de la faille, a été rehaussée, afin de maintenir la revanche en cas d'un tassement local et élargie avec une recharge munie de larges filtres, afin de maintenir la capacité de filtration de l'ouvrage si des déplacements importants survenaient à la suite d'un séisme (Mejia, 2013). La Figure 2.19 montre la coupe type du barrage au droit de la faille.

Des tests de filtres ont été réalisés avec soin afin de valider que les fissures créées après un séisme ne soient pas maintenues ouvertes. En sus, le dimensionnement des blocs de l'enrochement aval a été conçu pour laisser passer des fuites substantielles sans détérioration due à l'érosion. Les murs de l'évacuateur de crues et des vannes ont également été renforcés, afin de pouvoir forcer les vannes à s'ouvrir, si elles venaient à être coincées.

Following these incidents, major remediation was completed. It required excavation into the dam and replacement of the stepped concrete core-foundation contact zone shown on Figure 2.18 with a smooth contact, shaped to be concave-upwards with no adverse changes in slope from which cracks could propagate.

Fig. 2.18
Matahina Dam: concrete steps at core-foundation contact zone (Photo courtesy of M Gillon)

It is salutary to note the difference in the two erosion incidents on opposite abutments of the same dam. The 1967 incident occurred quickly during lake filling, had large leakage flow and self-healed. The 1987 incident developed slowly over a period of 9 months following the earthquake, had no detectable leakage from the drains and, judging by the large cavity through the core, would have proceeded to a large leakage incident or even failure. The lack of large leakage raises the question: can excessive erosion filters build up and become effective only if large leakage occurs and provides substantial quantities of eroded materials which build up promptly to form an effective filter? Was the crack formed by the earthquake and held open through the core and the (high fines content) inner and outer transitions too narrow to provide sufficient amounts of leakage eroded materials to build up an effective filter in the rockfill?

Later, more detailed seismic investigations found that a fault in the valley floor below the dam was 'active'. A section of the embankment was raised to maintain freeboard if local settlement occurred at the fault position; and widened with a filtered berm, with wide filters, wide enough to maintain filtering capacity after substantial displacements across the fault during an earthquake (Mejia 2013). The cross-section at the position of the fault is shown in Figure 2.19.

Careful testing of the filter materials was carried out to confirm that they would not hold cracks during and immediately after the earthquake. As an added precaution, the downstream rockfill was sized to be able to pass substantial leakage without erosion damage. Other precautions included strengthening the spillway walls and gates, and making modifications to be able to force open spillway gates, if jammed.

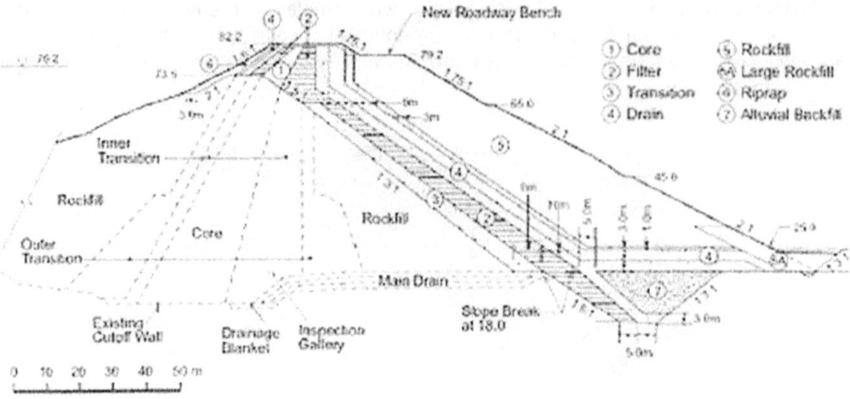

Fig. 2.19
Barrage Matahina : Berme aval filtrante au-dessus de la faille active (Meija, 2013)

Les événements survenus au barrage de Matahina montrent que les travaux de réhabilitation requis pour éviter l'érosion interne peuvent être considérables. L'évaluation de la vulnérabilité d'un ouvrage à l'érosion interne doit aussi tenir compte des complications entraînées par la fissuration et les tassements dus aux séismes. Dans certains cas, l'hydrologie du site et la capacité de l'évacuateur de crues devront être revues et améliorées, et dans de rares cas la prévision des vents et vagues sur le réservoir devront être revue et le dimensionnement du rip-rap ou les protections pare-vagues devront être améliorés si nécessaires.

Il est important de noter que même si les filtres à « érosion limitée » ou « érosion importante » peuvent contribuer à protéger les barrages, leurs propriétés autres que leurs courbes granulométriques doivent être vérifiées avant d'être assuré de leur efficacité. Le processus de développement des filtres à érosion « limitée » ou « importante » peut entraîner des fuites substantielles et, en conséquence, causer des dommages considérables sur de longues périodes, avant l'arrêt complet du processus d'érosion interne. Ces incertitudes peuvent mener à une perte de confiance du public dans la sécurité des barrages. Pour la construction de nouveaux barrages ou les travaux de réhabilitation, il est primordial d'appliquer le critère d'« absence d'érosion » sur toutes les interfaces. Les zones aval devenant alors successivement plus grossières pour filtrer les zones plus à l'amont.

À titre de leçon apprise, les incidents de 1967 et 1987 ne seraient pas survenus si les fissures créées dans les zones de filtres n'avaient pas été maintenues ouvertes. Si les filtres ne contenaient pas de particules fines (< 0,075 mm) leur probabilité de maintenir des fissures ouvertes deviendrait nulle, voir le Tableau 18 (ou Tableau 7.1 du prétirage) du Volume 1.

Une seconde leçon importante est que ces incidents ne seraient probablement jamais survenus si le contact entre le noyau et la fondation n'avait pas été si escarpé. Ce type de contact devrait être interdit lors de la construction de barrage (et de tout type d'ouvrage en terre).

2.2.1.9. Érosion de conduit dans les fissures créées par le claquage hydraulique : barrage Balderhead

En 1967, le barrage Balderhead a été affecté par un important incident dû à l'érosion interne (Vaughan et al., 1970; Vaughan, 2000; Bridle et Vaughan, 2005). Le barrage Balderhead, d'une hauteur de 52 m, avait un noyau en argile compactée au rouleau, et des recharges en pélite (*mudstone*). La conception moderne de l'ouvrage incluait un filtre en aval du noyau. Peu de temps après la mise en eau, des fontis sont apparus en crête, et des venues d'eau chargées de sédiments ont été observées dans les drains de l'ouvrage. Ce phénomène était inattendu, car la présence de

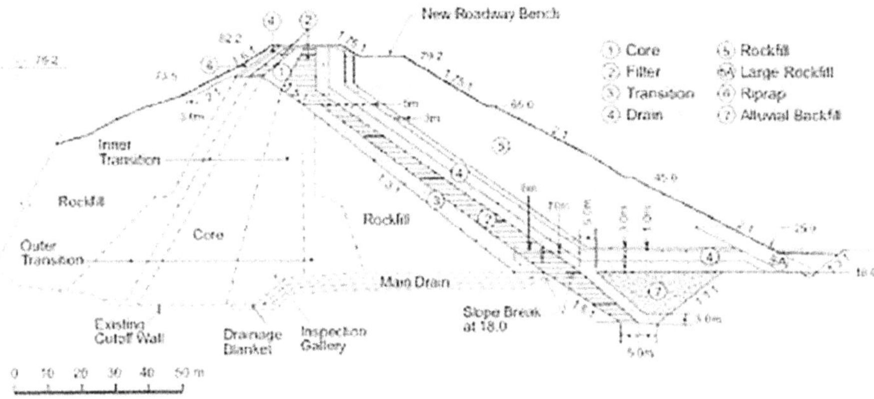

Fig. 2.19
Matahina dam: leak resistant filtered downstream berm at 'active' fault position (from Mejia, 2013)

Events at Matahina show that protecting existing dams against internal erosion can require substantial remediation, and, when examining a dam's vulnerability to internal erosion, the threat from cracks and settlement caused by earthquakes should also be examined, particularly along the crest and at the spillway. In some cases, the flood hydrology and spillway capacity may also require updating and remediation, and in a few cases, the wind and wave predictions may require re-visiting, and rip-rap or other wave protection measures improved, if found necessary.

It is important to note that while some- or excessive-erosion filters can protect existing dams, their properties other than grading must be carefully checked before placing reliance on them. Also, in the process of protecting dams some- or excessive-erosion filters allow large leakages and cause considerable damage, sometimes over long periods, before it is certain that the erosion will be arrested. This uncertainty causes much alarm and loss of confidence in the safety of dams. It is important therefore that in new construction or remediation, no-erosion filter rules should be applied across all zone boundaries, and successively coarser zones should be filters to the zone upstream.

The major lesson from the 1967 and 1987 incidents is that they would not have occurred if the filters had not been able sustain cracks. Filters should not contain fines (<0.075 mm), then there is no likelihood that they will be able to hold cracks, see Table 18 in Volume 1 (Table 7.1 in preprints).

A second important lesson is that the incidents would almost certainly not have occurred if the core-foundation contact zone had not been stepped. To avoid this, stepped junctions should be prohibited in dam construction (and indeed in all earthworks).

2.2.1.9. Concentrated leak erosion in cracks formed by hydraulic fracture: Balderhead

A serious internal erosion incident occurred in 1967 at Balderhead dam (Vaughan et al, 1970, Vaughan, 2000, Bridle and Vaughan, 2005). Balderhead is 52 m high with a rolled clay core and mudstone fill shoulders. It was 'modern' with a filter downstream of the core but soon after first filling, sink holes appeared on the crest and sediment laden water issued from the drains. This was

filtres était supposée protéger contre l'érosion interne. Par ailleurs cela mettait en péril l'existence des habitants demeurant à l'intérieur de la zone inondable en aval. Une vidange rapide fut effectuée, et après une diminution du niveau d'environ 9 m, les venues d'eau chargées de sédiments ont cessé. L'enquête de l'incident révéla que le noyau avait subi des dommages considérables. La découverte de fissures remplies de sable, et de ce qui restait du noyau après l'érosion des fines argileuses et silteuses est montrée à la Figure 2.20.

L'enquête a attribué la cause de la fissuration dans le noyau au claquage hydraulique. Cela fit suite aux discussions avec Kjaernsli et Torblaa (1968), qui ont présenté le rapport sur le barrage Hyttejuvet (maintenant appelé barrage Valldalsvatn), et ont permis de mettre en perspective la similarité de la cause de la fissuration. Dans les deux cas, l'érosion de conduit a permis le détachement des particules fines des lèvres des fissures au travers d'un noyau en argile d'origine glaciaire pourvue d'une plasticité élevée.

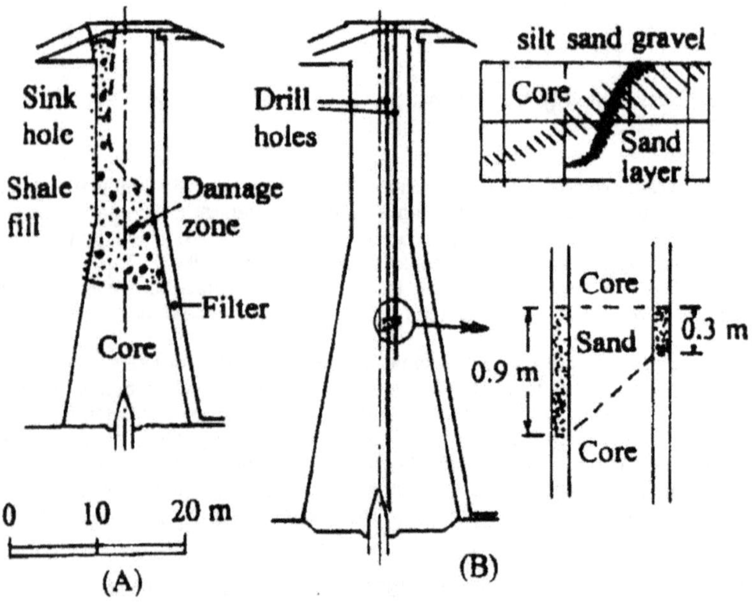

Fig. 2.20
Barrage Balderhead : érosion dans le noyau, affaissements en crête et fissures remplies de sable (tirée de Vaughan, 2000)

Le claquage hydraulique survient quand la pression interstitielle (u) dépasse la contrainte totale principale mineure (σ_3). Au barrage de Balderhead, les faibles contraintes étaient vraisemblablement dues à l'effet voûte au travers du noyau. Lorsque « l'effet voûte » se produit, l'orientation des contraintes totales principales change. La contrainte totale maximale principale devient plus ou moins horizontale, appliquant ainsi une pression vers le haut sur le noyau. De ce fait, la contrainte totale principale minimale devient alors quasi verticale. Lorsque la plus faible des contraintes est verticale et inférieure à la pression interstitielle, des fractures plus ou moins horizontales s'ouvrent. Dounias et al. (1996) ont démontré que ce processus a probablement eu lieu à Balderhead.

Leonards et Narain (1963) ont montré que l'extension longitudinale, due aux tassements différentiels, est survenue là où l'argile à blocaux (E sur la Figure 2.21) avait été laissée en place dans la fondation de l'ouvrage sur un profil rocheux défavorable. Toutefois, ce contexte était insuffisant pour créer des fissures ouvertes dans la crête du barrage.

unexpected as the dam had been protected against internal erosion with filters. It was also of great concern because many lives were at risk in the floodway downstream of the dam. Water was released from the reservoir as quickly as possible, and fortunately, at about 9 m drawdown, the dirty leakage stopped. On investigation, extensive damage was found in the core, with some cracks filled with sand, the remains of the core after erosion of the clay and silt fines, as shown on Figure 2.20.

The cracks through the clay core were eventually determined to have been caused by hydraulic fracture. This followed consultations with Kjaernsli and Torblaa (1968) who had reported on Hyttejuvet Dam (now called Valldalsvatn Dam), where similar cracks had occurred earlier. Concentrated leak erosion occurred as water eroded the fine materials from the walls of the cracks through the plastic glacial clay core.

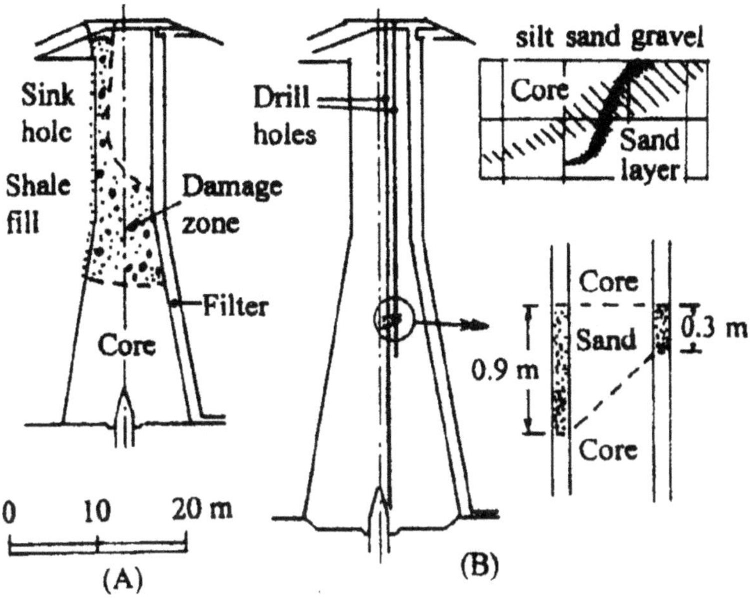

Fig. 2.20
Balderhead dam: erosion in core, sinkholes on crest, sand filled cracks (from Vaughan, 2000)

Hydraulic fracture occurs when the pore pressure (u) exceeds the minimum principal total stress (σ_3). At Balderhead the low stresses were thought to be because of arching across the core. When 'arching' occurs, the orientation of the principal total stresses change. The maximum principal total stress becomes more-or-less horizontal applying upward pressure to the core causing the minimum principal total stress to be approximately vertical. When the low vertical stress is lower than the pore pressure, more-or-less horizontal fractures open up. Dounias et al (1996) later demonstrated that this could have occurred at Balderhead.

Applying Leonards and Narain (1963) showed that the longitudinal extension because of differential settlement where boulder clay (E in Figure 2.21) had been left in the foundation over an unfavorable rock profile was insufficient to create open cracks in dam crest.

Les fuites et les fissures ont été étanchées par de l'injection et une paroi moulée. Une grande partie du reste du noyau a été injectée, à la fois pour colmater les fuites ainsi que pour augmenter la contrainte totale principale mineure (σ_3). La Figure 2.21 montre l'ampleur des travaux de réhabilitation.

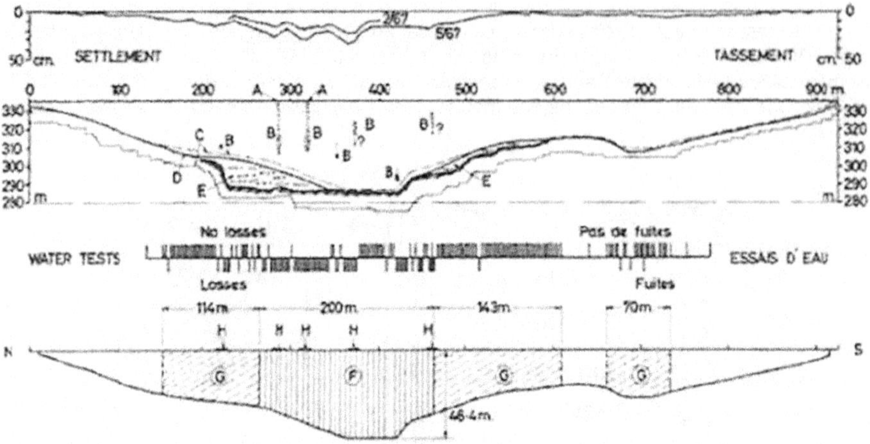

Fig. 2

Extent of damage and remedial works.

(A) Crest subsidences.
(B) Erosion damage.
(C) Concrete cut-off.
(D) Ground level.
(E) Boulder clay.
(F) Diaphragm wall.
(G) Main grout treatment.
(H) Extra grouting at damaged areas.

Etendue des zones endommagées et des travaux confortatifs.

(A) Effondrements en tête.
(B) Dommage du à l'érosion.
(C) Parafouille en béton.
(D) Niveau terrain naturel.
(E) Argile à blocaux.
(F) Paroi.
(G) Traitement principal d'injection.
(H) Injection supplémentaire des zones endommagées.

Fig. 2.21
Profil longitudinal du barrage Balderhead, fissures du noyau et travaux de réhabilitation (Vaughan et al. 1970)

Les filtres ont été conçus pour répondre aux exigences des filtres granulaires, qui étaient en vigueur en 1959 lors de la conception du barrage (Vaughan, 2000). Le critère $D_{15} < 3 \times d_{85}$ a été utilisé pour le filtre, avec le d_{85} basé sur la distribution granulométrique de la partie écrêtée à 20 mm du noyau, et avec un D_{15} maximum d'environ 6 mm, tel qu'indiqué sur la Figure 2.21. Certaines zones de filtres étaient plus grossières que le maximum autorisé par la conception ce qui les prédisposaient à la ségrégation. Les filtres ont toutefois fourni une certaine protection, et ce, même si environ 60% du noyau avait été érodé aux endroits endommagés. Les filtres en place avaient retenu environ 40% du matériau de la base (noyau), comme indiqué sur la courbe granulométrique illustrée à la Figure 2.22.

La Figure 2.2.2 montre également la taille des plus petits colloïdes (flocs) dans le noyau de Balderhead, soit d'environ 7 microns (0,007 mm) de diamètre, ainsi que la distribution du filtre « parfait » de Vaughan et Soares (1982) nécessaire pour les retenir.

The leaks and cracks were sealed by grouting and a diaphragm wall. Much of the remainder of the core was grouted, partly to seal any leaks, and partly to increase the minimum principal total stress (σ_3). Figure 2.21 shows the details of the foundations and the remediation.

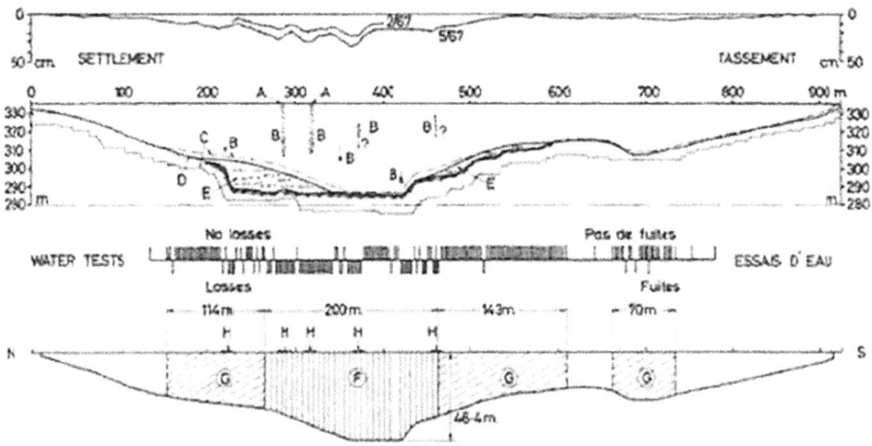

Fig. 2

Extent of damage and remedial works.

(A) Crest subsidences.
(B) Erosion damage.
(C) Concrete cut-off.
(D) Ground level.
(E) Boulder clay.
(F) Diaphragm wall.
(G) Main grout treatment.
(H) Extra grouting at damaged areas.

Etendue des zones endommagées et des travaux confortatifs.

(A) Effondrements en tête.
(B) Dommage du à l'érosion.
(C) Parafouille en béton.
(D) Niveau terrain naturel.
(E) Argile à blocaux.
(F) Paroi.
(G) Traitement principal d'injection.
(H) Injection supplémentaire des zones endommagées.

Fig. 2.21
Balderhead Dam foundation profile, core cracks and remediation (from Vaughan et al, 1970)

The filter was designed to the rules for granular filters, which were all that were available in 1959 when the dam was designed (Vaughan, 2000). The filter $D_{15} < 3 \times d_{85}$ was used, with d_{85} based on the core grading from 20 mm down, a maximum D_{15} of about 6 mm, as shown on Figure 2.22. Some of the filter was placed coarser than the design allowed and it was prone to segregation. It had provided some protection, and although about 60% of the core had been eroded away at the damaged locations, the filter had retained about 40% of the core material, as shown on the grading curve in Figure 2.22.

The figure also shows the size of the smallest flocs in the Balderhead core, 7 microns (0.007 mm) in diameter and the Vaughan and Soares (1982) 'perfect' filter grading required to retain them.

La Figure 2.22 montre aussi la plage de diamètres de grains du noyau que le filtre critique de Sherard et Dunnigan aurait retenue, soit plus que les 40% retenus par le filtre en place.

En appliquant les critères de continuation (section 7.3.4, Figure 13.2, Volume 1), la taille D_{15} du filtre « à érosion importante » pour le noyau serait de 9.d_{95} du noyau, soit environ 18 mm et donc plus que le maximum D_{15} du filtre existant qui est d'environ 10 mm. Un écoulement avec une charge importante en sédiments aurait possiblement arrêté le processus d'érosion. Néanmoins, il a été possible d'abaisser le niveau d'eau d'environ 9 m, ce qui a, dans un premier temps, réduit le gradient hydraulique à un niveau inférieur à celui requis pour continuer à éroder les particules des parois des fissures. Dans un deuxième temps, l'abaissement a permis la réduction de la pression interstitielle permettant ainsi aux fissures de se refermer ou de comprimer les particules érodées dans les fissures puis en réduisant ainsi la vitesse et la force érosive de l'eau coulant au travers des fissures. De plus, l'érosion a emporté les fines particules d'argile et de silt, remplissant ainsi les fissures de particules grossières de sable et de gravier, qui auraient été piégées par le filtre trop grossier et empêché l'érosion.

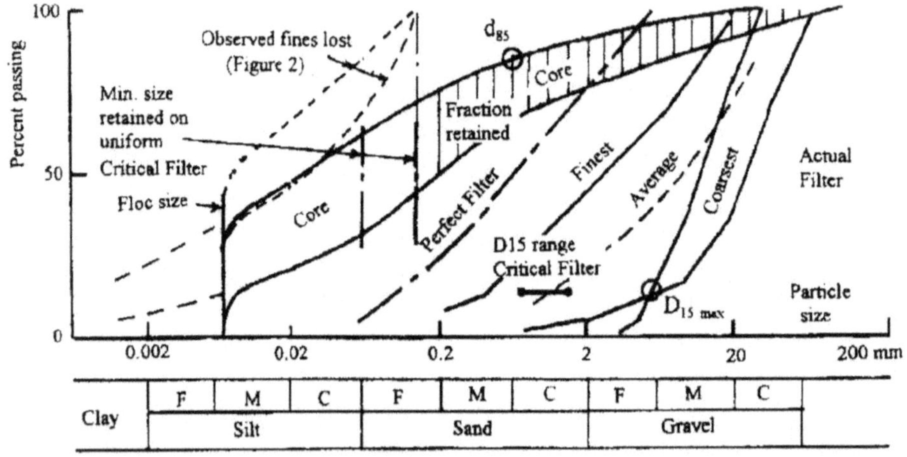

Fig. 2.22
Courbes granulométriques des particules (et flocs) du noyau du barrage Balderhead, montrant la fraction érodée (tirées de Vaughan, 2000)

2.2.2. *Ruptures et incidents suite à l'érosion de conduit dans les fondations*

2.2.2.1. Ruptures dans la fondation : Barrage de Quail Creek

Ce qui suit est largement repris de la description de Catanach et al. (1991) sur la rupture de la fondation de la digue de Quail Creek située dans l'Utah, aux États-Unis. Le remblai, conçu pour utiliser les matériaux disponibles localement, avait une hauteur maximale de 24 m, une longueur de 610 m et une largeur en crête de 6 m. Une section type telle que conçue est représentée Figure 2.23.

Le remblai comprend un noyau central (zone I) composé de sable silteux généralement non-plastique et peu perméable s'il est correctement compacté, mais qui demeure sujet à la formation de renards. Une argile à plasticité moyenne (zone II) a été placée au fond de la tranchée parafouille et sur la face amont de la zone I sur une épaisseur horizontale de 3 m. À l'aval de la zone I, un filtre vertical d'une largeur de 1,2 m en sable concassé a été mis en place.

Figure 2.22 also shows that the critical filter Sherard and Dunnigan, 1989 would have retained about 60% of the core, more than the 40% retained by the filter actually provided.

Applying the filter erosion boundaries concept, Section 7.3.4, Figure 37 in Volume 1 (Figure 13.2 in preprints), the D_{15} size of the 'excessive-erosion' filter for the core would be 9*d_{95} of the core, i.e. about 18 mm, more than the maximum D_{15} of the actual filter, about 10 mm. It is possible that the erosion would have ceased after substantial sediment leaden leakage, but it was possible to lower water level by about 9 m, which reduced the hydraulic gradient to below that required to continue to erode particles from the walls of the cracks and reduced the pore pressure allowing cracks to close or compress the eroded particles in the cracks and reduce the velocity and erosive force of the water flowing through the cracks. Another factor is that the erosion had removed the fine clay and silt sized particles and the cracks had become filled with the larger sand and gravel particles, which would have been trapped by the too-coarse filter actually provided, and prevented further erosion.

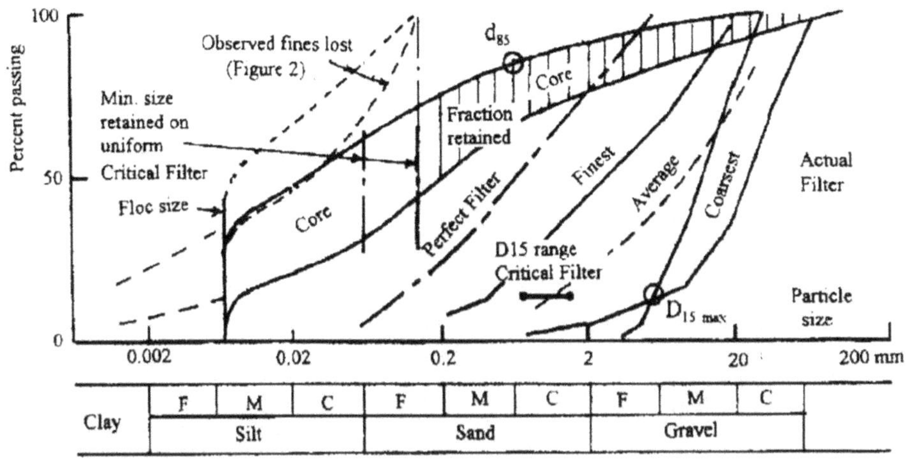

Fig. 2.22
Particle (and floc) size distribution of the Balderhead core, showing the portion retained by the filter (from Vaughan, 2000)

2.2.2. Failures and incidents from concentrated leak erosion in foundations

2.2.2.1. Failure in Foundation: Quail Creek Dike

What follows is largely quoted from the description by Catanach et al (1991) of the failure through the foundation of Quail Creek Dike in Utah, USA. The embankment was designed to use available local materials and had a maximum height of 24 m, length of 610 m and a crest width of 6 m. A typical section as designed is shown Figure 2.23.

The embankment consists of a centrally located Zone I core of generally non-plastic silty sands which, while impervious if properly compacted, are erodible, and subject to piping. Zone II, which is a medium plasticity weathered shale, was placed in the bottom of the cut off trench and as a 3 m (10-ft) horizontal thickness on the upstream face of Zone I. A 1.2 m (4-ft) wide vertical processed sand filter is located downstream of Zone I.

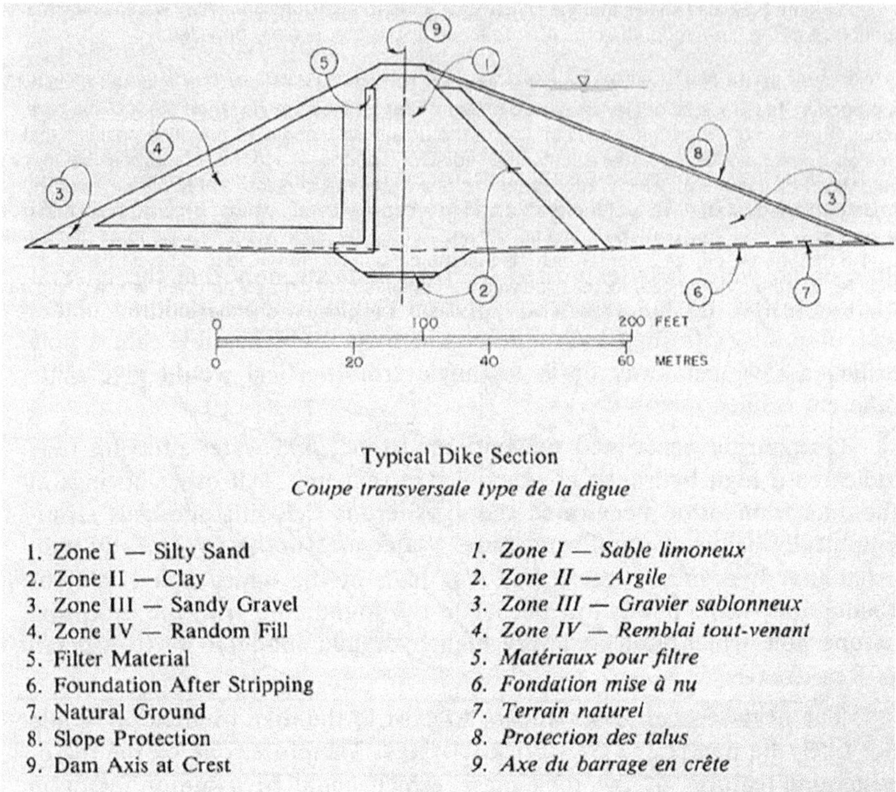

Fig. 2.23
Barrage de Quail Creek – coupe type d'après le projet (Figure 4 de Catanach et al., 1991)

La zone III en amont du noyau est une recharge en gravier sableux tout-venant provenant d'une carrière et la zone IV en aval est un remblai en tout-venant, enveloppé par la zone III. La protection de la pente amont est un perré de basalte déversé avec un diamètre de 450 mm. L'instrumentation de la digue comprenait six piézomètres à tubes ouverts et six bornes d'observation en crête. Certains des matériaux de la zone I contenaient jusqu'à 12% de sels solubles. Les concepteurs en sont venus à la conclusion que le matériau de la zone I, renforcé par la zone II, était si imperméable que l'infiltration et la perte de sels solubles dans les matériaux de la zone I ne poseraient pas de problème. De plus, ils ont supposé que le zonage du remblai empêcherait la formation et la progression du processus de renards de la zone I (sable silteux) vers l'aval.

La coupe géologique est illustrée à la Figure 2.24. La fondation de la digue se trouvait sur le versant d'un anticlinal, principalement composée de minces couches peu perméables de pélites gypsifères, de gypse et de dolomite en alternance. Les trous de forage verticaux ne rencontrèrent pas les joints ouverts quasi verticaux présents sur le site et connus des géologues. Les couches avaient une orientation amont-aval au travers de la digue et le pendage variait de 5 à 25° vers l'appui gauche.

Lors de l'excavation de la fondation, la profondeur nécessaire pour atteindre le roc sain était grande dans les lits les plus altérés et faible dans les lits plus durs. Par conséquent, après décapage, la fondation était composée d'une série de bosses suivis de creux, soit où la profondeur jusqu'à la roche compétente était plus grande. La surface de la fondation parallèle à l'axe était très irrégulière, comme le montre la Figure 2.24.

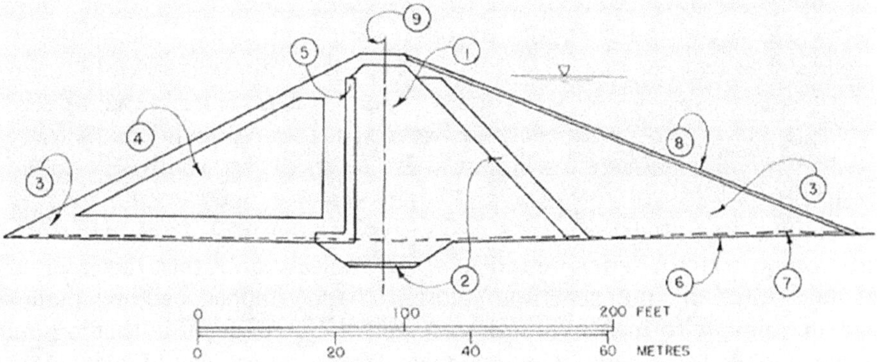

Typical Dike Section

Coupe transversale type de la digue

1. Zone I — Silty Sand	*1. Zone I — Sable limoneux*
2. Zone II — Clay	*2. Zone II — Argile*
3. Zone III — Sandy Gravel	*3. Zone III — Gravier sablonneux*
4. Zone IV — Random Fill	*4. Zone IV — Remblai tout-venant*
5. Filter Material	*5. Matériaux pour filtre*
6. Foundation After Stripping	*6. Fondation mise à nu*
7. Natural Ground	*7. Terrain naturel*
8. Slope Protection	*8. Protection des talus*
9. Dam Axis at Crest	*9. Axe du barrage en crête*

Fig. 2.23
Quail Creek Dike – cross-section as designed (Figure 4 from Catanach et al, 1991)

The upstream shell is a pit-run sandy gravel (Zone III), and the downstream shell is random fill (Zone IV) enveloped by Zone III. Upstream slope protection consists of 450 mm (18-inches) of dumped basalt riprap. Instrumentation for the dike included six open standpipe piezometers and six crest bench marks. Some of the Zone I materials contained up to 12% soluble salts. The designers concluded that the Zone I material as reinforced by the Zone II blanket was so impervious that seepage and loss of soluble salts in the Zone I materials would not be a problem. They also concluded that the embankment zoning would preclude erosion or piping of the Zone I silty sands.

The geological section is shown on Figure 2. 24. The dam foundations were on a limb of an anticline, mostly on alternating thin beds of gypsiferous siltstones, gypsum and dolomite of generally low permeability. The drillholes were vertical and did not encounter near-vertical open joints known (to geologists) to be present at the site. The strike of the beds was in an upstream downstream direction across the dike, and the dips were 5° to 25° towards the left abutment.

On excavation for the foundations, the depth to good rock was great in the weaker and weathered beds and little on hard beds. Consequently, the foundation after stripping was a series of high hogsbacks with troughs between in the beds where the depth to adequate rock was greater. The foundation surface parallel to the axis was highly irregular, as shown on Figure 2.24.

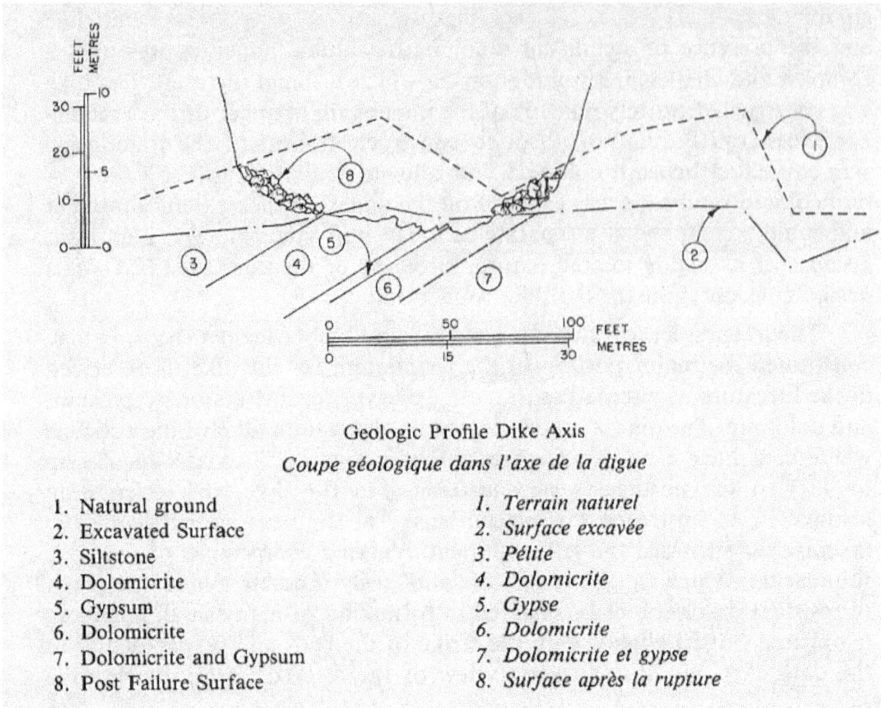

Fig. 2.24
Coupe géologique selon l'axe de la digue, montrant le profil irrégulier de la fondation non reprofilé et la position des bancs de gypse (Figure 12 de Catanach et al., 1991)

La topographie irrégulière a probablement rendu la mise en place des remblais zonés particulièrement ardue. Par conséquent, une dérogation a été autorisée au chantier; la surface fut ainsi nivelée avec le matériau de la zone I au sommet des aspérités rocheuses, comme indiqué sur la coupe transversale telle que construite au profil 6 + 50 illustrée sur la Figure 2.25. Cette Figure révèle clairement l'importance du changement autorisé au chantier par rapport à la conception initiale du contact digue/fondation. Le matériau érodable de la zone I fut mis en contact avec la fondation et au-dessus de la coupure, soit exactement à l'inverse de l'objectif du profil-type de la conception.

L'impact des modifications autorisées sur chantier fut rapidement révélé. Lorsque la retenue a atteint environ 6 m de profondeur, des infiltrations sont apparues sur le parement aval. La zone I, de faible plasticité (cohésive), ne s'est pas immédiatement effondrée une fois érodée, ce qui entraîna la formation de grandes cavités le long de la zone de contact sous-jacente aux deux recharges du barrage. Les cavités étaient particulièrement vulnérables aux infiltrations qui traversaient les joints verticaux ouverts dans la fondation par le bas et furent suffisamment ouvertes pour le transport du matériau érodé en aval.

La Figure 2.26 résume chronologiquement les nombreuses mesures qui ont été prises pour prévenir les infiltrations, dont des bermes filtrantes, des trous de drainage inclinés, des drains de pied, de l'injection et l'excavation de tranchées parafouille à l'amont. Au moment de l'injection, effectuée lorsque le réservoir était proche ou au niveau d'eau maximal d'exploitation, les eaux d'infiltration s'écoulant en aval du barrage contenaient souvent des traces de coulis. Les piézomètres situés dans la fondation sous la recharge aval montraient des augmentations significatives de la pression interstitielle lors de l'injection. Ces mesures indiquaient que le coulis coulait en aval et bloquait les sorties des infiltrations, créant ainsi une augmentation des pressions interstitielles le long du contact avec la fondation du barrage et à travers la zone I érodable.

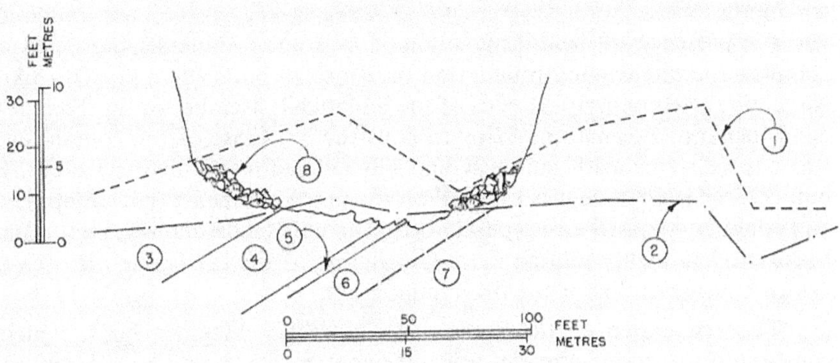

Geologic Profile Dike Axis

Coupe géologique dans l'axe de la digue

1. Natural ground	*1. Terrain naturel*
2. Excavated Surface	*2. Surface excavée*
3. Siltstone	*3. Pélite*
4. Dolomicrite	*4. Dolomicrite*
5. Gypsum	*5. Gypse*
6. Dolomicrite	*6. Dolomicrite*
7. Dolomicrite and Gypsum	*7. Dolomicrite et gypse*
8. Post Failure Surface	*8. Surface après la rupture*

Fig. 2.24
Geological section along dam and cut-off axis, also showing irregular foundation profile (Figure 12, from Catanach et al, 1991)

This irregular topography would have made the zoned fill placement difficult. Therefore, a field change was made that permitted leveling the surface to the top of the hogbacks with Zone I material as shown in cross-section on Figure 2.25 based on the actual pay quantities at Station 6+50. This figure clearly reveals the significance of the field change relative to the design of the dike/foundation contact. It placed the erodible Zone I fill in contact with the foundation and above the cut-off, the inverse of the intentions of the section as designed.

The result of the field change was soon revealed. When the reservoir was 6 m deep, seepage appeared downstream. The Zone I fill was slightly plastic (cohesive) and when eroded, did not immediately collapse, allowing for the formation of large cavities along the contact zone under both shells of the dam. It was particularly vulnerable to the leakage passing through the open vertical joints in the foundation which caused erosion from below and were sufficiently open to carry the eroded material downstream.

As summarized on Figure 2.26, numerous actions were taken in attempts to prevent leakage, including weighted filter berms, inclined drain holes, toe drains, grouting and an upstream cut-off trench. During grouting, which was usually done when the reservoir was near or at maximum water level, grout was often seen in seepage flows downstream of the dam. Piezometers in the foundation under the downstream shell showed significant rises in pressure during grouting indicating that grout flowing downstream was blocking the seepage exits and forcing higher pressure flow along the dam foundation contact through the erodible Zone I fill.

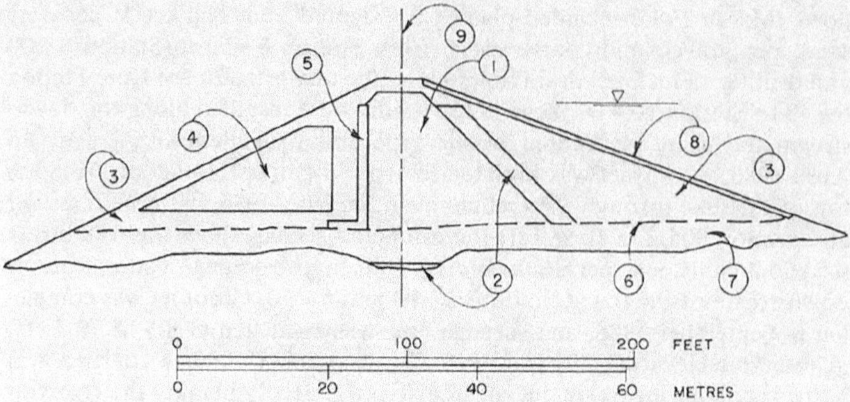

As constructed Section, Station 6 + 50

Coupe transversale de la construction, Station 6 + 50

1. Zone I — Silty Sand	*1. Zone I — Sables limoneux*
2. Zone II — Clay	*2. Zone II — Argile*
3. Zone III — Sandy Gravel	*3. Zone III — Gravier sablonneux*
4. Zone IV — Random Fill	*4. Zone IV — Remblai tout-venant*
5. Filter Material	*5. Matériaux pour filtre*
6. Design Base of Dike	*6. Base de la digue conçue*
7. Zone I — Levelling Course	*7. Zone I — Zone de nivellement*
8. Slope Protection	*8. Protection des talus*
9. Dam Axis at Crest	*9. Axe du barrage en crête*

Fig. 2.25

Barrage de Quail Creek – Coupe type tel que construit au chainage 6+50 (Figure 6 de Catanach et al., 1991)

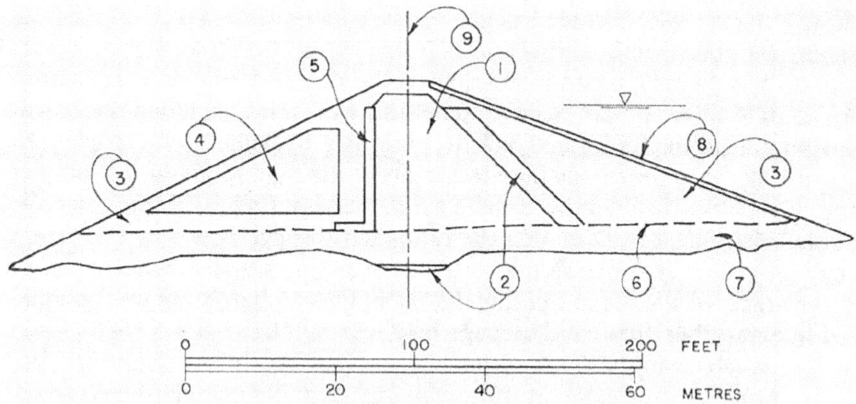

As constructed Section, Station 6+50

Coupe transversale de la construction, Station 6+50

1. Zone I — Silty Sand
2. Zone II — Clay
3. Zone III — Sandy Gravel
4. Zone IV — Random Fill
5. Filter Material
6. Design Base of Dike
7. Zone I — Levelling Course
8. Slope Protection
9. Dam Axis at Crest

1. Zone I — Sables limoneux
2. Zone II — Argile
3. Zone III — Gravier sablonneux
4. Zone IV — Remblai tout-venant
5. Matériaux pour filtre
6. Base de la digue conçue
7. Zone I — Zone de nivellement
8. Protection des talus
9. Axe du barrage en crête

Fig. 2.25
Quail Creek Dike – cross-section as constructed at station 6+50 (Figure 6 from Catanach et al, 1991)

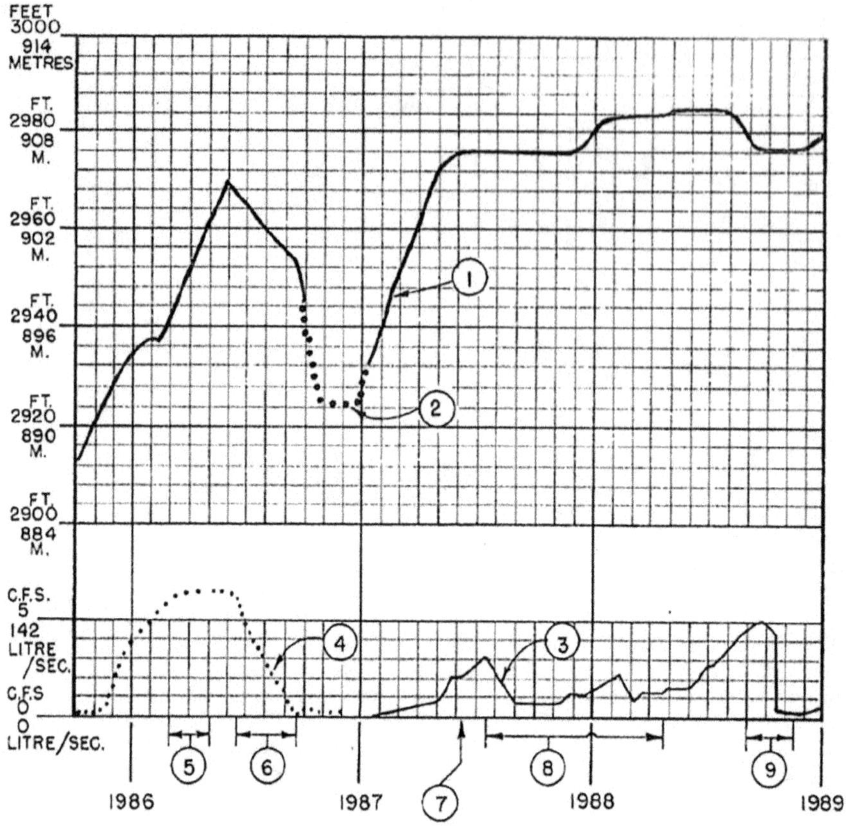

Chronology of Seepage and Grouting

Chronologie des percolations et injections

1. Reservoir Elevation (Measured)
2. Reservoir Elevation (estimated)
3. Seepage Volume (Measured)
4. Seepage Volume (estimated)
5. Drains Added Sta. 6+40 to 10+00
6. First Grouting Period
7. Sinkhole in Downstream
8. Second Grouting Period
9. Third Grouting Period

1. Cote de la retenue (mesurée)
2. Cote de la retenue (selon les estimations)
3. Volume des percolations (mesuré)
4. Volume des percolations (selon les estimations)
5. Drains supplémentaires stations 6+40 à 10+00
6. Première période d'injection
7. Affaissement dans le talus aval
8. Seconde période d'injection
9. Troisième période d'injection

Fig. 2.26
Chronologie des percolations et des séquences d'injection (Figure 8 de Catanach et al., 1991)

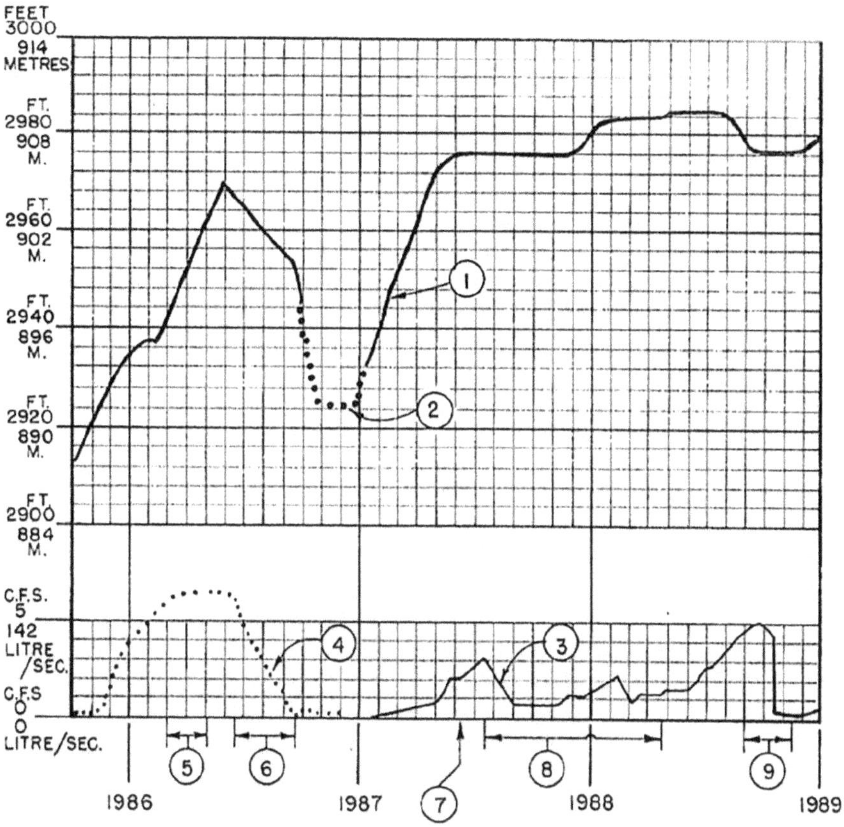

Chronology of Seepage and Grouting

Chronologie des percolations et injections

1. Reservoir Elevation (Measured)
2. Reservoir Elevation (estimated)
3. Seepage Volume (Measured)
4. Seepage Volume (estimated)
5. Drains Added Sta. 6+40 to 10+00
6. First Grouting Period
7. Sinkhole in Downstream
8. Second Grouting Period
9. Third Grouting Period

1. Cote de la retenue (mesurée)
2. Cote de la retenue (selon les estimations)
3. Volume des percolations (mesuré)
4. Volume des percolations (selon les estimations)
5. Drains supplémentaires stations 6+40 à 10+00
6. Première période d'injection
7. Affaissement dans le talus aval
8. Seconde période d'injection
9. Troisième période d'injection

Fig. 2.26
Chronology of seepage and grouting (from Figure 8, Catanach et al, 1991)

La rupture se produisit le 31 décembre 1988. À 10h30, un suintement brun rougeâtre apparu au pied de l'ouvrage, et des particules d'argile érodées provenant de la coupure étanche furent retrouvées dans le débit croissant d'un canal situé à 183 m en aval du barrage. L'augmentation des infiltrations au pied de l'ouvrage se poursuivit, résultant en des bouillonnements de sable et la formation d'une zone de 1,8 m de diamètre, transportant des fragments du remblai d'argile à partir de la coupure. Vers 22h30 la zone d'écoulement ascendante se changea en un écoulement horizontal concentré à partir d'un trou croissant au niveau du pied aval et les tentatives pour couper l'écoulement furent arrêtées. L'ordre d'évacuation des habitants à l'aval de l'ouvrage fut donné. Les personnes et l'équipement furent déplacés vers des endroits sûrs.

Entre 23h00 et 23h30 une section d'environ 15 m de largeur dans la pente en aval, et d'une hauteur équivalente au tiers de la pente aval à partir du trou horizontal en pied, s'est soudainement affaissé d'un mètre environ et pendant quelques secondes a semblé bloquer l'écoulement. Peu de temps après l'écoulement repris, en déblayant le matériau qui s'était effondré. La brèche se développa ensuite en amont vers la crête dans une série continue d'effondrements. La brèche finale « traversa » la digue vers le réservoir, à la position indiquée sur la Figure 2.27, vers 00h30 le 1er janvier 1989, libérant environ 31 x 10⁶ m³ en aval. Il n'y eut aucune perte de vie, mais l'inondation qui s'ensuivit causa 12 millions de dollars US de dommages.

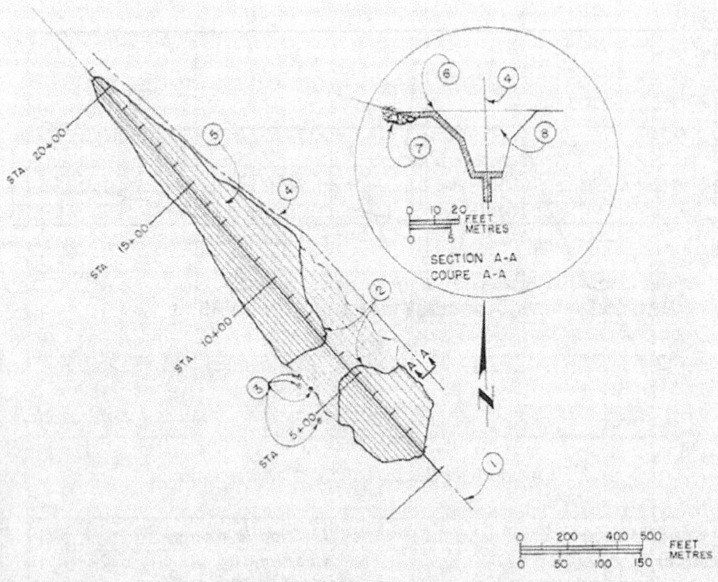

Plan of the Dike and Failure Area

Vue en plan de la digue et de la zone de rupture

1. Dam Axis at Crest	*1. Axe du barrage en crête*
2. Sides of Breach	*2. Côtés de la brèche*
3. Drain Outlets	*3. Sorties des drains*
4. Axis of Upstream Cut off	*4. Axe du parafouille amont*
5. Upstream Slope	*5. Talus amont*
6. Zone II — Clay	*6. Zone II — Argile*
7. Toe of Upstream Slope	*7. Pied du talus amont*
8. Random Fill	*8. Remblai tout-venant*

Fig. 2.27

Barrage de Quail Creek – plan du barrage avec la position de la brèche et la coupure étanche amont (Figure 7, Catanach et al., 1991)

Eventually on December 31st 1988 failure commenced. At 10.30 a.m. reddish-brown seepage appeared at the toe, and eroded clay particles from the cut-off were found in the increasing flow in a flume 183 m downstream of the dam. The leakage at the toe increased, boiling up in a 1.8 m diameter zone and carrying fragments of the clay fill from the cut-off. By 10.30 p.m. the upward flow zone changed to concentrated horizontal flow from a growing hole at the toe and attempts to stem the flow ceased. Downstream evacuation was ordered and people and equipment were moved to safe locations.

Between 11.00 and 11.30 p.m. a wedge of the downstream slope about 15 m wide, extending about one-third of the way up the slope over the horizontal hole at the toe suddenly dropped down 'several feet' and for a few seconds seemed to block the flow. Soon after flow resumed, removing the collapsed material. The breach then grew upstream towards the crest in a continuing series of sloughs or collapses. The final breach through the dike to the reservoir, at the position shown on Figure 2.27, occurred at about 12.30 a.m. on January 1st 1989, releasing about 31 x 106 m3 downstream. No lives were lost but the dambreak flood caused US$12 million of damage.

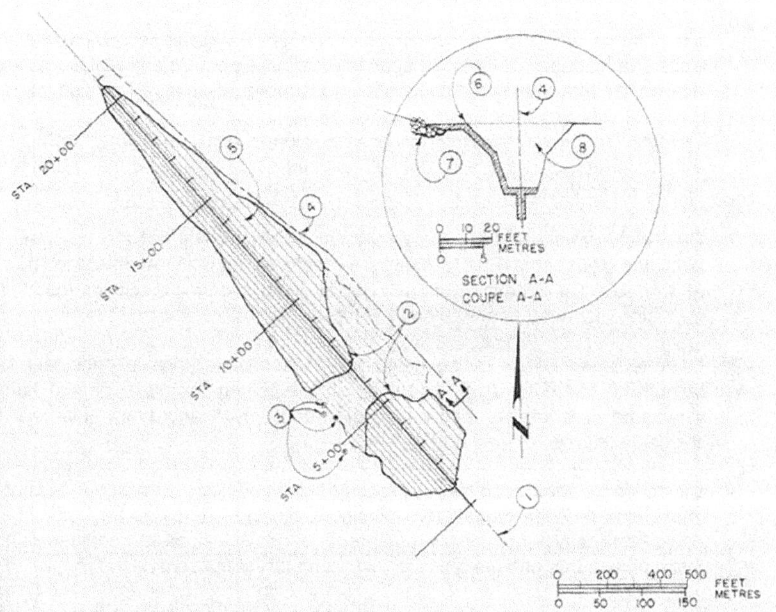

Plan of the Dike and Failure Area

Vue en plan de la digue et de la zone de rupture

1. Dam Axis at Crest	*1. Axe du barrage en crête*
2. Sides of Breach	*2. Côtés de la brèche*
3. Drain Outlets	*3. Sorties des drains*
4. Axis of Upstream Cut off	*4. Axe du parafouille amont*
5. Upstream Slope	*5. Talus amont*
6. Zone II — Clay	*6. Zone II — Argile*
7. Toe of Upstream Slope	*7. Pied du talus amont*
8. Random Fill	*8. Remblai tout-venant*

Fig. 2.27
Quail Creek Dike plan of the dam showing breach position and upstream cut-off (from Figure 7, Catanach et al, 1991)

Après avoir examiné tous les éléments de preuve disponibles, le comité d'expertise conclut que la rupture résulta de l'infiltration d'eau par la fondation causant la formation de renards, ainsi que de l'érosion interne le long du contact entre le remblai et la fondation. Les conclusions spécifiques sont les suivantes :

1. La conclusion principale indiqua que la rupture résultait du fait que les matériaux de remblai placés sur la fondation, y compris le mort-terrain laissé en place, n'étaient pas protégés contre l'érosion interne

2. Les conditions géologiques au site présentaient de minces intercalations amont-aval de sédiments fortement gypsifères et avec une faible inclinaison vers l'appui gauche (sud-est). Ceux-ci présentaient un formidable défi et méritaient une attention particulière lors de la conception.

3. Trois principales familles sub-verticales de diaclases étaient présentes dans le massif rocheux de la fondation et favorisaient un important écoulement; la reconnaissance des fondations fut insuffisante pour cerner complètement les problèmes d'infiltration associés à ces joints.

4. L'hypothèse initiale de conception selon laquelle il y aurait peu ou pas d'infiltration à travers la fondation de la digue sous le parafouille peu profond n'était pas valide et a eu un effet important sur la conception de la protection contre l'érosion interne.

5. Le massif rocheux fortement fracturé et perméable, ainsi que le mort-terrain érodable, ont été laissés en place à l'amont et l'aval du parafouille, ce qui entraîna l'infiltration le long du contact entre le remblai et la fondation.

6. Des ridules rocheuses avec une orientation amont-aval ont été laissées en place avec des creux remplis de l'amont vers l'aval avec du matériau de Zone I non protégé et érodable. Ce matériau était en contact direct avec les diaclases (conduits) de la fondation rocheuse perméable et fracturée.

7. La forte présence de gypse dans la fondation n'était pas la principale cause de la rupture; toutefois, au fil du temps, la dissolution du gypse permit d'augmenter le volume et la vitesse d'infiltration près du contact, aggravant ainsi le processus d'érosion interne.

8. L'injection de réparation ne fut pas une solution à long terme pour le contrôle des infiltrations de cette fondation. À plusieurs occasions lors des travaux d'injection, le coulis sortit de plusieurs endroits différents, et des éclosions sporadiques de nouvelles infiltrations après chaque épisode d'injection furent observées.

9. Les mesures piézométriques et les observations sur le terrain montrèrent que l'injection permit la diminution de l'écoulement en aval de l'ouvrage dans les fondations rocheuses mais en contrepartie augmenta la pression hydraulique au contact entre le remblai et la fondation, exacerbant ainsi les conditions liées au phénomène de renard.

Après en être venus à la conclusion que la digue et sa fondation pouvaient être remplacées par un concept robuste et sécuritaire de coupure, les restes de la digue furent enlevés et la fondation fit l'objet d'une exploration et d'une analyse supplémentaires. Le remplacement par un barrage en béton compacté au rouleau (BCR) fut choisi, comme le montre la Figure 2.28, avec une tranchée parafouille ayant une profondeur maximale de 23 m. L'excavation de la tranchée variait en largeur entre 16,5 m au niveau du terrain naturel à 0,8 m au fond de l'excavation. La tranchée a été remplie avec du béton conventionnel et compacté au rouleau (BCR). Le barrage consiste en une coupe type classique de barrage poids en BCR avec un parement amont en béton conventionnel. Une galerie a été incluse pour faciliter la maintenance éventuelle par injections.

After considering all available evidence, the Review Team concluded that failure resulted from foundation seepage causing piping and internal erosion along the embankment/foundation contact. Specific conclusions were as follows:

1. The primary conclusion was that failure resulted because embankment materials placed on the foundation, including overburden left in place, were not protected from seepage erosion.
2. Geologic conditions at the site with thinly bedded, highly gypsiferous sediments tracking up and downstream and with a shallow dip toward the left abutment (southeast) were extremely challenging and deserved special consideration in design.
3. Fractures in the form of three major near-vertical joint sets were present in the foundation and permitted significant seepage flow; foundation exploration was not designed or complete enough to fully detect seepage problems associated with these joints.
4. The early assumption that there would be little or no seepage through the dike foundation below the shallow cut off was not valid and had a profound effect on design of seepage erosion protection.
5. Highly fractured, pervious rock and erodible overburden was left in place upstream and downstream of the cut off, permitting seepage along the foundation contact.
6. Upstream-downstream trending hogback ridges were left in place with intervening valleys filled from upstream toe to downstream toe with unprotected and erodible Zone I material in intimate contact with open conduits in the fractured, pervious rock foundation.
7. The presence of considerable gypsum in the foundation was not the primary cause of failure; however, as time passed, the solution of gypsum allowed increased volume and velocity of seepage near the contact, thus hastening the erosion process.
8. Remedial grouting was not a long-term solution for seepage control of this foundation as demonstrated by the shifting locations of seepage emergence during grouting and sporadic outbreaks of new seepage after completion of each episode of remedial growing.
9. There was piezometric and field evidence that remedial grouting restricted downstream drainage channels in the rock foundation increasing hydraulic pressure against the embankment/foundation contact, enhancing conditions for piping at the contact.

After concluding that the dike could safely be replaced by a carefully designed dam and foundation cut off the remains of the dike were removed, and the foundation received additional investigation and analysis. A replacement dike in RCC was selected, as shown on Figure 2.28, with an open trench cut off to a maximum depth of 23 m (75-ft). The cut off excavation varied in width from 16.5 m (54-ft) at ground level to 0.8 m (32-in) at the bottom. The cut off was backfilled with conventional and roller compacted concrete (RCC). The dam is a typical RCC gravity section with a conventional upstream concrete facing. A gallery was included to facilitate future maintenance grouting.

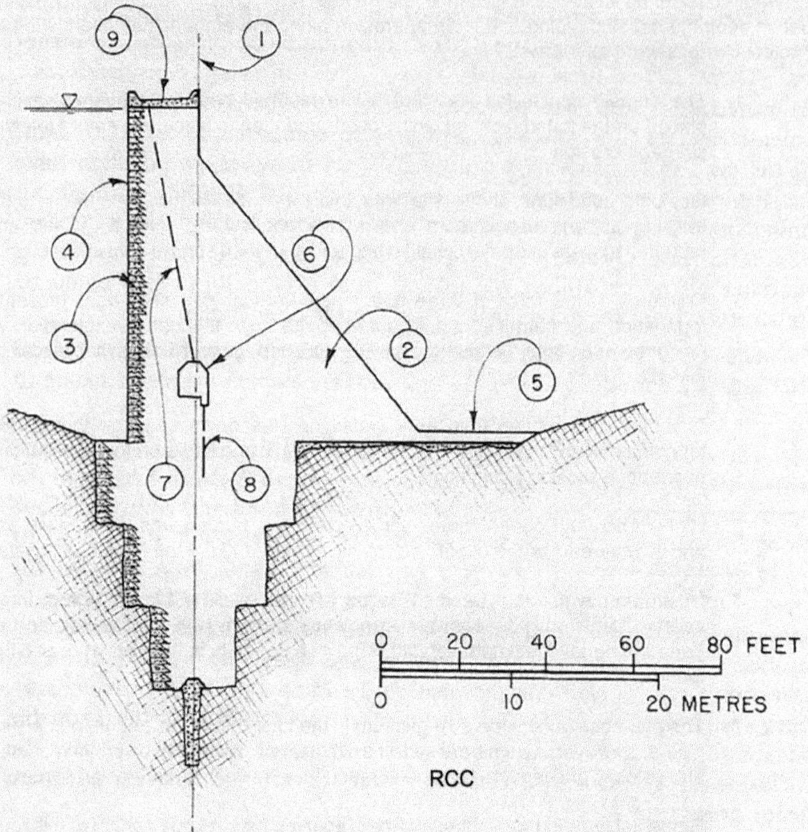

RCC Dam Section

Coupe transversale du barrage BCR

1. Dam Axis at Crest
2. Roller Compacted Concrete (RCC)
3. Conventional Concrete
4. Upstream Face
5. Apron
6. Gallery
7. Dam Drain
8. Cut off Drain
9. Crest

1. *Axe du barrage en crête*
2. *Béton compacté au rouleau (BCR)*
3. *Béton classique*
4. *Parement amont*
5. *Radier*
6. *Galerie*
7. *Drain du barrage*
8. *Drain du parafouille*
9. *Couronnement*

Fig. 2.28
Nouveau barrage compacté au rouleau (BCR) comprenant une coupure en tranchée profonde
(Figure 12, Catanach et al., 1991)

Les recommandations finales de Catanach et al. (1991) sont les suivantes:

1. Les sols érodables, sensibles à la formation de renards, doivent être protégés des infiltrations incontrôlées qui peuvent être ou non anticipées. Une redondance des mesures de défense lors de la conception doit être incorporée dans tout barrage qui présente un risque pour une population ou des installations en aval ou qui sert un objectif économique vital.

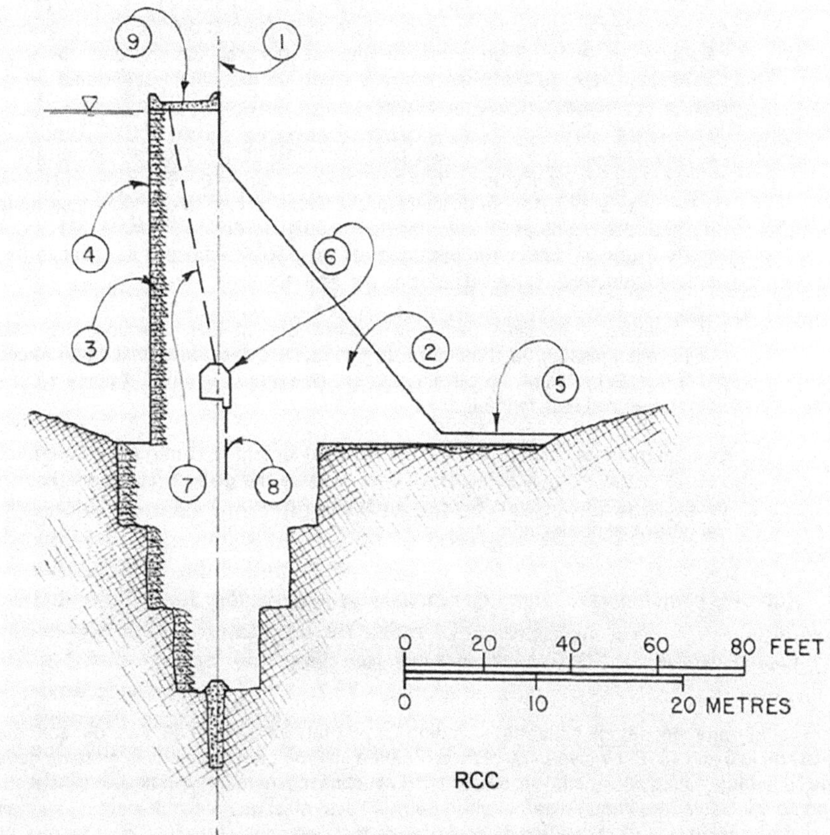

RCC Dam Section

Coupe transversale du barrage BCR

1. Dam Axis at Crest	*1. Axe du barrage en crête*
2. Roller Compacted Concrete (RCC)	*2. Béton compacté au rouleau (BCR)*
3. Conventional Concrete	*3. Béton classique*
4. Upstream Face	*4. Parement amont*
5. Apron	*5. Radier*
6. Gallery	*6. Galerie*
7. Dam Drain	*7. Drain du barrage*
8. Cut off Drain	*8. Drain du parafouille*
9. Crest	*9. Couronnement*

Fig. 2.28
Replacement RCC dike with 23 m deep cut-off (from Figure 12, Catanach et al, 1991)

Final remarks from Catanach et al (1991):

1. Erodible soils, susceptible to piping, must be protected from attack by uncontrolled seepage which may or may not be anticipated. Defensive design measures and adequate redundancy must be incorporated into any dam that poses a downstream hazard or serves a vital economic purpose.

2. La conception et la construction de barrages nécessitent des spécialistes qualifiés et expérimentés. L'équipe de conception de la digue Quail Creek n'avait aucun ingénieur géologue, et la fondation complexe du site n'a pas été évaluée correctement. L'hypothèse retenue d'aucune infiltration par les fondations a entraîné de graves erreurs de conception et de construction.

3. La principale leçon à retenir est probablement qu'une décision de terrain ou un changement lors de la construction apparemment sans conséquence peut totalement contrecarrer la philosophie de conception. Dans ce cas, la décision prise au terrain de placer des quantités importantes de matériau de Zone I érodable de l'amont vers l'aval sur une fondation non protégée et mal préparée a réduit la capacité de cette partie du remblai à résister à l'érosion par infiltration.

4. Les mesures correctives post-constructions étaient bien intentionnées, mais en réalité, elles visaient le traitement de symptômes liés à une infiltration excessive, plutôt que le problème de développement de renards le long du contact non-traité entre le remblai et la fondation.

5. Le traitement par injection d'une fondation fortement fracturée ayant des minéraux solubles à travers un remblai et en présence d'une charge hydraulique à retenue pleine nécessite des techniques hautement spécialisées et, à défaut, est potentiellement dangereux et ne pas constituer une solution permanente.

2.2.3. Ruptures et incidents du corps du remblai vers la fondation

2.2.3.1. Rupture dans le corps de l'ouvrage et la fondation : Teton

Le barrage de Teton, situé dans l'Idaho, aux États-Unis, a cédé lors de son premier remplissage le 5 juin 1976. Le niveau du réservoir était à environ un mètre sous la crête du déversoir lors de la rupture. Jusqu'au matin du 5 juin 1976, aucune observation n'indiquait qu'une rupture était en cours. Seule une venue d'eau environ 50 m à l'aval ainsi qu'un écoulement d'eau claire de 400 L/min découvert le 3 juin à l'endroit du côté droit de la vallée entre 400 et 600 m vers l'aval étaient jusque-là observés. Au matin du 5 juin, une fuite chargée de sédiments a été observée sur l'appui droit de l'ouvrage (Figure 2.29). L'accélération de l'érosion, et de la fuite, était tel qu'à la mi-journée, la rupture eut lieu (Figures 2.30, 2.31 et 2.32). La rupture causa 14 décès et des dégâts matériels estimés entre 0,4 et 1 milliard de dollars US. Le barrage n'a pas été reconstruit et les vestiges peuvent encore être vus sur le site (Figure 2.33).

2. The design and construction of dams requires input from skilled, experienced specialists. The design team for Quail Creek Dike lacked input from experienced engineering geologists, and a complex foundation was misinterpreted. The assumption of essentially no foundation seepage led to serious errors in design and construction.

3. Perhaps the most significant lesson is that a seemingly innocent field decision or change can totally frustrate the intent of design. In this case the field decision to place significant amounts of erodible Zone I from upstream to downstream on an unprotected, poorly prepared foundation further reduced the capability of the designed embankment section to resist seepage erosion.

4. Post-construction remedial measures were well intended but in reality treated the symptoms of "excessive seepage" rather than the problem of piping along an untreated embankment-foundation contact.

5. Grouting a jointed and fractured foundation containing soluble minerals through an embankment and against reservoir head requires highly specialized techniques and, lacking these, is potentially dangerous and is unlikely to provide a permanent solution.

2.2.3. Failures and incidents in dam body and into foundation

2.2.3.1. Failure in dam body and into foundation: Teton

Teton Dam in Idaho, USA, failed during first filling on June 5th, 1976. The water level was about one meter below the spillway weir crest. Other than flows of clear water totaling about 400 liters/minute from the right (looking downstream) valley side about 400 m and 600 m downstream of the dam first seen on June 3rd, and a seep about 50 m downstream, there was no sign of malfunction until the morning of the 5th June, when a sediment laden leak was seen flowing from the right abutment (Figure 2.29). The leakage and erosion accelerated and by midday the dam had failed (Figures 2.30. 2.31 and 2.32). The failure caused 14 deaths and damage to property variously estimated to cost between US$400 million to US$1 billion. The dam has not been rebuilt and its remains can still be seen at the site (Figure 2.33).

Fig. 2.29
Barrage de Teton : Fuite à partir de l'appui droit, au chaînage 420 m, le matin du 5 juin 1976 (photo : avec l'autorisation du USBR)

Fig. 2.30
Barrage de Teton : au moment du milieu de la matinée du 5 juin 1976, la fuite s'est agrandie vers la crête (photo : avec l'autorisation du USBR)

Fig. 2.29
Teton Dam: leak from right abutment, Chainage 420 m, on the morning of June 5th, 1976
(photo: courtesy of USBR)

Fig. 2.30
Teton Dam: at mid-morning June 5th 1976, leak had enlarged upwards through the dam
(photo: courtesy of USBR)

Fig. 2.31
Barrage de Teton : au milieu de la journée du 5 juin 1976, la fuite s'est élargie et atteint la crête du barrage (photo : avec l'autorisation du USBR)

Fig. 2.32
Barrage de Teton : la fuite s'est agrandie et élargie, au point où la crête du barrage s'est effondrée, créant une brèche avec un débit jusqu'à 28 300 m³/s qui éroda tout le remblai de l'ouvrage (photo : avec l'autorisation du USBR)

Fig. 2.31
Teton Dam: approaching mid-day, leak has enlarged further and widened under crest (photo: courtesy of USBR)

Fig. 2.32
Teton Dam: leak has enlarged and widened, crest 'bridge' has collapsed, outflow of up to 28,300 m^3/s eroded all the dam fill entirely (photo: courtesy of USBR)

Fig. 2.33
Barrage de Teton aujourd'hui : après la rupture de 1976. L'évacuateur de crues en rive droite (à gauche de la photo) est toujours présent. La destruction de la tranchée parafouille dans l'appui droit, où l'érosion débuta, est clairement visible (avec l'autorisation du USBR)

Le barrage de Teton était constitué d'un remblai de terre de 93 m de hauteur. Le profil dans le thalweg est présenté à la Figure 2.34 et celui au droit de l'appui droit est sur la Figure 2.35, à l'endroit où la fuite a été observée pour la première fois et où la rupture a commencé.

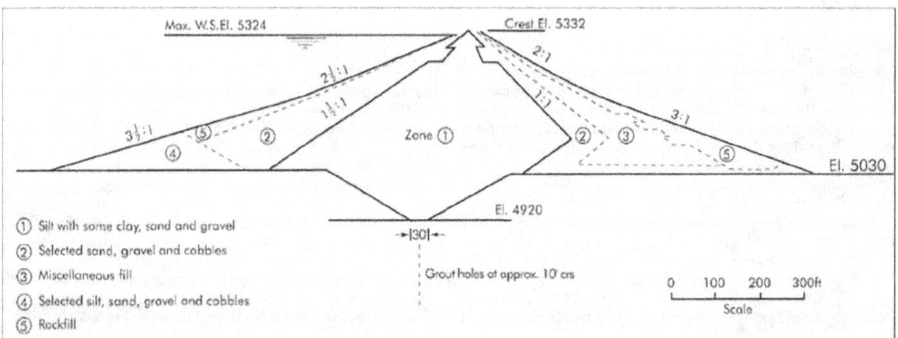

Fig. 2.34
Barrage de Teton: Profil dans le thalweg montrant le zonage du remblai et la tranchée parafouille traversant les alluvions (Watts et al., 2002)

Fig. 2.33
Teton Dam site today, long after the failure in 1976. Spillway on right flank (left of photo) remains, cut-off excavation in rock on right abutment where erosion commenced plainly visible
(photo: courtesy of USBR)

Teton Dam was a 93 m high earth zoned embankment. Sections are shown in Figure 2.34 in the valley floor and in Figure 2.35 in the right abutment, around the location where leakage was first seen and the failure commenced.

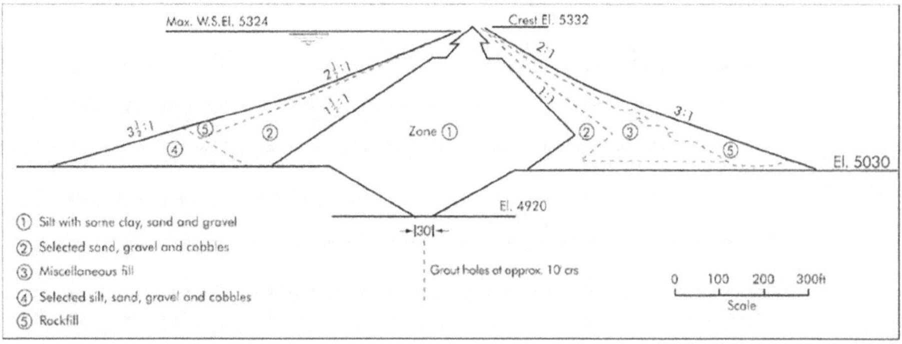

Fig. 2.34
Teton Dam: Section in valley bottom showing fill zones and cut-off through alluvium
(from Watts et al, 2002)

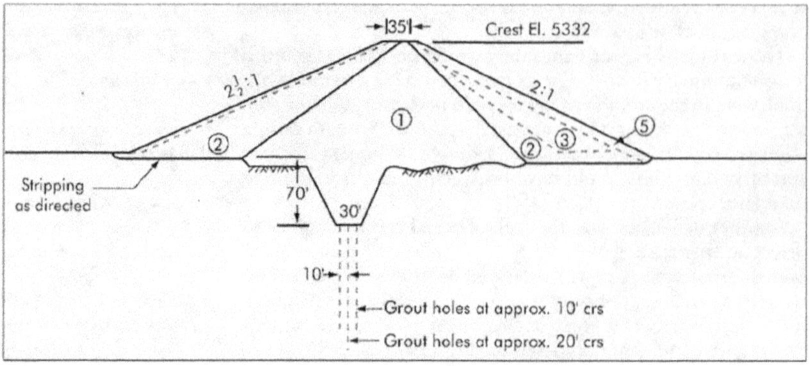

Fig. 2.35
Barrage de Teton : Profil à la position de la rupture de la tranchée parafouille profonde dans l'appui droit (Watts et al., 2002)

Selon la pratique de l'époque, la protection contre l'érosion interne du noyau (zone 1), en lœss non à peu plastique, était assurée non par des filtres modernes, mais par la zone 2 en alluvions jouant le rôle de transition autour du noyau. Le moyen mis en place pour prévenir l'érosion en fondation était l'injection (Figure 2.34) : 1) à partir d'une poutre en béton située sous le noyau au fond d'une tranchée traversant les alluvions du fond de la vallée, et 2) dans des clés creusées dans le rocher des appuis sous l'emprise supérieure du noyau au-dessus de la cote 1554, 45m (Figure 2.36).

Dans une lettre datée du 31 décembre 1976 adressée au Secrétaire du Département de l'intérieur des États-Unis, à laquelle était joint le rapport du comité indépendant chargé de la revue des causes de la rupture du barrage Teton pour lequel il était le président, Wallace L. Chadwick conclut que :

1. le barrage a cédé suite à l'érosion interne (renard) du noyau du barrage au fond de la clé de la fondation rocheuse en rive droite, dont les particules de sol érodées ont été transportées à travers les interstices dans et le long du contact de l'appui rive droit très perméable juqu'aux points de sortie de l'appui droit du barrage;

2. les possibilités d'évacuation des résidents en aval ont été détruites par les torrents d'eau provenant du réservoir;

3. des ouvertures, insuffisamment ou mal injectées, étaient présentes dans les joints du massif rocheux et ont contribué au développement de fissures à travers le noyau dans la clé;

4. une fois commencée, la formation de renards a progressé rapidement à travers le corps du barrage et conduit à une rupture complète;

5. la conception du barrage ne tenait pas suffisamment compte des conditions des fondations rocheuses et des caractéristiques du sol utilisé pour remplir la clé, et;

6. les activités de construction étaient conformes à la conception dans tous les aspects techniques, à l'exception de la planification.

Le résumé de M. Chadwick montre que la rupture du barrage de Teton a suivi ce qui est maintenant reconnu comme les quatre phases de l'érosion interne menant à la rupture, soit :

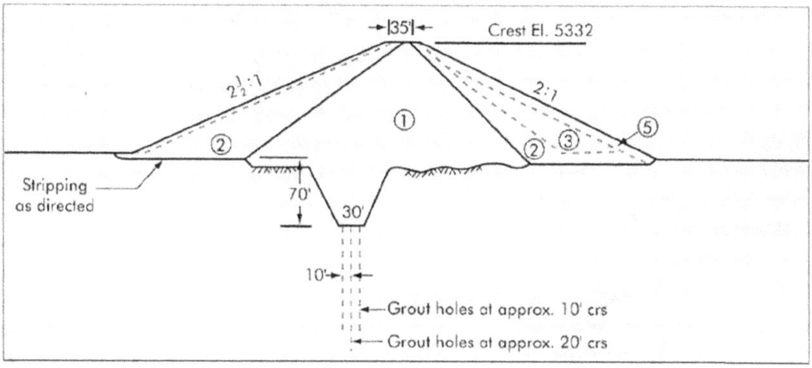

Fig. 2.35
Teton Dam: Section with deep cut-off trench at failure position in right abutment
(From Watts et al, 2002)

Following practice at the time, no modern filters, to prevent erosion in the wind-blown non-plastic to slightly plastic Zone 1 core fill, were provided, however alluvium was placed in Zone 2 around the core. The means provided to stop erosion in the foundation were grouting (Figure 2.36) from a grout cap under the core in a cut-off trench through the alluvium in the floor of the valley and in key trenches in the upper parts of the core contact zone above 1554, 45 m (El 5,100-ft, as indicated on Figure 2.36 below).

Wallace L Chadwick, Chairman of the Independent Panel to Review the Cause the Teton Dam Failure in a letter dated 31 December 1976 to the Secretary, US Department of the Interior, to which was attached the Panel's report, stated 'in briefest summary, the Panel concludes:

1. That the dam failed by internal erosion (piping) of the core of the dam deep in the right foundation key trench, with the eroded soil particles finding exits through channels in and along the interface of the dam and the highly pervious abutment rock and talus, to points in the right groin of the dam,
2. That the exit avenues were destroyed and removed by the outrush of reservoir water,
3. That openings existed through inadequately sealed rock joints, and may have developed through cracks in the core zone in the key trench,
4. That, once started, piping progressed rapidly through the main body of the dam and quickly led to complete failure,
5. That the design of the dam did not adequately take into account the foundation conditions and characteristics of the soil used for filling the key trench, and
6. That construction activities conformed to the actual design in all significant aspects except scheduling.'

It can be seen from Mr. Chadwick's summary that the failure at Teton followed what are now recognized as the four phases of internal erosion leading to failure, as follows:

Initiation : dans ce cas, par l'érosion de conduit à travers le remblai de la zone 1 dans la clé au roc de l'appui droit, tel qu'indiqué sur la Figure 2.36. Les fissures et les ouvertures ont probablement été initiées par l'un des éléments suivants: par le bas par de l'eau circulant à travers les joints ouverts de la fondation rocheuse dans la clé et non scellés par le béton de reprofilage, le coulis, la poutre d'injection ou le rideau d'injection; et par des fractures hydrauliques résultant de faibles contraintes totales provoquées par l'effet voûte au travers de la clé profonde aux parois abruptes, ainsi que par des profils de fondation défavorables à la base de la tranchée. L'eau circulant dans les joints ouverts du massif rocheux, pouvait alors entrer dans les ouvertures et initier facilement l'érosion du remblai érodable de la zone 1.

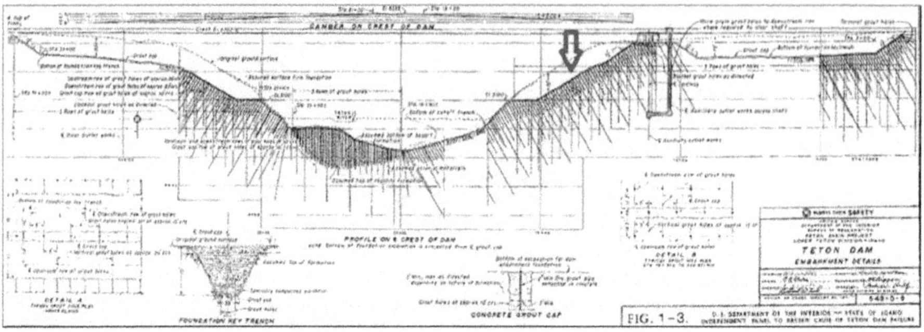

Fig. 2.36
Barrage de Teton : Coupe longitudinale le long de la tranchée parafouille avec une flèche montrant la position approximative sur l'appui droit (vue vers l'aval) de la clé au rocher où l'érosion de conduit débuta et mena à la rupture (tirée de la Figure 1–3, Groupe indépendant, 1976)

Continuation : à travers des joints ouverts de la fondation rocheuse, non remplis par l'injection dans la tranchée parafouille ou arrêtés par des filtres.

Progression : remontant à travers le remblai de la zone 1 au-dessus de la poutre d'injection (qui ensuite a été emportée au droit de la rupture). Le remblai était facilement érodé, de nature non plastique alors qu'une bonne partie était probablement non saturée. Il était manifestement capable de « supporter un toit » de portée considérable, comme le montrent les photographies, la Figure 2.31 en particulier. À mesure que le renard s'élargissait et que le débit augmentait, le trou exposé à la jonction entre la face aval du barrage et l'appui rocheux s'agrandissait et « remontait » la pente, s'approchant graduellement de la crête du barrage. Un fontis avait été vu sur la crête peu avant que le « l'arche » ne s'effondre, et à ce stade tardif, des tourbillons avaient été observés dans la retenue au-dessus du parement amont, vraisemblablement au-dessus de(s) l'entonnement (s) du renard.

Brèche : le renard a percé la face amont du barrage vers le réservoir peu avant que le « l'arche » de la crête ne s'effondre. Par la suite, l'eau qui s'échappait a érodé le remblai du barrage rapidement, creusant et élargissant la brèche initiale, enlevant plus ou moins complétement toute trace du remblai sur place jusqu'à découvrir les fondations rocheuses

De nombreuses analyses de la rupture et de nombreux articles ont été écrits à ce sujet, et encore aujourd'hui. Le comité indépendant d'experts a publié son rapport final en 1980 (Comité indépendant d'examen, 1980).

Sherard (1987) a publié les résultats de ses investigations et a conclu que la rupture résulte de l'absence de scellement des joints ouverts dans la fondation rocheuse. La présence de joints ouverts dans la fondation était connue, mais la conception ne prévoyait pas de les injecter et ce qui a été fait lors de la construction était insuffisant. La conception n'incluait pas non plus de filtre entre le remblai de la zone 1 et le massif rocheux perméable et aucun n'a été installé pendant la construction.

Initiation: in this case by erosion in concentrated leaks through the Zone 1 fill in the right abutment key trench at approximately the location shown in Figure 2.36. The cracks and openings probably formed by one or both of the following: from below by water flowing through open joints in the trench foundation not sealed by dental concrete, slush grouting or the grout cap and grout curtain; and through hydraulic fractures resulting from low total stresses caused by 'arching' in the deep steep-sided key trench and possibly from unfavorable foundation profiles in the base of the trench. Water flowing in the open joints in the foundation rock would then enter the openings and readily initiate erosion of the erodible Zone 1 fill.

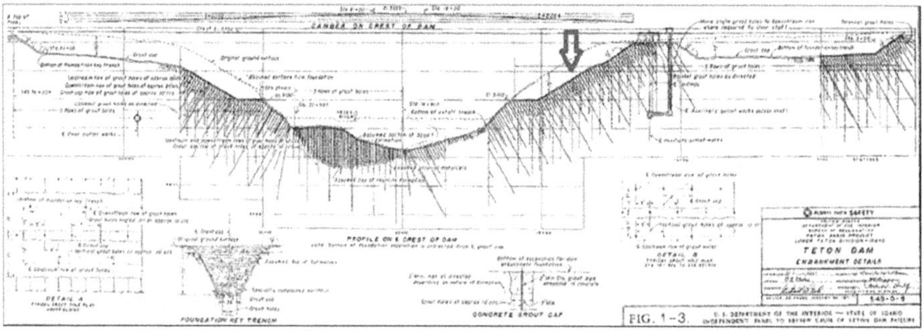

Fig. 2.36
Teton Dam: Longitudinal section along cut-off trench showing (arrow) approximate location in the right bank (looking downstream) key trench where concentrated leak erosion leading to failure initiated (from Figure 1–3, Independent Review Panel, 1976)

Continuation: through open joints in the foundation rock at first, not blocked in the cut-off trench by grouting or arrested by filters there.

Progression: progressing upwards through the Zone 1 fill and above the grout cap (which afterwards was found to have been washed out at the failure position). The fill was easily eroded, non-plastic and much was probably not saturated. It was plainly able to 'hold a roof' of considerable span, as the photographs, Figure 2.31 in particular, show. As the erosion 'pipe' enlarged and discharge increased, the hole exposed in miter at the junction between the downstream face of the dam and the rock abutment, enlarged, and rose up the slope, gradually approaching the dam crest. A small sinkhole was seen in the crest shortly before the 'bridge' across it collapsed, and at this late stage whirlpools were first seen in the reservoir water above the upstream face, presumably above the upstream end(s) of the erosion pipe.

Breach: the erosion 'pipe' broke through into the reservoir soon before the crest 'bridge' collapsed. Thereafter the escaping water eroded the dam fills rapidly, deepening and widening the initial breach, more or less totally removing all traces of the dam fills from the site and exposing the foundations.

There have been many subsequent examinations of the failure, and many papers written about it, which continues to this day. The Independent Review Panel issued its Final Report in 1980 (Independent Review Panel, 1980).

Sherard (1987) reports his investigations and concludes that the failure was the result of not sealing the open joints in the foundation. It was known that there were open joints in the foundation but there was no provision in the design for sealing them, and what was done on site was inadequate; nor did the design include filters between the Zone 1 fill and the open jointed rock and none were installed during construction.

La plupart des ingénieurs expérimentés en barrages auraient considéré ces omissions inacceptables, sachant que l'érosion de la zone 1 dans les joints ouverts était non seulement possible, mais vraisemblable. Les omissions étaient une « erreur de jugement monumentale » résultant de restrictions bureaucratiques à long terme sur les activités de l'équipe en charge de la conception du barrage, bridant notamment l'expérience et la compétence de son personnel.

La leçon fondamentale à tirer du barrage de Teton n'est pas technique. Elle est qu'aucun barrage important ne devrait être entièrement confié à un seul ingénieur ou à une modeste équipe sans le budget nécessaire et sans supervision indépendante par d'autres ingénieurs spécialisés ayant un pouvoir de veto ou, comme l'a exprimé le jury du comté de Los Angeles après la rupture du barrage St-Francis en 1928: «Une bonne politique du public... et le jugement des ingénieurs exigent que la construction et l'exploitation d'un barrage ne soient jamais laissées au jugement d'un seul homme, quelle que soit son importance, sans vérification par une autorité indépendante, car personne n'est à l'abri des erreurs... ».

Lors de l'élaboration de sa méthode, le projet ERINOH a réalisé un test préliminaire (Fry, 2015) pour évaluer le risque d'érosion interne dans le cas du barrage de Teton et demander à l'USBR son avis. L'analyse indiquait que l'érosion avait peut-être commencé et se serait poursuivie sans être détectée pendant plusieurs jours avant que l'ouverture et que l'infiltration soient devenues suffisamment importantes pour être observées le 5 juin 1976 au matin. Ce résultat montre qu'il est important d'avoir des dispositifs de surveillance capables de détecter des fuites ou des ouvertures indiscernables dans le corps d'un barrage lors de la surveillance visuelle de l'ouvrage. Pour le moment, avant que le processus d'initiation soit déclenché, il n'existe pas d'indicateurs fiables indiquant que l'érosion interne mènera à la rupture. Il est donc conseillé d'étudier, d'analyser et d'évaluer la vulnérabilité des barrages à l'érosion interne et de les corriger si nécessaire pour les protéger.

2.2.4. Ruptures et incidents de l'érosion de conduit le long des évacuateurs de crues et des conduites

2.2.4.1. La conduite de Warmwithens

« Leçons tirées d'incidents de barrages historiques » (Agence de l'environnement du Royaume-Uni, 2011) signale la destruction d'une conduite en éléments de béton préfabriqué d'un diamètre de 1,5 m, récemment posée à travers le barrage de Warmwithens, en Angleterre, comme le montre la Figure 2.37.

Wickham (1992) donne de plus amples détails à ce sujet. Le barrage Warmwithens a été construit entre 1860 et 1870. D'une hauteur maximale d'environ 10 m, il était décrit comme « constitué d'argile du côté amont et avec des indices d'un noyau d'argile corroyée ». La Figure 2.37 montre que le remblai découpé par les pentes de la brèche est identique sur toute la largeur du barrage, sans évidence de différence entre les remblais amont et aval ou la présence d'une zone centrale (noyau). La nouvelle conduite a été posée en creusant un tunnel au travers la digue de 1964 à 1966. Quant à la canalisation existante de 25 cm de diamètre, elle a été injectée après la construction de la nouvelle conduite. À la fin des travaux, le barrage fut rapporté comme « substantiellement étanche, à l'exception d'une légère zone d'humidité près de son pied aval, mentionné pour la première fois lors de la première inspection statutaire en 1955 ».

Une fuite a été observée pour la première fois le 24 novembre 1970 à 07h30 et le débit a atteint un maximum en deux heures. La baisse de la retenue a été enregistrée et rapportée par Wickham (1992). L'enregistreur du niveau à flotteurs amont a montré que le niveau de l'eau avait diminué depuis 17h00 le jour précédent et que le rythme de descente avait augmenté significativement à partir de 05h00 le 24 novembre. Vers 08h30, le niveau avait chuté de 0,8 m, soit la limite de l'enregistreur à flotteurs. La brèche atteignit la fondation vers 13h30.

The majority of experienced dam engineers would have considered these omissions from the design unacceptable, knowing that erosion of the Zone 1 into the open joints was not only possible, but probable. The omissions were a 'monumental error of judgment' resulting from long term bureaucratic restrictions on the activities of the dam design group and thereby limiting their experience and capability.

The fundamental lesson to be learnt is not technical. The general lesson to be taken from Teton was that no important dam should be left wholly in the hands of one engineer or close team without required budget and without independent review by other specialist engineers with the power of veto, or, as had been expressed by the Los Angeles County Jury after the failure of St Francis Dam in 1928: 'A sound policy of public……and engineering judgment demands that the construction and operation of a dam should never be left solely to the judgment of one man no matter how eminent, without check by independent authority, for no one is free of error…'.

A preliminary trial by Erinoh (Fry, 2015) of its benchmark approach to analyzing internal erosion examined the Teton case, which USBR reviewed. One result was that the analysis indicated that erosion may have initiated and continued undetected for several days before the eroding opening and the discharge through it had become large enough to cause the leakage seen in the miter of the dam on 5th June 1976. This may provide incentives to develop monitoring devices capable of detecting otherwise indiscernible leakage or openings in the body of a dam. However, for the present, it confirms that there are no reliable indicators that internal erosion potentially leading to failure is occurring until it has initiated. It is therefore advisable to investigate, analyze and assess the vulnerability of dams to internal erosion and remediate if necessary to protect them against it.

2.2.4. *Failures and incidents from concentrated leak erosion in spillways and culverts*

2.2.4.1. Warmwithens culvert

'Lessons from historical dam incidents' (Environment Agency, 2011) reports the wash-out of a newly constructed 1.5 m diameter precast segment lined tunnel through Warmwithens dam in England, as shown in Figure 2.37.

Wickham (1992) gives more details. The dam was constructed between 1860 and 1870. It had a maximum height of about 10 m and was described as 'consisting of clay filling on the upstream side of the centre and there is some evidence of there having been some form of puddle clay core'. Figure 2.37 shows the fill exposed on the sides of the failed mass to be similar along the entire width of the dam, with no obvious evidence of differences between upstream and downstream fill or a core zone. The new culvert was constructed by tunneling through the embankment from 1964 to 1966. The 0.25 m existing draw-off pipe was grouted up after the new tunnel was constructed. On completion, the dam was reported to be 'substantially watertight except for a slight dampness near its downstream toe first mentioned in the first statutory inspection in 1955'.

An escape of water was first seen at 7:30am on 24 November 1970 and the outflow reached a maximum within two hours. A record of the falling water level as the breach occurred was recorded and is reported by Wickham (1992). The water level recorder showed water level dropping from about 5:00pm the previous day, and the rate increasing markedly from about 5:00am on the 24 November. It had dropped by 2-feet 6-inches (0.8 m), the limit of the float recorder, by about 8:30am. The dam was breached to foundation level by 1:30pm.

La brèche, qui s'est produite au-dessus de la nouvelle conduite, avait une largeur de 20 m au niveau de la crête du barrage et se prolongeait en profondeur jusqu'à la conduite. De grandes sections de la conduite en béton ont été emportées et déposées en aval, comme le montre la Figure 2.37.

Pour autant que l'on sache, à part la "légère humidité" près du pied, le remblai s'est comporté de manière satisfaisante pendant les 100 ans qui ont précédé la rupture. Le niveau d'eau au moment de la rupture était au seuil de déversement comme, dans le nord-ouest humide de l'Angleterre, il l'avait certainement été pendant une grande partie de la période de quatre ans depuis la pose de la nouvelle conduite.

Fig. 2.37
La conduite de Warmwithens, arrachée par l'érosion interne

« Lessons from historical dam incidents » (Environment Agency, 2011) a conclu que « la brèche s'est produite le long de la conduite de vidange. Il semble donc possible que des infiltrations, à travers ou le long du périmètre du tuyau en fonte abandonné, aient pu jouer un rôle dans la cause de la rupture".

Cette conclusion exprime la préoccupation habituelle des ingénieurs quant à la possibilité que les dommages et les défaillances soient le résultat d'une érosion par fuite concentrée le long des fissures dans le remblai entourant les conduites et les tuyaux à travers les remblais (Section 3.2.7, Volume 1). Dans le cas de Warmwithens, il y a peu de preuves pour soutenir cette explication. L'humidité au niveau du pied suggère un écoulement de fuite très limité, insuffisant pour initier et faire progresser l'érosion, et aucun matériau érodé n'a été vu.

The breach, which occurred over the line of the new tunnel, was 20 m wide at crest level and extended down to the tunnel. Large sections of the concrete tunnel segments were washed out and deposited downstream, as shown in Figure 2.37.

As far as is known, other than the 'slight dampness' near the toe, the embankment had performed satisfactorily for the 100 years before the incident. The water level at the time of the failure was at overflow level as, in the wet north-west of England, it almost certainly had been for much of the four year period since the new culvert was completed.

Fig. 2.37
Warmwithens culvert washed out

'Lessons from historical dam incidents' (Environment Agency, 2011) concluded that 'the breach occurred along the line of the outlet tunnel. It therefore seems possible that seepage through or along the perimeter of the abandoned cast iron draw-off pipe, or along the perimeter of the new tunnel, could have played a part in causing the failure'.

This conclusion is expressing engineers' usual concern about the potential for damage and failure to be the result of concentrated leak erosion along cracks in the fill surrounding culverts and pipes through embankments ((Section 3.2.7, Volume 1). In the Warmwithens case, there is little evidence to support this explanation. The dampness at the toe suggests very limited leakage flow, insufficient to initiate and progress erosion, and no eroded materials were seen.

Les preuves indiquent que la fracturation hydraulique était la cause la plus probable de la rupture rapide à Warmwithens, similaire à la rupture de la digue de Dale (voir 2.2.1.3 ci-dessus et Bridle, 2022). Le remplissage progressif du réservoir pendant quatre ans a augmenté progressivement les pressions interstitielles dans le remblai, conduisant finalement à la situation où la pression interstitielle (u) a dépassé la contrainte totale principale minimale (σ_3) à l'endroit où la fracture s'est produite. Dans ce cas, la faible contrainte totale s'explique par le fait que le creusement d'un tunnel réduit les contraintes adjacentes au tunnel et que la "perte de terrain", c'est-à-dire le déplacement du sol vers les faces du tunnel au fur et à mesure de son avancement, réduit la contrainte totale dans le remblai au-dessus du tunnel et provoque un tassement différentiel. L'injection d'une auréole de coulis autour du tunnel à la fin des travaux ne rétablira pas nécessairement une pression des terres suffisante pour empêcher la fracturation hydraulique, et rien ne peut être fait pour rétablir l'état de contrainte antérieur à la construction du tunnel dans le remblai sus-jacent.

Aucun moyen évident n'existe pour empêcher ou pour se prémunir contre les conditions défavorables que provoquent le creusement d'un tunnel au travers d'un barrage. Une paroi filtrante située à l'extrémité aval du tunnel n'aurait pas pu protéger le barrage de la rupture. Une plus grande attention portée à l'injection ou à l'utilisation de tunneliers à pression des terres n'éliminera pas complétement la présence de faibles contraintes et de claquage hydraulique le long des plans où une défaillance pourrait se produire. Il semble peu probable que la surveillance puisse donner un avertissement suffisamment précoce pour prévenir la rupture. Heureusement, aucune victime n'a été recensée. Bien que cela puisse sembler être le cas, la construction d'un tunnel à travers un remblai existant n'est pas une approche conservatrice. Un tunnel courbe à travers dans une rive est plus sécuritaire.

2.2.4.2. La rupture du barrage Situ Gintung à l'endroit de l'évacuateur de crues

Au petit matin du vendredi 27 mars 2009, un grand « Bang » a marqué le début d'une catastrophe à Situ Gintung, un petit réservoir le long de la rivière Pesanggrahan, au sud de Jakarta, en Indonésie. La digue saturée du réservoir autour de l'évacuateur de crues a cédé et, en dix minutes, le réservoir a libéré environ un million de m^3 d'eau dans la zone urbaine située en aval. La crue subite (ou « petit tsunami ») a été une surprise complète. Environ 100 à 200 personnes n'ont pas pu s'échapper, surtout sur le premier kilomètre en aval du réservoir touché par d'importants dégâts. Une vague de 5 mètres s'est formée en détruisant tout sur son passage. Après avoir atteint Pesanggrahan, la force de la vague s'était dissipée, mais d'importantes inondations se sont quand même produites jusqu'à 5 km en aval de Situ Gintung, causant de graves dommages aux habitations semi-permanentes le long de la rivière.

Immédiatement après cet événement tragique, le gouvernement indonésien a mis en œuvre des investigations et réparations pour éviter des catastrophes similaires. Tous les « situ-situ » (« situ » est le terme indonésien pour « petit lac », le pluriel étant « situ-situ »), y compris Situ Gintung, ont depuis été investigués et réparés, lorsque nécessaire. Les investigations ont été décrites par Mulyantari (2012). Bridle (2014a) cite ci-dessus les ingénieurs chargés du journal d'inspection et d'enquête (Deltares et al, juin 2009); dont les informations historiques ont été gentiment fournies pour être insérées dans le bulletin ICOLD sur l'érosion interne.

La plupart des « situ-situ » ont été construits à l'époque coloniale. Les « situ-situ » naturels ont été surélevés par des remblais homogènes, afin de fournir de l'eau pour l'irrigation. Dans l'intervalle, les terres irriguées se sont urbanisées. Le barrage de Situ Gintung fut construit en 1930. Il mesurait 15 mètres de hauteur, était correctement construit et entretenu, et son comportement était satisfaisant. Une inspection effectuée en 2008, un an avant la rupture, n'a révélé aucune fuite ou instabilité, ainsi qu'aucun dommage aux conduites et évacuateurs de crue, bien que certains aient été trouvés sur d'autres « situ-situ ».

La pluie qui est tombée au moment de la rupture était modérée, avec une période de retour de 2 ans, bien inférieure à 100 ans, la période de retour réévaluée de la crue de projet de l'évacuateur de crues. Les précipitations ont peut-être été particulièrement intenses et le réservoir était presque rempli de sédiments, réduisant considérablement son volume et sa superficie, et sa capacité à « contrôler » la crue. En conséquence, l'augmentation du niveau a peut-être été dépassé les attentes, alors que la rupture s'est produite à travers une brèche en crête de l'évacuateur, et non par surverse du barrage suite à la capacité insuffisante de l'évacuateur.

The evidence indicates that hydraulic fracture was the most likely cause of the rapid failure at Warmwithens, similar to the Dale Dike failure (see 2.2.1.3 above and Bridle, 2022). The gradual re-filling of the reservoir over four years raised pore pressures in the fill gradually, ultimately leading to the situation where the pore pressure (u) exceeded the minimum principal total stress ($\sigma 3$) and fracture occurred. In this case, the low total stress occurs because tunneling reduces the stresses adjacent to a tunnel, and 'ground loss', the movement of soil towards tunnel faces as they are advanced, reduces total stress in the fill above the tunnel and causes differential settlement. Grouting the annulus around the tunnel on completion will not necessarily re-establish sufficient earth pressure to prevent hydraulic fracture, and nothing can be done to restore the pre-tunneling stress state in the overlying fill.

There are no obvious means of preventing or guarding against the unfavorable conditions that tunneling through the dam created. A filtered headwall at the downstream end of the tunnel could not have protected the dam from the failure. More attention to grouting or the use of earth pressure balance tunneling machines would not entirely eliminate the potential for low stress and hydraulic fracture on planes along which failure could occur. Monitoring seems unlikely to have given a sufficiently advanced warning of the onset of failure. Fortunately, no casualties were caused. Although it may seem so, tunneling through an existing embankment is not a conservative approach; a 'dog-leg' tunnel through an abutment is safer and more conservative.

2.2.4.2. Situ Gintung failure at spillway position

'In the early morning of Friday March 27, 2009, a large "bang" signaled the start of a disaster at Situ Gintung, a small reservoir along the Pesanggrahan River just south of Jakarta, Indonesia. The saturated dike of the reservoir around the spillway gave way and within ten minutes the bank full reservoir released about one million m^3 of water into the downstream urban area. The resulting flash flood (or "little tsunami") came as a complete surprise. About 100–200 people could not escape. Especially in the first kilometer downstream of the reservoir the flash flood caused major damage. A wave as high as 5 meters rushed down destroying everything in its path. After reaching the Pesanggrahan most force was absorbed, but still major flooding occurred up to 5 km downstream of Situ Gintung, causing severe damage to the semi-permanent housing along the river.'

Immediately after this tragic event the Government of Indonesia instituted engineering investigations and repairs to avoid similar disasters. All situ-situ ('situ' is the Indonesian word for 'small lake', plural is 'situ-situ') including Situ Gintung have since been investigated and remediated where necessary. The investigations were described by Mulyantari (2012). Bridle (2014a) took the quotation above from the engineers' field inspection and investigation report (Deltares et al, June 2009), kindly provided to give case history information for inclusion in the ICOLD Bulletin on Internal Erosion.

Most situ-situ were constructed in the colonial era. Natural situ-situ were raised by homogeneous soil embankments to provide water for irrigation. In the intervening period, the irrigated lands have become urbanized. Situ Gintung was constructed in 1930. It was 15 meters high and adequately constructed and maintained. It had performed satisfactorily. An inspection in 2008, a year before the failure, found no leaks, instability, or damaged culverts and spillways although these were found at other situ-situ.

The rainfall event that occurred at the time of the failure was modest, annual probability of 1 in 2-years, well within the capacity of the spillway, found afterwards using modern analysis to be the 1 in 100-year flood. The rainfall may have been particularly intense, and the reservoir was almost full of sediment, greatly reducing its volume and area, and its ability to 'route' the flood. Consequently, the flood rise may have exceeded what would have been expected, but the failure occurred through the spillway 'gap' in the crest, it was not caused by overtopping of the dam crest because of insufficient spillway capacity.

Aucune fuite de fuite chargée en sédiments n'a été signalée immédiatement avant la rupture, comme on peut s'y attendre lors de ruptures causées par l'érosion interne. Si une telle fuite chargée de sédiments s'était produite, elle n'aurait peut-être pas été observée non plus, car la rupture s'est produite tôt le matin. Néanmoins, ce type de fuites est généralement présente quelques heures avant qu'une rupture ne survienne. La rupture de Situ Gintung s'est pourtant produite très rapidement, le moment même de la rupture a été signalé par un « gros Bang ». Il ne semble ainsi pas avoir été précédé par une période de fortes fuites chargées de sédiments.

La rupture ne semble pas avoir été initiée par l'érosion; rien n'indique que l'érosion ait été déclenchée par de l'érosion de conduit, de l'érosion régressive, de l'érosion de contact ou par la suffusion. La rupture pourrait s'expliquer par le soulèvement dû aux sous-pressions, à cause des infiltrations du remblai bloquées par les bajoyers et le radier de l'évacuateur de crues qui leurs auraient appliqué la charge de la retenue. Comme l'illustre la Figure 2.38, la rupture a pu se produire en cinq étapes : (1) des fissures apparaissent par dessication en partie supérieure du remblai lors des saisons sèches, laissant des ouvertures irréversibles. (2) Celles-ci s'élargissent, s'approfondissent et se répandent sous l'évacuateur par claquage hydraulique. (3) La pression de l'eau croissante dans les ouvertures, sous une charge hydraulique de plusieurs mètres, dépasse la force descendante exercée par la maçonnerie du radier de l'évacuateur et soulève ainsi la partie inférieure avec une forte détonation, l'arrachant de la partie supérieure de l'évacuateur. (4) Une résurgence jaillit de la zone fracturée et érode le remblai le long des côtés et de la base de l'évacuateur. (5) L'eau s'engouffrant dans la brèche érode le remblai vers l'amont et à sa base, le flot emporte les parties de l'évacuateur qui se sont affaissées.

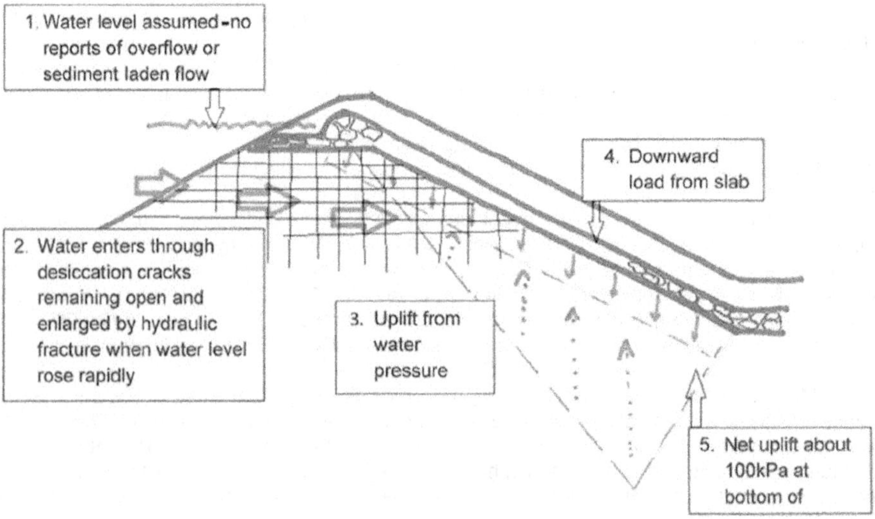

Fig. 2.38
Barrage de Situ Gintung : cinq étapes menant à la rupture

Les photos (Figures 2.39, 2.40 et 2.41) montrent les parois de la brèche découpées en marches d'escalier, et le fond en pente à partir de la retenue remplie de sédiments jusqu'à l'extrémité aval de la base du remblai.

Bien que l'érosion des particules du sol n'ait pas eu lieu au début, les charges hydrauliques et les contraintes, deux des trois facteurs normalement requis pour provoquer l'érosion, se sont combinées de manière défavorable pour provoquer un soulèvement puis l'érosion interne. Le diagramme de Venn de l'érosion interne (Garner et Fannin, 2010) de la Figure 2.1 précédemment introduite montre l'impact de la combinaison de ces trois facteurs.

There were no reports of sediment laden leakage being seen immediately before the failure, as is normally expected during failures caused by internal erosion. If such a discharge occurred, it may not have been observed because the failure occurred early in the morning, but such discharges seem to continue for some hours before failure occurs. The Situ Gintung failure occurred very rapidly, the actual moment of failure being signaled by the 'large bang'. It did not seem to have been preceded by a period of heavy sediment laden leakage.

The failure does not seem to have been caused by erosion; there is no indication of erosion being initiated in concentrated leaks, from backward erosion, contact erosion or suffusion. It may be explained by uplift. Water seeping through the embankment, alongside the spillway walls and under the spillway floor would exert upward pressures similar to reservoir water level. As illustrated in Figure 2.38, failure may have occurred in five steps: the upper part of the embankment may have been desiccated, leaving remnant openings at low stress, which would be widened and deepened, or spread under the spillway floor, by hydraulic fracture. The upward water pressure in the openings, several meters of water head, would exceed the downward pressure of the masonry in the spillway floor, lifting the lower part, possibly with a loud bang, and disrupting the walls and the upper part of the spillway structure. Water flowing into the gap would erode the embankment fill from the sides and from the base.

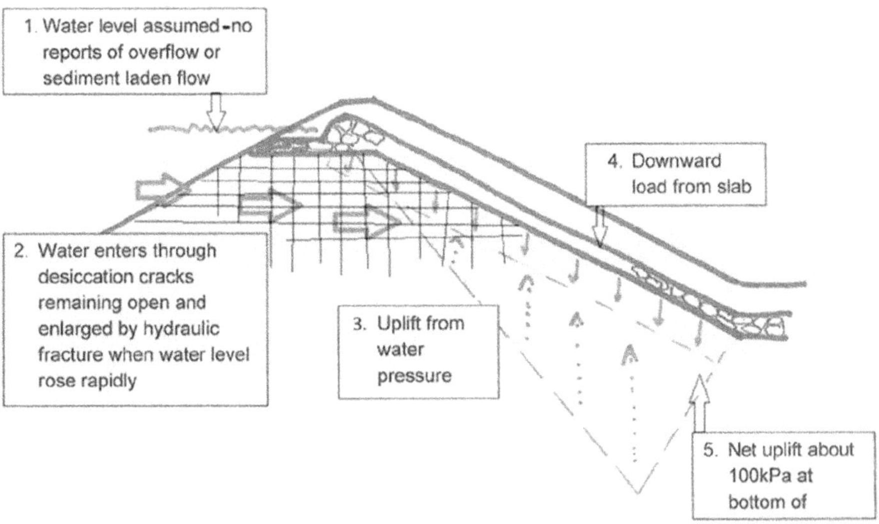

Fig. 2.38
Situ Gintung: five steps to failure

The photographs (Figures 2.39, 2.40 and 2.41) include foundered blocks from the oversteep sides of the breach, and the base sloping from the sediment filled floor of the reservoir down to the base of the embankment at its downstream end.

Although erosion of soil particles did not occur at first, the hydraulic loads and the stress conditions, two of the three factors normally required to cause erosion, have combined unfavorably in this case to cause heave and internal erosion. The (Garner and Fannin, 2010) Internal Erosion Venn diagram in Figure 2.1 above demonstrates how the different factors combine with varying results.

Tous les barrages sont susceptibles de se rompre suite aux fuites et à l'érosion sous le radier et le long des bajoyers des évacuateurs de crue, comme à Situ Gintung. Pour la plupart des barrages, le problème vient de l'ouverture par dessiccation et retrait entre les parois et les niveaux supérieurs du remblai, qui ne sont mouillés uniquement que lors d'inondations sévères. L'exemple de Situ Gintung illustre le danger associé au risque de fissuration sous la structure, qui peut se produire lorsque le niveau d'eau du réservoir s'approche généralement au niveau de déversement (en petites ou grandes quantités), comme c'est le cas pour de nombreux barrages.

Afin d'éviter des ruptures le long des conduites et des évacuateurs de crue traversant les barrages, le Bulletin recommande l'usage de filtres périphériques ainsi que de barrières drainantes et filtrantes. Comme l'explique le chapitre 5, les filtres périphériques procurent un drainage filtrant le long des parois et sous le radier des évacuateurs, avec l'objectif de pouvoir à la fois remplir les fissures et ouvertures pour interrompre l'érosion après initiation, et aussi procurer un drainage suffisant pour empêcher les sous-pressions. L'extension de barrières étanches sous l'évacuateur sous le niveau présumé de dessication doit bloquer les fuites. Des drains filtrants doivent recueillir par la suite les fuites résiduelles.

Fig. 2.39
Brèche vue de l'amont dans le réservoir. Notez l'épaisseur importante de sédiments et la pente abrupte de la base de la brèche (Deltares et al., 2009)

All dams are vulnerable to failures from leakage and erosion under and along the walls of spillways, such as that at Situ Gintung. In most dams the concern is separation by drying and shrinkage between the walls and fill at high levels, which are only wetted when the reservoir water level is high during severe floods. Situ Gintung illustrates the danger of cracking below the structure which may occur when the reservoir water level is commonly below the overflow level (by small or large amounts), as it is at many dams.

To avoid failures associated with culverts and spillways through dams, the Bulletin recommends the use of filter collars and filtered and drained barriers. As explained in Chapter 5, filter collars provide filtered drainage along the sides and across the base of spillways, with the objective of filling cracks and openings and arresting erosion if it initiates, and providing drainage to prevent high water pressures. Barriers extend below the likely desiccation depth under spillway floors to block leakage. Any leaks by-passing the barriers are collected in filtered drains.

Fig. 2.39
Breach through dam viewed from upstream in reservoir. Note deep sediments and steeply sloping base of breach (Deltares et al, 2009)

Fig. 2.40
Partie aval de la brèche (Deltares et al., 2009)

Fig. 2.41
Vue aérienne de la brèche au travers du barrage Situ Gintung (source KOMPAS WISNU WIDIANTORO, 2009)

Fig. 2.40
Downstream end of breach (Deltares et al, 2009)

Fig. 2.41
Aerial view of breach through Situ Gintung Dam (source: KOMPAS WISNU WIDIANTORO, 2009)

2.3. RUPTURES ET INCIDENTS DUS À L'ÉROSION RÉGRESSIVE LOCALE ET GLOBALE

2.3.1. Ruptures et incidents dus à l'érosion régressive de chenal

2.3.1.1. La digue d'essai de IJkdijk

Le cas IJkdijk mérite d'être présenté, car il démontre que les formules et le diagramme de l'approche de Sellmeijer permettent d'obtenir la bonne réponse, c'est-à-dire la correspondance entre le gradient critique de l'approche H/L et celui mesuré dans le remblai d'essai au bord de la rupture.

Les travaux et résultats de Vera van Beek, Han Knoeff, Ulrich Förster et André Koelewijn sur le remblai d'essais de IJkdijk ont été présentés au Groupe de travail européen de la CIGB sur l'érosion interne à Grenade en 2010. Quatre essais ont été réalisés, deux avec du sable fin (d_{70} : 0,26 mm) et deux avec du sable fin (d_{70} : 0,18 mm). Les quatre remblais avaient une base (L) de 15 m, une profondeur de couche de sable (D) de 3 m et une charge hydraulique critique (H_c) menant à la rupture comprise entre 2,0 et 2,5 m.

Le remblai d'essai 1 se trouvait sur du sable fin et s'est rompu à une charge d'eau de 2,3 m. En appliquant les données dans les formules indiquées dans le Tableau 2.1 ci-après, la charge critique H_c calculée est de 2,3 m, comparée à la hauteur mesurée de 2,3 m. Le résultat a supposé que la densité relative de test était 107% de celle du modèle (RD / RD_m = 1,07, ligne 4 des paramètres du Tableau 2.1), pour tenir compte de différences mineures, telles que la température qui différait des 20°C supposés. Pour le remblai d'essai 1, la perméabilité a été mesurée à 8,0E-05 m/s. Les mêmes résultats ont été obtenus en utilisant le graphique, Figure 4.4 (dans la pré-édition du Volume 1).

Table 2.1
Calcul de Hc/L auquel une rupture se produirait par érosion régressive dans le remblai d'essai 1 de IJkdijk confirmant l'exactitude de l'application des formules et du diagramme de Sellmeijer et van Beek.

<table>
<tr><td colspan="2">Données et propriétés du sable du test IJkdijk ont été présentées par Deltares à EWGIE, Granada, 2010 :
Test 1 : Sable fin
d_{70}: 180 microns.
Perméabilité mesurée k : 8.0E-5 m/s.
Densité volumique saturée 1.65.</td></tr>
<tr><td>Equations de Sellmeijer, van Beek (La méthode de Sellmeijer, Section 4.3.1, Volume 1)</td><td>$\frac{H}{L}=\frac{1}{C}=F_R F_S F_G$
$F_R=\eta\frac{\gamma'_P}{\gamma_w}\tan\upsilon\left(\frac{RD}{RD_m}\right)^{0.35}\left(\frac{U}{U_m}\right)^{0.13}\left(\frac{KAS}{KAS_m}\right)^{-0.02}$
$F_S=\frac{d_{70}}{3\sqrt{KL}}\left(\frac{d_{70m}}{d_{70}}\right)^{0.6}$
$F_G=0.91\left(\frac{D}{L}\right)^{\frac{0.28}{\left(\frac{D}{L}\right)^{2.8}-1}+0.04}$</td></tr>
<tr><td>Données/Résultats</td><td>Paramètres</td></tr>
<tr><td>0.25</td><td>Coefficient de White η</td></tr>
<tr><td>1.65</td><td>Poids volumique déjaugé γ'_p</td></tr>
</table>

(Continued)

2.3. FAILURES AND INCIDENTS FROM BACKWARD EROSION AND GLOBAL BACKWARD EROSION

2.3.1. Failures and incidents from backward erosion

2.3.1.1. The IJkdijk trial embankment

The IJkdijk case is included here to demonstrate that the formulae and chart of the Sellmeijer approach do give the correct answer, matching the derived critical H/L to the actual H/L of the failed trial embankment.

Details of the work and results of Vera van Beek, Han Knoeff, Ulrich Förster and André Koelewijn on the IJkdijk trial embankment were presented at the ICOLD European Working Group on Internal Erosion in Granada in 2010. Four tests were carried out, two with medium fine sand (d_{70} 260 microns, 0.26 mm) and two with fine sand (d_{70} 180 microns, 0.18 mm). The four embankments had a bottom width (L) of 15 m, a sand layer depth (D) of 3 m and failure occurred at a water depth (H) between 2.0 and 2.5 m.

The Test 1 embankment was on fine sand and failed at a water depth of 2.3 m. Applying the data in the formulae as shown in Table 2.1 below gave a calculated Critical Water Depth H of 2.3 m, compared to the measured depth of 2.3 m. The result assumed the test density was 107% of the model density (RD/RDm = 1.07, line 4 of parameters in Table 2.1), to deal with minor differences, such as temperature not being the 20°C assumed. In Test 1 the permeability was measured as 8.0E-05 m/s. The same results were obtained by using the chart, Figure 20 (in Volume 1) (Figure 4.4 in preprints).

Table 2.1

Calculation of H/L at which failure would occur by backward erosion in Test 1 of the IJkdijk trials to demonstrate application of the Sellmeijer/van Beek formulae and chart.

Data and soil properties from IJkdijk trial presented by Deltares at EWGIE, Granada, 2010: Test 1: Fine sand: d_{70}: 180 microns. Measured k: 8.0E-5 m/s. Submerged weight 1.65.	
Sellmeijer, van Beek equations (from The Sellmeijer Method, Section 4.3.1, Volume 1)	$\frac{H}{L}=\frac{1}{C}=F_R F_S F_G$ $F_R=\eta\frac{\gamma'_p}{\gamma_w}\tan\upsilon\left(\frac{RD}{RD_m}\right)^{0.35}\left(\frac{U}{U_m}\right)^{0.13}\left(\frac{KAS}{KAS_m}\right)^{-0.02}$ $F_S=\frac{d_{70}}{3\sqrt{KL}}\left(\frac{d_{70m}}{d_{70}}\right)^{0.6}$ $F_G=0.91\left(\frac{D}{L}\right)^{\frac{0.28}{\left(\frac{D}{L}\right)^{2.8}-1}+0.04}$
Data/Result	Parameter
0.25	White's drag co-efficient η
1.65	Submerged weight soil γ'_p

(*Continued*)

Table 2.1 (Continued)

0.75	tan ϑ (37°)
1.07	(RD/RD_m) = 1.07/1.00, supposé
1.02	$(RD/RD_m)^{0.35}$
1	(U/U_m), (KAS/KAS_m), supposé
0.317	$F_R = \eta\ \gamma'_p/\gamma_w \tan \vartheta\ (RD/RD_m)^{0.35}\ (U/U_m)^{0.35}\ (KAS/KAS_m)^{-0.02}$
1.80E-04	d_{70} (m)
1.60E-04	d_{60} (m)
1.00E-04	d_{10} (m)
1.10E-04	d_{15} (m)
1.00E-04	k, Hazen k m/s = $(d_{10})^2$, d en cm (e.g. Fell et al, 2005)
4.24E-05	k, Sherard k m/s = $(3.5*(d_{15})^2)/1000$, d en mm
1.21E-04	k, Soares k m/s = $3E-08*(d_{15})^{1.767}$ d en microns (Vaughan & Soares, 1982)
8.79E-05	k m/s estimé, moyenne des trois estimations précédentes
1.60	$U = d_{60}/d_{10}$
1.12E-02	Beyer C = $4.5E-03*Log_{10}(500/U)$
1.12E-04	Beyer k m/s = $C*(d_{10})^2$ d en mm (Beyer, 1964, Detmer, 1995)
9.40E-05	k m/s estimée, moyenne de 4 estimations dont Beyer
8.00E-05	k m/s appliquée, telle que mesurée dans le Test 1
8.16E-12	Perméabilité intrinsèque k = (1.02E-07)*(k) pour leau à 20° Celsius, où k est en m^2, et k en m/s
15.00	L m, longueur de la base de la digue
1.22E-10	Intrinsèque k*L
5.00E-04	$(k*L)^{0.33}$
3.60E-01	$d_{70}/(k*L)^{0.33}$
1.80E-04	$d_{70}m = d_{70}$
1.00	$(d_{70}m/d_{70})^{0.6}$
0.360	$F_S = (d_{70}/(\kappa*L)^{0.33})*(d_{70}m/d_{70})^{0.6}$
3.00	D, épaisseur de la couche de sable en fondation
15.00	L m, longueur de la base de la digue
0.2	D/L
0.01	$(D/L)^{2.8}$
-0.99	$((D/L)^{2.8})$ -1
-0.28	$0.28/((D/L)^{2.8})-1)$
-0.24	$(0.28/((D/L)^{2.8})-1))+0.04$
1.48	$D/L^{((0.28/(((D/L)\ \wedge 2.8)-1))+0.04)}$
1.346	$F_G = 0.91*D/L^{((0.28/(((D/L)\ \wedge 2.8)-1))+0.04)}$
0.153	$Hc_c/L = F_R*Fs*F_G$ (0.317*0.360*1.346)
2.30	Hc_c (Hauteur critique calculée) = $L*F_R*Fs*F_G$
2.3	Hc_m Hauteur critique mesurée
1.00	Hc_c (calculée)/Hc_m

(*Continued*)

Table 2.1 (Continued)

0.75	tan ϑ (37°)
1.07	(RD/RD_m) = 1.07, assumed, see paragraph above Table. Actual relative density of IJkdijk sand was between 60% and 75%.
1.02	$(RD/RD_m)^{0.35}$
1	(U/U_m), (KAS/KAS_m), assumed
0.317	$F_R = \eta\ \gamma'_p/\gamma_w \tan\vartheta\ (RD/RD_m)^{0.35}\ (U/U_m)^{0.35}\ (KAS/KAS_m)^{-0.02}$
1.80E-04	d_{70} (m)
1.60E-04	d_{60} (m)
1.00E-04	d_{10} (m)
1.10E-04	d_{15} (m)
1.00E-04	k, Hazen k m/s = $(d_{10})^2$, d in centimeters (from e.g., Fell et al, 2005)
4.24E-05	k, Sherard k m/s = $(3.5*(d_{15})^2)/1000$, d in millimeters (from Sherard et al, 1984a, b) (Note: 3.5 factor taken, but ranges from 2.0 for highly compacted to 6.0 for less compacted filters)
1.21E-04	k, Soares k m/s = 3E-08*$(d_{15})^{1.767}$ d in microns (from Vaughan and Soares, 1982)
8.79E-05	k m/s estimated, mean of above three
1.60	$U = d_{60}/d_{10}$
1.12E-02	Beyer C = 4.5E-03*$LOG_{10}(500/U)$
1.12E-04	Beyer k m/s = C*$(d_{10})^2$ d in millimeters (Beyer, 1964, Detmer, 1995)
9.40E-05	k m/s estimated, mean of four, including Beyer
8.00E-05	k m/s applied, as measured in Test 1
8.16E-12	Intrinsic permeability κ = (1.02E-07) *(k) for water at 20° Celsius, where κ is m², k is in m/s
15.00	L m, base width
1.22E-10	Intrinsic k*L
5.00E-04	$(\kappa*L)^{0.33}$
3.60E-01	$d_{70}/(\kappa*L)^{0.33}$
1.80E-04	$d_{70}m = d_{70}$
1.00	$(d_{70}m/d_{70})^{0.6}$
0.360	$F_S = (d_{70}/(\kappa*L)^{0.33}) * (d_{70}m/d_{70})^{0.6}$
3.00	D, depth of foundation sand layer
15.00	L m, base width
0.2	D/L
0.01	$(D/L)^{2.8}$
-0.99	$((D/L)^{2.8})$ -1
-0.28	$0.28/((D/L)^{2.8})$ -1)
-0.24	$(0.28/((D/L)^{2.8})$ -1)) +0.04
1.48	$D/L^{((0.28/(((D/L)\ \wedge 2.8)\ -1))\ +0.04)}$
1.346	$F_G = 0.91*D/L^{((0.28/(((D/L)\ \wedge 2.8)-1))\ +0.04)}$
0.153	H/L crit = F_R*Fs*F_G (0.317*0.360*1.346)
2.30	H crit (calculated) = L*F_R*Fs*F_G
2.3	H actual
1.00	H crit (calculated)/H actual

(Continued)

Table 2.1 (Continued)

0.114	F_R*Fs (0.167 max sur la Figure 4.3)
0.2	D/L
0.155	H/L d'après la Figure 4.3
1.0	Rapport hauteur mesurée/hauteur du graphe (Figure 4.3)
Conclusion :	HAUTEURS CALCULEE ET MESUREE COINCIDENT COMME PREVU (moyennant de petits ajustements expliqués dans le paragraphe immédiatement supérieur à ce tableau)

2.3.1.2. Perméabilités mesurée et estimée

La perméabilité (8,0E-05 m/s) appliquée dans le Tableau 2.1 a été calculée à partir des enregistrements du débit total à travers la couche de sable pendant l'essai, comme le montre la Figure 2.42. Notons que la perméabilité estimée à partir de Hazen et des autres relations n'a pas donné le même résultat. Cependant, la moyenne des trois perméabilités estimées (8,79E-05 m/s) donne un résultat de seulement 10% supérieur à la perméabilité mesurée. La perméabilité estimée par la méthode de Beyer (1964) (1,12E-04 m/s) était quant à elle supérieure de 40% à la perméabilité mesurée. La moyenne des quatre perméabilités estimées, y compris l'estimation de Beyer (9,4E-05 m/s), était de 17,5% supérieure à la perméabilité mesurée.

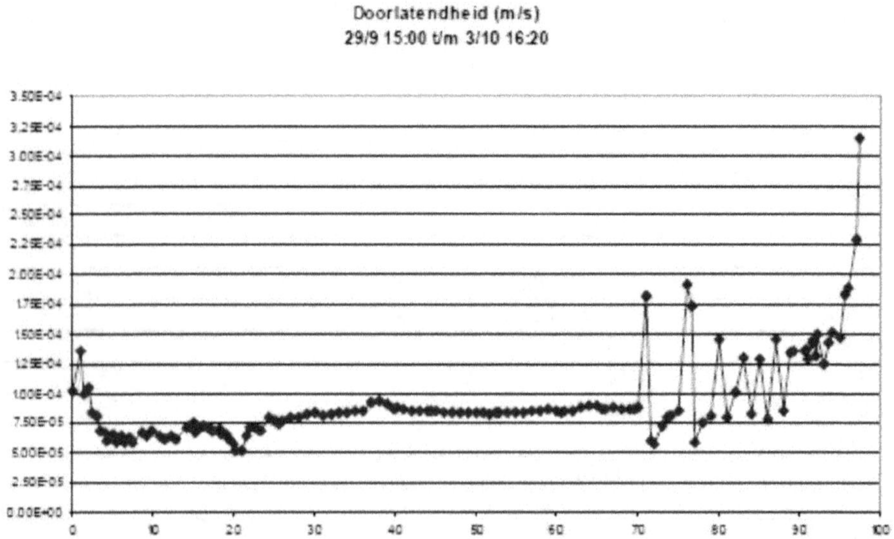

Fig. 2.42
Perméabilité basée sur le débit mesuré lors de l'essai 1 à IJdijk. Notons que la perméabilité moyenne est constante entre 40 et 70 h, pendant la progression des renards du pied aval vers le réservoir. La perméabilité est plus faible et vraisemblable avant 40h, avant l'initiation des renards au pied du remblai. L'accroissement et la fluctuation de la perméabilité après 76h survient dès que les conduits débouchent dans le réservoir et qu'ils sont écrasés par le tassement de la digue jusqu'à ce que l'un d'entre eux soit suffisamment résistant pour mener à la rupture (de van Beek et al., Deltares, EWGIE, Granada, 2010c).

Table 2.1 (Continued)

0.114	F_R*Fs (0.167 max on Figure 4.3)
0.2	D/L
0.155	H/L from Figure 4.3
1.0	Actual/Taken from chart (Fig 4.3)
Conclusion:	CALCULATED AND ACTUAL MATCH EXACTLY, AS EXPECTED (with small adjustments explained in the paragraph immediately above this table)

2.3.1.2. Permeability: measured and estimated

The permeability (8.0E-05 m/s) applied in Table 2.1 was derived from records of total flow through the sand layer during the test as shown in Figure 2.42. Note that permeability estimated from Hazen and other relationships did not give the same result, although in this particular case, the average of the three estimated permeabilities (8.79E-05 m/s) gave a result only 10% greater than the measured permeability. The permeability estimated by the Beyer (1964) method (1.12E-04 m/s) was 40% greater than the measured permeability. The average of four estimated permeabilities, including the Beyer estimate (9.40E-05 m/s), was 17.5% higher than the measured permeability.

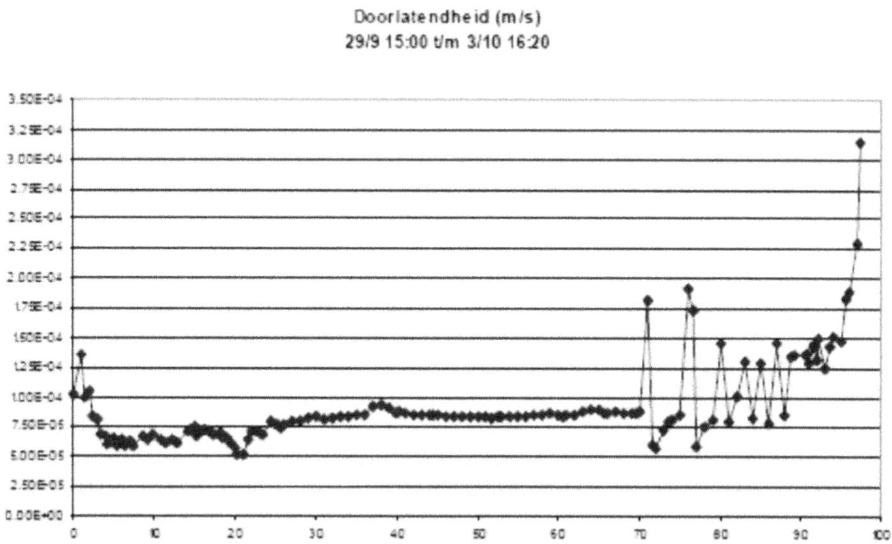

Fig. 2.42
Permeability based on measured flow during IJdijk Test 1. Note overall permeability constant from 40 hours to 70 hours, as erosion pipes developed from toe towards reservoir. Lower (possibly true) permeability before 40 hours, perhaps before erosion pipes initiated at toe. Greater and fluctuating overall 'permeability' after 76 hours when erosion pipes had broken through to reservoir and failure followed (from Van Beek et al, Deltares, EWGIE, Granada, 2010c).

Ces résultats montrent que l'utilisation de la méthode de Sellmeijer nécessite la détermination de la perméabilité du sable sous les remblais par des mesures in situ. Bien que l'érosion régressive se développe dans la partie supérieure et que la taille des grains des couches supérieures est importante dans le processus, ce sont les infiltrations de la pleine couche d'aquifère qui engendrent l'écoulement qui transporte les particules érodées le long du conduit d'érosion vers le pied aval de l'ouvrage. La conductivité hydraulique de tout l'aquifère situé sous le remblai doit être déterminée in situ et utilisée.

Dans le cas du remblai d'essai IJdijk, un léger doute subsiste car, comme le montre la Figure 2.42, la perméabilité a augmenté au tout début de l'érosion régressive. Par conséquent, même les essais in situ peuvent donner des résultats inférieurs à la perméabilité en place à injecter dans l'équation de Sellmeijer.

Comme le montre la Figure 2.43, une perméabilité inférieure à celle mesurée in situ donnera une estimation plus élevée du niveau d'eau critique qui mènera à une rupture. Cette approche est trompeuse et non sécuritaire, car une rupture pourrait se produire de manière inattendue à un niveau d'eau bien inférieur à celui estimé. Des estimations élevées de la perméabilité conduisent à des sous-estimations de la charge critique, limitant des niveaux d'eau apparemment sans danger à des niveaux inférieurs à ceux qui entraîneraient une rupture.

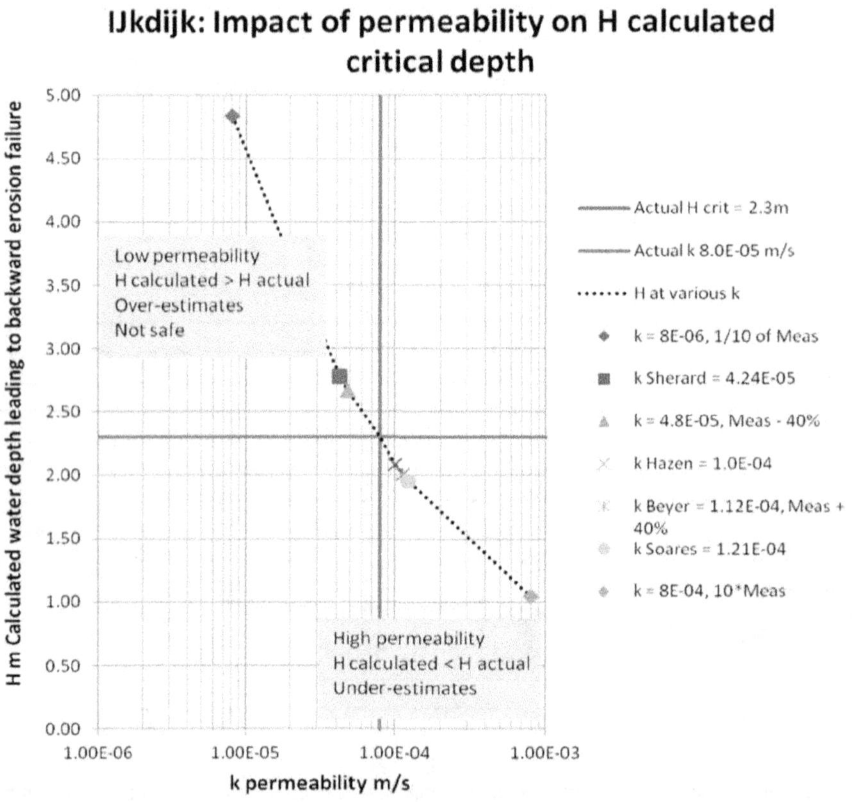

Fig. 2.43

Influence de la perméabilité sur la charge hydraulique critique calculée H

This evidence shows that to use the Sellmeijer method it is important to determine the permeability of the sand below embankments by in-situ measurements. This can be done by measuring outflow, if possible, or in boreholes, through piezometers or by pump tests, all of which can normally be done readily at existing embankments. Note that although backward erosion normally occurs in the sand foundation layers immediately under the embankments, and it is the grain size of the upper layers that is relevant; the water that drives the eroding tip upstream and carries eroded particles along the erosion pipe towards the downstream toe flows towards the erosion pipe from the entire aquifer below the embankment and it is the permeability of this aquifer that should be determined and applied.

A slight doubt remains because, as Figure 2.42 shows, in the IJdijk trial the permeability increased during the very early stage of backward erosion. Consequently, even in-situ tests may give results that are lower than the permeability relevant to the Sellmeijer equation.

As Figure 2.43 shows, use of lower than actual permeability will give a high estimate of the Critical Water Level that will lead to failure. This is misleading and unsafe, because failure will occur unexpectedly at a lower water level than estimated. High estimates of permeability lead to underestimates of the Critical Head, restricting apparently safe water levels to levels lower than those that will cause failure.

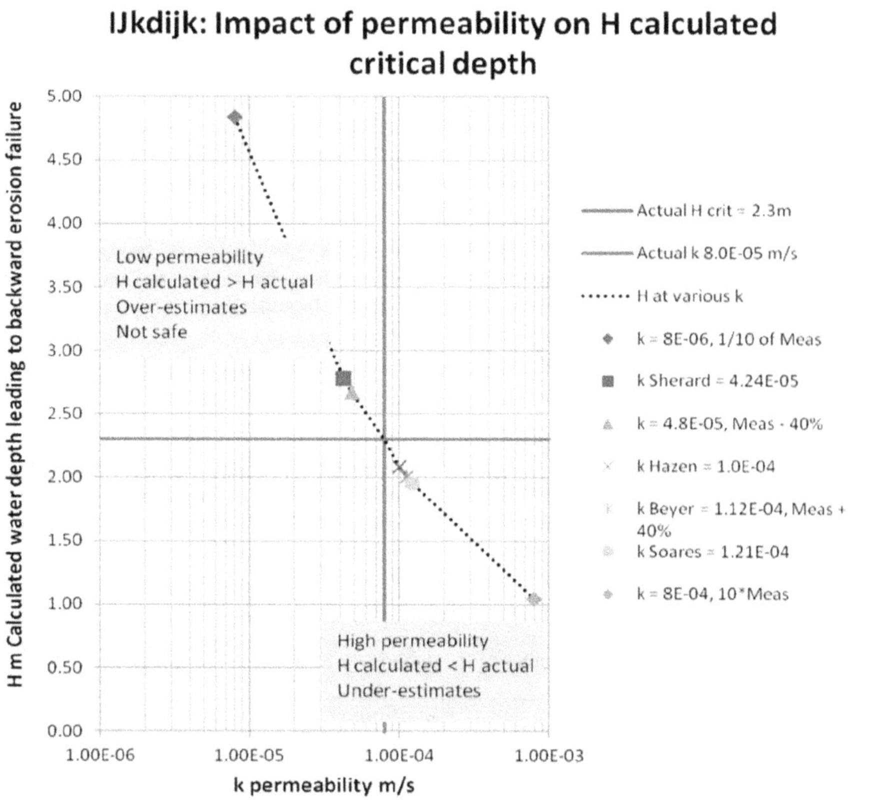

Fig. 2.43
Influence of permeability on calculated Critical Head H

Table 2.2
Comparaison entre les valeurs de perméabilité mesurées et estimées

Propriété	**IJdijk Test 1**		**Échantillon d'une moraine mise en recharge (<37.5 mm)**	
	Valeurs de la perméabilité mesurée ou estimée	**Rapport des valeurs de perméabilité mesurée / Estimée**	**Valeurs de la perméabilité mesurée ou estimée**	**Rapport des valeurs de perméabilité mesurée / Estimée**
Etalement ($U = d_{60}/d_{10}$)	1.6		267	
k, mesuré (m/s)	8.00E-05		1.2E-06 to 6.0E-05 (moyenne 3.6E-05)	
k, Hazen	1.00E-04	0.8	1.23E-05	2.9
k, Sherard	4.24E-05	1.9	4.00E-05	0.9
k, Soares	1.21E-04	0.7	3.49E-04	0.1
k, Beyer	1.12E-04	0.7	2.49E-08	1446

Comme le montre le Tableau 2.2, des perméabilités estimées à plus ou moins 40% des résultats in situ, prédisent des valeurs proches de la charge critique réelle. Ce qui est le cas des méthodes de Bayer et Hazen, celles de Sherard et de Soares donnent des résultats qui sont respectivement légèrement inférieurs et supérieurs à 40% de la perméabilité réelle. Les estimations de la perméabilité qui donneraient plus ou moins un ordre de grandeur d'écart avec les résultats réels seraient extrêmement trompeuses.

Notons que la formule de perméabilité de Sherard dans les Tableaux ci-dessus ($k\ (m/s) = 3,5 * (d_{15})^2/1000$, où d est en mm, d'après Sherard et al, 1984a, b), a le facteur 3,5 qui varie de 2,0 pour des filtres compactés à 6,0 pour les filtres moins compactés.

2.3.1.3. Domaine d'application limité de la formule de Sellmeijer vis-à-vis de la granulométrie

Attention, l'application de la perméabilité mesurée dans les équations de Sellmeijer ne donnera pas d'estimations fiables de la profondeur critique, si la granulométrie du sol étudié s'éloigne trop des sols testés. Les équations de Sellmeijer ont été élaborées à partir d'essais sur des échantillons uniformes, avec une plage étroite de d_{70} et d'autres propriétés, comme le montre le Tableau 2.3 (Tableau 4.1 du Volume 1).

Table 2.3
Domaine d'application de la méthode de Sellmeijer et al (2012)

Paramètre	**Minimum**	**Maximum**	**Moyenne**
RD	34%	100%	72.5%
U	1.3	2.6	1.81
KAS	35%	70%	49.8%
d_{70}	150 µm ou 1.5E-04m	430 µm ou 4.3E-04m	207 µm ou 2.07E-04m

Table 2.2
Comparison of measured and estimated permeability

Property	IJdijk Test 1		Glacial till shoulder fill sample (37.5 mm down)	
	Measured and estimated permeability	**Measured permeability/ Estimated permeability**	**Measured and estimated permeability**	**Mean measured permeability/ Estimated permeability**
Uniformity ($U = d_{60}/d_{10}$)	1.6		267	
k, measured (m/s)	8.00E-05		1.2E-06 to 6.0E-05 (mean 3.6E-05)	
k, Hazen	1.00E-04	0.8	1.23E-05	2.9
k, Sherard	4.24E-05	1.9	4.00E-05	0.9
k, Soares	1.21E-04	0.7	3.49E-04	0.1
k, Beyer	1.12E-04	0.7	2.49E-08	1446

As Table 2.2 shows, permeability estimates around 40% more or less than the actual permeability give results close to actual Critical Head. This includes estimates using Bayer and Hazen, and permeability estimates using Sherard and Soares were only slightly less and more respectively of 40% of the actual permeability. Permeability estimates one order of magnitude more or less than actual give wildly misleading results.

Note that in the Sherard expression for permeability in Tables 2.1 and 2.2 above (k m/s = $(3.5*(d15)^2)/1000$, d in millimeters, from Sherard et al, 1984a, b), the 3.5 factor ranges from 2.0 for highly compacted filters to 6.0 for less compacted filters)

2.3.1.3. Narrow range of grading and uniformity over which Sellmeijer applies

However, applying the measured permeability in the Sellmeijer expressions will not produce reliable estimates of critical depth if the grading is far from those used in the trials. The Sellmeijer expressions were developed from tests on uniform samples, with a narrow range of d_{70} sizes and other properties, as shown on Table 2.3 (Table 4.1 in Volume 1):

Table 2.3
Limits of the Sellmeijer et al (2012) method

Parameter	Minimum	Maximum	Mean
RD	34%	100%	72.5%
U	1.3	2.6	1.81
KAS	35%	70%	49.8%
d_{70}	150 μm or 1.5E-04m	430 μm or 4.3E-04m	207 μm or 2.07E-04m

L'extrapolation en dehors de cette plage d'application est déconseillée, car le modèle a été ajusté de façon empirique sur des échantillons de sols uniformes. Ces limites sont dues au fait que la perméabilité du sable à travers lequel un conduit d'érosion progresse vers l'amont détermine les propriétés de l'aquifère et donc la quantité d'eau disponible pour maintenir l'érosion à l'extrémité du conduit d'érosion qui régresse vers la retenue, et pour transporter le sable érodé le long du conduit d'érosion vers le pied de la berge. Les particules grossières dans les matériaux à granulométrie étalée ayant la même perméabilité que les matériaux à granulométrie étroite (uniforme) seront moins facilement érodés et transportés que les particules fines, par conséquent l'énergie fournie sera insuffisante pour éroder la pointe ou pour transporter les particules érodées vers le pied du talus.

Pour que l'érosion régressive se produise et pour appliquer les équations de Sellmeijer, les sables de fondation doivent être uniformes (U < 3, par exemple) et doivent contenir suffisamment de particules fines. Comme le montre la Figure 2.44, le sable de fondation des remblais d'essais de IJkdijk était uniforme ($U = d_{60}/d_{10}$ = 1,6), mais les recharge en moraine (till glaciaire) d'un barrage britannique typique (Bridle, 2007, Bridle et al, 2008) étaient à granulométrie étalée. L'étalement de la granulométrie de l'échantillon écrêté à 37,5 mm était alors de 267!

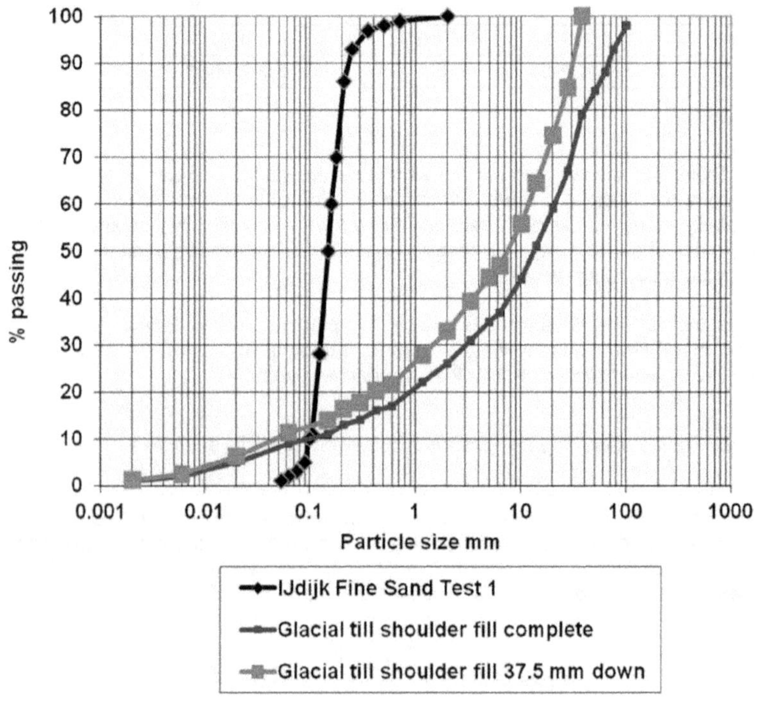

Fig. 2.44
Courbe granulométrique du sable fin de IJkdijk (essai 1) et de la recharge en moraine d'un barrage britannique typique (Bridle et al, 2007, Bridle, 2008). À noter que l'étalement granulométrique est très différent (Cu=d60/d10), 1,6 dans l'échantillon IJdijk et 267 dans l'échantillon de till glaciaire écrêté à 37,5 mm, soit beaucoup trop grand pour que l'équation de Sellmeijer s'applique (Cu < 3).

Extrapolation outside the range is discouraged as the model was empirically adjusted on uniform samples. More widely graded samples may show a different behavior because coarse particles in widely graded materials with the same permeability as narrowly graded (uniform) materials will be less easily eroded and transported than finer ones, consequently the energy supplied will be insufficient to erode the tip or to transport eroded particles towards the toe.

For backward erosion to occur, and to apply the Sellmeijer expressions, the foundation sands must be 'uniform' (U<3, say) and contain sufficient finer materials. As shown on Figure 2.44, the foundation sand in the IJkdijk trials was uniform ($U = d_{60}/d_{10} = 1.6$), but the widely graded glacial till shoulder fill at a typical British dam (Bridle, 2007, Bridle et al, 2008) was not uniform, the uniformity of the 37.5 mm down sample was 267!

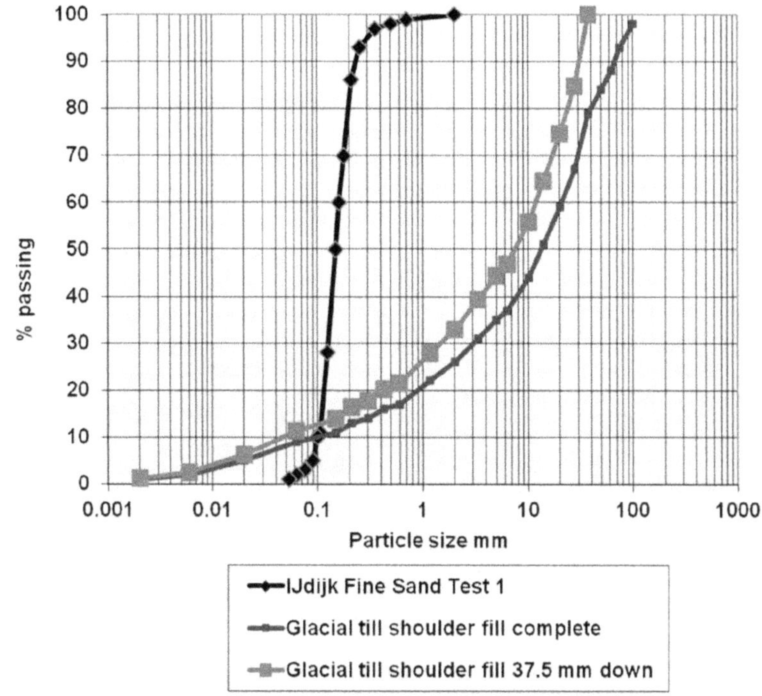

Fig. 2.44
Gradings of IJkdijk Fine Sand (Test 1) and Glacial Till Shoulder Fill from typical British dam (Bridle et al, 2007, Bridle, 2008). Note markedly different Uniformity (d_{60}/d_{10}), 1.6 in IJdijk sample, 267 in 37.5 mm down glacial till sample, much greater than maximum $U \approx 3$ at which Sellmeijer applies

2.3.1.4. Domaine d'application granulométrique de l'approche de Hoffmans

L'approche hydraulique de Hoffmans, section 4.3.1 et Tableau 4.2 du Volume 1, est l'une des méthodes alternatives d'analyse du potentiel d'érosion régressive. Elle s'applique à des matériaux plus grossiers, mais avec une granulométrie uniforme respectant les plages suivantes :

$0.08 \text{ mm} < d_{15} < 0.32 \text{ mm}$

$0.13 \text{ mm} < d_{50} < 0.75 \text{ mm}$

$U \approx 2.5$

2.3.1.5. Barrage de A V Watkins

Barrett et Bliss (2008), Engemoen et Redlinger (2009) et Stateler (2015) font état d'un incident survenu au barrage A V Watkins situé près du Great Salt Lake, dans l'Utah, aux États-Unis. Le barrage a été construit entre 1957 et 1964 et l'incident s'est produit en 2006.

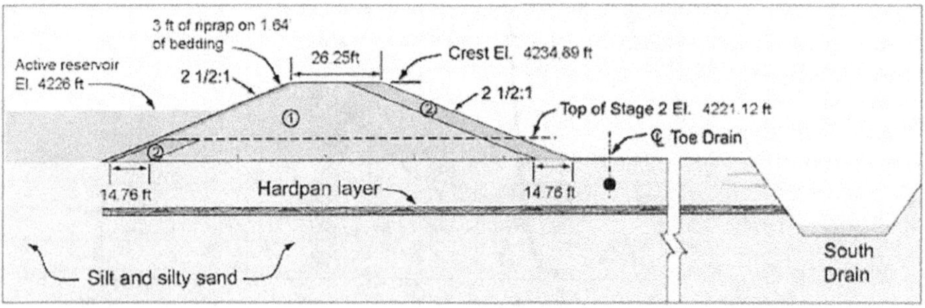

Fig. 2.45
Barrage A V Watkins, endommagé par l'érosion régressive (Barrett et Bliss, 2008)

La coupe type du barrage est présentée à la Figure 2.45.

Engemoen et Redlinger (2009) décrivent ce qui s'est passé :

« La formation de renards se produisait directement sous le barrage, sous une couche d'argile indurée relativement continue, et les sols fins et silteux sortaient du pied en aval du barrage et de la base du versant nord du Drain sud. Environ 140–190 gal/min (500–700 litres/min) de fuites sortaient des tumulus de sable au pied du talus (mais en amont du drain de pied, illustré à la Figure 2.45), s'écoulant à la surface du sol et dans des fontis entre le pied du talus et le drain sud. L'infiltration semblait réapparaître à la base de la rive du drain sud et de grandes quantités de sable se déposaient dans le drain sud. »

La description indique clairement que l'érosion régressive se produisait sous le remblai en formant des bouillonnements (tumulus) de sable au pied en aval du remblai (en amont du drain de pied). (Notez que le drain sud est situé à 40 m en aval du pied du remblai). Les bouillonnements de sable débordaient, indiquant que l'érosion régressive n'était pas stabilisée; le gradient est resté suffisamment élevé pour faire progresser le conduit d'érosion vers la retenue. Aucune observation de tassement ou d'autre désordre du remblai n'a été signalée, ce qui semble indiquer que le processus était en mesure de « tenir un toit » au-dessus des chemins créés par l'érosion régressive.

2.3.1.4. Grading limits in Hoffmans' hydraulic approach

One of the alternative methods of analyzing the potential for backward erosion is Hoffmans' hydraulic approach, Section 4.3.1 and Table 4.2 in Volume 1. The materials to which the approach applies are coarser, but again narrowly graded, with the following ranges:

$0.08 \text{ mm} < d_{15} < 0.32 \text{ mm}$

$0.13 \text{ mm} < d_{50} < 0.75 \text{ mm}$

$U \approx 2.5$

2.3.1.5. A V Watkins dam – back-analysis using knowledge to 2015

Barrett and Bliss (2008), Engemoen and Redlinger (2009) and Stateler (2015) report on an incident at A V Watkins dam sited near the Great Salt Lake in Utah, USA. The dam was constructed between 1957 and 1964. The incident occurred in 2006.

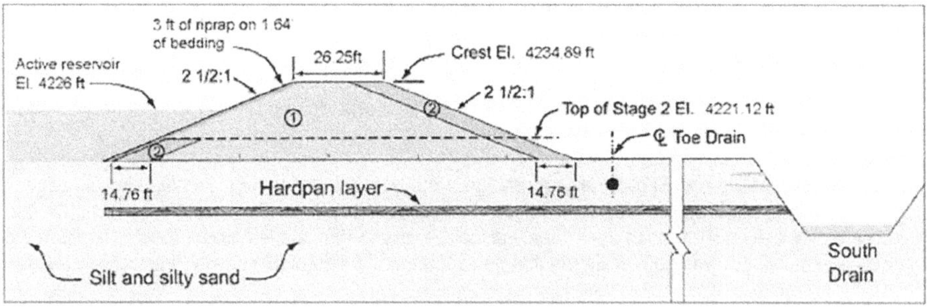

Fig. 2.45
A V Watkins Dam, damaged by backward erosion (Barrett and Bliss, 2008)

The cross-section of the dam is shown on Figure 2.45.

Engemoen and Redlinger (2009) describe what happened as follows:

'Piping of the foundation soils was occurring from beneath the dam below a somewhat continuous series of thin hardpan layers, and the fine-grained, silty sand soils were exiting from the dam's downstream toe and from the base of the north side slope of the South Drain. Approximately 140–190 gal/min (500–700 litres/min) of seepage was exiting from sand boils at the downstream toe of the embankment (but upstream of the toe drain, shown on Figure 2.45), flowing across the ground surface and into sinkholes between the toe of the embankment and the South Drain. The seepage appeared to be re-emerging at the base of the bank of the South Drain and was depositing large amounts of sand into the South Drain.'

The description makes it clear that backward erosion was occurring under the embankment forming sand boils at the downstream toe of the embankment (upstream of the toe drain). (Note that the South Drain is 40 m (130-ft) downstream of the toe of the embankment). The sand boils were overflowing, indicating that the backward erosion was not stabilized, the gradient remained high enough to drive the backward erosion pipe through towards the reservoir. There were no reports of settlement or other disruption to the embankment, which seemed to have been able to 'hold a roof' over the backward erosion pipes.

Une berme filtrante fut construite au pied aval pour tenter de stopper l'érosion. Bien que cette dernière fût agrandie par l'ajout de matériaux filtrants et drainants supplémentaires, ainsi que d'un matériau tout-venant de moins de 13 cm, elle eût un effet limité, car l'érosion recommença. Cette érosion fut finalement arrêtée par la réalisation d'une importante berme en pied amont. Ceci a apparemment obstrué l'entonnement des chemins d'érosion sortant dans la retenue et, combiné à l'élargissement du remblai par l'ajout de la berme aval, a suffisamment réduit le gradient H/L pour empêcher la progression des conduits de l'érosion régressive.

Comme c'était un cas d'érosion régressive, il aurait été possible de le prédire en utilisant l'approche de Sellmeijer. Après l'incident, de nombreuses données sont devenues disponibles.

USBR a fourni une coupe géologique à l'emplacement de l'incident, donnant les dimensions et les résultats des essais de sols sur les matériaux de fondation du barrage.

Le profil montre la largeur de base, L, à 33,8 m. La hauteur du barrage en crête était de 5,9 m. La charge hydraulique, H, du niveau du réservoir était de 3,2 m. Ce niveau est estimé, car le niveau d'eau réel pendant l'incident n'est pas connu.

Les échantillons provenant des tumulus de sable et des sols classés SM et SP situés au-dessus et en-dessous de la couche indurée étaient de granulométrie similaire (d_{70} de 0,2 mm à 0,35 mm) aux sables des bancs d'essai de la fondation IJkdijk (d_{70} en moyenne 0,207 mm), et étaient donc sujets à l'érosion régressive.

Il y avait une couche d'argile CL à 9 m sous le sable. Les couches indurées sont à une profondeur d'environ 1,6 m, mais sont discontinues et peuvent ne pas obstruer l'écoulement des renards du dessous. La profondeur de l'aquifère en-dessous du remblai, D, est donc considérée comme étant 9 m.

La perméabilité des sables de la fondation a été déterminée à partir d'essais de pompage. La plage de résultats allait de 1,0E-05 m/s à 1,0E-04 m/s. En l'absence d'autres informations, la valeur mesurée la plus élevée a été prise dans l'analyse, car elle prédomine sur les propriétés de l'aquifère alors qu'une valeur faible pourrait donner un résultat peu sécuritaire, tel qu'expliqué à la Figure 2.43 ci-dessus.

La méthode de Sellmeijer a été appliquée à ces données, avec la Figure 4.4 de la section 4.3.1 du Volume 1, afin de prédire le niveau d'eau auquel l'érosion régressive se serait initiée et de le comparer à la situation survenue lors de l'incident.

Le Tableau 2.4 donne les résultats obtenus pour trois cas :

1. La hauteur critique calculée, avec les données appliquées directement, est de 4,35 m, comparée à celle de la retenue qui était de 3,2 m. La méthode de Sellmeijer donne le gradient H/L qui conduira à la rupture par érosion régressive. Le remblai AV Watkins était sérieusement endommagé, mais il ne s'est pas rompu pour ce niveau de retenue. Toutefois, il est probable qu'une rupture serait survenue si le niveau d'eau avait été augmenté à 4,35 m, soit 1,15 m au-dessus du niveau d'exploitation du réservoir et à environ 1,55 m sous la crête (à 5,9 m de hauteur). L'endommagement subi par l'ouvrage, à 1,15 m sous le seuil critique est préoccupant. Si la méthode avait été appliquée lors de la conception ou de la remise en état, un remblai plus large aurait augmenté la hauteur critique, idéalement dans la mesure où, à la hauteur critique, le niveau d'eau serait égal ou légèrement au-dessus du niveau de la crête. Des tests et des essais seraient souhaitables pour déterminer le niveau d'eau auquel l'érosion régressive serait initiée, ainsi que pour confirmer le niveau d'eau critique qui conduirait à une rupture par érosion régressive.

2. Examiner l'influence de la perméabilité sur l'augmentation de l'érosion régressive, puisqu'elle est difficile à mesurer; notamment dans des situations où l'érosion régressive est en train de créer des désordres, comme à A.V. Watkins, elle peut augmenter. Si la perméabilité avait été supérieure ou avait atteint 2,5E-04 m/s (au lieu de 1,0E-04 m/s), la hauteur critique aurait été de 3,2 m, comme lors de l'incident, et la rupture du remblai serait survenue.

A filtered berm, even when enlarged by additional filter material, drainage material and minus 13 cm (5-inch) pit-run material, constructed on the downstream toe in an attempt to stop erosion was of limited effect, as leakage and erosion re-started. It was eventually stopped by a substantial berm at the upstream toe. This apparently blocked the incipient outlets into the reservoir and combined with the downstream berm widened the embankment to reduce the gradient H/L sufficiently to prevent backward erosion pipes from progressing.

As this was a case of backward erosion, it should be possible to predict it using the Sellmeijer approach. Following the incident much data was available:

USBR provided a geologic section at the location where the incident occurred, giving dimensions and soil test results of the dam foundation materials.

The section provided the base width, L, as 33.8 m (111-ft). The dam height to crest was 5.9 m. The water depth, H, to active reservoir level was 3.2 m (10.5-ft). This is assumed, the actual water level during the incident is not available.

Samples from a sand boil and from the SM and SP soils above and below the hardpan layers were of similar grading (d_{70} from 0.2 mm to 0.35 mm) to the IJkdijk trial foundation sands (mean d_{70} 0.207 mm), and therefore susceptible to backward erosion.

There was a CL clay layer at 9 m (30-ft) below the sands. The hardpan layers are at about 1.6 m (5-ft) deep, but are discontinuous and may not obstruct flow towards erosion pipes from below. The depth of aquifer below the embankment, D, was therefore taken as 9 m.

The permeability of the foundation sands was determined from pump tests. There was a range of data from 1,000 ft/year to 10,000 ft/year (≈°1.0E-05 m/s to 1.0E-04 m/s). In the absence of details, the highest measured value was taken in the analysis because it would dominate the aquifer properties and because a low value could give an unsafe result, as explained in relation to Figure 2.43 above.

The data were applied using the Sellmeijer method, including Figure 20 (4.4 in preprints) in Section 4.3.1 of Volume 1, to predict the water level at which backward erosion to failure would have occurred and compare it to the situation during the incident.

Table 2.4 gives the results for three situations:

1. With the data directly applied, the critical head was calculated to be 4.35 m, compared to 3.2 m applied, the active reservoir level. The Sellmeijer method gives the H/L that will lead to failure by backward erosion. The A V Watkins embankment was seriously disrupted but did not fail at active reservoir level, but would likely have failed if the water level had been raised to 4.35 m, 1.15 m above active reservoir level and about 1.55 m below crest (at 5.9 m). The serious disruption at 1.15 m below critical is of concern. If the method had been applied in design or remediation, a wider embankment would increase the critical head, ideally to the extent that at the critical head, the water level would be at or slightly above crest level. Tests and trials would be advisable to determine the water level at which backward erosion initiates, as well as confirming the critical water level that would lead to failure by backward erosion.

2. To examine the influence of permeability data, because it is difficult to measure; and in situations where backward erosion is causing disruption, as at A V Watkins, it may increase. If the permeability had been higher or had increased to 2.5E-04 m/s (from 1.0E-04 m/s), the critical head would have become 3.2 m, as it was during the incident, and failure of the embankment would have been expected.

3. Vérifier la situation où la profondeur D de l'aquifère est limitée à seulement 1,6 m, soit la profondeur du sable au-dessus des couches indurées, et non pas la profondeur totale de 9 m du sable au-dessus de la couche d'argile. Une plus grande charge hydraulique serait en effet nécessaire pour soutenir le processus d'érosion régressive en fournissant suffisamment d'eau à une pression suffisante dans l'aquifère mince de 1,6 m au lieu de l'aquifère profond de 9 m. Cette approche est confirmée dans le Tableau 2.4, qui montre que la charge critique avec D = 1,6 m est de 6,5 m (0,6 m au-dessus de la crête du barrage à 5,9 m). Comme l'érosion régressive se produisit à une hauteur d'eau de seulement 3,2 m, la profondeur de l'aquifère devait être supérieure à 1,6 m et ainsi l'aquifère a vraisemblablement mobilisé la totalité de l'épaisseur de 9 m de sable au-dessus et en-dessous des couches indurées.

Stateler (2015) traite de la probabilité de défaillance, énumérée via les procédures normatives de l'USBR. Le mode de rupture envisagé est une forme d'érosion interne, mais l'influence des forces hydrauliques, généralement plus fortes lorsque le niveau de l'eau en crue est élevé, sur la probabilité de rupture n'est pas claire. L'estimation du niveau critique de l'eau à partir du mécanisme décrit ci-dessus, et l'estimation de sa probabilité à partir de l'hydrologie des crues, par exemple, amélioreraient l'estimation du risque, ainsi que l'identification des besoins de réhabilitation et la compréhension des vulnérabilités d'un barrage; à partir desquels on baserait la surveillance future et les programmes d'auscultation.

Table 2.4
Calculs du gradient H/L critique de rupture par érosion régressive au barrage AV Watkins en utilisant les formules et abaques de Sellmeijer/van Beek

EROSION REGRESSIVE SOUS LE REMBLAI **A V Watkins** **Tumulus: d_{70} 0.27 mm d_{15} 0.15 mm d_{10} 0.1 mm** **L = 33.8 m, largeur de la base du remblai** **D = 9 m, de la base du remblai (traversant l'argile indurée) au substratum argileux sous les sables** **H = 3.2 m à Retenue Normale (à partir de la base du remblai)** **k = 1.0E-04 m/s valeur max. mesurée**	**1) à Retenue normale :** **L = 33.8m** **D = 9.0m** **H = 3.2m** **k = 1.0E-04,** **plus forte valeur mesurée**	**2) quand la perméabilité est 2.5 fois la plus forte valeur mesurée :** **L = 33.8m** **D = 9.0m** **H = 3.2m** **k = 2.5E-04, 2.5 x plus forte valeur mesurée**	**3) avec un aquifère fin de 1.6m au-dessus de la couche indurée :** **L = 33.8m** **D = 1.6m** **H = 3.2m** **k = 1.0E-04,** **plus forte valeur mesurée**
Coefficient de White η	0.25	0.25	0.25
Densité immergée γ'_p	1.67	1.67	1.67
tan ϑ (37°)	0.75	0.75	0.75
(RD/RD_m) = 1.00, supposée	1	1	1
$(RD/RD_m)^{0.35}$	1	1	1
(U/U_m), (KAS/KAS_m), supposée	1	1	1
$F_R = \eta\, \gamma'_p/\gamma_w \tan \vartheta\, (RD/RD_m)^{0.35} (U/U_m)^{0.35} (KAS/KAS_m)^{-0.02}$	0.31	0.31	0.31
d_{70} (m)	2.70E-04	2.70E-04	2.70E-04
d_{60} (m)	2.44E-04	2.44E-04	2.44E-04

(*Continued*)

3. To check the situation with the depth D of the aquifer limited to only 1.6 m, the depth of the sand above the hardpan layers, not the 9 m total depth of sand above the clay layer. A greater head would be required to sustain the backward erosion process by driving sufficient water at sufficient pressure through the thin 1.6 m aquifer than the deep 9 m aquifer. This is confirmed in Table 2.4, which shows the critical head with D at 1.6 m to be 6.5 m (0.6 m above the dam crest at 5.9 m). As backward erosion was occurring at a water depth of only 3.2 m, the aquifer depth to sustain it must have been greater than 1.6 m, and the aquifer most likely included the entire 9 m depth of sand above and below the hardpan layers.

Stateler (2015) discusses the probability of failure, enumerated through standard USBR procedures. The failure mode envisaged is a form of internal erosion, but the influence of hydraulic forces, usually highest when water level is high during floods, on the probability of failure is not clear. Estimation of critical water level from the mechanics, as above, and estimation of its probability from flood hydrology, for example, would improve risk estimation as well as identifying any needs for remediation and providing an understanding of a dam's vulnerabilities on which to base future surveillance and monitoring regimes.

Table 2.4
Calculation of H/L at which failure would occur by backward erosion in A V Watkins Dam by using the Sellmeijer/van Beek formulae and chart

BACKWARD EROSION UNDER EMBANKMENT **A V Watkins** **Sand Boil: d_{70} - 0.27 mm d_{15} - 0.15 mm d10 - 0.1 mm** **k = 1.0E-04m/s (≈10,000ft/year) highest measured** **H = 10.5-ft (3.2 m) at active reservoir level (to underside embankment)** **L = 111-ft (33.8 m), bottom width of embankment** **D = 30-ft (9 m) from underside of embankment (through hardpan) to clay layer below sands**	**1) At normal water level:** **L = 33.8m** **D = 9.0m** **H = 3.2m** **k = 1.0E-04, highest measured**	**2) When permeability** **2.5 x highest measured:** **L = 33.8m** **D = 9.0m** **H = 3.2m** **k = 2.5E-04,** **2.5 x highest measured**	**3) With thin aquifer 1.6m above hardpan:** **L = 33.8m** **D = 1.6m** **H = 3.2m** **k = 1.0E-04, highest measured**
White's drag co-efficient η	0.25	0.25	0.25
Submerged weight soil g'p	1.67	1.67	1.67
tan ϑ (37°)	0.75	0.75	0.75
(R_D/R_{Dm}) = 1.00, assumed	1	1	1
$(R_D/R_{Dm})^{0.35}$	1	1	1
(U/U_m), (KAS/KAS_m), assumed	1	1	1
$F_R = \eta\, \gamma'_p/\gamma_w \tan\vartheta\, (RD/RD_m)^{0.35} (U/U_m)^{0.35} (KAS/KAS_m)^{-0.02}$	0.31	0.31	0.31
d_{70} (m)	2.70E-04	2.70E-04	2.70E-04
d_{60} (m)	2.44E-04	2.44E-04	2.44E-04

(Continued)

Table 2.4 (Continued)

d_{10} (m)	1.04E-04	1.04E-04	1.04E-04
d_{15} (m)	1.51E-04	1.51E-04	1.51E-04
k m/s, 1.0E-04 m/s (maximum utilisé)	1.00E-04	2.50E-04	1.00E-04
Perméabilité intrinsèque κ = (1.02E-07)*(k) pour l'eau à 20° Celsius, où κ est en m^2, k est en m/sec	1.02E-11	2.55E-11	1.02E-11
L amplitude de la base	33.8	33.8	33.8
k*L	3.45E-10	8.62E-10	3.45E-10
$(k^*L)^{0.33}$	7.06E-04	9.58E-04	7.06E-04
$d_{70}/(k^*L)^{0.33}$	3.82E-01	2.82E-01	3.82E-01
$d_{70}m$	2.07E-04	2.07E-04	2.07E-04
$(d_{70}m/d_{70})^{0.6}$	8.53E-01	8.53E-01	8.53E-01
$F_S = (d_{70}/(\kappa^*L)^{0.33})^*(d_{70}m/d_{70})^{0.6}$	0.33	0.24	0.33
D profondeur de l'aquifère de sable	9	9	1.6
L amplitude de la base	33.8	33.8	33.8
D/L	0.2663	0.2663	0.0473
$(D/L)^{2.8}$	0.0246	0.0246	0.0002
$((D/L)^{2.8})-1$	-0.9754	-0.9754	-0.9998
$0.28/((D/L)^{2.8})-1)$	-0.2871	-0.2871	-0.2801
$(0.28/((D/L)^{2.8})-1)) +0.04$	-0.2471	-0.2471	-0.2401
$D/L^{((0.28/(((D/L)\ ^{\wedge}2.8)-1))\ +0.04)}$	1.3867	1.3867	2.0798
$F_G = 0.91^*D/L^{((0.28/(((D/L)\ ^{\wedge}2.8)-1))\ +0.04)}$	1.26	1.26	1.89
$Hc_c/L = F_R^*Fs^*F_G$ (0.31*0.32*1.94)	0.13	0.09	0.19
Hc_m /L (mesuré)	0.09	0.09	0.09
Hc_c (calculé) = $L^*F_R^*Fs^*F_G$	4.35	3.21	6.53
Hc_m (mesuré)	3.20	3.20	3.20
Hc_m / Hc_c	0.74	1.00	0.49
F_R*Fs (0.167 max de la Figure 4.4	0.10	0.08	0.10
D/L	0.27	0.27	0.05
H/L d'après la Figure 4.4	0.13	0.09	
Rapport Calculé/Lu sur la Figure 4.4	0.99	1.05	
Conclusions	Hauteur critique 4.35 m, comparé à 3.2m. Fontis et désordres apparaissent à une hauteur sous-critique, 1.15 m sous Hc et 2.7 m sous la crête.	Perméabilité 2.5E-04 (2.5 fois la plus forte valeur mesurée) donne la bonne réponse pour la Retenue Normale.	La hauteur critique atteint 6.53m, soit 0.6 au-dessus de la crête. Comme l'érosion est apparue à H=3.2m, elle a dû être alimentée par l'ensemble des 9m d'épaisseur de l'aquifère.

Table 2.4 (Continued)

d_{10} (m)	1.04E-04	1.04E-04	1.04E-04
d_{15} (m)	1.51E-04	1.51E-04	1.51E-04
k m/s applied, 1.0E-04 m/s (maximum measured)	1.00E-04	2.50E-04	1.00E-04
Intrinsic permeability κ = (1.02E 07) * (k) for water at 20° Celsius, where κ is m^2, k is in m/sec	1.02E-11	2.55E-11	1.02E-11
L base width	33.8	33.8	33.8
Intrinsic κ *L	3.45E-10	8.62E-10	3.45E-10
$(\kappa *L)^{0.33}$	7.06E-04	9.58E-04	7.06E-04
$d_{70}/(\kappa *L)^{0.33}$	3.82E-01	2.82E-01	3.82E-01
$d_{70}m$	2.07E-04	2.07E-04	2.07E-04
$(d_{70m}/d_{70})^{0.6}$	8.53E-01	8.53E-01	8.53E-01
$F_S = (d_{70}/(\kappa*L)^{0.33}) * (d_{70m}/d_{70})^{0.6}$	0.33	0.24	0.33
D depth of foundation sand layer	9	9	1.6
L base width	33.8	33.8	33.8
D/L	0.2663	0.2663	0.0473
$(D/L)^{2.8}$	0.0246	0.0246	0.0002
$((D/L)^{2.8} -1$	-0.9754	-0.9754	-0.9998
$0.28/((D/L)^{2.8})-1)$	-0.2871	-0.2871	-0.2801
$(0.28/((D/L)^{2.8})-1))+0.04$	-0.2471	-0.2471	-0.2401
$D/L((0.28/((D/L)^{2.8})-1))+0.04$	1.3867	1.3867	2.0798
$F_G = 0.91*D/L^{((0.28/(((D/L)\wedge 2.8)-1))+0.04)}$	1.26	1.26	1.89
H/L crit = $F_R*F_s*F_G$ (0.31*0.32*1.94)	0.13	0.09	0.19
H/L actual	0.09	0.09	0.09
H crit (calculated) = L* $F_R*F_s*F_G$	4.35	3.21	6.53
H actual	3.20	3.20	3.20
H actual/H crit (calculated)	0.74	1.00	0.49
F_R*F_s (0.167 max on Fig 4.4)	0.10	0.08	0.10
D/L	0.27	0.27	0.05
H/L from Fig 4.4	0.13	0.09	
Calculated/Taken from chart (Fig 4.4)	0.99	1.05	
Conclusions	Critical head 4.35m, compared to 3.2m applied. Sand boils and disruption occur at sub-critical loads, 1.15m below critical and 2.7m below crest.	Permeability 2.5E-04 (2.5 x highest measured) gives right answer for normal water level.	Critical head increases to 6.53m, 0.6 above crest. Erosion was occurring at H=3.2m, must have been sustained by the 9m aquifer.

2.3.1.6. Barrage A V Watkins - calcul rétrospectif simplifié basé sur Van Beek et al (2015)

Ce qui suit est largement copié de Bridle (2019a,b,c) qui donne une mise à jour complète de la compréhension de l'érosion régressive sous un toit. L'érosion régressive 2D se produit lorsqu'il y a une sortie libre - un fossé ou aucune couche de confinement - tout le long du pied aval de la digue. L'érosion régressive 3D se produit par des trous dans la couche de "confinement" - sols fins à faible perméabilité - au pied et en aval de la digue. Des tourbillons de sable se forment souvent pendant l'érosion 3D vers l'arrière. Van Beek et al (2015) ont montré que l'érosion régressive 3D se produit très approximativement à la moitié (≈ 0,5) du gradient 2D de Sellmeijer, fournissant ainsi un moyen approximatif d'évaluer si l'érosion régressive 3D pourrait conduire à une rupture. Au barrage A V Watkins, où un incident grave d'érosion régressive locale s'est produit, cette approximation montre que l'érosion régressive 3D peut s'être produite dans la couche de sable fin de 1,6 m de profondeur immédiatement sous le remblai et non, comme on le pensait auparavant, dans les couches plus profondes sous la couche d'argile indurée sous la couche de sable fin supérieur. Ce point est développé dans Bridle (2019a,b).

Contrairement à l'érosion de contact, à la suffusion et à l'érosion de trou, où le défi consiste à énumérer les forces dans un processus d'érosion évident, l'érosion régressive est un phénomène repéré par ces bouillonnements de sable et ces chenaux d'érosion, conduisant parfois à la rupture des remblais de retenue d'eau. Le comment, le pourquoi et l'énumération de ce processus ne sont pas évidents et ont suscité un grand intérêt et représenté un défi considérable pour les scientifiques et les ingénieurs. Les quatre phases de l'érosion régressive sont maintenant reconnues comme suit :

- **Initiation** : Les lignes d'écoulement et les équipotentielles se concentrent sous le pied aval des digues en sols plastiques ou à faible plasticité capables de retenir un toit au-dessus de petites cavités à la surface de fondations sableuses. Lorsque les gradients sont suffisants, les grains sont érodés pour initier l'érosion dont la l'extrémité progresse vers amont, le réservoir ou la voie d'eau. L'initiation de l'érosion régressive a été étudiée analytiquement par van Beek et al (2014), et la figure 2.46 montre que dans ce cas, des gradients de l'ordre de 3 initient l'érosion en pied de remblai.

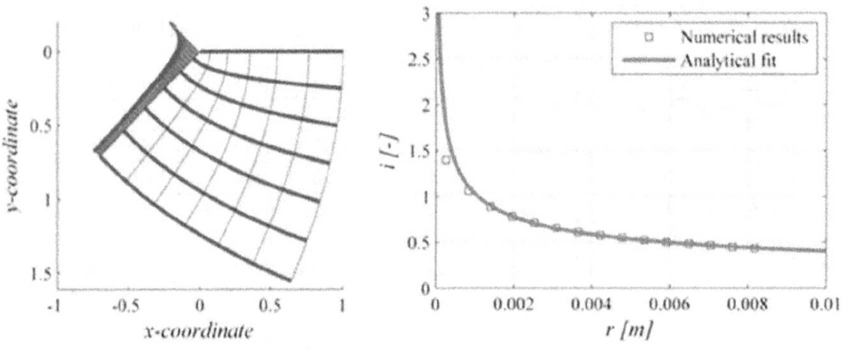

Fig. 2.46
Réseau d'écoulement et gradients de sortie correspondants obtenus numériquement avec ajustement analytique pour l'expérience B19 (d'après van Beek et al, 2014)

- **Continuation et progression** : le processus d'érosion continue à l'extrémité où il forme une cavité au bout d'un chenal d'érosion, qui progresse sous l'action des forces volumiques hydrauliques entretenues autour de la cavité par le potentiel de l'aquifère de fondation, et par les forces d'entraînement qui transportent les particules arrachées le long du chenal d'érosion jusqu'à l'exutoire. Van Beek et al (2015) ont constaté lors de tests en laboratoire que les chenaux d'érosion avaient une profondeur d'environ 3–4 grains et une largeur d'environ 40 grains.

2.3.1.6. A V Watkins Dam – back-analysis using 'short-cut' based on Van Beek et al (2015)

What follows is largely copied from Bridle (2019a, b, c) giving an extensive update on understanding of backward erosion and piping. 2D backward erosion occurs when there is a free outlet – a ditch or no confining layer - all along the downstream toe of the embankment. 3D backward erosion occurs through holes in 'confining' layers – fine low permeability soils – at the toe and downstream of the embankment. Sand boils often form during 3D backward erosion. Van Beek et al (2015) showed that 3D backward erosion occurs at *very approximately half* (≈ 0.5) the Sellmeijer 2D gradient, thus providing an approximate means of assessing whether 3D backward erosion could lead to failure. At A V Watkins dam, where a serious local backward erosion incident occurred, the approximation showed that 3D backward erosion may have occurred in the 1.6 m deep fine sand layer immediately under the embankment not, as had been thought previously, in the deeper layers below the hardpan layer under the upper fine sand. More is said about this in Bridle (2019a, b).

Unlike contact erosion, suffusion and concentrated leak erosion, where the challenge is to enumerate the forces in an obvious erosion process, backward erosion and piping is a phenomenon that has been observed to create sand boils and erosion pipes, sometimes leading to collapse of water-retaining embankments. The how and why and enumeration of this process is not obvious and has been of much interest and presented a considerable challenge to scientists and engineers. The four phases of backward erosion are now recognized as follows:

- **Initiation**: flow lines and equipotentials congregate at points at the downstream toe of water-retaining embankments in plastic or low plasticity fill able to hold a roof above small openings in sandy foundations below. When gradients are sufficient grains are eroded to initiate erosion and the erosion 'tip' progresses upstream (backwards) towards the reservoir or waterway. The initiation of backward erosion was examined analytically by van Beek et al (2014), and Figure 2.46 shows that in this case gradients around three initiated erosion at the toe.

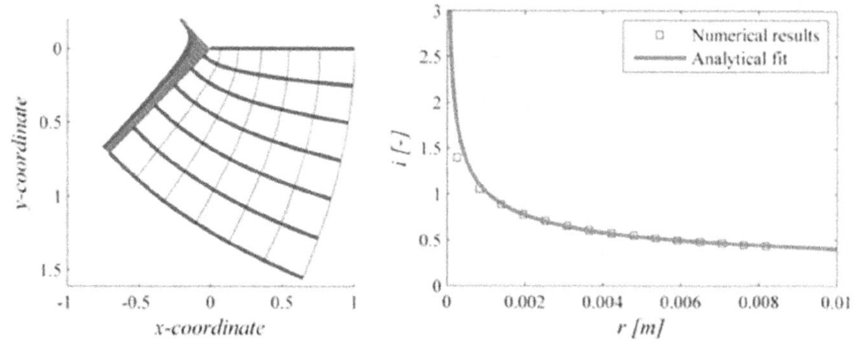

Fig. 2.46
Flownet and corresponding numerically obtained exit gradients and analytical fit for experiment B19 (from van Beek et al, 2014)

- **Continuation and progression**: the erosion at the tip continues, forming an opening, the erosion pipe, behind, and to progress the erosion process the hydraulic forces, sustained by the foundation aquifer, must also be capable of transporting the eroded particles along the pipe to the downstream toe. Van Beek et al (2015) found in laboratory tests that erosion pipes were about 3–4 grains deep and around 40 grains wide.

- **Brèche** : si l'aquifère peut maintenir le processus de progression du chenal d'érosion sous toute la largeur de la digue et jusqu'à la retenue ou la voie d'eau, l'eau s'engouffre dans le chenal, et en s'écoulant vers l'aval (" vers l'avant ") et le pied du remblai, élargit le chenal d'érosion, jusqu'à ce que la digue se tasse et s'effondre.

Le processus décrit ici est celui de l'érosion régressive à partir d'un exutoire libre le long du pied aval du remblai. Ce processus est connu sous le nom d'érosion régressive 2D. Souvent, l'aquifère est "confiné" sous une couche de sol fin en aval du remblai qui doit être localement traversée ou soulevée pour former une ouverture à travers laquelle le chenal d'érosion peut décharger l'eau et le sable érodé, formant souvent des bouillonnements de sable. L'aquifère confiné tridimensionnel (3D) est alimenté par une large zone située sous la couche de confinement, par conséquent l'érosion régressive peut se produire à des gradients hydrauliques plus faibles que l'érosion régressive 2D, et cela présente une probabilité de défaillance plus élevée que dans les situations 2D.

Dans certains cas, les forces hydrauliques générées par l'aquifère de fondation sont insuffisantes pour terminer le processus, et bien que des chenaux d'érosion se forment, et peuvent générer des bouillonnements de sable, ils ne progressent pas vers le réservoir. Par conséquent, l'érosion " vers l'avant " ne peut pas se déclencher pour saper le remblai et provoquer la rupture. Bezuijen (2017) a montré que les grands bouillonnements de sable en aval de la digue du Pô en Italie, bien qu'alarmants, étaient " inoffensifs ". Les forces hydrauliques nécessaires pour provoquer une défaillance par érosion en arrière dans ce cas nécessiteraient un niveau d'eau au-dessus de la crête de la digue à tel point que la digue céderait par surverse avant que ce soit par érosion interne.

Le chapitre 4 du volume 1 du Bulletin traite de l'érosion régressive. La principale approche de "conception" qu'il présente est la méthode "Sellmeijer 2D", présentée sous la forme d'une formule et d'un graphique illustrés à la figure 2.47(a) et (b). Plus de détails sont donnés dans la section 4.3.1 du volume 1 du Bulletin.

La formule est $H/L = 1/c = F_R\ F_S\ F_G$. Les paramètres sont indiqués dans le tableau 2.4 ci-dessus.

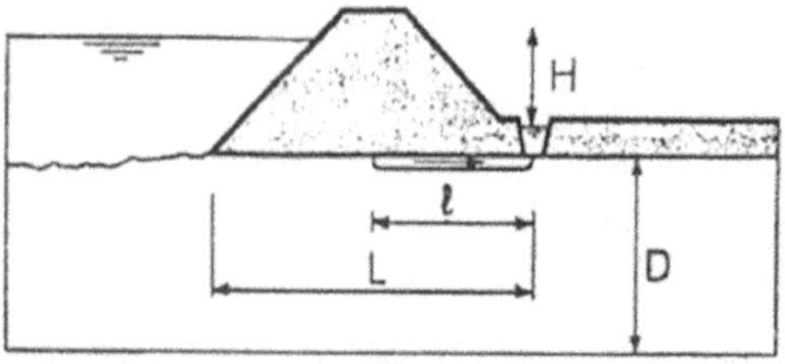

Fig. 2.47(a)
a) Définition des paramètres et des termes utilisés dans l'érosion régressive illustrée par la figure 2.47(b) et montrant une "sortie libre" dans le fossé à travers la couche de confinement tout le long du pied du talus.

- **Breach**: if the aquifer can sustain the process to drive an erosion pipe under the entire width of the embankment and into the reservoir or waterway, water rushes into the backward erosion pipe, flows downstream ('forwards') towards the toe, enlarging the erosion pipe, eventually to the extent that the embankment above settles and collapses.

The process described here is for backward erosion into a free outlet along the downstream toe of the embankment. This is known as 2D backward erosion. Often the aquifer is 'confined' below a fine-soil layer downstream of the embankment which must be locally penetrated or uplifted to form an opening through which the erosion pipe can discharge water and the eroded sand, often forming sand boils. The confined three-dimensional (3D) aquifer is supplied from a large zone below the confining layer, consequently backward erosion can occur at lower hydraulic gradients than 2D backward erosion, and this presents a higher probability of failure than in 2D situations.

In some cases, the hydraulic forces generated from the foundation aquifer are insufficient to complete the process, and although erosion pipes form, and may generate sand boils, they do not progress back to the reservoir. Consequently 'forward' erosion does not occur to undermine the embankment and cause failure. Bezuijen (2017) showed that large sand boils downstream of the River Po levee in Italy, although alarming, were 'innocuous'. The hydraulic forces required to cause failure by backward erosion in that case would require a water level above the crest of the levee to the extent that the levee would fail by overtopping and scour of the crest before failure by backward erosion could occur.

Chapter 4 in Volume 1 of the Bulletin deals with backward erosion. The main 'design' approach it presents is the '2D Sellmeijer' method presented as a formula and in chart form shown in Figure 2.47(a) and (b). More details are given in Section 4.3.1 in Volume 1 the Bulletin.

The formula is $H/L = 1/c = F_R\ F_S\ F_G$. The parameters can be seen in Table 2.4 above.

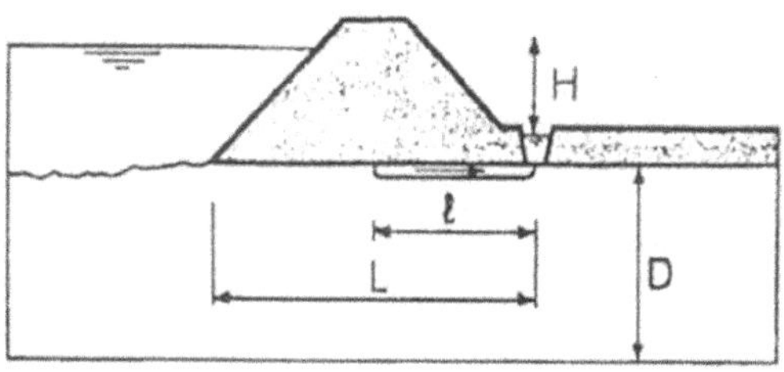

Fig. 2.47(a)
Defining parameters and terms used in backward erosion shown in Figure 2.46(b) and showing 'free outlet' into ditch through confining layer all along toe of embankment

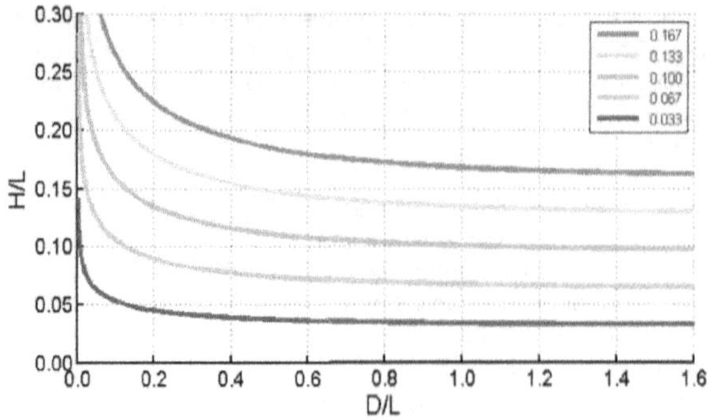

Fig. 2.47(b)

b) Graphique 2D de Sellmeijer montrant H/L nécessaire pour provoquer une rupture par érosion en arrière dans des sols dont la résistance à l'érosion (FR FS) varie de 0,167 à 0,033, comme indiqué dans l'encadré en haut à droite. Il s'agit de la figure 20 du Volume 1 du Bulletin, et de la figure 4.4 des pré-édition. (Avec l'aimable autorisation des Drs Hans Sellmeijer et Vera van Beek, Deltares).

Le tableau évite les complexités présentées dans la Figure 2.46 et utilise une définition simple de H et L pour indiquer les forces hydrauliques causant l'érosion jusqu'à la rupture (notez que des gradients plus faibles peuvent causer une érosion régressive "inoffensive"). Elle montre que si H/L est égal ou supérieur à 0,20, il faut s'attendre à une érosion régressive dans tous les sols, sauf lorsque l'aquifère est peu profond (à faible D/L). Lorsque la profondeur de l'aquifère de fondation (D) augmente, H/L le gradient pour provoquer la rupture devient constant, ce qui montre que dans les aquifères profonds, l'eau des parties plus profondes n'est pas nécessaire pour soutenir l'érosion à l'extrémité ou pour transporter les particules érodées le long du chenal.

Le graphique et la formule proviennent en grande partie d'essais en laboratoire à petite et grande échelle qui ont été " affinés " (Sellmeijer et al, 2011) à partir d'une série d'essais de rupture de grands remblais d'essai sur le site d'essai d'IJdijk aux Pays-Bas. Le diagramme est pour l'érosion régressive 2D à partir d'une sortie libre tout le long du pied, dans un fossé comme indiqué dans la Figure 5 du Volume 1 (Figure 2.5 du prétirage, ou lorsque la couche de confinement en aval est absente. Bien qu'elle soit décrite comme une érosion régressive en 2D, les ruptures de IJdijk se sont produites au niveau de chenaux d'érosion régressive locaux, et non au niveau d'une entaille (chenaux d'érosion liés) à la base du remblai, comme l'implique le "vrai" 2D (Bridle, 2018b).

Le tableau ne peut pas être utilisé pour étudier la vulnérabilité à la rupture par érosion régressive 3D à travers la couche de confinement. En plus de l'exemple du fleuve Po mentionné ci-dessus, de nombreux exemples de bouillonnements de sable à travers des couches de confinement se produisent (par exemple, Robbins et al, 2018), bien que peu semblent aller jusqu'à la rupture (par exemple, Navin & Shrewbridge, 2017). Cependant, la figure 6, de van Beek et al (2015), montre, à partir d'essais en laboratoire, la relation entre H/L de la méthode " Sellmeijer 2D " et des essais en laboratoire 3D.

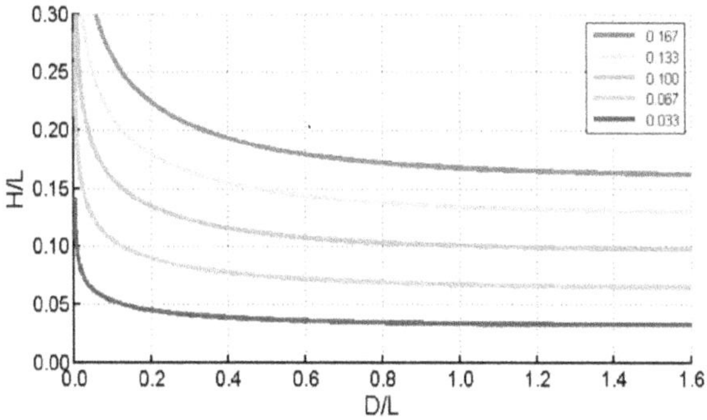

Fig. 2.47(b)
Sellmeijer 2D chart showing H/L required to cause failure by backward erosion in soils of varying resistance to erosion (FR FS), ranging from 0.167 to 0.033, as shown in the box at top right. This is Figure 20 in Volume 1 of the Bulletin, Figure 4.4 in preprints. (Courtesy of Drs Hans Sellmeijer and Vera van Beek, Deltares).

The chart avoids the intricacies shown in Figure 2.46 and uses a simple definition of H and L to indicate hydraulic forces causing erosion to failure (note that lower gradients may cause 'innocuous' backward erosion). It shows that if H/L is 0.20 or more backward erosion is to be expected in all soils, other than where the aquifer is shallow (at low D/L). As the foundation aquifer depth (D) increases, H/L the gradient to cause failure becomes constant, showing that in deep aquifers, water from the deeper parts is not needed to sustain the erosion at the tip or to transport eroded particles along the pipe.

The chart and formula are derived largely from small-scale and large-scale laboratory tests which were 'fine-tuned' (Sellmeijer et al, 2011) from a series of trials to failure of large test embankments at the test site at IJdijk in the Netherlands. The chart is for 2D backward erosion from a free outlet all along the toe, into a ditch as shown in Figure 5 in Volume 1 (Figure 2.5 in preprints), or where the downstream confining layer is absent. Although is it described as 2D backward erosion, the failures at IJdijk occurred above local backward erosion pipes, not above a slot (linked erosion pipes) all along the embankments as 'true' 2D implies (Bridle, 2018b).

The chart cannot be used for investigating vulnerability to failure by 3D backward erosion through confining layers. In addition to the River Po example mentioned above, many examples of sand boils through confining layers occur (e.g., Robbins et al, 2018), though few seem to proceed to failure (e.g. Navin & Shrewbridge, 2017). However, Figure 6, from van Beek et al (2015) shows, from laboratory tests, the relationship between H/L from the 'Sellmeijer 2D' method and from 3D laboratory tests.

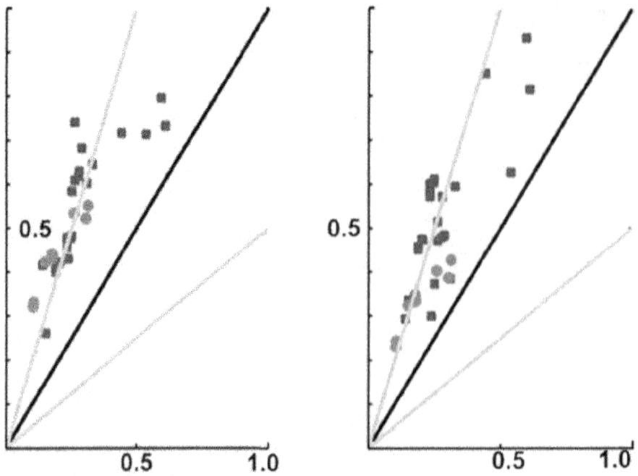

Fig. 2.48
Comparaison des gradients critiques expérimentaux (axes verticaux) et calculés (par "Sellmeijer", axes horizontaux) pour toutes les expériences disponibles (les lignes en noir et en gris indiquent respectivement les lignes où il y a équivalence (1:1) et un rapport de 2 (1:2, 2:1)) (d'après van Beek et al, 2015).

Les gradients pour provoquer l'érosion régressive 3D sont plus faibles que ceux qui provoquent l'érosion régressive 2D jusqu'à la rupture montrée sur la figure 2.47, le graphique de Sellmeijer. Bien qu'il s'agisse d'une relation qui est loin d'être précise, on peut voir sur la figure 2.48 que les gradients 3D sont très approximativement la moitié du gradient 2D de Sellmeijer (c'est-à-dire 3D ≈ 0,5 x 2D Sellmeijer, d'après la figure 2.47).

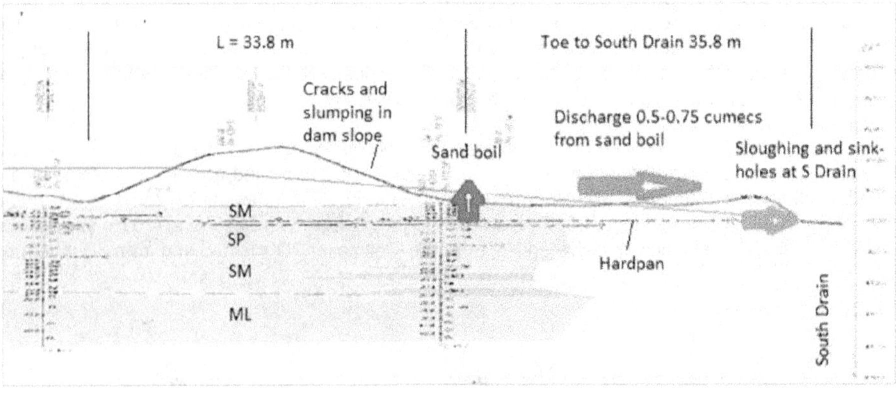

Fig. 2.49
Coupe géotechnique du barrage A V Watkins à l'endroit de l'incident d'érosion régressive (données géotechniques aimablement fournies par l'USBR)

La figure 2.49 montre la coupe géotechnique du barrage A V Watkins à l'endroit où un grave incident local d'érosion régressive s'est produit sur ce remblai long de plusieurs kilomètres, y compris les principales caractéristiques de l'érosion telles qu'observées à l'époque (Barrett & Bliss, 2008). L'histoire du cas AV Watkins a été examinée en utilisant l'approche 2D de Sellmeijer. Les résultats sont donnés dans le tableau 2.4 ci-dessus pour deux profondeurs d'aquifère, l'aquifère SM (sable moyen) supérieur peu profond de 1,6 m au-dessus de la couche d'argile indurée, et l'aquifère profond entier de 9 m au-dessus et en dessous de la couche indurée jusqu'à la couche de limon ML, à faible plasticité.

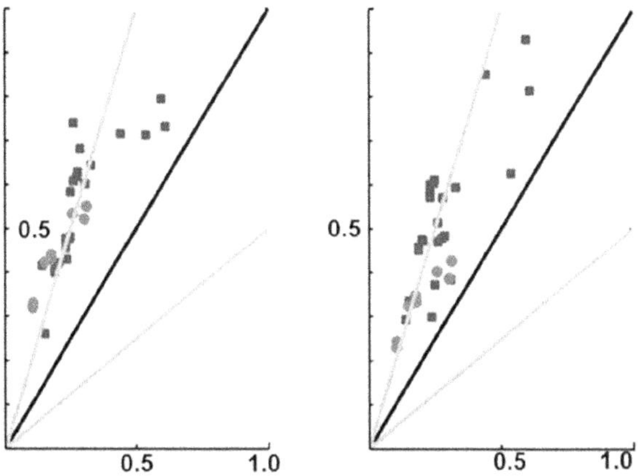

Fig. 2.48
Comparison of experimental (vertical axes) and calculated (by 'Sellmeijer,' horizontal axes) critical gradients for all available experiments (lines in black and grey indicate lines where there is no variation (1:1) and variation by a factor of 2 (1:2, 2:1) respectively) (from van Beek et al, 2015).

The gradients to cause 3D backward erosion are lower than those causing 2D backward erosion to failure shown on Figure 2.47, the Sellmeijer chart. Although it is far from a precise relationship, it can be seen on Figure 2.48 that the 3D gradients are very approximately half the Sellmeijer 2D gradient (i.e., 3D $\approx$ 0.5 x 2D Sellmeijer, from Figure 2.47).

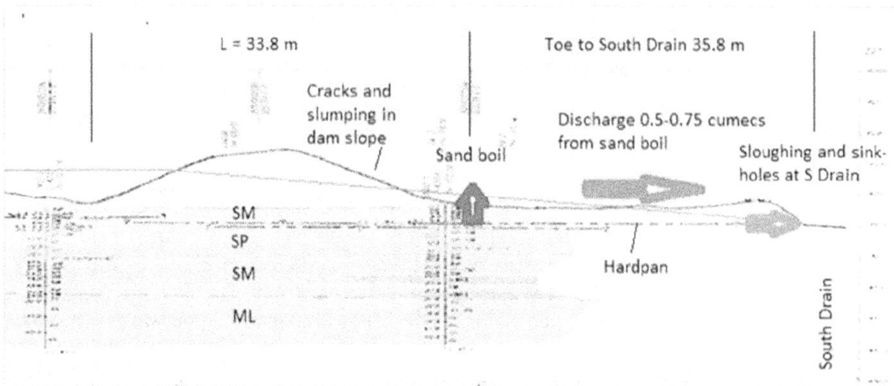

Fig. 2.49
Geotechnical cross-section A V Watkins dam at location of backward erosion incident (geotechnical data kindly provided by USBR).

Figure 2.49 shows the geotechnical cross-section of A V Watkins dam at the location where a serious local backward erosion incident occurred on this (many miles) long embankment, including the main features of the erosion as observed at the time (Barrett & Bliss, 2008). The AV Watkins case history was examined using the Sellmeijer 2D approach. The results are given in Table 2.4 above for two aquifer depths, the shallow 1.6 m upper SM (medium sand) aquifer above the hardpan layer, and the entire 9 m deep aquifer above and below the hardpan down to the ML, low plasticity silt layer.

Le résultat a prédit qu'une profondeur d'eau (H) de 4,35 m serait nécessaire pour provoquer une érosion régressive jusqu'à la rupture à travers l'aquifère de 9 m de profondeur, ce qui est supérieur à 3,2 m, la profondeur d'eau réelle pendant l'incident. La profondeur d'eau prédite pour provoquer une rupture à travers l'aquifère supérieur SM de 1,6 m de profondeur était de 6,5 m, ce qui est très supérieur à la profondeur d'eau réelle de 3,2 m.

Fig. 2.50
Incident au barrage AV Watkins montrant l'affaissement de la pente du barrage au-dessus du tumulus de sable au pied, et la végétation touffue (sur la couche de sol) formant probablement une couche de confinement et favorisant l'érosion régressive 3D (Photo 2 de Bliss & Dineen, 2008)

L'incident était local et il n'y a pas eu de cas similaires ailleurs le long du barrage. Il semblait se produire dans une situation sans couche de confinement en aval, avec une sortie libre tout le long du pied de la digue, apparemment conforme au critère 2D de Sellmeijer. Cependant, comme l'indique la figure 2.50, la végétation touffue poussant dans une fine couche de sol sur la pente et en aval a pu constituer une fine couche de confinement qui s'est rompue localement à l'endroit de l'incident (Figure 2.50). Cela aurait drainé l'eau d'un aquifère 3D étendu le long du barrage, provoquant le début de l'érosion régressive, la fuite de l'eau et du sol érodé, et la formation du tumulus, fournissant finalement les 0,5-0,75 m^3/s observés qui s'en sont écoulés. En considérant une érosion régressive 3D, et en appliquant le facteur ≈ 0,5 x Sellmeijer aux prédictions 2D de Sellmeijer, on montre que l'aquifère de 9 m aurait provoqué une rupture avec une hauteur d'eau de seulement 2,2 m, inférieure à la profondeur de 3,2 m lors de l'incident. L'application de la " simplification ≈ i.e. 3D ≈ 0.5 x 2D Sellmeijer " à l'aquifère supérieur de 1,6 m prédit que la défaillance se produirait à 3,25 m, soit presque la même profondeur que la hauteur réelle de 3,2 m.

The result predicted that a water depth (H) of 4.35 m would be required to cause backward erosion to failure through the 9 m deep aquifer, higher than 3.2 m, the actual water depth during the incident. The water depth predicted to cause failure through the shallow 1.6 m deep SM upper aquifer was 6.5 m, very much higher than the actual water depth of 3.2 m.

Fig. 2.50
Incident at AV Watkins dam showing slumping in dam slope above sand boil at toe, and tufty vegetation (on soil layer) possibly forming a confining layer and promoting 3D backward erosion (Photo 2 from Bliss & Dineen, 2008)

The incident was local and there were no similar occurrences elsewhere along the dam. It seemed to occur in a situation without a downstream confining layer, with a free outlet all along the toe of the embankment, apparently complying with the Sellmeijer 2D criterion. However, as Figure 2.50 indicates, the tufty vegetation growing in a thin soil layer on the slope and downstream may have provided a thin confining layer that ruptured locally at the incident location. This would draw water from an extensive 3D aquifer along the dam, causing backward erosion to commence, water and eroded soil to escape, and to the formation of the sand boil, ultimately supplying the 0.5-0.75 m^3/s observed to have been flowing from it. Taking the situation to be 3D backward erosion, and applying the $\approx$ 0.5 x Sellmeijer factor to the Sellmeijer 2D predictions showed that 9 m aquifer would have caused failure at a water depth of only 2.2 m, below the 3.2 m depth during the incident. Applying the $\approx$ 0.5 x Sellmeijer 'short-cut' to the 1.6 m upper aquifer predicts that failure would occur at 3.25 m, almost the same as the actual depth of 3.2 m.

L'approximation « i_c 3D ≈ 0,5 x i_c 2D Sellmeijer » pour trouver le gradient critique de l'érosion régressive 3D à travers une couche de confinement peut être utile pour évaluer si l'érosion régressive et les chenaux qui ont formé des bouillonnements de sable pendant les inondations ont le potentiel de se développer pour provoquer la rupture de la digue à des niveaux d'eau plus élevés, ou si le gradient ne pourrait jamais être suffisant pour provoquer la rupture. Cela permettrait de distinguer les situations d'érosion régressive potentiellement "inoffensives" des situations potentiellement dangereuses et de prendre les mesures appropriées dans le cas où la rupture pourrait se produire lors d'événements de niveaux d'eau très élevés.

Table 2.5 A.V. Watkins Analyse rétrospective avec "3D ≈ 0.5 x 2D Sellmeijer"

k, (m/s) perméabilité	**F_R *F_S**	**D, prof. aquifère**	**D/L**	**2D H_{crit} prédit/L**	**2D H_{crit} prédit**	**3D H_{crit} ≈ 0.5*2D**	**H actuel**	**Commentaires**
1.00E-04	0.10	9	0.27	0.13	4.35	2.18	3.2	Plus grande valeur de k mesurée
1.00E-04	0.10	1.6	0.04	0.19	6.35	3.18	3.2	H_{calc} 3D ≈ H_{actual} Shallow SM aquifer above hardpan

Dans les situations où aucun tumulus de sable ne s'est déjà formé, il faudrait d'abord appliquer la théorie du claquage de la couche de couverture superficielle (USACE, 2000) pour déterminer si la pression des eaux souterraines au pied aval de la digue pendant les crues serait suffisante pour provoquer le soulèvement et la rupture de la couche de confinement. Alors, la "simplification" ≈ 0,5 x Sellmeijer peut être appliqué, avec précaution, pour étudier le potentiel d'érosion en arrière et de canalisation.

De plus amples informations sur l'application de recherches récentes non incluses dans le Bulletin pour étudier le cas d'A V Watkins peuvent être vues dans un webinaire enregistré par Bridle & France (2019).

Une coupure étanche a été réalisée jusqu'à la couche ML de faible perméabilité afin d'éviter d'autres incidents (Paul, 2019). La coupure s'étend en dessous du chenal supérieur d'érosion régressive pour empêcher l'érosion régressive située immédiatement sous le remblai d'atteindre le réservoir. Elle a également intercepté les chenaux d'érosion régressive qui étaient visibles sous la couche d'argile indurée et qui déversaient du sable et de l'eau dans le drain Sud. Il semble peu probable que ces chenaux aient pu atteindre le réservoir car les gradients étaient trop faibles. Cependant, ils minaient la couche indurée et un tassement et un effondrement localisés auraient probablement accéléré l'érosion au niveau du chenal supérieur et auraient pu causer des dommages plus graves au barrage.

La connaissance accrue de l'érosion régressive, l'application de la "simplification" et la compréhension du fait que de nombreux chenaux d'érosion sont initiés et créent des bouillonnements de sable mais ne pénètrent pas dans le réservoir, justifient la décision de construire l'écran jusqu'à la couche de faible perméabilité. Ces nouvelles connaissances auraient pu être utilisées pour décider de la longueur de la coupure. L'érosion régressive était circonscrite à un seul endroit, et un examen plus détaillé de la géologie du drain Sud sur toute la longueur de la digue aurait pu permettre de déterminer si l'érosion régressive pouvait ou non se produire ailleurs, afin de fournir une base à la décision relative à la longueur des coupures requises.

The ≈ 0.5 x Sellmeijer 2D approximation to find the critical gradient for 3D backward erosion through confining layers may be helpful in assessing whether the backward erosion and piping that has formed sand boils during floods has the potential to develop to cause failure of the levee at higher water levels, or whether the gradient could never be sufficient to cause failure. This would help to distinguish potentially 'innocuous' backward erosion situations from potentially dangerous ones and take appropriate action where failure could occur during very high water level events.

Table 2.5 A V Watkins - Back analysis using 0.5 Sellmeijer 2D ≈ 3D

k, permeability (m/s)	**F_R* F_S**	**D, aquifer depth**	**D/L**	**2D H_{crit} predicted**	**2D H_{crit}/L predicted**	**3D Hcrit ≈ 0.5*2D**	**H actual**	**Comments**
1.00E-04	0.1	9	0.27	0.13	4.35	2.18	3.2	Highest measured k
1.00E-04	0.1	1.6	0.04	0.19	6.35	3.18	3.2	H_{calc} 3D ≈ H_{actual} Shallow SM aquifer above hardpan

In situations where no sand boils have yet formed, 'blanket theory' (USACE, 2000) would need to be applied first to determine whether the groundwater pressure near the downstream toe of the embankment during floods would be sufficient to cause uplift and rupture of the confining layer. Then, the ≈ 0.5 x Sellmeijer 'short-cut' can be applied, with care, to investigate the potential for backward erosion and piping.

More information on the application of recent research not included in the Bulletin to investigate the A V Watkins case history can be seen in a recorded webinar by Bridle & France (2019).

A cut-off trench was installed down to the low permeability ML layer to prevent further occurrences (Paul, 2019). The cut-off extended below the upper backward erosion pipe to prevent the backward erosion through to the reservoir immediately under the embankment. It also intercepted backward erosion pipes that were visible under the hardpan layer and were discharging sand and water into the South Drain. It seems unlikely that these backward erosion pipes would have penetrated through to the reservoir because the gradients were too low. However, they were undermining the hardpan and localised settlement and collapse would likely have accelerated the erosion at the upper pipe and may have led to more serious damage to the dam.

The increased knowledge of BEP, deployment of the 'short-cut' and understanding that many erosion pipes are initiated and create sand boils but do not penetrate through to the reservoir, justifies the decsion to construct the cut-off down to the low permeability layer. The new knowledge might have been deployed to decide on the length of the cut-off. The BEP was limited to only one location, and more detailed examination of the geology in the South Drain along the length of the embankment may have identified whether BEP could or could not occur elsewhere, to provide a basis for decisions on the lengths of cut-offs required.

2.3.1.7. Barrage de Hauser Dam: rupture par érosion régressive d'un barrage étroit en acier

Le barrage Hauser se situait près de la ville d'Helena, dans le Montana, aux États-Unis. Construit en 1907, cet ouvrage était une structure en acier posée sur des alluvions avec une coupure partielle, tel que montrée la Figure 2.51.

Les dimensions approximatives sont illustrées à la Figure 2.51 et peuvent être utilisées à l'aide de la Figure 20 (ou Figure 4.4 du prétirage) section 4.3.1 du Volume 1. Si l'on suppose que les alluvions sont composées de sables sujets à l'érosion régressive et que l'effet de la coupure partielle est ignoré, il est possible de constater que pour D/L = 1, la valeur de H/L conduisant à une rupture par érosion régressive pour une valeur de F_R*F_S la plus élevée (0,167, soit un sable résistant à l'érosion régressive), serait d'environ 0,17, soit bien moins que le rapport hauteur/profondeur appliqué H/L = 1. Le gradient hydraulique appliqué dépassait alors largement le gradient critique quand la rupture du barrage est survenue (voir Figure 2.52)

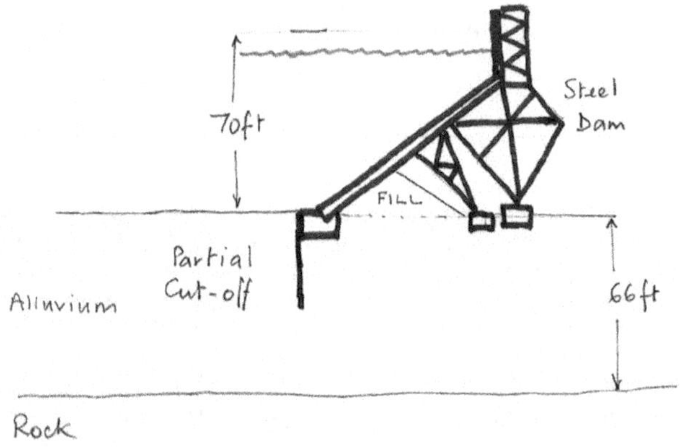

Fig. 2.51
Barrage en acier Hauser, Charge hydraulique H = 21,3 m; Largeur L = 21,3 m; Profondeur des alluvions D = 20,1 m; (H/L réel ≅ 1, D/L réel ≅ 1) (tirée d'une vidéo de Dr. Ralph Peck, 1995).

Les ingénieurs n'étaient pas conscients du caractère inévitable des ruptures d'érosion régressive lorsque les structures sur fondations en sable sont soumises à de forts gradients hydrauliques. Le barrage avait été conçu avant les recommandations de Bligh (1910), avant le début des recherches de Terzaghi et avant la reconnaissance des lacunes liées aux coupures partielles. Cependant, cette étude de cas souligne que les gradients critiques sont relativement faibles et que L, la largeur à la base des structures sur des fondations vulnérables doit être importante.

2.3.1.7. Hauser Dam: backward erosion piping failure of narrow steel dam

Hauser dam near Helena, Montana, USA, was a steel structure built in 1907 on alluvium with a partial cut-off, as shown on Figure 2.51.

The significant dimensions are shown on Figure 2.51 and can be applied using Figure 20 (Figure 4.4 in preprints) (from Section 4.3.1 in Volume 1). If it is assumed that the 'alluvium' is sand susceptible to backward erosion and the effect of the partial cut-off is ignored, it can be seen that for D/L = 1, H/L that would lead to failure by backward erosion for the highest $F_R * F_S$ (0.167), representing a sand resistant to backward erosion, would be about 0.17, very much less than the applied H/L = 1. The hydraulic gradient applied exceeded the critical gradient and the dam failed, Figure 2.52.

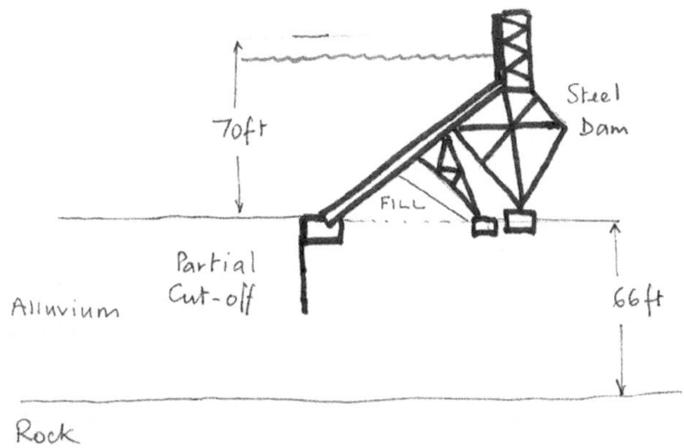

Fig. 2.51
Hauser steel dam, H, water depth ≈ 70-ft, L, bottom width ≈ 70-ft, D, depth of alluvium = 66-ft (H/L, actual ≈ 1, D/L actual ≈ 1) (from video lecture, Dr Ralph Peck, 1995)

The engineers would not have been aware of the inevitability of backward erosion failures if structures on sandy foundations are subjected to high hydraulic gradients. The dam was designed before the Bligh (1910) recommendations, before Terzaghi's researches had commenced and before the shortcomings of partial cut-offs had been recognized. However, this case history emphasizes that critical gradients are relatively low, and L, the base width of structures on vulnerable foundations must be substantial.

Fig. 2.52
Rupture du barrage de Hauser par érosion régressive sous toit 1907

2.3.1.8. Barrage de Shikwamkwa : érosion régressive perçant le tapis amont

Le barrage de Shikwamkwa a été achevé en 1958 en Ontario, au Canada (Donnelly et al, 2007). La Figure 2.53 illustre la section type du barrage. Ce barrage zoné en terre d'une hauteur de 35 m avec un noyau central imperméable a été construit avec un silt fin (farine de roche). Le barrage a été fondé sur des dépôts fluvioglaciaires et glacio-lacustres profonds intercalés, perméables et très étalés, allant de silts sans cohésion à des dépôts grossiers de cailloux et de blocs. La principale ligne de défense contre les infiltrations dans les fondations était un tapis imperméable relativement court (environ six fois la charge hydraulique) et mince (environ 3% de la charge hydraulique) qui se rattachait au noyau central et qui était considéré comme une couche continue de sable silteux relativement imperméable dans la fondation du barrage.

En 1958, lors de la mise en eau, de nombreux incidents de venues d'eau se sont produits, avec des fuites allant jusqu'à 1,0 m^3/s et une instabilité locale sur la pente aval. Des bermes au pied et des tapis additionnels ont été ajoutés, ce qui permit un comportement satisfaisant du barrage pendant environ dix ans. Puis, des tumulus de sable en aval, ainsi que des renards et des fontis réapparurent, y compris un fontis en 1971 au pied du parement amont, provoquant une rupture partielle de la pente, qui heureusement n'affecta pas la crête du barrage. Une reproduction de cet événement (qui après réparation a laissé une dépression dans la crête) et de nombreux affaissements, voies d'infiltration, tumulus de sable et autres dommages survenus est présentée dans les Figures 2.54 et 2.55.

Les réparations ont été effectuées, mais les fontis, tumulus de sable et les renards ont continué de se produire sporadiquement. En 1994, une stratégie d'aménagement par étapes basée sur l'observation a été adoptée pour permettre de prolonger la vie du barrage (Donnelly et al, 2000). Le programme comprenait la construction d'un filtre en aval et un système de surveillance entièrement automatisé composé de piézomètres, de déversoirs et d'un turbidimètre (Figure 2.56).

Au cours des années qui ont suivi la mise en œuvre des travaux correctifs, le barrage a été inspecté et évalué mensuellement, identifiant les zones vulnérables et procédant à des réparations par phases, surveillant attentivement chaque réparation avant d'en commencer une autre. Les réparations ont été effectuées systématiquement avec des relevés minutieux du niveau de l'eau

Fig. 2.52
çFailure of Hauser steel dam by backward erosion piping in 1907

2.3.1.8. Shikwamkwa Dam: backward erosion pipes breaking through upstream blankets from below

Shikwamkwa dam was completed in 1958 in Ontario, Canada (Donnelly et al, 2007). The cross-section is shown on Figure 2.53. It was a 35 m high zoned earthfill dam with a central impervious core constructed using a fine silt material (rock flour). The dam was founded on a deep, permeable and highly variable interbedded glaciofluvial and glaciolacustrine overburden deposits that ranged from cohesionless silts to coarse deposits of nested cobbles and boulders. The primary defense against foundation seepage was a relatively short (about six times the head) and thin (about 3% of the hydraulic head) impervious blanket that connected to the central core and what was thought to be a relatively continuous layer of relatively impervious silty sands in the dam foundation.

During impounding in 1958 numerous seepage incidents occurred with leakage up 1.0 m^3/s and local instability on the downstream slope. Toe berms and additional blankets were added and the dam performed satisfactorily for about ten years. Then downstream sand boils, piping incidents and sinkholes re-commenced, including one sinkhole which in 1971 opened up at the toe of the upstream slope, causing slope failure, which fortunately did not break through the dam crest. A record of this event (which after repair left a depression in the crest) and the many sinkholes, seepage routes, sand boils and other damage which occurred is shown on Figures 2.54 and 2.55.

Repairs were carried out but sinkholes, sand boils and piping continued to occur sporadically. In 1994, a phased observational approach was adopted to allow the life of the dam to be extended (Donnelly et al, 2000). The program included a downstream filter blanket and a fully automated monitoring system consisting of piezometers, weirs and a turbidity meter (Figure 2.56).

Over the years following the installation of the remedial works, the dam was inspected and assessed monthly, identifying vulnerable zones and carrying out repairs in phases, carefully monitoring each repair before commencing another. Repairs were carried out systematically with careful records of reservoir water level at the onset of renewed erosion activity. By this means the behavior of the various vulnerable 'layers' in the foundation in response to hydraulic load was understood. The real-time monitoring system allowed for continuous monitoring of piezometric pressures, seepage volumes

du réservoir lorsque des signes d'érosion interne étaient observés à nouveau. Le comportement des différentes couches vulnérables de la fondation fut ainsi mieux compris en réponse à la charge hydraulique. Le système de surveillance en temps réel permettait de surveiller en continu les pressions piézométriques, les volumes d'infiltration et la turbidité afin de vérifier la présence de sédiments érodés. L'identification des déclencheurs à l'origine de l'érosion interne et l'action prise en temps réel, a ainsi limité les dommages supplémentaires en gérant les niveaux d'eau du réservoir à un niveau inférieur à celui suffisant pour permettre la poursuite de l'érosion.

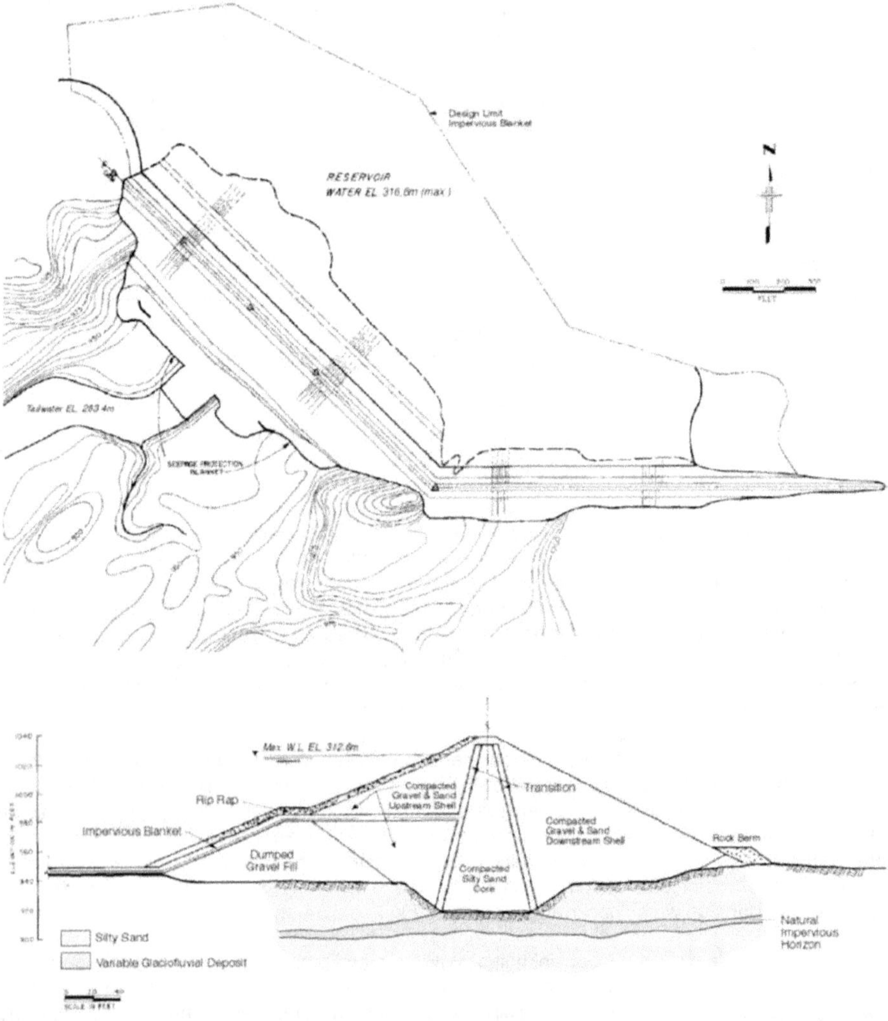

Fig. 2.53

Le barrage Shikwamkwa : Profil type et vue en plan montrant l'étendue du tapis amont (tirée de Donnelly et al., 2000)

and turbidity to check for the presence of eroded sediments. This allowed the triggers that caused internal erosion to initiate to be identified and allowed for action in real time thereby limiting further damage by managing the reservoir water levels to a point below that sufficient to allow the erosion to continue.

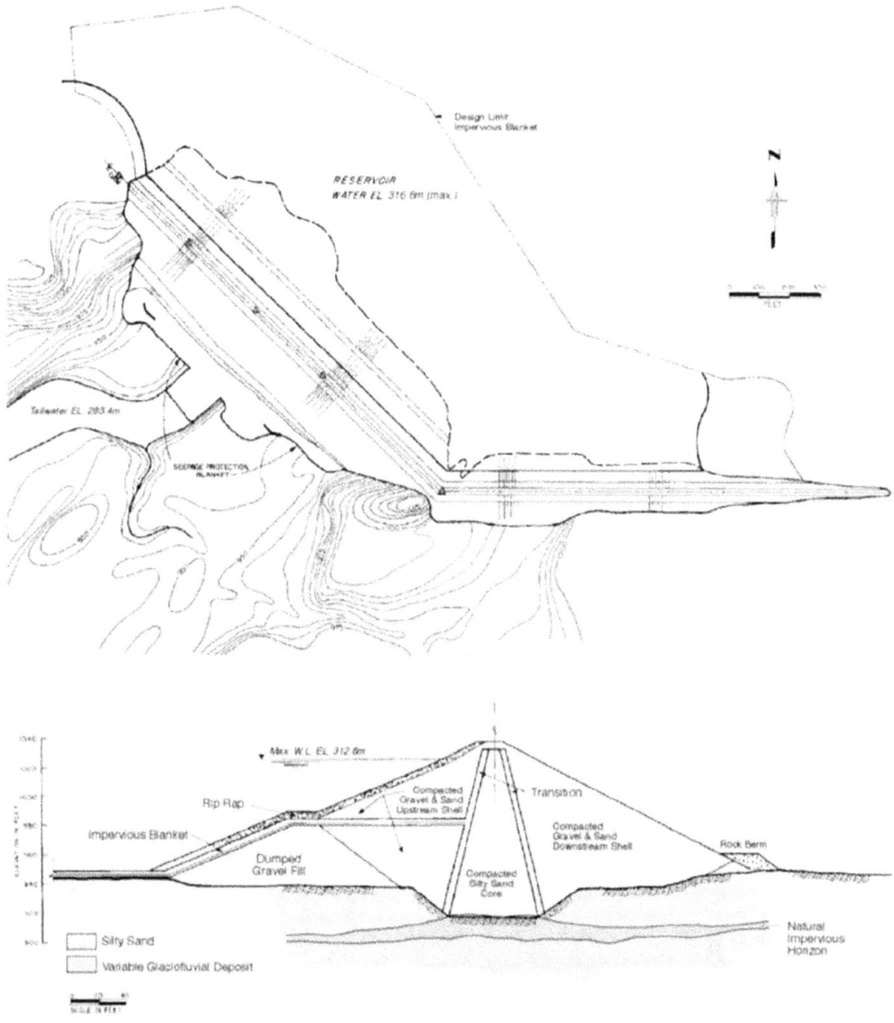

Fig. 2.53
Shikwamkwa Dam: Section and plan showing extent of upstream blanket (from Donnelly et al, 2000)

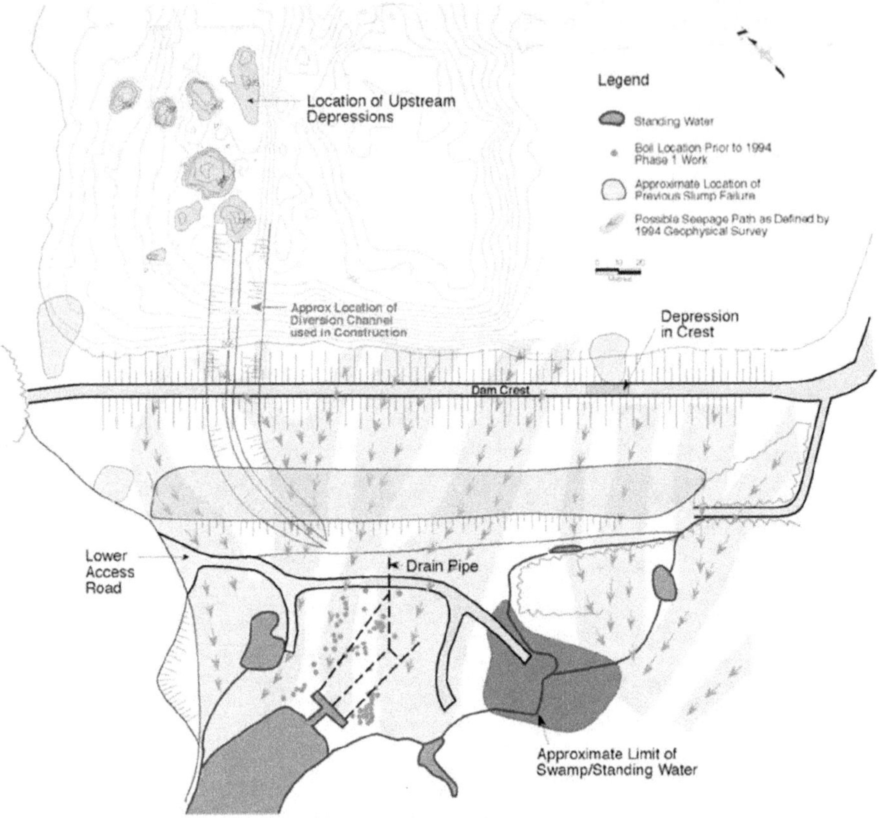

Fig. 2.54
Le barrage Shikwamkwa : observations des fontis amont, des conduits d'érosion interne, des tumulus de sable aval et de la dépression en crête après le glissement causé par l'affaissement du fontis au pied amont du barrage (Donnelly et al., 2000)

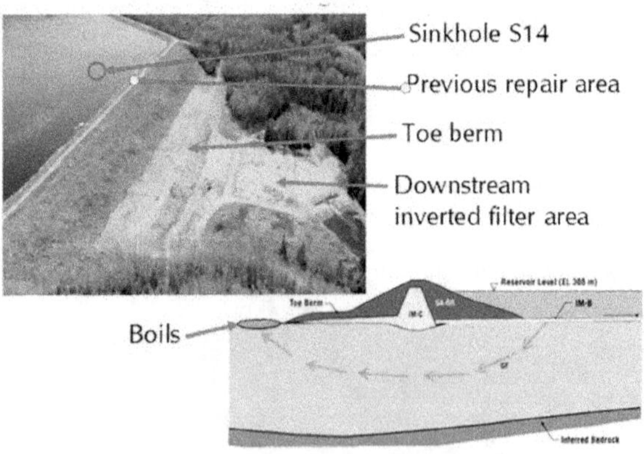

Fig. 2.55
Le barrage Shikwamkwa : la zone de dommages (tumulus), la berme aval filtrante et l'écoulement alimentant les conduits d'érosion régressive (tirée de Donnelly et al., 2000)

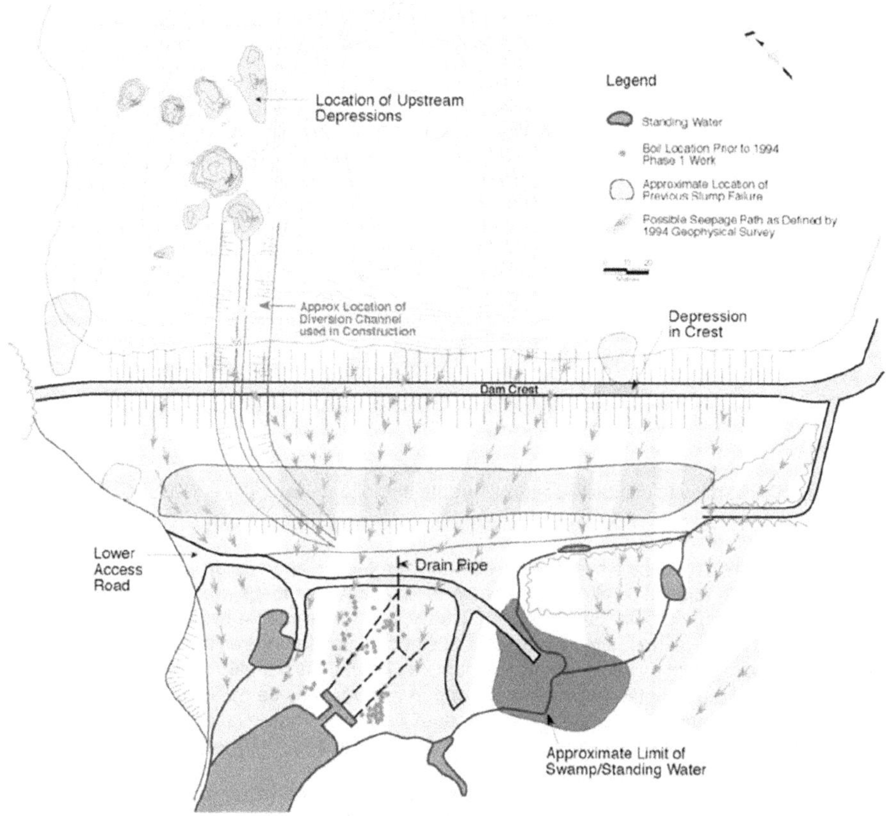

Fig. 2.54
Shikwamkwa Dam: record of upstream sinkholes, erosion pipe routes, downstream sand boils and the depression left in the crest after slope failure caused by sinkhole opening up at upstream toe (from Donnelly et al, 2000)

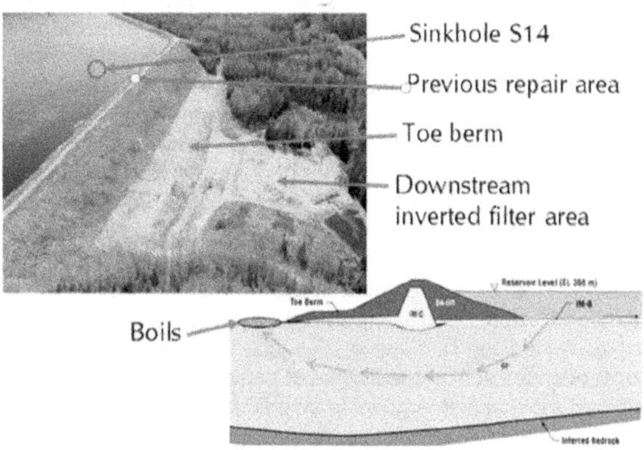

Fig. 2.55
Shikwamkwa Dam: showing damage, filtered toe berm and section of erosion pipes (from Donnelly et al, 2000)

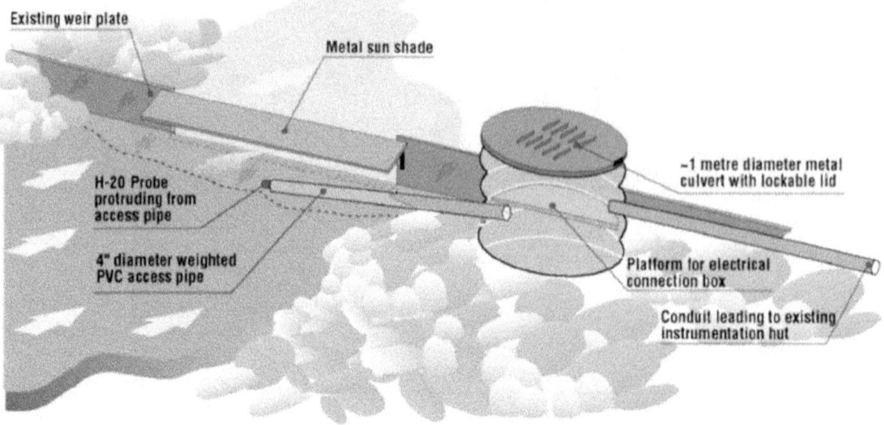

Fig. 2.56
Le barrage Shikwamkwa : dispositif pour mesurer la turbidité de l'eau (tirée de Donnelly et al., 2000)

La nouvelle approche a mené à des travaux de réfection approfondis, comprenant une berme au pied aval sur un tapis avec filtre inversé et le remblayage des fontis amont avec un remplissage grossier « transparent du point de vue hydraulique », afin de permettre l'écoulement tout en évitant des affaissements supplémentaires et l'érosion des pentes des fontis. Les incidents se sont toutefois poursuivis, probablement dus à l'endommagement des fondations par plus de 40 ans de formation de renards, par l'enlèvement et le remaniement d'importants volumes de matériaux. En 2005, les levés sonar ont permis d'identifier un nouveau fontis et deux existants, dans lesquels 90 m^3 supplémentaires de matériaux avaient été érodés, au pied de la pente à proximité du glissement de 1971.

Compte tenu de l'imprévisibilité des processus d'érosion interne, même après des années d'expérience et d'enquêtes, et de l'incertitude qui en résulte quant à la sécurité du barrage, il a été décidé de remplacer le barrage d'origine par un nouveau en aval, achevé en 2006. Les problèmes d'érosion interne du nouveau barrage et de la fondation ont été résolus en créant une coupure étanche en béton plastique d'une largeur minimale de 760 mm, excavée au travers les dépôts glaciaires depuis la base du noyau jusqu'au rocher à 65 m de profondeur.

Quoique le tapis amont initial mince ait pu être fissuré à la suite de tassements sur l'ancien lit de la rivière, les tumulus de sable en aval, les conduits d'érosion régressive, les fontis et les affaissements amont confirment que, ce que l'on appelle maintenant l'érosion régressive était en cours. Il ne semble pas qu'il s'agisse d'une « érosion de conduit progressant vers l'aval » dans des écoulements préférentiels, à travers des fissures et des ouvertures dans le tapis amont et la fondation.

Ce cas démontre la capacité tenace des conduits d'érosion régressive à « grignoter » et progresser vers l'amont et vers le haut du réservoir à travers les matériaux érodables des fondations de barrages, lorsque la charge hydraulique est suffisante.

Il montre également que les tapis amont peuvent parfois être inefficaces à réduire le *gradient hydraulique global* qui initie l'érosion régressive, très probablement dans ce cas, où les matériaux du tapis étaient fins et vulnérables à l'érosion régressive sous-jacente. Lorsque les matériaux des tapis amont sont érodables, les conséquences sont imprévisibles et peuvent être graves. À Shikwamkwa, l'extrémité amont de l'un des renards d'érosion a émergé juste au pied amont du barrage, provoquant l'instabilité de la pente, sans heureusement emporter la crête, évitant ainsi de justesse la rupture par surverse.

Les matériaux du tapis amont doivent être plastiques ou des sables et graviers trop grossiers pour être érodables à l'érosion régressive sous-jacente. En effet, le tapis / berme amont du barrage AV Watkins (voir précédemment), qui avait un gravier tout-venant 0–13 cm qui stoppa l'érosion régressive, le démontre.

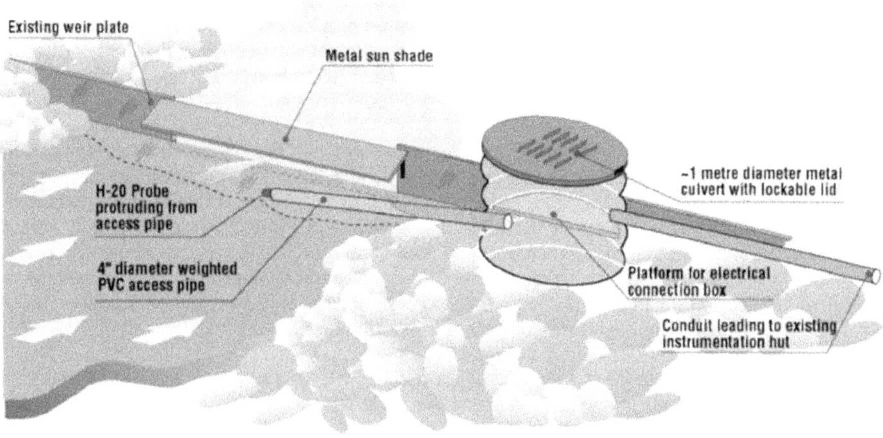

Fig. 2.56
Shikwamkwa Dam: Turbidity monitoring arrangements (from Donnelly et al, 2000)

The new approach led to extensive remediation, including filling upstream sinkholes with 'hydraulically invisible' coarse fill, intended to allow seepage but prevent further collapse and erosion from the sinkhole surfaces, a downstream toe berm and an inverted filter blanket. Incidents continued, however, possibly because the foundation was seriously damaged by the removal and disturbance of large volumes of material by piping over 40 or more years. In 2005, sonar surveys identified a new sinkhole, and two existing ones from which an additional 90 m^3 of material had been lost, at the toe of the slope in the vicinity of the 1971 slide.

In view of the unpredictability of the internal erosion processes, even after years of experience and investigations, and the resulting uncertainty about the continuing safety of the dam, it was decided to replace the original dam with a new one downstream, which was completed in 2006. The internal erosion issues in the new dam and foundation were dealt with by providing a plastic concrete cut-off wall, minimum width 760 mm, from the base of the core through the glacial deposits to bedrock at a depth of up to 65 m.

The upstream blanket may have been thin and may have cracked as settlement across the old river channel occurred, but the downstream sand boils, the piping and the upstream depressions, confirm that what is now known as backward erosion was occurring. It does not appear to be 'forward erosion' through concentrated leaks, cracks and openings, in the blanket and foundation.

The case demonstrates the tenacious capability of the backward erosion pipes to 'eat' and progress backwards and upwards into the reservoir through vulnerable materials in dam foundations when the hydraulic loads are sufficient.

It also shows that upstream blankets can be ineffective in reducing the *overall hydraulic gradient* that initiates backward erosion, almost certainly in this case because the blanket materials were fine and vulnerable to backward erosion from below. If upstream blankets are erodible, the outcomes are unpredictable and may be serious. At Shikwamkwa, the emerging upstream end of one of the erosion pipes was at the upstream toe of the dam, causing instability of the slope, but fortunately not cutting through the crest, thereby narrowly avoiding failure by overtopping.

Upstream blanket materials should be plastic or sands and gravels too coarse to be vulnerable to backward erosion from below. The upstream berm/blanket which included 13 cm down gravel and arrested backward erosion at A V Watkins dam (see above) demonstrates this.

L'exemple montre également qu'il est très difficile d'empêcher l'érosion régressive, si les gradients sont suffisants pour l'initier. Dans ce cas, l'érosion régressive n'a pas provoqué de rupture, probablement parce que les gradients appliqués étaient sous-critiques ou que les matériaux de fondation étaient suffisamment hétérogènes pour isoler les conduits d'érosion qui n'ont pas se combiner ensemble pour provoquer le tassement de la crête et sa surverse.

La reconnaissance des fondations du nouveau barrage a montré qu'il existait des couches de sable et de gravier contenant des cailloux et blocs jusqu'à 12 m de profondeur, au-dessus d'une couche de silt avec des traces de sable fin et d'argile jusqu'à 23 m de profondeur, au-dessus d'un mince placage de moraine fine sur le massif rocheux. L'érosion régressive s'est produite à travers la couche de sable et gravier au-dessus de la couche de silt. Si le Volume 1 avait été disponible à ce moment, il y aurait peut-être eu suffisamment de données pour appliquer les informations qu'il contient, en particulier la Figure 20 (4.4 du prétirage) permet d'estimer la largeur de fondation requise pour empêcher l'érosion régressive de conduire à une rupture.

Pour utiliser la Figure 20 (4.4 du prétirage) du Volume 1, il aurait été nécessaire de déterminer la taille du d_{70} et la perméabilité des zones érodables de la couche supérieure. La taille du d_{70} aurait pu être déterminée à partir de prélèvements dans les tumulus de sable en aval de l'ancien barrage.

Cependant, comme indiqué au paragraphe 2.3.1 sur IJkdijk, identifier et déterminer la perméabilité de la zone d'écoulement pertinente dans la couche aurait été plus difficile. Dans les bancs d'essais à IJkdijk, sur lesquels la Figure 20 (4.4 du prétirage) est largement basée, la perméabilité a été calculée à partir du volume d'écoulement provenant de la fondation en sable sous le remblai. Pendant la majeure partie de la durée des essais, les fondations en sable comprenaient des conduits d'érosion régressive s'étendant progressivement du pied aval vers la retenue. Des tumulus de sable commencent à se former lorsque le renard ne s'étend que d'environ du tiers à la moitié de la largeur de la base à partir du pied aval. Les mesures de fuites sous l'ancien barrage avant et après la formation des tumulus de sable auraient pu fournir des estimations satisfaisantes de la perméabilité in situ et auraient pu être vérifiées et comparées aux résultats d'essais de pompage, sur le nouveau site.

Il ne fait toutefois aucun doute que les incertitudes inhérentes à la détermination d'une largeur sécuritaire des fondations d'un nouveau barrage, selon les circonstances connues à Shikwamkwa, et éventuellement sur d'autres sites ayant des matériaux de fondation similaires, valident la décision prise, en l'absence d'une compréhension moderne de l'érosion régressive et de la formation de renards, d'opter pour une coupure étanche complète jusqu'au massif rocheux.

2.3.2. Incidents dus à l'érosion régressive ascendante

2.3.2.1. Barrage Lar : Érosion régressive ascendante au travers des dépôts profonds causant des affaissements

Messerklinger (2014) a examiné les cas d'importants fontis qui se sont formés dans la vallée de Lar en Iran. Six fontis ont été analysés. Trois étaient elliptiques avec des fonds horizontaux et des diamètres compris entre 60 et 125 m, formés avant 1970 lors du début des investigations sur le site du barrage Lar. Trois étaient circulaires avec des diamètres d'environ 10 à 30 m et des fonds de forme conique, formés en 1988, soit environ 5 ans après le début de la mise en eau alors que le niveau de l'eau dépassait 2500 m au-dessus du niveau de la mer.

Les fontis formés dans un mort-terrain de plusieurs centaines de mètres d'épaisseur sont représentés à la Figure 2.57 et plus en détail à la Figure 2.58. Un examen détaillé de la composition du mort-terrain en profondeur a montré que les fontis à fonds horizontaux, appelés affaissements du type « effondrement de la couverture », se formaient à travers une couche de sols cohérents à grains fins (argile et silt). Les affaissements coniques plus petits, communément appelés de type « suffusion », se formaient dans des sols à grains moyens à grossiers, de granulométries variables.

The example also shows that it is very difficult to prevent backward erosion if the gradients are sufficient to initiate it. In this case, failure by backward erosion did not occur, possibly because the gradients applied were sub-critical, or because the foundation materials were sufficiently heterogeneous to isolate the erosion pipes from each other and they therefore did not coalesce to cause crest settlement and overtopping.

The investigations for the foundations of the new dam showed that there were layers of sand and gravel with occasional cobbles and boulders up to 12 m deep above a silt layer containing small amounts of fine sand and a trace of clay upwards of 23 m deep above small amounts of glacial till above bedrock. The backward erosion occurred through the upper sand and gravel above the silt. If Volume 1 had been available, there may have been sufficient data to apply the information in it, particularly Figure 20 (4.4 in preprints), to estimate the bottom width required to prevent backward erosion leading to failure.

To use Figure 20 (4.4) in Volume 1, it would have been necessary to determine the d_{70} size and the permeability of the susceptible parts of the upper layer. The d_{70} size could have been determined from the materials in the sand boils downstream of the old dam.

However, identifying, and, as discussed in 2.3.1, IJkdijk, above, determining the permeability of, the relevant flow zone in the layer would have been more challenging. In the IJdijk trials, on which Figure 20 (4.4) is largely based, the relevant permeability was derived from the seepage quantity from the sand foundation under the entire embankment. For much of the duration of the trials, the sand foundation included backward erosion pipes gradually extending from the downstream toe towards the reservoir. Sand boils start to form when the erosion pipe extends only about one-third to one-half of the bottom width from the downstream toe. Measurements of 'general' seepage at the old dam in the periods before and after sand boils formed may have provided satisfactory estimates of the relevant in-situ permeability, and could have been be backed up and compared to results from, say, pumped well tests, at the new site.

There can little doubt, however, that the uncertainties inherent in determining a safe bottom width for the new dam in the circumstances at Shikwamkwa, and possibly at other sites with similar foundation materials, validate the decision made, without the benefit of a modern understanding of backward erosion and piping, to provide a complete cut-off to bedrock.

2.3.2. *Incidents from upward backward erosion*

2.3.2.1. Upward backward erosion through deep sediments forming sinkholes: Lar Dam

Messerklinger (2014) examined the case of large sinkholes that formed in the Lar valley in Iran. Six sinkholes were analyzed. Three were elliptical with horizontal bottoms and diameters between 60 m and 125 m, which had formed before 1970 when the site investigations for the Lar dam started. Three were circular with diameters of around 10 m to 30 m and conical-shaped bottoms, which formed in 1988, about 5 years after the start of impounding, when the water level exceeded 2500 m asl.

The sinkholes formed through several hundred meters thick overburden, shown in Figure 2.57 and in more detail in Figure 2.58. Detailed examination of the composition of the deep overburden showed that the large sinkholes with horizontal bottoms, termed 'cover-collapse' type sinkholes, formed through a layer of fine-grained cohesive soils (clays and silts). The smaller conical sinkholes, termed 'suffusion' type sinkholes, formed through medium to coarse grained soils of varying gradation.

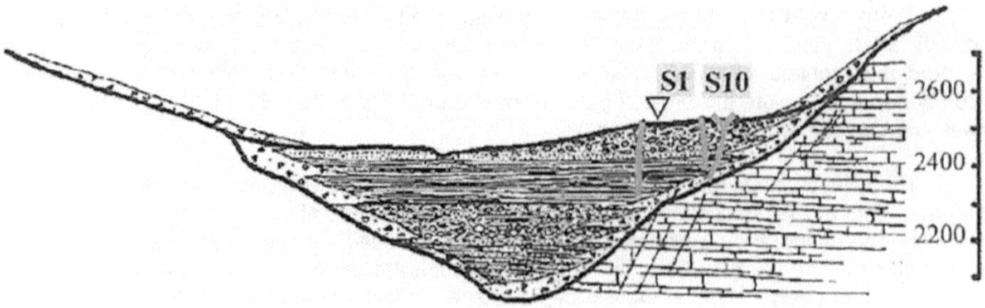

Fig. 2.57
Sédiments et affaissements dans le bassin sédimentaire Lar. S1 montre un affaissement de type « couvert-effondrement » et S10 montre un affaissement de type « suffusion » (tiré de Messerklinger, 2014)

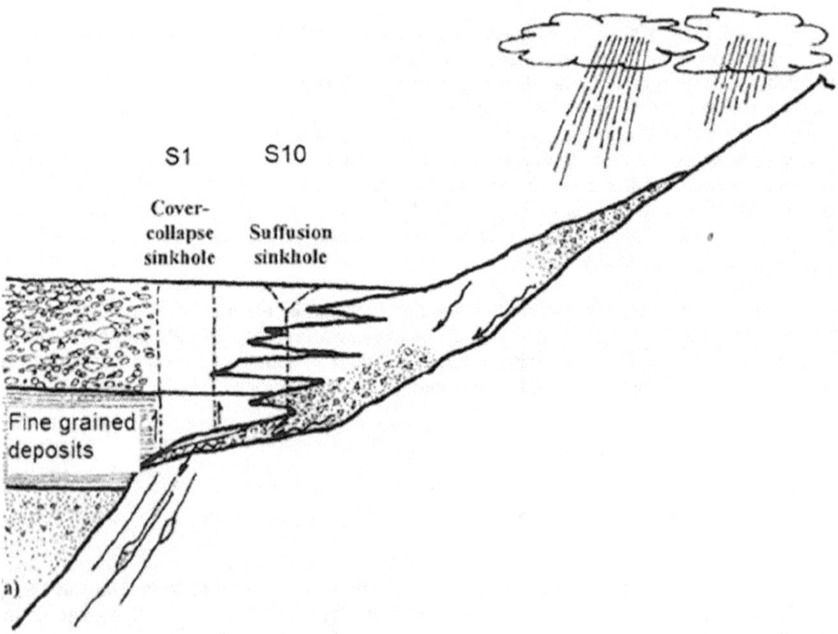

Fig. 2.58
Fontis de type « effondrement de la couverture » au-dessus d'un dépôt de matériaux fins et de type « suffusion » au-dessus d'un dépôt de matériau grossier (adaptée de Bridle et Messerklinger, 2015)

Il est important de noter qu'en génie géologique, on entend par « suffusion » le fait qu'un matériau non plastique soit emporté par l'eau dans des vides, résultant en affaissements coniques à la surface (pour la terminologie, voir par exemple Waltham & Fookes 2003). En ce qui concerne la mécanique de l'érosion interne, le terme "suffusion" est utilisé pour désigner l'évacuation des particules fines à travers les pores de la matrice d'un sol à grains grossier, comme décrit au chapitre 6 du Volume 1.

Bridle et Messerklinger (2105) ont noté des similitudes avec les fontis observés au tapis amont de Shikwamkwa et ont examiné les mécanismes d'érosion qui pourraient expliquer la formation des affaissements de Lar. Vous trouverez ci-après des ébauches d'explications sur les causes des affaissements, particulièrement empiriques dans le cas des fontis coniques, qui se sont formés lors de la mise en eau du réservoir.

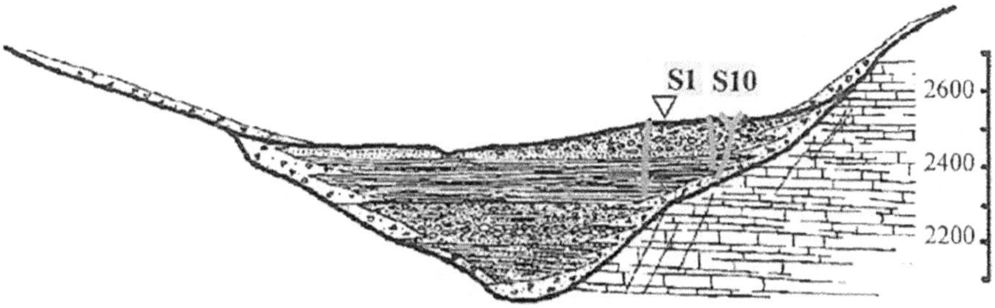

Fig. 2.57
Sediments and sinkholes in Lar basin sediments. S1 is a cover-collapse type sinkhole and S10 is a suffusion-type sinkhole (from Messerklinger, 2014)

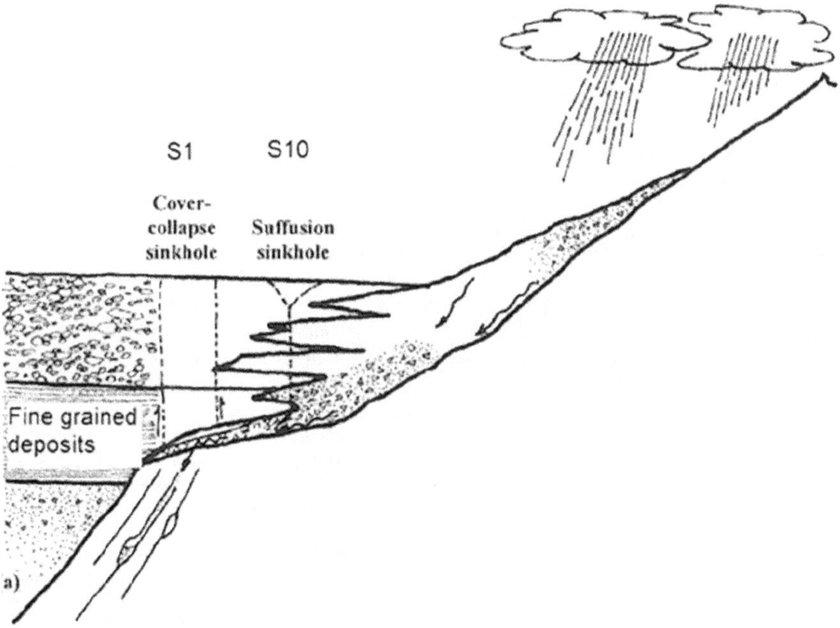

Fig. 2.58
Showing cover collapse sinkholes over fine grained deposits and suffusion sinkholes over coarse grained deposits (adapted from Bridle and Messerklinger, 2015)

It is important to note that in engineering geology 'suffusion' is used to mean the flushing of non-plastic material into voids resulting in conical sinkholes at the surface (for terminology see, for example, Waltham & Fookes 2003). In internal erosion mechanics, suffusion is the term used for the flushing of suffusive fines through the pore spaces in the coarse soil matrix of suffusive soils, as described in Chapter 6 in Volume 1.

Noting similarities to the sinkholes in the upstream blanket at Shikwamkwa, Bridle and Messerklinger (2105) considered the erosion mechanisms that might explain why the Lar sinkholes had formed. What follows are tentative explanations of the causes of the sinkholes, particularly tentative in the case of the conical sinkholes, those that formed when the reservoir was impounded.

2.3.2.2. Mécanismes d'érosion interne – Affaissements elliptiques existants avant la mise en eau du réservoir

Pour les affaissements du type « effondrement de la couverture », les dépôts situés en-dessous de la couche en matériaux fins ont été érodés et des cavernes se sont élargies jusqu'à atteindre l'équilibre limite dans la couche de matériaux fins normalement consolidée. Des bandes de cisaillement se propagèrent vers le haut et une masse de sol plus ou moins cylindrique de matériaux fins s'est ainsi effondrée dans la caverne. Une analyse de ce mécanisme de défaillance est présentée dans Messerklinger (2014).

L'érosion des dépôts de matériaux grossiers sous la couche de matériaux fins est survenue avec l'écoulement le long de la surface du substratum rocheux vers une zone de rocher plus perméable pour atteindre ensuite un réseau ouvert d'écoulement libre dans les conduits karstiques existants.

Les sols grossiers sont difficiles à échantillonner, mais ils sont probablement suffusifs au sens de l'érosion interne, tel que décrit ci-haut. Le mécanisme de la perte des particules fines provient probablement de la suffusion vers les conduits karstiques. Cela a pu provoquer un tassement sous la couche de matériaux cohérents de plasticité élevée, entraînant ainsi un effondrement et la formation d'affaissements elliptiques.

2.3.2.3. Mécanismes d'érosion interne – Affaissements coniques survenant après la mise en eau du réservoir

Pour les fontis dus à la suffusion, le processus d'érosion (au sens géologique) dans les dépôts à grains grossiers au-dessus du rocher perméable est le même. Comme aucune couche cohérente n'interrompait le processus d'érosion, le mécanisme continua avec un écoulement continu et se propagea à travers la source d'infiltration, qui était à l'époque la retenue de Lar. Par conséquent, des zones d'érosion verticales ou semi-verticales se sont développées dans les formations de matériaux grossiers au-dessus des zones de substrat rocheux bien drainées, apparaissant à la surface du sol sous forme de gouffres coniques.

Il semble peu probable que le mécanisme d'érosion interne à travers les couches sous-jacentes des affaissements coniques soit la suffusion. En effet, la suffusion provoque généralement des tassements généraux de la surface. Des affaissements coniques sont généralement observés à l'extrémité amont des renards d'érosion régressive, comme au barrage de Shikwamkwa (Donnelly et al. 2007). Les parallèles avec l'érosion régressive horizontale indiquent que les affaissements coniques peuvent se former à l'extrémité supérieure des chemins d'érosion régressive ascendants, qui se sont formés au-dessus des entonnements de karsts du substrat rocheux karstique. Les gradients locaux aux points de sortie auraient été élevés et une érosion régressive aurait commencé, entraînant ainsi des particules de mort-terrain pour former ce que l'on pense être des cheminées d'érosion distinctes (c'est-à-dire une érosion régressive non globale, mais plutôt une érosion régressive ascendante) qui remontent vers le fond du réservoir. Au point de sortie, un affaissement conique se forme avec la cheminée d'érosion verticale située à sa base.

Le diagramme de Sellmeijer, van Beek (Figure 20 du Volume 1 ou Figure 4.4 du prétirage) n'a pas été développé pour l'érosion régressive ascendante, mais si on tourne la géométrie du problème à 90°, on peut voir que la charge hydraulique H appliquée sur le mort-terrain dans lequel le conduit d'érosion s'est formé avec le gouffre à son extrémité aval (en haut dans le cas présent) était légèrement supérieure à la "longueur de base" L du chemin d'érosion (sa profondeur dans ce cas), donc $H/L \approx 1$. Dans ce cas, l'épaisseur du mort-terrain D est la même que la profondeur totale L du renard d'érosion et de l'affaissement. Si nous supposons que les propriétés du sol sont similaires à celles pour lesquelles le F_R et le F_S de la Figure 20 (4.4) ont été développés, un gradient de $H / L \approx 1$ pour $D / L \approx 1$ est bien supérieur à la limite supérieure de $F_R{*}F_S$, ce qui indique que l'érosion régressive menant à la rupture ou, dans ce cas, un chemin d'érosion ressortant à la surface où se formait un affaissement, était inévitable (tout comme au barrage Hauser).

2.3.2.2. Erosion mechanisms – elliptical sinkholes – existing before impounding

For the cover-collapse type sinkholes, the deposits below the fine-grained layer were eroded and caverns formed which widened until the limit-equilibrium in the fine-grained, normally consolidated layer was reached, shear bands formed that propagated upwards and a more or less cylindrical fine-grained soil body failed into the cavern. An analysis of this stability failure is given in Messerklinger (2014).

The erosion of the coarse-grained deposits below the fine-grained layer occurred with the seepage flow along the bedrock surface towards a permeable rock zone and further to the open water ways in the established karst conduits.

The coarse-grained soils are difficult to sample, but are probably suffusive, in the internal erosion sense, as described above. The mechanism of the loss of fines may have been by suffusion into the karst channels. This would cause settlement below the fine-grained plastic layer resulting in collapse and formation of the elliptical sinkholes.

2.3.2.3. Erosion mechanisms – conical sinkholes – formed after impounding

For the suffusion type sinkholes, the erosion process (in the engineering geology sense) in the coarse-grained deposits on top of the permeable bedrock is the same. As no cohesive layer interrupted the erosion process, the mechanism continued with ongoing seepage and propagated towards the seepage source, which was at that time the Lar reservoir. Hence, vertical or semi-vertical erosion zones developed in the coarse-grained formations above the well-drained bedrock areas, which appeared on the ground surface as conically shaped sinkholes.

The mechanism of the internal erosion through the underlying strata to form conical sinkholes seems unlikely to be suffusion. This is because suffusion usually causes general settlements of the surface. Conical sinkholes are more usually seen at the upstream end of backward erosion pipes as at the Shikwamkwa dam (Donnelly et al. 2007). The parallels to horizontal backward erosion indicate that the conical sinkholes may form at the top end of upward backward erosion pipes that formed upwards from high capacity drainage points in the karstic bedrock at the bottom of the overburden. The local gradients at the outlets would be high and backward erosion would initiate, drawing in overburden particles to form what are thought to be discrete erosion pipes (i.e., not 'global' backward erosion, but upward backward erosion) working upwards towards the reservoir floor. At the exit point, a conical sinkhole forms with the vertical erosion pipe at the base of its cone.

The Sellmeijer, van Beek chart (Figure 20 in Volume 1), (4.4 in preprints) was not developed for upward backward erosion, but turning the geometry through 90° it can be seen that H, the head applied across the overburden in which the erosion pipe formed with the sinkhole at its downstream (top, in this case) end, was slightly greater than L, the 'base length' of the erosion pipe (its depth in this case), or $H/L \approx 1$. In this case D, the depth of overburden is the same as L, the total depth of the erosion pipe and sinkhole. If we assume that the soil properties are similar to those for which the F_R and F_S on Figure 20 (4.4) were developed, a gradient of $H/L \approx 1$ for $D/L \approx 1$ is far above the highest $F_R * F_S$ line, indicating that backward erosion leading to failure, or in this case an erosion pipe to the surface where a sinkhole formed, was, as at Hauser dam, inevitable.

On peut se demander si un conduit d'érosion pouvait se développer et se maintenir à travers toutes les couches de matériaux grossiers à Lar, mais cela semble possible dans les formations de sable, si les gradients sont suffisants. Ceux de Shikwamkwa ont trouvé des voies menant à la retenue à travers des dépôts glaciaires hétérogènes de granulométrie étalée et de façon ascendante au travers un tapis amont compacté non plastique. Il est également possible que des conduits se soient développés au sommet et dans des parties de la colonne où des matériaux fins étaient présents. Les conduits se seraient amorcés à la base de zones très perméables, comme cela pourrait être le cas dans les parties très grossières d'une colonne de sols hétérogènes et suffusifs entre le substrat rocheux et le réservoir.

Il convient de rappeler que cette approche est empirique, mais démontre que la connaissance approfondie des mécanismes liés à l'érosion interne contenue dans les deux volumes de ce Bulletin peut être appliquée pour mieux comprendre des événements passés inexpliqués. Néanmoins, pour ces deux cas, la compréhension du processus de formation des affaissements n'offre aucune explication pragmatique sur la prévention de ces événements dans le futur.

2.3.2.4. Érosion régressive ascendante d'une cavité dans l'argile : Incident de Lluest Wen

La découverte d'un fontis en crête du barrage de Lluest Wen au pays de Galles est relatée dans « Leçons apprises d'incidents historiques sur des barrages » (Environment Agency, 2011). Une extraction très lente de l'argile du noyau corroyé dans la galerie d'exhaure est à l'origine de ce cas rare d'érosion régressive ascendante d'une argile (sections 2.2.2 et 4.3.2, Volume 1).

Le barrage est un remblai typiquement britannique de 24 m de hauteur, avec des recharges en argile à blocaux et un noyau d'argile corroyée. Il fut achevé en 1896. En 1912, un affaissement s'est produit et, en 1915–1916, 50 tonnes de coulis de ciment ont été injectés dans la zone du puits de contrôle en amont du noyau.

Le 23 décembre 1969, un homme en se promenant à cheval sur la crête du barrage est tombé dans un trou de deux mètres de profondeur du côté amont du noyau près de la tour de prise (Figure 2.59).

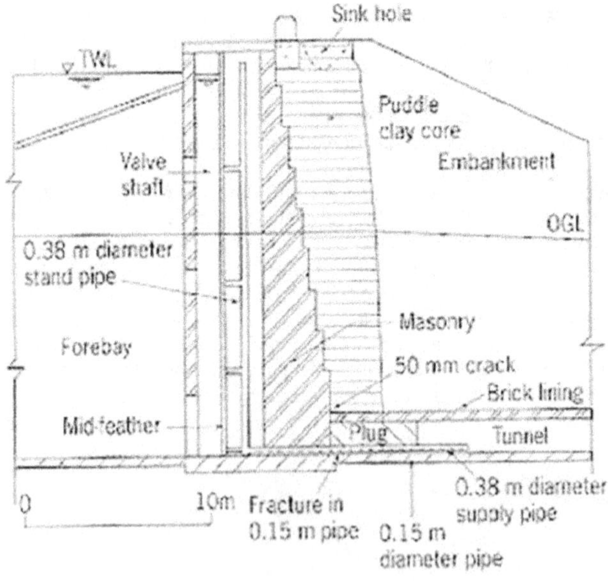

Fig. 2.59
Barrage de Lluest Wen : profil-type où le fontis est apparu

Whether a discrete erosion pipe could develop and be sustained through all the coarse material layers at Lar may be questioned, but seems possible in sand formations if the gradients are sufficient. Those at Shikwamkwa found routes to the reservoir through heterogeneous widely graded glacial deposits and upwards through a compacted upstream blanket in non-plastic fill. There is also the possibility that discrete pipes may have developed at the top and in parts of the column where fine materials were present. The discrete pipes would be initiated at high capacity drainage zones at their bases, such as might be provided in the very coarse parts of the column of variable and suffused soils between the bedrock and the reservoir.

It must be repeated that this is tentative, but demonstrates that the greater understanding of internal erosion mechanisms contained within the two volumes of this Bulletin, can be applied to understand previously unexplained events. In this case, however, understanding why the sinkholes might have formed does not immediately provide any pointers to how they might be prevented in future.

2.3.2.4. Upward backward erosion forming a cavity in clay: Lluest Wen incident

'Lessons from historical dam incidents' (Environment Agency, 2011) reports the exposure of an erosion cavity in the crest of Lluest Wen dam in Wales. The clay core was extruded very slowly into the outlet tunnel in an unusual case of upward backward erosion (Sections 2.2.2 and 4.3.2, Volume 1).

The dam is a 24 m high typical British embankment with boulder clay fill shoulders and a puddle clay core. It was completed in 1896. In 1912 subsidence had occurred, and in 1915–16 50 tonnes of cement grout had been injected in the area of the valve shaft.

On 23 December 1969, a man was riding on horseback across the dam and it is reported that both horse and rider fell into a two-meter deep hole on the upstream side of the puddle clay core close to the valve tower, see Figure 2.59.

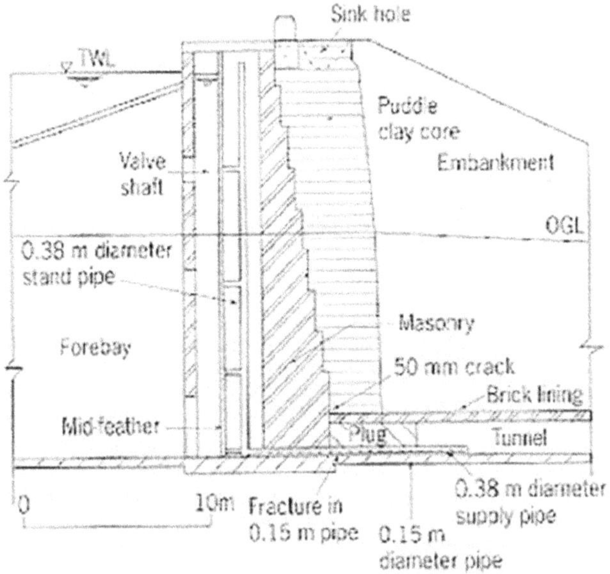

Fig. 2.59
Lluest Wen dam: cross section at crest

Le 9 janvier 1970, un abaissement d'urgence de la retenue a été jugé nécessaire. Le 12 janvier, les personnes vivant en aval ont été évacuées. La conduite de restitution de 0,38 m de diamètre ne permettait pas d'abaisser assez rapidement le réservoir, et un nombre important de pompes, dont certaines placées par hélicoptère, fut nécessaire. Un programme d'injection d'urgence a été mis en place. Il a fallu injecter 18 tonnes de coulis de bentonite-ciment dans un seul trou situé près du puits où s'est creusé l'affaissement. Le 29 janvier, une brèche d'urgence a été réalisée dans l'évacuateur de crues, abaissant le seuil d'évacuation de neuf mètres.

En fin de ces opérations d'urgence, 50 tonnes de coulis de bentonite- ciment avait été injectées dans le noyau. Par la suite, un forage d'investigation a été réalisé et indiqua que le noyau d'argile corroyée était mou à très mou et contenait des poches de silt ou de sable. De nombreuses fissures ouvertes, altérées de fer par le passage des eaux d'infiltration, étaient également présentes. Le noyau était très mou à proximité du puits de contrôle. À la vue de ces résultats, il a été décidé de ne pas compter uniquement sur le coulis et de construire une paroi moulée en béton de plastique de 0,6 m d'épaisseur. La paroi moulée a été construite à travers le noyau sur toute la longueur du barrage en panneaux de 4,8 m de longueur. La paroi a pénétré dans le substratum rocheux d'un à quatre mètres, atteignant une profondeur maximale de 34,8 m. Les essais de perméabilité à charge décroissante, réalisés dans des forages exécutés dans la paroi, ont donné une valeur de perméabilité de $1x10^{-8}$ m/s.

Après les travaux de remise en état, les principaux drains vers le pied aval du barrage présentèrent des débits très faibles par temps sec, même avec un réservoir plein. Les piézomètres situés dans le remblai aval réagirent faiblement au remplissage du réservoir.

Il a été établi que la pression hydrostatique de la retenue avait poussé l'argile corroyée du noyau dans la galerie d'exhaure, d'abord à travers une ouverture de 5–10 mm de largeur à la jonction du mur aval du puits de contrôle et du revêtement de la galerie, puis dans une conduite de drainage de 150 mm, partant de la base de la tour de prise et traversant le bouchon de la galerie, qui s'était fracturée et rompue à la jonction. À l'époque, il y avait un tas d'argile corroyée de 0,06 m^3 accumulée à la sortie de la conduite de 150 mm.

L'existence d'un trou suffisamment large pour accueillir un cheval n'a été révélée que lorsque le sol a cédé sous le poids du cheval lors d'une balade sur la crête du remblai. Un trou beaucoup plus grand aurait pu se former avant sa manifestation, si la surface de la crête avait été revêtue en asphalte ou en béton.

L'argile du noyau a été progressivement érodée vers la galerie de restitution avec créations et effondrements successifs de cavités d'érosion régressive au-dessus de l'ouverture dans la galerie, décomprimant un cône d'argile dans le noyau et entretenant une « érosion régressive globale » (sections 2.2.2 et 4.3.2, Volume 1). La progression de l'érosion régressive a élargi le cône dont le toit s'est effondré à de nombreuses reprises jusqu'à ce que la voûte du remblai intact sus-jacent ne devienne trop mince pour supporter la charge du cheval et de son cavalier, s'effondre et révèle le fontis.

Cet incident illustre l'importance du principe de *surveillance de l'érosion interne*. Des affaissements s'étaient produits plus tôt et de l'argile érodée s'était accumulée dans le tunnel de restitution, mais le lien entre les deux n'avait pas été établi. Dans un tel cas, lorsque des sédiments sont observés dans le système de drainage d'un ouvrage ou sous une ouverture, il est clair que l'érosion s'est alors initiée et que le processus est continu. Si un affaissement survient et ne peut pas être expliqué par un tassement attendu des matériaux de l'ouvrage, cela indique que l'érosion - la perte de matériau - se produit. Dans le cas présent, l'importante cavité formée par l'érosion n'avait apparemment pas été le fruit d'un tassement évident en crête. Une surveillance régulière de la crête aurait donc peut-être permis de détecter de faibles tassements localisés au-dessus de la cavité.

Le désastre d'Aberfan, survenu trois ans plus tôt en 1966, a sans aucun doute influencé le sérieux avec lequel l'incident a été perçu ainsi que les mesures d'urgence mises en place par les autorités galloises.

On 9 January 1970, an emergency drawdown of the reservoir was deemed necessary. On 12 January it was decided that people living downstream should be evacuated. The 0.38 m diameter draw-off pipe was inadequate for rapidly lowering the reservoir and a large number of pumps, some of which were positioned by helicopter, were used. An emergency grouting program was arranged which involved 18 tonnes of clay/cement grout being injected into a single hole close to the shaft where the sink hole had developed. An emergency cut was made in the spillway, lowering the overflow level by nine meters by 29 January.

With the emergency over, grouting of the core was undertaken involving 50 tonnes of clay cement grout. A subsequent borehole investigation found the puddle clay to be soft to very soft with pockets of silt or sand. Many open fissures, iron-stained by the passage of seepage water, were also present. The core was very soft in the vicinity of the valve shaft. In view of these findings, it was decided that grouting alone could not be relied upon and a 0.6 m thick plastic concrete diaphragm wall was constructed. The diaphragm wall was built through the core over the full length of the dam in 4.8-m long panels. The wall penetrated the bedrock by between one and four meters, the maximum depth being 34.8 m. Falling head tests on drill holes into the wall gave a permeability value of 1×10^{-8} m/s.

After the remedial works, the main drains to the downstream toe showed very low flows during dry weather with the reservoir full. Piezometers in the downstream fill showed little response to the filling of the reservoir.

It was established that reservoir water pressure had extruded puddle clay from the core into the outlet tunnel, firstly through a 5–10 mm wide gap at the junction between the downstream wall of the valve shaft and the tunnel lining, and then via a 0.15 m drainage pipe leading from the base of the valve shaft through the tunnel plug, the pipe having parted and fractured at the junction. At the time there was a 0.06 m^3 pile of puddle clay at the end of the 150 mm pipe.

The existence of a hole large enough to accommodate a horse was only revealed when the ground gave way under the weight of the horse as it was ridden along the crest of the embankment. Had the surface of the crest been tarmac or concrete, a much larger hole might have formed before it manifested itself.

The clay core was eroded slowly into the outlet tunnel as a backward erosion pipes formed and collapsed at the opening into the tunnel, loosening a cone of the core fill, initiating 'global backward erosion' (Sections 2.2.2 and 4.3.2 Volume 1). The continuing erosion enlarged the cone of loosened material which collapsed successively until the arch in the undisturbed fill above it became too thin to support the load of the horse and rider and collapsed, exposing the sinkhole.

An important principle of monitoring for internal erosion is illustrated by this incident. Subsidence had occurred earlier, and extruded clay had accumulated in the outlet tunnel, but the connection between the two was not appreciated. If 'sediment' appears in drainage or under an opening, as in this case, it shows that erosion has initiated and is continuing. If subsidence occurs, and cannot be explained by normal settlement, it also shows that erosion – loss of material - is occurring. The substantial erosion cavity had not apparently resulted in any obvious settlement of the crest. Routine monitoring of the crest level may have detected small local settlement above the cavity.

The extreme seriousness with which the incident was viewed and the emergency measures put in place by the Welsh authorities were undoubtedly influenced by the Aberfan disaster that occurred three years earlier in 1966.

2.3.3. *Incidents dus à l'érosion régressive globale*

2.3.3.7. Rupture par érosion globale causant un déchaussement de la pente aval : Barrage de Hellhole

Le barrage de Hellhole s'est rompu pendant la construction. Il s'agissait d'un barrage en enrochement à masque en béton (CFRD). Une crue s'est produite alors que l'enrochement aval était en cours de pose, tandis que l'enrochement amont était achevé, mais pas encore recouvert par le masque en béton. Comme le montre la Figure 2.60, l'eau de la crue a traversé l'enrochement et est ressortie au pied de la pente aval. L'écoulement a provoqué le déchaussement des blocs d'enrochement et une instabilité superficielle de la pente (sections 2.2.2 et 4.3.3, Volume 1). Le barrage s'est rompu deux heures après le début du déchaussement.

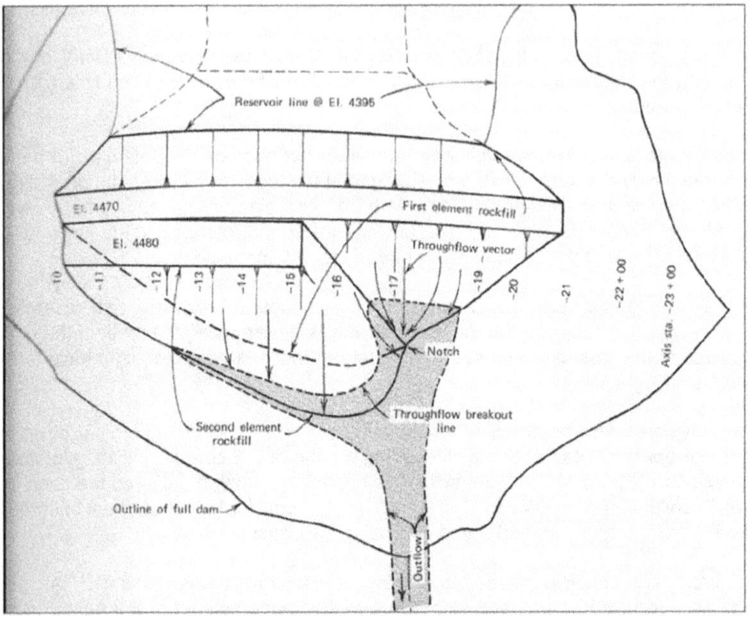

Fig. 2.60
Vue en plan du barrage de Hellhole montrant la surface de résurgence des infiltrations et le parement aval sujet au déchaussement (J-J Fry)

2.4. RUPTURES ET INCIDENTS D'EROSION DE CONTACT

2.4.1. *Fontis sur des digues zonées du Rhône en France*

Une trentaine de cas de fuites associées au développement d'un fontis ou d'un affaissement ont été signalés dans les digues du Rhône (Beguin, 2011, Fry, 2012). Les digues sont des remblais construits avec des alluvions fines (limon argileux à sable limoneux souvent recouverts de recharges d'alluvions grossières (graviers sableux) sur les versants amont et aval. Les digues reposent souvent sur des fondations en alluvions (une fine couche d'alluvions fines sur une épaisse couche d'alluvions graveleuses).

2.3.3. Failures and incidents from global backward erosion

2.3.3.1. Failure by global backward erosion causing unraveling of downstream slope: Hellhole Dam

Hellhole dam failed during construction. It was a concrete faced rockfill dam (CFRD) and a flood occurred when the rockfill was complete but the concrete face had yet not been constructed. As Figure 2.60 shows that the flood water flowed through the rockfill and the throughflow breakout line (phreatic surface) caused leakage flow onto the downstream slope. The flow caused movement and unraveling of the rockfill on the slope (Sections 2.2.2 and 4.3.3, Volume 1). The dam failed two hours after rock movement and unraveling commenced.

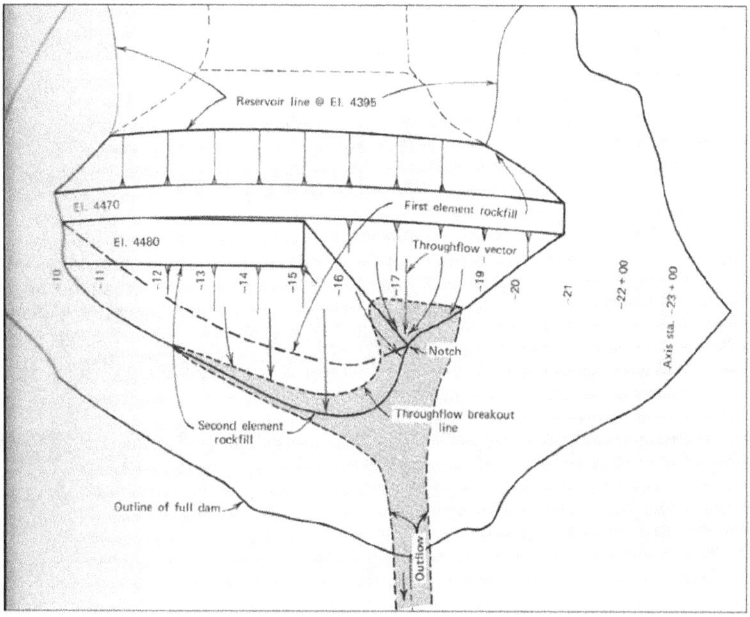

Fig. 2.60
Plan of Hellhole Dam showing throughflow breakout line and location of unraveling on the downstream slope (from J-J Fry)

2.4. FAILURES AND INCIDENTS FROM CONTACT EROSION

2.4.1. Sinkhole incidents on zoned dikes, River Rhone, France

Some thirty cases of leakage associated with development of a sinkhole or subsidence have been reported in the dikes on the Rhone River (Beguin, 2011, Fry, 2012). The dikes are embankments constructed with fine alluvium (clayey silt to silty sand often covered by shoulders of coarse alluvium (sandy gravel) on the upstream and downstream slopes. The dikes are often on alluvium foundations (a thin layer of fine alluvium on a thick layer of gravelly alluvium).

L'érosion de contact se produit lorsque les niveaux élevés de la rivière ou le décolmatage du parement amont provoquent des vitesses élevées dans la fondation en gravier, suffisantes pour provoquer une érosion au contact du remplissage limoneux des digues. L'érosion du remplissage fin semble entraîner un tassement lent des digues de telle sorte qu'une rupture par surverse n'est pas attendue. Comme le montre la figure 2.61 (Figure 22 du volume 1 ou Figure 5.1 du prétirage), l'érosion de contact aboutit (a) dans la plupart des cas à des fontis (un exemple est montré sur la photo de la Figure 2.62); (c) elle provoque un renard dans les cas extrêmes (mais jamais observés sur site); elle conduit à l'instabilité; ou (d).les particules fines s'accumulent et obstruent la fondation en gravier au pied de la digue, provoquant éventuellement une fracturation hydraulique et un soulèvement.

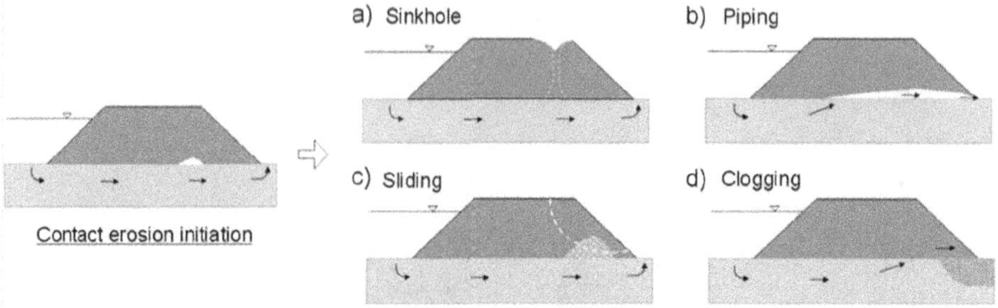

Fig. 2.61
(Figure 5.1 du Volume 1) Conséquences de l'érosion de contact. Les flèches noires indiquent l'écoulement souterrain au travers une couche de matériaux plus perméables (couche gris pâle) sous un sol moins perméable (couche gris foncé). a) apparition d'un fontis, b) érosion régressive menant à la formation d'un renard, c) affaiblissement d'une zone qui initie l'instabilité, d) obstruction de la couche perméable et augmentation des pressions interstitielles (Beguin, 2011)

Fig. 2.62
Fontis suite à l'érosion de contact, cas (a) de la Figure 2.61 (© P. Brun)

Contact erosion occurs when high river levels or unclogging of the upstream face cause high velocities in the gravel foundation, sufficient to cause erosion at the contact with the silty fill of the dikes. The erosion of the fine fill seems to result in slow settlement of the dikes in such a manner that failure by overtopping is not expected. As Figure 2.61 (Figure 22 in Volume 1, Figure 5.1 in preprints) shows, contact erosion results in most cases in sinkholes, (a) on Figure 2.61 (an example is shown in Figure 2.62); causes piping in extreme cases (but never observed on site) (b); leads to instability (c), or the fine particles accumulate and clog the gravel foundation at the toe, possibly causing hydraulic fracture and heave (d).

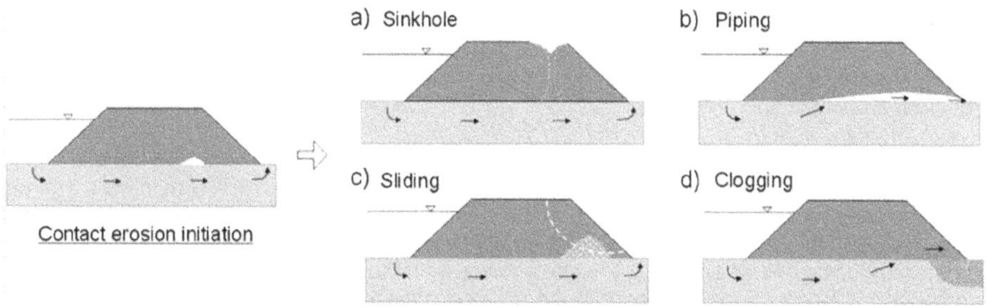

Fig. 2.61
(Figure 5.1 from Volume 1) Consequences of contact erosion. Black arrows indicate a groundwater flow through a more permeable layer (light grey) under a less permeable dam (dark grey). a) sinkhole daylights b) beginning of backward erosion piping c) creation of a weaker zone initiating instability d) clogging of the permeable layer and increase of pore water pressure. (Beguin, 2011)

Fig. 2.62
Sinkhole resulting from contact erosion, as (a) in Figure 2.61 (© P. Brun)

Aucun des trente cas d'érosion de contact signalés n'a entraîné la rupture ou la surverse des digues. Il est important de noter que tous ces cas indiquent que l'érosion de contact avait commencé et qu'on peut s'attendre à ce qu'elle progresse si les forces hydrauliques augmentent, par exemple avec le niveau de l'eau lors d'une crue.

Du fait d'un développement possible de conséquences plus sérieuses de l'érosion de contact observée dans une digue près d'Avignon, un incident a fait l'objet d'une enquête approfondie. Des fuites ont été signalées peu après le premier remplissage (1973) et ont conduit à des travaux de correction, notamment des tentatives de colmatage du parement amont et la construction d'une berme en aval. Cependant, les fuites ont continué et une quantité croissante de fines a été collectée, jusqu'à ~100 kg/semaine dans les années 2010. La granulométrie des fines collectées correspondait à la granulométrie de la couche de limon de fondation. Les tests au pénétromètre ont identifié une couche meuble juste au-dessus de l'interface gravier/limon, indiquant que l'érosion de contact s'y produisait probablement.

Il est intéressant de noter que les vitesses obtenues par traçage thermique dans la zone la plus active étaient comprises entre 10^{-3} et 10^{-2} m/s avec un maximum de 7.10^{-3} m/s, mais il semble probable que le seuil de 2 cm/s ($2.E^{-2}$ m/s) ait été localement dépassé. A certains endroits, de petites dolines (10–20 cm) ont été observées dans la couche de sédiments du parement amont, indiquant une érosion locale des sédiments à travers la digue entraînant un décolmatage (confirmé par des augmentations locales de la piézométrie). Le gradient maximal entre les piézomètres était de 0,29 et la perméabilité maximale obtenue par les tests de Lefranc était de 10^{-3} m/s. La combinaison de ces deux valeurs conduit à une vitesse de Darcy maximale estimée à 3.10^{-4} m/s, soit 20 fois moins que la vitesse estimée par traçage. Cette tendance a été confirmée lors de quatre autres incidents bien documentés sur ces digues fluviales : l'estimation de la vitesse maximale à partir des mesures de gradient et de perméabilité était inférieure d'un à trois ordres de grandeur à la vitesse maximale obtenue par la méthode de traçage; le traçage à la saumure et au colorant donnant des vitesses encore plus élevées que le traçage thermique.

La différence entre les résultats des méthodes thermiques, de saumure et de colorant et ceux estimés à partir des gradients hydrauliques mesurés et des tests de perméabilité locaux reflète probablement les effets sur le refroidissement et la dilution de l'eau qui se sera écoulée le long des voies les plus perméables à travers la digue et ses fondations, rarement capturés par les positions des piézomètres ou les tests locaux de perméabilité. Ceci souligne l'importance et les défis de l'évaluation de la vitesse maximale pour appliquer les critères hydrauliques de l'érosion par contact.

Le fait qu'aucun des incidents n'ait abouti à l'effondrement et à la rupture de la digue peut s'expliquer par la figure 2.63. Celle-ci montre qu'à des vitesses de Darcy inférieures à la vitesse critique (0,02 m/s dans ce cas), l'érosion n'est pas continue. Une érosion peut s'interrompre après le "pavage", lorsque les fines particules de limon sont emportées laissant des particules grossières qui filtrent et retiennent les particules fines nouvellement découvertes à niveau d'eau constant et vitesse de Darcy constante plus assez élevée pour alimenter une érosion continue; ou la vitesse de Darcy ne reste pas assez élevée pendant des périodes assez longues pour alimenter une érosion continue. Les fontis se forment lorsque les sols fins sont aspirés pour remplacer les matériaux perdus par l'érosion intermittente au-dessus des zones de fondation où la vitesse d'écoulement critique est atteinte dans le gravier.

Après les incidents, des parois ont été installées à travers les remblais et dans les fondations en gravier sur les longueurs concernées. Cela limite les vitesses d'écoulement des infiltrations dans le gravier à un niveau inférieur à la vitesse critique au contact du sol fin du remblai.

None of the thirty reported cases of contact erosion resulted in failure or overtopping of the dikes. It is important to note that all such cases indicate that contact erosion has initiated and can be expected to progress if the hydraulic forces increase, as water level rises during the passage of a flood, for example.

With the potential for the development of more serious consequences of the observed contact erosion, one incident in a dike close to Avignon has been thoroughly investigated. Leakages were reported soon after the first filling of the dikes (1973) and led to remediation work including attempts to clog the upstream face and the construction of a downstream berm. However, the leakages continued and an increasing quantity of fines were collected, up to ~100 kg/week in the 2010s. Grading of the collected fines corresponded to the grading of the foundation silt layer. Penetrometer tests identified a loose layer just above the gravel/silt interface indicating that contact erosion was likely to occur.

It is interesting to note that velocities obtained by thermal tracing in the most active zone were between 10^{-3} and 10^{-2} m/s with a maximum of 7.10^{-3}m/s but it seems likely that the 2 cm/s (2.10^{-2} m/s) threshold was locally exceeded. At some locations small sinkholes (10–20 cm) were observed in the sediment deposit on the upstream face, indicating local erosion of the sediments through the dike resulting in unclogging (confirmed by local piezometry increases). The maximum gradient between piezometers was 0.29 and the maximum permeability obtained from Lefranc tests was 10^{-3} m/s. Combining these two values lead to a maximum estimated Darcy velocity of 3.10^{-4} m/s, 20 times lower that the velocity estimated by tracing. This tendency was confirmed on four other well documented incidents on these fluvial dikes: the maximum velocity estimation from gradient and permeability measures were one to three orders of magnitude inferior to maximum velocity from tracing method; brine and dye tracing giving velocities even higher than thermal tracing.

The difference between the results from the thermal, brine and dye methods and those estimated from measured hydraulic gradients and local permeability tests probably reflect the effects on cooling and dilution of water which will have flowed along the most permeable routes through the levee and its foundations, rarely captured by piezometer positions or local permeability tests. This underlines the importance and challenges of assessing the maximum velocity to apply contact erosion hydraulic criteria.

The fact that none of the incidents ended in collapse and failure of the dike may be explained by Figure 2.63. This shows that at Darcy velocities less than critical (0.02 m/s in this case), erosion is not continuous. Interrupted erosion may occur after 'paving', when fine silt particles are eroded leaving coarse particles that filter and retain the oncoming newly eroded fine particles under constant water level and constant Darcy velocity no longer high enough to sustain continuous erosion; or the Darcy velocity does not remain high enough for periods long enough to sustain continuous erosion. The sinkholes form as fine soils are drawn in to replenish material lost through intermittent erosion above the foundation areas where the critical flow velocity is reached in the gravel.

Following the incidents, diaphragm walls were installed through the embankments and into the gravel foundations over the affected lengths. This limits the groundwater flow velocities in the gravel to be below critical at the interface with the fine soil in the fill.

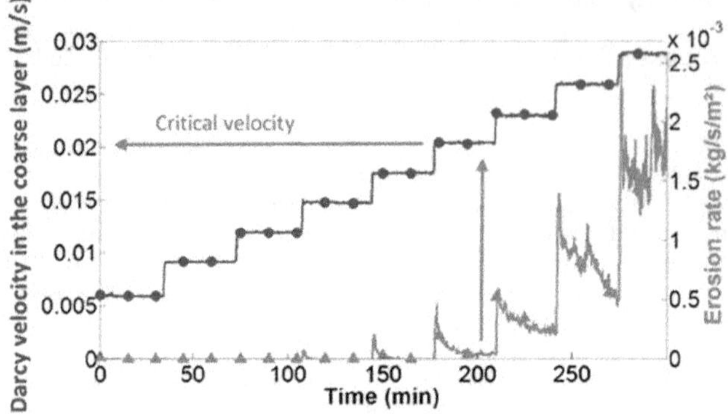

Fig. 2.63
Initiation de l'érosion de contact continue à partir d'une vitesse critique (dans ce cas 0,02 m/s) au cours de paliers de chargement hydraulique à des vitesses inférieures et supérieures à la vitesse critique (© Dr. Rémi Beguin)

2.4.2. Fontis dans la vallée de Pokhara au Népal

De 2013 à 2017, de nombreux fontis ont été observés dans la région d'Armala, dans la vallée de Pokhara, au centre du Népal. Bien qu'aucun barrage ne soit présent au-dessus de ces fontis, une enquête appropriée a été menée, montrant que les fontis résultaient d'une érosion de contact (Pokhrel et Kuwano, 2021).

2.5. RUPTURES ET INCIDENTS DE SUFFUSION

2.5.1. Augmentation à très long terme des fuites avant la rupture : Barrage de Laguna

Il est rapporté que la rupture du barrage Laguna est survenue après suffusion long terme, soit plus de 60 ans. Cependant, les faits n'indiquent pas clairement que la suffusion en soit la cause. Le rapport indique aussi une possible d'érosion de conduit à travers des « canalicules », soient des tubes de petit diamètre dans les sols résiduels de la fondation, ou des trous laissés par des racines d'arbres morts.

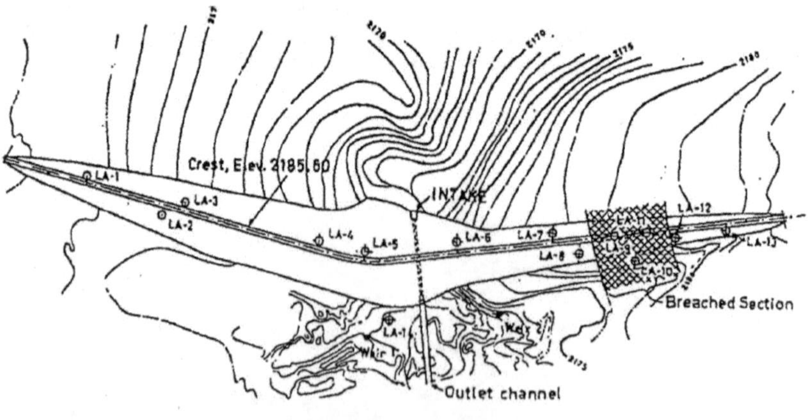

Fig. 2.64
Le barrage de Laguna : vue en plan (tirée de Marsal et Pohlens, 1972)

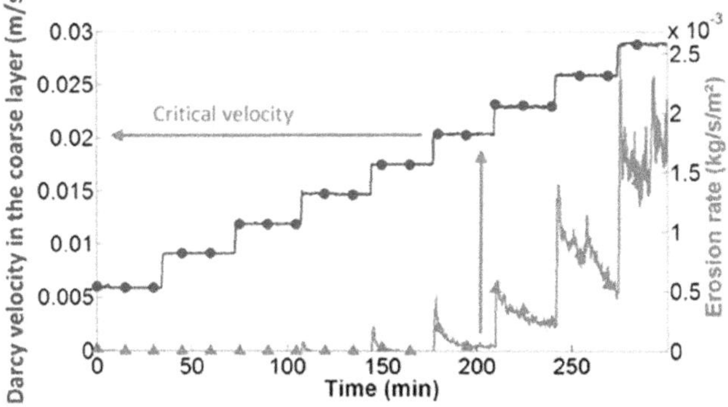

Fig. 2.63
Initiation of continuous contact erosion at critical velocity (0.02 m/s in this case) after stop-go erosion at velocities lower than critical (courtesy Dr Remi Beguin)

2.4.2. Sinkholes in the Pokhara valley in Nepal

During 2013–2017 numerous sinkholes were observed in the Armala area of the Pokhara valley in central Nepal. Although no dams were present above these sinkholes, a proper investigation was carried out, showing that the sinkholes resulted from contact erosion (Pokhrel and Kuwano, 2021).

2.5. FAILURES AND INCIDENTS FROM SUFFUSION

2.5.1. Very long-term increase of seepage before failure: Laguna dam

It is reported that Laguna dam failed by long term suffusion over more than 60 years. However, the facts do not obviously indicate suffusion to be the cause. Alternative explanations are failure by concentrated leak erosion through 'canalicules', small diameter tubes in the residual soils in the foundation, or through holes formed by old tree roots.

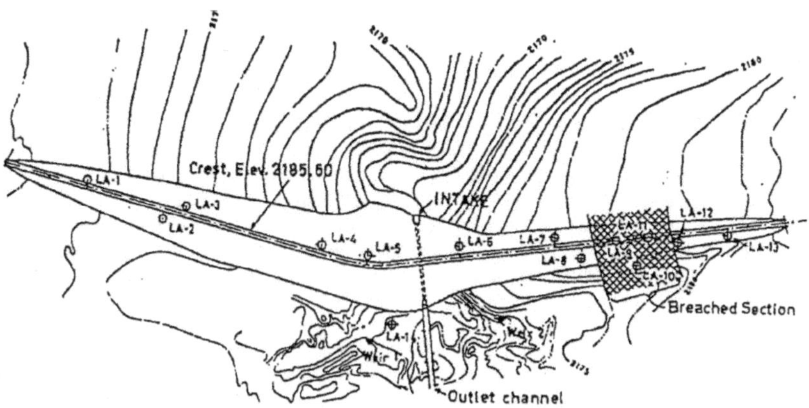

Fig. 2.64
Laguna dam: plan view (from Marsal and Pohlenz, 1972)

La Figure 2.64 représente la vue en plan du barrage avec la position de la brèche. Le remblai comprenait une zone amont de silt et d'argile compactée sans et une zone aval de sol et de pierres disposés en couches. Un mur en béton ou en maçonnerie de 1,0 m d'épaisseur était l'écran d'étanchéité qui séparait l'amont de l'aval et pénétrait de 2 à 5 m dans les sols de fondation.

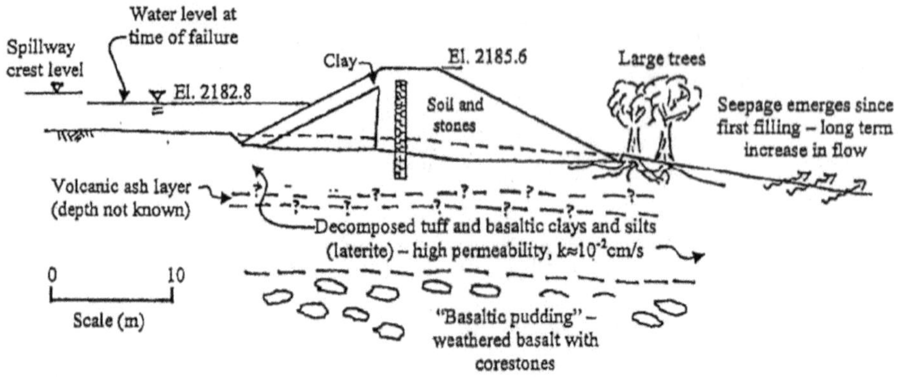

Fig. 2.65
Le barrage de Laguna : coupe interprétée au droit de la rupture, Profil 16–17
(Marsal et Pohlenz, 1972)

La Figure 2.65 montre une coupe transversale du barrage et de la géologie de sa fondation à l'emplacement de la brèche. Le barrage était fondé sur des sols résiduels (latérite) provenant de l'altération de tuf et de basalte. Les sols de la fondation étaient constitués de silt et d'argile de haute plasticité. Les essais sédimentométriques ont indiqué que ces sols ne floculaient pas dans l'eau des réservoirs (c'est-à-dire qu'ils étaient dispersifs). Les tests de perméabilité horizontale réalisés en forage ont montré que les sols de la fondation étaient très perméables, avec un coefficient de perméabilité de l'ordre de 1E-4 à 1E-5 m/s. Cette perméabilité élevée pourrait être due à la présence de « canalicules - tubes de diamètres allant de quelques millimètres à 20 centimètres » souvent rencontrés dans les sols résiduels, comme expliqué dans le « cas particulier des sols résiduels » à la section 9.7.2 du Volume 1. Le « pudding basaltique » était le nom donné au basalte altéré avec blocs sous les sols résiduels. La perméabilité de ce matériau était également relativement élevée.

En 1908, après le premier remplissage du réservoir, des résurgences ont été observées émergeant à plusieurs endroits, environ 10 à 20 m en aval du barrage. Les débits de fuite ont été mesurés à deux déversoirs en aval du barrage, un sur chaque appui. La Figure 2.66 montre l'historique des mesures des débits recueillies aux déversoirs gauche et droite de 1927 jusqu'au moment de la rupture. Les débits de fuite de l'appui droit étaient relativement constants avec le temps. Toutefois, dans l'appui gauche, une tendance apparente d'augmentation des fuites était observée sur le long terme lorsque le niveau du réservoir était maximal. De 1960 à 1968, le réservoir n'atteignit pas son niveau maximum et les fuites à l'appui gauche étaient inférieures à ceux des cinq années précédentes. Les caractéristiques des fuites, à savoir si elles étaient claires ou boueuses, n'étaient pas indiquées.

À la mi-septembre 1969, le débit de fuite mesuré à l'appui gauche dépassait le débit le plus élevé enregistré précédemment, soit de 30 L/s. Aucun signalement n'a été fait du fait que le débit total de fuites mesuré de 50 L/s était alors inférieur au débit total de 78 L/s enregistré en 1942. Pendant le reste du mois de septembre 1969 et pendant le mois d'octobre, le niveau du réservoir est demeuré constant à peu près à l'élévation 2182,8 m. Cependant, le débit de fuite dans l'appui gauche a continué d'augmenter et le 25 octobre, il était de 55 L/s.

Figure 2.64 shows a plan of the dam, including the breach position. The embankment comprised an upstream zone of silts and clays compacted by hand and a downstream zone of soil and stones placed in layers. A 1.0 m thick core wall of concrete or masonry separates the upstream and downstream zones. The core wall penetrates 2–5 m into the underlying foundation soils.

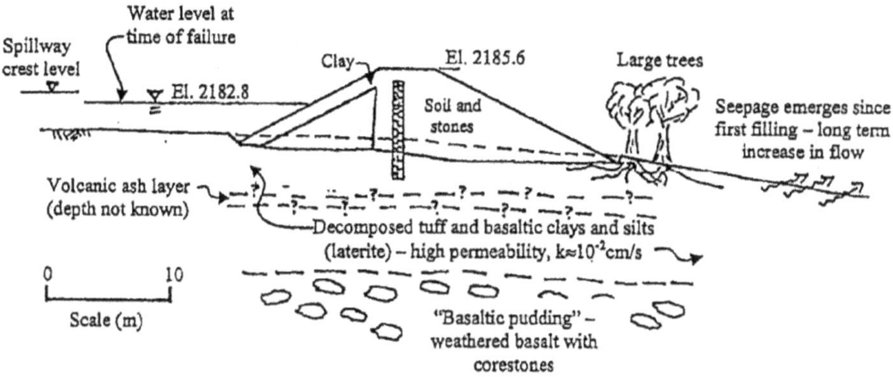

Fig. 2.65
Laguna dam – interpreted section at location of failure, Station 16–17 left abutment (from Marsal and Pohlenz, 1972)

Figure 2.65 shows a transverse section of the dam and foundation geology at the position where the breach occurred. The dam was founded on residual (laterite) soils derived from weathered tuff and basalt. The foundation soils comprised high plasticity silts and clays. Sedimentation tests indicated that the soils did not flocculate in reservoir water (i.e., they were dispersive). Horizontal permeability tests conducted in boreholes indicated that the foundation soils were highly permeable, with the coefficient of permeability in the order of 1.E-4 to 1.E-5 m/s. The high permeability may have been because of the presence of 'canaliculi, tubes with diameters ranging from a few millimeters to 20 centimeters', often found in residual soils, as explained in 'the specific case of residual soils' in Section 9.7.2 in Volume 1. 'Basaltic pudding' was the name given to the weathered basalt with corestones below the residual soils. The permeability of this material was also relatively high.

Seepage was observed emerging at several locations 10 to 20 m downstream of the dam toe after first filling of the reservoir in 1908. Seepage flows were measured downstream of the dam at two weirs, one on each abutment. Figure 2.66 shows the history of seepage measurements for the left abutment from 1927 up to the time of failure. The seepage flows on the right abutment were relatively constant with time, however there was an apparent long-term trend of increasing seepage at maximum reservoir level on the left abutment. From 1960 to 1968, the reservoir did not reach maximum reservoir level and the seepage flows on the left abutment were lower than preceding 5 years. The characteristics of the seepage, i.e., if it was clear or muddy, were not stated.

In mid-September 1969, the measured seepage flow on the left abutment exceeded the highest previous recorded flow of 30 L/s. This did not cause alarm as the total seepage was 50 L/s and this was lower than the total seepage flow of 78 L/s recorded in 1942. During the remainder of September 1969 and throughout October, the reservoir level remained constant at about Elevation 2182.8 m, however the seepage flow on the left abutment continued to increase and by October 25 it was 55 L/s.

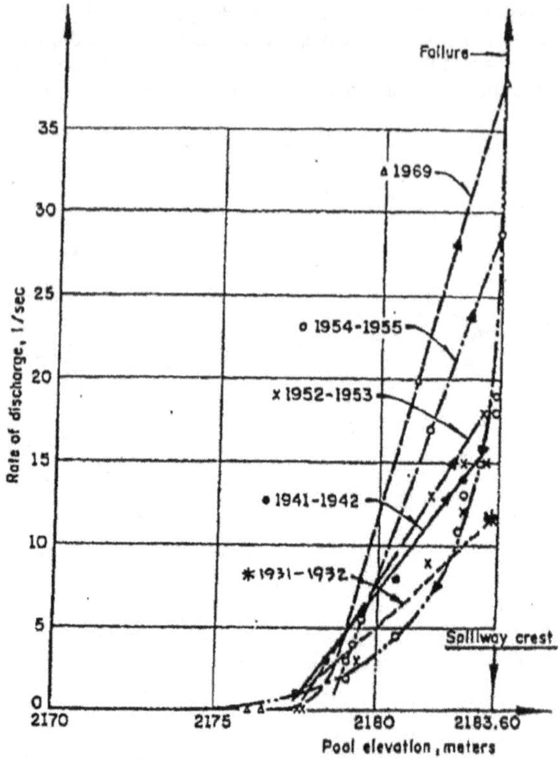

Fig. 2.66
Historique des mesures des débits de fuite de l'appui rive gauche de 1927 jusqu'à la rupture

Tôt dans la matinée du 31 octobre 1969, le débit de fuite mesuré à l'appui gauche a continué d'augmenter à 75 L/s. Vers 18 heures le même jour, de l'eau sous pression est sortie d'un trou de l'appui gauche. L'érosion de conduit augmenta rapidement et commença à éroder la pente en aval du barrage. À 22h45, le mur écran central en maçonnerie fut exposé et quelques minutes plus tard, la rupture de l'ouvrage se produisit. La hauteur du barrage à l'emplacement de la brèche était d'environ 7 m et la charge du réservoir de 4 m seulement. La Figure 2.64 ci-dessus montre une vue en plan de l'emplacement de la brèche. La Figure 2.65 ci-dessus, montre la coupe du remblai et de la fondation au droit de la rupture.

Marsal et Pohlenz (1972) suggérèrent que l'augmentation progressive du débit de fuite de l'appui gauche au cours de nombreuses années précédant la rupture était révélatrice de la progression de la formation de renards à travers la fondation. Les photographies prises après la rupture montrent la présence de petits trous dans le tuf volcanique altéré, découvert par la brèche (Marsal et Pohlenz, 1972).

La « progression de la formation de renards » pouvait signifier à l'époque la perte progressive de particules fines et l'augmentation très lente des fuites pourrait se traduire aujourd'hui par ce que l'on appelle la suffusion. Les « petits trous des renards dans le tuf volcanique altéré » suggèrent que ce lent processus se termine par une érosion de conduit, élargissant les canalicules préexistants dans le sol résiduel ou en élargissant les trous subsistant après la décomposition des racines d'arbres.

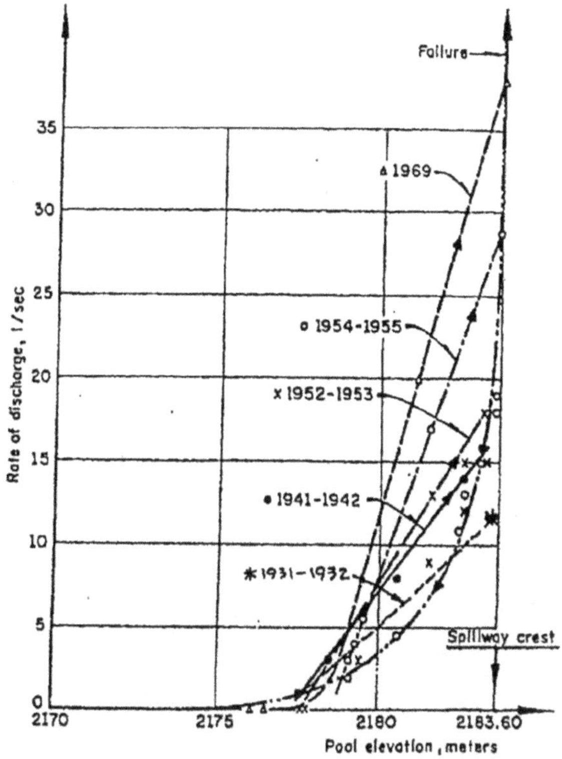

Fig. 2.66
History of seepage measurements for the left abutment from 1927 up to the time of failure

Early in the morning of 31 October 1969, the measured seepage on the left abutment increased again and was 75 L/s. At about 6pm of the same day, a hole with water issuing under pressure was observed on the left abutment. The concentrated leak increased rapidly and started to erode the downstream slope of the dam. At 10:45pm, the masonry cutoff wall was exposed and a few minutes later the embankment was breached. The height of the dam at the location of the breach was about 7 m, and the depth of water only 4 m. The location of the failure in plan is shown on Figure 2.64 above, and the section through the embankment and foundation at the location of failure is shown on Figure 2.65 above.

Marsal and Pohlenz (1972) suggest the gradual increase in seepage measured on the left abutment over the many years preceding the failure was indicative of the progression of piping though the foundation. Photographs taken after the failure show the presence of small piping holes within the weathered volcanic tuff exposed by the breach (Marsal and Pohlenz, 1972).

The 'progression of piping' could be taken to mean gradual loss of fines and the very low increase of seepage as would occur in what is now called suffusion. The 'small piping holes within the weathered volcanic tuff' point to concentrated leak erosion as the final phase of the slow phenomenon increasing flow rate and enlarging pre-existing "canalicules" in the residual soil or enlarging holes remaining after the decay of tree roots.

2.5.2. *Augmentation lente de fuites turbides : digue de Jonage*

Les résultats d'auscultation de la digue Jonage montrent les effets de la suffusion. Comme le montre la Figure 2.67, sur une période de sept ans, les fuites y sont passées d'environ 2 L/s/km à 110 L/s/km. La suffusion provoquait l'élimination du silt et du sable fin du remblai, résultant en une augmentation de la perméabilité et des débits de fuite. La suffusion peut également avoir éliminé certaines particules de la « matrice grossière », augmentant d'autant plus la perméabilité. Un programme d'injection sur trois ans a permis de réduire les fuites à leur valeur initiale.

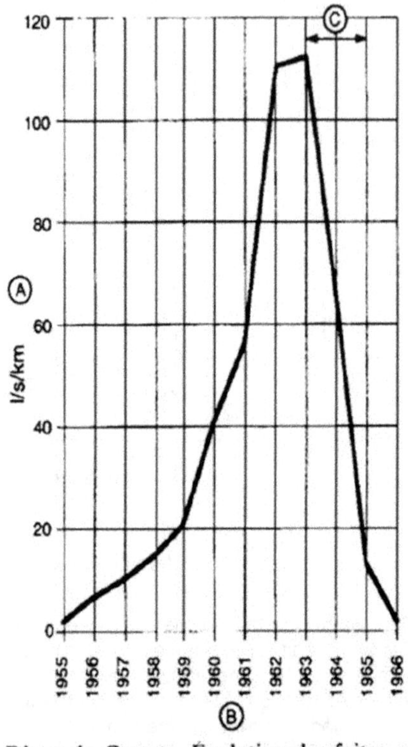

Digue de Cusset - Évolution des fuites au Pk 14.6

Cusset bank - Point 14.6 leakage variation

fuite spécifique en l/s/km Ⓐ *Specific leakage (l/s/km)*

Ⓑ *Date*

Ⓒ *Grouting*

Fig. 2.67

Fuites avant et après injection au Pk 14,6 de la digue Jonage (J.-J. Fry)

2.5.2. *Sediment laden water and increase of discharge: Jonage Dike*

Events at Jonage Dike show the effects of suffusion. As Figure 2.67 shows, over a period of seven years leakage increased from about 2 L/s/km to 110 L/s/km. It was found that suffusion had removed fine silts and sands from the embankment resulting in an increase in permeability and increased leakage. The suffusion may have also removed some particles from the 'coarse matrix', further increasing the permeability. A program of grouting over three years reduced the leakage to the original quantity.

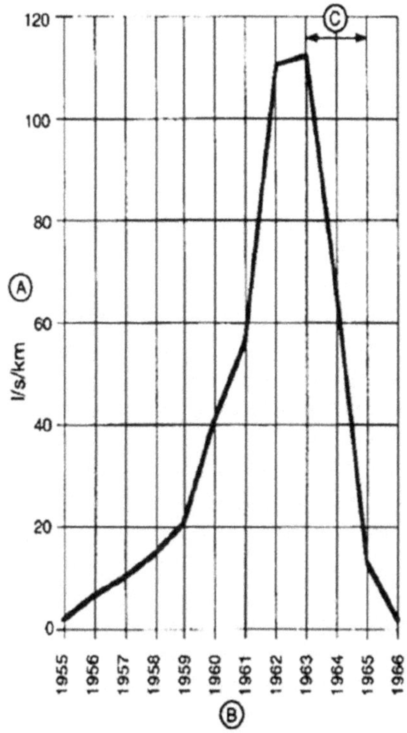

Digue de Cusset - Évolution des fuites au Pk 14.6

Cusset bank - Point 14.6 leakage variation

fuite spécifique en l/s/km Ⓐ *Specific leakage (l/s/km)*

Ⓑ *Date*

Ⓒ *Grouting*

Fig. 2.67
Leakage and grouting at Jonage Dike (courtesy Dr J-J Fry)

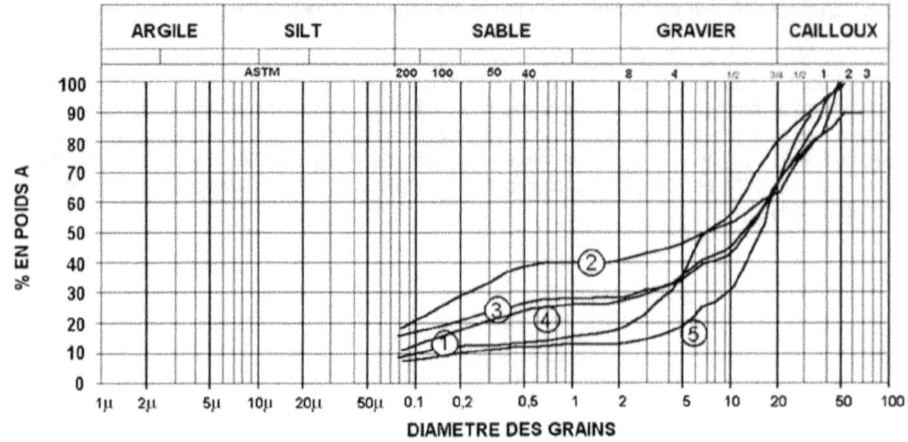

Fig. 2.68
Courbes granulométriques des matériaux de la digue de Jonage (J-J Fry)

Le matériau constitutif de la digue, soit la courbe 3 de la Figure 2.68, avait une teneur en particules fines sujettes à la suffusion de 18%. Le critère de Kenney et Lau (1985, 1986) pour les sols uniformes ainsi que les critères de Wan & Fell (2004c, 2007) pour les sols grossièrement étalés et discontinus, auraient permis d'identifier un sol suffusif. En utilisant l'adaptation de Burenkova (1993) du critère de Wan & Fell (2004c, 2007) (Figure 6.7 du Volume 1), la probabilité que le sol soit suffusif aurait été estimée à plus de 95%.

2.5.3. Suffusion générant un tassement : digue du Rhin à Kembs

La suffusion (et l'érosion de contact) a causé un tassement maximum estimé à 800 mm sur la digue de Kembs sur le Rhin, après plus de 60 ans d'exploitation (Figure 2.69). Les matériaux sont des graves sableuses 0/200 mm discontinues avec 4% en moyenne de sable compris entre 0,5 et 4 mm, provoquant une érosion permanente d'après les domaines de filtration de Foster and Fell (2001). Lorsque la suffusion provoque un tassement, cela indique que les particules fines suffusives supportent initialement une partie des contraintes, car la perte subséquente de ces fines provoque le tassement de la matrice grossière qui doit alors supporter la majeure partie, voire toutes les contraintes du sol suffusif résultant. Shire et al. (2014) ont estimé, à l'aide de modélisation par éléments discrets, que si la teneur en particules fines suffusives était de 24% ou plus, le facteur α de Skempton et Brogan (1994) (voir la section 6.3.3 du Volume 1) serait égal à 0,1 ou plus, ce qui indique que les fines supportent 10% ou plus des contraintes. À 35% de particules fines suffusives, α devient 1, et les fractions grossières et fines sont soumises aux mêmes contraintes; le sol n'est en aucun cas suffusif.

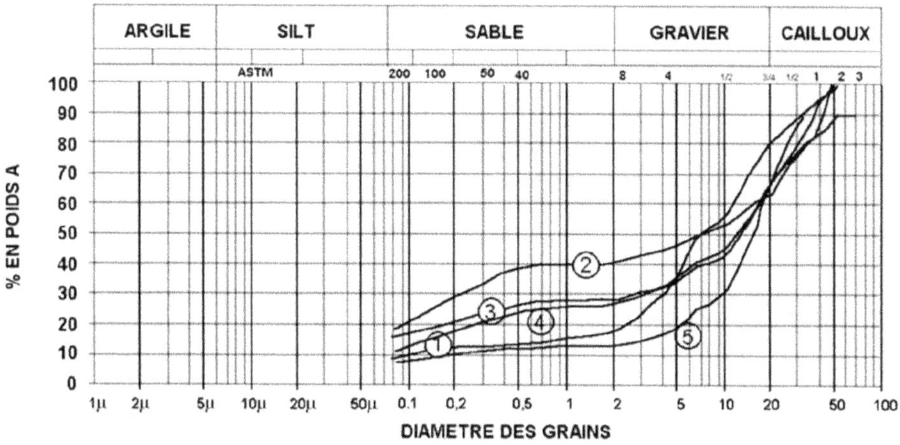

Fig. 2.68
Jonage dike grading curves (courtesy Dr J-J Fry)

The soil in the dike, curve 3 on the grading curve in Figure 2.68, had a suffusive fines content of about 30%. The soil would have been predicted to be suffusive by the Kenney & Lau (1985, 1986) criterion for narrow graded soils, and by the Wan & Fell (2004c, 2007) criteria for broadly graded and gap graded soils. Using the Wan & Fell (2004c, 2007) adaptation of Burenkova (1993) (Figure 6.7 in Volume 1) the probability that it was suffusive was estimated to be more than 95%.

2.5.3. Suffusion causing settlement: Kembs Dike River Rhine

Suffusion (and contact erosion) over a 60-year period caused settlement of about 800 mm on the Kembs Dike on the Rhine as can be seen in Figure 2.69. The eroded materials were discontinuous 0–200 mm sandy gravel with an average of 4% sand between 0.5 mm and 4.0 mm, allowing 'continuing erosion' on the Foster and Fell (2001) erosion boundary criteria. When suffusion causes settlement, it indicates that the suffusive fines are carrying some of the stress, because the loss of the fines causes settlement of the coarse matrix which carries all or most of the stress in suffusive soils. Shire et al (2014) estimated using Discrete Element Modeling that if the suffusive fines content is 24% or more, the Skempton and Brogan (1994) α factor (see Section 6.3.3 in Volume 1) will be 0.1 or more, indicating that the fines carry 10% or more of the stress. At 35% suffusive fines, α becomes unity, and coarse and fine soils carry stress equally and the soil is not suffusive in any circumstances.

Fig. 2.69
Tassement visible de la piste en pied aval de la digue du Rhin à Kembs

2.5.4. Suffusion dans un remblai en gore - sol résiduel granitique : barrage Saint Pardoux

Le barrage de Saint-Pardoux (Figure 2.70) est un barrage homogène (non zoné) de 19 m de hauteur, construit en sols résiduels granitiques avec un matériau plus grossier en couche de protection sur le talus aval et en butée de pied et un tapis de drainage horizontal reposant sur la fondation aval. Contrairement à la recommandation de Casagrande en 1949 (voir barrage de Wister ci-dessus), aucun drain vertical de type « cheminée » n'a été ajouté.

Le barrage fut achevé et le réservoir fut rempli en 1976. En 1991, une expertise permit de découvrir des pressions interstitielles très élevées et croissantes sous le parement aval, des zones humides ainsi que des fuites à la surface de la pente et des appuis. Il y avait également une augmentation des fuites d'une source collectée sous le parement amont. La conclusion de l'évaluation était que la suffusion se produisait dans le remblai et qu'il y avait un écoulement préférentiel à travers des couches plus sableuses du remblai.

Pour remédier à la situation, le plan d'eau a été baissé de 4 m et une paroi moulée a été réalisée en 4 mois à partir de la crête, prolongée par un rideau d'injections dans la fondation. Un écran de drainage de l'appui rocheux en rive gauche, des puits drainants dans la berme aval et une vingtaine de piézomètres ont complété les travaux d'étanchement.

Fig. 2.69
Settlement on the Kelms Dike on the Rhine

2.5.4. Suffusion in residual soil – decomposed granite – as fill: Saint Pardoux Dam

Saint-Pardoux dam (Figure 2.70) is a 19 m high homogeneous (unzoned) dam constructed using residual soil of decomposed granite as fill with a layer of coarser material on the downstream slope and a horizontal foundation toe blanket for drainage. No more-or-less vertical 'chimney' filter drain, as recommended by Casagrande in 1949 (see Wister Dam above), was included.

The dam was completed and the reservoir filled in 1976. An expert assessment in 1991 found high and increasing pore pressures in the downstream slope, wet areas on the slope and leakage emerging on to the slope and at the abutments. There was also an increase in the seepage collected from below the upstream slope. The conclusion was that suffusion was occurring in the fill, and that there was preferential drainage through some sandy layers included in the fill.

To remedy the situation, the water level was lowered by 4 m and a diaphragm wall constructed from the crest in four months, extended by a grout curtain into the foundation. A rock drainage layer on the left bank, drainage wells in the downstream berm and about twenty piezometers completed the waterproofing work.

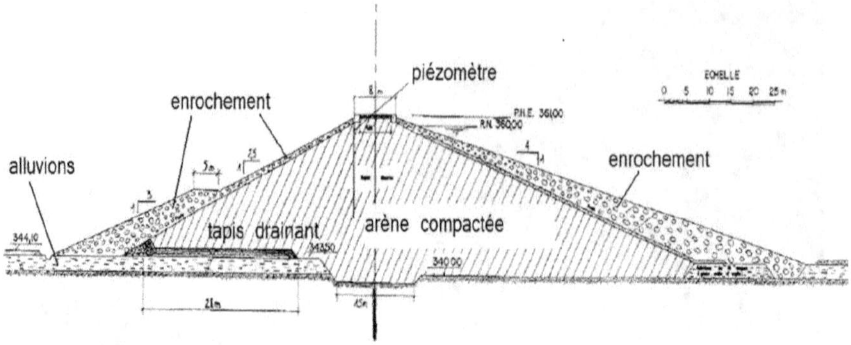

Fig. 2.70
Barrage de Saint Pardoux : remblai en arène granitique recouvert d'enrochements sur les faces amont et aval, doté d'un tapis drainant horizontal

2.6. RUPTURES ÉVITÉES PAR DES FILTRES À ÉROSION LIMITÉE OU IMPORTANTE ET AUTRES MATÉRIAUX DE REMBLAI

2.6.1. Érosion de noyaux morainiques : barrages de Porjus et Suorva, Suède

Certains cas historiques sont difficiles à interpréter car le mécanisme d'initiation de l'érosion interne n'est pas clair. Ceci est particulièrement le cas avec les barrages dont le noyau est en moraine ou till et où le mécanisme d'initiation de l'érosion peut être soit l'érosion régressive, soit l'érosion de conduit ou bien la suffusion.

Bartsch (2007) et Nilsson (2007a, 2007b) décrivent des incidents survenus à Porjus, Suorva et dans d'autres barrages suédois à noyau en moraine, où l'érosion interne a débuté, le débit de fuites a augmenté et entraîné des sédiments clairement visibles, mais a ensuite diminué alors que l'eau est redevenue claire, sans aucun sédiment, montrant que l'érosion avait cessé. Ces barrages ont des noyaux en moraine, matériaux fins d'origine glaciaires non plastiques et à granulométrie étalée, des filtres de sable, de gravier et de cailloux, et des recharges en enrochement.

2.6.1.1. Barrage de Porjus : description du barrage et des matériaux du remblai

La Figure 2.71 montre le barrage Porjus, construit dans les années 1970, en aval du barrage d'origine construit en 1910. Le nouveau barrage a une hauteur de 25 m au-dessus de la fondation rocheuse. Le fruit du parement aval est de 1V :1,65H et comprend un noyau central en moraine, des filtres de sable graveleux et cailloux de 3 m de largeur et des recharges en enrochement.

Selon les spécifications, le noyau de moraine devait contenir au maximum 10% de particules fines inférieures à 0,006 mm et au moins 20% de matériau inférieur à 0,076 mm dans la fraction de matériau de moins de 5,6 mm. La perméabilité devait être comprise entre 1,4E-08 et 2,8E-07 m/s. La teneur en eau de compactage devait être à l'intérieur de +/-2% autour de l'optimum et la densité compactée devait être supérieure à 95% de la densité Proctor. L'épaisseur des couches compactées était de 45 à 60 cm, la taille maximale des particules devait être entre le tiers et la moitié de la profondeur de la couche. Les épaisseurs réelles placées atteignaient 75 à 80 cm et le noyau était compacté à sec à l'aide d'un rouleau lisse de 8,5 tonnes.

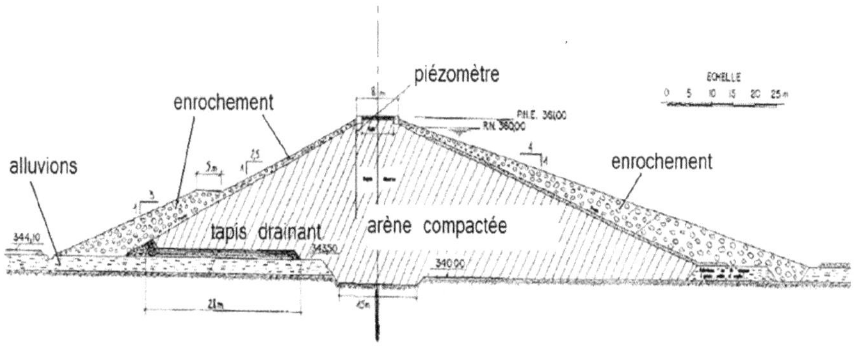

Fig. 2.70
Saint Pardoux dam: decomposed granite as fill with coarser material on the upstream and downstream slopes, and a horizontal downstream drain

2.6. FAILURE PREVENTED BY 'SOME-' AND 'EXCESSIVE-' EROSION FILTER AND FILL MATERIALS IN EXISTING DAMS

2.6.1. Erosion in dams with moraine cores: Porjus and Suorva dams, Sweden

Some cases histories are difficult to interpret because the initiating mechanism is not clear. This is particularly the case with dams with moraine or till cores, where the initiating mechanism could be backward erosion, concentrated leak erosion or suffusion.

Bartsch (2007) and Nilsson (2007a, 2007b) describe incidents at Porjus, Suorva and other Swedish dams with moraine cores, where erosion initiated, the leakage quantities increased and the leakage carried plainly visible sediment, but later leakage quantities diminished and the leakage became clear again, containing no sediment, showing that the erosion had ceased. The dams have cores of moraine fill, fine widely graded non-plastic glacial materials; filters of sand, gravel and cobbles, and rockfill shoulders.

2.6.1.1. Porjus Dam: Description of dam and fill materials

Figure 2.71 shows Porjus dam, constructed in the 1970s, downstream of the original dam constructed from 1910. The new dam is 25 m high above bedrock. The downstream slope is 1 on 1.65. The dam has a central moraine core, 3 m wide filters of sand gravel and cobbles, and rockfill shoulders.

The moraine core was specified to have a maximum of 10% <0.006 mm and a minimum of 20% of <0.076 mm material from the <5.6 mm fraction. The permeability was to be between 1.4E-08 and 2.8E-07 m/s. Compaction water content was to be within 2% of optimum and compacted density was to be above 95% of standard density. The layer depth was 45–60 cm, maximum particle size one-third to one-half of layer depth. Actual depths placed were up to 75–80 cm and the core fill was compacted dry using an 8.5 ton smooth roller.

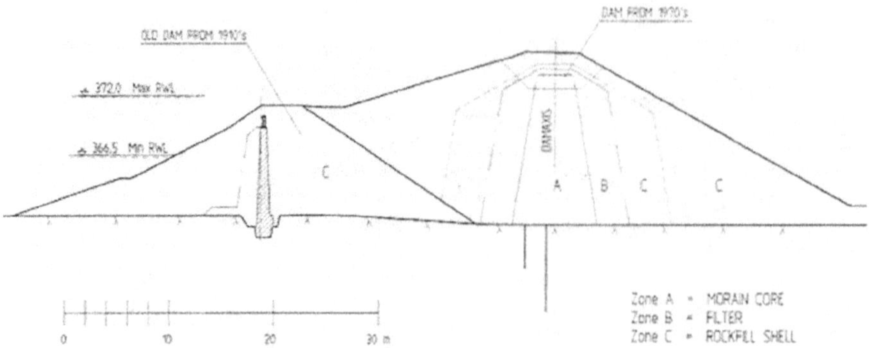

Fig. 2.71
Profil type du barrage de Porjus (Bartsch, 2007)

Le filtre a été compacté de la même manière que le noyau de moraine. Le diamètre maximal du filtre devait être égal à la moitié de l'épaisseur de la couche. La perméabilité du filtre devait être supérieure à 2,8E-06 m/s. Les critères de filtre de Vattenfall 1958 devaient être appliqués entre les différentes zones comme suit : limite inférieure $D_{15F}>5*d_{15B}$; limite supérieure $D_{15F}<45*d_{15B}$ et $D_{50F}<30*d_{50B}$.

La taille maximale de l'enrochement placé à proximité de la zone de filtre devait être de 0,5 m alors que les enrochements de 0,7 m max étaient réservés ailleurs. L'épaisseur des couches d'enrochement proches du filtre était comprise entre 0,5 m et 1,0 m et jusqu'à 2 m ailleurs.

Les fuseaux granulométriques des échantillons contrôlés en 1972–1975 lors de la construction du noyau de moraine (sol de base) et du filtre sont présentés à la Figure 2.72.

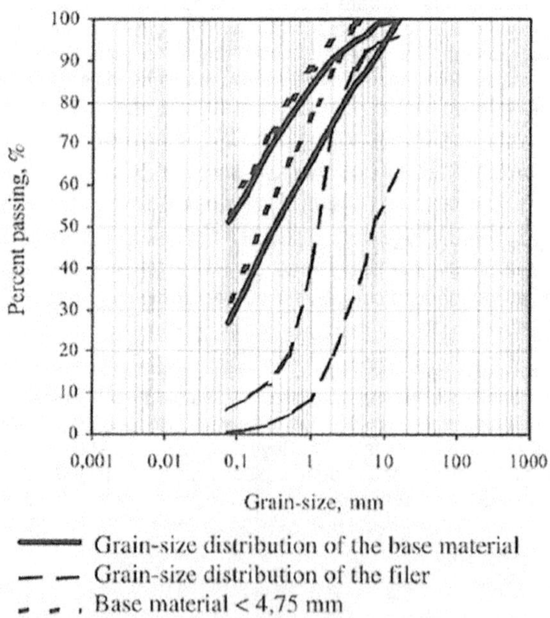

Fig. 2.72
Fuseau granulométrique du noyau morainique (base) et du filtre du barrage de Porjus d'après les données de construction (Bartsch, 2007)

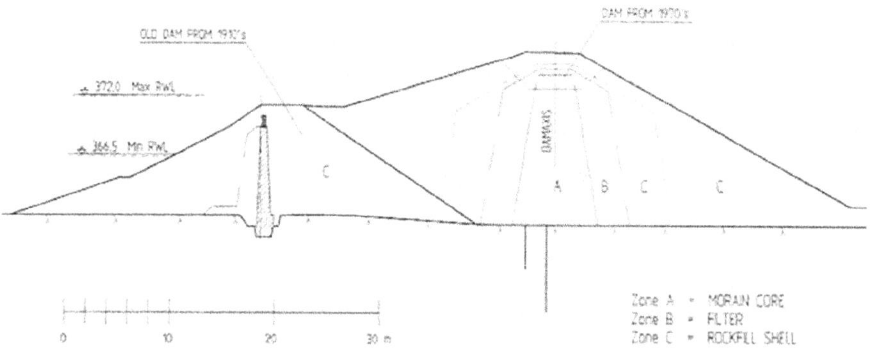

Fig. 2.71
Porjus Dam Cross-section (from Bartsch, 2007)

The filter was compacted in the same way as the moraine core. Maximum particle size was to be one-half of layer depth. The permeability of the filter was to be > 2.8E-06 m/s. The 1958 Vattenfall filter criteria were to be applied between all the different zones as follows: Lower Limit: $D_{15F} > 5^*d_{15B}$, Upper Limit: $D_{15F}<45^*d_{15B}$, Upper Limit: $D_{50F}<30^*D_{50B}$.

The maximum size of the rockfill placed adjacent to the filter zone was to be 0.5 m and a maximum of 0.7 m was 'to be strived for' elsewhere. The depth of rockfill layers close to the filter was to between 0.5 m and 1.0 m, and up to 2 m elsewhere.

The grain size distributions from samples taken in 1972–1975 during construction of the moraine core (base soil) and the filter are shown on Figure 2.72.

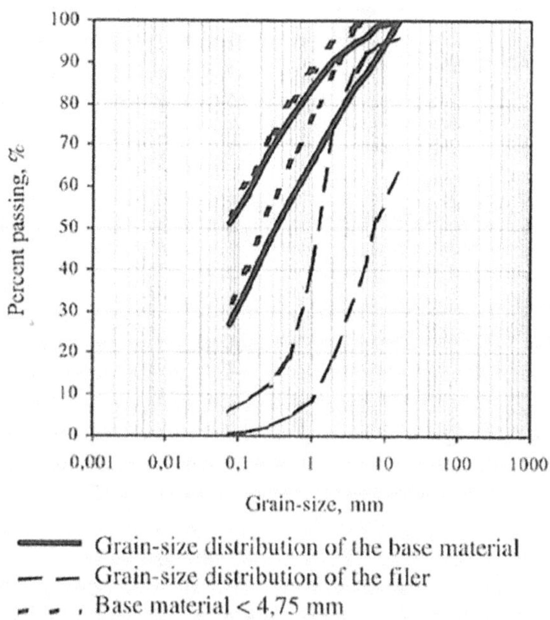

Fig. 2.72
Porjus grain size distributions from construction records of moraine core (base material) and filter (from Bartsch, 2007)

2.6.1.2. Barrage de Porjus : l'incident du fontis en 1993

En 1993, un fontis a été trouvé dans le filtre amont, alors que la retenue était à son niveau maximum. Trois épisodes de fontis avaient déjà eu lieu à des niveaux de retenue similaires, dont un au même endroit. Il était présumé que ces fontis résultaient du lessivage des matériaux du filtre amont à travers l'enrochement amont lorsque le niveau d'eau baissait.

Des reconnaissances approfondies après l'incident de 1993 ont permis d'identifier la cause : l'érosion interne. Les débits de fuite étaient passés de 7 L/s d'eau claire à 14 L/s d'eau chargée de sédiments. Le noyau a été considérablement endommagé, avec des cavités et des zones humides situées entre 10 et 15 m de profondeur à partir de la crête, sur une hauteur totale de 19 m. Les éléments de preuve recueillis lors des forages et la détermination des courbes granulométriques du noyau et du filtre, ont permis de déterminer que l'érosion était probablement due à l'érosion régressive ou à l'érosion de conduit à la suite d'un claquage hydraulique dans le noyau. Ultérieurement, des mesures de la température du noyau et des investigations par radar en forages ont montré que les fuites étaient concentrées dans une zone traversant le noyau, entre 12 et 13 m sous la crête. Après l'initiation, il a été déterminé que l'érosion avait continué soit par des sorties non protégées au niveau des joints ouverts de la fondation rocheuse, soit à travers le filtre, dont la majeure partie a été classée comme filtre à érosion importante, et dans certains cas filtre à « érosion continue » sans capacité de filtration. Ces évaluations ont été réalisées à l'aide des travaux de Foster et Fell, qui Figurent dans le Tableau 7.3, chapitre 7, Volume 1.

Les conditions de progression de l'érosion ont été jugées neutres et les risques de formation de brèches improbables.

Une injection d'un mélange de bentonite, de sable et de ciment a été réalisée dans 20 forages autour de l'affaissement, afin de colmater la zone où les fuites étaient concentrées. Les fuites sont redescendues à un débit de 10 L/s.

2.6.1.3. Barrage de Porjus : premières leçons de l'incident de 1993

Le cas du barrage Porjus démontre :

Comme prévu, *l'érosion interne commence lorsque les charges hydrauliques sont élevées* (Chapitre 1, Point 1). Le gradient hydraulique à travers la partie endommagée du noyau de 12 à 13 m sous la crête était d'environ 1,5 (hauteur d'eau H d'environ 9 m, largeur du noyau d'environ 6 m). Il a été reconnu que l'érosion serait plus grave lorsque les niveaux d'eau seraient plus élevés à la suite d'une crue arrivant dans le réservoir. De plus, lors de crues, il n'est pas possible de réduire le niveau d'eau par l'ouvrage d'évacuation, car les quantités d'eau sont trop importantes. En outre, bien que cela ne soit pas le cas à Porjus, l'accès à de nombreux barrages devient difficile voire impossible lors de crues importantes.

Les fuites *sont claires jusqu'à ce que l'érosion commence, elles contiennent alors des sédiments* (Chapitre 1, Point 4). Dans ce cas, l'érosion semble limitée, car la fuite n'est que « trouble », mais cette manifestation peut être limitée par le fait que le déversoir de fuites ne capture qu'une partie du débit total de fuites.

L'initiation de l'érosion d'après Bartsch (2007) était due à l'érosion régressive ou l'érosion de conduit. L'érosion dans les fissures ouvertes et les joints au niveau de la fondation rocheuse était possible, mais peu probable. Les mesures de température n'indiquaient pas d'écoulement au niveau des fondations et les zones de fracture avaient été recouvertes de béton.

Le noyau morainique provenant du till glaciaire est souvent suffusif, mais à Porjus, les critères de Kenney et Lau (1985, 1986) ont révélé une granulométrie stable (non suffusive). Cependant, les forages et l'échantillonnage ont mis à jour des chenaux dans certaines zones du noyau. De plus, certains échantillons de moraine provenant des bancs d'emprunts présentaient une granulométrie instable (suffusives), mais il n'est pas certain que de tels matériaux aient été placés dans le noyau du barrage. Le retour d'expérience en Suède (Viklander, 2013) indique que la moraine utilisée comme matériau pour le noyau est fréquemment suffusive. Il est donc possible que les couches affectées, situées à 12–13 m sous la crête contiennent des zones de remblai particulièrement sensibles à la suffusion.

2.6.1.2. Porjus Dam: The 1993 sinkhole incident

A sinkhole was found in the upstream filter in 1993, when the reservoir was at maximum reservoir level. There had been three earlier sinkhole episodes at similar water levels, one at the same location. They were thought to be the consequence of the loss of upstream filter into the upstream rockfill as water level dropped.

Extensive investigations after the 1993 sinkhole concluded that internal erosion had occurred. Leakage flows had increased from 7 L/s of clear water to 14 L/s of turbid water. The core was extensively damaged with cavities and wet zones at 10 m to 15 m down in its overall height of 19 m. From the borehole evidence and the gradings of the core and filter, it was assessed that the erosion most likely initiated through backward erosion or concentrated leaks after hydraulic fracture in the core. Later temperature measurements and borehole radar investigations showed leakage was concentrated in a zone through the core 12 m to 13 m below the crest. After initiation, the erosion was assessed to have continued either through unprotected exits at open joints in the foundation bedrock or through the filter, most of which was assessed to be an 'excessive-erosion' filter, with some assessed to be 'continuous-erosion' material with no filtering capability. The assessments were made using the work of Foster and Fell which is included in Table 20, Chapter 7, Volume 1 (Table 7.3 in preprints).

Conditions for progression of erosion were assessed as neutral, and for breach formation unlikely.

Grouting with a mixture of bentonite, sand and cement was carried out in 20 boreholes around the sinkhole to seal the zone where leakage was concentrated. Leakage resumed at 10 L/s.

2.6.1.3. Porjus Dam: First lessons from the 1993 incident

The Porjus case demonstrates the following:

As expected, *internal erosion initiates when hydraulic loads are high* (Chapter 1, Point 1). The hydraulic gradient across the damaged part of the core at 12 m to 13 m below crest was about 1.5 (H, head of water, was about 9 m, width of core was about 6 m). It was recognized that erosion would be more severe when water levels were higher as a flood passed through the reservoir. Also that during floods it is not possible to reduce water level through outlet gates as water quantities are too great. Also, although this was not the case at Porjus, access to many dams becomes difficult or impossible during severe floods.

Leakage *is clear until erosion initiates, then it contains sediment* (Chapter 1, Point 4). In this case, erosion seems limited as the leakage was only 'turbid', but the limited response may be the result of the monitoring weir capturing only a limited amount of the total leakage.

Initiation of erosion was thought by Bartsch (2007) to be by *backward erosion or in concentrated leaks.* Erosion into open cracks and joints at foundation level was possible, but not likely. Temperature measurements did not indicate flow at foundation level and fracture zones had been covered by concrete.

The glacial till moraine core material is often suffusive, but at Porjus it was found to be internally stable (not suffusive) on the Kenney and Lau (1985, 1986) criteria. However, the drilling and sampling found 'wormholes' in some zones in the core. There were also samples from pits in the moraine which were not stable (i.e., were suffusive), but it is not known if these materials were placed as fill in the dam. General experience in Sweden (Viklander, 2013) suggests that moraine used as core fill will contain suffusive soils and it is possible that particularly susceptible fill was placed in the damaged layers at 12–13 m below crest.

L'érosion avait lessivé les particules fines sur toute la largeur du noyau dans la zone située de 12 à 13 m de profondeur et y avait entraîné le filtre amont. Le noyau à cette profondeur devint alors plus grossier et plus perméable. Les cavités observées peuvent être associées aux grands vides créés entre des graves plus grossières.

2.6.1.4. Barrage de Porjus : l'apport des connaissances nouvelles du Bulletin pour apprendre plus

Les connaissances récentes sur l'érosion interne contenues dans ce Bulletin peuvent être utilisées pour en apprendre davantage sur les événements de Porjus, notamment les points suivants :

- Capacité des filtres à arrêter l'érosion : les barrages zonés peuvent être protégés de l'érosion interne par la capacité de rétention de tout filtre ou par la capacité de filtration du remblai en aval de zones potentiellement érodables, telles que le noyau morainique de Porjus. Il est donc conseillé de commencer les investigations sur l'érosion interne des barrages zonés en examinant la capacité de rétention des remblais et des filtres situés en aval.

- Les possibilités d'initiation de l'érosion interne par:

  - l'érosion de conduit (fissures et ouvertures);

  - l'érosion régressive menant à la formation de renards (sous un "toit" maintenu par l'effet voûte à travers le noyau en moraine);

  - l'érosion régressive globale;

  - suffusion.

2.6.1.5. Barrage de Porjus : capacité de rétention des filtres

La majeure partie du *filtre était trop grossière* pour constituer un *filtre* avec *absence d'érosion* ou *à érosion limitée*, mais constituait plutôt un filtre *à érosion importante*, capable d'arrêter l'érosion une fois initiée, après développement de fuites *chargées de sédiments pouvant aller jusqu'à 1 000 L/s* (chapitre 1, point 2; sections 7.2.1 et 7.6, Tableau 20 (Tableau 7.3 du prétirage) du Volume 1. Ces fuites importantes peuvent causer des dégâts, notamment des fontis, comme ce fut le cas à Porjus. Une partie du filtre était constituée d'un matériau *à érosion permanente* très grossier, sans capacité de filtration. Bien que trop grossier, le filtre était à granulométrie stable (non suffusif).

Le filtre à érosion continue aurait permis la continuation de l'érosion, mais sans possibilité de progresser vers l'aval, car les recharges en enrochement ont été jugées aptes à drainer 400 L/s/m sans problème (en appliquant la méthode décrite à la section 4.6, Volume 1). Cela n'aurait pas non plus conduit à une brèche, car l'enrochement ne pouvait pas supporter le toit d'un chemin d'érosion et serait rester stable même si des fuites importantes l'avaient traversé.

Le noyau était séparé du remblai en enrochement uniquement par un filtre. Bartsch (2007) déclare qu'« il est maintenant reconnu qu'il est difficile d'obtenir une fonction de filtration satisfaisante avec un seul filtre entre un noyau en moraine et un remblai en enrochement ». Il est également possible que la situation se soit aggravée en raison de l'érosion d'une partie des matériaux du noyau et du filtre dans l'enrochement.

The erosion had removed fines across the width of the core in the 12 m-13 m deep damaged zone, and drawn in upstream filter material, making the core in this layer coarser and more permeable. The cavities reported may be the large voids between some of the larger gravels.

2.6.1.4. Porjus Dam: Using the new knowledge in Bulletin to learn more

The new knowledge of internal erosion contained in this Bulletin can be used to learn more from the events at Porjus, in particular the following:

- The ability of the filters to arrest erosion: zoned dams may be protected from internal erosion by the filtering capability of any filters or by the filtering capability of the fill in zones downstream of potentially erodible zones, such as the moraine core at Porjus. It is therefore advisable to commence internal erosion investigations of zoned dams by investigating the filtering capability of the downstream fills and filters.

- The possibilities of initiation of internal erosion:

  - in concentrated leaks (cracks and openings)

  - by backward erosion piping (under a 'roof' held by 'arching' across the moraine core fill)

  - by global backward erosion

  - by suffusion.

2.6.1.5. Porjus Dam: Capability of filter to arrest erosion

Most of the *filter was too coarse* to be a no-erosion *filter* or a *some-erosion filter*, but was *an excessive-erosion filter*, capable of arresting erosion, if initiated, but *sealing only after leakage flows, containing sediment, of up to 1,000 L/s* (Chapter 1, Point 2; Sections 7.2.1 and 7.6, Table 20, Volume 1; Table 7.3 in preprints). These substantial flows may cause damage, including sinkholes, as occurred at Porjus. Some of the filter was very coarse, 'continuous-erosion' material with no filtering capability. Although too coarse, the filter was internally stable (not suffusive).

The continuous erosion non-filter would have allowed erosion to continue, but it would not have progressed because the rockfill shoulders was assessed to allow drainage quantities up to 400 L/s/m to pass safely (by using the method given in Section 4.6, Volume 1). Nor would it have formed a breach as the rockfill could not support the roof of an erosion pipe, and would remain stable while the large leakage flows passed through it.

The core was separated from the rockfill by the single filter only. Bartsch (2007) states 'it is now known that it is hard to achieve a satisfactory filter function with only one filter between moraine and rockfill' and it is possible that the situation was made worse because some core and filter was eroded into the rockfill.

Les effets combinés de l'érosion et du colmatage ont pu mener les filtres existants trop grossiers à devenir des filtres adéquats pour le noyau devenu lui-même plus grossier dans la zone d'érosion située entre 12 m et 13 m de profondeur. Cependant, cet équilibre local et fragile aurait été perturbé, provoquant alors une reprise de l'érosion, si des charges hydrauliques dépassant celles de la crue de 1993 avaient été appliquées. De plus, les changements saisonniers peuvent aussi apporter de faibles variations pouvant entraîner une reprise de l'érosion (point 6, chapitre 1). Comme le montrent les fontis observés à d'autres endroits, des situations similaires et précaires peuvent exister à d'autres endroits le long du barrage et que, dans son état actuel, ce dernier peut être sujet à de nombreux autres épisodes d'érosion interne.

2.6.1.6. Barrage de Porjus : considérations sur l'initiation de l'érosion de conduit dans les fissures

Une *érosion de conduit* dans les fissures n'est normalement pas attendue dans les matériaux non plastiques saturés. Ces matériaux s'érodent facilement, soit dans le groupe 1, avec un indice de taux d'érosion inférieur à 2 (Tableau 3.3, Volume 1) et ne peuvent donc pas maintenir de fissures ouvertes. De même, on ne s'attend pas à une *érosion régressive* dans de tels sols, car ils ne peuvent pas «soutenir un toit», sous lequel se forme un renard. Toutefois, des fissures peuvent apparaître dans les sols fins partiellement saturés, lorsque le pourcentage de fines (< 0,075 mm), qu'elles soient plastiques ou non, est supérieur à 15% (section 8.3.1, Tableau 8.1, Volume 1). Les sols fins peuvent quant à eux « soutenir un toit » et permettre à l'érosion de conduit de progresser.

Des fissures peuvent se former dans les sols non plastiques par claquage hydraulique, soit lorsque la pression interstitielle dépasse la contrainte totale principale minimale ($u>\sigma_3$). Une telle situation pourrait s'être présentée à Porjus. Les matériaux fins non plastiques d'origine glaciaire s'érodent facilement des parois des fissures et des ouvertures. Des conditions similaires s'appliqueraient également au filtre amont, engendrant des conditions où les matériaux pourraient devenir lâches et se détacher plus facilement, résultant en la formation d'un fontis. Cependant, les fractures hydrauliques ne sont pas larges et ne devraient pas entraîner la création d'une zone de fuites d'un mètre d'épaisseur à travers le noyau. Une fracture hydraulique ne soutiendrait pas non plus les cavités observées après coup dans le noyau endommagé. Par conséquent, l'érosion de conduit semble moins probable que l'érosion régressive dans ce cas.

La section 3.2 et le Tableau 3.1 du Volume 1 énumèrent douze situations où des fissures seraient susceptibles de provoquer l'initiation d'une érosion de conduit. Au moins deux situations pourraient avoir été présentes à Porjus : la fissuration et le claquage hydraulique dus à l'effet voûte entre le noyau et les recharges (3.2.5) et la fissuration et le claquage hydraulique dans des couches peu compactées (3.2.8). Aucune ne peut être maintenant prouvée avec certitude.

Des couches faiblement compactées ont pu être présentes dans le barrage de Porjus, mais il est généralement commun de retrouver un effet voûte dans le noyau central d'un barrage en enrochement. Dans plusieurs circonstances, les contraintes horizontales à l'origine de l'effet voûte peuvent ne pas être suffisantes pour réduire la contrainte totale principale minimale (agissant verticalement dans ces circonstances) et devenir inférieure à la pression interstitielle pour provoquer une rupture; mais elles peuvent cependant suffire à « maintenir un toit » au-dessus d'un renard d'érosion régressive.

La section 3.2.5 indique que la formation de l'effet voûte est davantage susceptible de se produire dans les barrages à noyau étroit, dont la largeur ne dépasse pas 25% de la hauteur. Néanmoins, Soroush et Aghaei Araei (2006) donnent un exemple de faible contrainte dans le noyau du barrage Masjid-E-Soleyman, dont la largeur correspond à environ 60% de la hauteur. Les faibles contraintes ont été calculées et mesurées dans le noyau, comme le montre la Figure 2.73.

The combined effects of erosion and sealing may have resulted in the too-coarse filters becoming adequate filters to the coarser core in the 12 m-13 m zone erosion. However, this fragile local equilibrium would be disturbed, initiating more erosion, when higher hydraulic loads were imposed during a flood exceeding the 1993 flood. Also, seasonal changes may make small changes, resulting in re-initiation of erosion (Point 6, Chapter 1). As the sinkholes at other locations indicate, similarly fragile situations may exist at other locations along the dam, and in its present state, it may be subject to many episodes of internal erosion.

2.6.1.6. Porjus Dam: Consideration of initiation of erosion in concentrated leaks in cracks

Concentrated leak erosion in cracks is not normally expected in saturated non-plastic materials. Such materials are easily eroded, in Group 1, with an Erosion Rate index of less than 2 (Table 9, Volume 1, Table 3.3 in preprints) and cannot sustain open cracks. Similarly, *backward erosion* is not expected in such soils because they cannot 'hold a roof', below which the pipe formed by the backward erosion forms. However, cracks can occur in partially saturated fine soils, and when the content of fines (< 0.075 mm), both plastic and non-plastic fines, is more than 15% (Section 8.3.1, Table 21, Volume 1, Table 8.1 in preprints) fine soils can 'hold a roof' and allow concentrated leak erosion in an erosion pipe to progress.

Cracks can form in non-plastic soils by hydraulic fracture. This occurs when the pore pressure exceeds the minimum principal total stress ($u > \sigma_3$). Such a situation could be present at Porjus. The fine non-plastic glacial core materials are easily eroded from the walls of cracks and openings. Similar conditions would apply to the upstream filter also, creating conditions in which materials may become loose and more easily released, resulting in the formation of the sinkhole. However, hydraulic fractures are not wide, and would not be expected to cause a leakage zone about one meter deep across the core. Nor would hydraulic fracture sustain the cavities found afterwards in the damaged core. Consequently concentrated leak erosion seems less likely than backward.

Section 3.2 and Table 7 in Volume 1, Table 3.1 in preprints, list twelve situations in which cracks where concentrated leak erosion could initiate may be present. At least two may have been present at Porjus: cracking and hydraulic fracture due to arching of the core on to the shoulders (3.2.5) and cracking and hydraulic fracture in poorly compacted layers (3.2.8). Neither can now be proved with certainty.

Poorly compacted layers may have been present in Porjus dam but arching of the core between the shoulders is commonly expected to be present in rockfill dams with earth cores. In many circumstances the horizontal stresses causing 'arching' may not be sufficient to reduce the minimum principal total stress (acting vertically in these circumstances) to be below pore pressure and thereby cause fracture, but may be sufficient to 'hold a roof' above a backward erosion pipe.

Section 3.2.5 says that arching is most likely to occur in dams with narrow cores, with core width not exceeding 25% of height. However, Soroush and Aghaei Araei (2006) give an example of low core stress in Masjid-E-Soleyman dam, where the core width is about 60% of height. Low stresses were computed and measured in the core, as shown in Figure 2.73.

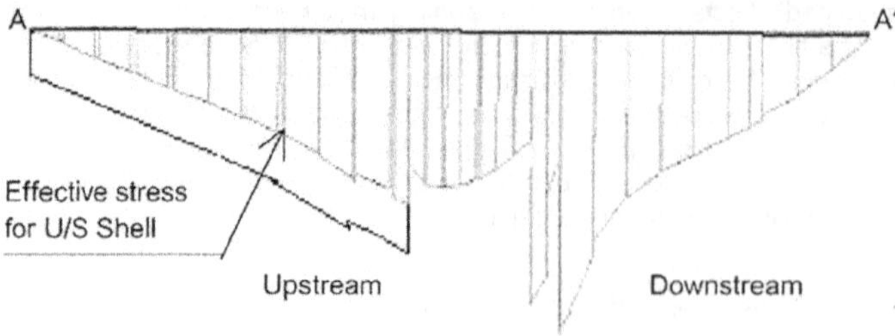

Total normal stresses

Extreme total normal stress $2{\cdot}36 \times 10^3$ kN/m^2

Fig. 2.73

Barrage Masjid-E-Soleyman, dont les contraintes totales sont plus faibles sous le noyau que sous les recharges ont été mesurées et calculées (Soroush and Aghaei Araei, 2006)

2.6.1.7. Barrage de Porjus : considérations sur l'initiation de l'érosion régressive

L'érosion régressive se serait initiée à l'interface entre le noyau et le filtre aval considéré trop grossier. Comme expliqué ci-dessus, dans certaines circonstances, le noyau de moraine peut « soutenir un toit » au-dessus des renards d'érosion formés par l'érosion régressive.

L'érosion régressive s'initie sur les surfaces « libres » car les grains de sol arrachés par la progression du conduit vers l'amont y sont évacués (section 4.1, Volume 1). Il ne semble pas d'emblée y avoir de surface « libre », car le noyau est en contact avec le filtre. Cependant, les parties de l'interface où l'érosion s'est produite se trouvaient dans des zones localisées du filtre inefficace et grossier dit « à érosion continue ». Dans ces zones, le noyau n'était pas contraint et sa surface était effectivement « libre ». Les particules érodées pouvaient s'échapper librement vers le filtre à ces endroits.

Comme le gradient hydraulique était supérieur à un, le soulèvement se produirait horizontalement à l'interface (Terzaghi et Peck, 1948, section 4.2.1, Volume 1). Les particules détachées seraient acheminées vers l'aval à travers les grandes ouvertures du filtre grossier inefficace. L'érosion pouvait progresser vars l'amont à partir de l'interface noyau-filtre, car l'effet voûte ferait en sorte que le noyau non plastique « soutiendrait un toit ». L'érosion a apparemment progressé jusqu'à l'amont du noyau, attirant ensuite le matériau du filtre amont vers l'aval.

Ceci résulta localement en un noyau plus grossier et le filtre très grossier stoppa l'érosion, créant ainsi un état d'équilibre fragile, qui pourrait être perturbé par des niveaux d'eau plus élevés ou éventuellement par des déformations du barrage après l'incident (chapitre 1, point 6).

Aux endroits où le filtre aval était un filtre « à érosion importante », l'érosion se déclencherait de la même manière par soulèvement, mais cesserait après une certaine érosion, avec l'auto-filtration (voir Terminologie, Volume 1) créant ainsi un filtre efficace. Comme la plupart des filtres étaient des matériaux « à érosion importante », le mouvement des particules du noyau vers le filtre en aval pouvait être largement répandu.

La possibilité d'une érosion régressive est testée avec les critères et les relations décrites à la section 4.2, en particulier 4.2.2, en dehors de leur domaine de validité. En utilisant la relation pour le gradient critique, le gradient auquel l'érosion régressive conduirait à une rupture, donnée à la section 4.2.2 :

$H/L = F_R{*}F_S{*}F_G$, et considérant :

d_{70} à 1,0 mm, d_{10} à 0,01 mm pour obtenir une perméabilité d'environ 1E-06 m/s, et considérant les autres paramètres et hypothèses indiquées à la section 4.2.2, incluant la prise en compte d'un d_{70} élevé de 1,0 mm, soit à l'extérieur des limites de 0,15 mm à 0,43 mm prescrites par le modèle de Sellmeijer et van Beek, donne :

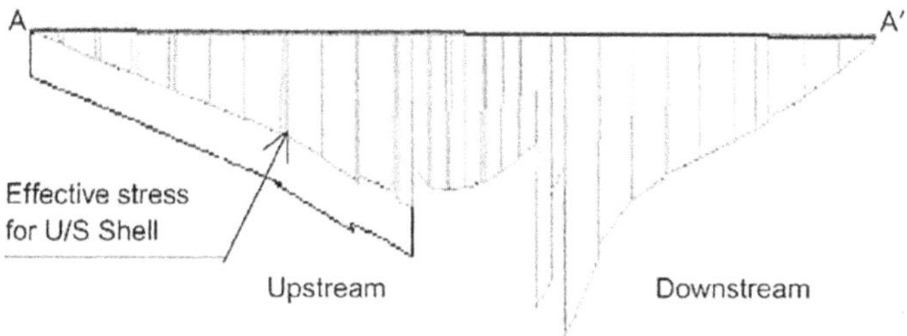

Fig. 2.73
Showing lower total stresses below core than shoulders at Masjid-E-Soleyman Dam
(from Soroush and Aghaei Araei, 2006)

2.6.1.7. Porjus Dam: Consideration of initiation of erosion by backward erosion

Backward erosion would initiate at the interface between the core and the too coarse downstream filter. As explained above, in certain circumstances the moraine core fill could 'hold a roof' above erosion pipes formed by backward erosion.

Backward erosion initiates at 'free' surfaces and soil grains, eroded as the erosion pipe forms backwards (upstream), are deposited at such surfaces (Section 4.1, Volume 1). There appears not to be a 'free' surface, because the core is in contact with the filter. However, the parts of the interface where erosion occurred were at local areas of the very coarse 'continuing erosion' filter. In these areas the core was not constrained, and its surface was effectively 'free'. Eroded particles could escape freely into the filter at such locations.

As the hydraulic gradient was greater than one, heave would occur horizontally at the interface (Terzaghi and Peck, 1948, Section 4.2.1, Volume 1). The loosened particles would be carried downstream through the large openings in the very coarse ineffective filter. Erosion could proceed backwards from the core-filter interface because the arching would cause the non-plastic core fill to 'hold a roof' above it. The erosion apparently progressed to the upstream side of the core, eventually drawing in filter material from the upstream filter.

This resulted in coarsening of the core locally and the very coarse filter arrested further erosion, creating a fragile equilibrium which would be disturbed by higher water levels, or possibly by deformations of the dam after the incident (Chapter 1, Point 6).

At locations where the downstream filter was an 'excessive erosion' filter, erosion would initiate similarly by heave, but would cease after some erosion had occurred as 'self-filtering' (see Terminology, Volume 1. ICOLD 2017) created an effective filter. As most of the filter was 'excessive erosion' material, movement of core into the downstream filter may be widespread.

The possibility of backward erosion occurring can also be examined by using the criteria and relationships in Sections 4.2, particularly 4.2.2, although strictly speaking it is beyond their field of application. Using the relationship for critical gradient, the gradient at which backward erosion would lead to failure, given in Section 4.2.2:

$H/L = F_R{*}F_S{*}F_G$, and taking:

d_{70} as 1.0 mm, d_{10} as 0.01 mm to give a permeability of about 1.0E-06 m/s, and other parameters and assumptions as given in Section 4.2.2, including for the high d_{70} size of 1.0 mm, far outside the 0.15 mm to 0.43 mm range of the Sellmeijer, van Beek model, gives:

H/L = 0,32*(11,8*0,38)*1,16 = 1,66, soit légèrement plus élevé que le gradient appliqué d'environ 1,5, mais reste compatible avec le gradient hydraulique susceptible de provoquer une érosion régressive. Le gradient élevé requis peut ainsi refléter la résistance à l'érosion des particules d_{70} de grande dimension.

2.6.1.8. Barrage de Porjus : considérations sur l'initiation de l'érosion régressive globale

L'érosion régressive globale (Figure 7, ou Figure 2.7 du prétirage, Sections 2.2.2, 4.3.2, Volume 1) initiée par une fuite descendante entraînée par gravité ne semble pas possible dans ce cas, car le noyau est vertical et non incliné vers l'amont. Ce mécanisme pourrait être à l'origine du fontis amont, mais cela dépendait de la migration du filtre à la base du fontis le long du conduit d'érosion traversant le noyau.

L'érosion régressive globale menant au déchaussement de la pente aval (section 4.3.3, Volume 1) aurait pu se produire là où une surface « libre » était présente dans les zones où le filtre trop grossier permettait une érosion continue.

Cependant, ces deux mécanismes exigent que les renards résultant de l'érosion régressive se forment, mais s'effondrent avant de progresser plus loin dans le matériau érodable (voir Tanaka et al., 2014). Cela aurait conduit à des effondrements du côté aval du noyau, finissant par percer sous forme de fontis. Aucun fontis n'a été observé du côté aval du noyau mais il semble plutôt que toute la largeur du noyau a été remaniée, ce qui rend alors peu probable l'érosion régressive globale.

Il est à noter que les pentes aval des bermes en enrochement installées dans de nombreux barrages en Suède, par précaution contre l'érosion interne, ont été conçues selon la méthode de Solvik, pour empêcher le déchaussement des talus d'enrochement (4.3.3, Volume 1).

2.6.1.9. Barrage de Porjus : considérations sur l'initiation de l'érosion par suffusion

L'érosion peut également avoir été initiée par la *suffusion*.

Les échantillons prélevés pendant la construction du noyau de moraine de la digue contenaient entre 27% et 50% de fines (<0,06 mm) et se sont révélés être à granulométrie stable (non suffusifs) selon l'approche de Kenney et Lau (1985, 1986) (Bartsch, 2007).

S'il est adjacent à un filtre « sans érosion », le matériau du noyau à granulométrie stable ne s'érodera pas. Cependant, à l'interface noyau / filtre trop grossier, la suffusion de matériaux à granulométries stables, pourrait se produire lorsque les particules fines du noyau, mobilisées par un gradient hydraulique et une pression interstitielle croissant avec la montée de la retenue, seraient entraînées à travers les vides du filtre trop grossier. Les matériaux à granulométries stables du noyau continueraient alors de s'écouler (par suffusion) dans les zones de filtre à érosion importante et de filtre à érosion continue. Cela a ainsi pu finir par entraîner les matériaux sur toute la largeur du noyau à partir de la base du fontis dans le filtre amont, puisque le matériau du filtre amont fut trouvé dans la zone de fuites entre 12 et 13 m sous la crête.

Les informations de Bartsch (2007) ont indiqué que le noyau était « à granulométrie stable » et non suffusive. Il semblait alors peu probable que seule la suffusion puisse entraîner la formation d'une zone de perturbation relativement étroite dans le noyau. Néanmoins, il est possible que tous les matériaux du noyau à l'endroit de la couche où se trouvèrent les dommages n'étaient pas à granulométries stables, et que les matériaux grossiers trouvés par la suite étaient déjà présents avant l'initiation de l'érosion. Ainsi, ils ont pu former une matrice de matériaux grossiers à travers laquelle les plus fins étaient entraînés par suffusion.

H/L = 0.32*(11.8*0.38)*1.16 = 1.66, slightly higher than the applied gradient of about 1.5, which is consistent with the hydraulic gradient sufficient to cause backward erosion. The high gradient required may reflect the resistance to erosion of the relatively large d_{70} particles.

2.6.1.8. Porjus Dam: Consideration of initiation of erosion by global backward erosion

Global backward erosion (Figure 7 (Figure 2.7 in preprints), Sections 2.2.2, 4.3.2, Volume 1) initiated by downward leakage assisted by gravity does not seem possible here because the core is vertical, not sloping upstream. It could be the mechanism leading to the formation of the upstream sinkhole, but this depended on removal of filter material from the base of the sinkhole along the erosion pipe through the core.

Global backward erosion leading to unraveling at the downstream slope (Section 4.3.3, Volume 1) could have occurred where a 'free' surface was present in zones where the too-coarse filter would allow continuous erosion.

However, both these mechanisms require that incipient backward erosion pipes form but collapse before progressing far into the eroding material (see Tanaka et al, 2014). This would lead to collapses at the downstream side of the core, ultimately breaking through as sinkholes. No sinkholes were seen at the downstream side of the core and there appeared to be disturbance across the entire width of the core, making global backward erosion unlikely.

It should be noted that the downstream slopes of the rockfill berms that have been installed at many dams in Sweden as a precaution against internal erosion have been designed using the Solvik method to prevent unraveling of the rockfill slopes (4.3.3, Volume 1).

2.6.1.9. Porjus Dam: Consideration of initiation of erosion by suffusion

The erosion may also have been initiated by *suffusion*.

Samples taken during construction from the moraine core material in the dam contained between 27% and 50% of fines (< 0.06 mm) and were found to be internally stable (not suffusive) using the Kenney and Lau (1985, 1986) approach (Bartsch, 2007).

When adjacent to no-erosion filter material, stable core material will not erode. However, in the core/too coarse filter interface, *suffusion* of stable materials would occur as fines from the core material, released as the hydraulic gradient and pore pressure increased when reservoir water level rose, flowed into the open pore spaces in the too-coarse filter. Stable core fill would continue to flow (by suffusion) into 'excessive erosion' filter and through 'continuing erosion' ineffective 'filter'. It eventually drew in core from across its entire width, and, as filter material was found in the zone of leakage at 12 m to 13 m below crest, from the base of the sinkhole in the upstream filter material.

From the information in Bartsch (2007), which reported that the core was 'stable', not suffusive, it seems unlikely that suffusion alone would result in a relatively narrow zone of disturbance across the core, unless not all the core in the layer where the damage was internally stable, and the coarse materials found afterwards were present prior to the erosion, and subsequently formed the matrix of coarse materials through which the finer ones were carried by suffusion.

Bien que l'on ne sache pas si ces matériaux ont été mis en place dans les couches du noyau du barrage, seize échantillons provenant de puits de reconnaissance dans la moraine, pendant la période de construction, contenaient moins de fines que les autres, soit aussi peu que 10%, et se sont ainsi révélés à granulométries instables. De tels matériaux pouvaient être érodés plus facilement à travers les zones de filtre trop grossier à érosion importante et celles de filtres à érosion continue.

Viklander (2013) a indiqué qu'il était attendu que les noyaux de moraine suédois incluent des matériaux suffusifs et que l'érosion était « due au fait que les particules fines de la moraine migrent et forment un « renard » à travers une matrice de graviers et de pierres. Le processus se poursuit alors (le conduit se développe ou une couche/cavité spécifique se développe) jusqu'à ce qu'il s'arrête, que le toit se brise ou que le filtre en amont soit transporté dans la cavité ».

Dans ces circonstances, lorsque des matériaux suffusifs ne peuvent pas être exclus de la moraine pour le noyau, la suffusion semble être le mécanisme le plus probable de l'incident de Porjus. L'érosion des matériaux suffusifs n'aurait pas continué si les filtres avaient été des filtres à rétention parfaite respectant les règles de filtres. Une grande partie du filtre a permis une érosion importante et une érosion continue. L'érosion n'a pas entraîné de dommages très graves, car, tel que mentionné ci-haut, le zonage du barrage (notamment le filtre amont) a finalement rendu le noyau plus grossier, jusqu'à ce que les filtres trop grossiers en aval deviennent efficaces et arrêtent l'érosion dans le noyau.

2.6.1.10. *Barrage de Porjus : importance des reconnaissances pour déterminer le risque d'érosion*

Ce cas montre qu'il est important d'investiguer les barrages existants et de déterminer les circonstances par lesquelles l'érosion surviendrait, et par lesquelles l'érosion pourrait s'arrêter si elle s'initiait, en particulier lorsque des fuites importantes (jusqu'à 1 000 L/s) et des dommages peuvent survenir avant l'arrêt de l'érosion. La surveillance des fuites peut indiquer l'apparition de l'érosion, mais les fuites ne sont pas toujours visibles lors des inspections.

À Porjus, le barrage était sujet à l'érosion interne et une réhabilitation s'imposait. En effet, une partie du filtre ne pouvait pas protéger le noyau en toutes circonstances et il était impossible de déterminer si une érosion pouvait ou non s'initier dans le noyau à d'autres endroits.

2.6.1.11. *Barrage de Porjus : la surveillance traditionnelle n'a pas décelé de signes avant-coureurs*

Il semble que système de *surveillance* en place n'a donné aucune alerte précoce du début de l'érosion. Les fontis avaient eu lieu auparavant sans conséquences graves. Les fontis ne sont apparus à la surface que lorsque le niveau de l'eau était élevé; ils existaient probablement avant de percer en crête. L'érosion a pu débuter pour des niveaux d'eau inférieurs à ceux qui ont provoqué l'apparition en crête du fontis. Les fontis sont en fait les symptômes apparents des dommages invisibles causés au noyau et aux filtres par l'érosion. Ils se sont produits là où le filtre aval était localement grossier, à érosion importante, ou très grossier, là où une érosion continue s'est produite, lorsque les gradients sont devenus suffisants pour que le matériau du noyau migre à travers les parties trop grossières du filtre.

Il semble aussi que la surveillance des mouvements de l'ouvrage n'ait donné aucune indication sur l'érosion. L'incident n'a pas causé de tassement (autre que les fontis). Les fuites sont devenues troubles après le début de l'érosion, mais comme aucune investigation n'avait été effectuée auparavant et que la compréhension des mécanismes internes de l'érosion était limitée, on ne savait pas si l'érosion cesserait ou si elle pouvait entraîner une rupture du barrage.

Pour ces raisons, de nouvelles méthodes de surveillance ont été développées et adoptées pour ces barrages, basées sur des mesures de température donnant une représentation plus précise et une alerte précoce de l'augmentation de la perméabilité et du débit, comme décrit aux chapitres 3 et 6 du présent volume.

Although it is not known if these materials were placed as fill in the core of the dam, sixteen samples from construction period test pits in moraine contained less fines, as low as 10%, and were found to be internally unstable (suffusive). Such materials would erode more readily into zones of too-coarse excessive-erosion filter and through continuous erosion non- effective filter.

Viklander (2013) advised that Swedish 'moraine' cores were expected to include suffusive materials, and the erosion was 'as the result of fines washing out from moraine to form a 'pipe' through a matrix of gravel and stones. The process continues (the pipe grows or a specific layer/cavity grows) until it stops, the roof fails, or the upstream filter is transported into the cavity'.

In these circumstances, where suffusive materials cannot be excluded from moraine fill used as core fill, suffusion seems the most likely mechanism causing the Porjus incident. Erosion of suffusive materials would not have continued if the filters were no-erosion filters satisfying filter rules. Much of the filter allowed excessive erosion and continuous erosion. That the erosion did not progress to cause very severe damage was because, as examined above, the zoning in the dam (particularly the upstream filter) ultimately coarsened the core until the too-coarse filters became effective and arrested the erosion in the coarsened core.

2.6.1.10. Porjus Dam: Importance of investigations to determine if erosion could occur

This case demonstrates that it is important to investigate existing dams and determine the circumstances in which erosion would initiate and their ability to arrest erosion should it initiate, particularly as substantial leakage flows (up to 1,000 L/s) and damage may occur before erosion is arrested. Leakage monitoring shows onset of erosion, but leakage is not always visible.

At Porjus, the dam is vulnerable to internal erosion and remediation was necessary. This was because some of the filter cannot protect the core in any circumstances, and it is not possible to determine whether or not erosion could initiate in the core at other locations.

2.6.1.11. Porjus Dam: Traditional monitoring did not give early warning

The *monitoring system* did not seem to give any early warning of the onset of erosion. Sinkholes had occurred previously without any serious consequences. The sinkholes broke through to the surface only when water levels were high, they probably existed before breaking through. Erosion may have initiated at water levels lower than that which exposed the sinkholes. The sinkholes are the visible symptom of invisible damage to the core and filters. They occurred where the filter was locally coarse, an excessive erosion filter, or very coarse, where continuous erosion occurred when gradients became sufficient to cause core material to suffuse through the too-coarse parts of the filter.

Deformation monitoring did not seem to give any indications of the erosion. The incident did not cause settlement (other than sinkholes). Leakage became turbid after erosion had initiated, but because no prior investigations had been carried out, and because the understanding of internal erosion mechanisms was limited, it was not known whether the erosion would cease or whether it would lead to failure of the dam.

For these reasons, new methods of monitoring have been developed and adopted for these dams, based on temperature measurements giving a more precise picture and an early warning of increasing permeability and discharge, as described in Chapter 3 and Chapter 6 below.

2.6.1.12. Barrage de Porjus : Réhabilitation

L'injection a été utilisée pour étancher la zone touchée ainsi que les cavités et les dommages dans le noyau. La majeure partie du filtre n'a pas été injectée. L'injection a créé étanchéité locale; cela pourrait mener à une concentration du débit et rendre les zones adjacentes plus vulnérables à l'érosion.

Une recharge en enrochement, couvrant toute la hauteur du parement aval, a été posée en 2004 sur toute la longueur du barrage pour résister aux fuites envisagées (dans le cas de Porjus, 400 L/s/m), pour sécuriser la pente aval contre le déchaussement de l'érosion globale et pour fournir une certaine protection contre une surverse locale suite aux fontis, permettant ainsi le temps d'avertir les personnes en aval et de mettre en place les mesures d'urgence. Si les propriétés du remblai sont favorables, cela donnera du temps pour que l'auto-filtration du remblai se mette en place et pour que les réparations débutent. Nilsson (2007b) explique plus en détail les raisons et les fonctions de ces recharges.

2.6.1.13. L'incident du barrage de Suorva

Des fontis et des fuites se sont produits dans le noyau morainique du barrage de Suorva pendant les périodes de crues en 1983 (Nilsson, 2007a) (voir Figure 2.74). En octobre 1983, un débit de fuite turbide jusqu'à 100 L/s a été observé, mais a ensuite diminué au bout de dix jours à environ la moitié de cette quantité, comme le montre la Figure 2.75.

La Figure 2.76 montre la coupe type du barrage et les trajets de fuites possibles. Les investigations ont montré que le filtre grossier était très grossier dans la partie supérieure du barrage. Les parties les plus grossières étaient des filtres « à érosion continue », incapables de stopper l'érosion. Les parties communes du filtre étaient « à érosion importante », ne se colmatant qu'après des fuites importantes susceptibles de causer des dommages et des fontis, comme ceux observés à Porjus. L'érosion a entraîné les particules du noyau dans toute la largeur du filtre aval. Cela a entravé le drainage de descendre librement dans le filtre, en retenant le niveau d'eau à seulement 2 m sous celui de la retenue pendant un certain temps. Il ne semblait pas se drainer le long du filtre ou dans l'enrochement aval.

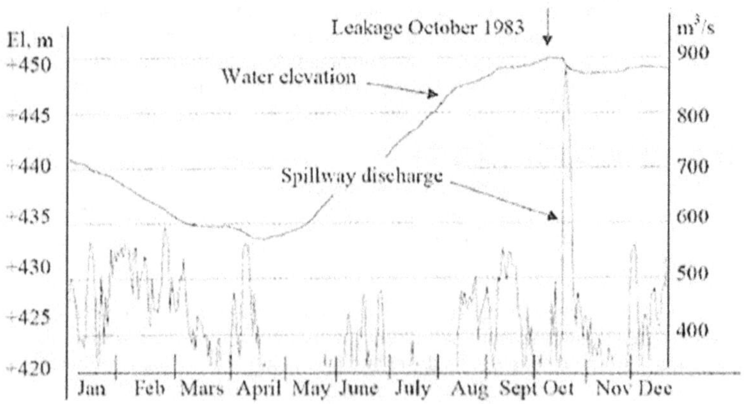

Fig. 2.74
Barrage de Suorva : niveaux d'eau en 1983 (de Nilsson, 2007a)

2.6.1.12. Porjus Dam: Remediation

Grouting was used to seal the affected area and the cavities and damage in the core. The bulk of the filter has not been grouted. Grouting has made a local seal, but this may concentrate flow and make adjacent areas more vulnerable to erosion.

A rockfill berm to full height on the downstream slope along the whole length of the dam was constructed in 2004 to resist the expected leakage (in the case of Porjus, this is 400 L/s/m), to secure the downstream slope against surface erosion, to give some protection against local overtopping due to sinkholes and to allow time to give warnings to people downstream and take emergency action. If the fill properties are favorable, it may give time for self-healing to occur and to initiate repairs. Nilsson (2007b) explains the reasons for and functions of such berms in more detail.

2.6.1.13. The Suorva Dam incident

Sinkholes and leaks occurred through the moraine core of Suorva dam during periods of floods and high water level in 1983 (Nilsson, 2007a), as recorded on Figure 2.74. In one case, in October 1983, up to 100 L/s of turbid leakage was seen but reduced after ten days to about half this amount, as shown on Figure 2.75.

Figure 2.76 shows the dam section and the possible leakage routes Investigations showed the coarse filter to be very coarse in the upper part of the dam. The coarsest parts were 'continuing' filters, with no capacity to arrest erosion, the average parts were 'excessive erosion' filters, sealing only after substantial leakage that may cause damage and sinkholes, as occurred at Porjus. The erosion resulted in core fill penetrating the entire width of the filter in places. This prevented free downward drainage in the filter, holding water level in it to only 2 m below reservoir level for a time. It did not appear to drain along the filter or into the downstream rockfill.

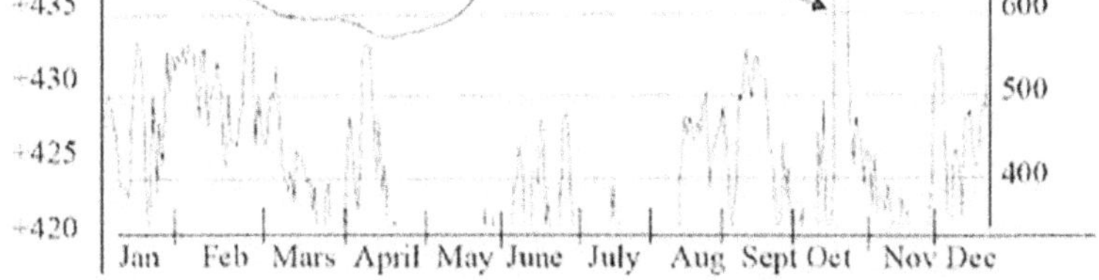

Fig. 2.74
Suorva: water levels during 1983 (from Nilsson, 2007a)

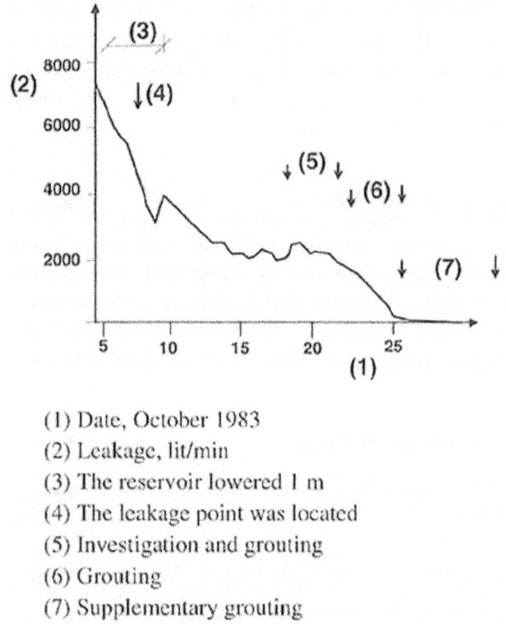

Fig. 2.75
Barrage de Suorva : diminution des fuites à partir d'environ 7000 L/min (plus de 100 L/s) en octobre 1983 (de Nilsson, 2007a)

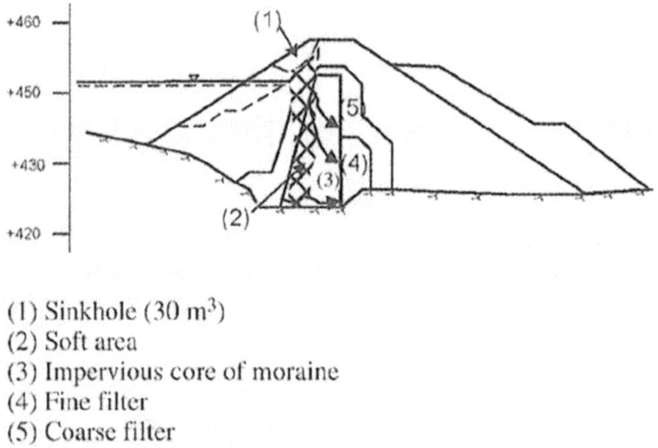

Fig. 2.76
Chemins de percolation possibles lors de l'incident de 1983 (Nilsson, 2007a)

Dans la partie inférieure du barrage, où se trouvait un filtre fin et un grossier, le filtre était plus fin, avec un maximum de D_{15} de 1,0 mm, supérieur au critère de Sherard de 0,7 mm. De tels filtres « à érosion limitée » se colmateraient rapidement si l'érosion s'initiait. Il y avait des signes d'érosion à l'interface noyau-fondation, mais sans dommage important. Les enregistrements de l'injection le long du barrage à la position, où les fuites et les fontis se sont produits, sont résumés dans la coupe type présentée à la Figure 2.77. Cette Figure montre de grandes quantités de coulis injecté dans le noyau aux différents endroits présumés des fuites; ainsi qu'à la base du noyau et de la partie supérieure de la fondation.

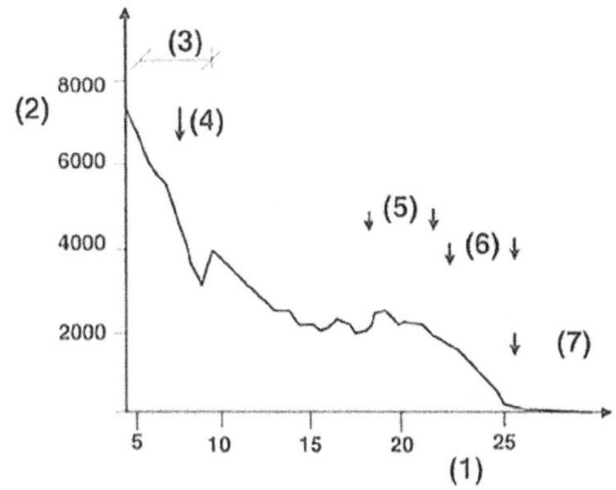

(1) Date, October 1983
(2) Leakage, lit/min
(3) The reservoir lowered 1 m
(4) The leakage point was located
(5) Investigation and grouting
(6) Grouting
(7) Supplementary grouting

Fig. 2.75
Suorva: Leakage reducing from about 7,000 L/min (over 100 L/sec) during October 1983 (from Nilsson, 2007a)

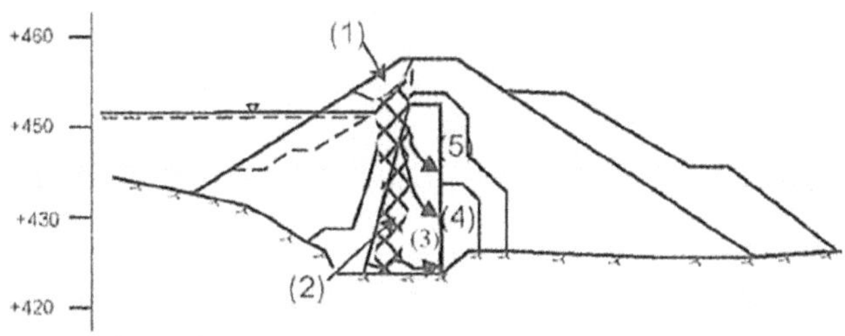

(1) Sinkhole (30 m^3)
(2) Soft area
(3) Impervious core of moraine
(4) Fine filter
(5) Coarse filter

Fig. 2.76
Suorva dam: possible leakage paths during 1983 incident (from Nilsson, 2007a)

In the lower part of the dam, where there was a fine and a coarse filter, the filter was finer, with a maximum D_{15} of 1.0 mm, compared to a Sherard recommended size of 0.7 mm. Such 'some-erosion' filters would soon seal if erosion initiated. There were indications of erosion at the core-foundation interface, but no extensive damage. The grouting records along the dam at the position where the leaks and sinkholes occurred summarized in the section on Figure 2.77 show large grout takes at the possible leakage positions high in the core and lower in the core; and at the base of the core and into the upper parts of the foundation.

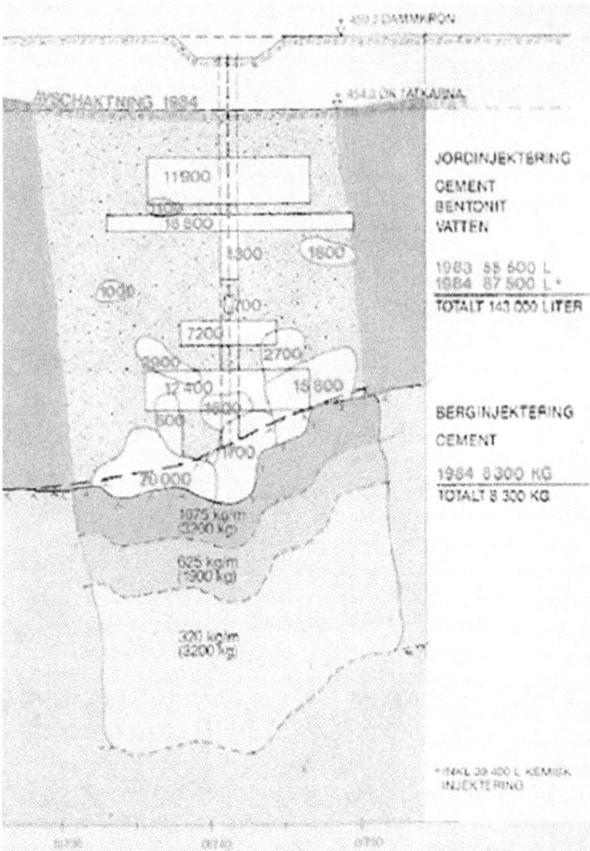

Fig. 2.77
Barrage de Suorva : enregistrements de l'injection des zones de fuites du barrage, montrant les absorptions élevées au niveau des fuites, près de la fondation ainsi qu'à l'intérieur de celle-ci.

2.6.1.14. Travaux de réhabilitation à Suorva avec une recharge en enrochement et un filtre n'atteignant pas la crête

Une berme en enrochement a été posée sur la partie inférieure du parement aval du barrage (Nilsson, 2007a), afin de contenir l'érosion et de permettre l'évacuation de débits de fuite importants qui se produiraient pour éviter de futurs incidents, survenant à des niveaux d'eau et des gradients hydrauliques plus élevés, en provoquant le déchaussement du pied de la pente aval. La berme d'enrochement s'élève sur une partie seulement de la hauteur du barrage parce que, en Suède, sa conception conforme aux directives suédoises sur la sécurité des barrages, RIDAS (2002, révisées en 2008) lui permet de résister aux « fuites de projet ». La conception est basée sur des calculs d'écoulement traversant l'ouvrage en supposant que la section transversale du barrage a les mêmes propriétés hydrauliques (par exemple, la perméabilité) que la recharge aval du barrage. Ainsi, le noyau et les filtres sont donc considérés avec la même perméabilité que les recharges en enrochement ou en terre. Théoriquement, la surface de suintement sur le parement aval devrait être recouverte d'un filtre et d'un enrochement pour sécuriser le talus. En pratique, la crête de la butée de pied est le plus souvent construite 2 à 3 m plus haut que ce niveau. Les recharges aval de butée de pied sont une pratique habituelle en Suède, mais Nilsson (2007b) décrit et explique les raisons pour lesquelles des recharges en enrochement sur toute la hauteur sont plutôt utilisées à Porjus, tel que précité, et dans d'autres barrages en Suède.

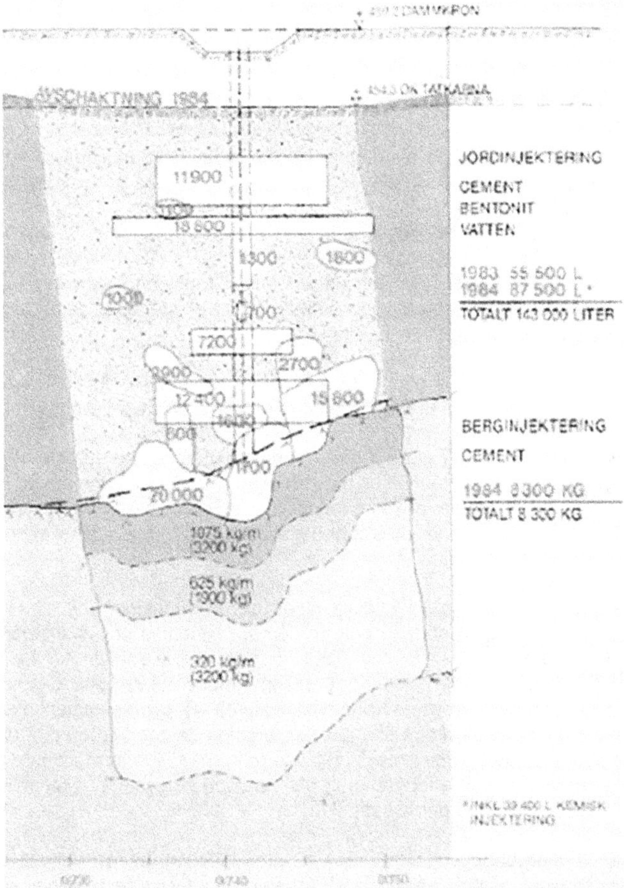

Fig. 2.77
Suorva: grouting record along dam at position of leaks, showing high grout takes at leak positions and near and into foundation

2.6.1.14. Remediation at Suorva with part-height filtered rockfill berm

A rockfill berm was constructed to part height (Nilsson, 2007a) on the downstream slope of the dam to provide protection to contain erosion and provide drainage to release the heavy leakage flows that would occur if future incidents, at higher water levels and higher hydraulic gradients, caused unraveling of the lower parts of the downstream slope. The rockfill berm extends over part of the height of the dam because in Sweden, toe berms are designed to sustain "design leakage" according to the Swedish dam safety guidelines RIDAS (2002, revised 2008). The design is based on through-flow calculations assuming that the whole dam cross-section has the same hydraulic properties (e.g., permeability) as the downstream dam shoulder. Thus, the core and filters are assumed to have the same permeability as the shoulder rock- or earth-fill. Theoretically, the level of phreatic line exit on the downstream shoulder should be covered by filter and rock-fill to secure the slope. In practice the toe berm crest is most often built 2–3 m higher than this level. Part-height berms are the usual practice in Sweden but Nilsson (2007b) describes, and gives reasons for, full height rockfill berms at Porjus, above, and other dams in Sweden.

2.6.2. *Approche de Ronnqvist identifiant les causes de l'érosion des noyaux morainiques*

2.6.2.1. Le graphique unifié de Ronnqvist

En examinant les courbes granulométriques des noyaux et des filtres de nombreux barrages zonés avec noyaux en moraine en Suède et ailleurs, dont certains avaient été endommagés par l'érosion, Ronnqvist (2015) et Ronnqvist et al. (2014) ont produit un graphique unifié, Figure 2.78, combinant l'indice de stabilité de Kenney et Lau (1985, 1986) et la taille du D_{15} des filtres, liée au critère de continuation : « absence d'érosion », « érosion limitée » et « érosion importante » de Foster (1999) / Foster et Fell (2001) pour identifier les cas sujets (ou non) à l'érosion interne. Comme le montre la Figure, la concordance entre les prévisions et les cas historiques de barrages endommagés par l'érosion interne est presque parfaite.

Le graphique deviendra très utile pour évaluer la vulnérabilité des barrages à l'érosion par suffusion, pour laquelle le graphique utilise le concept de de « stabilité » (Kenney et Lau, 1985, 1986).

Il est entièrement basé sur les courbes granulométriques des noyaux de moraine et des filtres. Les forces hydrauliques (représentées par le niveau d'eau) à l'origine des dommages dans les barrages endommagés n'ont pas été prises en compte. Des crues plus importantes, provoquant des forces hydrauliques plus élevées que celles connues à ce jour, pourraient ainsi endommager certains barrages jusqu'ici non endommagés.

Seuls deux barrages semblent endommagés par la suffusion. Les filtres des barrages E et T présentés sur la Figure 2.78 comme potentiellement instables et « à érosion continue » (qui permettraient la continuation de l'érosion jusqu'à la rupture, voir la section 7.3.4 et la Figure 37 (ou Figure 13.2 du prétirage) du Volume 1 n'ont heureusement pas été rompus. Cependant, comme on peut le voir dans les extraits ci-dessous de Ronnqvist et al. (2014), ils présentaient d'autres symptômes d'avaries et ont été endommagés d'une part par une érosion de conduit (où des ouvertures ont été maintenues par des effets voûte), une érosion régressive menant à la formation de renards (sous un toit possiblement maintenu par un effet voûte) et par l'érosion de contact (localement au niveau des couches de sols lâches), ainsi que par la suffusion :

Barrage E : Fuites boueuses observées au premier remplissage et sporadiquement par la suite. Les investigations ont montré des conduits d'érosion, un effet voûte dans le noyau, des particules fines du noyau dans le filtre, des couches localement lâches dans le noyau et la ségrégation des filtres. À l'interface noyau-filtre, le noyau avait perdu la fraction fine. Les dommages sont essentiellement dus aux matériaux inadéquats pour les filtres en raison de procédures de construction déficientes (Kjellberg et al., 1985; Nilsson et al., 1999).

Barrage T : ce barrage a présenté une tendance à l'augmentation des pressions interstitielles pendant une période deux ans, plus de quarante ans après sa construction. Les investigations ont révélé de nombreuses zones lâches dans le noyau, ainsi que des matériaux à faible teneur en fines près de la base du barrage. De plus, il existait un chemin de communication entre des piézomètres du noyau. La principale cause présumée des zones instables était liée à l'effet de voûte dans le noyau, alors que les parties affectées du noyau présentant moins de fines étaient dues à la formation de renards et à des filtres inadéquats (Graybeal, 1988, Ripley, 1988).

2.6.2. *Rönnqvist's approach identifying erodible moraine core dams*

2.6.2.1. The Rönnqvist's unified plot

By examining the grading of the cores and the filters of many moraine core dams in Sweden and elsewhere, some of which had been damaged by erosion, Rönnqvist (2015) and Rönnqvist et al (2014) produced a unified plot, Figure 2.78, identifying combinations of the Kenney and Lau (1985, 1986) Stability Index and the D15 sizes of the no-, some- and excessive-erosion filters (Foster 1999, Foster and Fell 2001), which would or would not be vulnerable to erosion. As the figure shows, the predictions and the case histories of dams damaged to date by internal erosion show almost complete agreement.

The plot will be very useful when assessing the vulnerability of dams to erosion by suffusion, for which the plot uses the term 'stability' (Kenney and Lau, 1985, 1986).

It is based entirely on the gradings of the moraine cores and the filters, the hydraulic forces (represented by water level) causing the damage in the damaged dams were not recorded. More severe floods causing greater hydraulic forces than experienced to date may damage some currently undamaged dams.

Only two damaged dams were impacted by suffusion. Dams E and T shown on Figure 2.78 to be potentially unstable with 'continuing erosion' filters (which would allow erosion to continue to failure, see Section 7.3.4 and Figure 37 in Volume 1 (Figure 13.2 in preprints), fortunately did not fail. However, as can be seen in the extracts below from Rönnqvist et al (2014), they displayed other symptoms of malfunction, and were damaged by concentrated leak erosion (where arching sustained openings), backward erosion piping (under a roof held up by arching, possibly) and contact erosion (locally at loose layers) as well as suffusion:

Dam E: Muddy discharge upon first filling and subsequently over time. Investigations showed erosion channels, arching of the core, core fines in the filter, local loose layers in the core and segregated filters. At the core–filter interface, the core had lost the finer fraction. The main cause for the damage was inadequate filter material due to deficient construction procedures (Kjellberg et al, 1985; Nilsson et al, 1999)

Dam T: Showed a rising trend in pore pressure over two years forty years after construction. Investigations showed numerous loose zones in the core, as well as core material low on fines near the base of the dam. Furthermore, there was communication between piezometers in the core. The assumed main cause for the loose zones was arching of the core, but the low fines parts of the core were assumed to be due to piping and inadequate filters (Graybeal, 1988, Ripley, 1988)

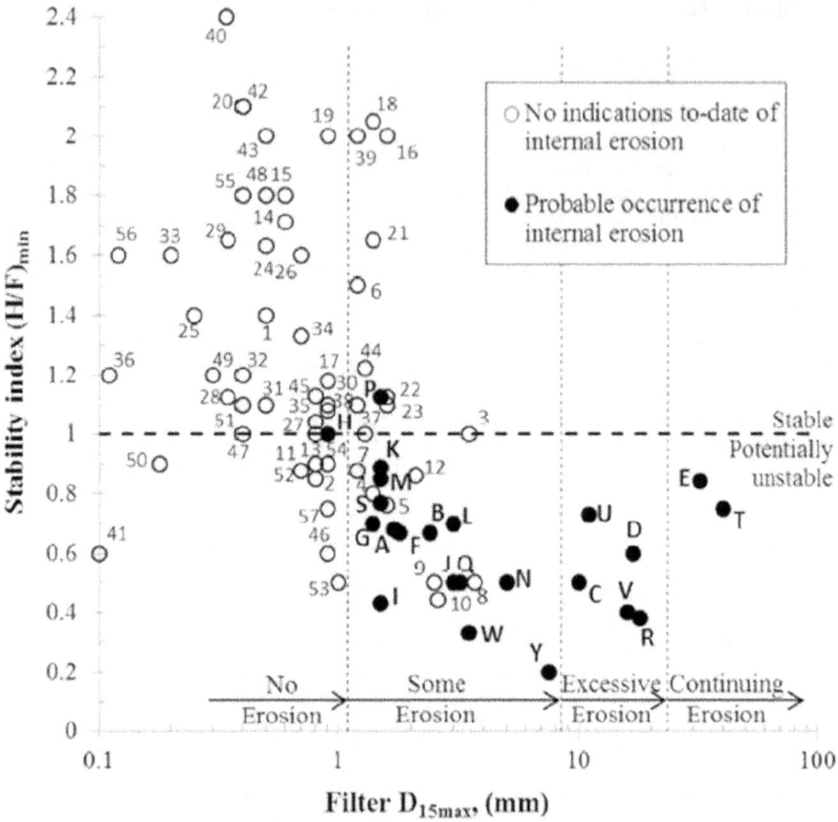

Fig. 2.78
Diagramme unifié croisant l'indice de stabilité de la distribution granulométrique du filtre avec les valeurs maximales du D15 et les valeurs moyennes des critères de filtration
(tiré de Ronnqvist, 2015)

2.6.2.2. Les meilleures méthodes pour identifier la moraine suffusive uniquement à l'aide de courbes granulométriques

Les noyaux de moraine ne sont pas tous suffusifs, comme le montrent les exemples ci-dessus. Les granulométries constituent un moyen simple et pratique d'évaluer la vulnérabilité des sols à la suffusion. Toutefois, elles ne permettent pas toujours d'obtenir une évaluation précise, et peuvent donc fournir des données non fiables aux géotechniciens praticiens. Ainsi, la recherche d'une méthode fiable est toujours en cours et Rönnqvist (2015) poursuit ses recherches en relation avec les sols morainiques. D'après les échantillons recueillis par l'Université technique de Luleå (LTU), il a constaté que les deux méthodes d'évaluation permettant d'identifier le plus précisément les spécimens suffusifs (c'est-à-dire avec le moins d'échantillons stables jugés instables) étaient celles de Li et Fannin (2008) et de Wan et Fell (2004). L'analyse des échantillons de LTU suggère une possible zone de transition de 0,68 <H/F <1,0 dans l'espace H-F de Kenney et Lau (1985, 1986). En développant plus loin l'adaptation de Li et Fannin (2008) de la méthode de Kenney-Lau, en y intégrant la zone de transition, on peut constater une amélioration de la précision lors de l'identification de l'instabilité des courbes granulométriques (risque de suffusion). Sur la base de l'analyse de 36 courbes granulométriques de tills d'origine glaciaire et suite à l'exclusion des spécimens potentiellement non susceptibles de suffusion, 91% des courbes potentiellement instables étaient celles ayant subi une suffusion.

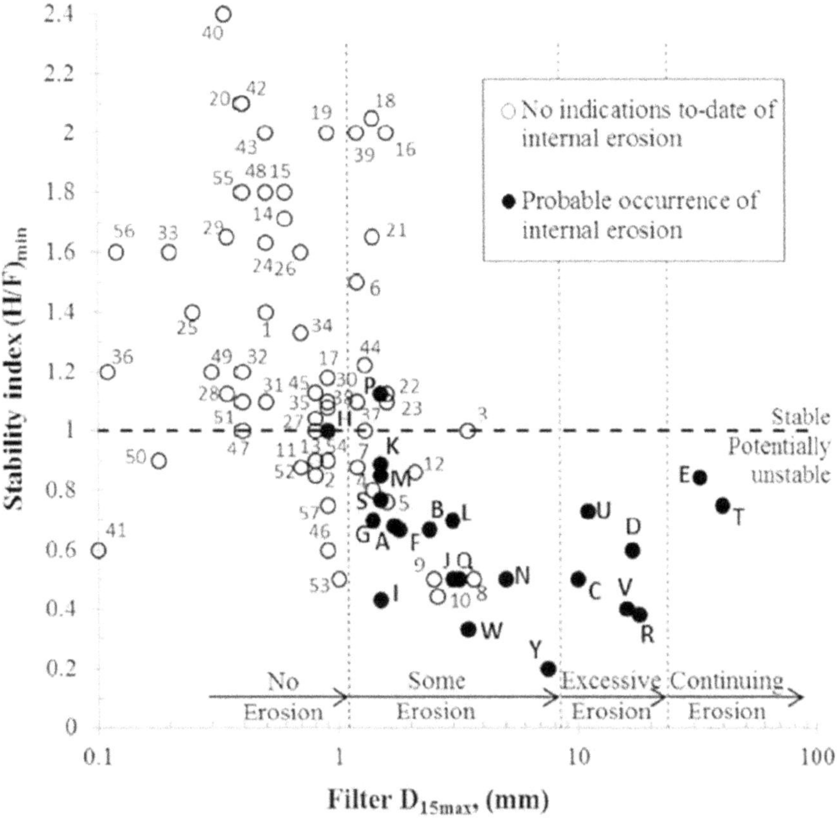

Fig. 2.78
Unified plot of the relationship between stability index of the filter gradation and average values of No Erosion (NE), Excessive Erosion (EE) and Continuing Erosion (CE) (from Rönnqvist, 2015)

2.6.2.2. The best methods of identifying suffusive moraine soils by grading alone

Not all moraine cores are suffusive as the many open data points in Figure 2.78 show. Gradings provide a simple and convenient means of assessing the vulnerability of soils to suffusion, but do not always provide an accurate assessment, and therefore may not provide reliable data for practitioners. The search for reliable methods continues and Rönnqvist (2015) investigated it in relation to moraine soils. From his Lulea Technical University (LTU) samples, he found that the two assessment criteria which identify unstable specimens most accurately (i.e., with the fewest stable specimens deemed as unstable), were those by Li and Fannin (2008) and by Wan and Fell (2004). The analysis of the LTU specimens suggests a possible transition zone $0.68 < H/F < 1.0$ in the Kenney and Lau (1985, 1986) H-F space. Elaborating on the Li and Fannin (2008) adaptation of the Kenney-Lau method by incorporating the transition zone reveals an improved accuracy in identifying gradations with unstable performance (suffusion). Based on the analysis of 36 gradations of glacial till soils, and after excluding specimens potentially not susceptible to suffusion, 91% of the potentially unstable gradations were those that actually experienced suffusion.

2.6.3. Défaillance des filtres pour la protection des noyaux en till glaciaire au Canada

On retrouve dans Kleiner (2016) une référence à la CIGB (1994), dont un rapport de Seemel (Seemel et Colwell, 1976) sur les dommages et les fontis observés à la digue GJ-11A de l'aménagement de Churchill Falls au Canada. La Figure 2.79 montre la représentation de la section cartographiée telle qu'elle apparaît lors de l'excavation de la partie endommagée de l'ouvrage. Il semble que les zones 2A et 4 étaient trop grossières pour agir en tant que filtres « à absence d'érosion » et ainsi retenir la partie fine des matériaux du noyau de zone 1 composé de till glaciaire. Les matériaux fins ont été détachés et transportés vers les zones de filtres 2A et 4 ainsi que dans l'enrochement zone 5 aval, laissant donc des matériaux granulaires dans la zone du noyau, comme indiqué sur la Figure 2.79. Les vides laissés par les matériaux transportés ont été remplis à leur tour avec des matériaux provenant de deux fontis dans le noyau de la zone 1, l'un en amont et l'autre en aval.

Les fuseaux des filtres des zones 2A et 4 étaient larges et grossièrement étalés dans l'intention d'utiliser des matériaux à proximité du site pourvus d'une capacité de filtration et de drainage adéquate, selon le critère de Terzaghi / Bertram en vigueur à l'époque (CIGB, 1994). Cependant, il a été constaté que les fuseaux étaient difficilement applicables au site sans ségrégation, ce qui donnait des zones locales très grossières; en fait trop grossières pour fonctionner en tant que filtres à « absence d'érosion ». « L'utilisation de filtres de sable plus fins au contact du noyau avait été envisagée lors de la conception à la fin des années 1960, mais on pensait qu'elle constituait un raffinement non nécessaire compte tenu du budget de construction limité ».

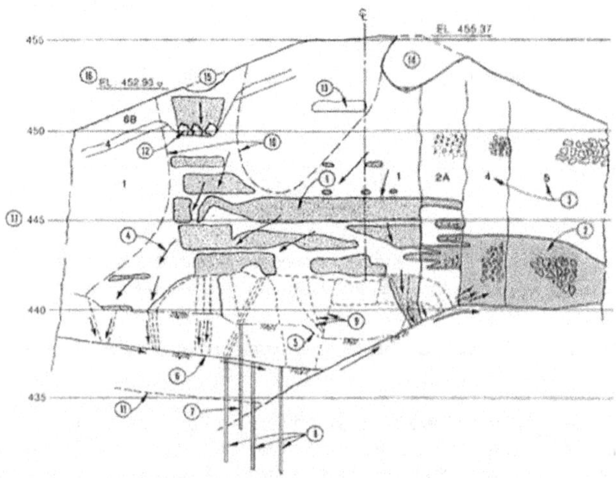

Note: The figure is a pictorial representation of the deterioration process at Sta. 15+07

1 Granular material as mapped at Sta. 15+07 during the field investigation
2 Granular material choked with fines from gracial till
3 Numbering of zones in the dam
Zone 1 Glacial till <30 cm
Zone 2A Crushed sand and gravel
Zone 4 Rock spalls <30 cm
Zone 5 Rockfill <1.3 meters
Zone 6B Riprap
4 Arrows depict the assumed path of migrating material
5 Original foundation excavated to this level
6 Final foundation excavated to this level
7 Original grout curtain, 20-50 feet deep, single row
8 Final grout curtain, 20-50 feet deep, three rows
9 Open joints partially filled with clay, sand, and grout; note that jointed geologic structure of rock knob at Sta. 15+10 is projected to Sta. 15+07
10 Outside limit of disturbed material
11 Sub-horizontal joint
12 Collapsed riprap
13 Layer of frozen till
14 Downstream sinkhole, muddy water at base of sinkhole
15 Upstream sinkhole
16 Maximum reservoir level
17 Elevation in meters

Fig. 2.79
Érosion interne du noyau en till glaciaire de la digue de Churchill Falls
(tirée de ICOLD, 1994 et Kleiner, 2016)

2.6.3. Failure of filters to protect glacial till core in Canada

Kleiner (2016) refers to ICOLD (1994) which includes a report by Seemel (e.g., Seemel and Colwell, 1976) of damage and sinkholes to Dike GJ-11A in the Churchill Falls project in Canada. Figure 2.79 shows the cross-section revealed when the damaged section was excavated out. It seems that Zones 2A and 4 were too coarse to act as no-erosion filters and retain the finer portion of the Zone 1 glacial till core material. The fine material was eroded into the Zone 2A and 4 'filters' and into the downstream Zone 5 rockfill, leaving granular materials in the core zone, as mapped on Figure 2.79. The lost material was replenished by material supplied from two sinkholes in the Zone 1 core, one upstream and one downstream.

The Zone 2A and 4 'filters' were wide and broadly graded with the intention of using local materials to provide adequate filtering and drainage capability, following the Terzaghi/Bertram criterion current at the time (ICOLD, 1994). However, the broad gradings were found to be difficult to construct without segregation, resulting in local very coarse areas, too coarse to perform as what would now be called no-erosion filters. The 'use of finer sand filters next to the core had been considered during the design process in the late 1960s but was thought to be an unnecessary refinement in view of the limited construction budget'.

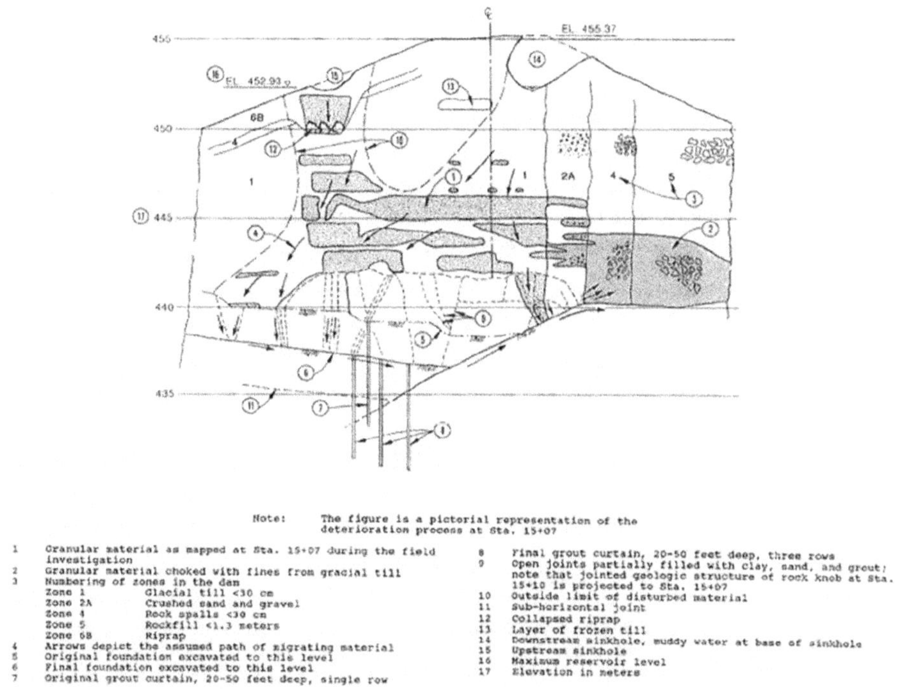

Fig. 2.79

Erosion of glacial till core at Churchill Falls Dike (from ICOLD, 1994 and Kleiner, 2016)

2.6.4. Investigations d'un barrage Britannique typique

Le Bulletin a été utilisé pour approfondir l'analyse de la susceptibilité à l'érosion interne d'un barrage britannique typique, tel que décrit par Bridle, Delgado et Huber (2007), Bridle (2008) et Bridle (2014b). Le barrage a un noyau à corroi d'argile et des recharges en sol glaciaire à grains fins (similaire à celui utilisé pour les noyaux morainiques en Amérique du Nord).

2.6.4.1. Évaluation de l'initiation par érosion régressive, érosion de contact, suffusion et érosion de conduit.

L'initiation par *érosion régressive* n'a pas été considérée comme étant possible dans le noyau argileux.

Des matériaux grossiers et fins étaient en contact dans certaines zones de la fondation, et représentent des sites possibles de développement de l'*érosion de contact*. Les gradients hydrauliques étaient tels que, dans des conditions extrêmes, la vitesse de Darcy dans les matériaux grossiers était estimée à 0,0001 m/s. Comme le montrent la Figure 23 (ou Figure 5.2 du prétirage) de la section 5.3 du Volume 1 et la Figure 1.4 dans le chapitre 1 du présent volume 2, cette vitesse est très inférieure à la vitesse (environ 0,01 m/s) à laquelle l'érosion de contact des matériaux fins se déclencherait.

Le noyau a une granulométrie stable (*non suffusif*).

Quatre des douze situations énumérées à la section 3.2 du Volume 1, où l'*érosion de conduit* pourrait s'initier, ont été identifiées de la façon suivante :

- Fissuration et claquage hydraulique dus au tassement différentiel du noyau au travers de la vallée (section 3.2.1) : le profil longitudinal de la vallée comprend un changement de pente abrupt, dans lequel les contraintes peuvent être atténuées et provoquer des fissures, notamment par claquage hydraulique.

- Fissuration et claquage hydraulique dus à l'effet voûte du noyau entre les recharges (section 3.2.5) : le noyau est généralement plus large que 25% de la hauteur du barrage, donc moins vulnérable à ce type de fissuration, mais les noyaux d'argile peuvent se fissurer lors d'un remplissage rapide du réservoir en raison des vitesses de déformation différentes de la recharge et du noyau.

- Fissuration due à la dessiccation (section 3.2.9) : la crête est sensible au séchage et à la fissuration.

- Fissuration transversale provoquée par des tassements lors de tremblements de terre (section 3.2.10) : l'effet est similaire à celui du tassement différentiel longitudinal de la vallée décrit ci-dessus.

Une estimation de la largeur des fissures pouvant être générées par les quatre circonstances énumérées ci-dessus serait nécessaire pour déterminer si une érosion de conduit peut réellement s'initier, en utilisant les formules de la section 3.3.3 du Volume 1 et en connaissant les propriétés érosives du sol de la section 3.3.4. La section 3.3.2 donne des indications sur l'estimation de la largeur des fissures, mais ces estimations demeurent très approximatives.

Dans ce cas, la recharge semblait d'emblée constituer un bon filtre pour le noyau, capable d'interrompre l'érosion survenant dans des fissures de toutes dimensions. La capacité de filtration de la recharge a été réexaminée et, tel qu'expliqué dans les paragraphes suivants, le remblai s'est révélé être un filtre adéquat pour le noyau et l'enjeu lié à la détermination de la taille des fissures a pu être évité.

2.6.4. *Investigations at a typical British dam*

The Bulletin was used to make a further examination of the vulnerability to internal erosion of the 'typical British dam' described by Bridle, Delgado and Huber (2007), Bridle (2008) and Bridle (2014b). The dam has a puddle clay core and shoulders constructed using fine glacial soil (similar to that used for cores in North America).

2.6.4.1. Initiation by backward erosion, contact erosion, suffusion and concentrated leaks examined

Initiation by *backward erosion* through the clay core was not considered possible.

Coarse and fine materials were in contact in parts of the foundation, possible sites of *contact erosion*. The hydraulic gradients were such that in extreme conditions, the Darcy velocity in the coarse material was estimated to be 0.0001 m/s. As shown on Figure 23 in Section 5.3 in Volume 1 (Figure 5.2 in preprints), and Fig 1.4 in Chapter 1 in this Volume 2, this is far below the velocity (around 0.01 m/s) at which contact erosion would initiate in fine material.

The core was internally stable (*not suffusive*).

Four of the twelve sites listed in Section 3.2, Volume 1, where *concentrated leak erosion* could initiate were identified as follows:

- Cracking and hydraulic fracture due to cross-valley differential settlement of the core (3.2.1): The valley profile includes a sharp change of slope, where stresses may reduce and result in cracking, including cracking by hydraulic fracture.
- Cracking and hydraulic fracture due to arching of the core onto the shoulders (3.2.5): The core is mostly wider than 25% of dam height, therefore less vulnerable to this type of fracture, but clay cores may crack on rapid refilling of the reservoir because of differential rates of expansion of the shoulder fill and the core.
- Cracking due to desiccation (3.2.9): The crest is vulnerable to drying and cracking.
- Transverse cracking caused by settlement during earthquakes (3.2.10): The effect is similar to that for cross valley differential settlement described above.

Estimation of the crack widths that might be generated in the four circumstances listed above would be required to establish if concentrated leak erosion could actually initiate, by using the formulae in Section 3.3.3 in Volume 1 and knowing the soil erosion properties in Section 3.3.4. Some guidance on estimation of crack widths is given in Section 3.3.2, but such estimates are very uncertain.

In this case, the shoulder fill seemed likely to be a filter to the core, able to arrest erosion through cracks of any dimensions. The filtering capability of the shoulder fill was therefore re-examined first, and as the subsequent paragraphs explain, it proved to be an adequate filter to the core, and the difficult issue of determining crack dimensions was avoided.

2.6.4.2. Recharges agissant comme un filtre "à érosion nulle" ou « érosion limitée »

Des évaluations antérieures ont étudié la capacité de rétention de recharges constituées de moraines par différentes approches, y compris les critères de filtres conventionnels. Les résultats n'étaient pas entièrement convaincants (Bridle et al., 2007; Bridle 2008). Les critères de filtres de Vaughan et Soares (1982) basés sur la perméabilité, par exemple, ont montré que les recharges étaient trop perméables pour filtrer les particules érodées du noyau.

Un examen plus détaillé de la capacité de filtration du remblai a donc été effectué à l'aide du concept de critères de filtration (Foster, 1999, Foster et Fell, 2001), afin de déterminer si le remblai est un filtre à « absence d'érosion », un filtre à « érosion limitée » ou un filtre à « érosion continue »; ou s'il n'a pas de capacité de filtration permettant ainsi à l'érosion de se poursuivre sans restriction, voir section 7.3.4, Tableau 19 (Tableau 7.2 du prétirage) et Figure 37 (Figure 13.2 du prétirage) du Volume 1.

Les courbes granulométriques de la recharge en till glaciaire, sont présentées à la Figure 2.80, avec celles du noyau d'argile corroyée et comparées aux fuseaux de filtres basées sur les recommandations SCS (Sherard et Dunnigan, 1985, 1989) (dans la section 7.3.3, Volume 1). Les courbes de filtre « sans érosion » pour le noyau sont aussi illustrées sur la Figure 2.80. Malgré que la taille D15 soit de 0,4 mm, soit conformément inférieure à la valeur recommandée de 0,7 mm, l'essentiel de la courbe granulométrique de la recharge se situe en dehors de la zone de filtre à « absence d'érosion ».

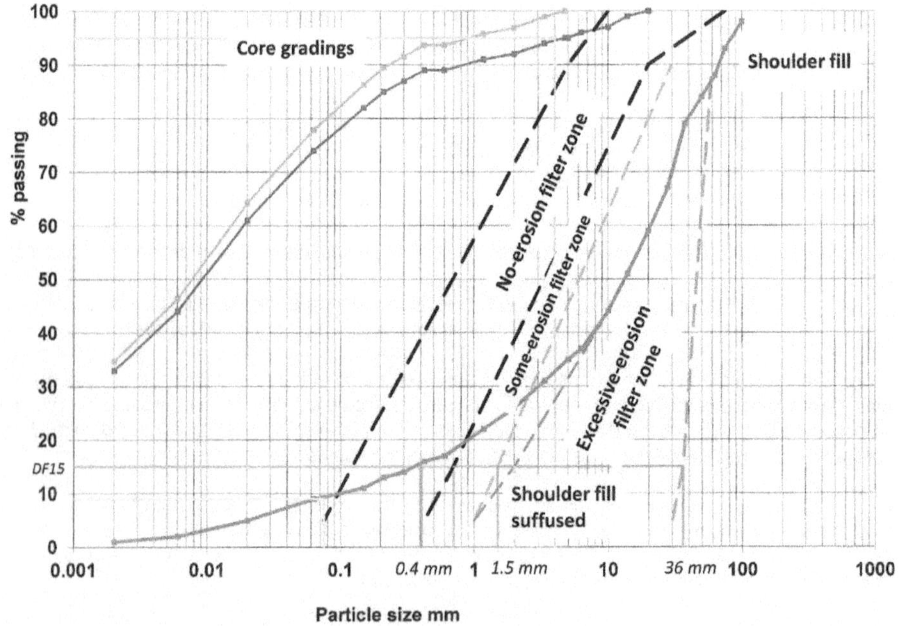

Fig. 2.80
Limites des filtres à « érosion nulle », à « érosion limitée » et à « érosion importante » d'un noyau du type 2 de Sherard. DF15 de 0,4 mm est inférieur au 0,7 mm recommandé, mais la majeure partie de la courbe de la recharge est plus grossière que le filtre à « érosion nulle »

2.6.4.2. Shoulder fill is a 'no-erosion' or 'some erosion' filter

Previous assessments had investigated the filtering capacity of the glacial till shoulder fill by various routes, including conventional filter rules. The results were not entirely re-assuring (Bridle et al, 2007; Bridle 2008). The permeability-based Vaughan and Soares (1982) filter rules, for example, showed that the shoulder fill was too permeable to filter particles eroded from the core.

A more detailed examination of the filtering capabilities of the fill was therefore carried out using the 'filter erosion boundaries' concept (Foster, 1999, Foster and Fell, 2001) to determine if the fill is a 'no-erosion' filter, a 'some-erosion' filter or an 'excessive erosion' filter; or if it has no filtering capability and would allow erosion to continue unchecked, see Section 7.3.4, Table 19 (Table 7.2 in preprints) and Figure 37 (Figure 13.2 in preprints) in Volume 1.

The grading of the glacial till shoulder fill is shown on Figure 2.80. Also shown is the grading of the clay core. Filter gradings based on SCS recommendations (Sherard and Dunnigan, 1985, 1989) (in Section 7.3.3, Volume 1) are also shown. These gradings of the 'no-erosion' filter to the core are shown on the figure. It can be seen that, although the D15 size is 0.4 mm, less than the 0.7 mm recommended, much of the shoulder fill grading lies outside the 'no erosion' filter zone.

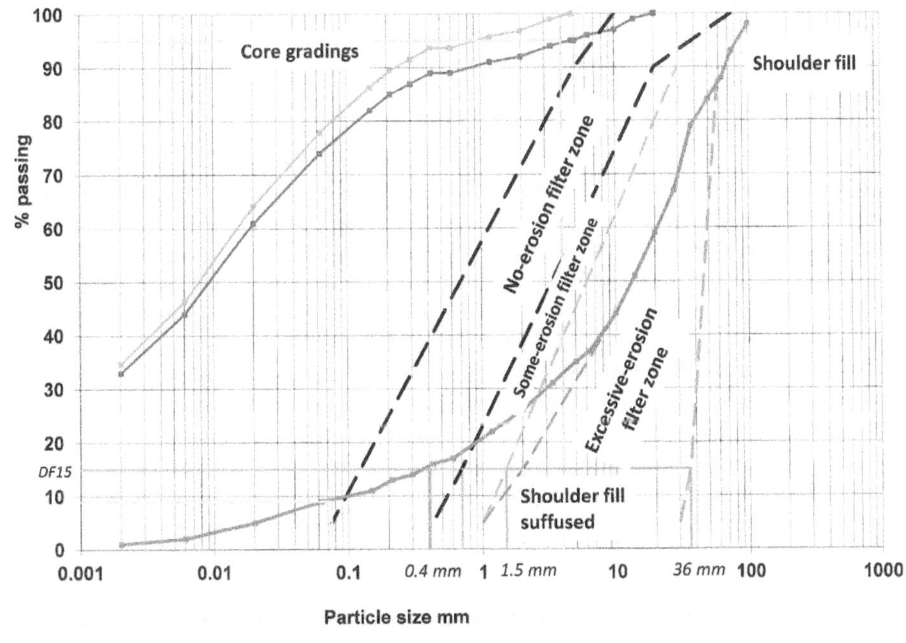

Fig. 2.80

Typical British dam: showing grading of till shoulder fill, and core and of no-, some- and excessive-erosion filter limits for Sherard Type 2 core.DF15 size at 0.4 mm is less than 0.7 mm recommended, but much of the grading of the shoulder fill is coarser than no-erosion filter.

Le Tableau 19 (Tableau 7.2 du prétirage) du Volume 1 montre que pour les noyaux avec DB95 > 2 mm (4 mm dans ce cas) et des teneurs en fines (< 0,075 mm) supérieures à 35% (79% ici), la taille DF15 de la frontière entre « érosion limitée » et « érosion importante » (la recharge dans ce cas) est la valeur D_{F15} qui donne une perte d'érosion de 0,25 g/cm² dans un essai de filtration, soit la courbe de niveau de 0,25 g/cm² de la Figure 2.81 (Figure 38 du Volume 1, Figure 7.7 du prétirage). La teneur en sable fin à moyen du noyau est de 16% (79% passant 0,075 mm et 95% passant 1,18 mm). Avec une teneur en sable fin à moyen de 16% et 0,25 g/cm², la taille de DF15 sur la limite d'érosion importante est d'environ 1,5 mm.

La taille du filtre DF15 sur la limite de filtre « d'érosion importante », c'est-à-dire le filtre le plus grossier qui arrêtera l'érosion pour des fuites pouvant atteindre 1 000 L/s et des dommages causés au barrage, est de 9DB95. Les filtres, avec un DF15 plus grossier que cela, n'arrêteront pas l'érosion. Dans ce cas, DB95 est 4 mm et 9DB95 est 36 mm.

La limite entre l'érosion limitée et importante est de 1,5 mm à DF15 (Figure 2.80), ce qui rend le filtre à « érosion limitée » quelque peu plus grossier que le filtre à « absence d'érosion ». La zone de filtre "à érosion importante" (DF15 de 1,5 mm à 36 mm) est large, avec des fuites et des dommages attendus croissant avec la taille du DF15.

La partie la plus fine du remblai se situe dans la zone « d'absence d'érosion », mais le remblai plus grossier au-dessus de 20% passant (1,0 mm) se situe dans la zone « d'érosion limitée », avec la portion de 30% à 70% passant se trouvant dans la zone « d'érosion importante ».

Avec ces courbes granulométriques, il ne fait aucun doute que le remblai arrêterait l'érosion si elle avait été initiée. L'approche de Fry (2007) mentionnée ci-dessous donne une confiance accrue dans les résultats obtenus.

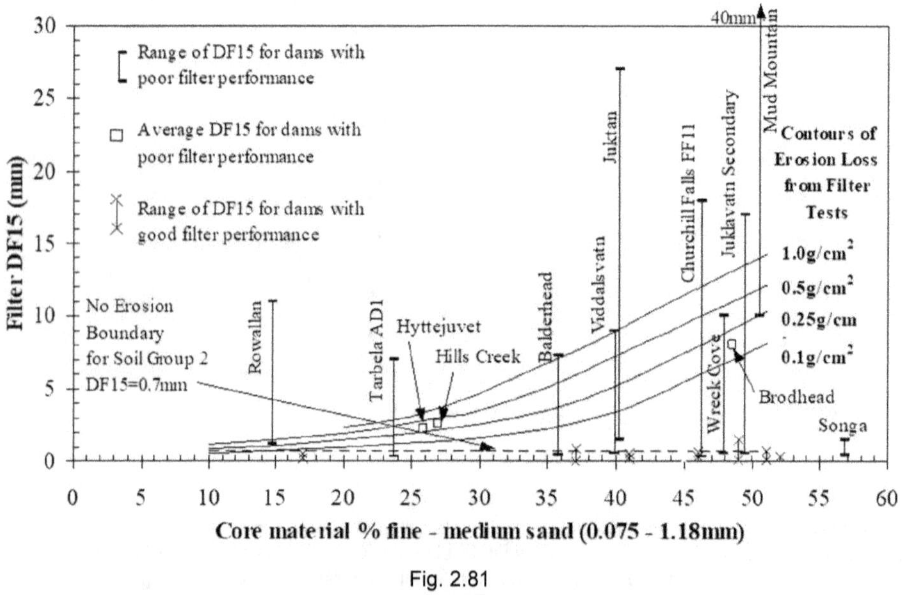

Fig. 2.81

(Figure 38 du Volume 1 et Figure 7.7 du prétirage) Pertes par érosion mesurées lors d'essais de filtration sur des barrages dont les performances des filtres sont bonnes et mauvaises (Foster 1999, Foster et Fell 2001)

Table 19 in Volume 1 (Table 7.2 in preprints) shows that for core with DB95 > 2 mm (4 mm in this case) and fines content (<0.075 mm) greater than 35% (79% here), the DF15 size of the on the 'some erosion-excessive erosion' boundary of the 'filter' (the shoulder fill in this case) is the DF15 value which gives an erosion loss of 0.25 g/cm² in the Continuous Erosion Filter test, the 0.25 g/cm² contour line in Figure 2.81 (Figure 38 in Volume 1, Figure 7.7 in preprints). The fine to medium sand content of the core is 16% (0.075 mm 79% passing and 1.18 mm 95% passing). At 16% f-m sand content and 0.25 g/cm², the DF15 size on the some-excessive erosion boundary is about 1.5 mm.

The DF15 size on the excessive-continuous filter boundary, i.e., the coarsest filter that will arrest erosion, after leakage up to 1,000 L/s and damage to the dam, is 9DB95. Filters with DF15 coarser than this will not arrest erosion. In this case DB95 is 4 mm, and 9DB95 is 36 mm.

As Figure 2.80 shows, the some-excessive erosion boundary is at DF15 of 1.5 mm, making the 'some-erosion' filter only a small amount coarser than the 'no-erosion' filter. The 'excessive erosion' filter zone (DF15 from 1.5 mm to 36 mm) is wide, with progressively greater leakage and damage expected with the coarseness of the excessive erosion filter.

The fine part of the fill grading is in the no-erosion zone, but the coarser fill above 20% passing (1.0 mm) is in the 'some erosion' zone, with the 30%-70% portion in the 'excessive erosion' zone.

With these gradings, there seems no doubt that the fill would arrest erosion if it had initiated. The Fry (2007) approach mentioned below gives further re-assurance.

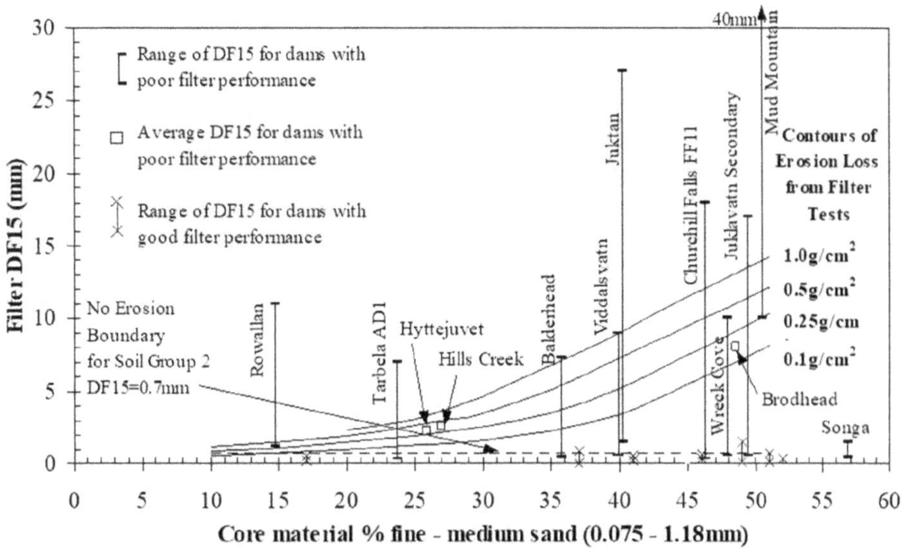

Fig. 2.81
Erosion losses measured in filter tests to dams with poor and good filter performance (Figure 38 in Volume 1, Figure 7.7 in preprints) (Foster 1999, Foster and Fell 2001).

Cependant, la Figure 2.81 (Figure 38 du Volume 1 et 7.7 du prétirage, d'après Wan et Fell, 2004c, 2007) montre qu'il existe 10% de possibilité que le remblai soit suffusif (à granulométrie instable). Comme indiqué par la Figure 2.80, si le DF15 avait été augmenté par le phénomène de suffusion jusqu'à atteindre 2,0 mm, le remblai deviendrait un filtre à « érosion importante » et arrêterait l'érosion après des fuites pouvant dépasser 100 L/s, ce qui provoquerait éventuellement des dommages, tels que des tassements et affaissements.

En vertu de l'analyse qui précède, les conclusions indiquent que, sauf à proximité de la crête où le remblai est étroit et que des précautions spéciales peuvent être prises, la recharge en till glaciaire fournira un filtre adéquat et devrait pouvoir arrêter l'érosion de conduit à travers le noyau. Cette conclusion est basée sur les résultats d'un grand échantillonnage du matériau de remblai prélevé dans le gîte d'emprunt.

2.6.4.3. La recharge protège également en réduisant la vitesse d'écoulement en dessous du seuil d'érosion

Les valeurs de la perméabilité de la recharge, ont été mesurées de 1,0 E-6 à 6,0E^{-6} m/s dans un perméamètre de 0,3 m^2 de section et de 1 m de longueur (Bridle, 2008). En utilisant l'approche de Fry (2007) de la section 8.3.3, Volume 1, il a été démontré que le barrage était capable de résister à l'érosion interne due à une fissure de 2,0 mm d'espacement dans le noyau, en limitant la vitesse d'écoulement en amont et en aval.

2.6.5. Le remplacement de filtres inadéquats de puits de décharge

Sembenelli et al (1997) ont fait état de colmatage par du sable fin de puits de décharge. Les puits de décharge permettent de réduire les pressions interstitielles sous une couche peu perméable et étaient essentiels à la stabilité du barrage. Le colmatage s'est produit parce que les investigations n'avaient pas pu détecter la présence de sable fin en fondation. En conséquence, les filtres du puits étaient trop grossiers pour filtrer le sable fin qui s'écoulait dans les puits (par suffusion) et les bouchait. Des puits de remplacement ont été installés, avec des filtres géotextiles plus fins autour de la crépine des puits et avec du gravier plus grossier pour combler l'intervalle entre le trou et le forage du puits. Le sable fin a ainsi pu être retenu par le géotextile et les puits ont pu continuer de fonctionner sans être bouchés.

However, Figure 2.81 (Figure 38 in Volume 1, Figure 7.7 in preprints, from Wan and Fell, 2004c, 2007) shows that there is a 10% possibility that the fill is suffusive (not internally stable). If suffusion occurred and the DF15 had coarsened to 2.0 mm as shown on Figure 2.80, the fill would become an excessive-erosion filter, and would arrest erosion after some leakage which may exceed 100 L/s and possibly cause erosion damage such as settlement or sinkholes.

In view of these findings, the conclusion is that, other than near the crest where the fill is narrow and special precautions may be required, the glacial till shoulder fill will provide an adequate filter and can be expected to arrest erosion from concentrated leaks through the core. This conclusion is based on results from a large sample of the fill taken from the borrow pit.

2.6.4.3. Shoulder fill also protects by limiting seepage flow velocity

The permeability of the shoulder fill was determined in a 0.3 m square by one meter long permeameter to be from 1.0 to 6.0 x 10^{-6} m/s (Bridle, 2008). Using the Fry (2007) approach in Section 8.3.3, Volume 1, the dam was shown to be capable of resisting erosion through a 2.0 mm high crack in the core by limiting the upstream and downstream flow velocity.

2.6.5. Replacement of inadequate filters in relief wells

Sembenelli et al (1997) report on blockage of relief wells by fine sand. The relief wells relieve pore pressures under an impermeable blanket and were essential to the stability of the dam. The blockages occurred because investigations had not revealed the presence of fine sand in the foundation. Consequently, the well filters were too coarse to filter the fine sand, which flowed into the wells (by suffusion) and blocked them. Replacement wells were installed, with finer geotextile filters around the well screens, and coarser gravel outside to fill the well holes. The fine sand was filtered by the geotextile filters and the wells have continued to function without blockage.

3. RECONNAISSANCES

3.1. PRINCIPES D'INVESTIGATION DE L'ÉROSION INTERNE

3.1.1. Objectifs et références

Ce chapitre est dédié spécifiquement aux investigations concernant l'érosion interne. Une introduction générale et de nombreux détails sont donnés dans le Chapitre 11 du Volume 1 et sont à lire avant ce chapitre, ainsi que le Chapitre 9 du Volume 1 traitant de l'évaluation de la vulnérabilité des barrages à l'érosion interne.

Les livres de Fell et al (2005) et de Dunnicliff (1988) sont des guides utiles, ainsi que les recommandations de Charles et al (1996) sur les reconnaissances des barrages en remblai.

De nombreuses méthodes de reconnaissances devraient être réalisées par des spécialistes et leurs résultats interprétés par ces spécialistes. Cependant, les spécialistes peuvent ne pas avoir d'expérience dans la détection de l'érosion interne ou ne pas être informés des connaissances récentes de ce Bulletin, aussi l'identification de tous les facteurs pertinents doit être soigneusement discutée avec eux, avant, pendant et après les reconnaissances au moment d'en faire le bilan.

L'objectif de ce chapitre est de traiter des moyens de reconnaissance nécessaires pour collecter les données sur le zonage et les propriétés géotechniques du barrage et de sa fondation. Ces informations peuvent alors être utilisées comme données d'entrée, dans le Chapitre 9 du Volume 1, de l'évaluation de la sensibilité à l'érosion interne des matériaux de barrages et de leurs fondations et de leur capacité à y résister en cas d'initiation.

Il détaille aussi les reconnaissances pour déterminer les gradients hydrauliques, la perméabilité, la vitesse de Darcy et les débits de fuite par les méthodes traditionnelles, mais aussi par des méthodes géophysiques, électriques et thermométriques.

3.1.2. Enquête documentaire préalable et synthèse

Le programme d'investigations fournissant les données suffisantes à l'évaluation de la vulnérabilité d'un barrage à l'érosion interne décrite dans le Volume 1 (CIGB, 2017) reste un défi. Les données synthétiques du Tableau 3.1 sont requises pour l'évaluation du risque d'érosion interne d'un barrage. Beaucoup de données peuvent être tirées de rapports techniques, données de construction et plans, rapport de travaux, de surveillance, inspection visuelle et auscultation, y compris les relevés des niveaux de retenue et des incidents, ainsi que les données hydrologiques. Il convient de rechercher soigneusement toutes ces données et tous ces dossiers, et notamment de s'entretenir avec les personnes survivantes qui ont participé à la conception, à la construction ou à l'entretien et à la surveillance du barrage. Les archives du passé fournissent plus d'informations sur les détails du barrage et les intentions des concepteurs qu'il n'est possible d'en reconstituer par une enquête actuelle.

Souvent les barrages anciens disposent de très peu de données sur leur conception, leur fondation et leurs propriétés. Des mesures de niveaux de retenue, de fuites et de tassement sans autres informations ne sont pas suffisantes pour juger du comportement satisfaisant ou non qui pourrait aller jusqu'à la rupture pour des niveaux d'eau plus hauts.

Cette section suppose que ces informations ont été rassemblées et traite des investigations de terrain pour obtenir des données pertinentes sur l'érosion interne. De nombreuses techniques sont utilisées dans les études de terrain classiques appliquées à l'érosion interne. D'autres ont été développées pour rechercher le passage des fuites dans le but d'identifier les endroits où l'érosion interne peut se produire.

3. INVESTIGATIONS

3.1. FUNDAMENTALS OF INTERNAL EROSION INVESTIGATIONS

3.1.1. Objectives and references

This chapter deals specifically with investigations in relation to internal erosion. A comprehensive introduction and many details are given in Chapter 11 of Volume 1 (ICOLD, 2017), which should be read before reading this chapter. Chapter 9 in Volume 1 dealing with the engineering assessment of the vulnerability of dams to internal erosion should also be read.

Textbooks such as Fell et al (2005) and Dunnicliff (1988) give useful general guidance. Charles et al (1996) give guidance on investigating embankment dams.

Many aspects of the investigations should be carried out by specialists, and the results interpreted by specialists. However, the specialists may not be experienced in internal erosion investigations or be aware of the new knowledge in this Bulletin, and identification of all the relevant factors should be carefully discussed with them, before and during the investigations and when drawing conclusions from them.

The objective of this chapter is to deal with the investigations required to collect information on the zoning and soil properties of a dam and its foundation. This information can then be used to carry out the engineering analyses in Chapter 9 in Volume 1 in order to identify the susceptibility of materials in dams and their foundations to internal erosion, and their abilities to resist erosion, if initiated.

It also gives details on investigations to determine hydraulic gradients, permeability, Darcy velocity and leakage quantities by conventional methods, and by geophysical, electrical and thermometric methods.

3.1.2. Preliminary documentation compilation and synthesis

Investigations to provide sufficient data to use the information in Volume 1 (ICOLD, 2017) to analyze and determine the vulnerability of a dam to internal erosion are challenging. The data summarized in Table 3.1 are required to make engineering analyses of the vulnerability of an existing dam to internal erosion. Much data may be available from professional papers, construction records and drawings, records of changes, surveillance, inspection and monitoring records, including water level records and records of incidents, and from hydrological analyses. Careful searches for all such data and records should be made, including interviews with any surviving persons involved in design, construction or maintenance and monitoring of the dam. Records from the past provide more information about the dam details and the intentions of the designers than can be re-constructed by present day investigation.

In old dams very little information on zoning, foundation strata and fill properties may be available. There may be records of reservoir water levels, leaks and settlement, but without other data it is difficult to know if these indicate satisfactory performance, or unsatisfactory performance that may lead to failure at higher water levels.

This section assumes that such information has been assembled and deals with ground investigations to secure data relevant to internal erosion. Many techniques are those used in conventional ground investigations adapted to suit internal erosion. Others are those developed to investigate leakage routes with the intention of identifying where internal erosion may occur.

3.1.3. Points fondamentaux à reconnaître

Quatre points fondamentaux doivent être examinés selon le processus décrit dans le Volume 1 au chapitre 9 (et au chapitre 12, si une évaluation quantitative des risques est requise):

1. Vérifier la capacité de filtration des filtres ou des recharges des barrages zonés et de leur fondation en se basant sur le chapitre 7 du Volume 1, ou en utilisant le critère géométrique proposé par Foster et Fell (1999b). La première étape consiste à rassembler les granulométries du noyau ou de la fondation et des filtres potentiels : le remblai aval, tout type de filtre ou transition. La deuxième étape consiste à effectuer des forages et à prélever des échantillons pour comparer le fuseau granulométrique en place avec celui de la conception. La troisième étape consiste à les tracer les fuseaux du noyau, des recharges, des filtres ou des transitions qui pourraient protéger le noyau. La quatrième étape consiste à comparer le D_{15max} des recharges, filtres ou transitions qui devraient protéger le noyau en tant que filtres NE, SE, EE ou CE (filtres à érosion nulle, limitée, importante ou continue, qui n'ont pas pu empêcher l'érosion). La cinquième étape consiste à évaluer les principales conditions de filtration permanente :

    a. **Pas de condition de soulèvement** : la profondeur de la couverture doit être suffisante pour éviter la fracture.

    b. **Pas de cohésion** : le filtre ne retient pas une fissure ouverte et ne contient pas de fines susceptibles de se cimenter.

    c. **Drainage** : le filtre est suffisamment perméable pour laisser couler l'eau qui traverse le sol de base dans les couches de drainage jusqu'au pied du barrage.

    d. **Autofiltration ou stabilité** : le filtre est granulairement stable, ni sujet à la ségrégation ni à l'érosion des particules plus fines.

    e. **Résistance** : le filtre transfère les contraintes à l'intérieur du barrage sans être écrasé ou dissous.

2. Évaluer la résistance à l'érosion des sols aux mécanismes suspectés en utilisant les valeurs des Tableaux 3.3, 3.4 et 3.5 pour les estimations préliminaires, étayées si nécessaire par des essais HET, JET ou CET (essais de trou, de jet ou d'érosion continue, voir chapitre 4), pour toute zone de barrage zoné et tout barrage non zoné ("homogène") et leurs fondations qui ne seraient pas protégés par un filtre sans érosion NE.

3. Déterminer le passage des fuites le long desquels les charges hydrauliques sont appliquées à partir des documents de chantier, des données géologiques et géotechniques des forages et des méthodes de détection sur site (voir ce chapitre). Une attention particulière doit être accordée aux fuites passant inaperçues dans le corps du barrage ou dans ses fondations.

4. Accorder une attention particulière aux structures traversant les barrages, telles que les galeries et les évacuateurs de crue; elles présentent des zones où une érosion interne peut se produire. Des filtres et une couverture de remblai suffisante sont nécessaires le long de ces structures pour minimiser le risque d'érosion interne. Le maintien des galeries en bon état limite le potentiel d'érosion. Le problème est plus difficile pour les évacuateurs de crues, car les parties supérieures du remblai se dessèchent pendant de longues périodes entre les inondations occasionnelles.

3.1.4. Données à extraire des reconnaissances et de l'auscultation

Le Tableau 3.1 résume les paramètres hydrauliques et mécaniques nécessaires à l'évaluation de l'initiation de l'érosion interne et de la filtration. Des références renvoient aux chapitres, sections et Figures du Volume 1. Notons que le Tableau 3.1 liste seulement les principales méthodes pour caractériser les propriétés; le Volume 1 (CIGB, 2017) introduit et détaille d'autres méthodes.

3.1.3. The fundamental points to be investigated

Four fundamental points have to be investigated following the process in Chapter 9 (and Chapter 12, if quantitative risk assessment is required) in Volume 1:

1. In zoned dams, check the filtering capability of the filters or fills in the dam and foundation based on Chapter 7 in Volume 1, or using the geometric criterion proposed by Foster and Fell (1999b). The first step is to gather available information on particle sizes of the core or foundation and the potential filter materials: the downstream fill and any filter or transition materials. The second step is to do boreholes and take samples to compare on-site gradation with design gradation. The third step is to plot the particle size distributions for the core material and the fills, filters or transitions which may be protecting the core. The fourth step is to compare the D_{15max} of the fills, filters or transitions which may be protecting the core as NE, SE, EE or CE filters (No-, Some-, or Excessive-Erosion or Continuing-Erosion filters, which could not prevent erosion). The fifth step is to assess the main conditions for permanent filtering:

    a. **No "blow-out" condition**: The depth of cover over must be enough to avoid fracturing.

    b. **No cohesion**: the filter will not hold a crack and contains no fines susceptible to cementing.

    c. **Drainage**: The filter is sufficiently permeable to transport the water flowing through the base soil into drainage layers or to the toe of the dam.

    d. **Self-Filtration or stability**: The filter is internally stable, not subject to segregation and finer particles eroding.

    e. **Strength**: The filter transfers the stresses within the dam without being crushed or dissolved.

2. Should some areas of zoned dams and for all unzoned (homogeneous) dams and foundations not protected by any NE erosion filter, assess the resistance to erosion of the soils to the suspected mechanisms using the values in Tables 3.3, 3.4 and 3.5 for preliminary estimates, backed up if necessary, by HET, JET or CET (Hole, Jet or Continuing Erosion tests, see Chapter 4).

3. The leakage paths along which the hydraulic loads are applied are determined from construction records, geological and geotechnical data from boreholes and from on-site detection methods (see this chapter). Particular attention has to be paid to leakage paths passing unseen into the dam body or its foundation.

4. Special attention has to be paid to structures passing through dams such as culverts and spillways; they present areas where internal erosion may occur. Filters and sufficient fill cover are required along the structures to minimize internal erosion risk. Keeping culverts in good condition limits the potential for erosion. The challenge is greater for spillways because the upper parts remain dry for long periods between occasional floods.

3.1.4. Data needed for investigations and monitoring

Table 3.1 summarizes the hydraulic and geotechnical properties needed to assess whether internal erosion could initiate and whether materials with filtering capability to prevent erosion from continuing are present. References are given to the relevant chapters, sections and figures in Volume 1. Note that Table 3.1 lists only the principal methods that can be used to assess the properties; Volume 1 (ICOLD, 2017) gives other methods and discusses the issues in detail.

Le Tableau 3.2 fournit des informations sur les essais et les dispositifs d'auscultation nécessaires à l'obtention des données de la caractérisation et des analyses de l'érosion interne et de la surveillance et de l'auscultation ultérieure pour confirmer que ces données d'analyse sont validées et constantes dans le temps.

L'application du Tableau 3.1 permettra de déterminer si l'érosion peut se déclencher et si les remblais du barrage et les matériaux de fondation ont la capacité d'empêcher l'érosion de se poursuivre. Il s'agira d'une évaluation globale, les modes de défaillance plus complexes n'ayant peut-être pas été examinés. Si l'érosion pouvait commencer et se poursuivre, c'est-à-dire si le barrage n'avait pas la capacité d'arrêter l'érosion, un examen plus détaillé serait nécessaire pour déterminer si la durée avant la rupture serait suffisamment longue pour procéder aux travaux de réparation. Des informations à ce sujet sont données au chapitre 8, Volume 1, mais le délai avant la rupture est généralement trop court pour permettre de reporter les travaux jusqu'à ce que le début de l'érosion ait été confirmé. L'auscultation ne peut pas fournir une alerte précoce adaptée. En effet, il est prouvé que le seul signe fiable qu'une érosion interne susceptible de conduire à une brèche a commencé est la présence de quantités substantielles de particules érodées dans l'eau de fuite après que l'initiation ait eu lieu. Par conséquent, à des fins pratiques, à l'exception du plus insignifiant des barrages, si le diagnostic démontre que les matériaux n'ont pas la capacité d'arrêter l'érosion sous des charges hydrauliques élevées, il faudra y remédier.

Si les études ont montré que les matériaux du barrage arrêteront l'érosion après une érosion "limitée" ou "excessive", la surveillance de toute fuite visible indiquera quand cette érosion commence et les évaluations permettront de prévoir le niveau d'eau auquel elle se produira. Comme expliqué dans le chapitre 7 du Volume 1, en particulier dans le Tableau 20 (Tableau 7.3 du prétirage) et la Figure 39 (Figure 7.8 du prétirage), et dans la Figure 47 (Figure 13.2 du prétirage) du chapitre 13, Terminologie, cette érosion cessera. Les fuites provenant de la zone où le "filtre" était trop grossier pour être un filtre sans érosion contiendront des sédiments érodés et augmenteront considérablement, mais l'érosion cessera finalement et les quantités de fuites diminueront. Un matériau filtrant à "érosion excessive" arrêtera l'érosion après des débits de fuite allant jusqu'à 1 000 L/s, un filtre à "certaine érosion" arrêtera l'érosion après des débits de fuite allant jusqu'à 100 L/s.

Le Tableau 3.2 résume aussi les conditions nécessaires à une auscultation long terme pour qu'elle détecte les fuites ou les changements de propriétés qu'elles occasionnent et précède la description des méthodes de détection et des matériels et techniques pour une surveillance et une auscultation long terme.

3.1.5. Incertitudes

L'évaluation de la sensibilité d'un barrage à l'érosion interne se heurte à la difficulté relative aux incertitudes sur les propriétés géotechniques des matériaux. Ces incertitudes englobent :

1. La connaissance incomplète des conditions actuelles du sol,
2. La représentation imparfaite de la réalité par les modèles et,
3. La variabilité spatiale des propriétés du sol.

Milligan (2003) a écrit que notre aptitude actuelle d'analyse numérique et de modélisation des champs d'écoulements potentiels dépasse de loin notre capacité d'évaluer avec la même précision la géologie du site de barrage ou, par exemple, l'impact des conditions météorologiques ou des méthodes d'exécution de l'entrepreneur pendant la construction.

Un quatrième type d'incertitude provident de l'erreur humaine. Sowers (1993) la considère responsable de la majorité des ruptures de génie civil. La cause principale de ces ruptures qu'il cite est l'ignorance ou rejet de la connaissance actualisée.

Les incertitudes restent une caractéristique inévitable de notre profession. Mais sachant qu'elles sont détectées par le jugement et l'expérience, il est possible de prendre des mesures pour les réduire par de nouvelles investigations et éviter incident ou rupture.

Table 3.2 provides information on tests and monitoring instruments that will be required to provide data on the parameters for the engineering investigations and analyses, and for subsequent surveillance and monitoring to confirm that properties used in the engineering investigations and analyses were correct and are not changing over time

Application of Table 3.1 will have determined if erosion could initiate and if the dam fills and foundation materials have the capability to prevent erosion from continuing. This will be an overall assessment, more complex failure routes may not have been examined. If erosion could initiate and continue, i.e. the dam could not arrest erosion, more detailed examination would be needed to determine if the time period before failure would be sufficiently long to carry out remediation. Information on this is given in Chapter 8, Volume 1, but the time to failure is generally too short to allow postponement of remediation until initiation of erosion has been confirmed. Monitoring cannot provide adequately early warning. This is because the evidence is that the only reliable sign that internal erosion that may lead to breach has initiated is the presence of substantial quantities of eroded particles in leakage water *after initiation has occurred.* For practical purposes, therefore, at all but the most inconsequential of dams, if investigations demonstrate that the materials in the dam could not arrest erosion under high hydraulic loads, remediation will be required.

If the investigations have shown that materials in the dam will arrest erosion after 'some' or 'excessive' erosion, monitoring of any visible leakage will show when such erosion has initiated and the investigations will have predicted the water level at which initiation will occur. As explained in Chapter 7 of Volume 1, particularly Table 20 (Table 7.3 in preprints) and Figure 39 (Figure 7.8 in preprints), and in Figure 47 (Figure 13.2) in Chapter 13, Terminology, such erosion will cease. Leakage flows from the zone where the 'filter' was too coarse to be a no-erosion filter will contain eroded sediment and will increase substantially, but eventually erosion will cease and leakage quantities will decrease. An 'excessive erosion' filter material will arrest erosion after leakage flows of up to 1,000 L/s, a 'some-erosion' filter will arrest erosion after leakage flows up to 100 L/s.

Table 3.2 also summarizes long term monitoring requirements to detect such leakages and other properties, and subsequent sections deal in more detail with investigation methods, equipment and techniques, and long term surveillance and monitoring.

3.1.5. Uncertainties

The evaluation of a dam's susceptibility to internal erosion is fraught with difficulties related to uncertainties in relation to the in-situ geotechnical properties of materials. These uncertainties include:

1. Imperfect knowledge of actual soil conditions
2. Imperfect representation of reality by models and
3. Variability of soil properties.

Milligan (2003) has stated that our current capability for mathematical analysis and modeling of potential seepage patterns far exceeds our capability to make judgments of comparable accuracy concerning the geology of a dam site or, for example, how the soil properties may be affected during construction of a dam by the weather or by the contractor's methods.

A fourth type of uncertainty is related to human failings. Sowers (1993) found these to be responsible for the majority of civil engineering failures. Ignorance of, or rejection of, contemporary knowledge were cited as the prominent cause for these failures.

Uncertainties are an unavoidable feature of embankment dam engineering; however, provided they are recognized by judgment and experience, steps can be taken so that they can be reduced by the new investigations and do not lead to incidents or failures.

Table 3.1
Données requises pour évaluer le risqué d'érosion interne et la capacité de filtration des remblais et de la fondation du barrage materials

Tableau 3.1 **Capacité de filtration ou mécanisme d'initiation et position**	**Volume 1 Chapitres, Sections, Figures**	**Initiation estimée à partir de :**	**Géométrie du barrage dont le zonage et la stratigraphie de la fondation**	**Niveau extrême de crue**	**Granulométrie et sédimentométrie**	**Mesure des fuites**	**Pression interstitielle**	**Contraintes (dans le remblai et la fondation, estimée ou mesurée dans les cas critiques)**	**Remarques**
Capacité de filtration	Ch. 2.3 2.4 Ch. 7, Tableau 20 (7.3*), Figure 7.8, Figure 47 (13.2*)	Granulo-métrie d'un filtre NE, SE, EE, ou CE	√	√, attention aux filtres sous omis en crête, en-dessous des PHE	√, en général la capacité de filtration est évaluée par des critères géométriques (taille des grains)				Peut être confirmé par les résultats des essais NET et CET
Erosion de conduit dans le remblai	Ch. 2 (2.2.1) Ch. 3	*i*, gradient hydraulique, contrainte critique du Ch. 3, Tableau 9 (3.5*) ou essais de laboratoire	√, y compris coupes géologiques de la fondation (des profils défavorables peuvent conduire à la fissuration après tassement)	√, déterminer le maximum de la charge et du gradient	√, % de fines est important pour savoir si une fissure peut rester ouverte Tableau 21 (8.1*), Volume 1	√, la résurgence indique la cote de la fuite. Le débit peut aider à estimer les dimensions de la fuite	√, si elle est forte, elle peut dépasser la contrainte totale principale mineure et provoquer le claquage hydraulique	√, évaluation du risqué de fracturation hydraulique ou de soulèvement	Très difficile de déterminer la position et les dimensions des fissures. La crête est particulièrement sensible. Des fissures peuvent s'ouvrir dans le temps. Sans capacité de rétention, prévoir des travaux
Erosion de conduit le long de conduites, de l'évacuateur traversant remblai et fondation	Ch. 2, Figure 3, 4 (2.3, 2.4*) Ch 3, 3.2.6, 3.2.7, 3.2.13	i, gradient hydraulique, contrainte critique Ch. 3, Tableau 11 (3.5*) ou tests	√	√, déterminer la valeur maximale de la charge et du gradient	√, idem	√, idem	√, idem	√, idem	Idem, considérer des filtres en colliers, des tranchées drainantes, etc. en sortie.

(*Continued*)

Table 3.1

Data needed to investigate susceptibility to internal erosion and filtering capability of dam fills and foundation materials

Table 3.1 **Filtering capability or initiating mechanism and location**	**Volume 1 Chapters, Sections, Figures**	**Initiating force assessed from:**	**Dam geometry including zoning, and details of foundation strata**	**Extreme Flood Level**	**Particle size distribution (grading), including dispersion**	**Leakage measurement**	**Pore pressure**	**Stresses (in fill and foundation, assessed or measured in critical cases)**	**Remarks**
Filtering capability	2.3, 2.4 Ch 7, Table 20 (*7.3), Figure 7.8, Figure 47 (*13.2)	Grading, is fill a no-, some-, excessive- or continuing-erosion filter?	√	√, note that filters are often omitted near the crest, below the highest water level expected	√, most assessments of filtering capability based on geometric (particle size) criteria)				Can be confirmed by No-erosion and Continuing-erosion tests
Concentrated leak in embankment	Ch 2 (2.2.1) Ch 3	*i*, hydraulic gradient, critical shear stress from Ch 3, Table 9 (3.5*) or laboratory tests	√, including foundation profiles (adverse profiles can lead to cracking on settlement)	√, to determine maximum head, gradient	√, fines content important in determining if crack will stay open e.g. Table 21 (8.1*), Volume 1	√, onset indicates elevation of leak. Quantity may be used to estimate dimensions of leak	√, if high may exceed minimum principal total stress and cause hydraulic fracture	√, for cracking by hydraulic fracture	Very difficult to determine location and dimensions of cracks. Crest areas particularly vulnerable. Cracks may open over time. If dam materials do not filter, consider providing filter or barrier.
Concentrated leaks at culverts and spillways through dams and foundations	Ch 2, Figures 3, 4 (2.3, 2.4*) Ch 3, 3.2.6, 3.2.7, 3.2.13	*i*, hydraulic gradient, critical shear stress from Ch 3, Table 11(3.5*) (or tests)	√	√, to determine maximum head, gradient	√, ditto	√, ditto	√, ditto	√, ditto	Ditto, consider filter collars, filtered headwalls, etc at downstream end.

(*Continued*)

Table 3.1 (Continued)

Tableau 3.1 **Capacité de filtration ou mécanisme d'initiation et position**	**Volume 1 Chapitres, Sections, Figures**	**Initiation estimée à partir de :**	**Géométrie du barrage dont le zonage et la stratigraphie de la fondation**	**Niveau extrême de crue**	**Granulométrie et sédimentométrie**	**Mesure des fuites**	**Pression interstitielle**	**Contraintes (dans le remblai et la fondation, estimée ou mesurée dans les cas critiques)**	**Remarques**
Erosion régressive dans les sols sableux	Ch. 2, 2.2.2, Figure 5 (2.5*) Ch. 4, 4.2.1, 4.3.1, Figure 20 (4.4*)	Hc/L critique d'après la Figure 20 (4.4*), Volume 1. Tumulus de sable à plus faibles gradients.	√, confirmer aussi la présence d'une couverture argileuse au-dessus de la couche de sable aval	√, déterminer la charge H en crue extrême	√, confirmer l'aptitude du sable à l'érosion. Confirmer aussi l'aptitude à soutenir un toit au-dessus d'un conduit		√, confirme le gradient hydraulique en place et peut aider à déterminer la perméabilité		Apparaît dans les sables fins en dessous des matériaux aptes à supporter un toit, i.e. argile (8.2.1).
Erosion régressive verticale ascendante	Ch. 2, 2.2.2, Figure 7 (2.7*) Ch. 4, 4.2.2, 4.2.3	d'un exutoire libre (sans filtre) du fond, érosion ascendante	√	√, vérifier le risque d'érosion avec le niveau extrême de la retenue	√, du noyau, des filtres et du remblai aval				Erosion ascendante partant d'un exutoire sans filtre ou d'une fracture de conduite. Ecoulement gravitaire si le conduit d'érosion perce le haut.
Erosion régressive globale - déchausse-ment	Ch. 2, 2.2.2, Figure 8 (2.8*) Ch. 4, 4.3.3	Du réseau d' écoulement, de la surface de résurgence, de la surface phréatique sur le parement aval	√	√, vérifier l'occurrence de la résurgence pour le niveau de retenue extrême	√, d_{50} requis pour la formule du 4.3.3 dans le Volume 1	√, débit de résurgence en pied de parement aval	√, forte à l'aval		Risque de déchaussement si résurgence

(*Continued*)

Table 3.1 (Continued)

Table 3.1 **Filtering capability or initiating mechanism and location**	**Volume 1 Chapters, Sections, Figures**	**Initiating force assessed from:**	**Dam geometry including zoning, and details of foundation strata**	**Extreme Flood Level**	**Particle size distribution (grading), including dispersion**	**Leakage measurement**	**Pore pressure**	**Stresses (in fill and foundation, assessed or measured in critical cases)**	**Remarks**
Backward erosion in sandy soils	Ch 2, 2.2.2, Figure 5 (2.5*) Ch 4, 4.2.1, 4.3.1, Figure 20 (4.4*)	H/L leading to failure from Figure 20 (4.4*), Volume 1. Sand boils form at lower gradients.	√, also check for confining layers above fine sand downstream	√, to determine H in extreme flood	√, to confirm susceptibility of foundation sand. Also confirm ability of embankment to 'hold a roof' over erosion pipes		√, confirms current hydraulic gradient, may assist in determ-ining perm-eability		Occurs in fine sands under materials able to 'hold a roof', e.g. clay (8.2.1).
Global backward erosion - upward	Ch 2, 2.2.2, Figure 7 (2.7*) Ch 4, 4.2.2,	Pipe initiates at 'free' (unfiltered) outlet at bottom, pipe erodes upwards.	√	√, to check that dam is vulnerable or not at highest expected water level	√, of core and downstream filter or fill				Erosion upwards, from 'free' unfiltered outlet or through cracks in conduits. Gravity flow downwards if erosion pipe breaks through at top.
Global backward erosion - unraveling	Ch 2, 2.2.2, Figure 8 (2.8*) Ch 4, 4.3.3	Flow net, when phreatic surface, top flowline, throughflow breakout line, breaks out on to downstream slope	√	√, to check if break out will occur at highest expected water level	√, d_{50} needed for formula in 4.3.3 in Volume 1	√, leakage on to down-stream slope	√, high in down-stream slope		Unraveling when phreatic surface breaks out on to downstream slope

(Continued)

Table 3.1 (Continued)

Tableau 3.1 **Capacité de filtration ou mécanisme d'initiation et position**	**Volume 1 Chapitres, Sections, Figures**	**Initiation estimée à partir de :**	**Géométrie du barrage dont le zonage et la stratigraphie de la fondation**	**Niveau extrême de crue**	**Granulométrie et sédimentométrie**	**Mesure des fuites**	**Pression interstitielle**	**Contraintes (dans le remblai et la fondation, estimée ou mesurée dans les cas critiques)**	**Remarques**
Erosion de contact	Ch. 2, 2.3.3 Ch. 5 Figure 23 (5.2*)	Vitesse de Darcy Déterminée par la valeur de perméabilité et de gradient	√	√, déterminer le maximum du gradient et de la vitesse de Darcy espérée à l'interface du sol grossier et du sol fin	√, des sols fins et grossiers	√, si possible à utiliser avec le gradient pour déterminer la perméabilité et avec la cote de retenue pour détecter toute variation	√, à mesurer entre 2 ou 4 points pour déterminer gradient et loi d'évolution avec la retenue		Mesure de débit à RN souhaité pour estimer perméabilité et vitesse de Darcy au niveau extrême
Suffusion	Ch. 2 2.3.4 Ch. 6 Figures 30, 31 (6.7, 6.8*)	ic, gradient critique d'après perméamètre en laboratoire.	√	√, déterminer le maximum du gradient attendu sur les sols suffusifs	√, critères géométriques (granulométrie) pour identifier les sols suffusifs				Confirmer par des essais si le sol a une granulométrie discontinue ou très étalée

Table 3.1 (Continued)

Table 3.1 **Filtering capability or initiating mechanism and location**	**Volume 1 Chapters, Sections, Figures**	**Initiating force assessed from:**	**Dam geometry including zoning, and details of foundation strata**	**Extreme Flood Level**	**Particle size distribution (grading), including dispersion**	**Leakage measurement**	**Pore pressure**	**Stresses (in fill and foundation, assessed or measured in critical cases)**	**Remarks**
Contact erosion	Ch 2, 2.2.3 Ch 5 Figure 23 (5.2*)	Darcy velocity: determined from permeability and gradient	√	√, to determine highest gradient and Darcy velocity expected at interfaces between coarse and fine soils	√, of coarse and fine soil	√, if possible, can be used with gradient to determine current perm-eability and any variation with water level	√, at two or three points to determine current gradient and variation with water level		Leakage measurement during normal flow desirable to establish bulk permeability and estimate Darcy velocity at high water level.
Suffusion	Ch 2, 2.2.4 Ch 6 Figures 30, 31 (6.7, 6.8*)	i, gradient, from permeameter tests.	√	√, to determine highest gradient expected to be imposed on suffusive soils	√, geometric (particle size) criteria identify suffusive soils				Gap-graded and broadly graded soils susceptible. Should be confirmed by permeameter testing.

*Figure, Table numbers in preprints

Table 3.2
Tests et type d'auscultation requis pour mesurer les paramètres de diagnostic du risque d'érosion interne et confirmer que les hypothèses prises dans la justification de la tenue à l'érosion interne restent valides et ne changent pas au fil du temps.

Table 3.2 **Mécanismes d'initiation / paramètres**	**Erosion de conduit à travers le remblai**	**Erosion de conduit le long de conduite et d'évacuateur, et dans la fondation**	**Capacité de filtration**	**Erosion régressive dans les sols sableux**	**Erosion régressive ascendante**	**Erosion régressive - déchaussement**	**Erosion de contact**	**Suffusion**
i, gradient hydraulique	√, très difficile de déterminer la position et les dimensions des fissures. Seul le gradient dans la fissure importe, pas celui dans le filtre ou la fondation	√ idem, considérer des filtres annulaires, des écrans filtrants, etc.	Inadapté : capacité basée seulement sur des critères géométriques pour caractériser le filtre en NE, SE, EE ou CE aux poches les plus grossières (les plus ségrégées).	√, noter le gradient global H/L selon la Figure 5 (2.5*), 4.3.1, Volume 1	√, gradient vertical descendant du niveau de la retenue à l'exutoire du fond sans filtre	√, déterminer le gradient de sortie de l'écoulement au niveau de la résurgence sur le parement aval	√, gradient dans la couche de grosses particules	√, test pour déterminer le gradient auquel la suffusion s'initie dans les sols suffusifs
Enregistrement des niveaux de la retenue	√, identifier le niveau d'eau auquel l'écoulement préférentiel se produit	√, idem, que l'érosion de conduit à travers le remblai	√, peut identifier le niveau des zones où le filtre ou le remblai est trop grossier	√, utile pour détecter le niveau d'eau qui alimente le tumulus et prévenir de la proximité du niveau critique	√, peut identifier le niveau auquel l'érosion s'initie (et sa position dans le barrage)	√, avertit du risque de suintement ou de résurgence sur la parement aval	√, préviendra quand le niveau d'eau, ou le gradient hydraulique ou bien la vitesse de Darcy déclenchera l'érosion	√, préviendra quand le niveau d'eau et le gradient déclencheront la suffusion

(*Continued*)

Table 3.2

Tests and monitoring instruments required to provide data to confirm parameters for engineering investigations and for monitoring to confirm that properties assumed in engineering investigations and analyses were correct and are not changing over time.

Table 3.2 **Initiating mechanism/ parameters**	**Concentrated leak in embankment**	**Concentrated leak, culvert, spillways through dams, foundations**	**Filtering capability**	**Backward erosion in sandy soils**	**Global backward erosion - upwards**	**Global backward erosion - unraveling**	**Contact Erosion**	**Suffusion**
i, hydraulic gradient	√, very difficult to determine location and dimensions of cracks. Note gradient within cracks relevant, not gradient in fill and foundation	√ ditto, consider filter collars, filtered headwalls, etc	Not relevant: filtering capability based only on geometric criteria identifying whether filters or shoulder fill would allow some- or excessive-erosion at local coarse areas.	√, note this is overall H/L gradient, Figure 5 (2.5*), 4.3.1, Volume 1	√, upward erosion, gradient from 'free' (unfiltered) exit at bottom to reservoir water level at top	√, if gradient such that top flowline, phreatic surface, throughflow breakout line, may break out onto downstream slope	√, gradient in coarse layer	√, test to determine gradients at which suffusion initiates in soils susceptible to suffusion
Water level records	√, to identify water level at which leakage through concentrated leaks occurs	√, ditto, as for concentrated leakage through embankment	√, may identify elevation of areas where filters/fill too coarse	√, to monitor for onset of sand boils and warn when H approach-ing critical level	√, may identify level (and location in dam) at which erosion initiates	√, will warn when phreatic surface may rise and break out on to downstream slope	√, will warn when water level, hydraulic gradient and Darcy velocity high enough to cause erosion	√, will warn when water level and gradient sufficient to cause suffusion

(*Continued*)

Table 3.2 (Continued)

Table 3.2 **Mécanismes d'initiation / paramètres**	**Erosion de conduit à travers le remblai**	**Erosion de conduit le long de conduite et d'évacuateur, et dans la fondation**	**Capacité de filtration**	**Erosion régressive dans les sols sableux**	**Erosion régressive ascendante**	**Erosion régressive - déchaussement**	**Erosion de contact**	**Suffusion**
Mesures de Débit de fuites	√, cruciales pour les analyses et l'auscultation à long terme	√, crucial pour identifier les écoulements préférentiels le long des conduites et de l'évacuateur et pour les protéger avec des filtres	√, si les fuites charrient des sédiments, une érosion SE ou EE est en cours, qui cessera après un débit de 1,000 L/s ou continuera suivant l'analyse	√, s'il est visible et mesurable à la R.N., il peut être utile pour estimer la perméabilité	√, une hausse peut être le signe de l'initiation de l'érosion régressive	√, s'il est envisageable de collecter et mesurer les fuites du parement, il est utile de vérifier la stabilité avec la formule au 4.3.3, Volume 1	√, s'il est visible/ mesurable à la R.N., Il est utile pour l'estimation de la perméabilité et du gradient permettant le calcul de la vitesse de Darcy pour les PHE	√, S'il est mesurable, vérifier s'il augmente par perte de fines et augmentation de la perméabilité
Mesures de Pression interstitielle (dans les piézomètres)	Pression interstitielle non pertinente pour le calcul du gradient dans une fissure. Mais pertinente pour vérifier qu'elle ne dépasse la contrainte principale causant dans certaines circonstances claquage hydraulique ou soulèvement.	Pression en général non pertinente pour estimer le gradient à travers une ouverture, i.e. un trou dans une conduite. Mais, une forte valeur peut provoquer le claquage hydraulique (conduite de Warmwithens)	√, vérifier et confirmer que le filtre draine les infiltrations sans problème; les piézomètres multi points peuvent mettre en évidence la position des infiltrations	√, trouver le gradient hydraulique en place	Secondaire, la gravité et la présence d'un exutoire sans filtre sont les facteurs essentiels	√, à enregistrer pour vérifier qu'une hausse de la surface libre ne provoque pas une surface de suintement	√, permet de mesurer les gradients à la R.N. et d'estimer la perméabilité et la vitesse de Darcy maximale (crues).	√, utile pour détecter des évolutions de gradients au moment où la suffusion s'initie et continue. Les piézomètres peuvent utiliser pour mesurer la perméabilité locale en cas de suffusion.

(*Continued*)

Table 3.2 (Continued)

Table 3.2 **Initiating mechanism/ parameters**	**Concentrated leak in embankment**	**Concentrated leak, culvert, spillways through dams, foundations**	**Filtering capability**	**Backward erosion in sandy soils**	**Global backward erosion - upwards**	**Global backward erosion - unraveling**	**Contact Erosion**	**Suffusion**
Leakage measurement	√, for investigations and long term monitoring	√, important to identify leaks along and into culverts and spillways and protect with filters	√, if carrying sediment, some- or excessive-erosion is occurring, which if expected from analysis will cease after up to 1,000 L/s leakage. If unexpected, erosion may continue unchecked.	√, if visible/ measurable at normal water levels, could be useful for perm-eability estimation	√, increase may indicate that upward erosion pipe has broken through to reservoir	√, if feasible to collect and measure leakage from slope, could be useful to check stability by applying formula in 4.3.3, Volume 1	√, if visible/ measurable at normal water levels, could be useful for permeability estimation needed to estimate Darcy velocity at high water level	√, if visible/ measurable, leakage will increase as loss of fines by suffusion increases permeability
Pore pressure measurements (in piezometers)	Pore pressures not generally relevant, gradient in cracks must be estimated. However, pore pressure may exceed minimum principal total stress in some circumstances and cause heave and hydraulic fracture.	Pore pressures not generally relevant, gradients into openings, e.g. at hole in culvert, must be estimated. However, high pore pressures may cause hydraulic fracture e.g. Warmwithens culvert.	√, check, confirm that filters pass seepage flows adequately; multi point piezometers may show incoming seepage points	√, to find present hydraulic gradient	Not essential, gravity and 'free' exit are the major factors	√, monitor rise in phreatic surface before it breaks out on to slope	√, measure gradients and leakage flows under normal water levels to assess bulk permeability and estimate Darcy velocity during flood.	√, may reveal changing gradients as suffusion initiates and continues. Piezometers can be used to measure local permeabilities as suffusion occurs.

(*Continued*)

Table 3.2 (Continued)

Table 3.2 **Mécanismes d'initiation / paramètres**	**Erosion de conduit à travers le remblai**	**Erosion de conduit le long de conduite et d'évacuateur, et dans la fondation**	**Capacité de filtration**	**Erosion régressive dans les sols sableux**	**Erosion régressive ascendante**	**Erosion régressive - déchaussement**	**Erosion de contact**	**Suffusion**
Perméabilité	Non pertinent	Non pertinent	Non essentiel, mais la perméabilité du filtre est utile pour estimer sa capacité de filtration	√, paramètre essentiel de la formule de Sellmeijer, van Beek Figure 20 (4.4*), Volume 1	Non pertinent	√, utile pour les calculs d'écoulement de barrages zonés, mais inutile pour la formule 4.3.3 du Volume 1	√, essentiel pour estimer la de Darcy vitesse dans les sols grossiers au contact des sols fins	√, la perméabilité augmentera si la suffusion démarre
Contrainte critique	√, d'après Ch. 3, tests ou Tableau 11 (3.5*) Volume 1	√, d'après Ch. 3, tests ou Tableau 11 (3.5*) Volume 1						
Déplacements	Nivellement, inclinomètres et fibres optiques peuvent détecter tassements et progression de fissuration ou de cavité	Tassements différentiels imposés à une conduite peut engendrer fissure et ouverture.		Un tumulus est le signe qu'une érosion régressive a débuté, mais le gradient d'initiation n'est pas celui qui cause la rupture	Le nivellement de surface et la fibre optique peuvent indiquer la remontée d'une cavité dans l'argile		Tassements continus et réguliers des digues en sont le signe. Des tassements sont aussi détectés au-dessus d'un conduit d'érosion dans un limon sur une grave (Essais à grande échelle Beguin, 2013)	Tassements lents et continus reportés sur les digues du Rhin comme impact de la suffusion.

(*Continued*)

Table 3.2 (Continued)

Table 3.2 **Initiating mechanism/ parameters**	**Concentrated leak in embankment**	**Concentrated leak, culvert, spillways through dams, foundations**	**Filtering capability**	**Backward erosion in sandy soils**	**Global backward erosion - upwards**	**Global backward erosion - unraveling**	**Contact Erosion**	**Suffusion**
Permeability	Not relevant	Not relevant	Not essential, but permeability of filters can be used to assess filtering capability	√, need to apply perm-eability in Sellmeijer, van Beek equation for Figure 20 (4.4*) Volume 1).	Not relevant	√, useful for flow nets, but not needed in formula in 4.3.3 in Volume 1	√, essential to estimate Darcy velocity in coarse soil at interface with fine soil	√, permeability will increase if suffusion occurs (but may decrease initially until locally accumulated fines are washed through the coarse matrix)
Critical shear stress	√, HET test or from Ch 3, Table 11 (3.5*)	√, HET tests or from Ch 3, Table 11 (3.5*)						
Deformation measurements	Leveling, inclinometers, optic fibers, may detect settlements and new cracks and openings	Differential settlement over culverts may cause cracking.		Sand boils indicate backward erosion has initiated, but gradient not yet sufficient to cause failure	Surface monitoring may indicate developing cavities in clay fills.		Large scale experiments detected surface settlement above erosion pipe in fine soil above coarse soil (Beguin, 2013)	Settlement reported in Rhine dike as a result of suffusion.

(Continued)

Table 3.2 (Continued)

Table 3.2 **Mécanismes d'initiation / paramètres**	**Erosion de conduit à travers le remblai**	**Erosion de conduit le long de conduite et d'évacuateur, et dans la fondation**	**Capacité de filtration**	**Erosion régressive dans les sols sableux**	**Erosion régressive ascendante**	**Erosion régressive - déchaussement**	**Erosion de contact**	**Suffusion**
Contraintes dans le remblai et sa fondation	√, recommandations du Chapitre 3, Volume 1. Pour les *investigations*: détecter les situations de faibles contraintes i.e. profils défavorables de la fondation. Dans les situations critiques, la modélisation est utile les identifier. La contrainte totale principale minimale peut être mesurée avec les piézomètres ou des cellules de contraintes totales. *Auscultation long-terme* : rarement nécessaire de les mesurer. Elles sont évaluées avec les tassements et les fuites	√, idem, que l'érosion de conduit dans le remblai	Non pertinent	Non pertinent	Non pertinent	Non pertinent	Non pertinent	√, l'estimation du facteur α, fraction de la contrainte reprise par les fines, est une aide à la prévision de la suffusion

(*Continued*)

Table 3.2 (Continued)

Table 3.2 **Initiating mechanism/ parameters**	**Concentrated leak in embankment**	**Concentrated leak, culvert, spillways through dams, foundations**	**Filtering capability**	**Backward erosion in sandy soils**	**Global backward erosion - upwards**	**Global backward erosion - unraveling**	**Contact Erosion**	**Suffusion**
Stresses in fill and foundation	√, guidance from Chapter 3, Volume 1. For *investigations*: assess low stress situations e.g. unfavorable foundation profiles. In very sensitive situations, stress analysis may identify low stress zones. Minimum principal total stress can be measured at piezometers or with in-situ earth pressure cells. *Long-term monitoring*: Rarely necessary to monitor stress changes. Assess changes from settlement and leakage.	√, ditto, as for concentrated leaks in embankment	Not relevant	Not relevant	Not relevant	Not relevant	Not relevant	√, estimates of α factor, portion of stress carried by fine particles can assist in assessing if suffusion will occur

(*Continued*)

Table 3.2 (Continued)

Table 3.2 **Mécanismes d'initiation / paramètres**	**Erosion de conduit à travers le remblai**	**Erosion de conduit le long de conduite et d'évacuateur, et dans la fondation**	**Capacité de filtration**	**Erosion régressive dans les sols sableux**	**Erosion régressive ascendante**	**Erosion régressive - déchaussement**	**Erosion de contact**	**Suffusion**
Remarques	Position et dimensions des fissures et des écoulements préférentiels difficiles à trouver. Examiner en priorité si filtres et recharges ont une capacité de filtration suffisante.	Etancher l'extrémité amont et étudier un filtre annulaire aval pour éviter une érosion le long de la conduite ou d'évacuateur. Empêcher ou filtrer les écoulements qui rentrent dans ces structures	Tout capacité de filtration du filtre ou des recharges protège contre l'érosion de conduit	La perméabilité est le paramètre essentiel pour évaluer la sensibilité de la fondation à l'érosion régressive	Apparaît à un exutoire sans filtre soumis à un écoulement suffisant pour détacher les particules	Apparaît sur les pentes raides de parement aval en matériaux granulaires y compris sable grossier, gravier et enrochement	Tout contact entre sols fins et grossiers y est sensible, y compris les couches hétérogènes (ségrégées) des remblais « homogènes » (non zonés)	La suffusion est d'abord détectée par les analyses granulométriques et parfois par des tests simples de perméabilité. Mais les contraintes in-situ et la perméabilité peuvent aussi jouer un rôle. Les sols suffusifs en crête ou dans des noyaux étroits ou bien de remblais dans des canyons qui réduisent les contraintes sont particulièrement sensibles à la suffusion.

Table 3.2 (Continued)

Table 3.2 **Initiating mechanism/ parameters**	**Concentrated leak in embankment**	**Concentrated leak, culvert, spillways through dams, foundations**	**Filtering capability**	**Backward erosion in sandy soils**	**Global backward erosion - upwards**	**Global backward erosion - unraveling**	**Contact Erosion**	**Suffusion**
Remarks	Location and dimensions of concentrated leaks difficult to assess. Investigate if filters or fills will protect.	Seal upstream ends and consider filter collars to protect against erosion along culverts and spillways. Prevent or filter leaks into these structures.	Any filtering capability of filters or shoulder fills provides some defense against concentrated leak erosion	Perm-eability an essential parameter in assess-ment of vulnerability to backward erosion in sandy foundations	Occurs at unfiltered exits where leakage sufficient to transport eroded particles	Occurs in steep downstream slopes in coarse sands, gravel and rockfill vulnerable	All interfaces between coarse and fine soils vulnerable, including within hetero-geneous fill layers in 'homo-geneous' (unzoned) dams	Grading and simple hydraulic tests are usually used to determine if soils are suffusive. However, in-situ confining stress and permeability also play a part. Suffusive soils near the crest or in fill in canyons where stress may be low are particularly vulnerable to damaging suffusion.

*Figure, Table numbers in preprints

3.2. CAROTTAGES POUR ÉCHANTILLONS INTACTS SOUS LA NAPPE

3.2.1. Méthodes disponibles

La vulnérabilité à l'érosion interne peut être évaluée tout d'abord par les propriétés géométriques (taille des grains). Mais, les échantillons de sols non plastiques, sables et graviers, fins et grossiers, provenant de techniques de forage et de carottage conventionelles, en particulier saturés sous nappe, sont souvent incomplets, et parfois endommagés.

Le tableau ci-dessous présente les meilleures méthodes disponibles pour prélever des échantillons de grande qualité, aptes à être testés pour fournir des paramètres caractérisant toutes sortes de propriétés du sol. Ces méthodes sont recommandées parce qu'elles permettent de prélever des échantillons de sol complets, sans pertes de fines, par exemple, et qu'elles fournissent ainsi des échantillons de toute la gamme de tailles de particules, essentiels pour des analyses fiables de l'érosion interne.

Table 3.3
Méthodes de prélèvement recommandées (adapté de Clayton et al, 1995)

Type de sol	Méthode de prélèvement recommandée	Remaniement escompté
Très mou, mou, ferme, ou argiles sensibles	Carottier Laval avec surcarottage Echantillonneur de cylindres de sols de Sherbrooke	Déstructuration mineure Réduction des contraintes effectives due à la pénétration du fluide de forage
Stratification de sable, silt et argile	Carottier de Delft	Majeure perte de contrainte effective. Déstructuration limitée
Ferme, dure et très dure argiles	Carottier à piston stationnaire	Remaniement limité mais avec hausse significative des contraintes effectives
Argiles très raide et dures, argilites, and argiles indurées	Carottier à câble, en utilisant de la boue de bentonite ou des boues polymères avec des agents anti-gonflement, ou carottier rotatif à double enveloppe pivotante avec injection de boue	Chute importante des contraintes effectives
Sable	Piston prélevant dans un trou de forage à la boue	Perte totale de contrainte effective. Important remaniement. Densité a peu près conservée
Gravier	Echantillons en emprunt	Seulement granulométrie et densité sont accessibles
Roches tendres, craie	Carottier rotatif à triple enveloppe pivotante avec boue ou mousse stable, ou trousse rétractable	Faible perte Ouverture des joints
Granite déstructuré	Carottier Treifus ou Mazier à trousse intérieure rétractable	Faible perte Perte de contrainte effective
Roche dure	Carottier rotatif à double enveloppe	Ouverture des joints

3.2. DRILLING FOR COMPLETE GRANULAR SAMPLES BELOW WATER TABLE

3.2.1. Methods available

A dam's vulnerability to internal erosion can be assessed first from geometric properties (grain-sizes). However, samples of non-plastic soils, sands and gravels. fine and coarse, collected by conventional drilling and boring techniques, particularly saturated soils from below the water table, are often incomplete, and may be shattered.

The table below shows the best available methods for taking high-quality samples suitable for testing to provide data to characterise and provide parameters for all kinds of soil properties. These methods are recommended because they take complete soil samples, without losses of fines, for example, and thus provide samples of the entire range of particle sizes, essential for reliable internal erosion analyses.

Table 3.3
Recommended sampling methods (adapted from Clayton et al, 1995)

Soil type	**Recommended sampling technique**	**Likely disturbance**
Very soft, soft, firm, or sensitive clays	Laval open-drive overcored sampler Sherbrooke down-hole block sampler	Minor destructuring Reduction in effective stress due to borehole fluid penetration
Inter-layered sand, silt, clay	Delft sampler	Major loss of effective stress. Some destructuring
Firm, stiff and very stiff clays	Thin-walled hydraulically jacked open-drive tube samples	Minor destructuring, with significant increases in effective stress
Very stiff and hard clays, mudrocks, and stony clays	Wireline coring, using bentonite mud or polymer muds with anti-swelling agents, or double-tube swivel type core barrel with bentonite mud flush	Significant decrease in effective stress
Sand	Piston sampling in mud-filled borehole	Total loss of effective stress. Major destructuring. Density approximately maintained
Gravel	Sampling from pits	Only particle size and density can be obtained
Weak rocks, chalk	Triple-tube swivel-type core barrel with mud or Modified Stable Foam flush, or retractor barrel	Minor core loss Discontinuities opened
Decomposed granite	Treifus or Mazier retractor barrel	Minor core loss. Effective stress loss
Hard rock	Double-tube swivel-type core barrel	Discontinuities opened

On peut voir que le prélèvement par piston est recommandé pour les sables, et Clayton et al (1995) donnent des détails sur plusieurs types, dont le carottier de Bishop (1948). La norme ASTM D6519-15 donne des informations sur le prélèvement d'échantillons à l'aide de carottiers à piston.

Il est recommandé de prélever le gravier dans les emprunts. Dans les études d'érosion interne, il peut être possible d'excaver et de prélever des échantillons dans des puits peu profonds creusés dans les barrages ou dans des sablières et gravières ou d'autres sources de matériaux de filtres et de remblais des barrages, si elles restent accessibles, ou dans des affleurements locaux de matériaux similaires. Les échantillons du barrage plus profonds et des fondations doivent être prélevés par forage ou par carottage, ce qui, comme le montre le Tableau 3.3, ne fournit pas de bons échantillons. Le carottage à la trousse rétractable est le meilleur procédé disponible pour le granit décomposé, un sol résiduel, qui peut comprendre des particules de la taille d'un gravier. D'autres types de carottage rotatif à double et triple carottage peuvent récupérer des argiles indurées, des roches fragiles, des tills argileux ("argiles à blocaux"), mais aucun n'est capable de récupérer des échantillons complets de graviers, en particulier ceux qui sont présents dans les filtres, par exemple, ou dans le remblai et les fondations des barrages, qui peuvent empêcher ou être vulnérables à l'érosion interne.

Le forage sonique permet de recueillir des échantillons complets de matériaux granulaires, y compris sous la nappe phréatique, comme indiqué ci-dessous.

3.2.2. Forage sonique pour une récupération complète sous la nappe

Le forage sonique fournit des échantillons complets. Une tête de forage sonique fonctionne en envoyant des vibrations résonantes à haute fréquence le long du train de tiges de forage vers le trépan. L'opérateur contrôle ces fréquences pour les adapter aux conditions spécifiques de la géologie du sol/roche. Cela fluidifie les particules du sol à la face du trépan, permettant une pénétration rapide et facile dans la plupart des formations géologiques.

Tous les sols rencontrés sont recueillis en continu dans un manchon en plastique qui est attaché et retiré du foret à chaque étape, généralement au bout de 3 m. La méthode permet ainsi de prélever des échantillons complets de tous les sols, en particulier des sols non plastiques, qui devraient autrement être collectés par des carottiers spéciaux, tels que le carottier de Bishop (1948). Ce procédé est rapide et peut atteindre des profondeurs d'environ 100 m. Cependant des poches de sable prélevés peuvent être perdues à la remontée si l'extracteur n'arrive pas à le retenir.

Aucun test in situ ne peut être effectué pendant le forage, mais la méthode est rapide et peut pénétrer les sols de sable et de gravier, comme les filtres, par exemple, que d'autres équipements ne peuvent pas pénétrer. Elle peut être utilisée en tandem avec d'autres équipements pour échantillonner et faire avancer rapidement les trous de forage entre les positions de test, pour des tests de perméabilité in situ, par exemple. Le trou unique peut être rempli facilement une fois terminé. De plus amples informations sont disponibles sur le site http://www.sonicdrilling.com.

L'inconvénient est que, bien que des échantillons entiers soient prélevés, les sols sont perturbés, et il n'est pas facile de déterminer les positions exactes, ni de déterminer la consistance ou la densité in-situ. Certains de ces détails peuvent être fournis à partir d'autres trous ou forages proches des positions du forage sonique, ou en utilisant la foreuse sonique pour faire avancer rapidement les trous (tout en collectant des échantillons complets) entre les positions de prélèvements et de tests en utilisant d'autres méthodes.

Les échantillons complets collectés par forage sonique sont très utiles pour déterminer la distribution granulométrique, importante dans les études d'érosion interne, mais les vibrations peuvent écraser ou briser certains des graviers rencontrés. Cela conduit à des incertitudes sur la teneur en fines in situ et, comme cela influence généralement la détermination de la capacité de filtration de tout filtre et de toute recharge des barrages existants, les résultats doivent être appliqués avec précaution. Des comparaisons peuvent être faites avec des échantillons prélevés dans des emprunts, ou des données disponibles datant de la construction, en gardant à l'esprit qu'il y aura une plage de variation dans les matériaux des barrages, et que la ségrégation peut avoir affecté la granulométrie des remblais.

It can be seen that piston sampling is recommended for sands, and Clayton et al (1995) give details of several types, including the Bishop (1948) sampler. ASTM D6519-15 gives information on taking samples using piston samplers.

It recommends sampling gravel from pits. In internal erosion investigations it may be possible to excavate and collect samples from shallow pits close to the surfaces of dams or from sand and gravel pits or other sources of dam filter and fill materials, if they remain accessible, or from local outcrops of similar materials. Samples from deeper in the dam and from the foundations must be retrieved by boring or drilling, which as the table shows, do not provide good samples. Retractor barrel coring is the best available for decomposed granite, a residual soil, which might include gravel sized particles. Other types of rotary core drilling with double and triple core barrels can retrieve stony clays, weak rocks, clayey tills ('boulder clay'), but none are capable of retrieving complete samples of gravels, particularly those included in filters, say, or in the fill and foundations of dams which may prevent or be vulnerable to internal erosion.

Sonic drilling can collect complete samples of granular materials, including from below water table, as discussed below.

3.2.2. Sonic drill for complete granular samples below water table

Sonic drilling provides complete samples. A sonic drill head works by sending high frequency resonant vibrations down the drill string to the drill bit. The operator controls these frequencies to suit the specific conditions of the soil/rock geology. This fluidizes the soil particles at the bit face, allowing for fast and easy penetration through most geological formations.

All soil encountered is continuously collected in a plastic sleeve which is tied off and removed from the drill at each stage, usually 3 m. The method thus takes complete samples of all soils, particularly non-plastic soils, which otherwise would have to collected by special samplers, such as the Bishop (1948) sampler. It proceeds rapidly and can achieve depths down to about 100 m.

No in-situ tests can be done while drilling, but the method is fast and can penetrate sand and gravel soils, such as filters, for example, that other equipment cannot penetrate. It can be used in tandem with other equipment to rapidly sample and advance boreholes between test positions, for in-situ permeability tests, for example. The single hole can be refilled easily on completion. More information is available from http://www.sonicdrilling.com.

A disadvantage is that although entire samples are collected, the soils are disturbed, and exact positions are not easily determined, nor can the consistency or in-situ density be determined. Some of these details can be provided from other drillholes or borings close to sonic drill positions, or by using the sonic drill to advance holes rapidly (while collecting complete samples) between sampling and test positions using other methods.

The complete samples collected by sonic drilling are very useful for determining particle size distribution, important in internal erosion investigations, but the vibration may crush or shatter some of the gravels encountered. This leads to uncertainties about the in-situ fines content and, because this is usually influential in determining the filtering capability of any filters and the shoulder fill in existing dams, the results should be applied with care. Comparisons can be made with samples collected from pits, or data available from construction, bearing in mind that there will be a range of gradings in dam materials, and segregation may have affected the gradings of fills.

3.3. DETECTION DES FUITES: MÉTHODES DIRECTES

Le moyen le plus direct et généralement le plus efficace de détecter les fuites consiste à recueillir l'eau qui fuit dans des caniveaux ou des drains et à mesurer le volume par des moyens simples, des seaux chronométrés, des déversoirs, etc. Cette méthode présente également le grand avantage de permettre aux observateurs sur le terrain de vérifier facilement la quantité de fuites et de vérifier si elles contiennent des matériaux érodés. La visibilité des matériaux érodés est très importante car, comme expliqué au point 6.1.2 ci-dessous, il se peut qu'il n'y ait aucun autre signe fiable d'érosion interne. Une description complète de la méthode directe de surveillance des fuites figure au point 6.4 ci-dessous.

3.4. DETECTION DES FUITES: MÉTHODES GÉOPHYSIQUES

3.4.1. Comparaison entre méthodes

La principale difficulté, dans l'hypothèse où l'érosion interne ne se produira que sur les cheminements de fuite identifiés, est que l'exutoire de la fuite peut ne pas être visible. Les fuites peuvent s'écouler dans un réservoir aval, par exemple, ou dans les joints ouverts des roches de la fondation. Les méthodes géophysiques fournissent les moyens de détecter (voire de quantifier) les fuites à travers les remblais et les fondations, y compris les fuites non visibles. Certaines méthodes géophysiques indiquent les voies que la fuite emprunte lorsqu'elle passe à travers le barrage et les fondations.

Habituellement, l'érosion se déclenche dans les zones où les vitesses d'écoulement sont les plus élevées. Les méthodes géophysiques les plus efficaces indiquent justement l'ordre de grandeur de la vitesse d'écoulement. Les méthodes thermométriques mesurant la température des flux d'eau d'infiltration à travers les barrages sont les plus pertinentes pour repérer les écoulements et, dans certains cas, les vitesses d'infiltration. Les principes sont donnés dans Dornstadter (1997) sur la base de Kappelmeyer (1957) et Johansson (1991, 1997), ce dernier a développé une méthode simplifiée pour évaluer les débits à partir des enregistrements de température. La plupart des méthodes thermométriques utilisent les variations naturelles de la température du sol (*méthodes passives*), mais certaines imposent une source de chaleur et mesurent sa dissipation pour caractériser les infiltrations (*méthodes actives*). Les fibres optiques ont permis d'étendre considérablement les zones étudiées et surveillées. Elles enregistrent les changements à des points équidistants sur toute leur longueur à qui vont être ensuite interprétés. Par conséquent, les barrages, les canaux et les digues de crue peuvent être instrumentés sur toute leur longueur à différents endroits. Les fibres installées verticalement fournissent des données à partir de l'intérieur d'un barrage. Les fibres optiques peuvent enregistrer la température et la déformation dans un sol saturé ou partiellement saturé. Cela permet d'obtenir des données sur les vitesses et la localisation des infiltrations et, si nécessaire, des données sur la déformation (déformation). Des fibres optiques spécialement adaptées peuvent chauffer le sol.

Toutefois, l'hypothèse selon laquelle le cheminement des fuites - où la perméabilité est élevée ou des vides sont présents - seront les sites d'une érosion interne n'est pas toujours vérifiée. En effet, les forces hydrauliques le long des écoulements préférentiels peuvent ne pas être suffisantes pour déclencher l'érosion des sols dans ou autour de ces écoulements. Les écoulements préférentiels peuvent être considérés comme des modes de défaillance potentiels (section 9.10 du Volume 1), mais il ne faut pas négliger les autres chemins d'érosion où des forces hydrauliques plus faibles peuvent déclencher l'érosion de sols plus érodables sur leur trajet. Les reconnaissances et les analyses doivent évaluer si les forces hydrauliques le long d'une infiltration sont ou pourraient être suffisantes pour déclencher et poursuivre l'érosion.

Les méthodes électriques permettent d'examiner les champs électriques ou magnétiques naturels ou induits dans les barrages et leurs fondations afin d'identifier les zones où coulent les fuites. Le facteur qui influence le plus la résistivité est la la quantité d'eau dans le sol. Les variations des quantités, de la qualité et de la température des débits de fuite modifient la résistivité. Ces changements peuvent être le résultat de changements saisonniers ou peuvent indiquer des évolutions de débit d'infiltration.

De nombreuses techniques imposent des potentiels électriques et mesurent leurs effets sur les champs électriques ou magnétiques dans le sol. Johansson (2007) donne un aperçu de ces techniques de température, d'électromagnétisme, de résistivité et de polarisation spontanée.

3.3. LEAKAGE DETECTION: DIRECT METHOD

The most direct and usually the most effective means of detecting leakage is by collecting leaking water in ditches or drains and measuring quantities by simple means, timed bucketfuls, weirs, etc. The method also has the great advantage that it can be readily used by field observers to check quantity of leakage and whether it contains eroded materials. The visibility of eroded materials is most important because as explained in 6.1.2 below, there may be no other reliable signs that internal erosion is occurring. A full description of the direct method of leakage monitoring is included in 6.4 below.

3.4. LEAKAGE DETECTION: GEOPHYSICAL METHODS

3.4.1. Comparison between methods

The main difficulty in the assumption that internal erosion will occur only on identified leakage routes is that the outlet of the leakage may not be visible. It may exit into a reservoir downstream, for example, or into open joints in rocks in the foundation. Geophysical techniques provide the means to detect (and quantify) leakage through embankments and foundations, including non-visible leakage. Some geophysical methods indicate the routes that the leakage takes as it passes through the dam and foundation.

Usually, the largest hydraulic loads are in zones where the largest flow velocities occur. The most efficient geophysical methods indicate the order of magnitude of the flow velocity. Thermometric methods examining the temperature of seepage water flows through dams are the most relevant to assess seepage routes and in some cases seepage velocities. The principles are given in Dornstadter (1997) based on Kappelmeyer (1957) and Johansson (1991, 1997), who developed a simplified method to evaluate seepage quantities from temperature records. Most thermometric methods make use of the natural temperature variations of the ground (*passive methods*), but some impose heat and monitor its dissipation to derive seepage characteristics (*active methods*). Optic fibers have made it possible to greatly expand the areas investigated and monitored. They register changes at, and data can be collected from, points all along their length. Consequently, the entire lengths of dams and canal and flood embankments can be instrumented at various positions. Fibers installed vertically provide data from within a dam. Optic fibers can record temperature and strain in saturated and partially saturated ground. This provides data on seepage quantities and location and, if required, deformation (strain) data. Specially adapted optical fibers can introduce heat into the ground.

However, the assumption that leakage routes – where permeability is high or there are voids – will be the sites of internal erosion may not always be valid. This is because the hydraulic forces along preferential leakage routes may not be sufficient to initiate erosion of the soils in or around them. Preferential leakage routes may be considered as Potential Failure Modes (Section 9.10 in Volume 1), but other routes where lower hydraulic forces may initiate erosion in more erodible soils along them should not be overlooked. Investigations and analysis should be carried out to assess whether or not the hydraulic forces along a leakage route are or could be sufficient to initiate and continue erosion.

Electrical techniques examine the natural electrical or magnetic fields in dams and their foundations to identify zones where leakage flows. The factor that most influences these properties is the presence of water. Variations in quantities, quality and temperature of seepage flows change the measurable geophysical soil properties. The changes may be the result of seasonal changes, or may indicate changes in seepage flow.

Many techniques impose electrical currents and measure the effects on the electrical or magnetic fields in the ground. Johansson (2007) gives an overview of temperature, electromagnetic resistivity and self-potential techniques.

Les techniques acoustiques enregistrent le bruit turbulent causé par l'écoulement et sont complémentaires de la technique de de polarisation spontanée.

La "tomographie" sismique utilise des campagnes successives de mesure des vitesses sismiques pour localiser les zones érodées et les zones de faible contrainte vulnérables à la fracture hydraulique à partir de la variation de la porosité. Garner et Vazinkhoo (2007) décrivent comment un panneau sismique entre deux forages ("tomographie cross-hole") permet d'identifier les changements.

Les techniques géophysiques ne mesurent pas directement les débits d'infiltration, la vitesse des fuites ou la perméabilité du sol. Cependant, les méthodes de traçage peuvent évaluer la vitesse porale et le débit. Si les propriétés hydrauliques, telles que la vitesse des pores et le débit de fuite, sont déterminés, et si le gradient hydraulique peut être mesuré à partir de données piézométriques, la perméabilité des sols dans les zones d'infiltration peut être déterminée. Ces propriétés sont à utiliser pour prédire les conditions auxquelles les niveaux d'eau les plus extrêmes peuvent générer des forces hydrauliques suffisantes pour amorcer l'érosion. Il ne faut pas oublier que la perméabilité augmente quand le sol se dilate à mesure que la contrainte effective diminue (et que la retenue monte); cela doit être pris en compte dans les cas "limites".

La plupart des techniques géophysiques identifient des zones de plus grande perméabilité par lesquelles passe la plupart des fuites. Les techniques géophysiques ne peuvent prévoir l'érosion interne que lorsque des changements sont mesurés à conditions constantes (niveau d'eau, température). Elles ne peuvent pas non plus prédire les conditions d'infiltration pendant les périodes de niveau d'eau élevé, lorsque les charges hydrauliques susceptibles de déclencher l'érosion sont les plus importantes.

Il est important de reconnaître que la détermination des propriétés pertinentes du sol à partir des études géophysiques, souvent appelée "inversion", est un défi en soi. Elle nécessite généralement une analyse et une modélisation pour éliminer les effets des interférences des variations de température de l'air sur le remblai proche de la surface, ainsi que des tuyaux, des câbles électriques, des infrastructures et d'autres artefacts non naturels. Ces facteurs entraînent une incertitude dans les résultats. Les études géophysiques doivent être menées et interprétées avec l'aide d'experts, et vérifiées autant que possible par d'autres méthodes géophysiques et non géophysiques.

La plupart des techniques fournissent des résultats propres à une reconnaissance spécifique en des points précis à un moment donné, avec des conditions particulières de retenue et de débit d'infiltration. Plusieurs sont "intrusives" et nécessitent des mesures dans des trous de forage ou des tranchées. D'autres ne sont pas intrusives, par exemple en introduisant des courants et en prenant des mesures en surface, y compris sous l'eau dans certains cas. L'inversion des résultats des techniques non intrusives est particulièrement exigeante lors de l'évaluation des conditions en profondeur en raison de la distance des capteurs à la surface. L'étalonnage par comparaison entre méthodes et avec celles en forage est souvent nécessaire. Certaines techniques peuvent fournir des informations "globales" sur une vaste zone. D'autres peuvent fournir des enregistrements en permanence et donc enregistrer les variations dans le temps avec des charges hydrauliques différentes. Smith et Cote (2011) décrivent une étude utilisant une technique "globale" pour identifier les zones de forte infiltration dans la longueur d'un barrage et d'autres techniques pour examiner les conditions locales plus en détail.

La faisabilité de l'utilisation de techniques géophysiques pour surveiller les fissures dans les barrages est à l'étude. Rinehart et al (2012) ont expérimenté plusieurs techniques géophysiques pour surveiller la fissuration des filtres lors d'essais en laboratoire à grande échelle.

3.4.2. Conclusion sur les méthodes géophysiques

Le Tableau 3.4 ci-dessous résume l'utilisation des méthodes géophysiques de détection des fuites, qui sont décrites dans les sections suivantes. Il est important de noter que ces méthodes sont des moyens indirects de détection et, dans certains cas, d'estimation des débits de fuites. Elles nécessitent l'interprétation d'un expert. Si possible, la méthode directe simple de collecte des fuites, telle que décrite dans les sections 3.3 et 5.4, doit être utilisée pour la surveillance. Elle fournit un enregistrement continu, toujours visible et facile à lire, du débit de fuite, dans lequel une charge importante de particules érodées indiquant qu'une rupture imminente pourrait être facilement vue par les observateurs sur le terrain.

Sonic techniques register turbulent noise caused by flow and are complementary to the self-potential technique.

Seismic 'tomography' uses the measurement of seismic velocities to determine the variation in porosity relevant to eroded zones and low stress zones vulnerable to hydraulic fracture. Garner and Vazinkhoo (2007) describe how seismic velocity between boreholes ('cross-hole tomography') identifies changes.

Geophysical techniques do not measure seepage quantities, seepage velocity or soil permeability directly. However, tracing methods can assess pore velocity and seepage quantity. If seepage characteristics, such as pore velocity and leakage quantity, are known, and the hydraulic gradient can be measured from piezometer records, the permeability of the soils in seepage zones can be determined. These parameters can be used to predict conditions at high water levels, which may generate hydraulic forces sufficient to initiate erosion. Note that permeability increases because soil expands as effective stress reduces (at higher water levels), and this factor may have to be examined in 'borderline' cases.

Most geophysical techniques identify higher permeability zones which carry most of the leakage. Geophysical techniques can only predict internal erosion when changes are measured under constant conditions (water level, temperature). Nor can they predict seepage conditions during periods of high water level when hydraulic loads which may initiate erosion are greatest.

It is important to recognize that the derivation of relevant soil properties from the geophysical surveys, often called 'inversion', is challenging in itself. It usually requires analysis and modeling to screen out the effects of interference from air temperature variations on the near surface fill, and of pipes, electric cables, infrastructure and other non-natural artifacts. These factors lead to uncertainty in the results. Geophysical investigations should be carried out and interpreted with expert guidance, verified as far as possible by other geophysical and non-geophysical methods.

Most techniques provide results from a specific survey at specific points at a particular time with particular reservoir conditions and seepage flow conditions. Several are 'intrusive' requiring measurements from boreholes or trenches. Others are not intrusive, introducing currents and taking measurements from the surface, including under water in some cases. Inversion of results from non-intrusive techniques is particularly demanding when assessing conditions at depth because of the distance from sensors on the surface. Calibration by comparison between methods and with boreholes is often necessary. Some techniques can provide 'global' information over a wide area, the radar imagery methods employed by Özer et al. (2019) and Rahimi et al. (2021), for example. Some can provide records permanently and also record variations over time and with differing hydraulic loads. Smith and Cote (2011) describe an investigation using a 'global' technique to identify high seepage zones within the length of a dam and other techniques to examine local conditions in more detail.

The feasibility of using geophysical techniques to monitor for cracking in dams is under investigation. Rinehart et al (2012) experimented with several geophysical techniques to monitor cracking of filters in large scale laboratory tests.

3.4.2. Summary of geophysical techniques

Tables 3.4 and 3.5 below summarize the geophysical leakage detection methods, which are described in the sections that follow. It is important to note that these methods are indirect means of detecting and, in some cases, estimating leakage quantities. They require expert interpretation. If possible, the simple direct method of leakage collection as described in Section 3.3 and 5.4 should be used for monitoring. It provides an always visible, easily-read continuous record of leakage flow in which a substantial load of eroded particles indicating that failure may be imminent could be seen readily by field observers.

Table 3.4
Synthèse des méthodes géophysiques de détection de fuites

Tableau 3.4	**Mesures de température : méthodes passives**					**Mesures de température : méthodes actives**	
Méthodes de détection des fuites	Sonde de température	Déphasage et Amplitude	Fibres optiques	Fibres optiques : Réponse impulsionnelle	Fibres optiques : Interprétation du signal	Impulsion de chaleur ou de froid	Fibres optiques
Références :	Kappelmeyer (1957) Dornstadter (1997)	Dornstadter (1997)	Johansson (2007)	Radzicki and Bonelli (2010a, b)	Khan et al (2014)	Dornstadter (1997)	Perzlmaier et al (2007)
Propriétés physiques	Température	Température	Température	Température	Température	Température	Température
Détection/ Quantification des fuites	Oui/ Non	Oui/ Oui	Oui/ Oui	Oui/ A démontrer	Oui/ Non	Oui/ Non	Oui/ Non
Type d'instrumentation	Temporaire, peut être moyen terme, facile	Permanente ou temporaire	Permanente longue portée	Permanente longue portée	Permanente longue portée	Dans des tubes battus	Permanente longue portée
Type d'interprétation	Facile/ simple	Facile/ simple		Lent / complexe	Facile/ simple		
Type de surveillance/ diagnostic	Investigation/ Auscultation long terme	Auscultation long terme	Auscultation long terme	Auscultation long terme	Investigation/ Système d'alerte/ Auscultation long terme	Investigation	Investigation/ Système d'alerte/ Auscultation long terme
Répétabilité/ reproductibilité	Bonne	Bonne		Bonne	Bonne	Bonne	Bonne
Représentation des résultats	Profil vertical ou section 2D	Profil 1D longitudinal		Profil 1D longitudinal	Profil 1D longitudinal	Profil vertical	Profil 1D longitudinal
Méthodes de détection des fuites	Sonde de température	Déphasage et Amplitude	Fibres optiques	Fibres optiques : Réponse impulsionnelle	Fibres optiques : Interprétation du signal	Impulsion de chaleur ou de froid	Fibres optiques

(*Continued*)

Table 3.4
Summary of geophysical leakage detection methods based on temperature measurement

Table 3.4	**Temperature measurement: passive methods**					**Temperature measurement: active methods**	
Leakage detection method	Probes	Lag-time and Amplitude	Optic fibers	Optic fibers: Impulse Response	Optic fibers: signal processing	Heat Pulse, Frost Pulse	Optic fibers
References:	Kappelmeyer (1957) Dornstadter (1997)	Dornstadter (1997)	Johansson (2007)	Radzicki and Bonelli (2010a,b)	Khan et al (2014)	Dornstadter (1997)	Perzlmaier et al (2007)
Physical property	Temperature	Temperature	Temperature	Temperature	Temperature	Temperature	Temperature
Leakage detection/ Leakage estimation	Yes/ No	Yes/ Yes	Yes/ Yes	Yes/ to be proved	Yes/ No	Yes/ No	Yes/ No
Type of instrumentation	Purposive, can be long term, easy to use	Permanent or purposive	Permanent Long range	Permanent Long range	Permanent Long range	In existing probes	Permanent Long range
Type of interpretation	Easy/ simple	Easy/ simple		Slow/ complex	Easy/ simple		
Type of surveillance/ diagnostic	Investigation/ long term monitoring	Long term monitoring	Long term monitoring	Long term monitoring	Investigation/ Early Alarm system/Long term monitoring	Investigation	Investigation/ Early Alarm system/long term monitoring
Repeatability/ reproducibility	Good	Good		Good	Good	Good	Good
Representation of results	Vertical profile or 2D section	Longitudinal profile 1D		Longitudinal profile 1D	Longitudinal profile 1D	Vertical profile	Longitudinal profile 1D

(Continued)

Table 3.4 (Continued)

Tableau 3.4	**Mesures de température : méthodes passives**					**Mesures de température : méthodes actives**	
Avantages	Facilité d'enfoncer les tubes sauf terrains avec blocs	Bonne résolution spatiale et temporelle, de l'estimation de la vitesse et du débit			Bonne résolution spatiale et temporelle		
Inconvénients	Nécessite l'installation des tubes (z<24 m)	A faible profondeur influence de la température de l'air					Longueur de chauffe limitée à <10 km
Coûts $ faible coût $$ coût moyen $$$ coût élevé	$	$	$			$$ La fibre doit être au contact du sol ou du forage	$$ La fibre doit être au contact du sol
Remarques	Dépend des variations saisonnières de température. Adaptée aux piézomètres ouverts et puits de décharge (voir texte). Installation et interprétation possible par exploitant. La précision dépend de la profondeur prévue de fuite	Mesure de la vitesse porale (convertie via la porosité en vitesse de Darcy). Installation et interprétation possible par exploitant. La précision dépend de la profondeur prévue de fuite	Influencée par la température de l'air. Installation et interprétation possible par exploitant. La précision dépend de la profondeur prévue de fuite	Nécessite la température de l'air, de l'eau et de la FO	Nécessite seulement la FO pour température	Nécessite source de chaleur ou de froid dans le tube	Nécessite fibre optique avec fil de cuivre pour échauffer la fibre

Table 3.4 (Continued)

Table 3.4	Temperature measurement: passive methods					Temperature measurement: active methods	
Advantages	Easy to install probes except in stony soils	High spatial and temporal resolution, obtains estimates of velocity and flow			High spatial and temporal resolution		
Disadvantages	Need to install probes (to 24 m max)	If shallow, may be influenced by air temperature					Limited length of heated fiber < 10 km
Costs, indicative: $ - low cost $$ - medium $$$ - high	$	$	$			$$ Optic fiber must be in contact with soils, excavations or boreholes required	$$ Optic fiber to be in contact with soil
Remarks	Relies on seasonal water temperature changes. Piezometer tubes can be used (but see text). Installation and processing possible by informed dam owner. Value of method depends on depth of expected preferential seepage.	Measure pore velocity (convert via porosity to Darcy velocity). Installation and processing possible by informed dam owner. Value of method depends on depth of expected preferential seepage.	Influenced by air temperature. Installation and processing possible by informed dam owner. Value of method depends on depth of expected preferential seepage.			Need air, water and optic fiber temperatures	Need optic fiber temperature and heating fiber

Table 3.5
Synthèse des méthodes géophysiques de détection des fuites basées sur des mesures autres que la température

Tableau 3.5	**Autres méthodes géophysiques**					
Méthodes de détection des fuites	Polarisation spontanée	Tomographie résistivité électrique	Résistivité Magnéto-métrie	Conductivité basse fréquence (Slimgram, RMT)	Méthode acoustique	Thermométrie infra-rouge image
Références :	Revel and Boleve (2007)	Sjodahl et al (2007)	Kofoed et al (2006, 2008)			
Propriétés physiques	Potentiel d'électro-filtration	Résistivité	Energie électro-magnétique imposée	Conductivité électrique / permittivité diélectrique	Analyse humaine ou fréquentielle du bruit	Rayonnement
Détection des fuites Quantification des fuites	Oui Oui	Oui Non	Oui Non	Non Non	Oui Non	Oui Non
Type d'instrumentation	Temporaire ciblée Longue portée	Temporaire ciblée	Temporaire ciblée Longue portée	Temporaire Longue portée	Temporaire Longue portée	Temporaire Longue portée
Type d'interprétation	Lent / complexe	Lent / complexe	Lent / complexe	Facile/ simple	Facile/ simple (à l'oreille) ou Lent / complexe	Facile/ simple
Type de surveillance/ diagnostic	Investigation	Investigation	Investigation	Investigation	Investigation	Investigation
Répétabilité/ reproductibilité	Nécessité de contrôler (biais locaux)	Correcte avec correction de température et réseau en place	Nécessité de contrôler		Nécessité de contrôler	Difficile

(*Continued*)

Table 3.5
Summary of geophysical leakage detection methods based on measurements other than temperature

Table 3.5	Other geophysical methods					
Leakage detection method	Self Potential	Electrical Resistivity Tomography	Magneto-metric Resistivity	Low frequency conductivity (Slimgram, RMT)	Acoustic method	Infra-red thermo-metric imaging
References:	Revel and Boleve (2007)	Sjodahl et al (2007)	Kofoed et al (2006, 2008)	This not described above		This not described above
Physical property	Electro-filtration potential	Resistivity	Electro-magnetic energy, introduced, not natural	Electrical conductivity / di-electrical permittivity	Human response or frequency analysis of noise	Radiation
Leakage detection/ Leakage estimation	Yes/ Yes	Yes/ No	Yes/ No	No/ No	Yes/ No	Yes/ No
Type of instrumentation	Purposive Long range	Purposive	Purposive and Long range	Purposive Llong range	Purposive Llong range	Purposive, long range
Type of interpretation	Slow/ complex	Slow/ complex	Slow/ complex	Easy/ simple	Easy/ simple (ear) or Slow/ complex	Easy/ simple
Type of surveillance/ diagnostic	Investigation	Investigation	Investigation	Investigation	Investigation	Investigation
Repeatability/ reproducibility	Need to verify (local bias)	Good if temperature correction and array in place	Needs to be verified		Needs to be verified	Difficult

(*Continued*)

Table 3.5 (Continued)

Tableau 3.5	**Autres méthodes géophysiques**					
Représentation des résultats	Image 2D	2D section ou modèle 3D de la structure	Image 2D	Image 2D Profil 1D longitudinal	Image 2D	Image 2D Vidéo
Avantages		Coupe verticale 2D Bonne résolution temporelle de la vitesse avec traçage				Complémentaire à l'inspection visuelle avec caméra tenue à la main ou par drone (hélicoptère)
Inconvénients	Très sensible au potentiel redox, présence de métal, et à la qualité du contact des électrodes avec le sol. Difficile pour la ville		Sensible à d'autres sources électriques, difficile d'usage en ville	Intègre un volume, très sensible aux matériaux métalliques et enterrés et aux câbles HT	Besoin de naviguer sur la retenue, sensible aux parasites et bruits extérieurs (vannes)	Sensible au climat (radiation solaire, etc.)
Coûts $ faible coût $$ coût moyen $$$ coût élevé	$	$$$	$$$	$	$	$
Remarques	Besoin d'être contrôlée. Mesures faciles. Interprétation difficile nécessitant souvent un support technique universitaire	Très utile pour la détermination de la vitesse de l'eau par traçage. Peut être couplée avec la polarisation spontanée	Type particulier de technologie à source électro-magnétique contrôlée. Idéal pour investigation de grandes surfaces. A compléter par d'autres méthodes locales			Peut-être utilisé pour un premier bilan de comportement hydraulique. Facile à utiliser, mais peut être biaisé par des effets thermiques locaux

Table 3.5 (Continued)

Table 3.5	**Other geophysical methods**					
Representation of results	Surface image 2D	2D section or 3D model of structure	2D image	1D Longitudinal profile	2D Image	2D image
Advantages		2D vertical section, good temporal resolution and tracing speed				Complementary to visual inspections with hand-held camera or drone
Disadvantages	Very sensitive to redox potential, presence of metals and quality of soil-electrode contacts, difficult to use in urban areas		Sensitive to other electrical sources, difficult to use in urban areas	Volume integrated, extremely sensitive to metallic materials and HV cables	Need to navigate on reservoir, sensitive to parasite and man-made noises	Sensitive to climate (solar radiation, etc.)
Costs, indicative: $ - low cost $$ - medium $$$ - high	$$ Data processing can be complex and time-consuming		$$ to $$$ depending on area investigated			$
Remarks	Needs to be verified. Simple measurements, complex data processing often requiring academic technical support.	Very useful for the determination of water velocity by tracing. Can be coupled with self-potential	Particular type of Controlled Source Electro-magnetic Technology. Ideal for investigation of vast areas. Other methods more useful for localized investigations.			May be used as a first assessment of seepage patterns. Easy to use but subject to surface thermal effects.

3.4.3. *Méthodes thermométriques*

3.4.3.1. Principe

Depuis plusieurs décennies, la thermométrie s'est avérée être l'une des méthodes les plus efficaces pour détecter les fuites dans les barrages en remblai. Johansson (1997, 2007) et Dornstadter et Heinemann (2012) expliquent comment la température peut être utilisée comme traceur pour la détection in situ des flux d'infiltration. Les mesures in-situ montrent les modifications du champ de température que les fuites amènent à l'intérieur du barrage. La température du sol dans un barrage, y compris la variation avec la profondeur jusqu'à 30–40 m, peut être mesurée par des fibres optiques et par des sondes installées temporairement dans des tubes en acier de petit diamètre spécialement conçus pour être enfoncés dans le remblai, comme le montre la Figure 3.1.

Des résultats de mesures de température effectuées à l'aide de capteurs de température sont présentés à la Figure 3.2. Les températures peuvent également être mesurées dans les piézomètres ouverts et les puits de décharge, mais si le diamètre dépasse environ 70 mm, des courants de convection peuvent faire monter l'eau plus chaude, ce qui mélange l'eau dans la colonne, et pourrait nuire à la détection des variations de température du sol à différentes profondeurs. Un mélange similaire peut se produire lorsque les sondes de température sont relevées et abaissées pour prendre des mesures dans des piézomètres de n'importe quel diamètre. Des cordons de thermistances ou des tronçons de fibres optiques fixés dans les piézomètres et lus à partir d'une boîte de lecture en surface permettent de surmonter ces problèmes. Les installations de ce type laissées dans un barrage peuvent être lues régulièrement et utilisées pour la surveillance de routine.

Fig. 3.1
Enfoncement de tubes spécialement conçus pour mesurer la empérature dans un remblai (GTC Kappelmeyer)

3.4.3. *Thermometric methods*

3.4.3.1. Principle

For several decades thermometry has proved to be one of the most effective methods of detecting leaks within embankment dams. Johansson (1997, 2007) and Dornstadter and Heinemann (2012) explain how temperature can be used as a tracer for the in-situ detection of seepage flow. In-situ measurements provide data on actual conditions within the dam. The temperature of the soil in a dam, including the variation with depth to 30–40 m, can be measured by optic fibers and by driven-in small diameter steel probes, as shown in Figure 3.1.

The results of temperature measurements from temperature probes are shown in Figure 3.2. Temperatures can also be measured in the water column in standpipes and wells, but if the diameter exceeds about 70 mm convection currents cause warmer water to rise, thereby mixing the water in the water column, making it impossible to detect the variations in soil temperature at different horizons. Similar mixing may be caused when temperature probes are raised and lowered to take readings in standpipes of any diameter. Strings of thermistors or optic fibers fixed in position in standpipes and read from a read-out box at the surface may overcome these problems. Installations of this type left in a dam can be read regularly and used for routine monitoring.

Fig. 3.1
Driving small diameter probes for soil temperature measurement into an embankment
(Courtesy GTC Kappelmeyer)

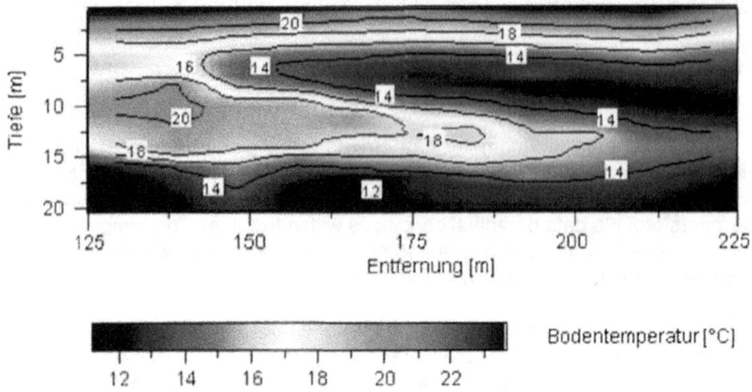

Fig. 3.2
Coupe verticale des températures mesurées dans un réseau de tubes

L'eau qui s'infiltre à travers les barrages affecte la température des sols qui s'y trouvent. La température de l'eau qui s'infiltre (advection) entraîne des changements, appelés anomalies, de la pénétration de la température dans le sol (conduction). La façon dont les anomalies mesurées en un point sont inversées en données d'infiltration a été expliquée d'abord par Kappelmeyer (1957), puis par Johansson (1991, 1997) et Dornstadter (1997). L'inversion est basée sur la vitesse à laquelle les effets de refroidissement ou de réchauffement de l'eau d'infiltration en écoulement refroidissent ou réchauffent le sol dans le barrage.

S'il n'y a pas de fuites à travers un barrage, le transfert de chaleur à l'intérieur de la digue est entièrement déterminé par conduction. L'écoulement de l'eau de la retenue à travers le barrage en remblai affecte le champ de température à proximité de la fuite. La présence d'un écoulement ajoute une advection au transfert de chaleur induit par l'écoulement, comme le résume l'équation ci-dessous :

$$C\frac{\partial T}{\partial t} + \underbrace{v_f . C_f \frac{\partial T}{\partial x}}_{advection} - \underbrace{\lambda \frac{\partial^2 T}{\partial x^2}}_{conduction} = 0$$

où T est la température [°C]; C, la capacité thermique volumique du sol [$J.m^{-3}.K^{-1}$]; C_f la capacité thermique volumique de l'eau [$J.m^{-3}.K^{-1}$]; λ la conductivité thermique [$W.m^{-1}.K^{-1}$] et v_f la vitesse d'écoulement [$m.s^{-1}$].

Au fur et à mesure que les fuites augmentent, le champ thermique est de plus en plus déterminé par l'advection et le transfert de chaleur par conduction se réduit et finit par devenir négligeable.

La technique thermométrique applique l'équation et identifie le débit de fuite dès que la vitesse des pores dépasse 10^{-7} m/s, une faible vitesse. Des mesures répétées périodiquement peuvent détecter des changements de zones d'infiltration et de vitesses de pores, peut-être à la suite d'un début d'érosion interne.

3.4.4. Détection des fuites : méthodes électriques

3.4.4.1. Polarisation spontanée

La méthode de polarisation spontanée (PS) mesure les potentiels électriques naturels à la surface du sol, qui représentent la partie superficielle du champ électrique modifié par l'écoulement des eaux souterraines (Revil et Boleve, 2007). Le champ électrique associé à l'écoulement de l'eau souterraine est appelé potentiel de courant. L'analyse du potentiel de courant peut être utilisée pour

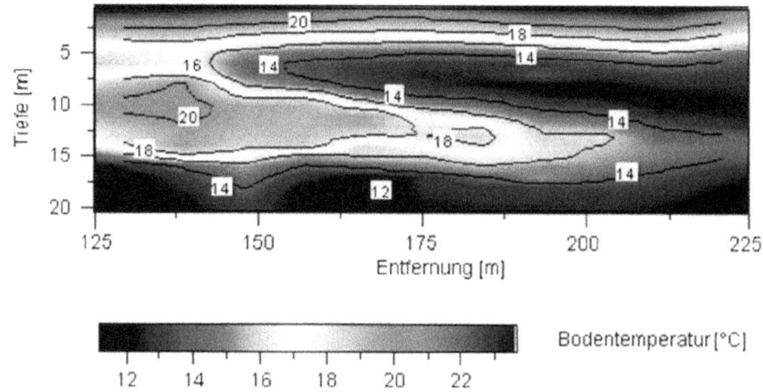

Fig. 3.2
Temperature distribution recorded from an array of temperature probes

Water seeping through dams affects the temperature of the soils in them. Variations in the temperature of seeping water cause changes, known as anomalies, in the temperature of the soil. How the measured anomalies at a point are inverted into seepage data was explained first by Kappelmeyer (1957) and subsequently by Dornstadter (1997) and Johansson (1991, 1997). The inversion is based on the rate at which the cooling or warming effects of the flowing seepage water cool or warm the soil in the dam.

If there are no leaks through a dam, heat transfer within the embankment is driven entirely by conduction. Water flow from the reservoir through the embankment dam affects the temperature field in the vicinity of the flow path. The presence of a flow adds advection to the heat transfer induced by the flow as summarized in the equation below:

$$C\frac{\partial T}{\partial t} + \underbrace{v_f.C_f\frac{\partial T}{\partial x}}_{advection} - \underbrace{\lambda\frac{\partial^2 T}{\partial x^2}}_{conduction} = 0$$

where T is temperature [°C]; C, the volumetric heat capacity of the bulk soil [$J.m^{-3}.K^{-1}$]; C_f the volumetric heat capacity of the water [$J.m^{-3}.K^{-1}$]; λ the heat conductivity [$W.m^{-1}.K^{-1}$] and v_f the flow velocity [$m.s^{-1}$].

As leakage increases, the thermal field is driven increasingly by advection and heat transfer by conduction reduces and eventually becomes negligible.

The thermometric technique applies the equation and identifies seepage flow as soon as pore velocities exceed 10^{-7} m/s, a low velocity. Repeating measurements periodically may show changes in seepage zones and pore velocities, perhaps as a result of the onset of internal erosion.

3.4.4. Leakage detection: electrical methods

3.4.4.1. Self-Potential (SP)

Self-potential signals are electrical potentials passively measured at the ground surface and are the electrical signature of ground water flow (Revil and Boleve, 2007). The electrical field associated with ground water flow is called the streaming potential. The analysis of streaming potential can be used to study groundwater flow, including leakage through dams. Revil and Boleve (2007) explain that inversion is the challenge to the use of the self-potential method and give references to

étudier l'écoulement des eaux souterraines, y compris les fuites à travers les barrages. Revil et Boleve (2007) expliquent que l'inversion est la clé de l'utilisation de la méthode de la polarisation spontanée et donnent des références d'articles sur la détection des fuites à travers les barrages et l'interprétation des signaux de polarisation spontanée en termes de vitesse d'infiltration. Un avantage de la méthode est qu'elle est non intrusive. Les électrodes peuvent être placées dans des barrages et sous l'eau. Boleve (2013) rapporte une étude SP le long de 12 km de canal avec des électrodes mobiles situées sur le talus du canal et tractées le long du lit du canal derrière un bateau.

Cette technique est très efficace pour détecter les entonnements et les exutoires des fuites. Cependant, elle est sensible aux influences électriques externes telles que les courants électriques vagabonds, les équipements en fer et les lignes de transmission.

3.4.4.2. Résistivité Magnétométrique (MMR)

La résistivité magnétométrique est une application particulière de la technologie électromagnétique à source contrôlée (CSEM). L'énergie électromagnétique est introduite dans la terre et les champs magnétiques générés sont mesurés sur l'eau ou à la surface du sol par un magnétomètre portable. Kofoed et al (2006, 2008), Smith et al (2009, 2012a) et Hughes (2010) donnent des détails sur la technique « Controlled Source - Audio Frequency Domain Magnetics (CS - AFDM) », commercialisée sous le nom « Willowstick », y compris des cas d'utilisation. La présence d'eau dans un barrage ou ses fondations génère de petites différences de champ magnétique sur de vastes zones et permet d'identifier avec précision, en plan et en profondeur, des zones d'écoulement potentiel importantes. Elle ne fournit pas d'informations sur la quantité, la vitesse ou la direction de l'écoulement. Il est difficile de détecter la composante verticale d'une fuite (par exemple, une fuite par remontée d'eau au fond d'un lac). Les résultats peuvent être affectés par des câbles enterrés et d'autres artefacts, mais Hughes (2010) décrit l'identification de karsts dans une roche karstique à 200 m de profondeur.

Smith et Cote (2011) font remarquer que les méthodes de détection des fuites ne détectent pas simultanément l'érosion interne. Pour qu'il y ait évidence d'érosion interne, il faut qu'il y ait non seulement un écoulement, mais aussi des matériaux érodables et des forces hydrauliques suffisantes pour amorcer et poursuivre l'érosion. Ils ont utilisé des données géotechniques pour identifier les zones potentiellement érodables et ont ensuite identifié les passages de fuite à l'intérieur de ces zones en utilisant un certain nombre de méthodes, y compris la méthode de résistivité magnétométrique (CS - ADFM) décrite par Kofoed et al (2006, 2008). Ils l'ont utilisée comme une méthode de détection globale des fuites pour identifier les principales voies de fuite, y compris les zones d'entonnement et d'exutoire sous l'eau, sur toute la longueur d'un vieux barrage avec un noyau d'argile et recharges en enrochement. Ils ont ensuite appliqué des méthodes de température actives et passives pour surveiller de près les fuites et les effets des travaux de réhabilitation.

3.4.4.3. Tomographie de résistivité ou panneaux électriques

La méthode des panneaux électriques est adaptée à la surveillance des barrages car elle est non destructive et facilement adaptable à la surveillance à long terme (Sjodahl et al, 2007). Elle utilise le fait que les matériaux de la terre ont une capacité différente pour conduire le courant électrique : la conductivité (ou son inverse la résistivité). La résistivité d'un barrage en remblai varie avec la saison. Cette variation dépend principalement de la teneur en eau, de la température et de la teneur en ions de l'eau d'infiltration et donc dépend en grande partie du niveau de la retenue et du débit d'infiltration. Si l'érosion se produit, les fines particules sont éliminées et cela affecte la résistivité de deux façons opposées. La porosité augmente, ce qui diminue la résistivité. La teneur en fines diminue ce qui augmente la résistivité. Donc à saison, température et niveau de retenue identiques, la résistivité varie dans le temps si l'érosion se produit. La résistivité peut être utilisée pour évaluer indirectement les débits d'infiltration en appliquant la relation entre la résistivité et la température. La comparaison des panneaux électriques entre retenue vide et retenue pleine renseigne sur la position des zones d'infiltration. Sjodahl et al (2011) décrivent l'utilisation de mesures répétées de la résistivité pour étudier les zones de fuite peu profondes dans un barrage. Fargier et al (2012) et Palma-Lopes et al (2012)

papers on the detection of leakage through dams and the interpretation of the resulting self-potential signals in terms of seepage velocity. An advantage of the method is that it is non-intrusive. The electrodes can be sited in dams and under water. Boleve (2013) reports a SP survey along 12 km of canal with moveable electrodes sited on the canal embankment and hauled along the canal bed behind a boat.

This technique is very effective for detecting the inlets and outlets of leaks. However, it is susceptible to external electrical influences such as natural electric currents, iron equipment and transmission lines.

3.4.4.2. Magnetometric Resistivity (MMR)

Magnometric resistivity is a particular application of Controlled Source Electromagnetic Technology (CSEM). Electromagnetic energy is introduced into the earth and the magnetic fields generated are measured over water or at the ground surface by a hand-held magnetometer. Kofoed et al (2006, 2008), Smith et al (2009, 2012a) and Hughes (2010) give details of the Controlled Source – Audio Frequency Domain Magnetics (CS – AFDM) technique, nicknamed Willowstick, including case histories of its use. The presence of water in a dam or its foundation generates small differences in magnetic field over wide areas and can identify substantial potential flow zones with accuracy in plan and depth. It does not provide information on flow quantity, velocity or direction. Detection of the vertical component of leakage (for example upwelling leakage at the bottom of a lake) is difficult. Results can be adversely affected by buried cables and other artifacts, but Hughes (2010) describes identifying the routes of solution tunnels in karstic rock at 200 m depth.

Smith and Cote (2011) make the point that leakage detection methods do not detect internal erosion. For internal erosion to occur there must be flow, but erodible materials must be present and the hydraulic forces must be sufficient to initiate and continue erosion. They used geotechnical data to identify potentially erodible zones and then identified leakage paths within them using a number of technologies, including the electromagnetic method (CS - ADFM) described by Kofoed et al (2006, 2008). They used it as a global leakage detection method to identify the main leakage routes, including entry areas and exit areas under water, through the entire length of an old dam with a clay core and rockfill shoulder. They then used active and passive temperature methods to closely monitor leakage and the effects of rehabilitation works.

3.4.4.3. Electrical Resistivity Tomography (ERT)

The resistivity method is convenient for dam monitoring as it is non-destructive and easily adapted for long-term monitoring (Sjodahl et al, 2007). It makes use of the fact that earth materials have different abilities to conduct electrical current. The resistivity in an embankment dam varies seasonally. The variation depends mainly on temperature and the ion content of the seepage water. Both vary seasonally, and the variation depends largely on the reservoir level and on the seepage flow. If erosion occurs fine particles are removed and this affects resistivity in two ways. The porosity increases, which decreases the resistivity. The reduction in fines content increases the resistivity. Resistivity will change seasonally and the seasonal changes will vary over time if erosion is occurring. Resistivity can be used to evaluate seepage flow rates indirectly by applying the relationship between resistivity and temperature. The comparison of the electrical panels between empty and full reservoirs provides information on the locations of the seepage zones. Sjodahl et al (2011) describe the use of repeated resistivity measurements to investigate shallow leakage zones in a dam. Fargier et

démontrent la possibilité de la détection d'un débit d'eau dans un remblai d'essai par l'amélioration des techniques d'imagerie de la résistivité. Cette méthode est particulièrement utile pour mesurer la vitesse d'infiltration dans le remblai par traçage d'un front de saumure avec plusieurs panneaux. La précision de la localisation des zones de changement diminue rapidement avec la profondeur.

3.4.4.4. Méthode acoustique

L'entonnement d'un écoulement turbulent est détecté par son bruit identifié soit à l'oreille par un opérateur expérimenté soit par le spectre de fréquence mesuré par un géophone placé à chaque point d'un maillage régulier, quelques dizaines de centimètres plus haut que la face amont du barrage et sa fondation.

Cette méthode est complémentaire de la polarisation spontanée, qui elle est efficace pour détecter des écoulements laminaires.

3.5. PERMEABILITE ET VITESSE IN-SITU

3.5.1. Comparaison de méthodes

Comme l'érosion interne est initiée par les forces hydrauliques, les propriétés hydrauliques des sols et des roches sont souvent requises. La perméabilité et la vitesse dans les pores sont nécessaires pour l'érosion de contact et l'érosion régressive sous un toit.

- La perméabilité est déterminée par des tests in situ dans des forages au fur et à mesure de leur avancement (3.5.2) ou dans des piézomètres (3.5.3).
- Dans les sols fins, elle peut également être déterminée à l'aide d'essais spécifiques tels que le piézocône et la diagraphie hydraulique (par mesure de la pression interstitielle à l'aide de céramique poreuse installée dans la pointe du cône pour, et mesures d'injection d'eau entre injecteur et détecteur pour enregistrer les caractéristiques hydrauliques, 3.5.4).
- La perméabilité doit être déterminée dans des sols saturés, ce qui entraîne des limitations dans la détermination de la perméabilité des remblais aval au-dessus de la surface phréatique actuelle. Dans les sols non saturés, il est possible de mesurer la perméabilité tous les 20 cm à l'aide du Perméafor (3.5.5).

Une autre difficulté liée à la perméabilité est qu'elle varie en fonction de la densité et de la contrainte effective (et donc augmente lorsque le niveau de l'eau monte et que les pressions interstitielles augmentent), et localement en fonction des variations locales de la taille des grains sur une petite zone.

Enfin, la perméabilité n'est pas le paramètre clé. Les forces hydrauliques causant l'érosion sont en fait générées par la vitesse d'écoulement dans les espaces poreux, et non par la vitesse de Darcy déterminée à partir des estimations de perméabilité (V, vitesse de Darcy (m/s) = k, perméabilité (m/s) * i, gradient hydraulique * surface d'écoulement (m^2)), qui suppose un écoulement uniforme à travers les grains et les espaces poreux. Cependant, les tests de perméabilité ne donnent pas la vitesse d'écoulement maximale, qui est le paramètre clé responsable dans la plupart des cas d'érosion interne.

al (2012) and Palma-Lopes et al (2012) describe proving and making improvements to electrical resistivity imaging techniques for detection of water flow in dams. This method is particularly useful for measuring the infiltration rate in the fill by tracing a brine front with several panels. The accuracy of the location of the change zones decreases rapidly with depth.

3.4.4.4. Acoustic method

The seepage is detected by the noise of seepage identified by its spectrum of frequency measured by a geophone placed at each point of a regular mesh, some dozens of centimeters higher than the upstream face of the dam and its foundation.

This method is complementary to the self-potential method, which is effective in detecting laminar flows.

3.5. IN-SITU PERMEABILITY AND VELOCITY

3.5.1. Comparison of methods

As internal erosion is initiated by hydraulic forces, the hydraulic properties of soils and rocks are often required. The permeability and pore velocity are required for contact erosion and backward erosion.

- Permeability is determined by in-situ tests in boreholes as they are progressed (3.5.2) or from piezometers (3.5.3).

- In fine soils, it can also be determined from specialist equipment such as the Piezo-cone and Hydraulic Profiling Tool (Cone Penetration Test equipment fitted with porous ceramic tips in the cone to take pore pressure measurements, and water injection blocks and pressure transducers to record hydraulic characteristics, 3.5.4).

- Permeability should be determined in saturated soils, and this leads to limitations on determining the permeability of downstream fills above the present phreatic surface. In unsaturated soils, measurement of permeability is possible every 20 cm using the Permeafor (3.5.5).

A further difficulty with permeability is that it varies with density and effective stress (and so increases as water level rises and pore pressures increase), and locally over small areas depending on local grain size variations.

Finally, the permeability is not the key parameter. The hydraulic forces causing erosion are actually generated by the velocity of flow in the pore spaces, not the Darcy velocity determined from permeability estimates (V, Darcy velocity (m/s) = k, permeability (m/s) * i, hydraulic gradient * area for flow (m^2)), which assumes uniform flow through both grains and pore spaces. However, permeability tests fail to give the maximum flow velocity, which is the key parameter responsible in most of the cases of internal erosion.

Les méthodes de traçage, comme le traçage à la saumure ou le traçage coloré, sont consacrées à la mesure de la vitesse maximale des pores, v_{MAX}, La vitesse des pores est supérieure à la vitesse de Darcy. Les deux sont liées par la porosité, n, v, vitesse des pores = V, vitesse de Darcy/n, porosité. La porosité dans les sols saturés (sous la surface phréatique dans les barrages) peut être déterminée à partir de la teneur en eau, w, et du poids spécifique des grains G.

3.5.2. Perméabilités mesurées à l'avancement des forages

La norme internationale ISO 22282 (2012) fournit des recommandations complètes sur les procédures permettant de déterminer la perméabilité du sol ou de la roche autour de trous de forage au fur et à mesure de leur avancement.

Il est important que le trou de forage soit tubé et que les pressions d'eau soient à l'équilibre avant de procéder aux tests. Les tests doivent être effectués dans des matériaux saturés, la perméabilité dans un sol non saturé est affectée par l'inclusion et la compressibilité de l'air, donnant généralement des estimations de perméabilité plus faibles que dans les sols saturés.

3.5.3. Perméabilité mesurée dans des piézomètres

Les propriétés hydrauliques des matériaux de fondation peuvent être déterminées à partir de piézomètres. Des essais de pompage peuvent également être utilisées.

La perméabilité peut être déterminée dans des piézomètres à tube vertical ou à double tube. Le test permet d'élever le niveau de l'eau dans le piézomètre et de le maintenir à un niveau constant, ou de mesurer la vitesse à laquelle le niveau de l'eau baisse. Les détails sont donnés dans la norme ISO 22282, parties 1 à 6 incluses (2012). Ces tests sont mieux adaptés aux sols à faible perméabilité car les quantités d'eau requises pour une perméabilité plus élevée rendent les tests ingérables. Le sable de la crépine doit être plus perméable que le sol environnant. Charles et al (1996) discutent des difficultés des tests de perméabilité in situ dans les piézomètres à tube vertical.

3.5.4. CPT, Piézocone et appareils de diagraphie hydraulique

Le pénétromètre à pointe électrique (CPT *Cone Penetration Test*) est une méthode de test in-situ largement utilisée. Un cône de dimension standard est poussé à une vitesse standard dans le sol à partir d'un camion ou d'un engin sur chenilles qui fournit la réaction. La charge enregistrée sur le cône fournit des informations sur plusieurs propriétés du sol. Les pointes comprennent généralement un élément en céramique poreuse (piézocône) et enregistrent la pression interstitielle pendant le test. On se reportera à Fell et al (2005) et Charles et al (1996) pour en savoir plus.

Un ajout plus récent est l'appareillage de diagraphie hydraulique, dans la pointe CPT- HPT, présentée dans la Figure 3.3. Cette version de la sonde CPT comprend un bloc d'injection d'eau et un capteur de pression pour enregistrer la réponse à la pression lorsque l'eau est injectée dans le sol, fournissant ainsi une signature hydraulique sur toute la profondeur du sol.

Tracing methods, like brine tracing or colored tracing, are devoted to measure the maximum pore velocity, v_{max}. The pore velocity is greater than the Darcy velocity, the two are related through the porosity, n, v, pore velocity = V, Darcy velocity/n, porosity. Porosity in saturated soils (below the phreatic surface in dams) can be determined from the water content, w, and specific gravity G.

3.5.2. Determining permeability as boreholes are advanced

International Standard ISO 22282 (2012) provides comprehensive guidance on the procedures to determine permeability of the soil or rock around boreholes as they are advanced.

It is important that the borehole is supported (cased) and that pore pressures are allowed to equalize before performing the tests. Tests should be performed in saturated materials, permeability in unsaturated soil is affected by the inclusion and compressibility of air, generally giving lower estimates of permeability than in saturated soils.

3.5.3. Determining permeability from piezometers

Hydraulic properties of foundation materials can be found from piezometers. Water well techniques can also be used.

Permeability can be determined in standpipe and twin-tube piezometers. The test raises the water level in the piezometer and maintains it at a constant level, or measures the rate at which the water level falls. Details are given in ISO 22282, Parts 1–6 inclusive (2012). The tests are best suited to lower permeability soils because the quantities of water required for higher permeability make the tests unmanageable. The sand in the sand pockets must be more permeable than the surrounding soil. Charles et al (1996) discuss the complexities of in-situ permeability tests in standpipe piezometers.

3.5.4. CPT, Piezo-cones and Hydraulic Profiling Tools

The CPT (Cone Penetration Test) is a widely used in-situ testing method. A cone of standard dimensions is pushed at a standard rate into the ground from a truck or crawler-mounted rig that provides the reaction. The load recorded on the tip provides information on several soil properties. The tips usually include a porous ceramic element (piezo-cone) and record pore pressures during the test. More is said about CPT in Fell et al (2005) and Charles et al (1996).

A more recent addition is the Hydraulic Profiling Tool, the HPT-CPT Probe, shown in Figure 3.3. This version of the CPT includes a water injection block and pressure transducer to record the pressure response as water is injected into the soil, thereby providing hydraulic properties throughout the depth of the soil.

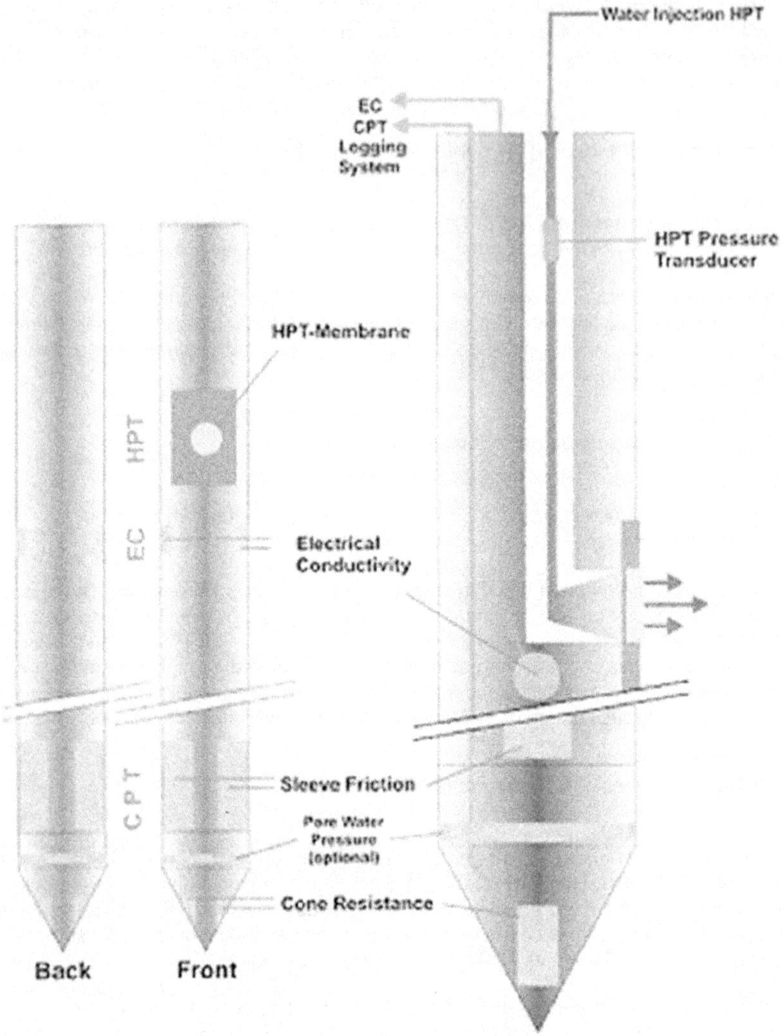

Fig. 3.3
Vue schématique du capteur du pénétromètre CPT- HPT (© Fugro)

Le CPT est précieux pour les études d'érosion interne dans les sols non plastiques où il est difficile de prélever des échantillons continus ou complets à partir des forages. Il fournit des informations supplémentaires sur les conditions du sol entre les forages. Il peut pénétrer à des profondeurs assez importantes, à condition qu'il n'y ait pas de gros graviers, de pierres et de roches.

Le CPT fournit les propriétés géotechniques du sol et les détails de la stratigraphie, le piézocône et la sonde HPT-CPT fournissent également des données de perméabilité. Les tests peuvent être effectués à intervalles fréquents et dans des couches minces, si nécessaire, ce qui permet d'obtenir des profils verticaux des sols presque continus.

Il existe de nombreuses corrélations entre la résistance du cône CPT et d'autres méthodes, telles que le SPT (tube de Shelby), qui sont essentielles dans les analyses de liquéfaction. Elsworth et Lee (2005, 2007) et Chai et al (2011) examinent l'estimation de la perméabilité et de la conductivité hydraulique à partir de sondages piézocone.

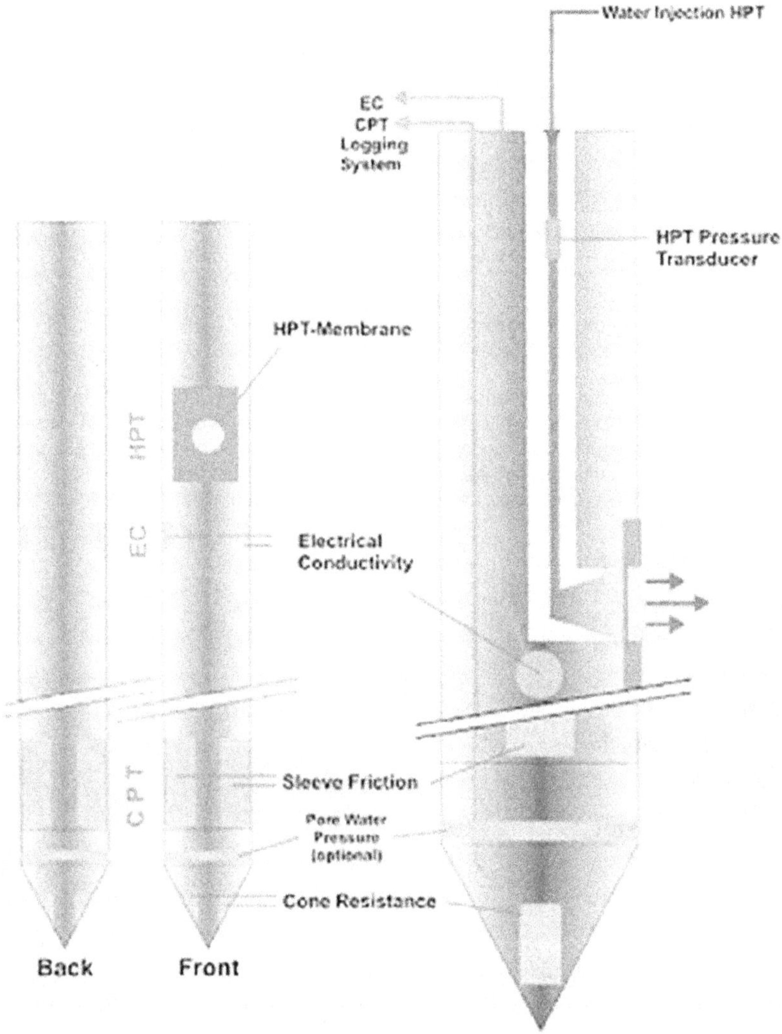

Fig. 3.3
Schematic view of the HPT-CPT Probe (courtesy of Fugro)

The CPT is valuable in internal erosion investigations in non-plastic soils from which it is difficult to take continuous or complete samples in boreholes. It provides additional information on ground conditions between boreholes. It can penetrate to considerable depths, provided that large gravels, stones and rocks are not present.

The CPT provides geotechnical soil properties and details of the stratigraphy, the piezo-cone and HPT-CPT probe also provide permeability data. Tests can be done at frequent intervals and in thin layers, if necessary, thus providing near continuous vertical profiles of soils.

There are many correlations of the CPT cone resistance with other methods, such as the Standard Penetration Test (Shelby tube), important in liquefaction analyses. Elsworth and Lee (2005, 2007) and Chai et al (2011) examine estimation of permeability and hydraulic conductivity from piezocone soundings.

Les reconnaissances avec le CPT doivent être effectuées par des entreprises spécialisées, et les résultats interprétés par des spécialistes. Cependant, il convient de noter que les spécialistes du CPT n'ont pas d'expérience dans les études d'érosion interne et que l'identification de tous les facteurs pertinents doit être soigneusement discutée avec les spécialistes, à la lumière des informations contenues dans le Bulletin, à la fois avant et après la réalisation des essais de CPT. Il faut veiller à remblayer soigneusement les trous du CPT une fois qu'ils sont terminés.

Les essais CPT peuvent faire référence aux normes ASTM D3441–05 Standard Test Method for Mechanical Cone Penetration Tests of Soil et ASTM D5778-07 Standard Test Method for Electronic Friction Cone and Piezocone Penetration Testing of Soils et ISO 22476-1. Geotechnical investigation and testing — Field testing — Part 1: Electrical cone and piezocone penetration test.

3.5.5. *Profil continu de débitance avec le Perméafor*

La pointe "Perméafor" mesurant en continu la perméabilité in situ présentée à la Figure 3.4 a été développée pour le sondage et l'analyse des digues dans les années 1980. L'objectif était de fournir un outil simple et robuste capable de fournir une compréhension qualitative des caractéristiques hydrauliques du sol. Le résultat attendu est un "log" quasi-continu illustrant la conductivité hydraulique in situ du sol, permettant d'évaluer la structure de la digue et d'identifier les fuites (Ursat, 1992, 1995).

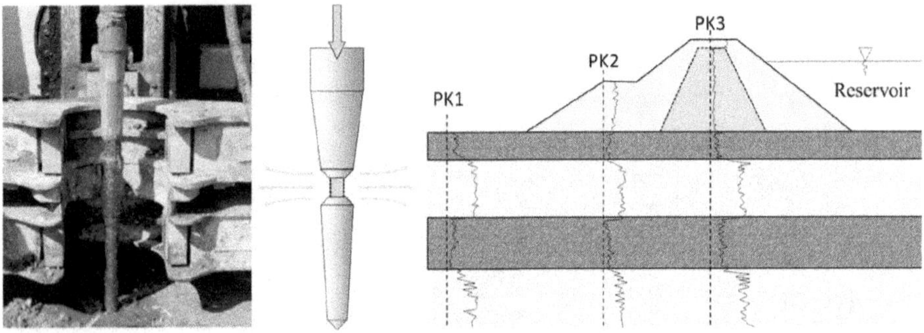

(a) (b) (c)

Fig. 3.4
(a) La pointe Perméafor pendant la phase préparatoire de l'essai, (b) schéma de la pointe et (c) résultat schématique attendu de trois relevés Perméafor sur un barrage en remblai en charge avec un noyau imperméable (modifié après Ursat, 1995)

3.5.5.2. Description de l'essai au Perméafor

Le profil de perméabilité est établi en enfonçant la pointe du Perméafor dans le sol à l'aide d'une machine de forage géotechnique classique avec marteau hydraulique et en effectuant des tests d'injection d'eau à différentes profondeurs, le pas dépendant des types de sol et de l'objectif de l'étude, un espacement de 20 cm est très souvent utilisé. À chaque profondeur, un test d'eau est effectué en appliquant une charge hydraulique constante "H" au tubage en acier blindé pendant une période de 10 à 30 secondes (Fargier et al., 2013; Reiffsteck, 2009).

D'un point de vue pratique, la charge hydraulique (en amont du système hydraulique) est imposée par une pompe régulée au moyen d'une balance électrostatique. Il est à noter que l'étalonnage préalable est effectué avant les essais pour corriger la perte de charge dans le circuit d'injection.

CPT investigations should be carried out by specialist contractors, and the results interpreted by specialists. However, it should be noted that CPT specialists will not be experienced in internal erosion investigations and identification of all the relevant factors should be carefully discussed with specialists, in the light of the information in the Bulletin, both before and after carrying out CPT investigations. Care should be taken to backfill CPT holes carefully on completion.

CPT tests are dealt with in ASTM D3441–05 Standard Test Method for Mechanical Cone Penetration Tests of Soil and ASTM D5778-07 Standard Test Method for Electronic Friction Cone and Piezocone Penetration Testing of Soils and ISO 22476-1. Geotechnical investigation and testing — Field testing — Part 1: Electrical cone and piezocone penetration test.

3.5.5. Permeafor in-situ permeability profiling tool

The "Permeafor" in- situ permeability profiling tool shown in Figure 3.4 was developed for the sounding and analysis of dikes and dam structures in the 1980s. The objective was to provide a simple and robust tool capable of providing a qualitative understanding of the hydraulic characteristics of the soil. The expected result is a quasi-continuous "log" illustrating the in-situ hydraulic conductivity of the soil allowing the assessment of the dike structure and identifying leaks (Ursat, 1992, 1995).

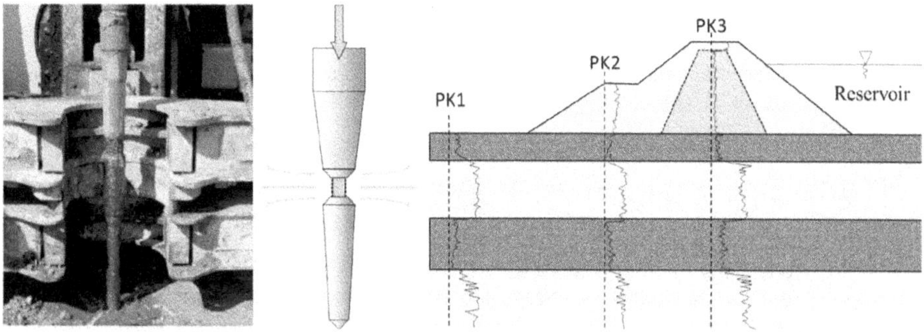

(a) (b) (c)

Fig. 3.4
(a) The Perméafor tip during the preparatory phase of the test, (b) scheme of the tip and (c) schematic result expected from three Perméafor surveys on an embankment dam in head condition with an impervious core (modified after Ursat, 1995)

3.5.5.2. Description of the Permeafor test

The permeability profile is taken by driving the Permeafor tip into the ground using a conventional geotechnical drilling machine with hydraulic hammer and performing water injection tests at different depths, the spacing depending on the soil types and the purpose of the study, a 20 cm spacing is often used. At each depth a water test is performed by applying a constant hydraulic head "H" at the screened steel casing over a period of 10 to 30 seconds (Fargier et al., 2013; Reiffsteck, 2009).

From a practical point of view, the hydraulic head (upstream of the hydraulic system) is imposed by a pump through calibrated weights. It should be noted that the calibration is performed prior to the tests to overcome the head loss in the hydraulic system.

Enfin, pour chaque essai, le débit d'injection d'eau "Q" est mesuré par un débitmètre pendant la totalité de chaque durée d'injection. Les résultats présentent ainsi l'évolution fonction de la profondeur croissante du forage du rapport entre le débit injecté "Q" et la charge hydraulique "H" au niveau du tubage en acier blindé, ou f (z) = Q / H.

$$Q = \frac{2.\pi.\frac{L}{D}}{\ln\left(\frac{L}{D}+\sqrt{\frac{L^2}{D^2}+1}\right)}.K.H'.D$$

L'application de la formule classique reliant le débit Q et la charge H' corrigée dans les essais Lefranc permet théoriquement de quantifier la perméabilité K en m/s des horizons traversés à partir du rapport Q/H' :

En théorie, la perméabilité est proportionnelle à la débitance Q/H' :

$k=\alpha.(Q/H')$

avec une valeur de α = 2,8 pour L/D = 1 et D = 0,05 m. En réalité les comparaisons avec des essais Lefranc et des essais de laboratoire trouvent une valeur moyenne de α = 2,3 pour les sables et limons et une valeur égale à 1 pour les graves.

Les résultats montrent également un profil du temps nécessaire pour faire avancer le trou de forage par paliers de 20 cm, afin de donner une indication qualitative de la compacité du matériau testé (Ursat, 1992).

3.5.5.3. Valeur ajoutée du test

En théorie, l'essai au Perméafor pourrait être comparé à d'autres tests de perméabilité tels que l'essai Lefranc de perméabilité à charge constante, par exemple la norme ISO 22282 partie 2 (2012). Cependant, les tests d'injection classiques diffèrent parce qu'ils nécessitent un trou de forage et des obturateurs pour assurer l'étanchéité. La conception conique très spéciale de la pointe Perméafor [brevet n° 15 900] optimise l'étanchéité autour du boîtier et réduit ainsi les limitations précédentes.

L'objectif premier et le grand avantage du test d'injection Perméafor est de détecter les zones d'érosion de contact qui ne sont autres que les interfaces entre limon et grave.

Le test ne fournit pas une valeur précise de la conductivité hydraulique. Il s'agit de décrire, qualitativement, mais avec une résolution verticale bien définie, la conductivité hydraulique sur la profondeur du trou de forage. Il devrait compléter d'autres tests plus "quantitatifs" sur l'eau

La différence avec les autres essais de perméabilité, notamment les essais Lefranc concerne le rayon d'investigation réduit de l'essai Perméafor (ISO 22282-Partie 1). La mesure Perméafor est représentative d'un volume relativement faible à proximité de la crépine (Fargier et al., 2013). Ce petit volume est fonction de la taille de la grille (environ 5 cm de hauteur), de la durée du test (5 à 30 secondes) et de l'environnement évalué. Le faible rayon d'influence (1 à 10 cm) limite la durée du test et augmente la résolution verticale. C'est pourquoi le Perméafor peut être décrit comme un test à haut rendement (40 mètres linéaires/jour) par rapport aux tests de perméabilité plus conventionnels.

Finally, for each individual water test, the water injection flow "Q" is measured by a flow meter during the totality of each injection time. The results thus present the change with increasing depth of the borehole of the ratio between the injected flow "Q" and hydraulic head "H" at the screened steel casing, or f (z) = Q / H.

$$Q = \frac{2.\pi.\frac{L}{D}}{\ln\left(\frac{L}{D}+\sqrt{\frac{L^2}{D^2}+1}\right)}.K.H'.D$$

The application of the classical formula linking the flow rate Q and the corrected load H' in the Lefranc tests theoretically makes it possible to quantify the permeability K in m/s of the horizons crossed from the ratio Q/H':

In theory, the permeability is proportional to the flow rate Q/H':

$k=\alpha.(Q/H')$

with a value of α = 2.8 for L/D = 1 and D = 0.05 m. In fact, comparisons with Lefranc tests and laboratory tests find an average value of α = 2.3 for sands and silts and a value equal to 1 for gravel.

The results also show a profile of the time to advance the borehole by each 20 cm stage, to give a qualitative indication of the compactness of probed material (Ursat, 1992).

3.5.5.3. Added value of the test

In theory, the Permeafor test could be compared to other permeameter tests such as the Lefranc constant head permeability test e.g., ISO 22282 Part 2 (2012). However, conventional injection tests differ because they necessitate a drill hole and packers to ensure the sealing. The very special conic design of the Permeafor tip [Patent No. 15,900] optimizes the sealing around the casing and thus reduces previous limitations.

The primary objective of the Permeafor injection test is to detect areas of contact erosion that are usually at the interfaces between silt and gravel.

It does not to provide a precise value of the hydraulic conductivity. It describes, qualitatively, but with well-defined vertical resolution, the hydraulic conductivity over the depth of the borehole. It should complement other more "quantitative" water tests.

The difference with other permeability tests, in particular the Lefranc tests, is the reduced radius of investigation of the Permeafor test (ISO 22282-Part 1). The Permeafor measurement is representative of a relatively small volume close to the strainer/screened casing (Fargier et al., 2013). This small volume is a function of the size of the screen (about 5 cm in height), the duration of the test (5 to 30 seconds) and the assessed environment. The low radius of influence (1–10 cm) limits the duration of the test and increases the vertical resolution. That is why the Permeafor test can be described as a high output test (40 linear meters/day) compared with more conventional permeameter tests.

3.5.5.4. Limites & perspectives

Tout d'abord, il convient de noter que du fait du protocole de mesure, le rapport Q/H' est généralement plafonné à une valeur comprise entre 5.E-7 et 5.E-3 m²/s, et une conductivité hydraulique entre 1.E-6< k <5.E-3 m/s. Le seuil minimum vient du fait que la période d'injection d'eau est parfois trop courte (dans l'argile par exemple) pour injecter suffisamment d'eau pour mesurer la quantité avec précision. Le seuil maximum vient du fait qu'un débit important dans des matériaux plus perméables entraîne une perte de charge d'eau limitant la précision de la mesure et l'analyse des résultats.

Deuxièmement, le processus de forage entraîne un lissage de la paroi du trou de forage, ce qui réduit généralement la perméabilité de la couche de surface, ce qui fait que la perméabilité mesurée est inférieure à la perméabilité locale "générale" réelle. Dans les strates dures, la profondeur à laquelle les mesures Perméafor peuvent être effectuées est limitée par la capacité de forage de la machine et la fissuration du sol. En outre, les essais Perméafor dans des trous pré-percés sont difficiles, en particulier dans les matériaux très grossiers, par exemple.

L'anisotropie de la perméabilité a un effet sur la mesure et son interprétation qui n'est pas prise en compte. La configuration actuelle de l'équipement mesure le flux horizontal et donne donc une indication de la composante horizontale de la perméabilité uniquement. Cependant, une nouvelle pointe avec un double système d'injection (nécessitant une nouvelle unité Perméafor) a été développée pour mesurer à la même profondeur la composante verticale et horizontale de la conductivité hydraulique. La Figure 3.5 illustre cette nouvelle pointe.

Les résultats qualitatifs des tests Perméafor indiquent que ce test devrait être utilisé pour compléter d'autres tests plus quantitatifs d'injection d'eau. Certaines recherches récentes (Reiffsteck, 2009) ont également montré que l'ajout d'une pointe CPTu et d'une double injection au Perméafor (Robertson, 2009) peut aider à identifier le sol traversé et à améliorer la quantification de l'anisotropie de la perméabilité.

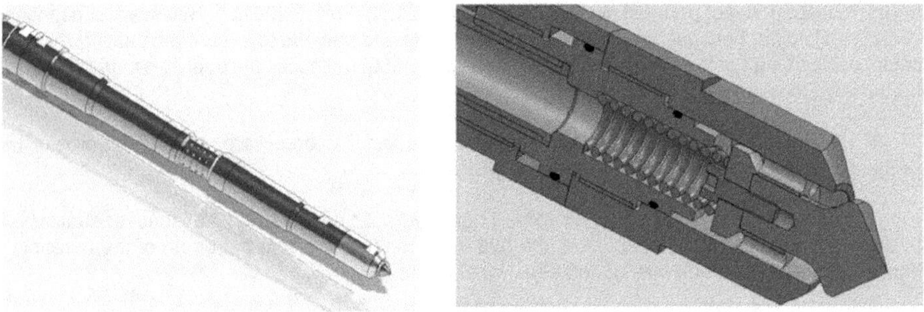

(a) (b)

Fig. 3.5
Nouvelle double pointe d'injection avec (a) les parties d'injection verticale et horizontale et (b) un zoom sur la partie d'injection verticale

3.5.5.5. Conclusion

Le test Perméafor est un outil pertinent pour l'évaluation des levées, des digues et des barrages et pour la détection des zones propices à une érosion de contact. La diagraphie de la perméabilité obtenue par le Perméafor, complétée par d'autres tests de perméabilité, élargit efficacement les informations sur les passages possibles des fuites. Par exemple, cette méthode peut être utilisée sans obturateur ni pré-perçage et donne un profilage quasi continu de la perméabilité. De récentes améliorations, notamment la double pointe d'injection et l'utilisation de la pointe CPTu, devraient permettre une meilleure quantification de la perméabilité et de son anisotropie.

3.5.5.4. Limitations & outlook

First of all, it should be noted that due to the measurement protocol, the Q/H ratio is usually capped at a value between 5E-07 and 5E-03 m²/s, and a hydraulic conductivity k between 1E-06 and 1E-03 m/s. The minimum threshold comes from the fact that the period of water injection is sometimes too short (in clay for example) to inject sufficient water to measure the quantity accurately. The maximum threshold comes from the fact that substantial flow in more permeable materials leads to loss of water head limiting the accuracy of the measurement and the analysis of the results.

Second, the drilling process causes smoothing of the borehole wall, usually reducing the permeability of the surface layer, resulting in the measured permeability being lower than the actual 'general' local permeability. In hard strata the depth to which Permeafor measurements can be taken may be limited by the capacity of the drilling machine. Moreover, Permeafor testing in pre-drilled holes is difficult, particularly in very coarse material, for example.

The anisotropy of permeability has an effect on the measurement and its interpretation that is not taken into account. The current equipment configuration measures the horizontal flow and thereby gives an indication of the horizontal component of permeability only. However, a new tip with a double injection system (necessitating a new Permeafor unit) has been developed to measure at the same depth both the vertical and horizontal component of the hydraulic conductivity. Figure 3.5 illustrates this new tip.

The qualitative results of Permeafor tests indicate that this test should be used to complement other more quantitative water injection tests. Some recent researches (Reiffsteck, 2009) have also shown that the use of a CPTu tip (Robertson, 2009) can help in processing the information and help to quantify the result of the Permeafor permeability tests by correlation with an internal database.

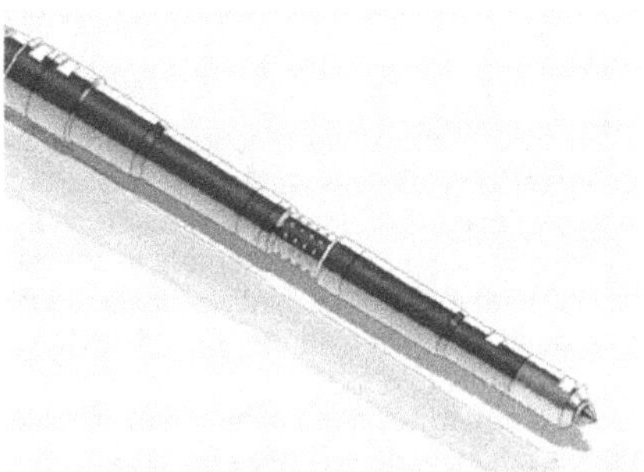

(a)

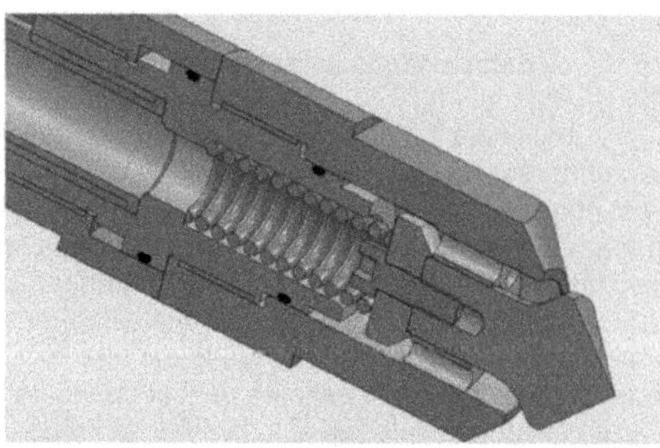

(b)

Fig. 3.5
shows the new double injection tip with (a) the vertical and horizontal injection parts and (b) a zoom on the vertical injection part

3.5.5.5. Conclusion

The Permeafor test is a relevant tool for the assessment of levees, dikes and dams and for the detection of detection of zones susceptible to contact erosion. The Permeafor results, particularly when calibrated against other permeameter tests, effectively complement and expand the information on permeability across a site. For example, this method can be used without packers and pre-drilling and gives a quasi-continuous profiling log of the permeability. Recent improvements including the double injection tip and the use of the CPTu tip should allow a better quantification of the permeability and its anisotropy.

3.5.6. *Traçage à la saumure entre panneaux électriques*

3.5.6.1. Principes généraux des panneaux électriques

Le panneau électrique est une méthode de prospection géophysique basée sur des mesures de la résistivité du sous-sol peu profond pour différentes profondeurs à l'aide d'électrodes enfoncées directement dans le sol. On utilise un système à 4 électrodes composé de 2 électrodes d'injection (A et B) et de 2 électrodes de mesure (M et N). Un courant I est injecté entre A et B et le potentiel induit V est mesuré entre M et N. Le quadripôle de mesure est élargi pour augmenter la profondeur d'investigation en combinant les différentes électrodes du panneau pour créer de nouveaux dispositifs. La valeur mesurée est décalée par rapport au quadripôle précédent de plus petite taille. Les mesures prises aux extrémités du panneau sont situées sur une diagonale dont l'extrémité inférieure correspond à la profondeur d'investigation maximale.

3.5.6.2. Le système d'acquisition et d'interprétation

Le système d'injection de courant et d'acquisition de données utilisé est le système multi-électrodes associé à un résistivimètre. Le dispositif comprend 24 à 48 électrodes, voire plus, avec un espacement de 2,50 m. La configuration d'acquisition utilisée est de type dipôle-dipôle, ce qui offre une bonne définition des variations de la résistivité. Les fichiers de données sont transférés et convertis pour être traités par un processus d'inversion utilisant le logiciel RES2DINV développé par Loke (par exemple Loke et al, 2003).

3.5.6.3. Le traçage à la saumure

La méthodologie utilisée est la suivante :

Plusieurs panneaux sont installés parallèles à l'axe du barrage, un le long de la crête et les autres sur les bermes des parements non revêtus. Avant l'injection de saumure, une mesure 0 est effectuée sur chaque panneau électrique afin d'obtenir l'état initial des résistivités de chaque panneau. L'eau salée est injectée au fond de la retenue dans les zones d'entonnement suspectées avec un système permettant une injection dans le fond du réservoir et en quantités basées sur la surface d'infiltration déduite des résultats des mesures de polarisation spontanée. En même temps, la mesure des panneaux électriques est effectuée, suivant un protocole et un rythme prédéfinis, qui dépendent de la vitesse estimée du flux de sel dans le sol. Le traitement des données est effectué à la fin de chaque acquisition afin de détecter immédiatement le passage de la face salée. Des mesures de conductivité des eaux de fuites sont enregistrées en continu pour confronter les temps de sortie de l'eau saumâtre avec les panneaux électriques. Des mesures de température de l'eau et du sol à proximité du barrage sont effectuées toutes les heures pendant toute la durée de l'exploitation afin de corriger les résultats aux variations de résistivité et de température, si nécessaire.

3.5.6.4. Analyse des résultats

L'analyse différentielle des résistivités apparentes obtenues pour chaque panneau par rapport à la mesure initiale est essentielle pour le traitement des données. Pour chaque quadripôle, la différence de résistivité apparente entre la référence et la mesure en cours est calculée. Cette méthode permet de détecter les faibles variations de résistivité qui caractérisent souvent la circulation de la saumure et qui n'apparaîtraient pas sur les sections inversées car elles seraient lissées par le traitement (Figure 3.6).

3.5.6. Brine tracing test with electrical panel

3.5.6.1. General principles of electrical panel

The electrical panel is a geophysical prospecting method based on measures of earth resistivity in shallow subsurface for various depths using electrodes grounded directly in the soil. One uses a 4-electrodes system consisting of 2 injecting electrodes (A and B) and 2 measuring electrodes (M and N). A current I is injected between A and B and the induced potential V is measured between M and N. The quadripole of measurement is widened to increase the depth of investigation by combining the various electrodes of the panel to create new devices. The measured value is shifted compared to the preceding quadripole of smaller size. The measurements taken at the ends of the panel are located on a diagonal whose lower end corresponds to the depth of maximum investigation.

3.5.6.2. Acquisition device and data processing

The system of injection of current injection and data acquisition used is the multi-electrode system associated to a resistivimeter. The device includes 24 to 48 electrodes, or even more, with a 2.50 m spacing. The acquisition configuration used is of the Dipole-Dipole type, which offers a good definition for the variations of resistivity. The data files are transferred and converted to be treated by an inversion process using the RES2DINV software developed by Loke (e.g., Loke et al, 2003).

3.5.6.3. Brine tracing procedure

The methodology used is as follows:

Several panels are installed parallel to the axis of the dam, one along the crest and the others on the berms. Before the brine injection, an electrical panel measurement is completed to provide baseline reference data. The brine is injected into the reservoir at the suspected infiltration zones with a system allowing injections in the bottom of reservoir and in quantities based on the results of self-potential measurements. At the same time, the measurement of the electrical panels carried out, following to a predefined protocol and rhythm which depends on the speed of the brine through the ground. Data treatment is carried out at the end of each measurement in order to immediately detect the passage of the salted face. Temperature measurements of water and ground near the dam are taken every hour throughout the operation in order to correlate the results to variations of resistivity and temperature, if necessary.

3.5.6.4. Analysis of results

The differential analysis of the apparent resistivities obtained for each panel compared to the initial measurement is essential for data processing. For each quadripole the difference in apparent resistivity between the reference and the concerned panel is calculated. This method makes it possible to detect he weak resistivity variations which often characterize the circulation of the brine and which would not appear on the inversed sections because they will be smoothed by the treatment (Figure 3.6).

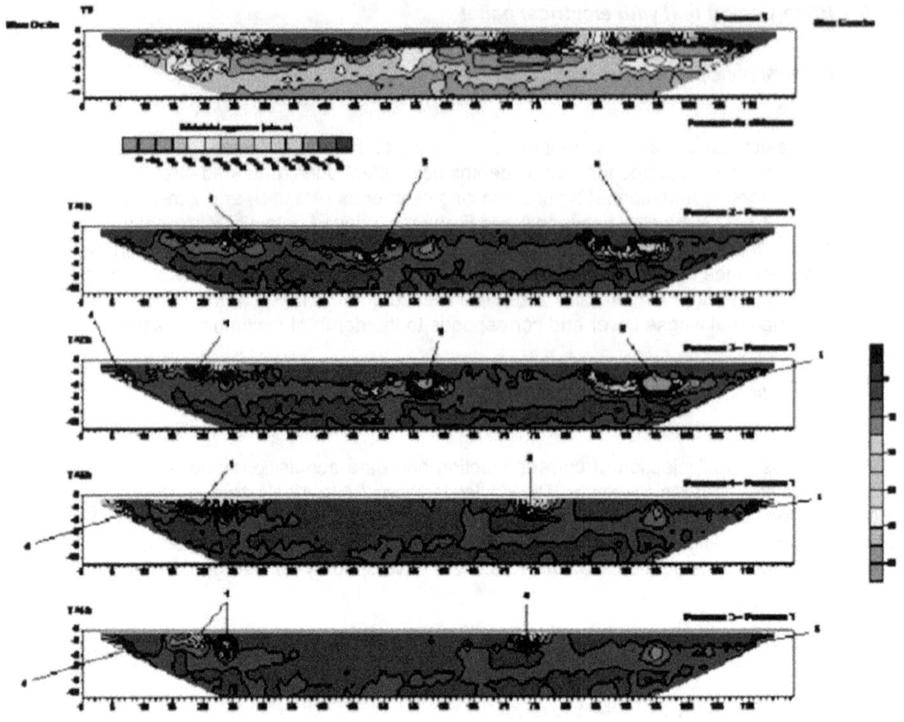

Fig. 3.6

Exemple de passages de saumure par soustraction de la résistivité mesurées à pas de temps constant à la résistivité initiale

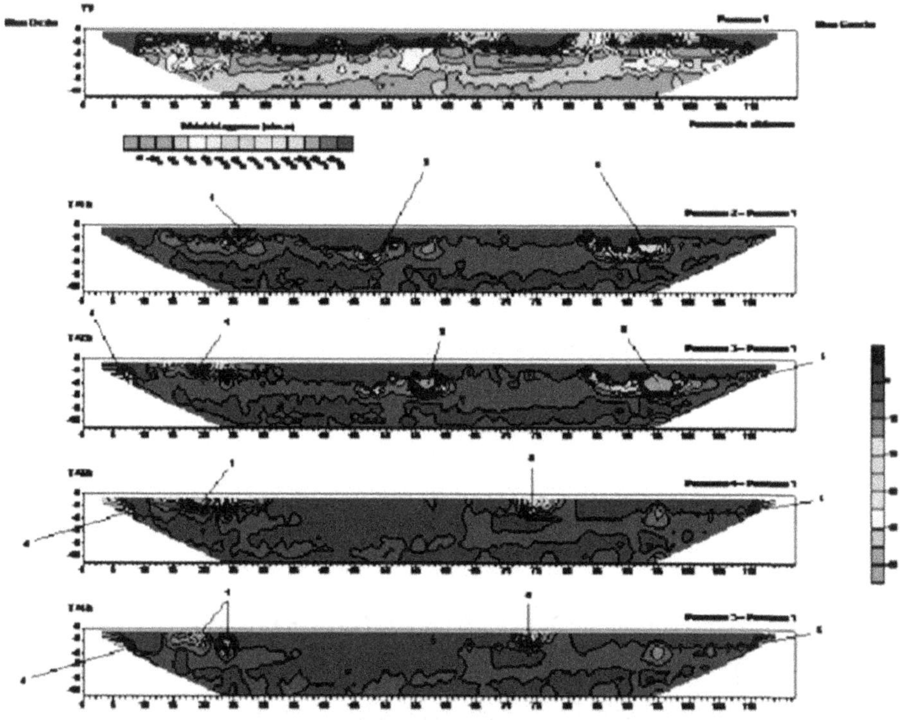

Fig. 3.6
Example of differential analysis of resistivity

4. ESSAIS DE LABORATOIRE

4.1. INTRODUCTION

Dans le contexte de l'érosion interne des barrages en exploitation, la plupart des données concernant les propriétés des sols du barrage et des fondations doivent être déterminées par des essais in-situ et des prises d'échantillons spécialisées, comme décrit au chapitre 3.

Ce chapitre décrit les tests de laboratoire pour déterminer les propriétés du sol pertinentes pour l'érosion interne, à savoir :

- tests pour fournir des données pour les analyses de la mécanique d'initiation des quatre mécanismes d'érosion interne;
- tests pour déterminer la capacité de filtration des matériaux de remplissage et de fondation à retenir lors de l'application du "concept de domaines de filtration" de Foster et Fell (2001).

4.2. ÉROSION DE CONDUIT: MESURES DE LA CONTRAINTE CRITIQUE (T_C) ET DU COÉFFICIENT D'ÉROSION (C_E)

La contrainte de cisaillement, appliquée par un écoulement préférentiel sur les parois (fissures et ouvertures) qu'il traverse, peut être estimée à l'aide de formules du type de celles indiquées en 3.3.3 du Volume 1, également en Point 1 de la section 1.4 de ce volume 2. La capacité du sol à résister à l'application de cette contrainte de cisaillement peut être définie à partir de la contrainte de cisaillement critique (t_c) à laquelle l'érosion commence et du coefficient d'érosion (C_e) (section 3.3.4, Volume 1). Le coefficient d'érosion (C_e) mesure la vitesse d'érosion en fonction de la contrainte de cisaillement appliquée comme suit :

$\varepsilon = C_e\,(\tau - \tau_c)$ où: $\varepsilon^\bullet$ est la masse érodée par unité de surface

τ est la contrainte de cisaillement exercée par l'écoulement

τ_c est la contrainte critique ou seuil d'initiation de l'érosion

Les premières estimations de la vitesse d'érosion ε et de la contrainte de cisaillement critique t_c figurent dans les tableaux 9,10 et 11 (3.3, 3.4 et 3.5 du prétirage) de la section 3.3.4 du Volume 1. Étant donné les incertitudes quant à l'emplacement et aux dimensions des fissures et des ouvertures par lesquelles une érosion concentrée par fuite peut se produire (voir la section 3.3.2 du Volume 1), les informations de ces tableaux peuvent être considérées comme suffisantes. Si des données plus précises sont nécessaires, pour confirmer qu'une couche particulière de sol est résistante, par exemple, les paramètres doivent être déterminés à partir d'une série d'essais d'érosion de conduit (HET) ou d'essais d'érosion par jet (JET), qui sont décrits ci-dessous.

L'essai d'érosion de conduit convient aux sols contenant des particules fines plastiques et non plastiques (sols argileux et limoneux) qui maintiendront une ouverture lorsqu'ils seront mouillés pendant l'essai. Il constitue donc un bon "modèle" pour la plupart des circonstances dans lesquelles des fuites concentrées peuvent se produire.

Toutefois, il existe des situations où tout sol fin peut être fissuré, par exemple dans les remblais ou les sols soumis à des fissures de dessiccation, résultat du séchage et du retrait, dans lesquelles les fissures sont maintenues ouvertes par succion, pression interstitielle négative; ou des fissures

4. LABORATORY TESTS

4.1. INTRODUCTION

In the context of internal erosion in existing dams much of the data about the properties of the soils in the dam and foundation must be determined by in-situ testing and specialist sampling, as described in Chapter 3.

This chapter describes laboratory tests to determine soil properties relevant to internal erosion, as follows:

- Tests to provide data for analyses of the mechanics of initiation of the four internal erosion mechanisms
- Tests to examine the filtering capability of fill and foundation materials to be applied when using the 'filter erosion boundaries concept'

4.2. CONCENTRATED LEAK EROSION: TESTS TO DETERMINE CRITICAL SHEAR STRESS (T_C) AND COEFFICIENT OF EROSION (C_E)

The shear stress applied to the walls of concentrated leaks (cracks and openings) by water flowing through them can be estimated using formulae of the type given in Section 3.3.3 of Volume 1, also in Point 1 (Section 1.4 in the Volume 2). The ability of the soil in the walls of the openings to resist the applied shear stress can be determined from the Critical Shear Stress (C_c) at which erosion initiates and the Coefficient of Erosion (C_e) (Section 3.3.4, Volume 1). The Coefficient of Erosion (C_e) is derived from the erosion rate and the applied shear stress as follows:

$\varepsilon = C_e\ (t - t_c)$ where: $\varepsilon^{\bullet}$ is the erosion rate per unit area

τ is the shear stress

τ_c is the Critical Shear Stress for initiation of erosion

First estimates of the erosion rate $\varepsilon^{\bullet}$ and the critical shear stress (τ_c) can be found from Tables 9, 10, 11 (Tables 3.3, 3.4 and 3.5 in preprints) in Section 3.3.4 of Volume 1. Given the uncertainties of the location and dimensions of cracks and openings through which concentrated leak erosion may occur (see Section 3.3.2 in Volume 1), the information in these tables may be sufficient. If more definite data is required, to confirm that a particular soil layer is resistant, for example, the parameters should be determined from a series of Hole Erosion Tests (HET) or Jet Erosion Tests (JET), which are described below.

The Hole Erosion Test is suitable for soils containing plastic and non-plastic fines (clayey and silty soils) which will sustain an opening when wetted during the test. It is thus a good 'model' for most circumstances in which concentrated leaks may occur.

However, cracks can open in fine soils in some circumstances, for example, in fill or soil subject to desiccation cracking, the result of drying and shrinkage, in which the cracks are held open by suction, negative pore pressure; or cracks formed by hydraulic fracture when the pore pressure (u) exceeds the minimum principal total stress (σ_3). The Jet Erosion Test, originally developed for studies

formées par fracturation hydraulique lorsque la pression des pores (u) dépasse la contrainte totale principale minimale (σ_3). L'essai d'érosion par jet, développé à l'origine pour les études de l'érosion des sols de surface en agriculture, convient aux sols qui ne se prêtent pas à l'essai d'érosion par trou.

La section 3.3.4 du Volume 1 explique que la contrainte critique de cisaillement τ_c peut également être définie en utilisant la méthode de Bonelli et al (2007) et de Bonelli et Brivois (2008). Elle explique également que Marot et al (2011) ont constaté que les méthodes utilisées pour calculer les résultats des tests HET et JET aboutissaient à des différences marquées de valeur de la contrainte de cisaillement critique t_c. Ils ont donc appliqué une méthode énergétique pour définir un indice de résistance à l'érosion et une classification de la résistance à l'érosion de surface qui a réduit les écarts de résultats de ces deux tests.

Regazzoni et Marot (2011) ont étudié l'essai d'érosion par jet et Regazzoni et Marot (2013) ont fait une étude comparative des tests d'interface. Marot et al (2014a) ont de nouveau utilisé l'approche énergétique pour examiner la sensibilité à l'érosion des sols cohésifs compactés, et ont de nouveau constaté que les sols compactés côté sec de l'optimum sont plus érodables que ceux compactés côté humide de l'optimum.

Briaud et al. (2019) ont fait un tour d'horizon complet de près de 1000 résultats de tests d'érosion - dont environ 250 nouveaux tests pour combler les lacunes - couvrant une large gamme de matériaux allant de très érodables à difficilement érodables. Tous les dispositifs d'essai connus sont décrits, mais les résultats des essais se concentrent sur le HET, le JET et l'EFA (*Erosion Function Apparatus*).

Mercier et al (2014a, 2014b) ont utilisé la modélisation numérique CFD (*Computational Fluid Dynamics*) pour examiner les processus hydrauliques pendant les essais HET et JET et ont obtenu des résultats proches de ceux des essais en laboratoire.

Bahmani et al. (2021) ont utilisé la CFD pour comparer les valeurs des contraintes de cisaillement obtenues dans différents types d'essais, notamment HET, JET, EFA et BET (*Borehole Erosion Test*).

4.2.1. HET essai d'érosion de conduit

4.2.1.1. Introduction

L'essai d'érosion de trou, appelé « Hole Erosion Test » ou HET a été développé pour reproduire en laboratoire l'érosion de conduit, en s'inspirant en partie du Pinhole Test (Sherard et al, 1976), qui identifiait la classe de dispersivité, afin de quantifier la résistance et la cinétique de l'érosion (Lefebvre et al., 1985; Rohan et al., 1986; Wan and Fell 2004a, 2004b; Benahmed and Bonelli 2007, 2012a, b; Benahmed et al., 2012, 2013; Bonelli et al., 2009, 2013; Chevalier et al., 2010; Haghighi et al., 2013). Le HET reproduit l'érosion de conduit qui apparait dans les défauts tels que les fissures provoquées par tassement différentiel ou claquage hydraulique, ouverture de joint entre deux matériaux différents, conduits de racines ou de fouisseurs, etc. Il permet la détermination de la résistance à l'érosion appelée contrainte critique, au-delà laquelle l'érosion s'initie et le coefficient d'érosion qui mesure la vitesse d'érosion.

L'érosion interne initiée par les défauts des barrages et des digues est la plus dangereuse, car elle est la cause principale des ruptures. Un écoulement préférentiel se développe dans ces défauts, détache les particules de sol par frottement hydraulique et les entraîne hors de la fissure, contribuant à son élargissement et à la formation d'un conduit continu de l'amont à l'aval. La rupture, qui s'en suit, est appelée renard.

L'évaluation de l'érodabilité du sol, à la fois en termes de résistance à l'érosion et de vitesse d'érosion, est une étape cruciale de l'évaluation de la sécurité d'un ouvrage hydraulique (Bonelli & Benahmed, 2011).

of surface soil erosion in agriculture, may be suitable for other soils not suitable for testing using the Hole Erosion Test.

Section 3.3.4 in Volume 1 explains that the Critical Shear Stress τ_C can also be defined using the method of Bonelli et al (2007) and Bonelli and Brivois (2008). It also explains that Marot et al (2011) found that the methods used to calculate the results from HET and JET tests produced marked differences in the values of Critical Shear Stress τ_C. They applied an energy method to define an erosion resistance index and surface erosion resistance classification that produced roughly similar results from both tests.

Regazzoni and Marot (2011) investigated the Jet Erosion Test and Regazzoni and Marot (2013) made a comparative study of interface tests. Marot et al (2014a) again used the energy approach to examine erosion sensibility on compacted cohesive soils, and again found that soils compacted dry of optimum are more susceptible than those compacted wet of optimum.

Briaud et al. (2019) made a comprehensive overview of nearly 1000 results from erosion tests – including about 250 new tests to fill in gaps – covering a wide range of materials from very erodible to hardly erodible. All known test devices are described, but the test results focus on the HET, JET and EFA (*Erosion Function Apparatus*).

Mercier et al (2014a, 2014b) used CFD (*computational fluid dynamics*) numerical modeling to examine the hydraulic processes during HET and JET tests and achieved results close to those from laboratory tests.

Bahmani et al. (2021) used CFD to compare the magnitudes of shear stresses as obtained in various test types, including HET, JET, EFA (*Erosion Function Apparatus*) and BET (*Borehole Erosion Test*).

4.2.1. Hole Erosion Test

4.2.1.1. Introduction

The Hole Erosion Test or HET was developed as a laboratory test to reproduce concentrated leak erosion through holes and openings, drawing in part from the Pinhole Test (Sherard et al, 1976), which also identified the dispersivity class, in order to quantify the resistance and kinetics of erosion (Lefebvre et al., 1985; Rohan et al., 1986; Wan and Fell 2004a, 2004b; Benahmed and Bonelli 2007, 2012a, b; Benahmed et al., 2012, 2013; Bonelli et al., 2009, 2013; Chevalier et al., 2010; Haghighi et al., 2013). The Hole Erosion Test simulates the erosion phenomenon in defects such cracks and micro fissures induced by settlement or hydraulic fracture, open contact between two different types of soil, roots and burrows, etc. It permits the determination of the critical shear stress beyond which the erosion is initiated and the erosion coefficient which represents the kinetics of the erosion.

Concentrated leak erosion through defects in the embankment dams and dikes is the most dangerous and is the principal cause of internal erosion failures. Concentrated leakage occurs in these defects as the seepage forces initiate erosion and detachment of soil particles and carry them away from the surface of the cracks, leading to enlargement and the formation of a continuous pipe or opening between the upstream and downstream sides.

Evaluating the erodibility of soil, both in terms of erosion threshold and erosion rate, is critical when evaluating the safety of a water retaining structure (Bonelli & Benahmed, 2011).

4.2.1.2. Description du dispositif expérimental du HET

Le dispositif expérimental de type HET à utiliser (Figure 4.1) est similaire à celui de Wan et Fell (2004a, 2004b) mais avec des améliorations notamment au niveau de la maniabilité (taille de l'échantillon), de l'instrumentation (ajout de capteurs de pression précis et d'un turbidimètre), du protocole d'essai et de la méthode d'interprétation).

Fig. 4.1
Photographie de l'appareillage du HET, test d'érosion de conduit

Le dispositif d'essai est constitué d'un cylindre en plexiglas, permettant la visualisation de l'échantillon et la détection de l'initiation de l'érosion, divisé en trois parties amovibles. Les diamètres du cylindre d'entrée et de sortie sont respectivement 60/80 mm et 70/90 mm. La partie centrale est conçue de sorte à recevoir des échantillons de sol intact ou reconstitué, de de longueur comprise entre 100 et 200 mm, dans la cellule en plexiglas (ou parfois dans un moule Proctor). Deux capteurs de pressions sont montés à chaque extrémité de la cellule centrale. Un capteur de pression différentielle entre ces deux extrémités duplique la mesure de perte de charge. Cela permet une évaluation précise du gradient hydraulique appliqué à l'échantillon.

La partie amont du dispositif est connectée à l'arrivée d'eau du réseau et à un limiteur de pression. L'écoulement est contrôlé par un système de vannes et mesuré par un débitmètre à l'amont. Un turbidimètre analyse l'écoulement de sortie et quantifie la masse érodée et transportée du sol à l'aval de la cellule. Une grille en nid d'abeille est placée à l'amont de la cellule pour homogénéiser l'écoulement. Un logiciel spécifique réalisé sous Labview permet le suivi en temps réel.

4.2.1.3. Préparation de l'éprouvette

Tant que c'est possible, les essais sont à faire sur des échantillons prélevés intacts. Dans ce cas, l'échantillon est directement prélevé dans une éprouvette intacte. Le diamètre initial est ramené par taillage à une valeur inférieure de celui de la cellule centrale du dispositif. L'éprouvette est ensuite mise à l'intérieur de la cellule et paraffinée sur toute la longueur de son pourtour afin d'assurer une bonne adhésion aux parois de la cellule et éviter ainsi tout écoulement parasite. Sinon, les éprouvettes devront être fabriquées en suivant la procédure suivante.

4.2.1.2. Description of the Hole Erosion Test apparatus

A new device to carry out erosion tests on soils in the laboratory has been developed. It was inspired by the hole erosion test apparatus designed by Wan and Fell (2004a, 2004b) but improved in handling (sample size), instrumentation (addition of accurate pressure sensors and a turbidimeter), test protocol and interpretation method). A photograph of the experimental setup is shown on Figure 4.1.

Fig. 4.1
Photograph of the Hole Erosion Test apparatus

The set-up consists of a cylindrical cell, divided in three parts, and made in Perspex in order that the sample can be seen and the initiation of the erosion process can be detected. The inlet diameter is about 60/80 mm and the outlet diameter is about 70/90 mm respectively. The central part is designed in a Perspex cylinder (or in a Proctor mold in some cases) to receive either reconstituted or intact soil samples with length of about 100 mm to 200 mm. Two pressure gauges are mounted on both extremities of the central cell, upstream and downstream, to measure the inflow and the outflow pressures. A differential pressure gauge is also mounted on these extremities to duplicate the measurement of the pressure drop. This allows accurate evaluation of the hydraulic gradient applied to the soil sample.

The upstream side of the device is connected to incoming water through a pressure regulator. The flow rate is controlled by an outflow vane and measured by a flowmeter at the downstream side of the device. A turbidity meter to analyze the outflow water and quantify the mass of soil eroded and transported during the flow is installed downstream of the cell. A honeycomb is added inside the cell at its upstream side to homogenize the flow. Bespoke software made by Labview allows real-time tracking.

4.2.1.3. HET Sample preparation

Wherever possible, tests shall be carried out on undisturbed soil in its natural state. In this case, the soil sample is cored directly from an intact borehole sample. The initial diameter is reduced by cutting to a lower value than that of the central cell of the device. The specimen is then placed inside the cell and waxed along the entire length of its perimeter to ensure good adhesion to the cell walls and thus avoid any parasitic discharge. Otherwise, samples shall be reconstituted following the procedure below.

Le sol remanié est écrêté à 3 mm s'il contient des particules grossières. Il est ensuite malaxé avec de l'eau à la teneur en eau in situ ou désirée. Le mélange est ensuite conservé pendant 24h à 48h (selon sa teneur en fines) dans un sac hermétique afin d'assurer une bonne homogénéité de la teneur en eau.

L'échantillon est compacté manuellement dans la partie centrale de la cellule d'essai, en plusieurs couches successives à l'aide d'une dame. La hauteur et le nombre de couches sont fixés préalablement en fonction, respectivement, de la densité sèche désirée et de la longueur de l'éprouvette. Les valeurs de la densité sèche et de la teneur en eau sont soit fixées par les caractéristiques du sol in situ, soit fixées en fonction des valeurs w_{OPN} et $_{dOPN}$, de l'optimum du Proctor Normal.

Un trou de 6 mm de diamètre est percé par un foret au centre de l'éprouvette parallèle à l'axe longitudinal. Le percement doit être soigné pour éviter de perturber le sol autour du trou. L'objectif est de venir éroder seulement les parois du trou pour reproduire l'érosion de surface des défauts préexistants (fissures).

4.2.1.4. HET Procédure d'essai

Une fois l'échantillon mis en place dans le dispositif d'essai, on procède au remplissage par les parties amont et aval simultanément, lentement de sorte à ne pas piéger de l'air dans la cellule et les conduits, et à ne pas provoquer d'érosion. Le temps de remplissage est contrôlé.

Une fois que l'eau circule dans le trou avec un débit qui est maintenu constant Q, la perte de charge est mesurée par les capteurs de pression. Si la valeur de débit Q est suffisamment élevée pour produire l'érosion, le trou est agrandi par érosion, ce qui provoque une diminution de la vitesse d'écoulement, donc de la contrainte d'érosion. Sinon, le débit est augmenté jusqu'à provoquer l'érosion. A débit constant, l'érosion s'arrête après un certain temps. La valeur du débit est maintenue suffisamment longtemps pour que la turbidité décroisse jusqu'à une valeur considérée comme non significative (<5 NTU). A ce stade l'essai est arrêté.

A la fin de l'essai, l'échantillon est récupéré et la longueur et le volume final du trou sont mesurés (par pesée ou moulage par paraffine), ce qui permet d'avoir la rayon moyen final. Ce rayon final est une mesure capitale pour l'interprétation de l'essai.

4.2.1.5. HET Préparation de l'échantillon

Dans la mesure du possible, les tests sont effectués sur un sol cohésif de bonne qualité, intact ou non perturbé, à l'état naturel. Dans le cas contraire, les échantillons sont reconstitués en laboratoire selon la procédure décrite ci-dessous.

Avant de procéder aux essais, les tests d'identification spécifiques suivants sont effectués pour la classification du sol et la détermination de ses propriétés physiques de base : distribution granulométrique, densité (densité apparente, densité sèche et densité des particules), teneur en eau, limites d'Atterberg. Ces tests peuvent être effectués à l'aide des débris de l'échantillon intact non utilisé pour le HET.

Dans les cas où le sol a été remanié pendant le prélèvement ou le transport, séché en raison d'une mauvaise étanchéité, et où la densité et la teneur en humidité in situ sont inconnues, le test Proctor est recommandé pour déterminer la densité et la teneur en humidité optimales et le reconditionner dans un état équivalent au seuil des spécifications de chantier.

The reworked soil is clipped to 3 mm if it contains coarse particles. It is then kneaded with water with the water content in situ or desired. The mixture is then stored for 24 to 48 hours (depending on its fine content) in an airtight bag to ensure a good homogeneity of the water content.

The sample is manually compacted in the central part of the test cell, in several successive layers using a Proctor hammer. The height and number of layers are fixed in advance according to the desired dry density and the length of the specimen respectively. The values of dry density and water content are either fixed by the characteristics of the soil in situ or fixed according to the values of the Normal Proctor optimum water content and density.

A hole of 6 mm in diameter is drilled along the longitudinal axis of the compacted specimen using a drill rod. Special care is taken when making the hole to avoid any disturbance of the soil surrounding the cavity. The aim is to induce erosion only in the preformed hole in order to simulate surface erosion phenomenon in pre-existing defects (cracks or microfissures).

4.2.1.4. HET Test procedure

Once the sample is reconstituted and installed inside the cell, the inlet and outlet chambers are filled with tap water simultaneously and carefully, allowing the air to be expelled completely from the hole and the cell. and not to cause erosion. The filling time is controlled.

Water is circulated through the hole at a given value of flow rate Q which is kept constant and the pressure gradient is measured by the pressure gauges. If the value of Q is large enough to induce erosion, the initial hole diameter enlarges by erosion, which causes a decrease in velocity, and in the shear stress which is causing erosion. If not, the flow rate is increased until erosion occurs. At a constant flow, this erosion must stop after a certain time. The flow rate value is maintained long enough for turbidity to decrease to a low value (<5 NTU), and for the differential pressure to become constant. At this stage the test is stopped.

At the end of the test, the sample is recovered and the length and final volume of the hole are measured (by weighing or paraffin molding), making it possible to calculate the final average radius. This final radius is a crucial measure for the interpretation of the test.

4.2.1.5. HET Preparation of the specimen

Wherever possible, tests shall be carried out on intact or undisturbed good quality cohesive soil, in its natural state. The initial diameter is reduced by cutting to a lower value than that of the central cell of the device. The specimen is then placed inside the cell and waxed along the entire length of its perimeter to ensure good adhesion to the cell walls and thus avoid any parasitic discharge. Otherwise, samples shall be reconstituted in the laboratory following the procedure described below.

Prior to testing, the following specific identification tests for classification of the soil and determination of its basic physical properties are carried out: particle size distribution, density (bulk density, dry density, and particle density), moisture content, Atterberg limits. These tests can be done using the soil trimmings from the intact sample.

In cases where the soil has been subjected to some disturbance during sampling or transportation, dried because of bad sealing, and the in-situ density and moisture content are unknown, the Proctor test is recommended to determine optimum density and moisture content.

4.2.1.6. HET Échantillon remanié

Les échantillons remaniés sont préparés en utilisant les restes du prélèvement qui ne peuvent plus être testés comme un échantillon intact. Comme le montre la Figure 4.2, le sol est écrasé en petits morceaux passant le tamis de 5 mm et malaxé; les particules de plus de 5 mm sont retirées, et le sol est ensuite fractionnés en volumes égaux, placées uniformément dans le moule d'essai et compactées en couches de hauteur fixe et contrôlée pour obtenir la densité cible.

(a) (b) (c)

Fig. 4.2
Préparation d'un échantillon à partir d'un échantillon remanié (a) échantillon remanié initial (b) échantillon écrasé < 5 mm (c) reconstitué par compactage dans le moule et percé en son centre.

4.2.1.7. HET Reconstitution d'un échantillon

Comme le montre la Figure 4.3, lorsque l'on utilise de la terre sèche, l'échantillon reconstitué est préparé par humidification et bourrage. Une quantité d'eau permettant d'obtenir la teneur en eau souhaitée, inférieure, égale ou supérieure à la teneur en eau optimale (w_{opn}) déterminée par l'essai Proctor Normal, est ajoutée progressivement à une quantité prédéterminée de terre sèche correspondant à la densité cible. Habituellement, 95% de la densité sèche maximale (OPN) Proctor Normal est recommandée lors de l'évaluation de la résistance à l'érosion interne. Le sol est soigneusement mélangé, transféré dans des sacs en plastique étanches et stocké pendant 48 à 72 heures, selon la teneur en fines, pour garantir une teneur en humidité uniforme et l'homogénéité de la matrice. Ensuite, le mélange est compacté manuellement à l'aide d'une dame Proctor ou d'un autre marteau spécifique directement à l'intérieur du moule d'essai en plusieurs couches, selon la longueur souhaitée. Comme ci-dessus, la hauteur de chaque couche est prédéterminée au préalable pour obtenir la densité souhaitée.

(a) (b) (c)

Fig. 4.3
Préparation d'un échantillon reconstitué à partir d'un sol sec (a) humidification (b) reconstitution par compactage dans le moule (c) percement du trou.

4.2.1.6. HET Remolded sample

Remolded samples are prepared by using the disturbed soil that cannot be tested as intact samples. As shown in Figure 4.2, the soil is cut in small pieces and mixed together, particles above 5 mm are removed by hand, and the soil is then divided in several equal volume parts, placed uniformly into the testing mould and compacted in layers of fixed and controlled height to obtain the target density.

(a) (b) (c)

Fig. 4.2
Preparation of remolded sample from disturbed soil (a) disturbed soil (b) cut into small pieces (less than 5 mm) (c) reconstituted by compaction inside the testing mould and drilling the hole.

4.2.1.7. HET Reconstituted sample

As shown in Figure 4.3, when using dry soil, the reconstituted sample is prepared by the moist tamping method. An amount of water to obtain the desired water content, below, equal or above optimum moisture content (OMC) as determined from standard Proctor testing, is added gradually to a predetermined amount of dry soil corresponding to the target density. Usually, 95% of standard Proctor maximum dry density (SMDD) is recommended when assessing internal erosion vulnerability of soil. The soil is mixed carefully, transferred in watertight plastic bags and stored for 48 to 72 hours, depending on the fines content, to ensure uniform moisture content and homogeneity of the matrix. Then the mixture is compacted manually using a Proctor or other specific hammer directly inside the testing mold in several layers, depending on the desired length. As above, the height of each layer is predetermined beforehand to obtain the desired density.

(a) (b) (c)

Fig. 4.3
Preparation of reconstituted sample from dry soil (a) Preparation of soil by moist tamping (b) reconstitution by compaction inside the testing mold (c) drilling the hole.

4.2.1.8. HET Échantillon intact

Le sol intact est d'abord extrait de son enveloppe en prenant soin de le perturber le moins possible. Ensuite, il est coupé en tronçons à l'aide d'une lame tranchante à la longueur requise et soigneusement découpé au diamètre requis sur un plateau tournant. Ce découpage est réalisé en pressant la scie à fil contre les bords de la carotte de haut en bas (Figure 4.4). Après cette étape, les dimensions et le poids de l'échantillon sont mesurés, et l'échantillon est placé dans le moule d'essai. Il est nécessaire de sceller le sol avec de la cire de paraffine pour éviter les fuites à l'interface entre l'échantillon et le moule d'essai. Pour ce faire, le diamètre coupé doit être inférieur au diamètre du moule d'essai pour permettre à la cire de paraffine de pénétrer et de sceller l'interface.

(a) (b) (c)

Fig. 4.4
Préparation d'un échantillon intact (a) carotte intacte (b) retaillage de l'échantillon (c) paraffinage du contact de l'échantillon avec le moule pour éviter les fuites

4.2.1.9. HET Visualisation de l'érosion

Un trou de 6 mm de diamètre est percé dans l'axe longitudinal de l'échantillon préparé (intact ou remoulé) à l'aide d'une tige de forage. L'objectif est d'induire l'érosion uniquement dans le trou préformé afin de simuler le phénomène d'érosion de surface dans des défauts préexistants (fissures ou microfissures, trous, vides, etc.). Un soin particulier est apporté lors du forage du trou afin de minimiser la perturbation de la zone entourant la cavité.

4.2.1.8. HET Intact sample

The intact soil is first extruded from the borehole tube sample with care to cause the least disturbance possible. Then it is cut into sections with a sharp blade to the required length and carefully trimmed to the required diameter using a rotational trimming frame. This trimming is accomplished by pressing the wire saw against the edges of the trimming frame from top to bottom (Figure 4.4). After this stage, the dimensions and weight of the sample are measured, and the sample placed into the testing mould. Sealing with paraffin wax around the soil is necessary to prevent leakage at the interface between sample and testing mould. For this, the trimmed diameter shall be less than the testing mold diameter to allow the paraffin wax to enter and seal the interface.

(a) (b) (c)

Fig. 4.4
Preparation of intact sample (a) intact core soil (b) trimming of sample in the frame (c) paraffin sealing of the sample into the testing mold to prevent leakage.

4.2.1.9. HET Localization of erosion

A 6 mm diameter hole is drilled through the longitudinal axis of the prepared sample (intact or remolded) using a drill rod. The aim is to induce erosion only in the preformed hole in order to simulate the surface erosion phenomenon in pre-existing defaults (cracks or micro fissures, holes, voids, etc.). Especial care is taken when drilling the hole in order to minimize disturbance of the area surrounding the cavity.

Quelques exemples de trou érodé dans différents types de sols sont visibles à la Figure 4.5.

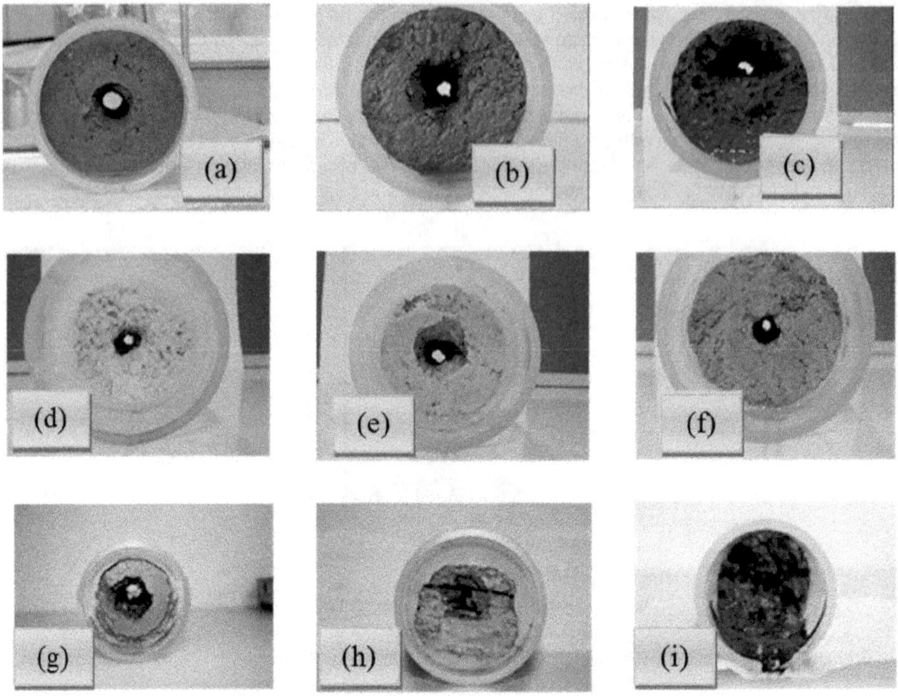

Fig. 4.5
Exemples de trous érodés après des tests d'érosion sur différents sols : a) limon argileux; b) limon silteux; c) sable limoneux; d) arène granitique compacte avec salbe, argile et gravier fin; e) argile sableuse jaune avec gravier fin; f) limon sablo-argileux; g) limon sableux avec racines; h) schiste; i) limon argileux saturé.

4.2.1.10. HET Estimation du diamètre

Une méthode d'estimation du diamètre du trou consiste à utiliser une cire de paraffine pour déterminer le volume du trou après le processus d'érosion. À la fin de l'essai d'érosion, l'échantillon est récupéré et le trou érodé est rempli de cire de paraffine liquide. Une fois que celle-ci a durci, l'échantillon est coupé en deux, l'empreinte de cire est récupérée et son volume est mesuré (Figure 4.6).

Some illustrations of the eroded hole after the HETs on different types of soils are given in Figure 4.5.

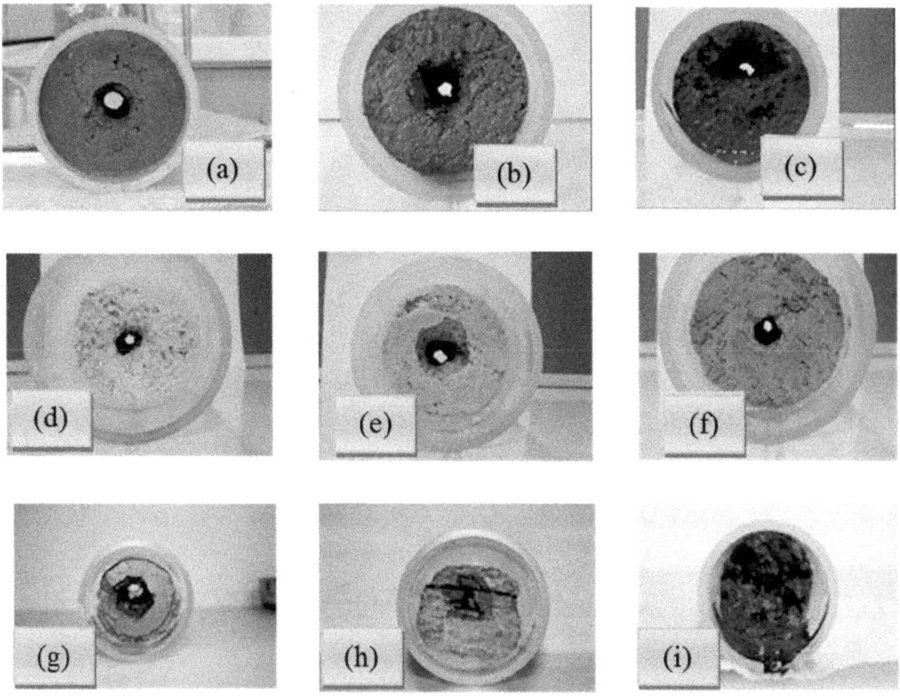

Fig. 4.5
Examples of eroded holes after erosion tests on different soils : a) silt clay loam; b) silty loam; c) loamy sand; d) compact weathered granite with sand; clay and fine gravel; e) yellow sandy clay with fine gravel; f) sandy clay loam; g) sandy loam with roots; h) shale; i) saturated clay loam.

4.2.1.10. HET Estimation of the final diameter

A method of estimating the hole diameter is to use a paraffin wax to determine the volume of the hole after the erosion process. At the end of the erosion test, the sample is recovered and the eroded hole is filled with liquid paraffin wax. Once the latter has hardened, the volume is calculated

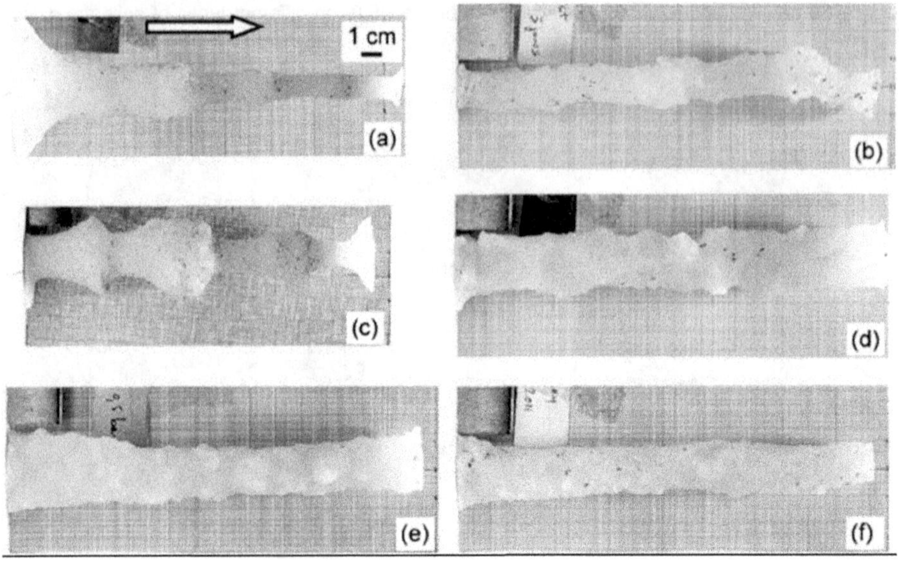

Fig. 4.6
Empreinte en cire paraffine du trou d'érosion faite après l'essai HET

4.2.1.11. HET Résultats expérimentaux types du HET

Les enregistrements lors des essais d'érosion de conduit concernent le débit, la perte de charge ou différence de pression entre l'amont et l'aval de l'échantillon et la turbidité en fonction du temps. Un exemple de résultats typiques d'un test d'érosion effectué sur une est présenté à la Figure 4.7. Au début de l'essai, on applique un débit à une valeur inférieure à celle requise pour mobiliser la contrainte de cisaillement critique. À ce stade, aucune turbidité n'est mesurée et la perte de charge reste constante. Lorsque le débit, et donc la contrainte de cisaillement, augmentent au-dessus d'une valeur critique, le processus d'érosion se produit rapidement et une turbidité élevée est mesurée. Les particules de sol sont détachées et extraites de la surface du trou. Par conséquent, le diamètre initial du trou est augmenté, ce qui entraîne une diminution progressive de la perte de charge mesurée par la courbe de pression. Après environ une heure, la pression commence à se stabiliser et devient constante jusqu'à la fin de l'essai. On n'observe plus d'érosion.

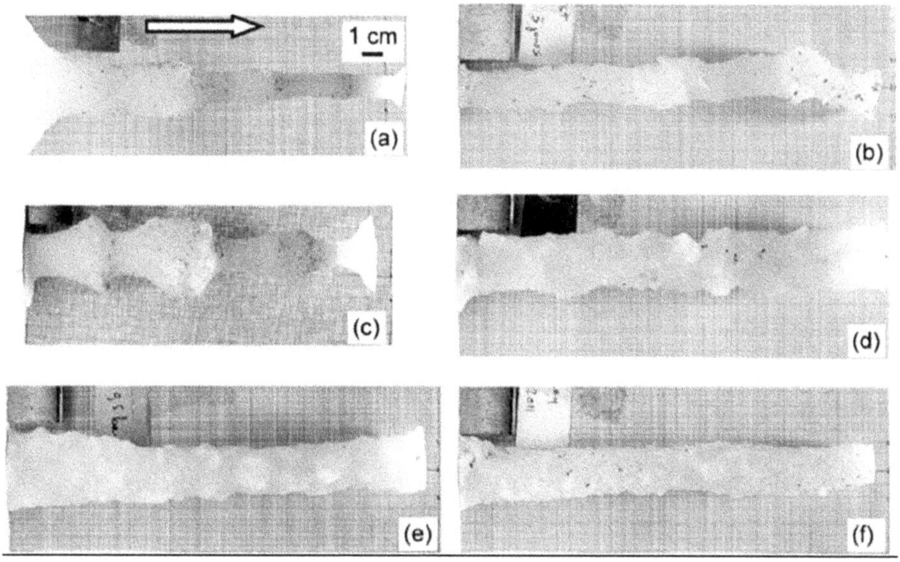

Fig. 4.6
Paraffin wax samples of the hole after erosion test

4.2.1.11. HET Typical experimental result and modeling: experimental data

The experimental data from hole erosion tests are expressed in terms of flow, pressure gradient and turbidity versus time. An example of typical data of erosion test carried out on cohesive sample is shown in Figure 4.7. At the beginning of the test, a flow rate at a value less than that required to mobilize the critical shear stress is applied. At this stage, no turbidity is measured and the pressure gradient remains constant. When the flow rate, hence the shear stress, is increased above a critical value, the erosion process occurs rapidly and a high turbidity is measured. The soil particles are detached and pulled out of the surface of the hole. Therefore, the initial diameter of the hole is increased leading to a gradual decrease of the pressure gradient as observed on the pressure curve. After approximately one hour, the pressure gradient starts to stabilize and remains fairly constant until the end of the test. No more erosion is observed.

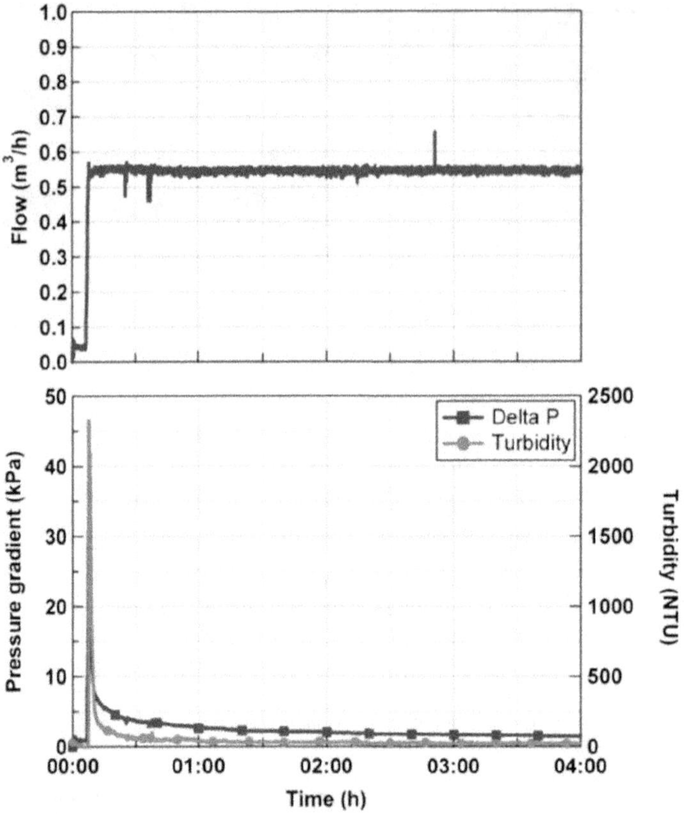

Fig. 4.7
Evolution de la turbidité et de la perte de charge durant un essai d'érosion de conduit HET sur une kaolinite

Une photographie de l'échantillon de kaolinite érodé avec l'agrandissement du trou initial après le processus d'érosion à la fin de l'essai est présentée à la Figure 4.8. Elle montre clairement l'agrandissement du trou initial après le processus d'érosion. La Figure 4.8(c) a révélé que la forme de l'agrandissement est assez uniforme.

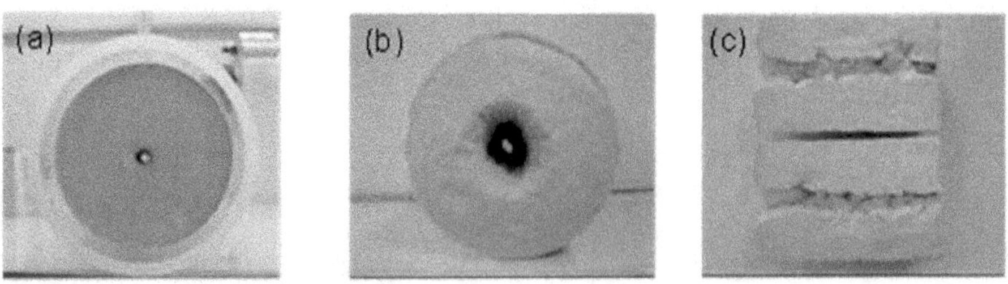

Fig. 4.8
Exemple d'agrandissement du trou initial par érosion sur un échantillon de kaolinite blanche (a) échantillon avant test (b) échantillon après test (c) coupe longitudinale de l'échantillon après test

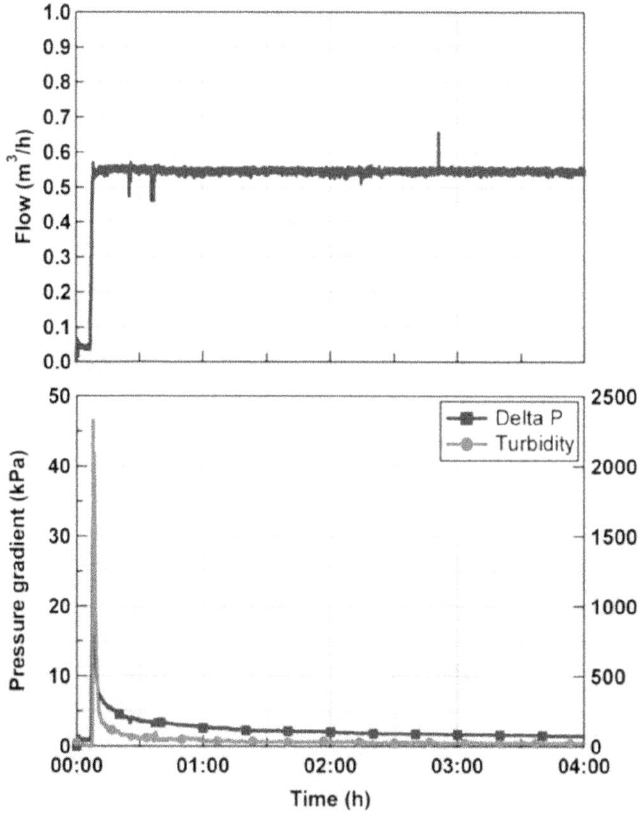

Fig. 4.7
Evolution of the turbidity and the pressure gradient during a hole erosion test on kaolinite

A photograph of the eroded kaolinite sample with the enlargement of the initial hole after the erosion process at the end of the test is given in Figure 4.8. It clearly shows the enlargement of the initial hole after the erosion process. Figure 4.8(c) revealed that the shape of the enlargement is fairly uniform.

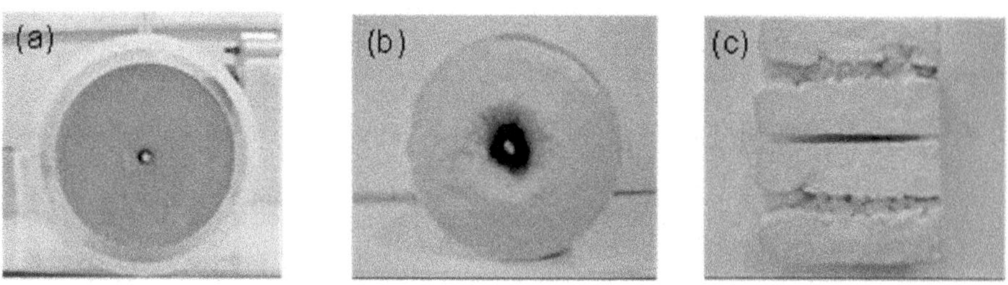

Fig. 4.8
Example of enlargement of initial hole by erosion on a white kaolinite sample (a) sample before test (b) sample after test (c) longitudinal cut of the sample after test

Les Figures 4.9 et 4.10 présentent des photographies d'échantillons avant et après les tests d'érosion effectués sur des sols naturels.

Lorsque le sol est très sableux, c'est-à-dire avec une cohésion quasi nulle, le test d'érosion des trous n'est pas approprié. Les échantillons s'effondrent souvent pendant le remplissage de la cellule ou juste après le début du test (Figure 4.10).

Fig. 4.9
Exemple d'essai d'érosion sur un sol de sable limoneux (a) échantillon avec trou initial avant l'essai d'érosion (b) élargissement du trou initial après l'essai (c) coupe longitudinale de l'échantillon après l'essai

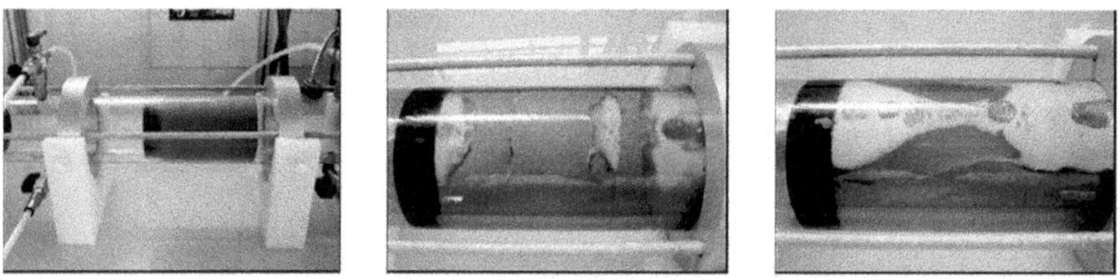

(a) (b) (c)

Fig. 4.10
Exemple de test d'érosion sur sol sableux (a) échantillon à l'intérieur de la cellule de test (b) début de l'effondrement de l'échantillon lors du remplissage de la cellule avec de l'eau (c) effondrement total de l'échantillon lors du lancement du test

4.2.1.12. HET Paramètres d'érosion : contrainte de cisaillement hydraulique et taux d'érosion

Le but des tests d'érosion des trous est de déterminer la susceptibilité du sol à l'érosion interne. L'érodabilité du sol est caractérisée par deux paramètres physiques (Figure 4.11) :

- la contrainte de cisaillement hydraulique (**t**) que l'écoulement de l'eau applique au sol (Pa);

- le taux d'érosion massique ($\dot{m}$) qui est la masse de sol sec érodé par unité de surface du trou et par unité de temps ($kg.m^{-2}.s^{-1}$).

La relation entre ces deux paramètres est représentée par une loi d'érosion empirique.

Photographs of samples before and after erosion tests performed on natural soils are shown in Figures 4.9 and 4.10.

When the soil is very sandy, i.e., with low cohesion, the hole erosion test is not appropriate. The samples often collapse during the filling of the cell or just after starting the test (Figure 4.10).

Fig. 4.9
Example of erosion test on silty sand soil (a) sample with initial hole before erosion test (b) enlargement of initial hole after the test (c) longitudinal cut of the sample after the test

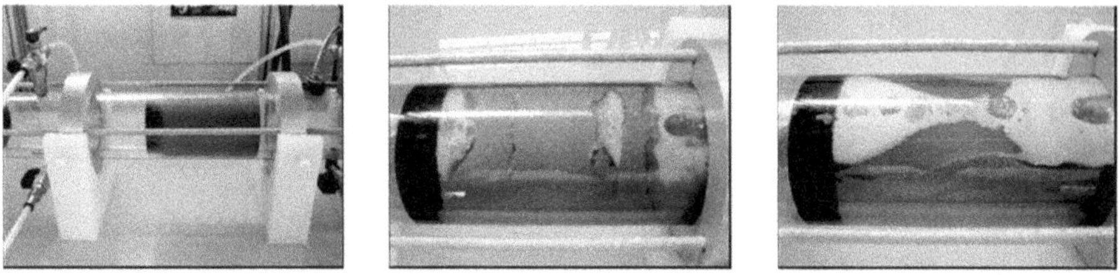

(a) (b) (c)

Fig. 4.10
Example of erosion test on sandy soil (a) sample inside the testing cell (b) start of the collapse of the sample during the filling of the cell with water (c) total collapse of the sample during the launch of the test

4.2.1.12. HET Erosion parameters: hydraulic shear stress and erosion rate

The purpose of the hole erosion tests is to determine the susceptibility of soil to internal erosion. The erodibility of soil is characterized by two physical parameters:

- The hydraulic shear stress (τ) that the liquid flow applies to the soil (Pa);
- The rate of erosion ($\dot{m}$) which is the mass of dry soil eroded per unit surface area of the hole and per unit time ($kg.m^{-2}.s^{-1}$).

The relationship between these two parameters is represented by an empirical erosion law (Figure 4.11).

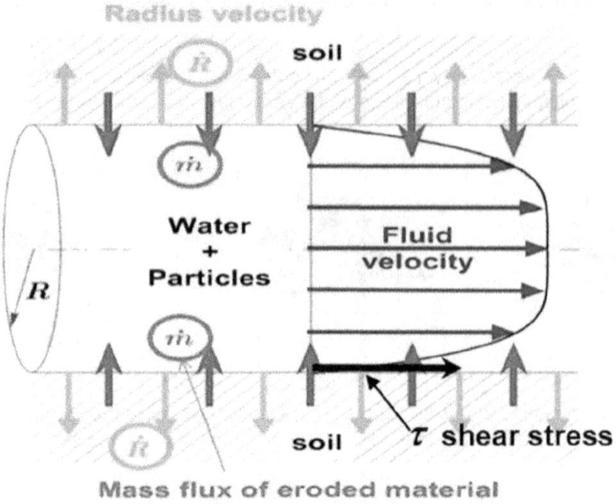

Fig. 4.11
Schéma de l'interface : modèle d'écoulement axisymétrique avec érosion de surface et transport des particules érodées

4.2.1.13. HET Modélisation de la loi d'érosion : contrainte de cisaillement critique et coefficient d'érosion

Les deux principales variables d'intérêt pour caractériser l'érodabilité du sol sont la contrainte de cisaillement critique et le coefficient d'érosion.

- La contrainte de cisaillement critique est la contrainte de cisaillement hydraulique minimale requise pour amorcer le détachement des particules de sol. En dessous de cette valeur, aucune érosion n'est observée.

- Le coefficient d'érosion reflète le taux de la masse érodée par unité de surface, de temps et de force, lorsque la contrainte est maintenue constante au-dessus de la contrainte de cisaillement critique. Il peut être utilisé pour quantifier le temps de rupture.

La loi classique du seuil d'érosion, qui est présentée dans la Figure 4.12, est souvent exprimée sous la forme :

$\dot{m} = 0 \quad \text{si } \tau \leq \tau_c$

$\dot{m} = k_{er}.(\tau - \tau_c) \quad \text{si } \tau > \tau_c$

Où $\dot{m}$ est le taux de masse érodée ($kg.m^{-2}.s^{-1}$), τ est la contrainte de cisaillement hydraulique appliquée à la surface du trou (Pa), τ_c la contrainte de cisaillement critique (Pa) et k_{er} (ou C_e) le coefficient d'érosion du sol ($s.m^{-1}$).

Pour interpréter les tests d'érosion du trou, et ainsi déterminer les deux paramètres de l'équation précédente, un modèle numérique a été développé (Bonelli et al., 2006, 2007; Brivois et al. 2007; Bonelli et Brivois, 2008; Bonelli et al., 2012, 2013). Ce modèle est basé sur les équations de flux diphasique avec diffusion et l'équation de seuil d'érosion. Il peut être adapté à différentes situations : écoulement dans la couche limite, écoulement dans les conduits avec érosion, et a été validé sur la base de nombreuses données expérimentales provenant de tests d'érosion dans des trous sur des sols de référence et naturels.

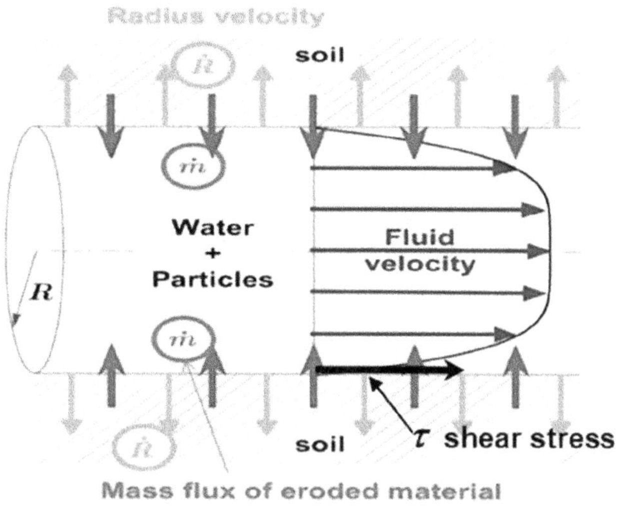

Fig. 4.11
Schematic of the interface: axisymmetric flow pattern with surface erosion and transport of eroded particles.

4.2.1.13. HET Modeling of erosion law: critical shear stress and coefficient of erosion

The two main variables of interest in characterizing the erodibility of soil are the critical shear stress (τ_c) and the coefficient of erosion (k_{er}).

- The critical shear stress is the minimum hydraulic shear stress required to initiate the detachment of soil particles. Below this value, no erosion is observed.
- The erosion coefficient reflects the rate of eroded mass per unit area, time and force when the stress is held constant above the critical shear stress. It can be used to quantify the time to failure.

The classical threshold erosion law, which is shown in Figure 4.12, is often expressed as:

$\dot{m} = 0$ for $\tau \leq \tau_c$

$\dot{m} = k_{er} \cdot (\tau - \tau_c)$ for $\tau \leq \tau_c$

where $\dot{m}$ is the eroded mass rate ($kg.m^{-2}.s^{-1}$), τ is the hydraulic shear stress applied to the surface of the hole (Pa), τ_c the critical shear stress (Pa) and k_{er} (or C_e) the coefficient of erosion of soil ($s.m^{-1}$).

To interpret the hole erosion tests, and thereby determine the two parameters of the previous equation, a numerical piping model has been developed (Bonelli et al., 2006, 2007; Brivois et al. 2007; Bonelli and Brivois, 2008; Bonelli et al., 2012, 2013). This model is based on the equations of diphasic flow with diffusion and the equations of saltation with erosion. It can be appropriate to different situations: boundary layer flows, pipe flows with erosion, and has been validated upon extensive experimental data from hole erosion tests on referential and natural soils.

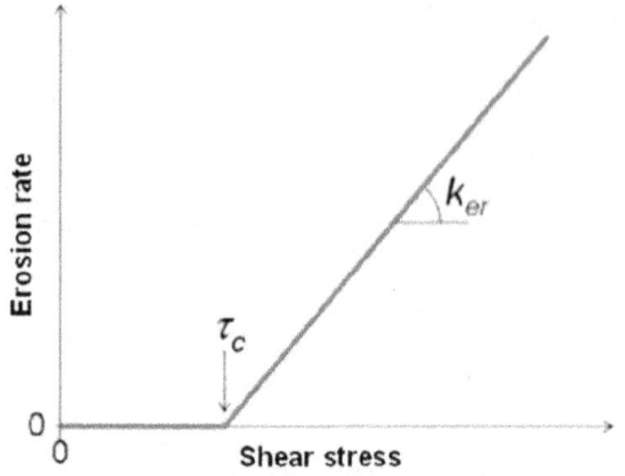

Fig. 4.12
Diagramme de la loi d'érosion

La contrainte de cisaillement critique est la contrainte de cisaillement hydraulique minimale requise pour amorcer le détachement des particules de sol. En dessous de cette valeur, aucune érosion n'est observée.

Le coefficient d'érosion reflète la vitesse de détachement des particules de sol par unité de pression sur la surface unité lorsque la contrainte est maintenue constante au-dessus de la contrainte de cisaillement critique.

4.2.1.14. HET Présentation des résultats et application

De l'essai HET et de la loi d'érosion empirique sont extraits les paramètres d'érosion. Ces paramètres sont listés dans le Tableau 4.1, avec l'identification de l'échantillon testé.

Les courbes fonction du temps du débit appliqué, de l'évolution de la perte de charge et de la turbidité mesurées pendant l'essai sont présentées sur la Figure 4.7.

Pour caractériser l'érodabilité des sols testés, les paramètres sont projetés dans le diagramme d'érodabilité de Wan et Fell, Figure 4.14.

Ce diagramme est bâti dans le cadre d'applications représentatives par Wan et Fell (2004a, 2004b). Dans leur approche expérimentale de HET, ils ont introduit un indice d'érosion, I_e, qui caractérise la résistance du sol à l'érosion de conduit, de la manière suivante :

$$I_e = -\log_{10}(C_e)$$

Ils en déduisent une méthode simple pour quantifier la cinétique de l'érosion de conduit dans barrage un remblai, à partir d'une classification des vitesses d'érosion en six groupes; allant de extrêmement rapide for $I_e < 2$ à extrêmement lente pour $I_e > 6$.

Le développement de cet indice et la classification qui s'en suit permet à l'ingénieur de classer rapidement les résultats d'érodabilité des sols qu'ils testent.

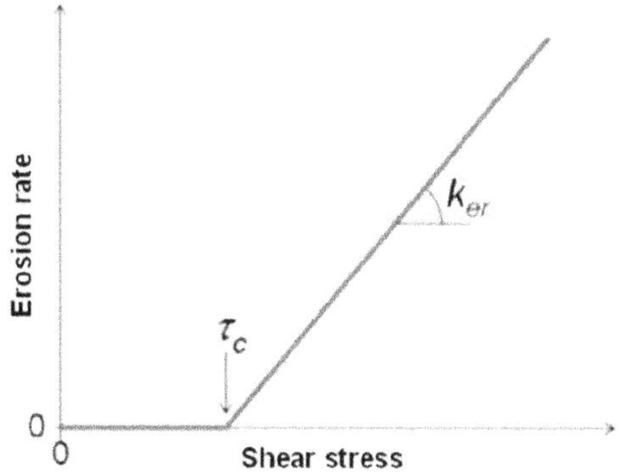

Fig. 4.12
Diagram of erosion law

The critical shear stress is the minimum hydraulic shear stress required to initiate the detachment of soil particles. Below this value, no erosion is observed.

The coefficient of erosion reflects the rate of the detachment of the soil particles when the stress is maintained constant above the critical shear stress.

4.2.1.14. HET Presentation of the results and application

From the HET tests and the empirical erosion law, the erosion parameters are determined. These parameters are listed in Table 4.1 below. In addition, the characteristics of the tested sample are also given.

The curves versus time of the applied flow rate, the evolution of the pressure gradient and the turbidity during the erosion test are shown on Figure 4.7.

In order to characterize the erodibility of the tested soils, the erosion parameters are also presented on the Wan and Fell soil erodibility diagram, Figure 4.14.

This diagram is issued from a significant applicative context proposed by Wan and Fell (2004a, 2004b). In their experimental investigations using HET, they introduced an erosion rate index I_e to characterize the resistance of soil to erosion, expressed as follows:

$$I_e = -\log_{10}(C_e)$$

A simple method was then proposed in order to quantify the kinetics of pipe flow with erosion in earthfill dams, starting from a classification of soils into six groups; from extremely rapid for $I_e < 2$ to extremely slow for $I_e > 6$.

The development of this index and the ensuing classification enables the engineer to make a quick classification of their results regarding the erodibility of the tested soils.

Table 4.1
Caractéristiques et paramètres d'érosion mesurés au HET

Cemagref Sciences, eaux & territoires 3275 Route de Cezanne, CS 40061 13182 Aix-en-Provence Cedex 5, France Tel: (33) 442 669 910	**ESSAI D'EROSION HET (Hole Erosion Test)**	**LABORATOIRE DE MECANIQUE DES SOLS** Unité Ouvrages Hydrauliques et Hydrologie

Dossier :	Recherche
Essai :	Kaolinite Blanche C90
Date :	29/04/09
Matériau :	Kaolinite Blanche (Remanié)

Caractéristiques de l'échantillon

Densité totale du sol	ρ_{total}/ρ_w	1,63	
Densité sèche du sol	ρ_d/ρ_w	1,32	
Indice des vides	e	1,01	
Porosité	n	0,50	
Teneur en eau	w	23,5	%
Degré de saturation	S_r	61,9	%
Longueur de l'échantillon	L	150	mm
Diamètre échantillon	D	80	mm
Masse échantillon	M	1,232	kg

Résultat de l'essai d'érosion

Contrainte critique	τ_c	**[Pa]**	**11,9**	-	**7,0**
Indice d'érosion de Fell	$\mathbf{I_e}$		**3,2**	-	**3,5**
Coefficient d'érosion de Fell	$\mathbf{C_e}$	**[s/m]**	**5,67E-04**	-	**3,42E-04**
Coefficient d'érosion de Hanson	$\mathbf{k_d}$	**[cm3/(s.N)]**	**4,3E-01**	-	**2,58E-01**

(le résultat est donné en intervalle de meilleur ajustement du modèle d'interprétation sur les mesures)

Table 4.1
Characteristics and erosion parameters of the tested soil

Cemagref Sciences, eaux & territoires 3275 Route de Cezanne, CS 40061 13182 Aix-en-Provence Cedex 5, France Tel: (33) 442 669 910	**ESSAI D'EROSION HET (Hole Erosion Test)**	**LABORATOIRE DE MECANIQUE DES SOLS** Unité Ouvrages Hydrauliques et Hydrologie

Dossier :	Recherche
Essai :	Kaolinite Blanche C90
Date :	29/04/09
Matériau :	Kaolinite Blanche (Remanié)

Caractéristiques de l'échantillon

Densité totale du sol	ρ_{total}/ρ_w	1,63	
Densité sèche du sol	ρ_d/ρ_w	1,32	
Indice des vides	e	1,01	
Porosité	n	0,50	
Teneur en eau	w	23,5	%
Degré de saturation	S_r	61,9	%
Longueur de l'échantillon	L	150	mm
Diamètre échantillon	D	80	mm
Masse échantillon	M	1,232	kg

Résultat de l'essai d'érosion

Contrainte critique	τ_c	**[Pa]**	**11,9**	-	**7,0**
Indice d'érosion de Fell	I_e		**3,2**	-	**3,5**
Coefficient d'érosion de Fell	C_e	**[s/m]**	**5,67E-04**	-	**3,42E-04**
Coefficient d'érosion de Hanson	k_d	**[cm3/(s.N)]**	**4,3E-01**	-	**2,58E-01**

(le résultat est donné en intervalle de meilleur ajustement du modèle d'interprétation sur les mesures)

Cemagref 3275 Route de Cezanne, CS 40061 13182 Aix-en-Provence Cedex 5, France Tel: (33) 442 669 910	**ESSAI D'EROSION HET (Hole Erosion Test)**	**LABORATOIRE DE MECANIQUE DES SOLS** Unité Ouvrages Hydrauliques et Hydrologie

Dossier :	**Recherche**		
Essai :	**Kaolinite Blanche C90**	N° de montage :	0
Date :	**29/04/09**	Profondeur :	0
Matériau :	**Kaolinite Blanche**		

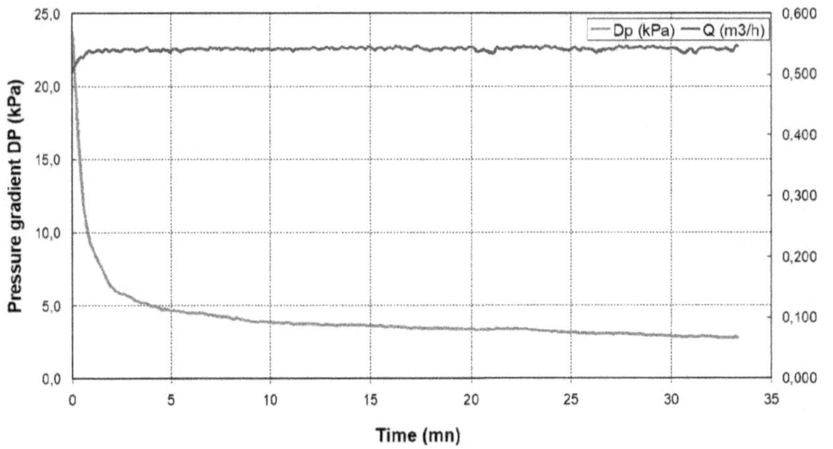

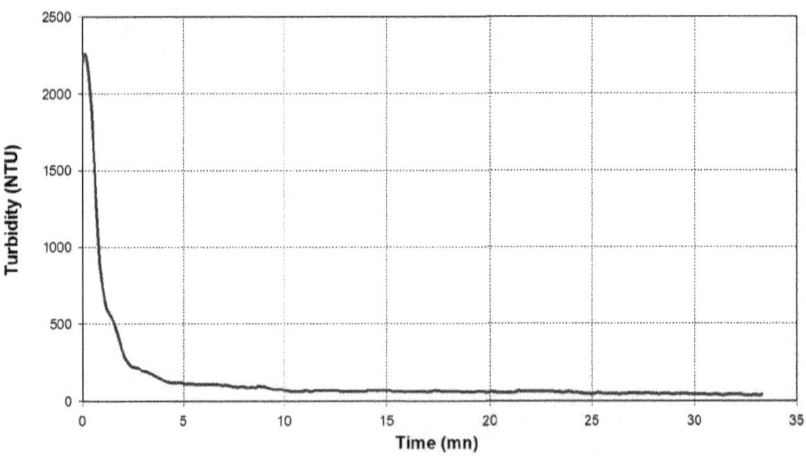

Fig. 4.13
Courbes d'évolution de la perte de charge et de la turbidité pendant un essai HET

Cemagref 3275 Route de Cezanne, CS 40061 13182 Aix-en-Provence Cedex 5, France Tel: (33) 442 669 910	**ESSAI D'EROSION HET (Hole Erosion Test)**	**LABORATOIRE DE MECANIQUE DES SOLS** Unité Ouvrages Hydrauliques et Hydrologie

Dossier :	**Recherche**		
Essai :	**Kaolinite Blanche C90**	N° de sondage :	0
Date :	**29/04/09**	Profondeur :	0
Matériau :	**Kaolinite Blanche**		

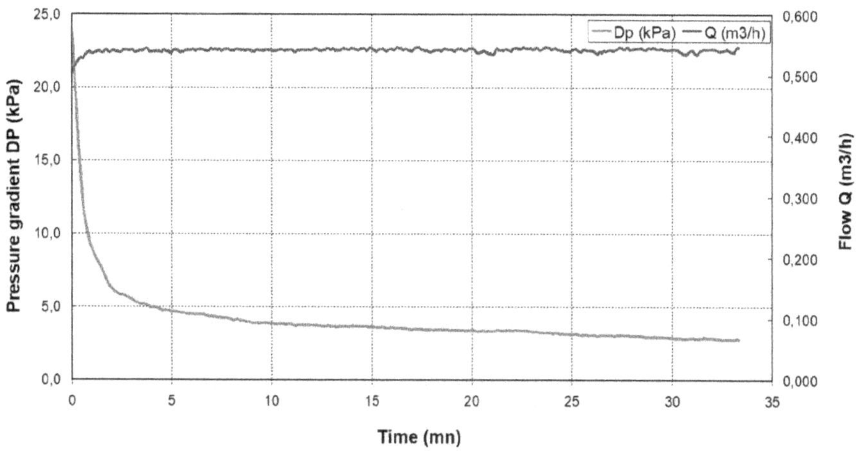

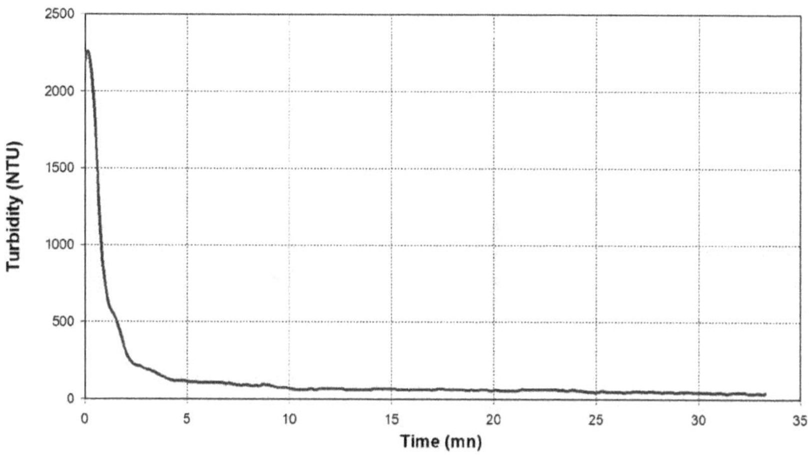

Fig. 4.13
Curves of the evolution of the pressure gradient and turbidity during the hole erosion test.

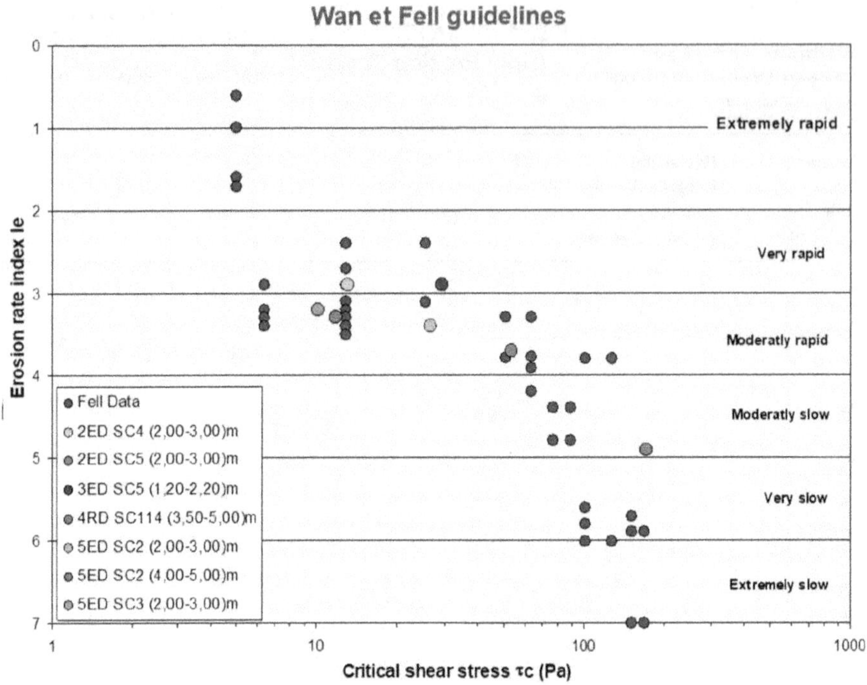

Fig. 4.14
Diagramme d'érodabilité des sols de Wan and Fell

4.2.2. Essai d'érosion de JET

Cette section présente le test d'érosion par jet (JET) qui quantifie la résistance d'un sol à l'érosion d'un jet plongeant. Elle décrit comment réaliser le test, détaille les paramètres résultants et résume ses applications industrielles les plus courantes. Bien que le protocole de test et de modélisation soit décrit en détail, il est fortement recommandé de confier les essais et les analyses à des spécialistes.

Le principal avantage de la méthode JET est qu'elle peut en principe être utilisée pour tester les propriétés d'érosion externe (surface) et interne de tous les sols, depuis les argiles de plasticité faible ou élevée jusqu'aux limons, sables et graviers fins, y compris les limons et sables aux propriétés pseudo-plastiques soutenues par la succion (pressions interstitielles négatives). Le HET ne peut être utilisé que pour tester les propriétés d'érosion des sols plus fins - argiles et limons légèrement plastiques - dans lesquels le trou ne s'effondre pas au mouillage.

Cependant, comme discuté ci-dessous et dans la section 3.3.4 du volume 1 (CIGB, 2017), les tests JET et HET tels qu'ils sont actuellement analysés donnent des résultats sensiblement différents des paramètres d'érosion dans les sols fins dans lesquels se produiront des trous et des ouvertures soumis à une érosion interne par érosion par fuite concentrée. Les différences peuvent être comprises et expliquées (Mercier, 2013), et actuellement (2022), il n'est pas recommandé d'utiliser les résultats du JET comme paramètres de l'érosion de conduit.

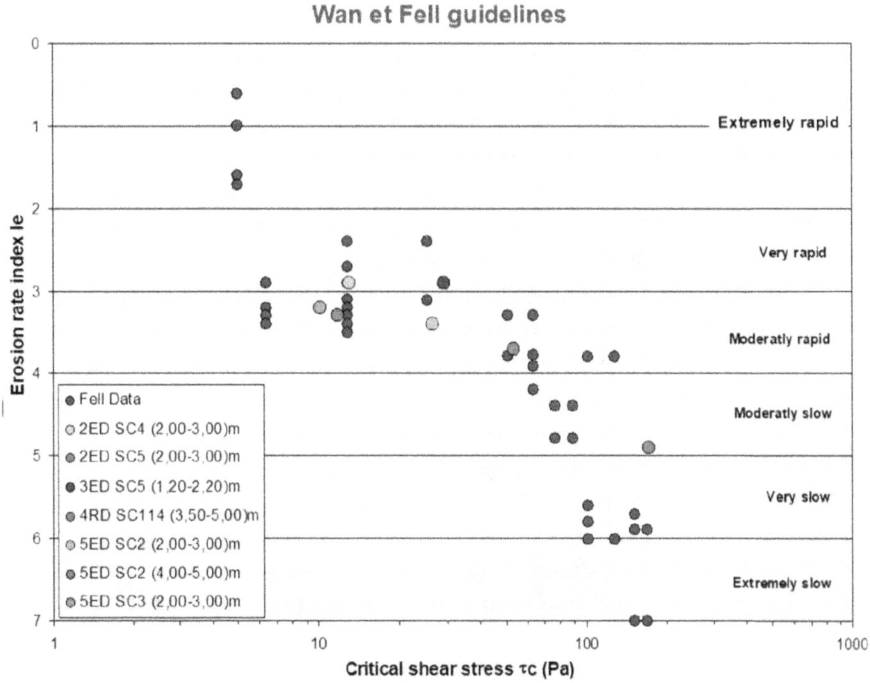

Fig. 4.14
Wan and Fell erodibility soil diagram

4.2.2. *Jet Erosion Test*

This section presents the Jet Erosion Test (JET) which quantifies the resistance of a soil to erosion. It describes how to perform the test, details the resulting parameters and summarizes its most common industrial applications. Although the test and modeling protocol is described in detail, it is strongly recommended that the testing and analysis is entrusted to specialists.

The major advantage of the JET method is that in principle it can be used to test the external (surface) and internal erosion properties of all soils from clays of high and low plasticity, to silts, sands and fine gravels, including silts and sands with pseudo-plastic properties sustained by suction (negative pore pressures). The HET can be used only to test the erosion properties of finer soils - clays and slightly plastic silts – in which the hole will not collapse on wetting.

However, as discussed below and in Section 3.3.4 in Volume 1 (ICOLD, 2017), the JET and HET tests as currently analyzed give markedly different results for the erosion parameters in the fine soils in which holes and openings subject to internal erosion by concentrated leak erosion will occur. The differences may be understood and explained (Mercier, 2013), but currently (2022) the JET is not recommended for characterizing the concentrated leak parameters.

4.2.2.1. JET Description générale du test

Le test JET a été développé par des ingénieurs agricoles pour modéliser le processus d'érosion de surface des sols fins, en particulier l'érosion des canaux d'irrigation en terre. Il modélise la force de traction d'un écoulement perpendiculaire à la surface du sol, ce qui est particulièrement pertinent pour l'érosion par surverse des digues de terre retenant l'eau.

Le dispositif JET a été initialement développé aux États-Unis (Hanson et Cook, 2004) et en raison des nombreuses situations où il fournit des paramètres d'érosion pertinents, le dispositif a évolué et est largement utilisé, notamment en Europe (Boucher et al. 2019). Des milliers d'essais du JET ont été réalisés, ce qui a permis de constituer des bases de données substantielles. En plus de fournir des paramètres d'érosion pour les remblais classiques et les remblais, le test est utilisé pour : choisir une formulation de renforcement de sol au regard du risque d'érosion (dosage en ciment ou en chaux), tester les effets anti-érosion des travaux de renforcement, prédire l'érosion des berges de rivière, ou encore évaluer la résistance de la végétation.

Fig. 4.15
Essai de jet en laboratoire (a gauche) et in situ (a droite)

4.2.2.2. JET Sélection et échantillonnage

L'essai caractérise un volume de sol cylindrique classiquement de 10 cm de diamètre et de 12 cm de hauteur. Il suppose donc que la résistance à l'érosion du sol testé est homogène dans ce volume.

Le test peut être réalisé en laboratoire sur des échantillons prélevés par carottage (à partir de sondages ou de kit de découpe). Un échantillon de diamètre de l'ordre de 10 cm et de hauteur de l'ordre de 15 cm est suffisant. Les échantillons ne doivent pas ou peu contenir de particules supérieures à 5 mm. Si des échantillons intacts ne peuvent être prélevés (dans un sol déstructuré, ou en raison de la présence de nombreuses particules grossières, etc.), l'essai peut être réalisé sur des échantillons remaniés.

4.2.2.1. JET General description of the test

The JET test was developed by agricultural engineers to model the process of surface erosion of fine soil, particularly the erosion of earthen irrigation channels. It models the tractive power of flow perpendicular to soil surfaces, particularly relevant for scour during overtopping of water retaining earth embankments.

The JET device was originally developed in the United States (Hanson and Cook, 2004) and because of the numerous situations where it provides relevant erosion parameters, the device has evolved and is used widely, especially in Europe (Boucher et al. 2019). Thousands of JET tests have been carried out, making it possible to build substantial databases. In addition to providing erosion parameters for conventional earth and embankment fills, the test is used to: choose a formulation for soil reinforcement with regard to the risk of erosion (cement or lime dosage), test the anti-erosion effects of reinforcement work, predict the erosion of river banks, or evaluate the resistance of vegetation.

Fig. 4.15
Jet test in laboratory (left) and in-situ (right).

4.2.2.2. JET Sampling and selection

The test characterizes a volume of cylindrical soil conventionally 10 cm in diameter and 12 cm high. It therefore assumes that the erosion resistance of the soil tested is homogeneous within this volume.

The test can be carried out in the laboratory on samples taken by coring (from soundings or cutting kit). A sample of diameter of the order of 10 cm and height of the order of 15 cm is sufficient. The samples should contain no or few particles greater than 5 mm. If intact samples cannot be taken (in destructured soil, or because of the presence of many coarse particles, etc.), the test can be carried out on remolded samples.

Le sol peut également être testé directement in situ, dans son état naturel, à l'aide d'un équipement d'essai mobile. Cette option évite le transport et la modification des échantillons mais présente des contraintes pratiques qui l'empêchent parfois d'être réalisé (alimentation en eau et en électricité, décapage de la surface, charge hydraulique limitée, etc.) et peut, dans certains cas, conduire à des résultats de qualité inférieure à ceux d'un essai en laboratoire.

4.2.2.3. JET Préparation de l'échantillon

Dans le cas d'un test de laboratoire sur un échantillon intact, le sol est retaillé, inséré dans un moule Proctor et scellé avec de la paraffine.

Dans le cas d'un test de laboratoire sur un échantillon retravaillé, l'échantillon de sol est séché, les particules de plus de 5 mm sont enlevées ("clippées"), puis l'échantillon est réhumidifié et laissé au repos pendant 24 heures avant d'être compacté dans un moule Proctor. Les paramètres de remaniement, de teneur en eau et de densité influencent significativement les résultats de l'essai, leur choix doit être réfléchi en fonction des conditions attendues sur l'ouvrage. En fonction de la proportion de particules de diamètre supérieur à 5 mm ("pourcentage d'écrêtage"), il est recommandé d'appliquer les essais sur des échantillons à la teneur en eau optimale Proctor d'un sol écrêté (avec peu de particules supérieures à 5 mm) plutôt que les paramètres identifiés sur un sol non écrêté.

Dans le cas d'un essai in-situ, la surface du sol à tester est décapée puis la cellule d'essai est enfoncée de quelques centimètres dans le sol pour assurer l'étanchéité du périmètre. L'essai est ensuite réalisé de manière similaire à l'essai en laboratoire.

4.2.2.4. JET Protocole d'essai

Une fois l'échantillon préparé, il est immergé pendant une dizaine de minutes, avant d'être impacté par un jet d'eau de dimensions standardisées pendant des pas de temps croissants. Entre chaque étape, l'opérateur mesure la cote d'impact du jet J(t) (la profondeur de l'érosion, où t est la somme des durées d'impact cumulées). Lorsque la cote d'impact se stabilise et/ou atteint le fond du moule, l'essai est arrêté.

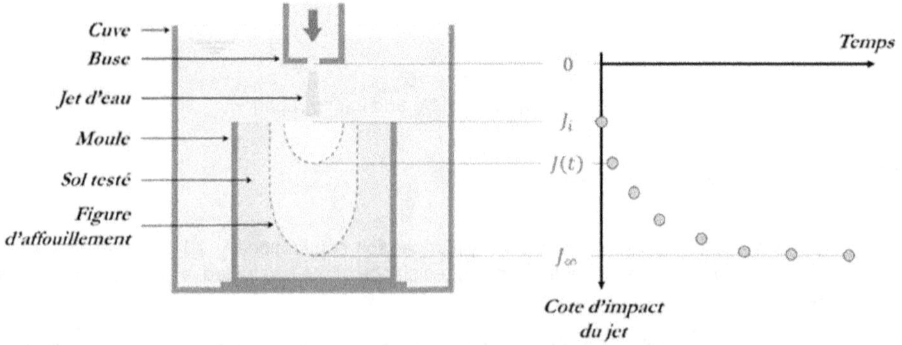

Fig. 4.16
Schéma du JET test et courbe de profondeur érodée en fonction du temps

The soil can also be tested directly *in situ*, in its natural state, using mobile test equipment. This option avoids transporting and modifying samples but has practical constraints that sometimes prevent it (water and electricity supply, surface stripping, limited hydraulic load, etc.) and can, in some cases, lead to a lower quality results than those from a laboratory test.

4.2.2.3. JET Sample preparation

In the case of a laboratory test on an intact sample, the soil is recut, inserted into a Proctor mold and sealed with paraffin.

In the case of a laboratory test on a reworked sample, the soil sample is dried, particles larger than 5 mm are removed ('clipped'), then the sample is remoistened and left for 24 hours to rest before being compacted in a Proctor mold. The parameters for reworking, water content and density significantly influence the results of the test, their choice must be considered in relation to the conditions expected on the structure. Depending on the proportion of particles above 5 mm diameter ('clipping rate'), it is recommended that the tests be carried out on samples at Proctor optimum moisture content of clipped soil (with no of few particles larger than 5 mm) be applied rather than the parameters identified on non-clipped soil

In the case of an in-situ test, the surface of the soil to be tested is stripped and then the test cell is driven a few centimeters into the ground to ensure the tightness of the perimeter. The test is then carried out in a similar way to the laboratory test.

4.2.2.4. JET Test Protocol

Once the sample is prepared, it is immersed for about ten minutes, before being impacted by a jet of water of standardized dimensions during increasing time steps. Between each step, the operator measures the impact rating of the jet J(t) (the depth of the erosion, where t is the sum of the cumulative impact times). When the impact rating stabilizes and/or reaches the bottom of the mould, the test is stopped.

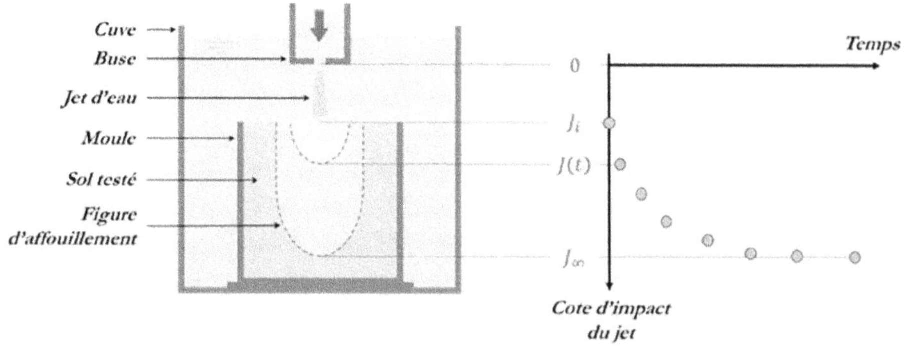

Fig. 4.16
Diagram of the JET test and scouring curve over time

Fig. 4.17
Photographie d'un échantillon avant (gauche) et après le test (droite).

Le diamètre " historique " de la buse du jet était de 0,25 pouce (~6,35 mm), mais il existe aujourd'hui des tests de jet de plus petit diamètre (par exemple, le " Mini JET " utilisant un diamètre de jet de 0,125 pouce, Al-Madhhachi et al. (2013)) et des jets de plus grand diamètre (par exemple, le " Large Jet Erosion Test " de geophy*Consult* utilisant notamment des jets de 12 mm et 20 mm de diamètre, Boucher et al. (2019) sur des sols grossiers découverts).

Dans la mesure du possible, pour la représentativité des résultats, il est recommandé de réaliser les essais JET avec une vitesse d'impact du jet dans la gamme des contraintes attendues sur l'ouvrage en cas de débordement. En l'absence d'information, la charge hydraulique est en pratique ajustée par l'opérateur afin de ne pas surcharger le sol trop tôt et ainsi produire une courbe d'érosion mesurée finement décrite. Ceci dans le contexte où l'on sait que les équipements existants ne permettent pas d'appliquer des contraintes hydrauliques inférieures à quelques Pascal, ou supérieures à quelques centaines de Pascal, qui peuvent ne pas être suffisantes pour générer un affouillement significatif dans des échantillons résistants.

4.2.2.5. Analyse des résultats et modélisation du test

Pour une contrainte hydraulique appliquée supérieure à la contrainte d'érosion critique du sol testé, l'interprétation du test suppose généralement une loi d'érosion linéaire :

$$dJ/dt = k_d.(\tau - \tau_c),$$

où:

J est la cote d'impact du jet (m),

t est le temps d'impact du jet sur l'échantillon (s),

k_d est le coefficient d'érosion ($m^3/(N.s)$),

τ est la contrainte hydraulique appliquée à l'échantillon par le jet (Pa),

τ_c est la contrainte d'érosion critique, appelée contrainte de cisaillement critique pour l'initiation de l'érosion dans le chapitre 3 du bulletin 164 (CIGB 2017) (Pa);

De nombreuses méthodes ont été proposées dans la littérature pour identifier les paramètres d'érodabilité τ_c et k_d à partir des résultats d'essais.

Fig. 4.17
Photograph of a sample before (left) and after testing (right).

The "historical" jet nozzle diameter was 0.25-inch (~6.35 mm), but today there are smaller diameter jet tests (for example, the "Mini JET" using a jet diameter of 0.125-inch, Al-Madhhachi et al. (2013)) and larger diameter jets (for example the "Large Jet Erosion Test" by geophy*Consult* using multiple diameter jets for testing on uncapped coarse soils, notably 12 mm and 20 mm diameter jets, Boucher et al. (2019)).

As far as possible, for the representativeness of the results, it is recommended that JET tests be carried out with a jet impact speed in the expected stress range on the structure in the event of an overflow. In the absence of information, the hydraulic load is in practice adjusted by the operator so as not to overload the soil too early and thereby produce a finely described measured erosion curve. This is in the context of knowing that the existing equipment does not allow the application of hydraulic stresses of less than a few Pascal, or more than a few hundred Pascal, which may not be sufficient to generate significant scour in resistant samples.

4.2.2.5. JET Data analysis and test modelling

For an applied hydraulic stress greater than the critical erosion stress of the soil tested, the interpretation of the test usually assumes a linear erosion law:

$dJ/dt = k_d.(\tau - \tau_c)$,

where:

J is the impact rating of the jet (m),

t is the impact time of the jet on the sample (s),

k_d is erosion coefficient ($m^3/(N.s)$),

τ is the hydraulic stress applied to the sample by the jet (Pa),

τ_c is the critical erosion stress, called the Critical Shear Stress for initiation of erosion in Chapter 3 of Bulletin 164 (ICOLD 2017) (Pa).

Many methods have been proposed in the literature to identify the erodibility parameters τ_c and k_d based on test results.

La méthode proposée par Hanson et Cook (2004), était basée sur la loi d'affouillement hyperbolique de Blaisdell. Elle était largement utilisée et incluse dans la norme ASTM D5852 (2007), mais la norme a depuis été retirée (Wahl, 2016).

Marot et al (2011) ont trouvé des résultats différents pour le HET et le JET (section 3.3.4 du volume 1, CIGB 2017). Cependant, en utilisant la méthode énergétique, un indice de résistance à l'érosion de surface a été proposé qui a donné des résultats à peu près similaires pour le JET et le HET.

D'autres méthodes ont depuis été présentées (par exemple, Daly et al. 2013; Karamigolbaghi et al. 2017), basées sur d'autres types d'ajustements. Des discussions sont en cours pour rassembler les connaissances acquises par les différents utilisateurs du dispositif, harmoniser les pratiques et tendre vers une nouvelle norme (Fox et al., 2022).

Parmi les nouvelles pratiques, une méthode de régression linéaire directe basée sur la courbe d'érosion dJ/dt=f(t) est fréquemment utilisée en Europe. Elle a l'avantage de permettre de vérifier graphiquement que l'hypothèse de linéarité de la loi d'érosion est bien observée lors des essais. Lorsque ce n'est pas le cas, le graphique dJ/dt=f(t) permet d'identifier les plages de linéarité et peut être directement exploité par l'ingénieur en déterminant graphiquement, pour une contrainte hydraulique donnée, la vitesse d'érosion correspondante.

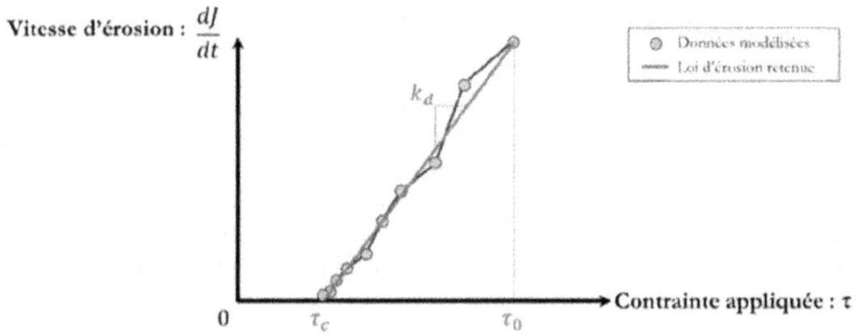

Fig. 4.18
Ajustement direct des paramètres d'érosion sur la loi linéaire : exemple de courbe donnant les valeurs des paramètres souhaités qui reproduisent la courbe expérimentale

En raison de la coexistence de ces différentes méthodologies d'interprétation, il est nécessaire de s'assurer, lorsque des comparaisons entre essais ou avec des classifications sont effectuées, que les essais ont été interprétés (ou réinterprétés) en utilisant la même méthode. En outre, il est recommandé d'archiver les données brutes de tous les essais pour permettre des réinterprétations avec des méthodes et des lois d'érosion différentes.

4.2.2.6. JET utilisation des résultats

A l'heure actuelle (2022), il est recommandé de ne pas utiliser les résultats d'un test JET pour les investigations sur l'érosion interne, mais de les utiliser de diverses manières, comme suit :

- les résultats permettent de positionner le sol par rapport aux essais de la littérature, via la classification de Hanson (qui va de Très Erodable à Très Résistant, sur des échelles log-log, comme le montre la Figure 4.19 ci-dessous). Il faut noter que cette classification a été construite principalement à partir d'essais sur des sols de rivière aux États-Unis, en utilisant la méthode d'inversion de Blaisdell ;

The method proposed by Hanson and Cook (2004), was based on Blaisdell's hyperbolic scouring law. It was widely used and included in ASTM standard D5852 (2007) but the standard has since been withdrawn (Wahl, 2016).

Marot et al (2011) found differing HET and JET results (Section 3.3.4 in Volume 1, ICOLD 2017). However, using the energy method, a surface erosion resistance index was proposed which gave roughly similar results for both JET and HET.

Other methods have since been presented (e.g. Daly et al. 2013; Karamigolbaghi et al. 2017), based on different types of adjustments. Discussions are ongoing to bring together the knowledge acquired by the various users of the device, harmonize practices and move towards a new standard (Fox et al., 2022).

Among the new practices, a direct linear regression method based on the erosion curve dJ/dt=f(τ) is frequently used in Europe. It has the advantage of allowing graphical verification that the linearity hypothesis of the erosion law is well observed in testing. When this is not the case, the graph dJ/dt=f(τ) makes it possible to identify the linearity ranges and can be directly exploited by the engineer by determining, graphically, for a given hydraulic stress, the corresponding erosion rate.

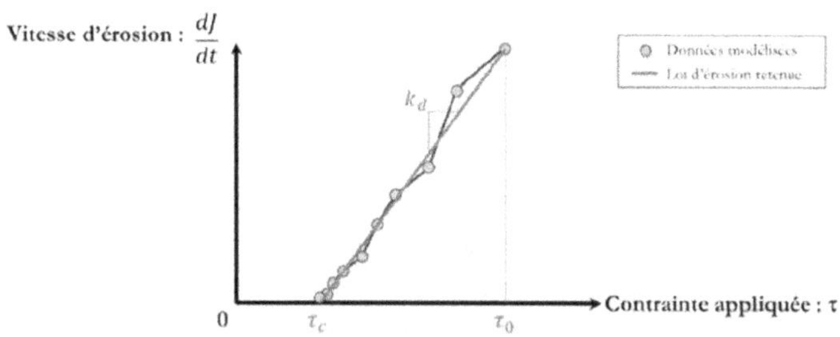

Fig. 4.18
Direct adjustment of erosion parameters on the erosion law: example of curves giving the values of the desired parameters that reproduce the experimental curve

Because of the co-existence of these different interpretation methodologies, it is necessary to ensure, when comparisons between trials or with classifications are made, that the tests have been interpreted (or re-interpreted) using the same method. In addition, it is recommended the raw data from all tests be archived to allow reinterpretations with different methods and laws of erosion.

4.2.2.6. JET use of results

Currently (2022), it is recommended that the results of a JET test should not be used for intrernal erosion investigations, but can be used variously, as follows:

- the results make it possible to position the soil in relation to the tests in the literature, via the Hanson classification (which ranges from Very Erodible to Very Resistant, on log-log scales, as shown on Figure 4.19 below). It should be noted that this classification was built mainly on tests on river soils in the United States, using the Blaisdell inversion method;

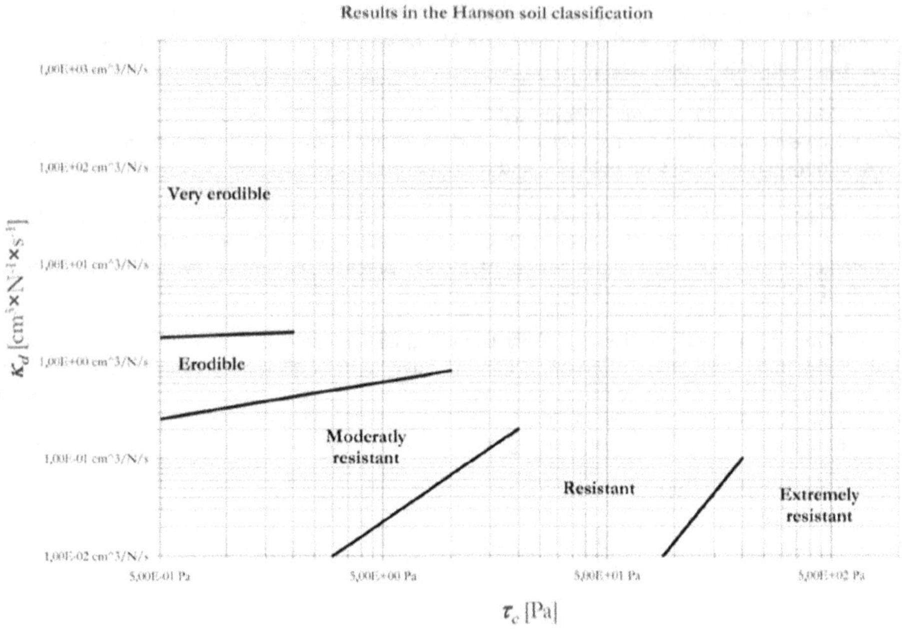

Fig. 4.19
Classification des sols de Hanson basée sur les paramètres d'érosion

- la mesure de la profondeur d'affouillement au cours du temps, J(t), illustre la qualité de l'essai : combien de points expérimentaux ont pu être obtenus ; la profondeur d'affouillement est-elle significative par rapport à la taille de l'échantillon ?

- la représentation de la vitesse d'érosion en fonction de la contrainte appliquée est directement utilisable par l'ingénieur; elle permet de relier une contrainte hydraulique particulière à la surface de la structure à une vitesse d'érosion et à une profondeur de sol érodé par unité de temps ;

- on dispose d'une évaluation qualitative du comportement du sol : est-il homogène/ stratifié, gonfle-t-il ou se désagrège-t-il, se renforce-t-il naturellement par pavage?

- les deux paramètres τ_c et k_d peuvent être introduits dans un modèle d'érosion (par exemple, Windam (Visser et al., 2010), en accès libre sur http://go.usa.gov/cupCF, HR-Breach...), afin de modéliser l'ouverture d'une brèche dans un ouvrage et de prédire un hydrogramme associé, à partir duquel on pourra évaluer la crue de rupture et ses conséquences, éléments essentiels dans la démarche d'analyse de risque pour la sécurité des barrages et des digues.

Si la différence entre les résultats des campagnes JET et HET sont résolues, les résultats des essais JET pourraient être utilisés pour l'érosion interne de la manière suivante :

- pour étudier le potentiel de l'érosion de trou - fissures et ouvertures - à s'initier dans les digues en terre. Les forces d'entraînement imposées dans les fuites concentrées peuvent être quantifiées à partir de l'hydraulique, comme le montre le chapitre 3 du volume 1 du bulletin 164 (CIGB, 2017). Lorsque les forces de traction dépassent τc, la contrainte d'érosion critique, appelée contrainte de cisaillement critique pour l'initiation de l'érosion dans le chapitre 3 du Bulletin 164 (CIGB 2017) (Pa), l'érosion s'initie.

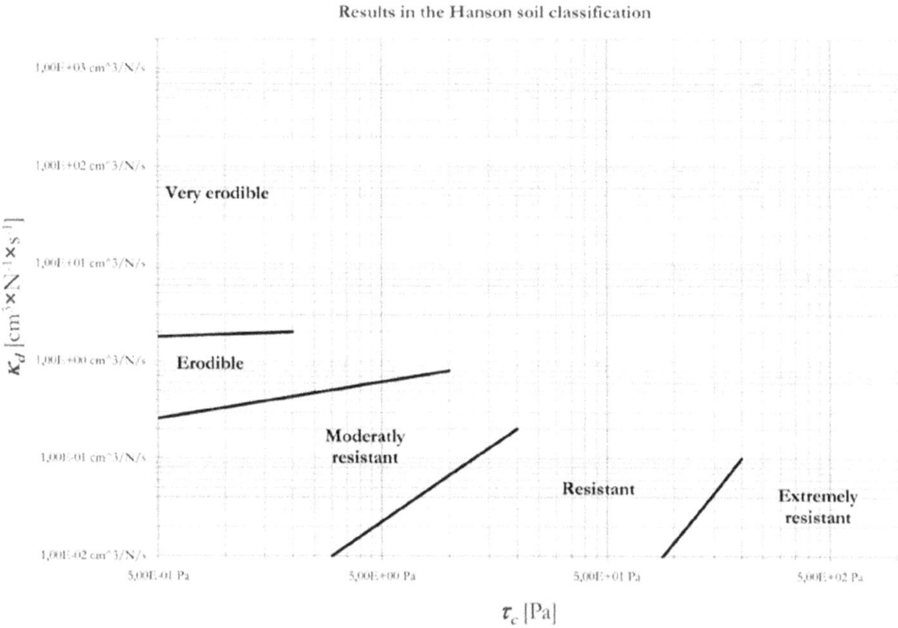

Fig. 4.19
Hanson soil Classification based on erosion parameters

- measurements of depth of scouring over time, J(t), illustrate the quality of the test: how many experimental points could be obtained; is the depth of scouring significant in relation to the sample size?
- the representation of the erosion rate as a function of the applied stress is directly usable by the engineer; it makes it possible to relate a particular hydraulic stress on the surface of the structure to an erosion rate and depth of eroded soil per unit of time;
- a qualitative assessment of the behavior of the soil is available: is it homogeneous/ stratified, does it swell or disintegrate, does it naturally strengthen by paving?
- the two parameters τ_c and k_d can be entered into an erosion model (for example, Windam (Visser et al., 2010), in free access to http://go.usa.gov/cupCF, HR-Breach...), in order to model a breach opening in a structure and predict an associated hydrograph, from which to assess the dambreak flood and the consequences of failure, essential elements in the risk analysis approach to the safety of dams and levees.

If the differences in the results from JET and HET investigations are resolved, the results of JET tests could be used for internal erosion as follows:

- to investigate the potential for internal erosion to initiate in concentrated leaks - cracks and openings - in water retaining earth embankments. The tractive forces imposed in concentrated leaks can be quantified from the hydraulics, as shown in Chapter 3 of Volume 1 of Bulletin 164 (ICOLD, 2017). When the tractive forces exceed τ_c, the critical erosion stress, called the Critical Shear Stress for initiation of erosion in Chapter 3 of Bulletin 164 (ICOLD 2017) (Pa), erosion initiates

- la vitesse à laquelle l'érosion interne dans les fissures et les ouvertures progressera après le début de l'érosion. Notez que le chapitre 8 de la CIGB (2017) conclut que l'érosion progressera rapidement, ne laissant que le temps d'avertir les personnes se trouvant dans le canal de dérivation du barrage de se déplacer vers un terrain plus élevé.

- Un défi particulier dans les analyses de l'érosion interne est la vitesse à laquelle les fissures au-dessus de la ligne phréatique dans la crête des remplissages non plastiques, maintenues ouvertes par la succion interstitielle (pressions interstitielles négatives), s'éroderont ou se fermeront lors du mouillage lorsque les niveaux d'eau augmentent pendant les crues ou lors du remplissage saisonnier. Le développement d'un équipement JET de petite et grande tailles peut aider à étudier cette question. Pour simuler les conditions réelles, les essais devraient être effectués sur des surfaces sèches, sans submersion. Les grands appareils JET permettent de déterminer τc, la contrainte de cisaillement critique, et d'examiner le potentiel d'érosion de fuite concentrée à s'initier dans les fissures des remblais plus grossiers, y compris les particules dépassant 5 mm de diamètre, la taille du gravier fin. Il peut être possible d'utiliser les grands JET dans des puits creusés en crête des barrages en remblais plus grossiers et les mini-JET dans des puits en crête de barrages avec des remplissages plus fins (bien que l'excavation change les pressions interstitielles initiales).

4.3. ESSAIS DE SUFFUSION

4.3.1. Généralités

Les analyses préliminaires visant à déterminer si les sols sont suffusifs sont généralement effectuées en utilisant la courbe granulométrique et en appliquant les différents critères géométriques indiqués au chapitre 6 du Volume 1. Cependant, les sols suspectés d'être potentiellement suffusifs à partir de leur courbe granulométrique, ne seront caractérisés comme suffusifs que lorsque la suffusion sera constatée à partir de la charge hydraulique “critique”. Il est possible d'estimer les gradients critiques à partir des propriétés du sol. Cependant, le chapitre 6 se termine par un paragraphe au point 6.3.3 qui conseille la prudence dans la détermination des gradients critiques, et recommande que le gradient critique soit mesuré par des essais et des appareillages conçus pour reproduire les conditions particulières du barrage.

Avant d'entreprendre des programmes d'essais sur mesure, les essais utilisant les appareillages et les procédures développés pour la pratique et la recherche doivent fournir des résultats suffisamment robustes concernant le potentiel de suffusion des sols dans le remblai et la fondation du barrage.

Des essais plus simples appliquent des gradients hydrauliques dans des équipements dans lesquels les échantillons ne sont pas contraints, par conséquent la contrainte de confinement n'est pas contrôlée. Les essais de Benamar et Bennabi (2014) présentés dans les Figures 4.20, 4.21 et 4.22 et ceux de Skempton et Brogan (1994) sont de ce type.

- the rate at which internal erosion in cracks and openings will progress after initiation of erosion. Note that Chapter 8 in ICOLD (2017) concludes that the erosion will progress rapidly, giving time only to warn people in the dambreak floodway to move to higher ground

- A particular challenge in internal erosion investigations is the rate at which cracks above the phreatic line in the crest of non-plastic fills, held open by pore suction (negative pore pressures), will erode or close on wetting as water levels rise during floods or on seasonal refilling. The development of large and small JET equipment may assist in investigating this issue. To simulate real conditions, the tests would have to be carried out on dry surfaces, without submergence. Large JET devices make it possible to determine τ_C, the Critical Shear Stress and examine the potential for concentrated leak erosion to initiate in cracks in coarser fills including particles exceeding 5 mm diameter, fine gravel size. It may be possible to use the large JET devices in pits in the crests of dams with coarser fills and small mini-JET devices in pits in the crest of dams with finer fills (although excavation will change the initial pore pressures).

4.3. SUFFUSION TESTS

4.3.1. Overview

Preliminary investigations to assess if soils are suffusive are usually carried out using the particle size distribution and applying the various geometric criteria given in Chapter 6 in Volume 1. However, soils identified from their particle size distribution as potentially suffusive, will not suffuse until subjected to hydraulic loads and suffusion will be initiated only when the 'critical' hydraulic load is applied. It is possible to estimate critical gradients from soil properties. However, Chapter 6 concludes with a paragraph in 6.3.3 advising caution in determining critical gradients, and recommending that the critical gradient be examined by tests and test equipment designed to suit the particular conditions at the dam.

Prior to undertaking bespoke testing programs, testing using equipment and procedures developed for practice and research may provide sufficiently robust results regarding the suffusion potential of soils in the fill and foundation of the dam.

Simpler tests apply hydraulic gradients in equipment in which the samples are not constrained, consequently the confining stress is not regulated. The Benamar and Bennabi (2014) tests shown in Figures 4.20, 4.21 and 4.22 and the Skempton and Brogan (1994) are of this type.

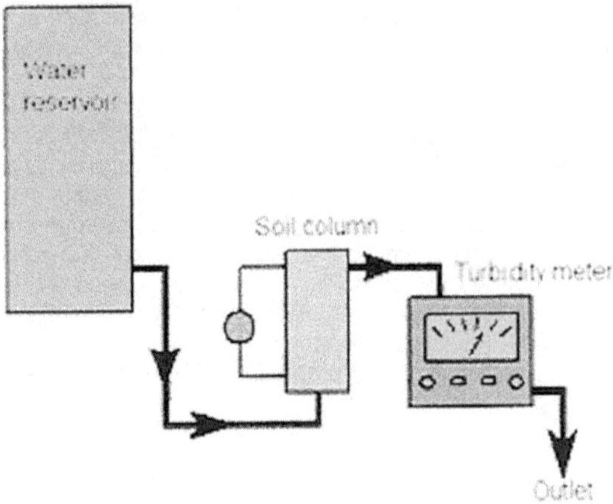

Fig. 4.20
Schéma d'un banc d'essai de suffusion dans lequel la turbidité, indiquant le début de la suffusion, et le gradient hydraulique sont mesurés (Benamar et Bennabi, 2014)

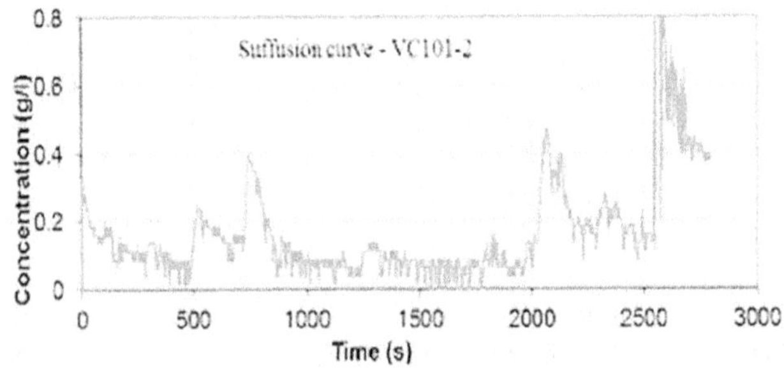

Fig. 4.21
Evolution de la turbidité pendant un test de suffusion (Benamar et Bennabi, 2014)

Fig. 4.22
Echantillon avant (gauche) et après (droite) un test de suffusion (Benamar et Bennabi, 2014)

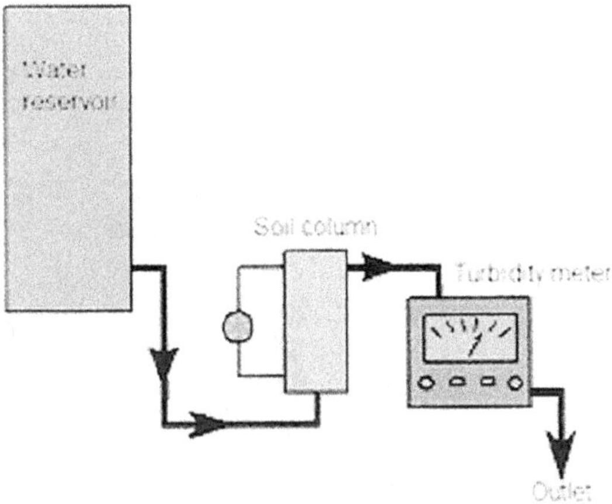

Fig. 4.20
Schematic of suffusion test rig in which turbidity, indicating onset of suffusion, and hydraulic gradient are measured (from Benamar and Bennabi, 2014)

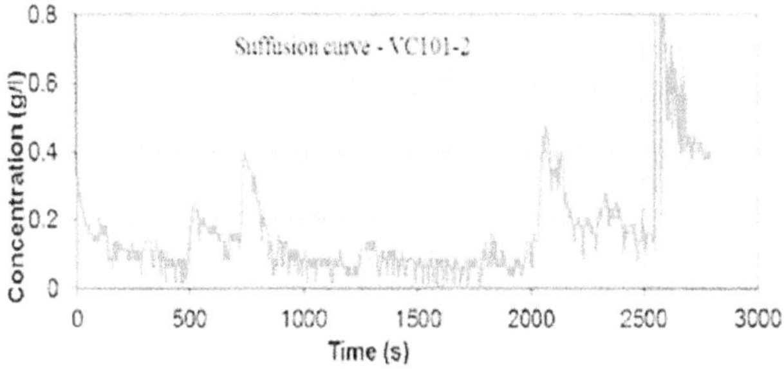

Fig. 4.21
Turbidity profile during suffusion test (from Benamar and Bennabi, 2014)

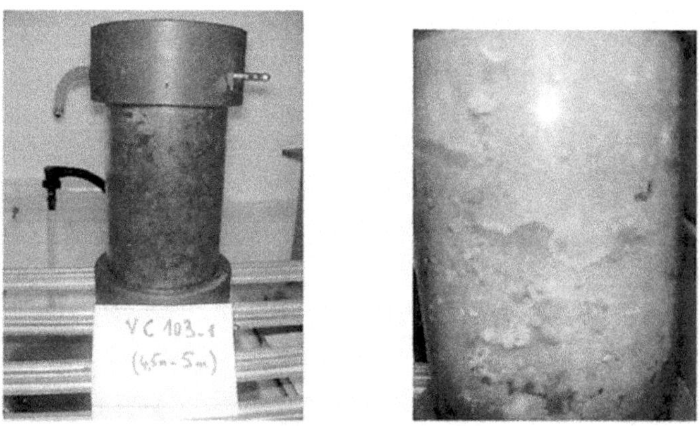

Fig. 4.22
Sample before (left) and after (right) suffusion test (from Benamar and Bennabi, 2014)

Des appareils plus complexes tels que celui développé par Li (2008) (Figure 4.23) permettent de contrôler la contrainte axiale et le dispositif triaxial développé par Marot et al (2014b) permet de contrôler la pression de confinement. Li (2008) et Fannin (2010) produisent des résultats qui montrent l'influence de la contrainte effective sur le gradient critique (Figure 4.24). Les travaux de Marot et al 2014b) visant à déterminer si le colmatage par des particules érodées inhibe le processus de suffusion sont expliqués ci-dessous.

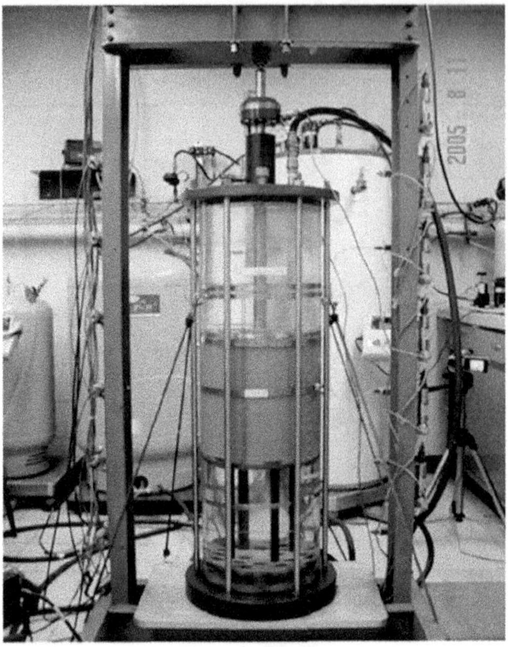

Fig. 4.23
Oedo-perméamètre à contrainte verticale pour mesurer la suffusion (Fannin 2010)

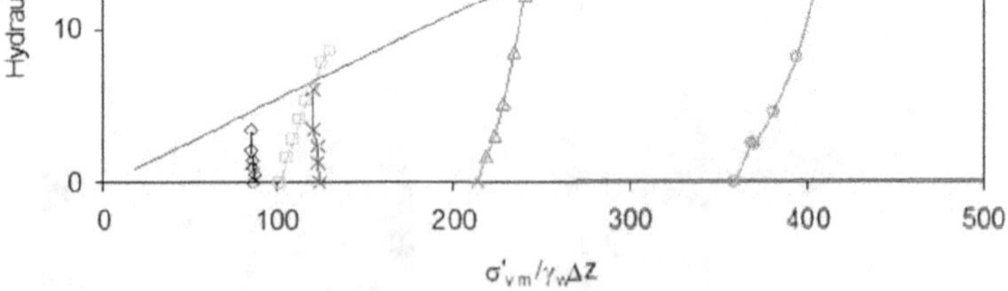

Fig. 4.24
Résultats d'essais de suffusion sur le même sol à différente contrainte effective, montrant un gradient hydraulique critique croissant nécessaire pour déclencher la suffusion à mesure que la contrainte effective augmente (Fannin 2010)

More complex equipment such as that developed by Li (2008) (Figure 4.23) permits control of the axial stress and the triaxial device developed by Marot et al (2014b) allows control of the confining pressure. Li (2008) and Fannin (2010) produce results that show the influence of effective stress on critical gradient (Figure 4.24). The work of Marot et al (2014b) on determining whether clogging by eroded particles will inhibit the suffusion process is explained below.

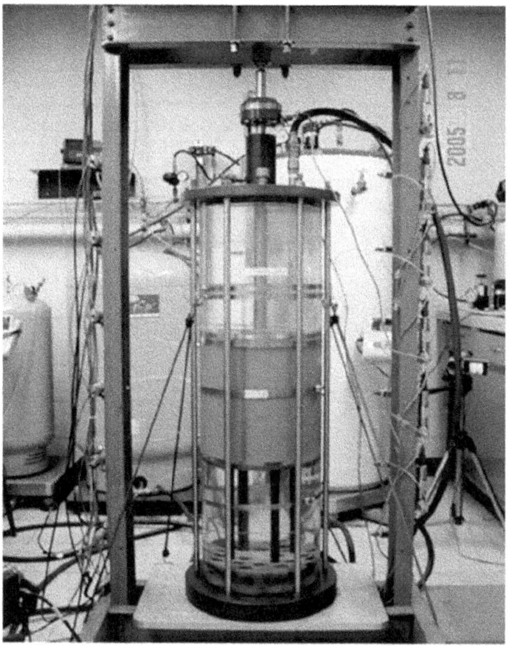

Fig. 4.23
Axial stress-controlled suffusion testing rig (from Fannin 2010)

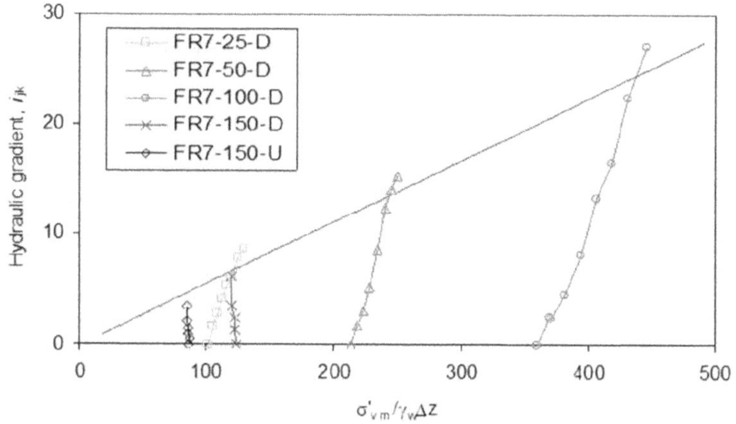

Fig. 4.24
Results of suffusion tests on same soil at varying effective stress, showing increasing hydraulic gradient required to initiate suffusion as effective stress increases (from Fannin 2010)

4.3.2. *Analyse de l'influence du sens de l'écoulement sur la suffusion*

Marot et al. (2020) ont développé un appareil à écoulement multidirectionnel afin d'effectuer des essais de suffusion sur des échantillons intacts et de permettre l'application d'un écoulement vertical ou horizontal. La configuration générale de l'appareil d'essai est présentée à la Figure 4.25.

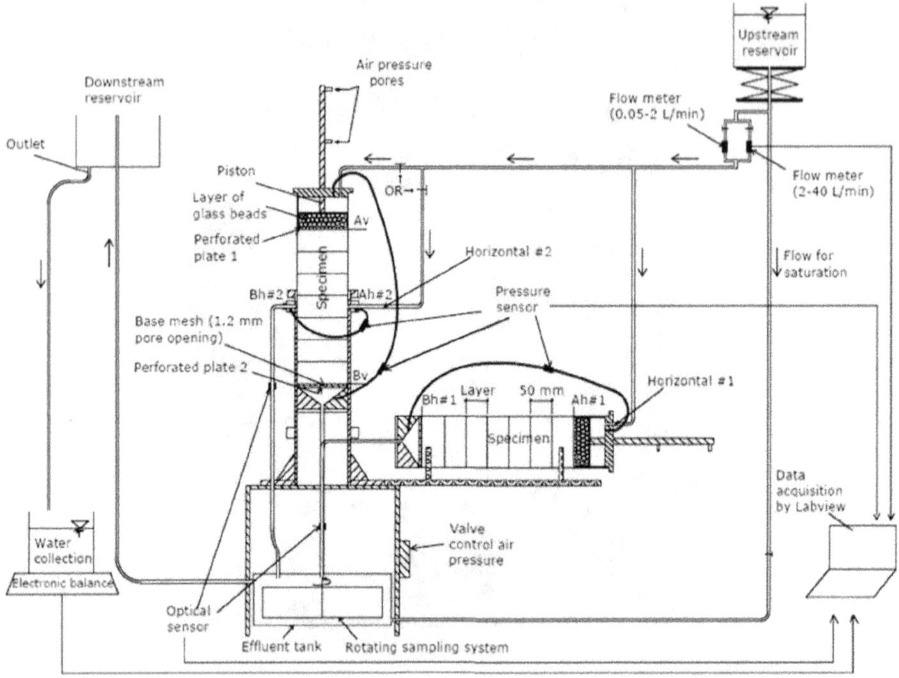

Fig. 4.25
Schéma de l'érodimètre à écoulement multidirectionnel

Il comprend une cellule acrylique cylindrique, un système d'application de contraintes axiales, un système de collecte des sols érodés, un système d'alimentation en eau, une instrumentation et un système d'acquisition de données. Ce dispositif a été développé pour réaliser des essais de suffusion sur des échantillons carottés directement dans la cellule. Ces cellules ont la forme d'un cylindre en acrylique avec un diamètre intérieur de 80 mm et une hauteur pouvant atteindre 500 mm. Le dispositif permet de tester des échantillons de différentes hauteurs entre 300 mm et 400 mm. La méthodologie qui est définie par le brevet (Plotto et al., 2018) évite de pousser l'échantillon hors de la cellule et limite ainsi le remaniement de l'échantillon de sol.

Une série d'essais de suffusion a été réalisée sous écoulement vertical ou horizontal sur deux sols sans cohésion. Les résultats des essais montrent que la répétabilité de la préparation des échantillons est relativement bonne. Dans le cas d'un écoulement horizontal, les deux sols testés semblent plus perméables, et ils sont également légèrement plus résistants au processus de suffusion. La comparaison des granulométries post-suffusion avec la granulométrie initiale a montré que sous écoulement horizontal, les échantillons deviennent plus hétérogènes avec une perte plus importante de particules fines dans la couche supérieure. Un écoulement préférentiel peut alors apparaître dans cette couche, ce qui limite le développement ultérieur de la suffusion et explique la conductivité hydraulique plus élevée. Ainsi, ces résultats démontrent l'influence significative de la direction du flux d'infiltration sur la susceptibilité à la suffusion.

4.3.2. *Examining the effects of flow direction in suffusion*

Marot et al. (2020) developed a multi-directional flow apparatus in order to perform suffusion tests on undisturbed specimens and to allow applying a vertical or a horizontal flow. The general configuration of the testing apparatus is shown in Figure 4.25.

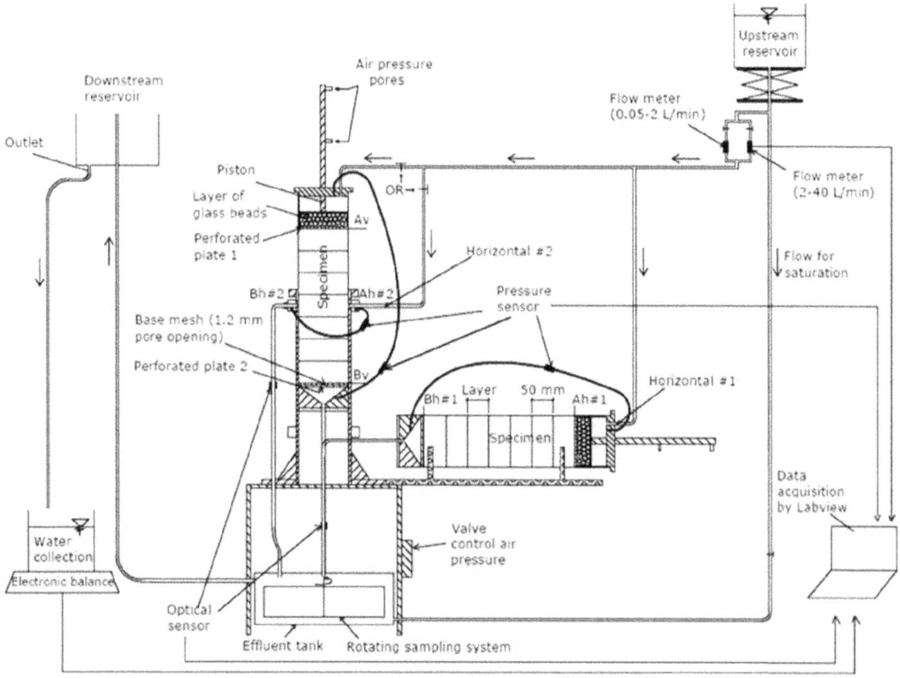

Fig. 4.25
Schematic diagram of the multi-directional flow erodimeter

It comprises an acrylic cylinder cell, a system for applying axial stress, a soil collection system, a water supply system, instrumentation and a data acquisition system. This device has been developed to perform suffusion tests on core samples directly in the cell. Such cells have an acrylic cylinder form with an inner diameter of 80 mm and a height of up to 500 mm. The device makes it possible to test specimen of various heights between 300 mm and 400 mm. The methodology which is defined by Patent (Plotto et al., 2018) avoids pushing the sample out of the cell and so limits disturbance of the soil sample.

A series of suffusion tests was carried out under vertical or horizontal flow on two cohesionless soils. The test results show that the repeatability of specimen preparation is fairly good. Under horizontal flow, both the tested soils appear more permeable, and they are also slightly more resistant to the suffusion process. The comparison of post-suffusion gradations with the initial grading showed that under horizontal flow, the specimens become more heterogeneous with a higher loss of fine particles in the top layer. A preferential flow can then appear in this layer which limits the further development of suffusion and explains the higher hydraulic conductivity. Thus, these results demonstrate the significant influence of the seepage flow direction on the suffusion susceptibility.

4.3.3. *Analyse des effets du colmatage au cours de la suffusion*

Marot et al (2014b) ont examiné comment les particules érodées par le processus de suffusion peuvent provoquer un colmatage dans l'échantillon et ainsi empêcher la suffusion de continuer et de progresser.

Un érodimètre triaxial mis au point par Bendahmane et al. (2008) a été conçu pour appliquer un flux d'infiltration descendant sur des échantillons de sol fin intacts ou sur des échantillons de sol fin reconstitués (50 mm de diamètre et jusqu'à 100 mm de hauteur) (voir Figure 4.26).

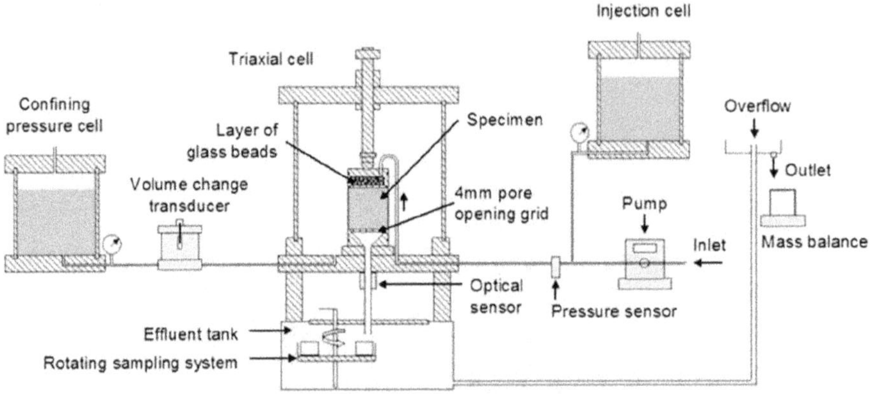

Fig. 4.26
Schéma de principe de l'érodimètre triaxial

Le dispositif d'essai comprend une cellule triaxiale modifiée conçue pour consolider l'échantillon sous confinement isotrope et forcer le fluide vers le bas à travers l'échantillon à un débit mesuré pendant l'essai d'érosion. En cas de suffusion, les concentrations d'argile fine ou de limon dans l'effluent sont calculées à partir des mesures continues de turbidité (Marot et al., 2011b). La concentration de particules fines dans l'effluent est exprimée par le rapport entre la masse de particules fines et la masse d'eau dans le fluide. Marot et al. (2014b) analysent les résultats pour distinguer deux étapes successives évaluant la susceptibilité de l'échantillon à la suffusion et sa classification d'érodabilité. Selon le type de distribution de la taille des grains, le critère le plus efficace peut être choisi parmi les critères de Chang et Zhang et al (2012), Kenney et Lau (1985, 1986) ou Wan et Fell (2004c).

Lorsque l'évaluation du risque montre une instabilité potentielle, la caractérisation de l'érodabilité est évaluée à partir de tests de suffusion. Comme la nature de l'argile et les caractéristiques chimiques du fluide interstitiel ont une influence sur le processus de suffusion, les tests de suffusion doivent être effectués avec de l'eau provenant du site ou avec de l'eau déminéralisée. L'essai doit être effectué en augmentant par palier le gradient hydraulique appliqué et doit être poursuivi jusqu'à ce que la conductivité hydraulique se stabilise.

Rochim et al. (2017) ont réalisé plusieurs essais de suffusion sous différents chemins de chargement hydraulique (gradient hydraulique constant, gradient hydraulique multi-étapes, débit constant). Les résultats mettent en évidence la complexité de la suffusion, qui peut être comprise comme le processus par lequel les particules de sol les plus fines sont détachées et transportées dans le réseau de sols poreux. Les particules détachées peuvent être filtrées avec un taux croissant en fonction de la granulométrie initiale, de la densité du sol et de l'évolution de la sollicitation hydraulique. Selon le type de chargement hydraulique, le processus prédominant peut être soit la filtration, soit l'érosion. Dans ce contexte, l'étude de Rochim et al. (2017) montre que le type de chargement hydraulique peut modifier substantiellement la valeur du gradient hydraulique critique auquel la

4.3.3. *Examining the effects of clogging in suffusion*

Marot et al (2014b) examined how the particles eroded by the suffusion process may cause clogging within the sample and thereby inhibit suffusion from continuing and progressing.

A triaxial erodimeter developed by Bendahmane et al. (2008) was designed to apply downward seepage flow on intact fine soil samples or on reconstituted fine soil specimens (50 mm in diameter and height up to 100 mm) (see Figure 4.26).

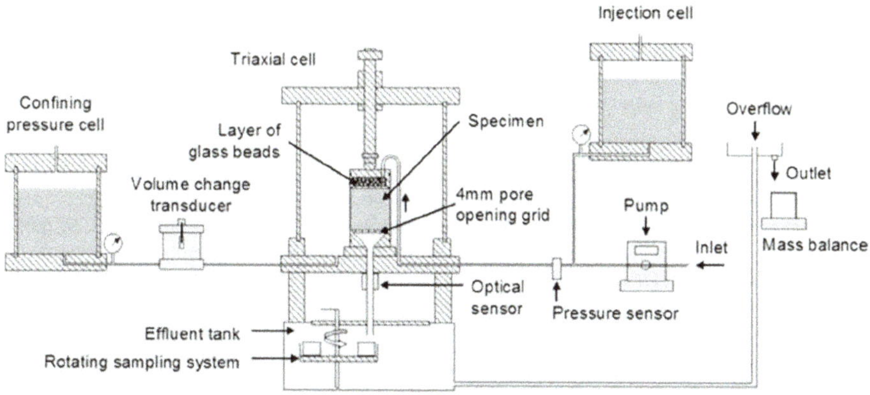

Fig. 4.26
Schematic diagram of the triaxial erodimeter

The testing device comprises a modified triaxial cell designed to consolidate the sample under isotropic confinement and force fluid downwards through the sample at a measured flow rate during the erosion test. In the case of suffusion, fine clay or silt concentrations in the effluent are continuously computed (Marot et al., 2011a). Fine particle concentration in the effluent is expressed as the ratio of the mass of fine particles to water mass within the fluid. Marot et al. (2014b) analyze the results to distinguish two successive steps evaluating the susceptibility of the sample to suffusion and its erodibility classification. Depending on the type of grain size distribution, the most successful criterion can be chosen between criteria from Chang and Zhang et al (2012), Kenney and Lau (1985, 1986) or Wan and Fell (2004c).

When the evaluation of the susceptibility shows potential instability, the erodibility characterization is assessed from suffusion tests. As the nature of the clay and the chemical characteristics of interstitial fluid have an influence on the suffusion process, the suffusion tests should be performed with water from the site, or with demineralized water. The test should be performed by progressively increasing the applied hydraulic gradient and it should be carried on until the hydraulic conductivity stabilizes.

Rochim et al. (2017) performed several suffusion tests under different hydraulic loading paths (constant hydraulic gradient, multi-stages hydraulic gradient, constant flow rate). The results highlight the complexity of suffusion, which can be understood as the process by which the finest soil particles are detached and transported within the porous soil network. Detached particles can be filtered out with an increasing rate depending on initial gradation, soil density and evolution of hydraulic loading. According to the type of hydraulic loading, the predominant process can be either filtration or erosion. In this context, the study of Rochim et al. (2017) shows that the type of hydraulic loading can substantially modify the value of the critical hydraulic gradient at which suffusion occurs. Moreover,

suffusion se produit. De plus, une fraction des particules détachées peut se réinstaller ou être filtrée au niveau de la masse du réseau poreux. Ces processus peuvent éventuellement induire un colmatage local, accompagné de variations de la vitesse du fluide et de la pression interstitielle. Par conséquent, les variations du débit d'infiltration et du gradient de pression doivent être prises en compte pour évaluer la sollicitation hydraulique. Avec un tel objectif, Reddi et al. (2000) supposent que la sollicitation hydraulique peut être représentée par la contrainte de cisaillement visqueuse à l'interface fluide-solide. Ils expriment cette contrainte de cisaillement pour un écoulement horizontal dans le milieu poreux et Rochim et al. (2017) la reformulent pour un écoulement vertical. Comme pour les autres processus d'érosion, la méthode interprétative correspondante peut consister à calculer la vitesse d'érosion par la relation linéaire avec l'excédent de contrainte de cisaillement. Cependant, dans le cas de la suffusion, l'influence de l'historique du chargement hydraulique sur la valeur du coefficient d'érosion montre qu'une telle approche ne permet pas de déterminer une caractérisation unique de la susceptibilité à la suffusion. De plus, en comparant des essais réalisés avec des tailles d'éprouvettes différentes, Zhong et al. (2018) montrent que la valeur du coefficient d'érosion, déterminée pour des éprouvettes plus grandes est systématiquement plus grande que celles obtenues avec les plus petites.

Une autre façon de considérer les variations à la fois de la vitesse de percolation et du gradient de pression consiste à exprimer la puissance dépensée par le débit de percolation (Marot et al. 2011b, 2016). Trois hypothèses sont utilisées : la température du fluide est supposée constante, le système est considéré comme adiabatique, et seul un régime permanent est considéré. L'équation de conservation de l'énergie permet d'exprimer la puissance totale de l'écoulement comme la somme de la puissance transférée du fluide aux particules solides et de la puissance dissipée par les contraintes visqueuses dans le fluide. Comme le transfert entre le fluide et le solide semble négligeable dans le processus de suffusion (Sibille et al., 2015), les auteurs proposent de caractériser la charge du fluide à partir de la puissance d'écoulement totale, P_{flow}, qui s'exprime en Watt par :

$$P_{flow} = (\gamma_w \, \Delta z + \Delta P) \, Q$$

où γ_w est le poids unitaire de l'eau (N/m^3), ΔP (Pa) est la perte de charge entre une section amont et une section aval, Δz est la distance entre ces sections et Q est le débit du fluide,

$\Delta z > 0$ si l'écoulement est descendant,

$\Delta z < 0$ si l'écoulement est ascendant et la puissance d'érosion est égale à $Q.\Delta P$ si l'écoulement est horizontal.

L'énergie dépensée E_{flow} (J) est l'intégration temporelle de la puissance instantanée dissipée par l'infiltration d'eau et il est calculé jusqu'à ce qu'il atteigne l'état d'équilibre (c'est-à-dire que la conductivité hydraulique tend à se stabiliser et le taux d'érosion tend à diminuer). Ainsi, l'énergie dépensée est exprimée par l'équation suivante :

$$E_{flow} = \int_0^{t_f} P_{flow}(t) \, dt$$

Où t_f est le temps (en s) correspondant à la stabilisation de la conductivité hydraulique et à la diminution de la vitesse d'érosion.

Pour la même durée, la masse sèche érodée cumulée est déterminée (exprimée en kg) et l'indice de résistance à l'érosion est exprimé par :

$$I_\alpha = -\log \left(\frac{\textit{Cumulative eroded dry mass}}{E_{flow}} \right)$$

a fraction of the detached particles can resettle or be filtered at the bulk of the porous network. These processes can eventually induce local clogging, accompanied by variations of fluid velocity and interstitial pressure. Therefore, variations of both seepage flow and pressure gradient have to be considered to evaluate the hydraulic loading. With such objective, Reddi et al. (2000) assume that hydraulic loading can be represented by the viscous shear stress at the fluid-solid interface. They express this shear stress for a horizontal flow in the porous medium and Rochim et al. (2017) reformulate it for vertical flow. As for other erosion processes, the corresponding interpretative method can consist in describing the erosion rate by using the excess shear stress equation. However, in the case of suffusion, the influence of the hydraulic loading history on the erosion coefficient value shows that such an approach does not permit to determine a unique suffusion susceptibility characterization. Moreover, by the comparison of tests performed with two different sizes of specimens, Zhong et al. (2018) show that the values of erosion coefficient, determined for larger specimens are systematically larger than results obtained with the smaller ones.

Another way to consider variations of both seepage velocity and pressure gradient consists in expressing the power expended by the seepage flow (Marot et al. 2011b, 2016). Three assumptions are used: the fluid temperature is assumed constant, the system is considered as adiabatic, and only a steady state is considered. The energy conservation equation allows the expression of the total flow power as the summation of the power transferred from the fluid to the solid particles and the power dissipated by viscous stresses in the fluid. As the transfer between fluid and solid appears negligible in the suffusion process (Sibille et al., 2015), the authors suggest characterizing the fluid loading from the total flow power, P_{flow}, which is expressed in Watt by:

$$P_{flow} = (\gamma_w \Delta z + \Delta P)\, Q$$

where γ_w is the unit weight of water (in N/m^3), ΔP (in Pa) is the pressure drop between an upstream section and a downstream section, Δz (in m) is the distance between these sections and Q (in m^3/s) is the fluid flow rate,

$\Delta z > 0$ if the flow is in downward direction,

$\Delta z < 0$ if the flow is upward and the erosion power is equal to $Q\,\Delta P$ if the flow is horizontal.

The expended energy E_{flow} (expressed in J) is the time integration of the instantaneous power dissipated by the water seepage, and it is computed until reaching the steady state (i.e., hydraulic conductivity tends to stabilize, and the erosion rate tends to decrease). Hence, the expended energy is expressed by the following equation:

$$E_{flow} = \int_0^{t_f} P_{flow}(t)\, dt$$

where t_f is the time (in s) corresponding to the stabilization of the hydraulic conductivity and the decrease of the erosion rate.

For the same duration, the cumulative eroded dry mass is determined (expressed in kg) and the erosion resistance index is expressed by:

$$I_\alpha = -\log\left(\frac{\text{Cumulative eroded dry mass}}{E_{flow}}\right)$$

L'indice de résistance à l'érosion I_α est validé comme paramètre intrinsèque, au moins à l'échelle du laboratoire, tandis que Rochim et al. (2017) montrent que cette méthode est efficace pour déterminer la susceptibilité à la suffusion pour un matériau sans cohésion, sous différents chemins de chargement hydraulique. De plus, Zhong et al. (2018) ont démontré que l'énergie dissipée et la masse érodée dépendent de la taille du spécimen; ainsi, l'indice de résistance qui est le rapport de ces deux quantités est indépendant de la taille du spécimen.

En fonction des valeurs de l'indice I_α, Marot et al. (2016) proposent six catégories de susceptibilité à la suffusion allant de très érodable à très résistant (catégories de susceptibilité correspondantes : très érodable pour $I_\alpha < 2$; érodable pour $2 \leq I_\alpha < 3$; moyennement érodable pour $3 \leq I_\alpha < 4$; moyennement résistant pour $4 \leq I_\alpha < 5$; résistant pour $5 \leq I_\alpha < 6$; et très résistant pour $I_\alpha \geq 6$). Cette classification de la susceptibilité à la suffusion apporte une caractérisation plus sensible de l'érodabilité, par rapport aux critères basés sur la granulométrie qui ne distinguent que deux types de gradation : stable ou instable. De plus, elle est complémentaire aux abaques définis pour les autres processus d'érosion. Il s'agit notamment des abaques proposés par Briaud (2008) sur la base d'essais d'érosion réalisés avec l'EFA, par Hanson et Simon (2001) avec le JET et par Wan et Fell (2004a) pour le HET, et par Marot et al. (2011b) pour les essais JET et HET.

La sensibilité à la suffusion est alors déterminée à partir des tests de suffusion et de la méthode d'interprétation basée sur l'énergie. En outre, les caractéristiques de l'échantillon testé sont également associées aux résultats (voir tableau 4.2).

Table 4.2

Caractéristiques et classification de la suffusion du sol testé

GeM Institut de Recherche en Génie Civil et Mécanique Equipe Interactions Eau-Géomatériaux 58 rue Michel Ange, BP 420 44606 Saint-Nazaire Cedex, France Tel : (33) 2 40 17 81 91	**Triaxial Suffusion Erosion Test**	Test operator:
Study :	Nb of specimen :	
Test :	Nb of drilling:	
Date :	Depth :	
Soil :		
Characteristics of tested specimen:		
Length of specimen :	$L =$	
Pore opening of the filter :	$O_{filtre} =$	
Wet mass of the specimen:	$M_h =$	
Initial relative density:	$d = \rho/\rho_w =$	
Initial water content:	$w =$	
Confining pressure:	$\sigma_3 =$	
Porosity after consolidation:	$n =$	
Saturation ratio (after saturation) :	$S_r =$	
Sensibility characterization :		
Applied hydraulic loading (hydraulic gradient or injected flow rate)	$i =$	$q =$
Variation of specimen volume :	$\Delta V =$	
Test duration :	Duration =	
Total dry loss mass:	$m_{dry} =$	
Total energy expended by seepage flow:	$E_{erosion} =$	
Classification of suffusion sensibility		

The erosion resistance index I_α is validated as intrinsic parameter, at least at the laboratory scale, while Rochim et al. (2017) show that this method is efficient for determining the suffusion susceptibility for cohesionless material, under various histories of hydraulic loading. Moreover, Zhong et al. (2018) have demonstrated that the dissipated energy and the eroded mass depend on the size of the specimen; thus, the resistance index which is the ratio of these two quantities is independent of the specimen size.

Depending on the values of I_α index, Marot et al. (2016) propose six categories of suffusion susceptibility from highly erodible to highly resistant (corresponding susceptibility categories: highly erodible for $I_\alpha < 2$; erodible for $2 \leq I_\alpha < 3$; moderately erodible for $3 \leq I_\alpha < 4$; moderately resistant for $4 \leq I_\alpha < 5$; resistant for $5 \leq I_\alpha < 6$; and highly resistant for $I_\alpha \geq 6$). This suffusion susceptibility chart brings a more sensitive characterization of the erodibility, compared to grain size-based criteria which only distinguish two types of gradation: stable or unstable. Moreover, it is complementary to the charts defined for the other erosion processes. These include the charts proposed by Briaud (2008) based on erosion tests performed with Erosion Function Apparatus, by Hanson and Simon (2001) and by Wan and Fell (2004a) for Jet Erosion Test and Hole Erosion Test, respectively, and by Marot et al. (2011b) for both Jet Erosion Test and Hole Erosion Test.

From the suffusion tests and the interpretative energy-based method, the suffusion sensibility is determined. In addition, the characteristics of the tested sample are also given (see Table 4.2).

Table 4.2
Characteristics of tested specimen and erosion classification of the tested soil

GeM Equipe Interactions Eau-Géomatériaux 58 rue Michel Ange, BP 420 44606 Saint-Nazaire Cedex, France Tel : (33) 2 40 17 81 91	**Triaxial Suffusion Erosion Test**	Test operator
Study :	Nb of specimen :	
Test :	Nb of drilling:	
Date :	Depth :	
Soil :		
Characteristics of tested specimen		
Length of specimen :	$L =$	
Pore opening of the filter :	$O_{filtre} =$	
Wet mass of the specimen:	$M_h =$	
Initial relative density:	$d = \rho/\rho_w =$	
Initial water content:	$w =$	
Confining pressure:	$\sigma_3 =$	
Porosity after consolidation:	$n =$	
Saturation ratio (after saturation) :	$S_r =$	
Sensibility characterization :		
Applied hydraulic loading (hydraulic gradient or injected flow rate)	$i =$	$q =$
Variation of specimen volume :	$\Delta V =$	
Test duration :	Duration =	
Total dry loss mass:	$m_{dry} =$	
Total energy expended by seepage flow:	$E_{erosion} =$	
Classification of suffusion sensibility		

4.3.4. *Identification des zones plus suffusives dans un barrage zoné*

À partir de la méthode basée sur l'énergie, Zhang et al. (2018) proposent une méthode générale pour évaluer la susceptibilité à la suffusion des échantillons de sol de carottes appartenant à des remblais de barrage zoné. D'une part, la susceptibilité à la suffusion des échantillons de sol est évaluée par l'indice de résistance à l'érosion. Grâce aux analyses statistiques existantes (Le et al., 2018), l'indice de résistance à l'érosion peut être estimé à partir de plusieurs paramètres du sol, qui peuvent être facilement mesurés in situ ou en laboratoire lors de la construction d'un barrage. D'autre part, la conductivité hydraulique saturée des échantillons de sol est évaluée en fonction du pourcentage de fines et des données de construction disponibles. De plus, la puissance dissipée par l'écoulement est déduite sur la base de la conductivité hydraulique saturée et des conditions limites simplifiées du fluide. La prise en compte combinée de l'indice de résistance à l'érosion et de la puissance dissipée par l'écoulement permet d'identifier les zones caractérisées par un potentiel de suffusion relativement plus important (indice de résistance à l'érosion plus faible et puissance plus importante que leur moyenne respective). La méthode est appliquée à un barrage zoné particulier avec un noyau en moraine, du Nord du Québec, comme preuve de concept.

4.3.5. *Modélisation numérique de la suffusion à partir des paramètres des essais*

Pour la modélisation de la suffusion, Kodieh et al. (2020) ont développé un modèle poro-élastique de suffusion qui tient compte des comportements de suffusion observés dans les tests de laboratoire. En particulier, la loi de transfert de masse suppose que la puissance dissipée par le flux contrôle la cinétique du processus de suffusion. Gelet et al. (2021) utilisent un essai de suffusion sur un sol sans cohésion à granulométrie discontinue pour calibrer la relation de suffusion. Les résultats montrent que cette relation prédit raisonnablement les données expérimentales pour les essais expérimentaux réalisés sur le même sol, mais sous différents chemins de chargement hydraulique et pour différentes tailles d'échantillons. Enfin, le modèle a été résolu numériquement avec la méthode des éléments finis et ses prédictions ont été comparées aux résultats expérimentaux d'un modèle physique de digue. Le modèle reproduit bien la quantité finale de masse érodée. Les distributions spatiales de la hauteur d'eau totale et du pourcentage final de fines sont également bien reproduites.

4.4. ESSAI D'ÉROSION DE CONTACT

Différents appareillages dédiés à l'érosion de contact ont été développés au cours du dernier demi-siècle. Une analyse plus détaillée de ces tests se trouve dans Philippe et al (2013). Le principe général est de déterminer le déclenchement de l'érosion au-dessus d'un seuil hydraulique, généralement exprimé par une vitesse de Darcy critique. Tous ces dispositifs expérimentaux sont assez similaires : l'échantillon est composé de deux couches horizontales de matériau, un sol fin et un sol grossier, placées l'une au-dessus de l'autre dans une cellule rectangulaire. Après saturation préalable de l'échantillon, un flux contrôlé est introduit à travers la couche de sol grossier le long de l'interface entre les deux sols. Une contrainte statique supplémentaire est souvent appliquée à la couche supérieure. Au minimum, l'instrumentation permet de mesurer soit la chute de pression, soit le débit. La relation entre le gradient hydraulique et la vitesse est obtenue par les lois de Darcy ou de Forcheimer, à condition que la perméabilité de la couche grossière soit connue au préalable. Le débit des particules érodées s'écoulant à la sortie de l'échantillon peut être mesuré périodiquement par pesée ou en continu, avec un turbidimètre.

La procédure expérimentale consiste à imposer une charge hydraulique constante pendant une période donnée, allant de quelques minutes à 24 heures selon l'étude, et à déterminer si un processus d'érosion par contact a commencé. Pour cela, chaque auteur utilise des critères différents : simple observation visuelle de la présence de particules en suspension (Brauns, 1985), dépassement d'un taux de transport minimum choisi arbitrairement (Bezuijen et al, 1987), ou existence d'une turbidité non

4.3.4. *Identification of zones with relatively larger suffusion potential in a zoned dam*

From the energy-based method, Zhang et al. (2018) propose a general method to assess the suffusion susceptibility of core soil samples belonging to zoned hydraulic embankment dams. On one hand, the suffusion susceptibility of the soil samples is evaluated by the erosion resistance index. Thanks to existing statistical analyses (Le et al., 2018), the erosion resistance index can be estimated from several soil parameters, that can be easily measured in situ or in laboratory during the construction of a dam. On the other hand, the saturated hydraulic conductivity of the soil samples is evaluated based on the amount of fines content and on available construction data. Moreover, the power dissipated by the flow is inferred based on the saturated hydraulic conductivity and simplified fluid boundary conditions. The combined consideration of the erosion-resistant index and of the power dissipated by the flow permits to identify zones characterized with a relatively larger suffusion potential (lower erosion resistance index and larger power than their respective average). Throughout, the method is applied to a particular zoned dam with a till core, from Northern Quebec, as a proof of concept.

4.3.5. *Numerical modelling of soil suffusion based on experimentally measurable parameters*

For the modelling of suffusion, Kodieh et al. (2020) developed a suffusion poro-elastic model that addresses observed suffusion behaviors in laboratory tests. In particular, the mass transfer law assumes that the power dissipated by the flow controls the kinetics of the suffusion process. Gelet et al. (2021) use one suffusion test on a gap graded cohesionless soil to calibrate the suffusion relationship. The results show that this relationship predicts reasonably experimental data for experimental tests performed on the same soil, but under various hydraulic loading paths and for different specimen sizes. Finally, the model has been numerically solved with the finite element method and its predictions were compared with the experimental results of a physical model of dike. The model reproduces well the final amount of eroded mass. The spatial distributions of the total water head and the final percentage of fines are also smoothly reproduced.

4.4. CONTACT EROSION TESTS

Different test devices dedicated to contact erosion have been developed over the last half century. A more detailed analysis of these tests can be found in Philippe et al (2013). The general principle is to determine the initiation of erosion above a hydraulic threshold, generally expressed as a critical Darcy velocity. All these devices are quite similar: the sample is composed of two horizontal layers of material, a fine soil and a coarse one, positioned one above the other in a rectangular cell. After prior saturation of the sample, a controlled flow is introduced through the layer of coarse soil along the interface between the two soils. An additional static load is often applied to the top layer. As a minimum, the instrumentation allows the measurement of either the pressure drop or the flow rate. The relationship between the hydraulic gradient and the velocity is obtained by Darcy's or Forcheimer's laws, provided that the permeability of the coarse layer is known beforehand. The flux of eroded particles flowing at the outlet of the sample can be measured periodically or continuously, by weighting or with a turbidity meter.

The test procedure is to impose a constant hydraulic head for a given period, ranging from a several minutes to 24 hours according to the study, and to determine if a contact erosion process has started. For this, each author uses different criteria: simple visual observation of the presence of suspended particles (Brauns, 1985), exceeding a minimum transport rate chosen arbitrarily (Bezuijen et al, 1987), or the existence of non-zero turbidity at the end of a 30 minute time step (Guidoux et al, 2010; Beguin, 2011). It is also possible to evaluate the transport rate at different hydraulic loads

nulle au bout d'un pas de temps de 30 minutes (Guidoux et al, 2010; Beguin, 2011). Il est également possible d'évaluer le taux de masse transportée à différents paliers de charge hydraulique au-dessus du seuil, puis de déduire ce seuil par extrapolation à zéro (de Graauw et al, 1983). Ce large éventail de critères souligne que le concept général de seuil d'érosion est par nature assez incertain et ambigu. Il a été remis en question par certains auteurs (Lavelle et Mofjeld, 1987), tandis que d'autres ont proposé de modéliser l'érosion et le transport avec des lois qui ne comportent aucune valeur de seuil.

Un dispositif expérimental typique, très représentatif des autres décrits dans la littérature (de Graauw et al, 1983; Brauns, 1985), est présenté à la Figure 4.27. Il a été développé au sein du laboratoire du LTHE (Université de Grenoble, France), au cours de travaux successifs de Guidoux (Guidoux et al, 2010) et de Béguin (Béguin, 2011). Le développement de l'appareil est maintenant poursuivi par le laboratoire de la société geophy*Consult*.

Deux couches de sol sont placées dans une cellule rectangulaire ayant des dimensions internes de 70x30x25 cm. Le sol fin (sable, limon, argile...) constituant la couche fine a d'abord été hydraté à la teneur en eau optimale du Proctor Normal, puis homogénéisé par une période de repos de 24 heures dans un sac fermé et enfin compacté à la main par couches pour obtenir la densité souhaitée. En revanche, la couche grossière (gravier) est mise en place à sec et sans aucun compactage. Le flux d'eau est introduit à l'entrée de la couche grossière par un divergent tandis qu'un convergent symétrique est fixé à la sortie. Le débit peut atteindre une valeur maximale de 1,5 litre/s pour un gradient hydraulique maximal d'environ 2. Une contrainte est appliquée à la couche supérieure par l'intermédiaire d'une vessie en latex remplie d'eau, même s'il semble que l'ajout de cette contrainte n'ait pas d'impact perceptible sur le seuil d'érosion de contact lorsque le sol grossier se trouve au-dessus du sol fin. En plus d'un débitmètre, l'appareil est équipé d'un turbidimètre et d'un capteur de pression différentielle. Un étalonnage préalable permet de convertir la mesure de turbidité en concentration de matières en suspension.

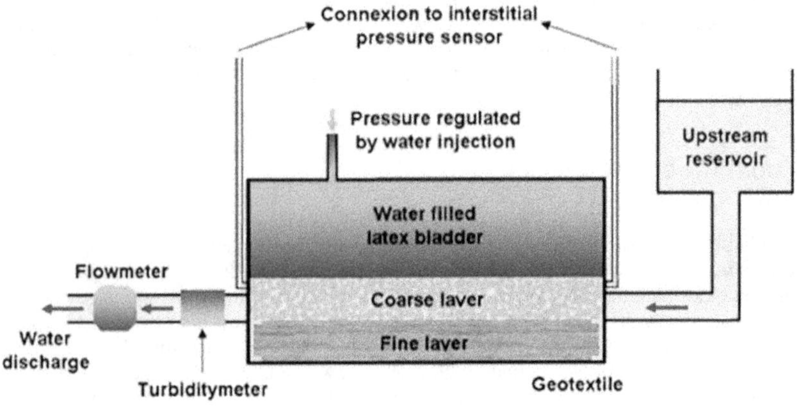

Fig. 4.27
Schéma du dispositif expérimental développé dans le laboratoire LTHE (Université de Grenoble, France) et utilisé successivement par Guidoux (Guidoux et al, 2010) et Béguin (Béguin, 2011)

above the threshold and then to deduce this threshold by extrapolation to zero (de Graauw et al, 1983). This wide range of criteria underlines that the general concept of erosion threshold is rather uncertain and ambiguous by nature. It has been questioned by some authors (Lavelle and Mofjeld, 1987) while some have proposed modeling erosion and transport with laws that do not include any threshold value.

A typical experimental device, highly representative of the other ones described in the literature (de Graauw et al, 1983; Brauns, 1985), is shown in Figure 4.27. It was developed in the LTHE laboratory (University of Grenoble, France), during successive works by Guidoux (Guidoux et al, 2010) and Béguin (Béguin, 2011). The development of the device is now continued by the laboratory of the company geophy*Consult*.

The fine soil (sand, silt, clay...) constituting the fine layer was first moisturized at the optimum water content of the Standard Proctor Test, then homogenized by a rest period of 24 hours in a closed bag and finally compacted by hand in layers to achieve the desired density. In contrast, the coarse layer (gravel) is set-up dry and without any compaction. The water flow is introduced at the inlet of the coarse layer by a diverging system while a symmetric converging system is fixed at the outlet. The flow discharge can reach a maximum value of 1.5 liter/s at a maximum hydraulic gradient of about 2. An additional load is applied to the upper layer via a latex bladder filled with water even though it seems that the addition of this load has no discernible impact on the contact erosion threshold when the coarse soil is above the fine soil. In addition to a flowmeter, the device is equipped with a turbidity meter and a differential pressure sensor. A prior calibration allows conversion of the turbidity measurement into the concentration of suspended matter.

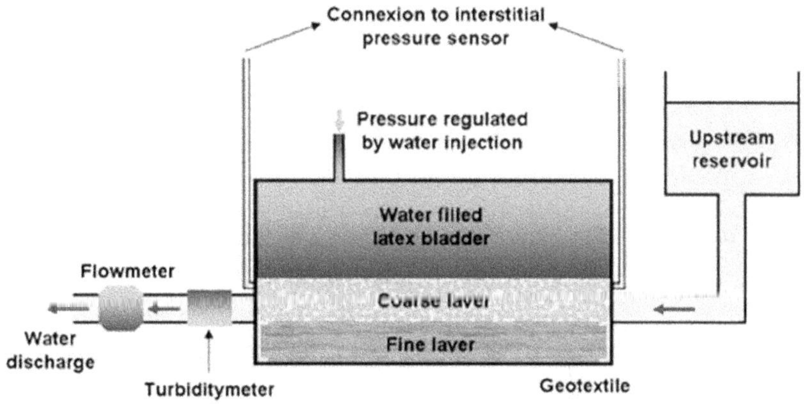

Fig. 4.27
Diagram of the experimental device developed in the laboratory LTHE (University of Grenoble, France) and used subsequently by Guidoux (Guidoux et al, 2010) and Béguin (Béguin, 2011).

La Figure 4.28 montre les résultats d'un test typique effectué pour déterminer le seuil d'initiation d'érosion de contact. Il consiste en une succession de pas de temps de 30 minutes à intensité croissante en termes de vitesse de Darcy. Sur ce graphique, seul un petit pic de turbidité est observé pendant les premiers pas de temps. Chaque pic est interprété comme le lavage rapide des fines les plus exposées à l'écoulement. A partir de la quatrième étape, on observe une augmentation significative de l'amplitude et de la durée du pic de turbidité. Enfin, au-delà de la sixième étape, le pic ne revient pas à zéro et une valeur de turbidité non nulle persiste à la fin des 30 minutes. Ce simple critère a été utilisé ici pour définir le début de l'érosion de contact dans l'échantillon d'essai. Dans l'exemple de la Figure 4.28, la vitesse critique de Darcy est donc de 2 cm/s. Comme mentionné précédemment, notez qu'il existe de nombreuses définitions alternatives de ce critère dans la littérature. Un modèle stochastique, prenant en compte la variabilité spatiale du débit et de la finesse du sol, peut également être utilisé pour représenter cette évolution temporelle spécifique du taux d'érosion (Beguin, 2013).

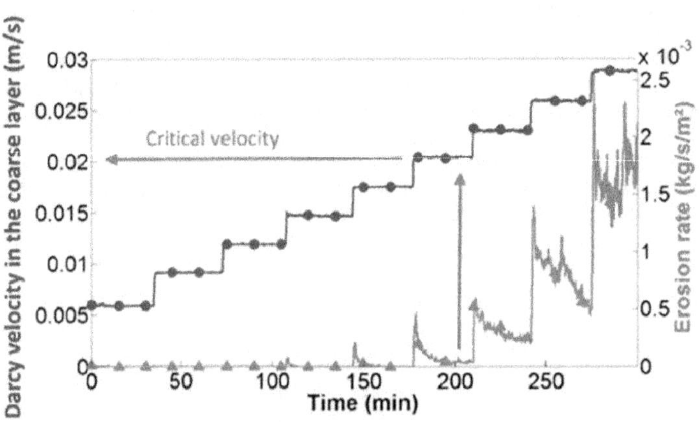

Fig. 4.28
Le taux d'érosion (rose) mesuré avec le dispositif expérimental montré dans la Figure 4.27 au cours de paliers successifs de 30 minutes d'intensité croissante de vitesse de Darcy. La flèche rouge indique le début de l'érosion de contact non transitoire (permanente)à partir d'une vitesse de Darcy de 2 cm/s

4.5. ESSAIS DE PERMÉABILITÉ, ÉRODABILITÉ ET CAPACITÉ FILTRANTE DES REMBLAIS ET DES FILTRES

Dans les barrages zonés, il est possible que l'érosion interne soit arrêtée par la capacité de filtration des zones en aval de toute zone dans laquelle une fuite peut initier l'érosion. La capacité de filtration des remblais peut être évaluée en utilisant le "concept de domaines de filtration" traité en détail dans la section 7.3 du volume 1. En utilisant cette approche, il est possible d'établir si les remblais sont des filtres à érosion nulle, partielle ou excessive qui, après des quantités croissantes de fuites et d'érosion, s'auto-guérissent pour devenir capables d'arrêter l'érosion; ou s'ils sont trop grossiers pour fournir une quelconque rétention et laisseraient l'érosion progresser vers une brèche.

Notez que les barrages non zonés ('homogènes') n'ont aucune capacité de filtration parce qu'il n'y a pas de zones en aval qui pourraient arrêter l'érosion si elle a commencé.

Les sections suivantes traitent des tests pour vérifier les propriétés de rétention des matériaux de remblai et de fondation afin de confirmer que les remblais évalués comme étant des 'filtres' en utilisant les méthodes de la section 7.3 sont en fait efficaces. Des tests pour vérifier l'érodabilité des remblais sont également décrits.

Figure 4.28 shows the results of a typical test performed to determine the erosion contact threshold. It consists in a succession of 30-minute time steps at increasing intensity in terms of Darcy velocity. On this graph, only a small peak of turbidity is observed during the first time steps. Each peak is interpreted as the rapid washing of the fines the most exposed to the flow. From the fourth step, there is a significant increase in the amplitude and duration of the turbidity peak. Finally, beyond the sixth step, the peak does not return to zero and a non-zero turbidity value persists at the end of the 30 minutes. This simple criterion was used here to define the initiation of contact erosion in the test sample. In the example in Figure 4.28, the critical Darcy velocity is therefore 2 cm/s. As previously mentioned, note that there are many alternative definitions for this criterion in the literature. A stochastic model, taking into account the spatial variability of the flow and the fine soil, can also be used to represent that specific time evolution of the erosion rate (Beguin, 2013).

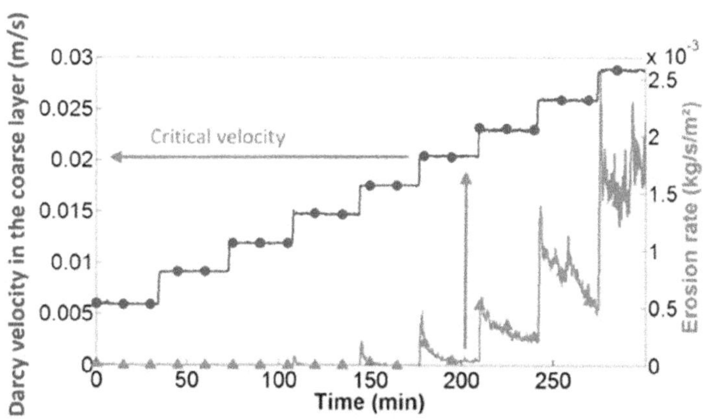

Fig. 4.28
Erosion rate measured with device shown in figure 4.27 during 30-minute time steps at increasing intensity in terms of Darcy velocity. The arrows show the initiation of non-transitory (continuous) contact erosion at Darcy velocity of 0.02 m/s.

4.5. TESTS ON PERMEABILITY, ERODIBILITY AND FILTERING CAPABILITY OF FILLS AND FILTERS

In zoned dams there is a possibility that internal erosion will be arrested by the filtering capability of the zones downstream of any zone in which leakage may initiate erosion. The filtering capability of fills can be assessed using the 'filter erosion boundaries concept' dealt with in detail in Section 7.3 in Volume 1. Using this approach, it can be established if fills are no-, some- or excessive-erosion filters which after increasing amounts of leakage and erosion before 'self-healing' to become capable of arresting erosion; or are too coarse to provide any filtering and would allow erosion to progress towards breach.

Note that unzoned ('homogeneous') dams have no filtering capability because there are no downstream zones that might arrest erosion if it has initiated.

The following sections deal with tests to check the properties of fill and foundation materials to confirm that fills assessed to be 'filters' using the methods in Section 7.3 are in fact effective. Tests to check the erodibility of fills are also described.

4.5.1. Perméamètres pour l'érosion régressive et de contact

Les essais de perméamètre en laboratoire peuvent être utilisés pour fournir des données de perméabilité pour les investigations et les analyses de l'érosion interne, bien que dans la plupart des cas, les mesures des essais in situ soient préférables. Le Tableau 3.2 montre que les paramètres de perméabilité sont essentiels pour les études de vulnérabilité à l'érosion régressive dans les sols sableux et pour les études d'érosion par contact nécessitant des évaluations de la vitesse de Darcy. Ils ont également été adaptés et développés pour les études de la suffusion (par exemple Skempton et Brogan, 1994), et voir ci-dessous. La perméabilité peut également être utilisée pour évaluer la capacité de filtration (Vaughan et Soares, 1982, Delgado et al, 2006). Bridle (2008) montre que l'approche de la perméabilité donne une vision pessimiste de la capacité de filtration des remblais par rapport aux autres méthodes.

Cependant, les essais au perméamètre présentent des difficultés décrites ci-dessous.

Le diamètre des perméamètres standard est insuffisant pour tester des échantillons contenant des particules plus grossières. Bridle et al (2007) et Bridle (2008) décrivent des essais de perméabilité utilisant le perméamètre TRL (Transport Research Laboratory, UK) de 0,3 m de côté et d'un mètre de long. Les particules grossières, supérieures à 37,5 mm, ont été retirées de l'échantillon testé dans le perméamètre. Les courbes granulométriques du till complet et du till "scalpé" sont présentées dans la Figure 4.29.

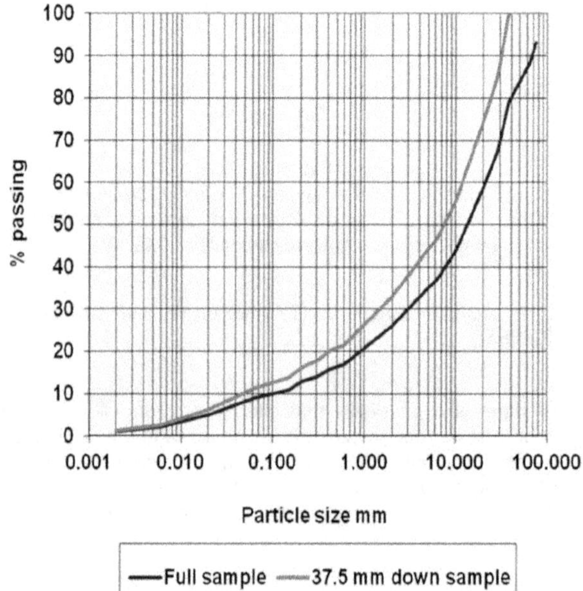

Fig. 4.29
Granulométrie entière et coupure à 37,5 mm d'une moraine (Bridle 2008)

4.5.1. Permeameter tests for backward and contact erosion

Laboratory permeameter tests can be used to provide permeability data for internal erosion investigations and analyses, although in most cases, in-situ test measurements are preferable. Table 3.2 shows that permeability parameters are essential for investigations of vulnerability to backward erosion in sandy soils and for contact erosion investigations requiring assessments of the Darcy velocity. Laboratory permeameter tests have also been adapted and developed for suffusion investigations (e.g., Skempton and Brogan, 1994), and see below. Permeability can be used to assess filtering capability also (e.g., Vaughan and Soares, 1982, Delgado et al, 2006). Bridle (2008) shows that the permeability approach gives a pessimistic view of the filtering capability of fills when compared to other methods.

However, there are difficulties with permeameter testing, as follows:

The diameter of standard permeameters is insufficient for testing samples containing coarser particles. Bridle et al (2007) and Bridle (2008) describe permeability testing using the 0.3 m square by one meter long TRL (Transport Research Laboratory, UK) permeameter. Coarse particles, greater than 37.5 mm were removed from the sample tested in the permeameter. The grading curves of the complete and 'reduced' glacial till are shown in Figure 4.29.

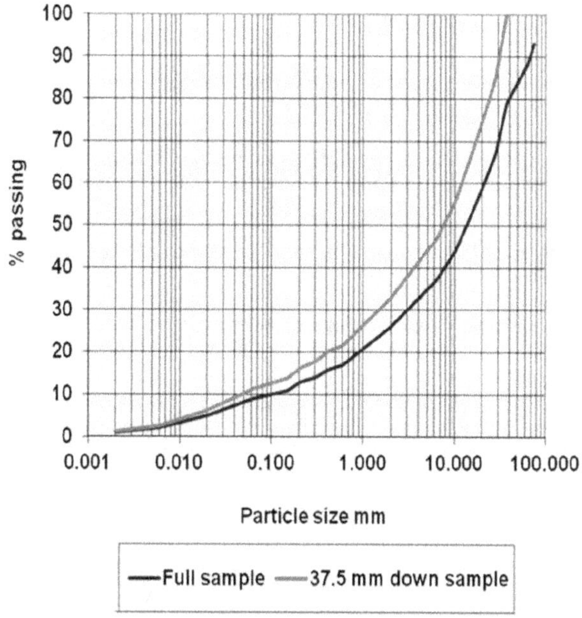

Fig. 4.29
Full and reduced grading of glacial till (Bridle 2008)

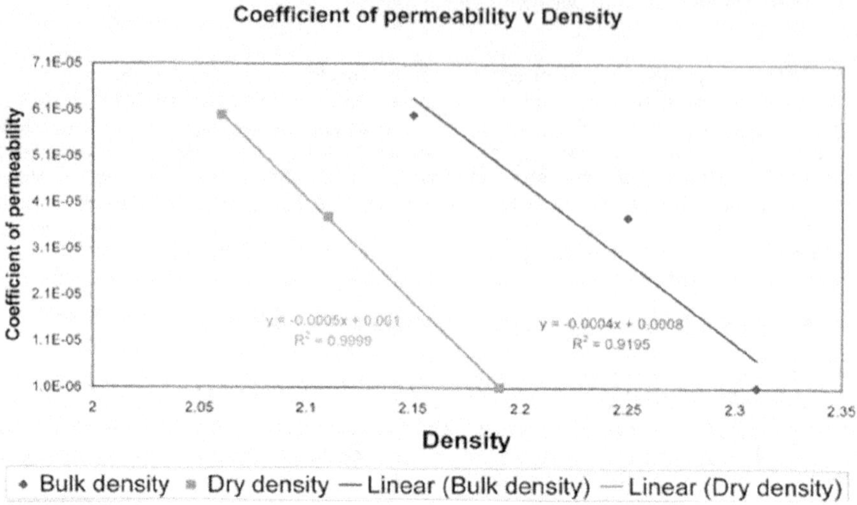

Fig. 4.30
Variation de la perméabilité avec la densité (Bridle, 2008)

La perméabilité est une propriété profondément variable, ainsi elle varie avec la contrainte effective et la densité, comme le montre la Figure 4.30.

Les valeurs de perméabilité issues des essais in situ en forage ou dans les piézomètres, ou déduites des débits par calcul inverse sont préférables aux valeurs mesurées en laboratoire.

4.5.2. Propriétés des remblais, érodabilité, capacité de filtration et fonctions des filtres

Le chapitre 9 du volume 1 propose des méthodes pour réaliser des justifications de la tenue à l'érosion interne. Celles-ci conduisent finalement à l'identification des Modes de Défaillance Potentiels (MDP) par lesquels l'érosion interne peut conduire à la rupture. La section 3.1.3 énumère les points fondamentaux à examiner lors de l'analyse de la vulnérabilité à l'érosion interne des barrages actuels. Dans les barrages zonés, on commencera par utiliser le concept de domaines de filtration pour établir la capacité de filtration des zones en aval des zones sensibles telles que le noyau. Cela peut rendre inutile toute investigation supplémentaire, mais dans les barrages multi-zones, il peut être nécessaire d'étudier le potentiel de filtration et la vulnérabilité à l'érosion interne de plusieurs zones et modes de défaillance potentiels du barrage.

4.5.2.1. Courbe granulométrique

Pour effectuer les analyses, la granulométrie des remblais doit être connue. La collecte d'échantillons complets de remblais granulaires est abordée dans la section 3.2. La granulométrie est déterminée par tamisage. Bien que la fraction fine d'un nouveau matériau filtrant soit généralement limitée à 5% en poids et que ces fines doivent être non plastiques, le remblai des barrages existants peut contenir des fines plastiques ou non plastiques et les analyses granulométriques doivent inclure la sédimentométrie pour déterminer la teneur en fines.

La granulométrie et la densité relative du filtre sont également utiles pour déterminer la distribution de la taille des constrictions. Il est important de calculer la courbe granulométrique non seulement en poids mais aussi en surface et en volume.

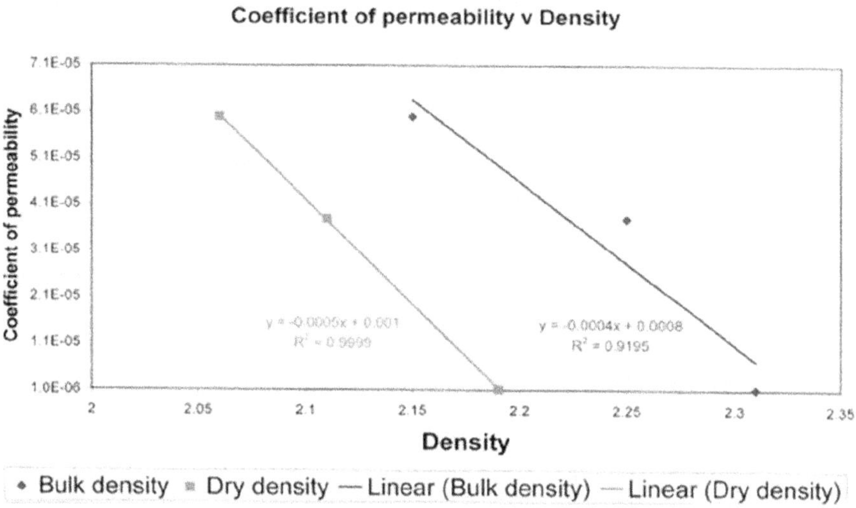

Fig. 4.30
Showing variation of permeability with density (Bridle, 2008)

Permeability is a markedly variable property, and varies with effective stress and with density, as Figure 4.30 shows.

Permeability values from in-situ tests in boreholes or piezometers, or derived by back-calculations from measured leakage flows, are preferable to laboratory permeameter values.

4.5.2. Fill properties, erodibility, filtering capability and filter functions

Chapter 9 in Volume 1 puts forward methods of carrying out engineering assessments. Ultimately these lead to the identification of Potential Failure Modes (PFM) through which internal erosion may lead to failure. Section 3.1.3 lists the fundamental points to be investigated when analyzing the vulnerability of existing dams to internal erosion. In zoned dams this would commence by using the filter erosion boundaries concept to establish the filtering capability of zones downstream of vulnerable zones such as the core. This may make it unnecessary to investigate further, but in multi-zoned dams it may be necessary to investigate the filter potential and vulnerability to internal erosion of several zones and Potential Failure Modes in the dam.

4.5.2.1. Particle size distribution (PSD)

To carry out the analyses, the PSD of the fills must be known. Collecting complete samples of granular fills is discussed in Section 3.2. The PSD is determined by sieving. Although the fine fraction of new filter material is usually limited to 5% by weight and these fines must be non-plastic, the fill in existing dams may contain plastic or non-plastic fines and the PSD analyses should include the sedimentation stage to determine fines content.

The PSD and the relative density of the filter are also useful in order to determine the constriction size distribution (CSD). It is important to calculate the PSD not only by weight but also by surface and by volume.

4.5.2.2. Fonctions des filtres

Les cinq fonctions des filtres énumérées dans les sections 7.3.1 et 7.3.2 du volume 1 sont la rétention, l'auto-filtration ou la stabilité, l'absence de cohésion, le drainage et la résistance.

La granulométrie des filtres potentiels est liée à 4 de ces 5 fonctions. La seule fonction du filtre qui n'est pas directement liée à la granulométrie est la résistance. La condition d'absence de cohésion n'est pas seulement liée à la granulométrie mais dépend également du pourcentage de fines et de la chimie du filtre.

La perméabilité du filtre est liée à deux des fonctions du filtre : le drainage et la rétention.

Les analyses de l'érosion interne auront à déterminer les capacités de filtration et la vulnérabilité à l'érosion du "système" défini par le zonage du remblai et de sa fondation dans les Modes de Défaillance Potentiels du barrage, souvent des cheminements d'érosion simples tels que le remblai noyau-recharge, peuvent être complexes dans les barrages multizones sur des fondations variées. Les analyses auront à fournir des données sur les cinq fonctions de filtration suivantes :

- **Rétention** : la capacité de filtration (du " système " de remblais le long des chemins d'érosion des différents modes de rupture si nécessaire) devra être déterminée, y compris si les remblais sont des filtres sans érosion, à érosion partielle ou excessive, ou s'ils sont trop grossiers pour fournir une quelconque capacité de filtration. Les critères de rétention basés sur la perméabilité de Vaughan et Soares (1982) et Delgado et al (2006) peuvent également être appliqués (bien que, comme mentionné dans la section 4.2.3, l'approche de la " perméabilité " mène à des conclusions plus pessimistes que d'autres, notamment l'approche des " des classes de rétention des filtres ".

- **Autofiltration** ou stabilité granulaire : la stabilité granulaire (ou la "suffusivité", la non-suffusif étant synonyme de "stable" dans le contexte de l'érosion interne) des remblais devra être analysée dans le cadre des analyses du potentiel d'érosion interne.

- **Absence de cohésion :** Les filtres sont inefficaces s'ils sont fissurés, aussi ils ne devraient donc pas être en mesure de maintenir les fissures ouvertes lors du mouillage, d'où l'exigence d'absence de cohésion ou de non-plasticité. Les sols contenant des fines non plastiques peuvent également soutenir des fissures. Le tableau 7.1 du volume 1 donne des détails sur les probabilités pour différentes teneurs en fines. Afin de s'assurer directement que le filtre n'est pas cohésif, le test du "château de sable" est très simple et utile. Ce test est décrit dans Vaughan et Soares (1982) et des modifications peuvent être trouvées dans Soroush et al (2012). Un développement ultérieur est le test "crack-box" (Howard et al, 2015). Bridle (2016) suggère des améliorations, notamment des recherches pour déterminer le temps nécessaire à la fermeture des fissures lors du mouillage. Il est également nécessaire de vérifier que le filtre granulaire ne deviendra pas cohésif par cimentation (Rinehart & Pabst, 2014).

- **Drainage** : les analyses des classes de rétention des filtres intègrent la capacité de drainage pour les filtres autres que les filtres sans érosion. Pour les filtres sans érosion, la perméabilité du filtre doit être jusqu'à 10–100 fois supérieure à celle du sol de base. La section 7.3.2 du volume 1, montre que parfois la condition de drainage est évaluée en calculant directement le rapport D15F/D85B, en supposant que les deux perméabilités sont liées à la taille que 15% en poids de l'échantillon est plus fin.

- **Résistance** : à moins que les échantillons de remblai prélevés sur un barrage existant ne soient altérés ou brisés ou ne présentent un autre signe de détérioration ou de cimentation, ils doivent démontrer qu'ils ont une résistance suffisante pour supporter les charges imposées par le barrage à l'avenir. En cas de doute, des tests peuvent être effectués, et les mesures correctives doivent permettre de maintenir la sécurité du barrage avec des matériaux de remblai détériorés.

4.5.2.2. Filter functions

The five filter functions listed in Sections 7.3.1 and 7.3.2 in Volume 1 are retention, self-filtration or stability, no cohesion, drainage and strength.

The PSD of potential filters is related to 4 of the 5 functions. The only filter function that is not directly related to the PSD is strength. The no cohesion condition is not only related to PSD but also depends on the fines content and filter chemistry.

Permeability of the filter is related to two of the filter functions: drainage and retention.

The internal erosion analyses will have determined the filter capabilities and the vulnerability to erosion of the 'system' of fill and foundation zones on Potential Failure Modes in the dam, often simple routes such as core-shoulder fill, but may be complex in multi-zoned dams on variable foundations. The analyses will have provided data on the five filter functions, as follows:

- **Retention:** the filtering capability (of the 'system' of fills along PFMs if necessary) will have been determined, including whether the fills are no-, some- or excessive-erosion filters, or are too coarse to provide any filtering capability. The permeability based retention criteria of Vaughan and Soares (1982) and Delgado et al (2006) can also be applied (although as mentioned in 4.2.3 the 'permeability' approach leads to more pessimistic conclusions than others, notably the 'filter erosion boundaries approach.

- **Self-filtration or stability:** the stability (or suffusiveness, non-suffusive is synonymous with 'stability' in the context of internal erosion) of the fills will have been analyzed as part of the analyses of internal erosion potential.

- **No cohesion:** filters are ineffective if cracked and should therefore not be able to hold cracks open on wetting, hence the no cohesion or non-plastic requirement. Soils with non-plastic fines can also sustain cracks. Table 7.1 in Volume 1 gives details of the probabilities for various fines contents. In order to directly assure that the filter is not cohesive, the "sand castle" test is very simple and useful. The test is described in Vaughan and Soares (1982) and modifications can be found in Soroush et al (2012). A further development is the crack-box test (Howard et al, 2015). Bridle (2016) suggests improvements, including research to determine the time taken for cracks to close on wetting. It is also necessary to verify that the granular filter will not become cohesive by cementation (Rinehart & Pabst, 2014).

- **Drainage:** the filter erosion boundaries analyses incorporate drainage capacity for filters other than no-erosion filters. For no-erosion filters the filter permeability should be up to 10–100 times higher than the base soil. Section 7.3.2 of Volume 1, shows that sometimes the drainage condition is evaluated by directly calculating the ratio D15F/D85B, assuming that both permeabilities are related to the size that 15% by weight of the sample is finer.

- **Strength:** unless fill samples taken from an existing dam have become weathered or shattered or show some other sign of deterioration or cementing, they have demonstrated that they have sufficient strength to carry the loads imposed by the dam in future. In cases of doubt, tests can be carried out, and remediation should allow for maintaining the safety of the dam with deteriorated fill materials.

4.5.3. Triple et double essais de dispersion

Les sols dispersifs, dont il est question à la section 3.3.6 du volume 1, peuvent se défloculer et devenir plus fins et plus facilement érodés si la chimie de l'eau interstitielle est modifiée, par exemple par l'infiltration de l'eau de la retenue de composition chimique différente. Quatre tests sont mentionnés dans la section 3.3.6, mais les détails ne sont pas donnés. L'un d'eux, le test de triple dispersion du Soil Conservation Service, donne des résultats très clairs et est décrit ici.

Le test a été développé par le service américain de conservation des sols et est appelé le test de dispersion SCS. Il est décrit dans des ouvrages standard tels que Fell et al (2005). Le test de triple et double dispersion est la mesure de la sédimentation (à l'hydromètre) du test conventionnel de sédimentométrie effectué avec trois ou deux fluides de dispersion. Il s'agit de dispersant chimique standard (l'hexamétaphosphate de sodium est couramment utilisé), de l'eau du réservoir et de l'eau distillée. L'agitation mécanique est omise dans le cas des “dispersants” de l'eau. L'objectif des tests est de déterminer si les sols fins (<0,063 mm en Europe, <0,075 mm en Amérique du Nord) du barrage sont dispersifs dans l'eau qui s'infiltrera à travers le barrage. La dispersion est la décomposition des flocs, accumulations de particules, caractéristiques de l'état dans lequel se trouvent de nombreux sols argileux. Les tests standard appliquent le dispersant à tous les sols, par conséquent les sols dispersifs ne sont pas identifiés. Les tests de triple et double dispersion utilisent l'eau du réservoir et l'eau distillée à la place du dispersant chimique et montrent si les sols sont dispersifs dans des conditions “naturelles”. La Figure 4.31 montre les résultats d'un test de triple dispersion sur le noyau d'argile non dispersif du barrage britannique typique de Bridle (2008).

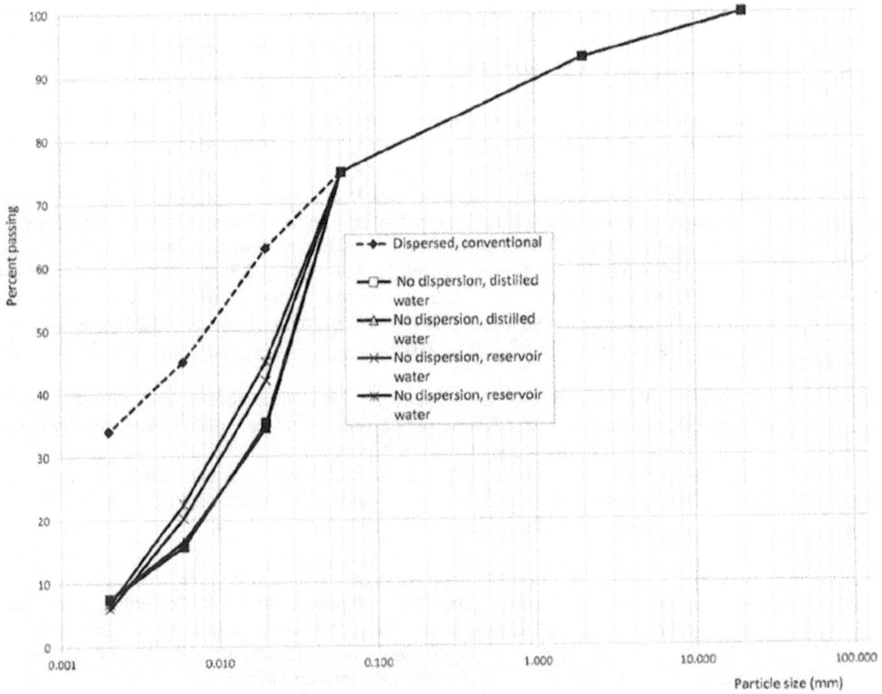

Fig. 4.31
Triple test de dispersion sur un noyau argileux (IP =19, LL= 35%). Les particules « naturelles » (dispersées dans l'eau) sont plus grosses (8% d'argile, < 0.002 mm) que celles dispersées chimiquement (défloculées) (33% d'argile) du fait que les particules dans les flocs n'ont pas été dispersées. Ce noyau argileux n'est pas dispersif.

4.5.3. Triple and double dispersion tests for dispersive soils

Dispersive soils, discussed in Section 3.3.6 in Volume 1, may de-flocculate and become finer and more easily eroded if the pore water chemistry is changed, by seepage flow of water of differing chemistry, from the reservoir, for example. Four tests are mentioned in Section 3.3.6, but the details were not given. One, the Soil Conservation Service triple dispersion test, gives very clear results, and is described here.

The test was developed by the US Soil Conservation Service and is called the SCS Dispersion Test. It is described in standard works such as Fell et al (2005). Triple and double dispersion tests are the sedimentation (hydrometer) stage of conventional particle size distribution tests (PSD) carried out with three or two dispersing fluids. These are the standard chemical dispersant (sodium hexametaphosphate is commonly used), reservoir water and distilled water. Mechanical stirring is omitted in the case of the water 'dispersants'. The objective of the tests is to determine whether the fine soils (<0.063 mm, <0.075 mm in North America) in the dam are dispersive in the water that will seep through the dam. Dispersion is the breakdown of flocs, accumulations of particles, the state in which many clay soils exist. The standard PSD tests apply dispersant to all soils, consequently dispersive soils are not identified. The triple and double dispersion tests use reservoir water and distilled water in place of chemical dispersant and show if the soils are dispersive under 'natural' conditions. Figure 4.31 shows the results of a triple dispersion test on the non-dispersive clay core of the Bridle (2008) typical British dam.

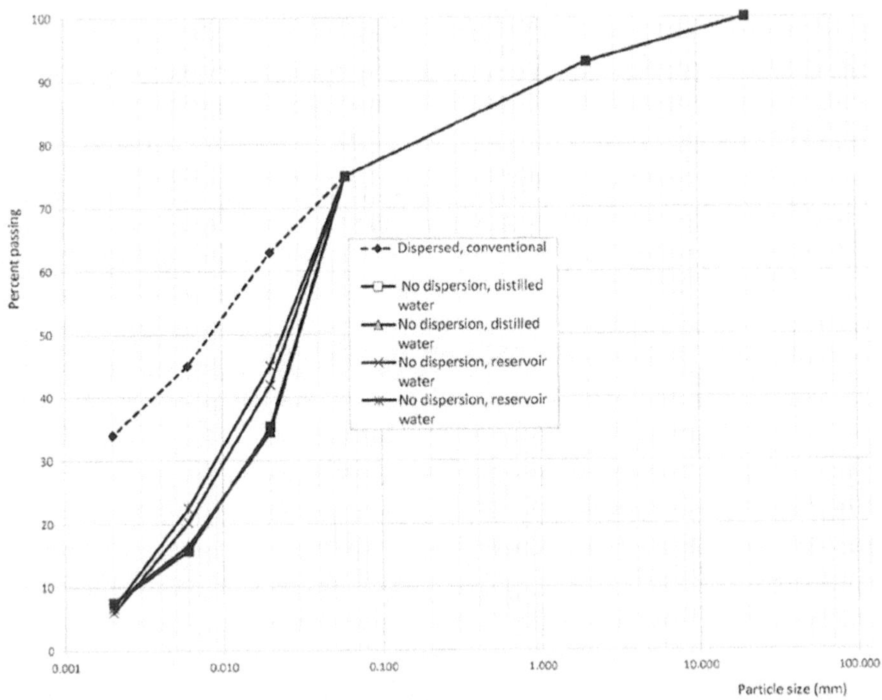

Fig. 4.31
Triple dispersion test on clay core (PI 19, LL 35%). The 'natural' (water dispersed) samples are coarser (about 8% clay, < 0.002 mm) than the chemically dispersed (deflocculated) sample (about 33% clay) because the particles in the flocs have not been dispersed. This clay core is not dispersive

4.5.4. Tests de filtre sans érosion et à érosion permanente

Les tests de filtres à érosion nulle et continue sont examinés et résumés par Foster (2007). Ces tests sont importants en ce qui concerne l'érosion interne des barrages existants, car ils sont utilisés pour appliquer le "concept de limites d'érosion" (section 7.3.4 et Figure 13.2 du Volume 1) afin d'étudier la capacité de filtration de toutes les zones de filtres et de remblais.

Un filtre sans érosion, « NEF », est un filtre qui satisfait aux règles de conception des filtres, généralement celles de Sherard et Dunnigan (1985, 1989) (voir la section 7.3.3 du Volume 1). Un filtre sans érosion est censé empêcher l'érosion en bloquant tout déclenchement de l'érosion, ou en arrêtant l'érosion dès qu'elle se déclenche. Un "filtre" à érosion continue ou permanente, « CEF », n'est pas capable de filtrer; il est trop grossier pour piéger les particules érodées et empêcher la poursuite de l'érosion si elle s'est déclenchée.

Le Tableau 19 de la section 7.3.4 du Volume 1 (Tableau 7.2 du prétirage) fournit des informations permettant aux ingénieurs de vérifier la capacité de filtration des filtres et des remblais des barrages existants. Il donne également des informations sur les niveaux probables de fuites chargées en sédiments qui pourraient être attendues avant que les filtres et les remblais n'arrêtent l'érosion.

Ces informations devraient être suffisantes pour étudier la capacité des barrages existants à stopper l'érosion si elle s'amorce. Dans certaines circonstances, les enquêtes peuvent conduire à des conclusions contestables, à savoir que les filtres ou remblais existants peuvent avoir une capacité de filtration proche des limites d'un filtre d'érosion excessive, par exemple, qui serait censé protéger le barrage, mais seulement après que des fuites chargées en sédiments jusqu'à 1 000 L/s et des affaissements et autres dommages se soient produits. Dans de telles circonstances, lorsqu'une décision de réhabilitation ou non doit être prise, les essais de filtre sans érosion et les essais de filtre à érosion continue fournissent les moyens de confirmer les capacités de filtration des remblais et des filtres en question.

Le test NEF (No Erosion Filter) a été proposé par Sherard et Dunnigan (1989). Certaines recommandations issues d'expériences récentes concernant son application sont présentées dans Delgado et Locke (2000), Soroush et al. (2009) et Delgado-Ramos et al. (2012).

Dans le test NEF, les filtres potentiels sont testés sous pression dans un appareil cylindrique; un exemplaire actuel est présenté sur la Figure 4.32. L'eau passe à travers une couche supérieure de matériau grossier sur une couche de sol de base (le remblai à protéger de l'érosion par le filtre potentiel) à travers laquelle un trou de 1 mm de diamètre a été creusé (5 mm pour les sols de base plus grossiers), sous lequel se trouve la couche de filtre potentiel, soutenue par une couche de drainage inférieure plus grossière. Si le filtre potentiel est trop grossier, les parois du trou de 1 mm de diamètre sont érodées par le flux d'eau à haute pression et les particules érodées sont visibles dans le plateau sous l'appareil.

4.5.4. No-erosion and Continuing-erosion filter tests

The No-erosion and Continuing-erosion filter tests are discussed and summarized by Foster (2007). The tests are important in relation to internal erosion in existing dams as they are used when applying the 'erosion boundaries concept' (Section 7.3.4 and Figure 13.2 in Volume 1) to investigate the filtering capability of any filter zones and fills.

A No-erosion filter is a filter that satisfies filter design rules, usually the Sherard and Dunnigan (1985, 1989) filter design rules (see Section 7.3.3 in Volume 1). A No-erosion filter is expected to prevent erosion by entirely preventing the initiation of erosion, or arresting erosion almost immediately if it does initiate. A Continuing-erosion 'filter' is not capable of filtering action; it is too coarse to trap any eroded particles and prevent continuation of erosion if it has initiated.

Table 19 in Section 7.3.4 in Volume 1 (Table 7.2 in preprints) provides information enabling engineers to check the filtering capability of the filters and fills in existing dams. It also gives information on the likely levels of sediment laden leakage that might be expected before the filters and fills arrest the erosion.

This information should be sufficient for investigations of the ability of existing dams to arrest erosion if it initiated. In some circumstances, the investigations may lead to challenging conclusions, that the exiting filters or fills may have filtering ability close to the limits of an excessive erosion filter, for example, which would be expected to protect the dam, but only after sediment-laden leakage up to 1,000 L/s and sinkholes and other damage had occurred. In such circumstances, where a decision to remediate or not may have to be made, No Erosion Filter tests and the Continuing Erosion Filter Tests provide the means to confirm the filtering capabilities of the fills and filters in question.

The No Erosion Filter (NEF) Test was proposed by Sherard and Dunnigan (1989). Some recommendations from recent experience in its application are presented in Delgado and Locke (2000), Soroush et al. (2009) and Delgado-Ramos et al. (2012).

In the NEF Test, prospective filters are tested under pressure in a cylindrical rig; a modern example is shown in Figure 4.32. Water passes through an upper layer of coarse material on to a layer of the base soil (the fill to be protected from erosion by the prospective filter) through which a 1 mm diameter hole has been formed, (5 mm for coarser base soils), below which is the prospective filter layer, supported on a coarser bottom drainage layer. If the prospective filter is too coarse, the walls of the 1 mm diameter hole are eroded by the high-pressure flow of water and eroded particles are seen in the tray below the apparatus.

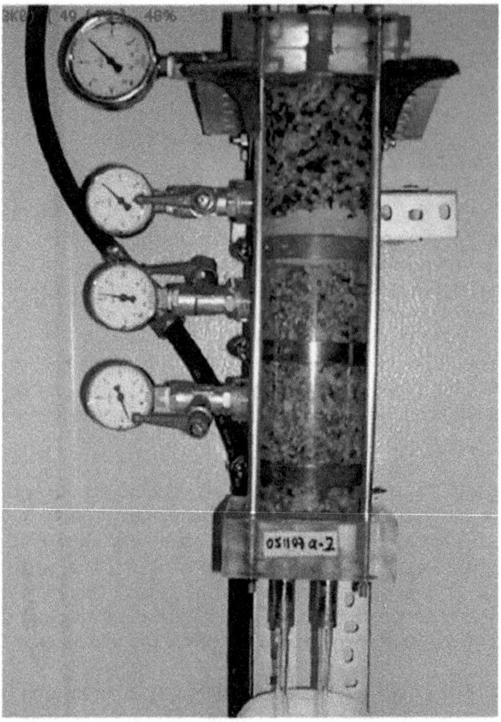

Fig. 4.32
Exemplaire d'un essai NEF récent. On remarque que la pression est de 4 kg/cm^2 dans les manomètres 1 (en haut) et 2, alors qu'elle est réduite à 3,2 kg/cm^2 dans le manomètre 3, juste en aval du sol de base, (le filtre a piégé certaines particules du sol de base); et elle est presque nulle dans le manomètre inférieur, (décharge libre). Remarquez également qu'avec un gradient hydraulique aussi élevé, l'eau qui s'écoule est claire (Photo : avec l'aimable autorisation du Dr Fernando Delgado)

L'influence du compactage du sol de base et de la teneur en eau dans le processus d'érosion interne n'est pas très claire. Les noyaux étanches sont généralement compactés à la teneur en eau optimale Proctor. Delgado-Ramos et al. (2012) et Soroush et al. (2016) ont constaté que si le sol de base est compacté du côté humide, le filtre limite de l'essai NEF est plus petit.

L'expérience montre également que certaines des recommandations originales de Sherard et Dunnigan (1989) ne sont pas recommandables. Si l'on considère le "filtre limite" comme le filtre le plus grossier qui donne un bon résultat au test NEF (c'est-à-dire qu'il ne permet aucune érosion), certaines variables ont un effet positif (elles réduisent le filtre limite, le rendent plus fin) et d'autres ont un effet négatif (elles augmentent le filtre limite, le rendent plus grossier).

Par exemple, la pression de l'eau a un effet négatif sur le filtre limite, le compactage du filtre a un effet positif sur le filtre limite et la durée de l'essai (supérieure à 20–30 minutes) n'a aucun effet sur le filtre limite. Le "matériau latéral" composé de sable plus fin que le filtre, proposé par Sherard, peut contaminer la surface du filtre et produire un résultat positif mais faux. Il n'est donc plus conseillé, il est préférable d'utiliser un anneau en plastique.

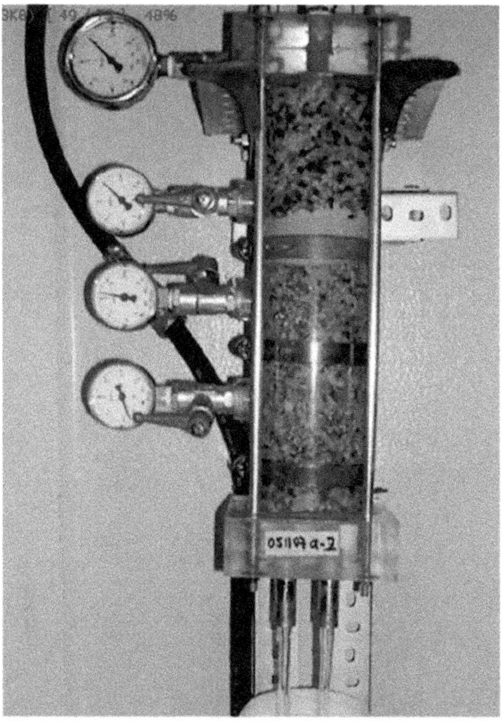

Fig. 4.32
Example of a modern NEF test. Notice that the pressure is 4 kg/cm^2 in Manometers 1 (top) and 2, then is reduced to 3.2 kg/cm^2 in Manometer 3, just downstream the base soil, (the filter has trapped some base soil particles); and it is almost zero in the lower manometer, (free discharge). Notice also that with such a high hydraulic gradient, the flowing water is clear (Photo: courtesy of Dr Fernando Delgado)

The influence of base soil compaction and moisture content in the process of internal erosion is not very clear. Impervious cores are usually compacted to Proctor optimum moisture content. Delgado-Ramos et al. (2012) and Soroush et al. (2016) have found that if the base soil is compacted in the wet side, the boundary filter of the NEF test is smaller.

Experience also shows that some of the original recommendations from Sherard and Dunnigan (1989) are not advisable. Considering the "boundary filter" as the coarsest filter that has a successful result in the NEF test, (i.e., it allows no erosion), some variables have a positive effect, (reduces the boundary filter, makes it finer), and others have a negative effect (increases the boundary filter, makes it coarser).

For example, the water pressure has a negative effect on the boundary filter, the compaction of the filter has a positive effect on the boundary filter and time of duration of the test, (higher than 20–30 minutes), has no effect at all in the boundary filter. The "side-material" made of sand finer that the filter, proposed by Sherard, can contaminate the surface of the filter and produce a positive but false result. The 'side material' approach is therefore no longer recommended; it is better to use a plastic ring.

Une variante de l'essai NEF est l'essai CEF (filtre d'érosion continue), où une plus grande attention est accordée à la quantité d'érosion du sol de base et le résultat n'est pas seulement un succès (pas d'érosion) ou un échec (érosion), mais différents niveaux d'érosion (pas d'érosion, érosion excessive ou érosion continue).

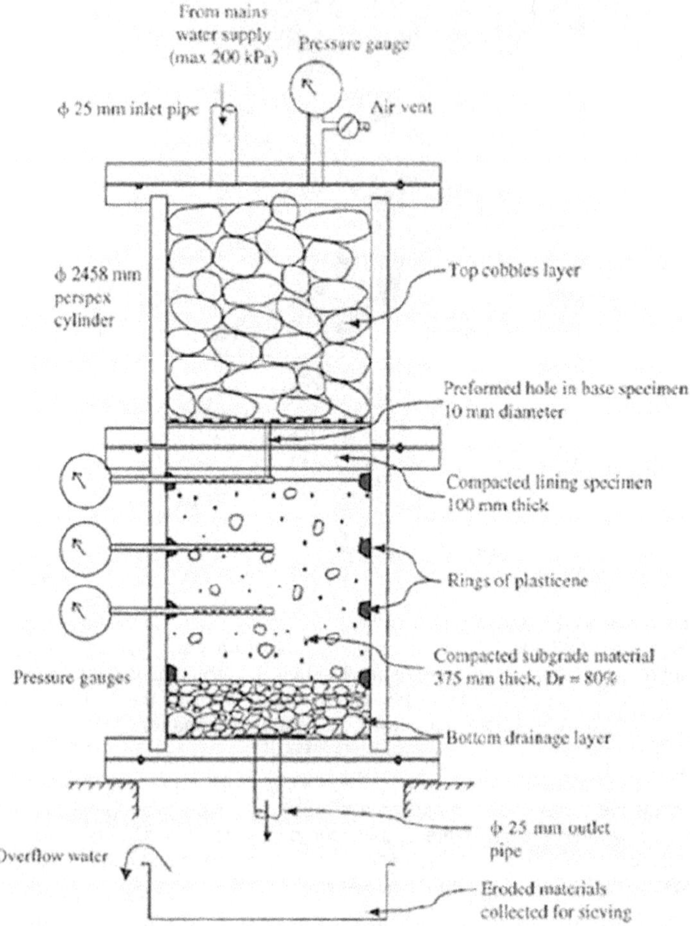

Fig. 4.33
Appareillage de l'essai d'Erosion continue modifié (CEF) (par Foster, 2007)

L'appareillage d'essai du filtre à érosion continue (CEF) illustré à la Figure 4.33 est similaire au banc d'essai du NEF. Foster (2007) décrit l'appareil actuel. Le cylindre est d'un diamètre plus grand pour permettre l'utilisation de matériaux plus grossiers. Le "filtre" d'érosion continue est grossier et l'on s'attend à ce que l'érosion se produise, c'est pourquoi la granulométrie de la couche de drainage inférieure est soigneusement conçue pour permettre à toute particule érodée de passer à travers pour se déposer dans le bac. En outre, des piézomètres sont installés pour mesurer la pression interstitielle et le gradient hydraulique à travers le filtre afin de vérifier que la couche inférieure a permis aux particules érodées de passer comme prévu, ou qu'elle a été recouverte de particules érodées, bloquant ainsi tout écoulement ultérieur.

A variation of the NEF test is the CEF (continuing-erosion filter) test, where more attention is paid to the amount of erosion of the base soil and the result is not only success (no erosion) or failure (erosion), but different levels of erosion (no-erosion, excessive-erosion or continuing erosion).

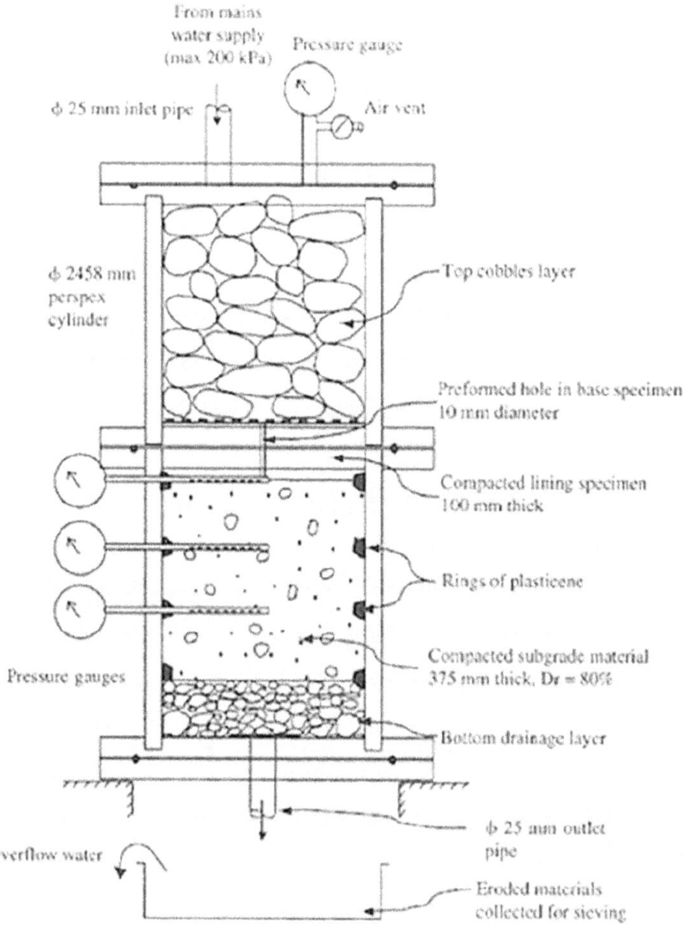

Fig. 4.33
Modified Continuing Erosion Filter (CEF) test apparatus (from Foster, 2007)

The Continuing Erosion Filter (CEF) test apparatus shown in Figure 4.33 is similar to the NEF rig. Foster (2007) describes the current apparatus. The cylinder is of a larger diameter to allow for coarser materials. The continuing erosion 'filter' is coarse and erosion is expected to occur, therefore the grading of the bottom drainage layer is carefully designed to allow any eroded particles to pass through to the tray. Additionally, piezometers are installed to measure pore pressure and hydraulic gradient through the filter to check that the bottom layer has allowed eroded particles to pass as intended, or whether it has been blanketed with eroded particles, thereby blocking further flow.

4.6. L'ESSAI D'ÉROSION DE FISSURE (CRET)

4.6.1. Généralités

L'essai d'érosion de fissures (« Crack Erosion Test ou CRET) permet d'étudier le processus d'érosion sur la lèvre d'une fissure, l'effet des filtres aval, des transitions et filtres amont et le remplissage de la fissure. Il a été conçu pour examiner l'efficacité de divers "systèmes" comprenant transitions en amont, sols de base (noyau), filtres et drains aval destinés à des barrages neufs, mais il peut être appliqué à de tels "systèmes" de barrages existants en leur prélevant et testant des échantillons représentatifs.

Maranha das Neves (1987, 1989) a développé, au Laboratório Nacional de Engenharia Civil (LNEC), le « Crack Erosion Test » (CRET). Le CRET a permis, pour la première fois, l'observation directe du transport des matériaux érodés, d'une fissure plane du matériau de base jusqu'à la surface du filtre, et l'évaluation du mécanisme de filtration.

Le dispositif expérimental du CRET est montré Figure 4.34. Une éprouvette cylindrique de sol de base, compactée dans un moule Proctor, est coupée en deux dans le sens de la longueur, l'une d'entre elles est placée dans un perméamètre semi-cylindrique. L'eau passe à travers une fissure, matérialisée par le vide entre la surface plate de l'échantillon de sol et la plaque de couverture plate en plexiglas. L'objectif est de guider l'eau vers le filtre aval après avoir traversé la fissure dans le sol de base. Pendant l'essai, il est possible d'observer la fissure dans l'éprouvette, et ainsi d'étudier la progression de l'érosion dans la fissure du sol de base et la filtration.

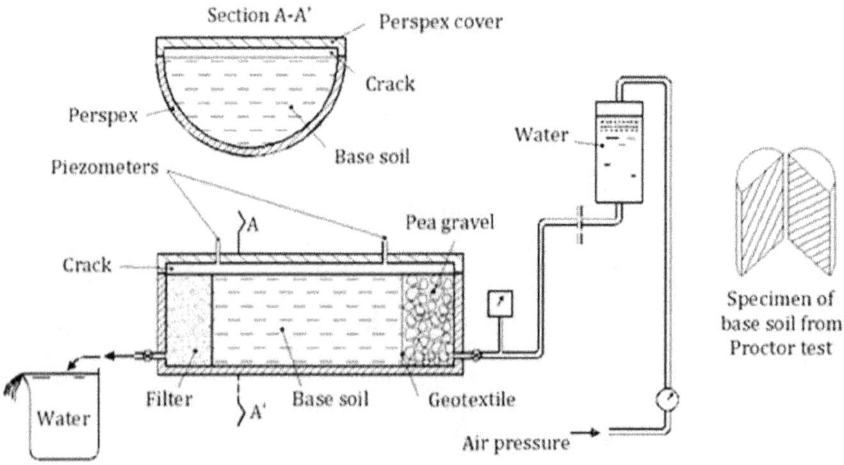

Fig. 4.34
Dispositif expérimental du CRET – Test d'érosion de fissure (Maranha das Neves, 1989)

Du gravier calibré est placé en amont du sol de base, dans un géotextile afin de diminuer les turbulences et d'obtenir une distribution plus homogène du flux à l'entrée de la fissure du sol de base. Un géotextile est également placé à l'intérieur de la cellule, au niveau du drain de sortie, pour éviter l'entraînement des particules hors du filtre. Toute l'eau de la cellule drainée pendant l'essai est collectée et analysée.

Le débit traversant la fissure est mesuré pendant l'essai. Deux piézomètres permettent d'évaluer la perte de charge dans la fissure. En pratique, le CRET permet de tester n'importe quelle orientation de fissure (horizontale, verticale ou inclinée), en réglant la position de la cellule de test. Dans la Figure 4.34, l'orientation de la fissure et la direction du flux sont toutes deux réglées horizontalement. Le gradient hydraulique appliqué et l'ouverture de la fissure peuvent également être

4.6. CRACK EROSION TEST (CRET)

4.6.1. General considerations

The Crack Erosion Test makes it possible to examine the erosion process, the effect of downstream filters and the effects of upstream transitions, filters and crack-fillers. It was devised to examine the effectiveness of varying 'systems' of upstream transitions, base soils (core) and downstream filters and drains proposed for new dams, but can be applied to similar 'systems' in existing dams using representative samples taken from them.

Maranha das Neves (1987, 1989) developed, at Laboratório Nacional de Engenharia Civil (LNEC), the Crack Erosion Test (CRET). The CRET allowed, for the first time, the direct observation of the transport of eroded materials, from a crack wall at the base material to the filter face, as well as the assessment of the filtering mechanism.

The setup of the CRET is shown in Figure 4.34. A cylindrical specimen of the base soil compacted in a Proctor mold is split into two longitudinal halves, and one is placed into the half-cylindrical permeameter. Water passes through a crack, materialized by the gap between the flat slit surface of the soil specimen and the flat Perspex cover plate. The objective is to guide the water to the downstream filter after passing through the crack in the base soil. During the test it is possible to observe the crack in the specimen, and thus study the progression of the erosion in the crack in the base soil and the filtering mechanism.

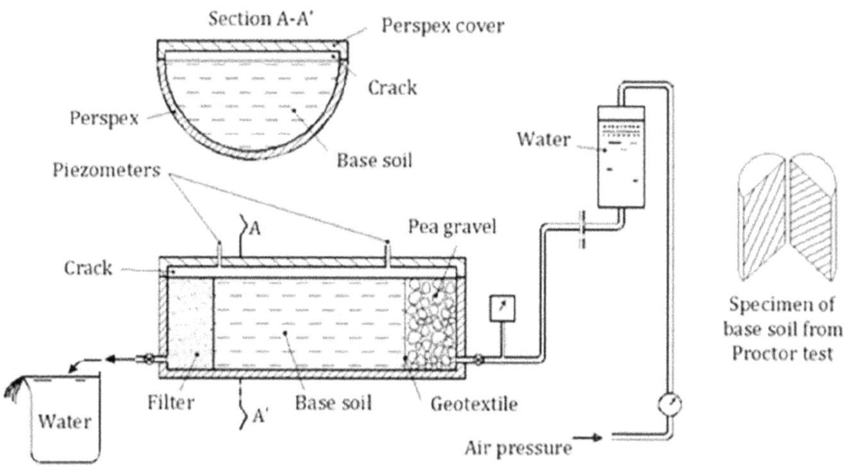

Fig. 4.34
Set-up of the CRET – Crack Erosion Test (Maranha das Neves, 1989)

Pea gravel enwrapped in a geotextile is placed upstream of the base soil, to diminish turbulence and to achieve a more homogeneous flow distribution at the entrance of the crack in the base soil. A geotextile is also placed inside the cell, at the outlet drain, to prevent the drag of particles out from the filter. All the water drained out of the test cell during the test is collected and analyzed.

The flow passing through the crack is measured during the test. Two piezometers allow the evaluation of the head loss along the crack. In practice, the CRET allows to test any crack orientation (horizontal, vertical or inclined), by setting the position of the test cell. In Figure 4.34 both the crack orientation and the flow direction are set horizontally. The applied hydraulic gradient and the aperture

modifiés. Les dimensions des particules de sol qui sont retenues dans le filtre ainsi que celles qui le traversent sont également mesurées.

La Figure 4.35 montre un exemple de l'évolution du débit mesuré pendant un essai CRET. Dans cet essai particulier, pratiquement aucune érosion n'a été observée dans le matériau de base. La diminution du débit résulte principalement de la fermeture de la fissure due à l'expansion du sol de base causée par le gonflement associé à l'augmentation de son degré de saturation (imbibition). Les vitesses d'écoulement initiale et finale dans la fissure étaient d'environ 0,05 m/s et 0,155 m/s, respectivement.

Un autre mécanisme qui peut être testé avec le CRET est la capacité d'un filtre amont sableux à remplir une fissure dans le noyau (colmatage de la fissure). Par exemple, des tests concernant des fissures avec des ouvertures de 0,02 m à 0,05 m, pour différentes orientations spatiales ont toujours été remplies de sable, même pour des vitesses d'eau de 0,02 m/s à 0,03 m/s. Il faut souligner une fois de plus que la progression du remplissage des fissures peut être observée en temps réel.

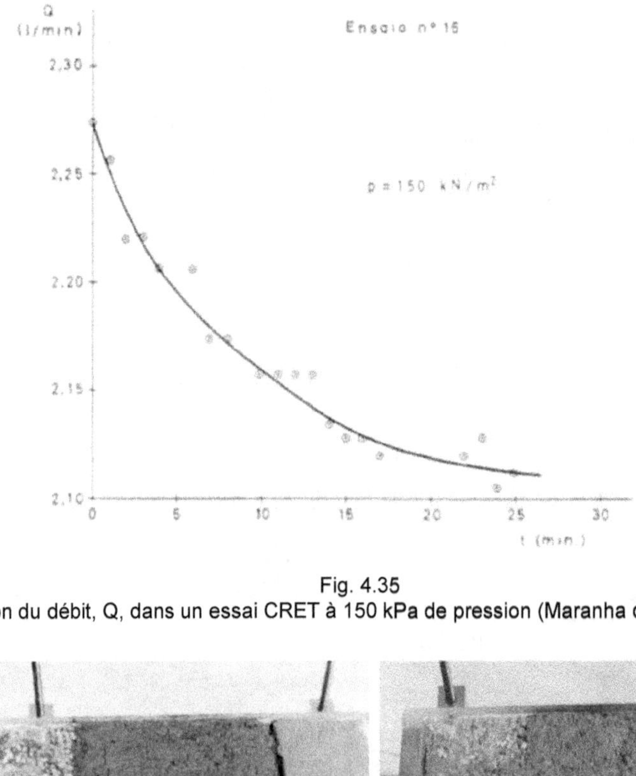

Fig. 4.35
Évolution du débit, Q, dans un essai CRET à 150 kPa de pression (Maranha das Neves, 1991)

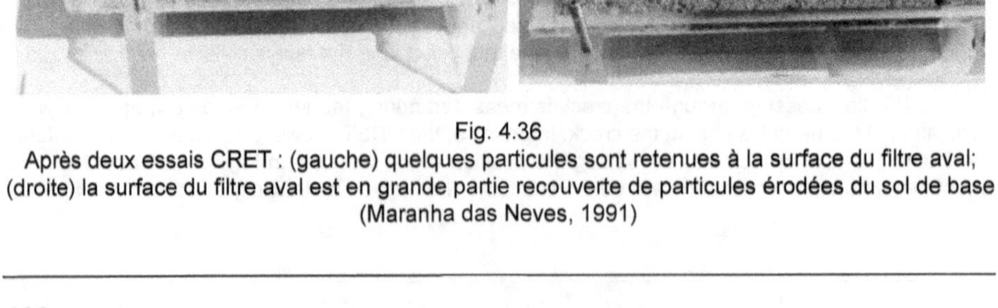

Fig. 4.36
Après deux essais CRET : (gauche) quelques particules sont retenues à la surface du filtre aval; (droite) la surface du filtre aval est en grande partie recouverte de particules érodées du sol de base (Maranha das Neves, 1991)

of the crack can also be varied. Dimensions of the soil particles that are retained in the filter as well as those that pass through it are also measured.

Figure 4.35 shows an example of the evolution of the flow rate measured during a CRET. In this particular test, practically no erosion was observed in the base material. The flow diminishing results mainly from the closing of the crack due to the expansion of the base soil caused by the increase of its degree of saturation (soaking). The initial and final flow velocities in the crack were about 0.05 m/s and 0.155 m/s, respectively. Figure 4.36 shows photos of CRETs with distinctive behaviors.

Another mechanism that can be tested with CRET is the ability of a sandy material of an upstream filter to fill a crack in the core (crack stopper action). For instance, tests concerning cracks with apertures of 0.02 m to 0.05 m, for different spatial orientations were always filled up with sand, even for water velocities of 0.02 m/s to 0.03 m/s. It must be underlined once more that the progression of the crack filling can be observed in real time.

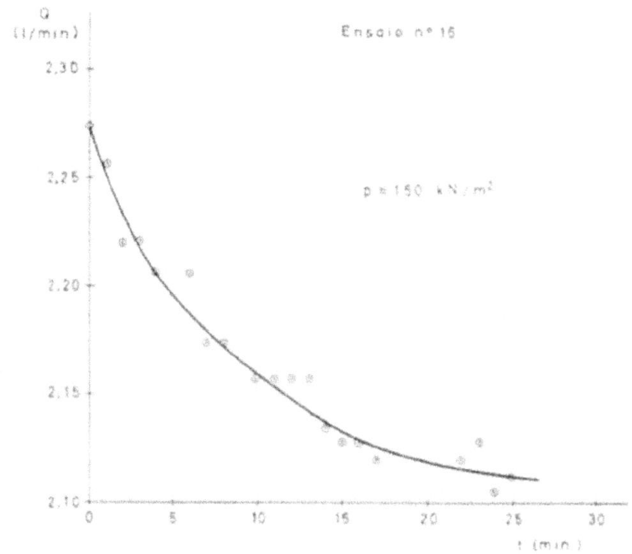

Fig. 4.35
Evolution of the flow rate, Q, in a CRET performed with a pressure, p, of 150 kPa (Maranha das Neves, 1991)

Fig. 4.36
After two CRETs: (left) few particles retained at the filter surface; (right) filter surface partially covered with particles eroded from the base material (Maranha das Neves, 1991)

Une inspection détaillée du filtre directement en fin d'essai peut élucider le type de mécanisme qui se produit en fonction de différents matériaux utilisés comme filtre et noyau.

Les principaux aspects de l'érosion du sol de base et du comportement du filtre correspondant, qui peuvent être étudiés dans le CRET, sont entre autres :

- le seuil de vitesse à partir duquel l'érosion est initiée,
- les zones préférentielles d'érosion,
- le transport du matériau érodé et la vérification de son éventuelle ségrégation ou agrégation en flocs,
- l'influence de l'orientation de l'écoulement et de la fissure;
- l'ouverture de la fissure,
- la distribution des grains ou des flocs à la surface et à l'intérieur du filtre.

En ce qui concerne les règles requises pour obtenir un filtre sans érosion, les critères proposés par Sherard et Dunnigan (1989) ont été confirmés pour les sols de noyau des grands barrages en remblai au Portugal.

4.6.2. Tests pour l'évaluation de la progression de l'érosion

La plupart des essais de laboratoire sur l'érosion interne sont axés sur le comportement du filtre aval et/ou du matériau de base (noyau), sans tenir compte de l'influence de la présence de matériaux amont. Ils testent un échantillon de sol isolé simulant le filtre aval ou le matériau de base, ou les deux placés en série. Cependant, une modélisation expérimentale adéquate de la phase de progression de l'érosion, en particulier dans les barrages zonés, nécessite un appareil permettant le compactage non seulement d'un échantillon du noyau et d'un filtre aval, mais aussi d'une recharge amont. Ceci est important pour évaluer la capacité des recharges amont et aval à limiter la vitesse d'infiltration et la progression de l'érosion (point 3 du chapitre 1.4 de ce bulletin).

Deux essais de laboratoire sont disponibles pour évaluer la progression de l'érosion dans les barrages zonés (Correia dos Santos, 2014) : l'essai d'érosion à débit limité (FLET – « Flow Limiting Erosion Test »; et l'essai d'érosion à remplissage de fissure (CFET – « Crack Filling Erosion Test »). Le FLET est utilisé pour évaluer l'influence seule de la limitation du débit. Le CFET est utilisé pour évaluer la capacité d'un matériau amont à être emporté dans un trou du noyau, et à le remplir jusqu'au filtre aval. Une cellule d'essai a été conçue de manière à pouvoir réaliser soit un FLET soit un CFET.

Pour ces essais en laboratoire, des informations détaillées sur la cellule d'essai, la préparation des échantillons, le concept de l'essai, son montage et ses procédures, ainsi que les principaux résultats obtenus jusqu'à présent, sont publiés dans plusieurs articles. (Correia dos Santos et al, 2014, 2015a, b, c).

4.6.3. La cellule d'essai pour un essai FLET ou CFET

La Figure 4.37 montre la cellule d'essai développée au LNEC. Elle est composée principalement de pièces en aluminium pour assurer sa légèreté et sa résistance à la corrosion. Ses principales pièces structurelles sont trois plaques d'aluminium, trois tubes d'aluminium alignés (d'un diamètre intérieur de 280 mm), qui servent également de moules pour faciliter le compactage, et une plaque de couverture circulaire en verre acrylique. Les différentes pièces sont assemblées

Detailed direct observation of the filter after the tests can elucidate the filtering mechanisms that occur for different filter and core materials.

The main aspects of the erosion in the base soil and of the corresponding behavior of the filter that can be studied in the CRET, among others, are:

- The velocity threshold which initiates erosion;
- The preferential erosion areas;
- The transport of the eroded material and verification of its eventual segregation or bonding of particles into flocs;
- The influence of the flow and crack orientations;
- The crack width;
- The particle/floc distribution on filter surfaces and inside the filter.

Concerning the rules required to obtain a no erosion filter, the criteria proposed by Sherard and Dunnigan (1989) were confirmed for the core soils of large embankment dams in Portugal.

4.6.2. *Tests for evaluation of progression of erosion*

Most laboratory tests on internal erosion are focused on the behavior of the downstream filter and/or the base (core) material, disregarding the influence of the presence of upstream materials. In those tests, the apparatus tests an isolated soil specimen simulating the downstream filter or the base material is used or both are placed in sequential layers. However, an adequate experimental modelling of the phase of progression of erosion, especially in zoned dams, requires an apparatus allowing the compaction not only of a core and a downstream filter, but also of an upstream shell. This is important in evaluating the ng capability of upstream and downstream shoulder fills in restricting seepage velocity and the progression of erosion (Point 3 of Chapter 1.4 of this Bulletin).

Two laboratory tests for evaluation the progression of erosion in zoned dams are available (Correia dos Santos, 2014): the FLET - Flow Limiting Erosion Test; and the CFET - Crack Filling Erosion Test. The FLET is used to evaluate the isolated influence of the flow-limiting action. The CFET is used to evaluate the potential of an upstream fill to be washed into a pipe in the core, filling the pipe up to a downstream filter. A test cell was designed so that it can be used either in a FLET or in a CFET.

For these laboratory tests, detailed information about the test cell, specimen preparation, test concept, test setup and test procedures, as well as the main findings so far, is published in several papers (Correia dos Santos et al, 2014, 2015a, b, c).

4.6.3. *Test cell for FLET or CFET*

Figure 4.37 shows the test cell developed in LNEC. It is composed mainly of aluminum parts to provide light weight and corrosion resistance. Its main structural parts are three aluminum plates, three aligned aluminum tubes (with an inner diameter of 280 mm), which are also used as molds for easy compaction, and a circular cover plate of acrylic glass. The different pieces are sequentially

successivement, au fur et à mesure que le noyau, le matériau en amont et le filtre sont compactés, à l'aide de tiges filetées en acier et d'écrous. L'étanchéité est assurée par des joints toriques circulaires placés dans les rainures des plaques.

Fig. 4.37
Cellule du LNEC utilisée pour les essais FLET/CFET (Correia dos Santos, 2014)

La cellule d'essai permet le compactage d'une éprouvette composée d'un noyau de 170 mm de longueur, d'un filtre de 120 mm de longueur et d'un matériau amont pouvant atteindre 250 mm de longueur. La cellule comporte une chambre d'entrée d'eau où, pour assurer le soutien latéral du matériau amont, deux ressorts concentriques de rigidité similaire et une plaque annulaire rigide sont installés. Dans les essais sans trou axial percé sur le matériau amont, cette plaque est remplacée par une plaque poreuse, pour une distribution plus homogène de l'écoulement à l'entrée de l'éprouvette.

Dans le FLET, du côté aval, une chambre de sortie est adoptée pour recueillir le matériau érodé dans le trou du noyau. La plaque de verre acrylique permet une visualisation directe dans cette chambre. Dans le CFET, le filtre aval est compacté dans la chambre de sortie. Les chambres d'entrée et de sortie sont équipées d'une valve de purge utilisée pour la libération/entrée d'air pendant le remplissage/la vidange de la cellule d'essai.

4.6.4. L'essai d'érosion à débit limité (FLET)

Le FLET a pour but d'étudier si un matériau amont a le pouvoir de limiter les écoulements qui passent par un défaut du noyau et, par conséquent, d'arrêter ou de ralentir la vitesse d'érosion dans le noyau. La Figure 4.38 montre un schéma du dispositif expérimental d'un FLET typique. Il se compose d'une cellule d'essai connectée à un système d'alimentation en eau et à plusieurs dispositifs de mesure. L'échantillon de sol est composé du matériau amont et de celui du noyau. Un trou est percé au centre de la carotte, et éventuellement dans la zone amont, pour modéliser une fuite concentrée.

assembled, as the core, the upstream material, and the filter are being compacted, using threaded steel rods and nuts. Sealing is achieved using circular O-rings placed inside grooves on the plates.

Fig. 4.37
LNEC's test cell used in FLET/CFET (Correia dos Santos, 2014)

The test cell allows the compaction of a specimen composed of a core 170 mm long, a filter 120 mm long, and upstream material up to 250 mm long. The cell has a water inlet chamber, where, to ensure lateral support for the upstream material, two concentric springs of similar stiffness and a rigid annular plate are installed. In tests without a drilled axial hole on the upstream material, this plate is replaced by a porous one, for a more homogeneous distribution of the flow at the entrance of the specimen.

In the FLET, at the downstream side, an outlet chamber is adopted to collect the eroded material from the pipe in the core. The acrylic glass plate allows direct visualization into this chamber. In the CFET, the downstream filter is compacted within the outlet chamber. The inlet and outlet chambers have a purge valve used for air release/entrance during the filling/empting of the test cell.

4.6.4. Flow limiting erosion test (FLET)

The FLET is aimed to investigate if an upstream material has potential to limit the flows that pass through a flaw in the core, and, consequently, to stop or slow down the erosion rate in the core. Figure 4.38 shows a schematic diagram of the setup in a typical FLET. The FLET setup is made up of the test cell connected to a water supply system and to several measurement devices. The soil specimen is composed of an upstream material, and a core. A hole is drilled in the center of the core, and eventually in the upstream zone, to model a concentrated leak.

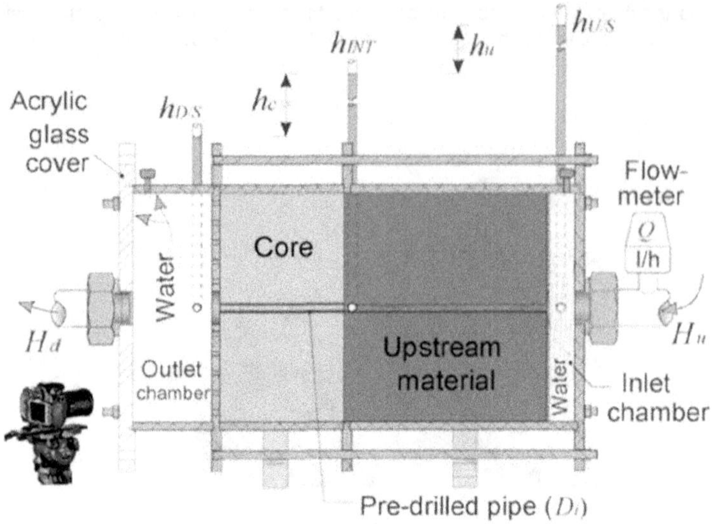

Fig. 4.38
Coupe de la cellule utilisée pour un essai FLET

L'éprouvette est soumise à un écoulement d'eau imposé par une perte de charge hydraulique constante, $\Delta H = H_u - H_d$. H_u et H_d sont les charges à l'entrée et à la sortie de la cellule d'essai, respectivement. Des vannes de contrôle sont placées en amont et en aval de la cellule pour faciliter les procédures d'essai. Les mesures effectuées pendant les essais portent sur les hauteurs piézométriques, les débits et les observations visuelles à travers la plaque de couverture en verre acrylique située en aval. Les phénomènes d'érosion et la turbidité de l'effluent sont observés travers la plaque de couverture en verre acrylique.

La Figure 4.39 illustre la procédure utilisée pour assembler le dispositif et pour compacter les matériaux dans un essai FLET typique, qui suit cinq étapes principales. À l'étape 1, le noyau est compacté par couches de 35 mm à l'intérieur du moule. Un tube en aluminium est utilisé comme collier de compactage. À l'étape 2, l'excédent de matériau de la carotte est enlevé. Un dispositif de forage électrique et un guide sont utilisés pour percer un trou central le long de la carotte. Une tige est insérée dans le trou pré-percé pour éviter qu'il ne soit rempli de terre à l'étape suivante. A l'étape 3, le matériau amont est compacté par couches de 50 mm sur le matériau du noyau. À l'étape 4, un trou central est percé dans le matériau amont lorsque le matériau peut supporter un trou ouvert. Une plaque annulaire rigide (ou poreuse) et deux ressorts concentriques sont alors insérés. À l'étape 5, la plaque de couverture amont en aluminium est assemblée, exerçant une force sur les ressorts. La cellule d'essai est tournée de 90° et posée sur un support. Enfin, le tube en aluminium, utilisé à l'étape 1 comme collier de compactage, et la plaque de couverture en verre acrylique sont assemblés. Les tubes piézométriques sont insérés en amont et en aval de l'éprouvette.

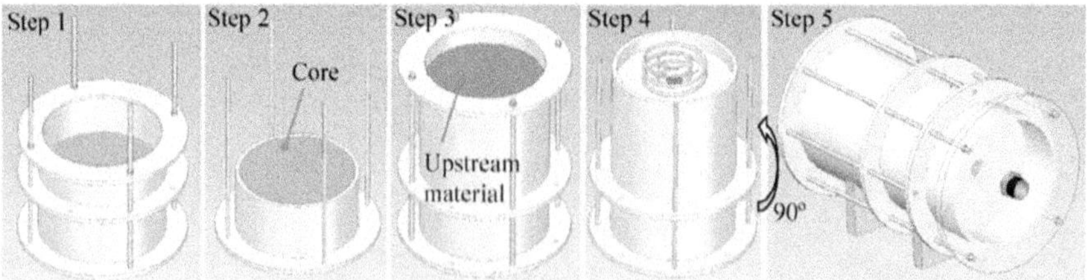

Fig. 4.39
Étapes d'assemblage de l'appareillage, de compactage et de perçage d'un essai FLET
(Correia et al, 2014)

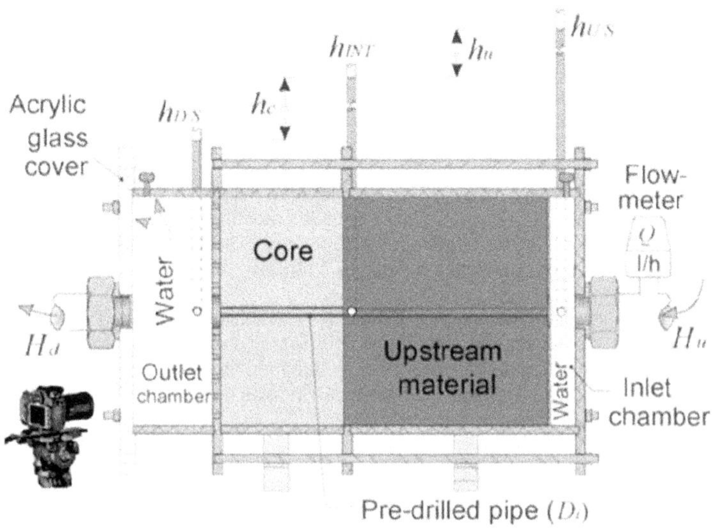

Fig. 4.38
Perspective sectional view of the cell in a typical FLET

The specimen is subjected to water flow imposed through a constant hydraulic head loss, $\Delta H = H_u - H_d$. H_u and H_d are the total head at the entrance and exit of the test cell, respectively. Control valves are placed at upstream and at downstream of the cell to assist the test procedures. The measurements made during the tests include piezometric heads, flow rates, and visual observations through the downstream acrylic glass cover plate. The erosion phenomena and the turbidity of the effluent are observed through the acrylic cover plate.

Figure 4.39 illustrates the procedure used to assemble the device and to compact the materials in a typical FLET, which follows five main steps. In Step 1 the core is compacted in lifts of 35 mm inside the mould. An aluminum tube is used as the compaction collar. In Step 2 the excess core material is trimmed. An electric drilling device and a guide are used to drill a central hole along the core sample. A rod is inserted in the predrilled hole to prevent it from becoming filled with soil in the next step. In Step 3 the upstream material is compacted in lifts of 50 mm on the core material. In Step 4, a central hole is drilled in the upstream material whenever the material can sustain an open hole. A rigid annular (or porous) plate and two concentric springs are then inserted. In Step 5 the aluminum upstream cover plate is assembled, exerting force on the springs. The test cell is rotated 90º and placed in a support. Finally, the aluminum tube, used in Step 1 as the compaction collar, and the acrylic glass cover plate are assembled. The piezometer tubes are inserted upstream and downstream of the specimen.

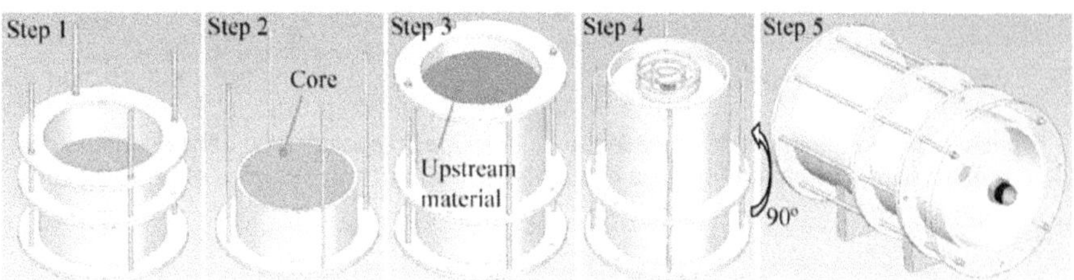

Fig. 4.39
Steps of device assembly and compaction/drilling in the FLET (Correia et al, 2014)

L'essai FLET est conduit jusqu'à une différence de charge prédéfinie, ΔH. Après l'ouverture des purges d'air, la cellule est lentement remplie pour éviter l'érosion du sol causée par le passage rapide de l'eau le long du trou. Après le remplissage complet de la cellule, la vanne de contrôle amont est fermée, la vanne de contrôle aval est complètement ouverte, et les purges de dégagement d'air sont fermées. La minuterie démarre à l'instant où la vanne de contrôle d'entrée est complètement ouverte.

Un essai est considéré comme terminé lorsque l'un des critères suivants est vérifié: (i) Q < 50 litres/heure pendant 30 minutes; (ii) toutes les mesures sont stables pendant 30 minutes avec un écoulement clair; (iii) h_u ou h_d inférieur à 20 mm; (iv) Q atteint le débit maximal du dispositif (environ 1800 L/h); et (v) durée maximale du test de 3 heures.

Après un démontage minutieux de la cellule, les échantillons de la carotte, du matériau amont et du filtre sont démoulés. Dans la mesure du possible, le trou dans le noyau (et dans le sol amont, si un trou y a été percé) est rempli de paraffine fondue. Les moules de paraffine permettent d'inspecter la forme et la rugosité du tuyau. De plus, le volume des moules de paraffine est utilisé pour estimer le diamètre équivalent final du tuyau.

4.6.4.1. Résultats types du FLET

Le FLET permet d'identifier quatre types de comportements: arrêt du débit (ou forte diminution) en raison de l'effondrement de la conduite en amont (*Type F1*); limitation du débit à une valeur seuil (*Type F2*); pas de limitation du débit mais ralentissement de l'érosion du noyau (*Type F3*); et pas de limitation du débit avec la progression d'une érosion grave (*Type F4*). La Figure 4.40 illustre la tendance du débit et l'état de l'échantillon pour chaque type de comportement à la fin de l'essai.

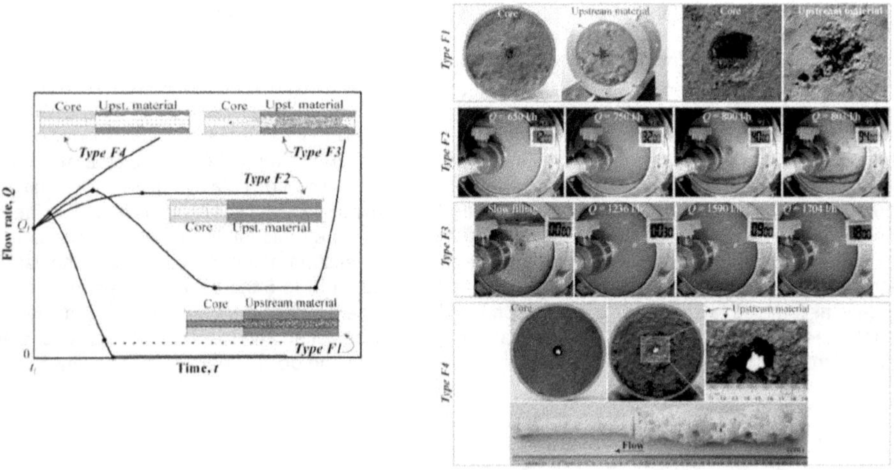

Fig. 4.40
Types de comportement observés avec le FLET : types d'évolution du débit et photos des échantillons de chaque type de comportement (Correia dos Santos et al, 2014)

The FLET is conducted to a predefined head differential, ΔH. After the opening of the air release purges, the cell is slowly filled to prevent soil erosion caused by rapid passage of water along the pipe. After complete filling of the cell, the upstream control valve is closed, the downstream control valve is fully open, and the air release purges are closed. The timer starts at the instant when the inlet control valve is fully open.

A test is deemed complete when any of the following criteria is verified: (i) $Q < 50$ liters/hour during 30 minutes; (ii) all readings are stable during 30 minutes with clear outflow; (iii) h_u or h_d below 20 mm; (iv) Q reaches the maximum discharge capacity that the system withstands (about 1800 L/h); and (v) maximum test duration of 3 hours.

After careful disassembly of cell, the core, upstream material, and filter samples are obtained. Whenever possible the resulting pipe in the core (and in the upstream soil, if a hole was drilled) is filled with melted paraffin wax. The paraffin mould allows the inspection of the pipe shape and roughness. In addition, the volume of the paraffin mould is used for estimation of the final equivalent diameter of the pipe.

4.6.4.1. Typical FLET results

The FLET allows the identification of four types of behaviors: flow stopping (or decreasing greatly) due to upstream pipe collapse (Type F1); flow limitation to a threshold value (Type F2); no flow limitation but slowing down of core erosion (Type F3); and no flow limitation along with the progression of severe erosion (Type F4). Figure 4.40 shows the trend of the flow rate for each behavior type, and illustrates the typical layout of the specimen at the end of the tests.

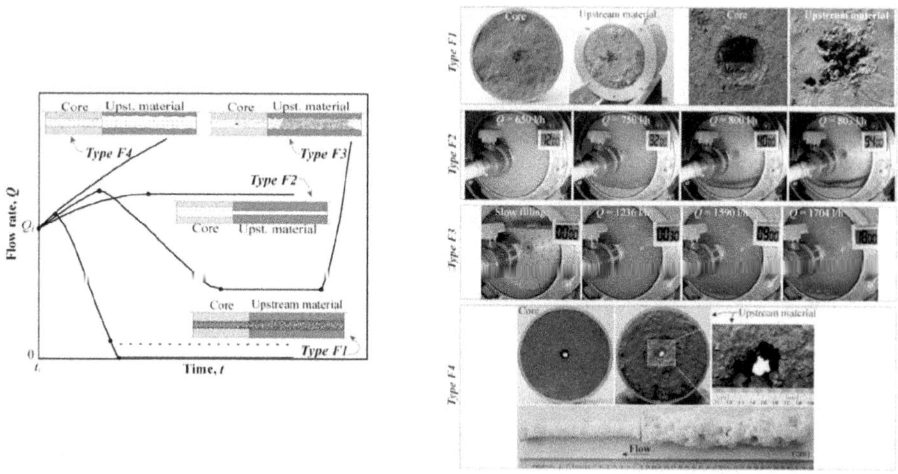

Fig. 4.40
Behavior types observed in the FLET: typical flow rate evolution; and photos showing specimen for each behavior type (from Correia dos Santos et al, 2014)

Les essais montrant un comportement de *Type F1* sont caractérisés par une érosion extrêmement rapide des fines de la paroi du trou d'érosion dans le matériau amont, suivie par le détachement des particules plus grosses qui les entourent. À ce stade, le débit augmente relativement vite. Ensuite, certaines de ces particules érodées plus grossières sont piégées à l'interface des deux sols et/ou à l'intérieur du trou d'érosion du noyau, qui n'a pas le temps de s'élargir, puisque le matériau du noyau a une résistance à l'érosion considérablement plus élevée que le matériau en amont. Le débit commence à diminuer, mais même ainsi, le matériau en amont continue à s'éroder, ce qui entraîne le remplissage successif des vides entre les particules piégées par des particules encore plus petites. Il en résulte une limitation progressive du débit d'eau et l'effondrement de la conduite dans le matériau amont, en raison de son imbibition prolongée (processus d'autoréparation).

Le *Type F2* se produit lorsque le matériau amont est non érodable pour la charge hydraulique appliquée. L'augmentation initiale du débit est principalement due à l'élargissement du trou dans le noyau. En général, cela se produit en même temps que la chute de la perte de charge piézométrique dans le noyau, h_c, et avec une légère augmentation de la charge piézométrique dans le matériau amont, h_u, causée par une redistribution du potentiel hydraulique. Par conséquent, la contrainte de cisaillement due au fluide d'érosion sur la paroi du trou dans le noyau peut diminuer en dessous de sa contrainte de cisaillement critique ($\tau_{noyau} < \tau_{cr}$). Le processus d'érosion dans le noyau ralentit sensiblement, ou peut même s'arrêter, ce qui entraîne la stabilisation du débit.

Dans le *Type F3*, une tendance initiale à l'augmentation du débit se produit. Les fines du matériau amont s'érodent à un rythme plus rapide que le noyau. Il en résulte une libération rapide des particules les plus grossières du matériau amont, dont la dimension maximale est supérieure au diamètre du trou dans le noyau. Comme dans le cas du *type F1*, ces particules sont transportées en aval et se retrouvent piégées à l'interface avec le noyau. La restriction d'écoulement empêche l'entraînement des particules les plus grossières du matériau amont, ce qui entraîne finalement une quasi-stabilisation des relevés. Néanmoins, contrairement au *Type F1*, le débit est suffisamment élevé pour continuer à éroder le noyau. Lorsque la taille du trou dans le noyau devient trop grande pour retenir les particules de gravier du matériau en amont, le débit augmente sans grande restriction.

Dans le *Type F4*, le débit augmente continuellement à un rythme très rapide, principalement en raison d'un taux d'érosion élevé du matériau amont. Une caractéristique commune de ces essais est que, malgré la faible résistance à l'érosion du matériau amont, le trou d'érosion en développement maintient son toit pendant la progression de l'érosion.

4.6.4.2. Conclusions sur les résultats du FLET

Les sols amont présentant des comportements de *Type F1* et de *Type F2* dans le FLET sont considérés comme efficaces pour limiter la progression de l'érosion interne le long d'une fuite concentrée qui traverse à la fois le noyau et la zone amont (transition).

Les sols présentant un comportement de *Type F1* sont considérés comme fortement aptes à arrêter les fuites à travers une fissure. Les sols présentant un comportement de *Type F2* sont efficaces pour limiter l'augmentation du débit et ainsi contrôler la progression de l'érosion interne le long de la fissure dans le noyau.

Les sols amont de *Type F3* et de *Type F4* ne sont pas fiables pour assurer la limitation de la progression de l'érosion interne par un mécanisme de limitation du débit.

4.6.5. L'essai d'érosion avec remplissage (CFET)

Le CFET peut être utilisé pour étudier quels types de matériaux amont sont capables de combler une fissure ou un trou dans le noyau ou ont le pouvoir d'aider la rétention du filtre, en arrêtant ou en retardant la progression du processus d'érosion.

The tests showing behavior *Type F1* are characterized by an extremely rapid erosion of the fines in the inner surface of the erosion pipe in the upstream material, followed by the release of the surrounding coarser particles. At this point the flow rate increases relatively fast. Then, some of those coarser eroded particles are trapped at the soils interface and/or inside the core pipe, which has no time to widen, since the core material has considerably higher erosion resistance than the upstream material. The flow rate starts to diminish, but even so, the upstream material continues to erode, leading to the successive filling of the voids between the trapped particles with even smaller particles. This results in the progressive limitation of the water flow and collapse of the pipe in the upstream material, due to prolonged soaking (self-healing process).

Type F2 occurs when the upstream soil is non-erodible for the applied hydraulic load. The initial increase of the flow rate is mostly due to the widening of the pipe in the core. In general, this occurs together with the drop of the piezometric head in the core, h_c, and with a slight increase of the piezometric head in the upstream material, h_u, caused by a redistribution of the hydraulic head loss. Consequently, the shear stress due to the eroding fluid on the surface of the pipe in the core decreases below its critical shear stress ($\tau_{core} < \tau_{cr}$). The erosion process in the core slows down substantially, or can even stop, resulting in the stabilization of the flow rate.

In Type F3, an initial trend toward increased flow rate occurs. The fines of the upstream material erode at a faster rate than the core. This results in a rapid release of the coarser particles of the upstream material, whose maximum dimension is higher than the diameter of the pipe in the core. As in *Type F1*, these particles are transported downstream and become trapped at the interface with the core. The flow restriction inhibits the dragging of the coarser particles of the upstream material, resulting eventually in near-stabilization of the readings. Nevertheless, as opposed to *Type F1*, the flow rate is sufficiently high to continue to erode the core. When the pipe size in the core becomes too large to retain the gravel particles from the upstream material the flow rate increases with no great restriction.

In Type F4, the flow rate increases continually at a very fast rate, mainly because of a high erosion rate of the upstream material. A common characteristic of these tests is that, despite the low erosion resistance of the upstream soil, the developing erosion pipe sustains its roof during the progression of erosion.

4.6.4.2. Conclusions on FLET results

Upstream soils showing behaviors *Type F1* and *Type F2* in the FLET are considered effective at limiting the progression of internal erosion along a concentrated leak that crosses both the core and the upstream (transition) zone.

Soils exhibiting behaviour *Type F1* are considered highly capable of stopping the leaks along the flaw. Soils with behaviour *Type F2* are effective at limiting the increase of the flow and thus control the progression of the internal erosion along the flaw in the core.

Upstream soils showing *Type F3* and *Type F4* cannot be relied upon for providing the limitation of the progression of internal erosion caused by a flow-limitation mechanism.

4.6.5. Crack-filling erosion test (CFET)

The CFET may be used to investigate which types of upstream materials are able of fill in a crack or a pipe in the core or have potential to aid the filtering action at the filter layer, stopping or delaying the progression of the erosion process.

La Figure 4.41 montre le schéma du dispositif expérimental du CFET. L'échantillon de sol est composé de matériau amont, du noyau, et en plus d'un filtre aval. Ceux-ci sont compactés successivement à l'intérieur de la cellule cylindrique. Comme dans le FLET, un trou est percé au centre du noyau pour modéliser une fuite concentrée. La perte de charge hydraulique est appliquée à l'éprouvette comme dans le FLET. De même, les mesures enregistrées lors du CFET sont les mêmes que celles effectuées lors d'un essai FLET.

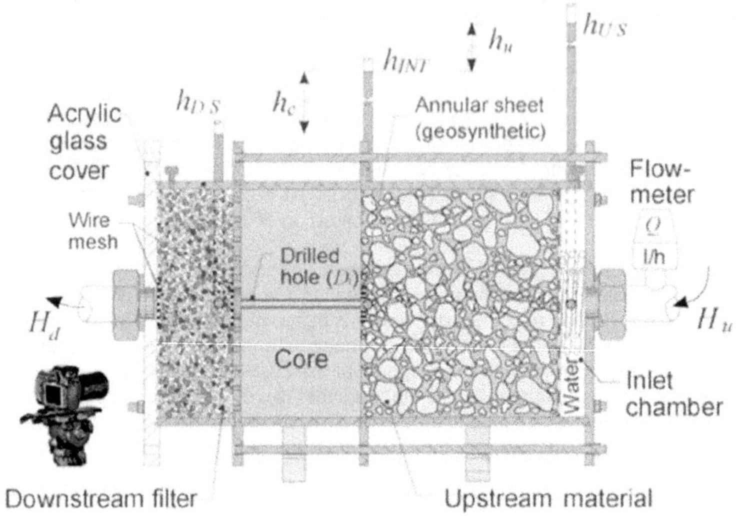

Fig. 4.41
Coupe de la cellule utilisée pour un essai CFET

La Figure 4.42 illustre la procédure utilisée pour assembler le dispositif, pour compacter les matériaux et pour percer un trou dans le noyau, qui suit six étapes principales.

- À l'étape 1, le noyau est compacté par couches de 35 mm à l'intérieur du moule.
- À l'étape 2, l'excédent de noyau est enlevé. Un dispositif de forage électrique et un guide sont utilisés pour percer un trou central le long du noyau. Une tige est insérée dans le trou pré-percé pour éviter qu'il ne soit rempli de terre lors de l'étape suivante.
- Dans l'étape 3, le matériau amont est compacté par couches de 50 mm sur le noyau. Avant le compactage, un disque (100 mm de diamètre extérieur et 40 mm de diamètre intérieur) est posé sur le noyau (comme le montre la Figure 4.40). Cet élément s'est avéré utile pour induire un écoulement horizontal à l'entrée du trou dans le noyau, empêchant ainsi les chemins d'érosion à l'interface noyau-matériau amont. Le piézomètre d'interface est incorporé pendant le compactage de la première couche du matériau amont.
- À l'étape 4, une plaque poreuse rigide et deux ressorts concentriques sont insérés, et la plaque de couverture amont en aluminium est assemblée. Ensuite, la cellule est retournée et la tige de forage du trou insérée à l'étape 3 est retirée.
- À l'étape 5, un treillis métallique circulaire d'un diamètre de 100 mm est fixé sur la plaque d'aluminium d'interface, dans l'axe du trou percé dans le noyau. Le treillis métallique permet de compacter la couche filtrante sans remplir le trou percé dans le noyau. Pour minimiser l'influence du treillis métallique pendant le processus d'érosion,

Figure 4.41 shows schematic diagrams of the setup of the CFET. The soil specimen is composed of an upstream material, a core, and additionally of a downstream filter. These are compacted sequentially inside the cylindrical cell. Like in the FLET, a hole is drilled in the center of the core to model a concentrated leak. The hydraulic head loss is applied to the specimen as explained for the FLET. Similarly, the measurements recorded during the CFET are the same as those performed during a FLET.

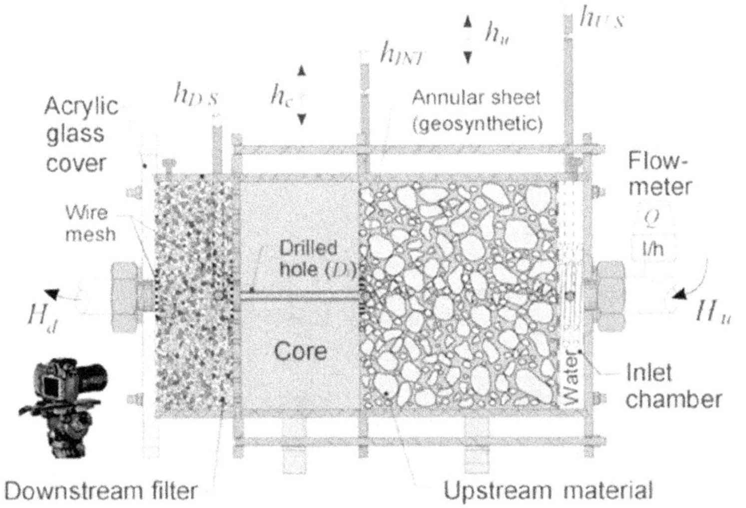

Fig. 4.41
Perspective sectional view of the test cell in a typical CFET

Figure 4.42 illustrates the procedure used to assemble the device, to compact the materials, and to drill a hole in the core, which follows six main steps:

- In Step 1 the core is compacted in lifts of 35 mm inside the mould.
- In Step 2 the excess core is trimmed. An electric drilling device and a guide are used to drill a central hole along the core sample. A rod is inserted in the predrilled hole to prevent it from becoming filled with soil during the next step.
- In Step 3 the upstream material is compacted in lifts of 50 mm on the core. Prior compaction, an annular element (100 mm outer diameter and 40 mm inner diameter) is installed on the core (as shown in Figure 4.40). This element proved useful at inducing horizontal flow at the pipe entrance in the core, preventing thus erosion paths at the interface core-upstream material. The interface piezometer is embedded during compaction of the first lift of the upstream material.
- In Step 4, a rigid porous plate and two concentric springs are inserted, and the aluminium upstream cover plate is assembled. Then, the cell is rotated upside down, and the void-forming rod inserted in Step 3 is removed.
- In Step 5, a circular wire mesh with a diameter of 100 mm is fixed on the interface aluminium plate, cantered with the drilled hole in the core. The wire mesh allows compaction of the filter layer without filling the drilled hole in the core. To minimize influence of the wire mesh during the erosion process, its opening size is larger than the controlling constriction size of the filter being tested. The downstream piezometric

la taille de son ouverture est plus grande que la taille de la constriction de contrôle du filtre testé. Le tube piézométrique aval est installé et le filtre est compacté à la densité relative souhaitée. Pour éviter que les particules du filtre ne soient entraînées vers le réservoir aval, un treillis métallique est placé sur le filtre en alignement avec le tube de sortie de la cellule. Ensuite, la plaque de couverture en acrylique est assemblée.

- À l'étape 6, la cellule d'essai est tournée de 90° et placée sur un support en bois. Le tube en plastique du piézomètre amont est placé dans la chambre d'entrée.

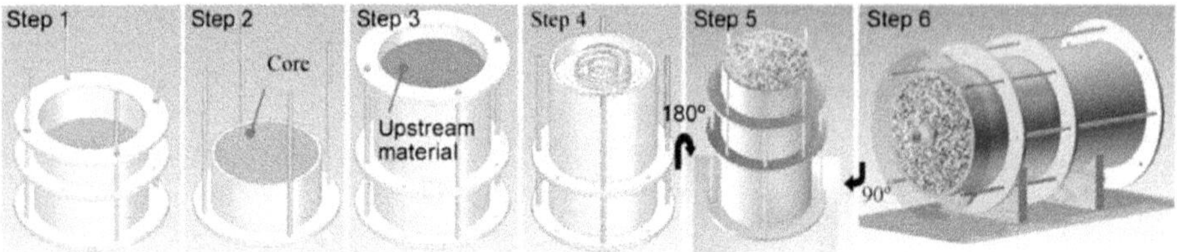

Fig. 4.42
Étapes d'assemblage de l'appareillage, de compactage et de perçage d'un essai CFET (Correia dos Santos et al, 2015b)

Les procédures pour réaliser le CFET, les critères d'arrêt de l'essai et les mesures effectuées sont similaires à celles décrites dans le FLET. En outre, dans le CFET, pour évaluer la perte d'érosion dans la zone amont, on effectue une granulométrie d'échantillons prélevés dans différentes zones. La mesure de la quantité de particules retenues dans le filtre est également effectuée, en considérant la différence de poids sec par rapport au poids initial du filtre.

4.6.5.1. Comportements types observés au CFET

Le CFET permet d'identifier trois principaux types de comportements : un " remplissage de fissures " rapide avec une " érosion " quasi nulle du noyau (*Type C1*); une filtration après une " certaine érosion " (*Type C2a*) ou après une " érosion excessive " (*Type C2b*) du noyau et/ou du matériau amont; et une " érosion continue " du noyau et du matériau amont (*Type C3*). La Figure 4.43 montre la variation du débit pour chaque type de comportement. La Figure 4.43 illustre également la structure typique de l'échantillon à la fin des essais et quelques images de chaque type de comportement.

Les essais qui présentent un comportement de *Type C1* sont caractérisés par un transport extrêmement rapide d'une quantité considérable de particules du matériau amont à l'interface avec le noyau. Les particules emportées se déplacent le long du trou dans le noyau (formant un "jet de sable") jusqu'à la face aval du filtre. Le débit chute brusquement dans une phase antérieure de l'essai.

Dans les essais de *Type C2a* ou *Type C2b*, le débit commence à augmenter rapidement, principalement en raison du développement de la suffusion dans le matériau amont. Le filtre aval est incapable de retenir le matériau provenant du matériau amont. A un instant donné, les contraintes de cisaillement hydraulique, appliquées à la paroi du trou dans le noyau, atteignent des valeurs suffisamment élevées pour commencer à détacher les flocs, qui sont alors retenues sur la face aval du filtre. Ce mécanisme de filtration conduit à un ralentissement progressif de l'augmentation du débit.

tube is installed and the filter is compacted to the desired relative density. To prevent dragging of filter particles to the downstream tank a wire mesh is placed over the filter in alignment with the cell outlet tube. Next, the acrylic cover plate is assembled.

- In Step 6, the test cell is rotated 90º and placed in a wooden support. The upstream piezometer plastic tube is placed in the inlet chamber.

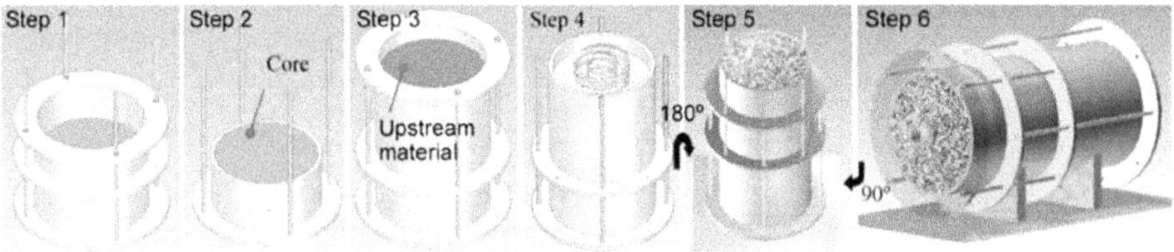

Fig. 4.42
Steps of device assembly and compaction/drilling in the CFET (Correia dos Santos et al, 2015b)

The procedures to carry out the CFET, the test stopping criteria, and the measurement performed are similar to those described in the FLET. In addition, in the CFET, to evaluate the erosion loss in upstream zone, grain-size distribution of samples taken from different zones is performed. The quantification of the amount of particles retained in the filter is also carried out, considering the dry weight difference in relation to the initial filter weight.

4.6.5.1. Soil behavior types observed in CFET

The CFET allows three main types of behaviors to be identified: rapid 'crack-filling' with almost 'no erosion' of the core (*Type C1*); filtering after 'some erosion' (*Type C2a*) or after 'excessive erosion' (*Type C2b*) of the core and/or upstream material; and 'continuing erosion' of the core and upstream material (*Type C3*). Figure 4.43 shows the trend of the flow rate for each behavior type. Figure 4.42 also illustrates the typical layout of the specimen at the end of the tests and some pictures for each behavior type.

The tests that show behavior *Type C1* are characterized by an extremely rapid transport of a considerable amount of particles of the upstream material at the interface with the core. The washed-in particles travel along the pipe in the core (forming a 'sand jet') up to the downstream filter face. The flow rate falls abruptly in an earlier stage of the test.

In tests of *Type C2a* or *Type C2b*, the flow rate starts increasing fast, mainly due to the development of suffusion in the upstream material. The downstream filter is unable to retain the material coming from the upstream material. At a given instant, the hydraulic shear stresses, applied to the inner surface of the pipe in the core, reach values high enough to start detaching the sand-size particles, which are then retained at the downstream filter face. This filtering mechanism leads to a progressive slowdown of the increase of the flow.

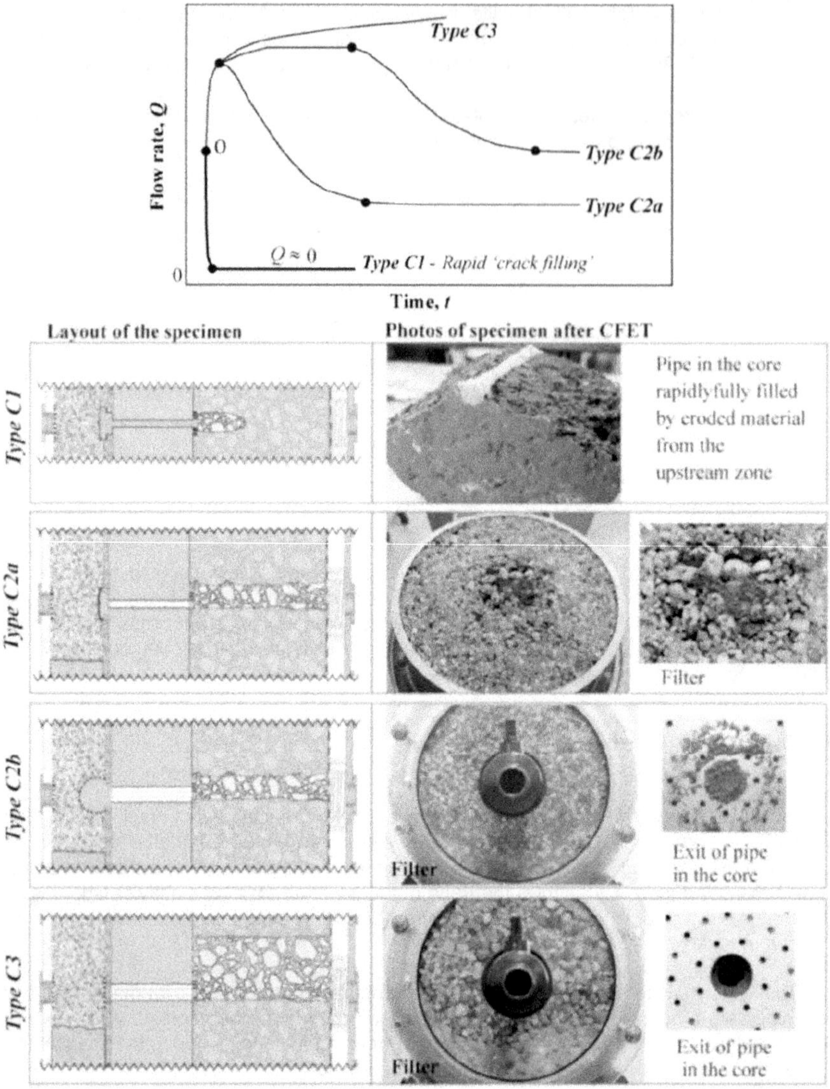

Fig. 4.43
Types de comportements observés au CFET : évolution typique du débit; et photos montrant les échantillons de chaque type de comportement (Correia dos Santos et al, 2015a)

Dans le *Type C2a*, le filtre se colmate après une “certaine” érosion du noyau. Dans le *Type C2b*, le filtre ne se colmate qu’après l’érosion d’une quantité “excessive” des parois du trou. Les particules érodées sont transportées par l’écoulement jusqu’à la face du filtre, puis s’infiltrent lentement dans le filtre. Cela conduit à deux effets opposés sur le débit. D’une part, l’élargissement du diamètre du trou tend à augmenter le débit, et d’autre part, la diminution de la perméabilité du filtre entrave l’infiltration de l’écoulement. Cet équilibre peut se traduire par une augmentation ou une stabilisation du débit pendant une certaine durée.

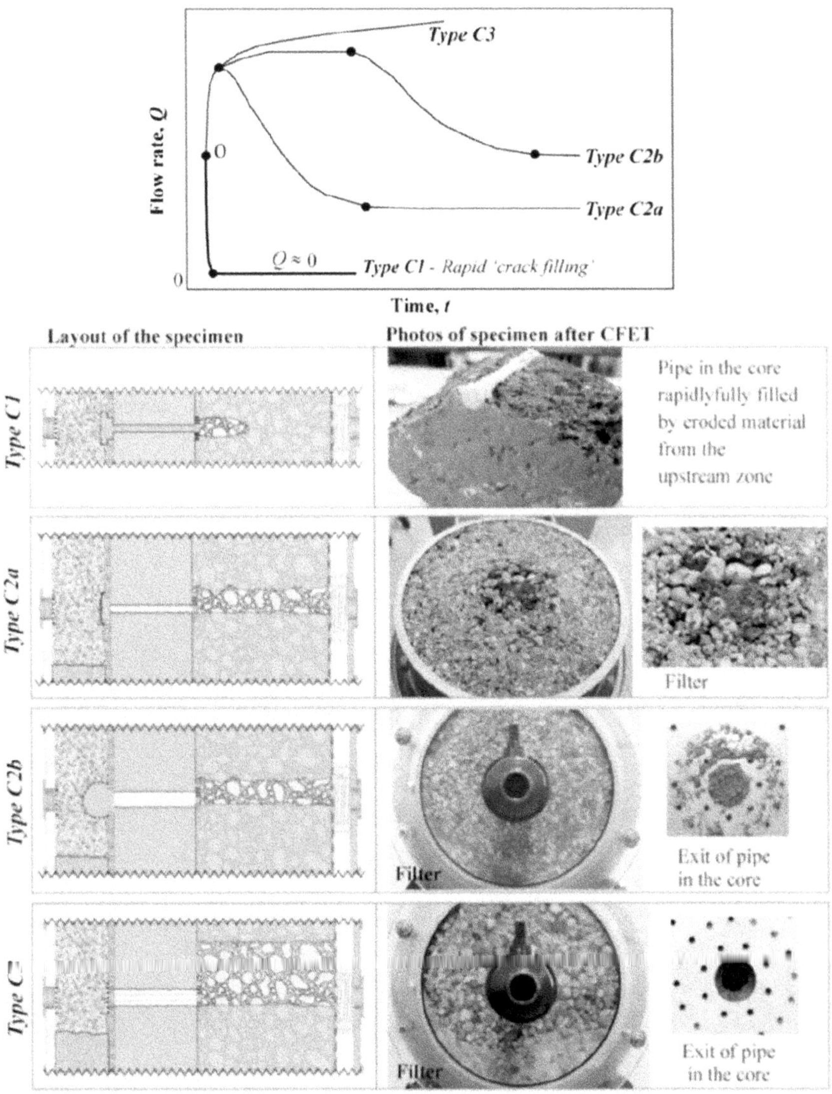

Fig. 4.43
Behavior types observed in the CFET: typical flow rate evolution; and photos showing specimen for each behavior type (from Correia dos Santos et al, 2015a)

In *Type C2a* the filter seals after 'some' erosion of the core. In *Type C2b* the filter seals only after the erosion of an 'excessive' amount of soil from the pipe. The eroded particles are transported by flow up to the filter face, and, then, slowly seep into the filter. This leads to two opposite effects on the flow rate. On the one hand, the widening of the pipe diameter tends to increase the flow, and, on the other hand, the decrease of the filter permeability hinders seepage flow. This balance may result in an increase or stabilization of the flow for a period.

Dans les tests de *Type C3*, le débit augmente rapidement. Il y a une progression rapide de la suffusion du matériau amont, et le filtre est trop grossier pour retenir ces particules. Le débit peut éventuellement se stabiliser si le débit maximal du circuit hydraulique est atteinte.

4.6.5.2. Conclusions sur les résultats du CFET

Les matériaux amont présentant un comportement de *Type C1* au CFET sont considérés comme fortement capables de remplir rapidement les fissures du noyau, et sont donc efficaces pour limiter la progression de l'érosion interne le long d'une fissure dans le noyau.

Les matériaux amont présentant un comportement de *Type C2a* ou de *Type C2b* peuvent cependant arrêter la progression du processus d'érosion interne par filtration, qui se produira après une érosion limitée ou après une érosion excessive, respectivement.

Les matériaux amont présentant un comportement de *Type C3* ne peuvent pas être utilisés pour limiter la progression de l'érosion interne causée par une action rapide de remplissage des fissures.

In tests of *Type C3*, the flow rate increases fast. There is a rapid progression of suffusion in the upstream material, and the filter is too coarse to retain those particles. The flow rate may eventually stabilize if the maximum discharge capacity of the hydraulic system is reached.

4.6.5.2. Conclusions on CFET results

Upstream soils showing behavior *Type C1* in the CFET are considered highly capable of fast filling cracks in the core, and thus are effective limiting the progression of internal erosion along a crack in the core.

Upstream soils exhibiting behavior *Type C2a* and *Type C2b* can however stop the progression of the internal erosion process by providing the filtering mechanism, which will occur after some erosion and after excessive erosion, respectively.

Upstream soils showing behavior *Type C3* cannot be relied upon for providing the limitation of the progression of internal erosion caused by a rapid crack-filling action.

5. RÉHABILITATION

5.1. INTRODUCTION

Le chapitre 10 du Volume 1 donne un aperçu des méthodes disponibles pour réhabiliter ou renforcer les barrages afin qu'ils résistent à l'érosion interne. Les méthodes sont classées en deux groupes, les écrans d'étanchéité ou les filtres. Ici, dans le volume 2, la réhabilitation pour résister à l'érosion initiée par les quatre mécanismes initiateurs – érosion de conduit, érosion régressive, érosion de contact et suffusion - est envisagée, en se référant à des cas concrets lorsque cela est possible.

5.2. RÉPARATION DE L'ÉROSION DE CONDUIT

Le chapitre 3 du Volume 1 énumère treize situations dans lesquelles une érosion de conduit peut se produire (sections 3.2 et 3.2.1–13). Environ la moitié résulte d'un tassement différentiel ou d'une fissuration dans les zones de faible contrainte du remblai ou de la fondation du barrage, et environ la moitié résulte d'ouvertures et de fissures à côté des conduites et des évacuateurs de crue et autres structures traversant les barrages.

Les situations conduisant à des tassements différentiels et à des fissures sont illustrées dans les Figures 2.2 et 2.3 du Volume 1. Les crêtes des barrages sont particulièrement vulnérables aux fissures, mais les fissures peuvent se produire n'importe où dans un barrage. Les tassements différentiels entraînent fréquemment des fissures ou des zones de faible contrainte totale, qui peuvent se fissurer par fracturaction hydraulique lorsque le niveau de l'eau monte. D'autres fissures et zones de faible contrainte sont le résultat de profils de fondation défavorables et de zones mal compactées ou perméables dans le remblai de la fondation. Le Tableau 3.1 du Volume 1 donne les enregistrements d'incidents montrant que 63% des fissures résultent d'un tassement différentiel et 37% des autres causes.

Les Figures 2.4 et 3.1 du Volume 1 illustrent les situations conduisant à une érosion concentrée des fuites le long des évacuateurs et des conduites.

Les sections suivantes traitent des travaux de réparation possibles, avec des exemples, pour remédier à l'érosion de conduit par fissuration de la crête, fissuration du remblai, fracturation hydraulique et fissuration le long des évacuateurs et des conduites.

5.2.1. Réparation des fissures en crête de barrages

La difficulté fondamentale pour traiter les fissures ou les fissures potentielles dans la crête des barrages est de déterminer la profondeur des fissures, et donc la profondeur à laquelle les mesures correctives devraient pénétrer dans la crête, comme indiqué au point 3.3.2 du Volume 1. En outre, les déformations saisonnières et à long terme peuvent provoquer l'ouverture de nouvelles fissures.

Les solutions de réparation possibles sont les écrans ou les filtres. Comme expliqué dans le chapitre 10 du Volume 1, les deux options doivent être suffisamment profondes et s'étendre sur toute la longueur nécessitant un traitement, sinon les fuites seront concentrées dessous ou aux extrémités de la barrière d'étanchéité ou du filtre, et les gradients pourraient être suffisamment forts pour initier l'érosion. Lorsque des crues arrivent et que l'eau s'écoule dans des fissures de la crête, les filtres dans les tranchées peuvent s'écouler dans les fissures sous la base de la tranchée ou à l'extrémité de la tranchée pour limiter la vitesse et empêcher ainsi le déclenchement de l'érosion. Les barrières rigides telles que les palplanches ou les parois au coulis ne peuvent pas faire cela.

5. REMEDIATION

5.1. INTRODUCTION

Chapter 10 of Volume 1 gives an overview of the methods available to remediate or improve dams to resist internal erosion. The methods are in two groups, barriers or filters. Here in Volume 2, remediation to resist erosion initiated by the four initiating mechanisms – concentrated leaks, backward erosion, contact erosion and suffusion – is considered, with reference to case histories where possible.

5.2. REMEDIATION TO RESIST CONCENTRATED LEAK EROSION

Chapter 3 in Volume 1 (ICOLD, 2017) lists thirteen situations in which concentrated leak erosion may initiate (Sections 3.2 and 3.2.1–13). About half result from differential settlement or cracking in low stress zones in the dam fill or foundation, and about half result from openings and cracks beside culverts and spillways and other structures passing through dams.

The situations leading to differential settlement and cracks are illustrated in Figures 2 and 3 in Volume 1 (Figures 2.2 and 2,3 in preprints). The crests of dams are particularly vulnerable to cracking, but cracks can occur anywhere in a dam. Differential settlement frequently results in cracking or low total stress zones, which may crack by hydraulic fracture when water level rises. Other cracks and low stress zones are the result of unfavorable foundation profiles and poorly compacted or permeable zones within the embankment fill of foundation. Table 7 in Volume 1 (Table 3.1 in preprints) gives records of incidents showing that 63% of cracks result from differential settlement and 37% from the other causes.

Situations leading to concentrated leak erosion alongside spillways and culverts are illustrated in Figures 4 and 12 in Volume 1 (Figures 2.4 and 3.1 in preprints).

The following sections deal with remediation options available, with examples, to remediate against concentrated leak erosion through crest cracking, cracking in the fill, hydraulic fracture and cracking alongside spillways and culverts.

5.2.1. Remediation of cracks in dam crests

The fundamental difficulty in dealing with cracks or potential cracks in dam crests is determining the depth of the cracks, and therefore the depth that remedial measures should penetrate into the crest, as discussed in Section 3.3.2 in Volume 1. Moreover, seasonal and long term deformation may cause new cracks to open.

The remediation options available are barriers or filters. As explained in Chapter 10 in Volume 1, both options should be adequately deep and extend over the whole length requiring remediation otherwise leakage will be concentrated below the barrier, or filter or at the ends of the barrier or filter, and gradients may be sufficient to initiate erosion. When floods occur and water flows into cracks in the crest, filters in trenches may flow into any cracks below the base of the trench or at the end of the trench to limit velocity and thereby prevent initiation of erosion. Rigid barriers such as sheet piling or slurry walls cannot do this.

Les barrières rigides ont l'avantage que les tranchées sont autoportantes. Les technologies de construction des parois au coulis, d'injection de coulis et de tranchées parafouille sont décrites dans CIGB (2010) et Bruce (2013).

Les tranchées remplies par un filtre nécessitent un soutien pendant leur construction et, pour cette raison, leur profondeur est souvent limitée. Des profondeurs plus importantes peuvent être obtenues à l'aide de pelles de tranchées adaptées, montées sur chenilles, utilisées pour la pose de tuyaux. Les références sur la construction de tranchées de filtration sont limitées. Bailey (1986) décrit une tranchée de 3 m de profondeur construite comme indiqué sur la Figure 6.1 pour protéger la partie supérieure du noyau d'argile du barrage Upper Litton, à Bristol, au Royaume-Uni, dans laquelle des fuites avaient été détectées lorsque le niveau de l'eau était élevé.

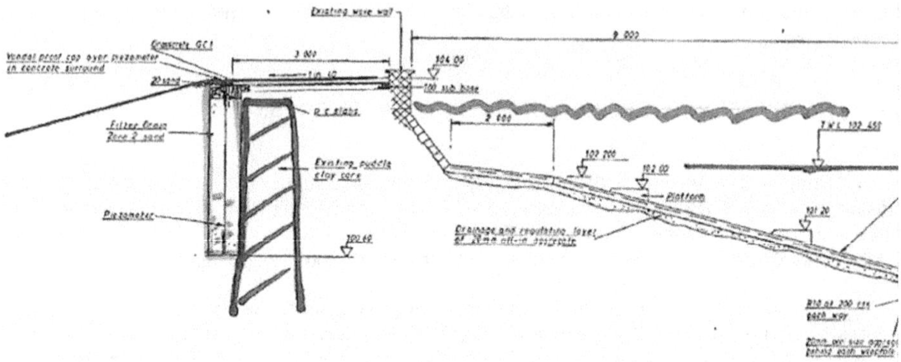

Fig. 5.1
Filtre en tranchée protégeant la crête du barrage supérieur de Litton contre l'érosion de conduit dans les fissures de crête (avec la permission de Bristol Water)

Jairaj et Wesley (1995) décrivent la construction d'une tranchée de boue de bio-polymère dans laquelle la boue est biologiquement absorbée pour laisser une tranchée de sable filtrant. Cette technique offre la possibilité d'une protection filtrée à des profondeurs plus importantes que celles qui peuvent être atteintes dans les tranchées creusées.

5.2.2. Réparation de fissures dans le remblai ou la fondation

Les solutions possibles pour protéger les barrages et leurs fondations sont des écrans sur toute la profondeur, ou des bermes avec filtre et des tapis. Engemoen (2012b, c) décrit des projets de réhabilitation de l'USBR de ces deux types. CFGB (1997), CIGB (2010) et Bruce (2013) décrivent des parois au coulis et des coupures à travers les barrages et les fondations, y compris des coupures à de grandes profondeurs, souvent pour intercepter les karsts, généralement comblés, dans des fondations de roche calcaire soluble que l'on trouve dans de nombreuses régions des États-Unis. Des géomembranes peuvent être posées sur les parements amont des barrages pour les protéger de l'érosion par des fissures dans le remblai (CIGB, 2010). Il faut veiller à sceller le joint périphérique dans la fondation. Scuero et Vaschetti (2012) décrivent comment cela a été fait au barrage de Vaité à Tahiti.

L'avantage des écrans est qu'ils peuvent couper les ouvertures et les fissures dans les fondations et le barrage. Il faut veiller à ce qu'il n'y ait pas de fenêtres dans les barrières et à ce qu'elles s'étendent sur toute la profondeur et assurent une bonne étanchéité dans la roche imperméable en profondeur. Elles doivent également s'étendre dans les appuis pour limiter les infiltrations et le potentiel d'érosion à travers les rives.

Rigid barriers have the advantage that the trenches are self-supporting. Technologies for construction of slurry walls, grouting and cut-off trenches are described in ICOLD (2010) and Bruce (2013).

Filter trenches require support during construction and for this reason the depth is often limited. Greater depths may be achieved using adapted crawler mounted trench excavators used in pipe-laying. References on the construction of filter trenches are limited. Bailey (1986) describes a 3 m deep trench constructed as shown on Figure 5.1 to protect the upper part of the clay core at Upper Litton dam, Bristol, UK, in which leaks had been detected when water level was high.

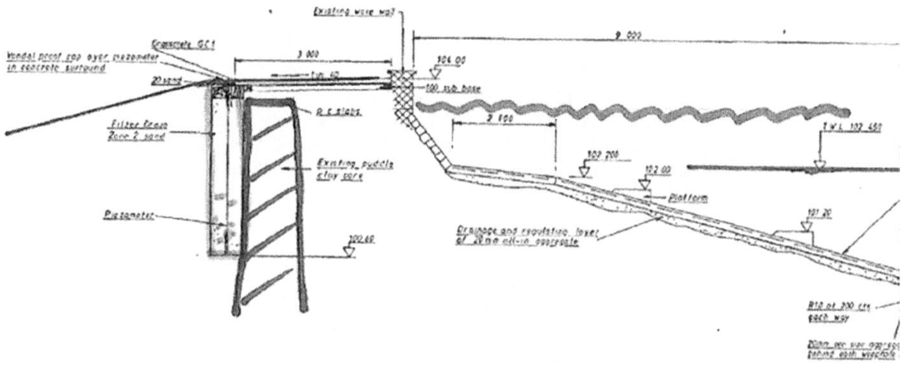

Fig. 5.1
Filter trench to protect crest of Upper Litton dam against concentrated leak erosion in cracks (courtesy Bristol Water)

Jairaj and Wesley (1995) describe construction of a bio-polymer slurry trench in which the slurry is biologically absorbed to leave a filter sand trench. This technique offers the option of filtered protection to depths greater than can conveniently be achieved in excavated trenches.

5.2.2. Remediation of cracks in dam fill or foundation

The options available to protect dams and their foundations are barriers to full depth, or filtered berms and blankets. Engemoen (2012b, c) describes USBR remediation projects of both types. ICOLD (2010), CFGB (1997) and Bruce (2013) describe slurry walls and cut-offs through dams and foundations, including cut-offs to great depths, often to intercept karst solution channels, usually in-filled, in soluble limestone foundation rock found in many parts of the United States. Geomembranes can be laid on the upstream slopes of dams to protect them from erosion through cracks in the fill (ICOLD, 2010). Care must be taken to seal the peripheral joint into the foundation. Scuero and Vaschetti (2012) describe how this was done at Vaité dam in Tahiti.

The advantage of barriers is that they can block openings and cracks in the foundation and the dam. Care has to be taken to ensure that there are no gaps in barriers and that they extend to full depth and make a good seal into impermeable rock at depth. They must also extend into the abutments to limit seepage and the potential for erosion through the abutments.

Les recharges avec filtre présentent l'avantage que le remblai du barrage existant est découvert pendant la restauration et qu'une attention particulière peut être accordée à toute zone exceptionnellement vulnérable. Le filtre peut s'écouler dans toute nouvelle fissure qui s'ouvre et limite le potentiel d'initiation de l'érosion. Il est important de vérifier que la hauteur de la recharge soit suffisante pour résister au soulèvement des fuites atteignant le filtre lorsque le niveau de l'eau est élevé. Dans certaines circonstances, une couche filtrante de drainage plus grossière peut être nécessaire à l'aval de la couche de filtre pour permettre un drainage libre et éviter les pressions locales élevées qui pourraient soulever la recharge. La section 7.3.3 du Volume 1 et la FEMA (2013) fournissent des conseils sur la conception des filtres. La FEMA (2013) donne également des conseils sur les bonnes pratiques de construction des filtres.

Les recharges avec filtre s'étendent en aval du barrage existant et augmentent son empreinte. Les filtres doivent s'étendre en aval pour filtrer les fuites lorsqu'elles "remontent à la surface" après avoir traversé la fondation sous le barrage. Une partie des fuites peut passer sous les filtres et s'écouler en aval sans être filtrée. Dans de telles circonstances, les puits de décharge constituent un moyen alternatif de protéger les fondations de l'érosion. Pour minimiser le risque qu'une partie des fuites chargées de sédiments ne s'échappe entre ces puits et ne permette à l'érosion de continuer et de progresser, il convient d'étudier minutieusement les fuites (mesure du débit de fuite de chaque puits, du profil de température et éventuellement de traçage) pour resserrer éventuellement leur espacement.

5.2.3. Réparation en cas de fracturation hydraulique

Le claquage hydraulique se produit lorsque la pression des pores (u) dépasse la contrainte totale principale minimale (σ_3). Au barrage de Balderhead, des injections de serrage au coulis conventionnel ont été utilisées en partie pour recompacter (mais pas pour fracturer) afin d'augmenter la contrainte totale minimale (Vaughan et al, 1970) afin de prévenir toute nouvelle fracture hydraulique lorsque le réservoir sera rempli et que la pression interstitielle augmentera. Au barrage WAC Bennett au Canada, le coulis de compactage, par lequel le remblai du barrage a été injecté, a été utilisé pour densifier, stabiliser et augmenter la contrainte totale dans les puits (Garner et al, 2000).

5.2.4. Réparation en cas d'ouverture le long de l'évacuateur de crues

Les évacuateurs sont particulièrement sensibles aux ouvertures entre leurs bajoyers en béton (ou en maçonnerie) et le remblai du barrage, car la majeure partie du bajoyer est au-dessus du niveau normal de l'eau et le remblai devient sec et peut se contracter, laissant des vides par lesquels l'eau s'écoulera en cas de grandes crues. La vulnérabilité ne se prête pas facilement à l'analyse et, comme elle entraînera des dommages lorsqu'une grande crue arrivera dans la retenue, lorsqu'aucun contrôle n'est possible, il est conseillé de vérifier l'état des abords des parties supérieures des évacuateurs et de procéder à des mesures correctives à titre de précaution si nécessaire.

Ce problème potentiel peut être réduit en inclinant le côté du mur qui fait face au remblai, comme l'indique la figure 4 du volume 1, CIGB, 2017 (figure 2.4 du prétirage). L'objectif est d'incliner le mur de manière à ce que, lorsque le remblai se tasse, il reste en contact avec le mur et que les fissures ne s'ouvrent pas. Pour maintenir le contact entre le remblai et le mur, les surfaces en béton doivent être lisses; l'application de peintures ou de revêtements réduisant le frottement constitue une garantie supplémentaire. La pente est pratique pendant la construction car elle permet à l'atelier de compactage et aux pneus des camions de compacter le remblai contre le mur et de réaliser un joint étanche entre la structure et le remblai du barrage.

Pour plus d'informations, reportez-vous au Congrès de la CIGB (2015) où l'un des sujets abordés par les communications sur la question 98 : Remblais et barrages de stériles au Congrès de la CIGB à Stavanger en 2015 est "la conception et la performance des interfaces entre les remblais et les structures en béton".

Filtered berms have the advantage that the fill in the existing dam is exposed during the remediation and particular attention can be given to any exceptionally vulnerable areas. Filter may flow into any new cracks that open and limit the potential for initiation of erosion. It is important to check that the depth of fill in the berm is sufficient to resist uplift from leakage reaching the filter when water level is high. In some circumstances, a coarser drainage filter layer may be required behind the filter layer to allow free drainage and prevent high local pressures that may blow off the fill in the berm. Section 7.3.3 in Volume 1 and FEMA (2013) provide guidance on filter design. FEMA (2013) also gives guidance on good filter construction practices.

Filtered berms extend downstream from the existing dam and increase its footprint. Filters should extend downstream to filter leakage as it 'surfaces' after passing through the foundation under the dam. Some leakage may pass below the filters and flow unfiltered downstream. In such circumstances, filtered relief wells provide an alternative means of protecting the foundation from erosion. To minimize the risk of allowing erosion, if it had initiated, to continue and progress between relief wells, leaks must be carefully studied (by measurement of the leakage rate of each well, taking temperature profile and possibly by tracing) and well spacing tightened as necessary.

5.2.3. Remediation against hydraulic fracture

Hydraulic fracture occurs when the pore pressure (u) exceeds the minimum principal total stress (σ_3). At Balderhead dam conventional grouting was used partly to apply pressure to (but not fracture) the fill in an attempt to raise the minimum total stress (Vaughan et al, 1970) and guard against further hydraulic fracture when the reservoir was refilled and the pore pressure increased. At WAC Bennett dam in Canada compaction grouting, in which soil fill was injected into the dam, was used to densify, stabilize and increase total stress in sinkholes (Garner et al, 2000).

5.2.4. Remediation against cracks at spillways through dams

Spillways are particularly vulnerable to cracks between the concrete (or masonry) walls of the structure and the dam fill because most of the wall is above normal water levels and the fill becomes dry and may shrink, leaving open gaps through which water will flow when large floods occur. The vulnerability is not amenable to analysis, and because it will lead to damage when a large flood passes through the reservoir, when no controls are possible, it is advisable to check conditions around the higher parts of spillways and carry out remediation as a precaution if necessary.

The potential problem can be reduced by sloping the fill-facing side of the wall, as indicated in Figure 4 in Volume 1, ICOLD, 2017 (Figure 2.4 in preprints). The objective is to slope the wall so that as the fill settles it will maintain contact with the wall and cracks will not open. To maintain contact between fill and wall, concrete surfaces should be smooth; applying friction reducing paints or coatings provides further re-assurance. The slope is convenient during construction as it allows compaction plant and the tires of other plant to compact fill tight against the wall and make a watertight seal between the structure and the dam fill.

For more information, refer to ICOLD Congress (2015) where one of the topics addressed by papers on Question 98: Embankments and Tailings Dams at the ICOLD Congress in Stavanger in 2015 was 'design and performance of interfaces between embankments and concrete structures'.

Pour intercepter toute fuite à travers la zone “étanche”, des filtres et un drainage doivent être prévus, soit en continu, soit au niveau de la crête et par intervalles le long de l’évacuateur sous la forme d’une série de colliers filtrants pour permettre aux fuites filtrées de s’échapper librement et empêcher un lessivage le long de l’évacuateur. Une autre précaution consiste à insérer un mur anti-renard, comme le montre la Figure 5.3, sous la dalle du déversoir jusqu’à la profondeur des fissures prévues. Cela devrait empêcher les fuites sous la dalle qui peuvent entraîner un soulèvement et une défaillance comme cela s’est produit à Situ Gintung (Bridle, 2014a).

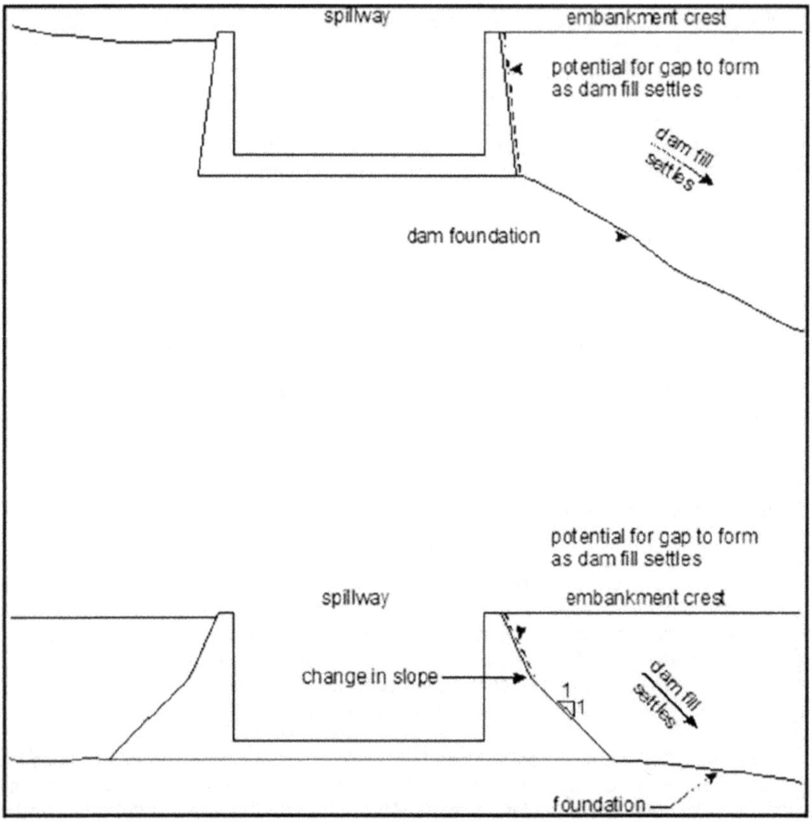

Fig. 5.2
(Figure 4 du Volume 1 CIGB 2017) Situations où un vide peut se former entre le remblai et le bajoyer de l’évacuateur accentué par (a) pente raide de la fondation à proximité de l’évacuateur; (b) changement de pente du bajoyer (Fell et al, 2005)

To allow for any leaks through the 'seal' zone filters and drainage can be provided, either continuously or at the crest and at intervals down the spillway as a series of filter collars to allow filtered leakage to escape freely and prevent washout of the spillway. Another precaution is to insert a blocking wall, as shown in Figure 5.3, below the spillway slab to the depth of expected cracks. This should prevent leakage under the slab which can lead to uplift and failure as occurred at Situ Gintung (Bridle, 2014a).

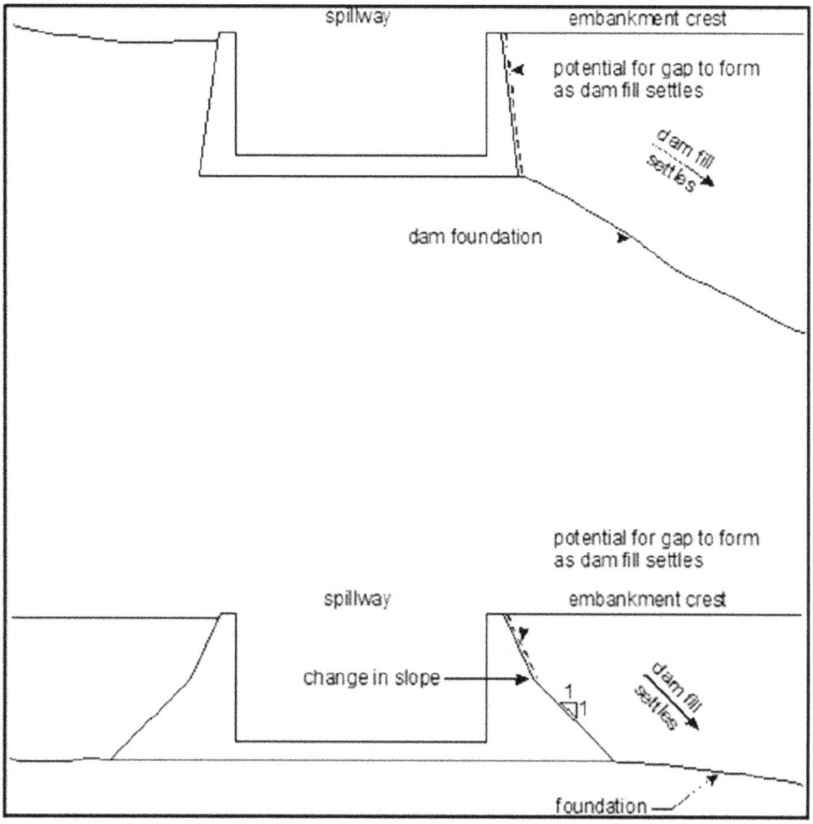

Fig. 5.2
Situations where a gap may form between the dam fill and spillway wall (a) Steep foundation adjacent to spillway wall; (b) Change in slope of the retaining wall. (Figure 4, (2.4) in Volume 1) (Fell et al, 2005)

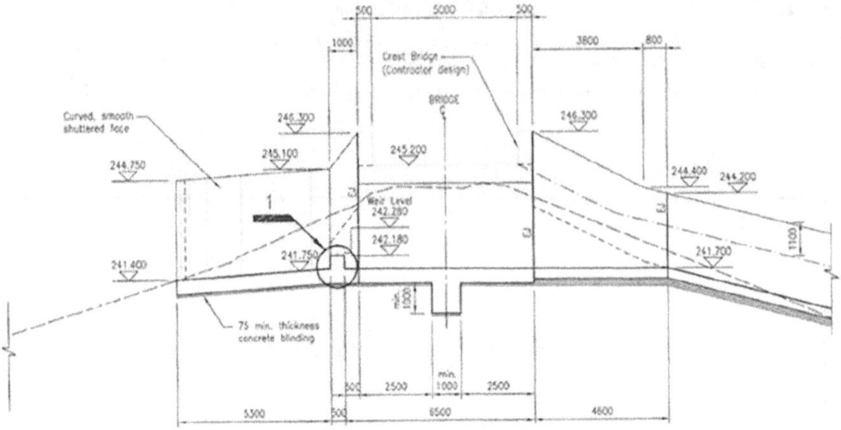

Fig. 5.3
Évacuateur avec écrans anti-renard sous le radier du bajoyer jusqu'à la profondeur estimée maximale de fissures, soit environ 4.0 m sous la crête dans ce cas. A l'aval un tapis filtrant sous le radier collecte et filtre toute fuite (avec la permission de MWH)

Au barrage de Pykes Creek en Australie, Matthews et al (2006) relatent que suite à l'évaluation des risques, qui concluait que le mode de rupture le plus probable était l'érosion interne le long de l'évacuateur, des filtres ont été installés pour empêcher l'érosion (Figure 5.4), ce qui a permis de réduire considérablement le risque.

Fig. 5.4
Installation d'un filtre au barrage de Pykes Creek

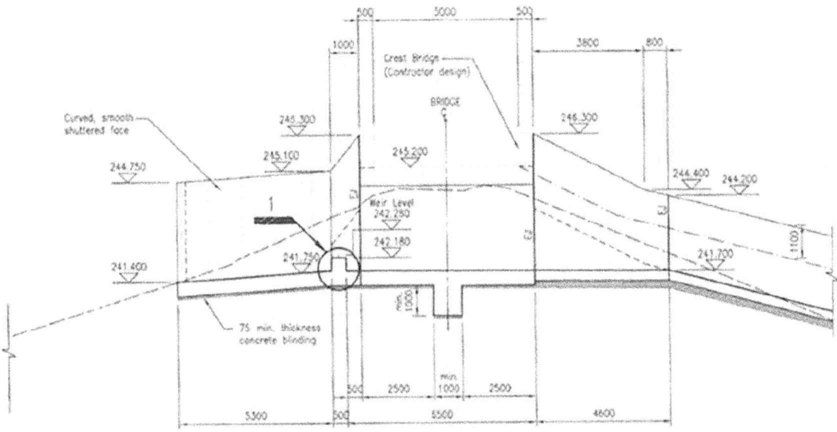

Fig. 5.3
Spillway with blocking wall below slab to below estimated crack depth, about 4.0 m below crest in this case. Filter blanket downstream to collect and filter leaks (courtesy MWH)

At Pykes Creek Dam in Australia, Matthews et al (2006), it was found by risk assessment that the most likely failure route was by internal erosion alongside the spillway. Filters were installed to prevent erosion (Figure 5.4), thereby reducing risk markedly.

Fig. 5.4
Installing filter at Pykes Creek dam

5.2.5. Réparation en cas d'érosion de conduit le long des conduites

Étant à la base des barrages, les conduites sont soumises à des charges hydrauliques importantes en cours d'exploitation. Les fuites le long des conduites peuvent provoquer l'érosion ou créer des pressions d'eau le long de leur flanc qui dépassent la contrainte totale, ce qui entraîne un claquage hydraulique. Des barrages existants ont démontré qu'ils peuvent résister à de telles charges. La charge augmente lorsque de grandes crues font monter le niveau de l'eau et il est possible d'estimer si ces charges extrêmes déclenchent une érosion ou provoquent un claquage hydraulique.

Cependant, en général, la vulnérabilité des conduites ne se prête pas à une telle analyse mécanique. L'évaluation quantitative des risques peut fournir une estimation de la probabilité de rupture des conduites, en tant qu'alternative à la prise de décision. Dans le cas contraire, s'il y a beaucoup de fuites ou si la structure de la conduite s'est détériorée, il est conseillé de prendre des mesures correctives par précaution.

Les colliers filtrés à l'extrémité aval des conduites devraient empêcher l'érosion, si elle commence, de se poursuivre. Les colliers filtrants empêcheraient également l'érosion dans les fractures hydrauliques de se poursuivre, mais si la fracturation était généralisée, le soulèvement peut se produire, ce qui peut entraîner une défaillance comme à Warmwithens. Cependant, dans les barrages existants, le tassement aura augmenté la contrainte totale minimale autour du ponceau, et de vastes zones de soulèvement ne semblent pas probables.

Bailey (1986) décrit les mesures préventives pour sécuriser une conduite de restitution. La Figure 6.5 montre que le tuyau a été recouvert et qu'un collier filtrant en géotextile a été prévu derrière un mur de soutènement à travers lequel le tuyau passe.

La FEMA (2005) donne beaucoup d'informations utiles sur la sécurisation des conduites à travers les barrages en remblai. La FEMA (2007) fournit des conseils sur les tuyaux en plastique dans les barrages.

5.2.5. *Remediation against concentrated leak erosion at conduits*

Being at the base of dams, culverts are subject to substantial hydraulic loads in operation. Leakage along the outside of culverts can initiate erosion, or it may set up water pressures along the culvert which exceed the total stress, resulting in hydraulic fracture. Existing dams have demonstrated that they can resist such loads. The load will increase when large floods raise the water level and it may be possible to estimate if these extreme loads will initiate erosion or cause hydraulic fracture.

However, generally, the vulnerability of culverts is not amenable to mechanical analysis. Quantitative risk assessment can provide an estimate of the probability of failure at culverts, as an alternative approach to decision-making. Otherwise, if there is much leakage or the culvert structure has deteriorated, precautionary remediation may be advisable.

Filtered collars at the downstream end of culverts should prevent erosion, if it initiates, from continuing. Filter collars would also prevent erosion in hydraulic fractures from continuing, but if fracturing was widespread uplift may occur leading to failure as at Warmwithens. However, in existing dams, settlement will have increased the minimum total stress around the culvert, and extensive areas of uplift do not seem likely.

Bailey (1986) describes precautionary remediation to an outlet pipe. Figure 6.5 shows that the pipe was relined and a geotextile filter collar provided behind a retaining wall through which the culvert passed.

FEMA (2005) gives much useful information on remediation of conduits through embankment dams. FEMA (2007) provides guidance on plastic pipes in dams.

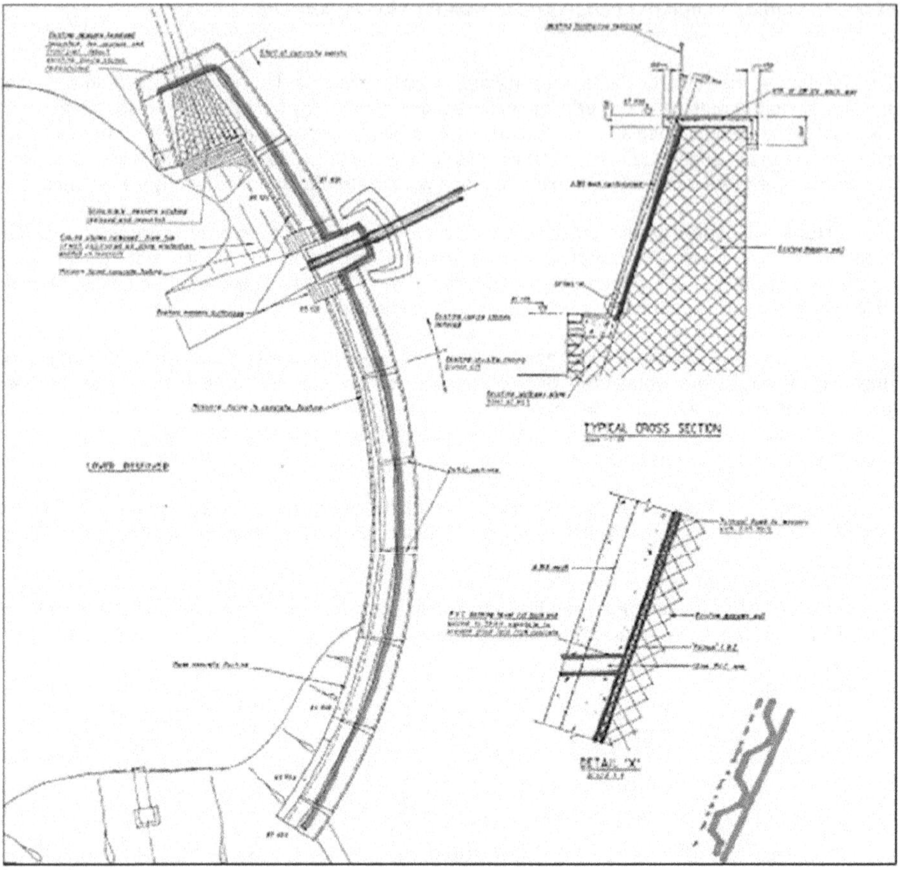

Fig. 5.5
Anneau de filtre géotextile de prévention à l'extrémité aval du conduit revêtu à travers le barrage Upper Litton. Dans ce cas, il a été possible de prolonger le filtre à travers le pied du barrage pour protéger une grande partie de la pente en aval (avec l'aimable autorisation de Bristol Water)

5.3. RÉPARATION DE L'ÉROSION RÉGRESSIVE

La section 2.2.2 et le chapitre 4 du Volume 1 traitent de l'érosion régressive locale de fondations sableuses sous un "toit", de l'érosion régressive globale des noyaux de barrage et de l'érosion régressive globale conduisant au déchaussement des grains du parement aval.

La section 4.3 du volume 1 donne plusieurs approches pour évaluer les critères auxquels l'érosion régressive provoque la rupture. La Figure `20 du Volume 1 (Figure 4.4 du prétirage) résume l'approche de Sellmeijer qui fournit les moyens d'estimer le gradient critique auquel l'érosion régressive dans les sables de fondation sous un remblai conduira à la rupture du remblai. Cette approche a été corroborée par Van Beek (2015). D'autres approches sont également proposées. La section 4.3.2 donne des indications sur les circonstances dans lesquelles l'érosion régressive globale se produira dans les noyaux de barrage. La section 4.3.3 fournit des informations sur la pente à laquelle le déchaussement commencera.

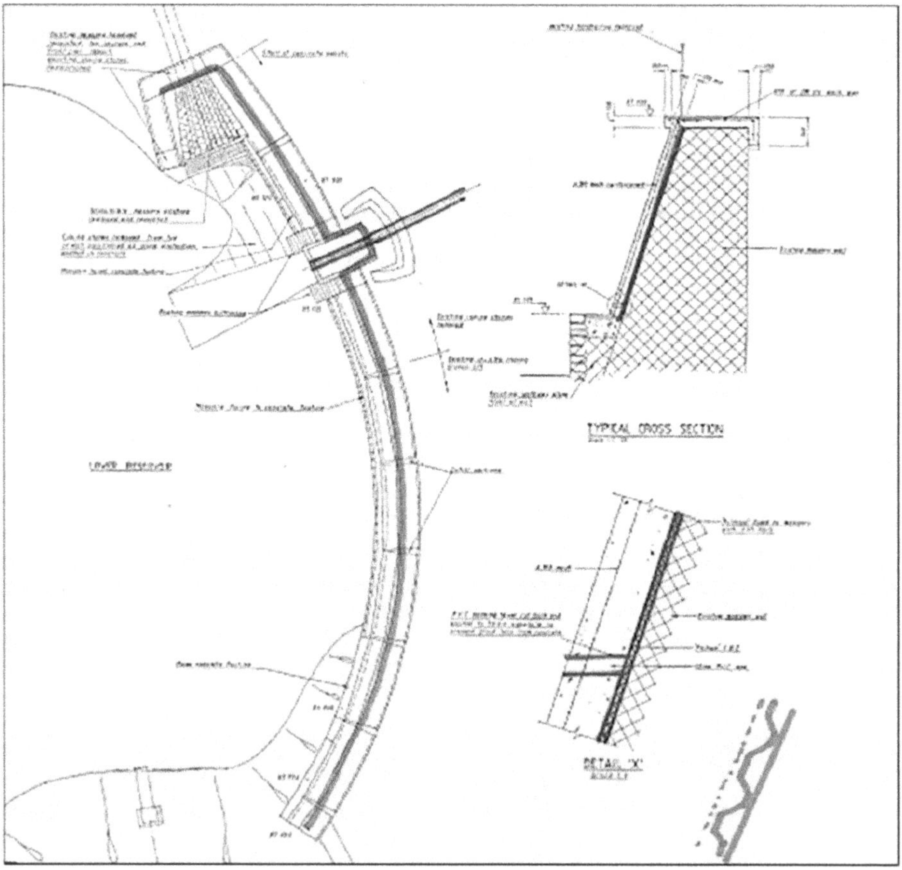

Fig. 5.5
Precautionary geotextile filter 'collar' at downstream end of relined conduit through Upper Litton dam. In this case, it was possible to extend the filter across the toe of the dam to protect much of the downstream slope (courtesy of Bristol Water).

5.3. REMEDIATION TO RESIST BACKWARD EROSION

Section 2.2.2 and Chapter 4 in Volume 1, ICOLD, 2017, deal with backward erosion in sandy foundations below a 'roof' and global backward erosion in dam cores and global backward erosion leading to unraveling of downstream slopes.

Section 4.3 in Volume 1 gives several approaches to assessing the criteria at which backward erosion causes failure. Figure `20 in Volume 1 (Figure 4.4 in preprints) summarizes the Sellmeijer approach provides the means to estimate the critical gradient at which backward erosion in sandy foundation soils below an embankment will lead to failure of the embankment. This approach was further substantiated by Van Beek (2015). Other approaches are also given. Section 4.3.2 gives guidance on the circumstances in which global backward erosion will occur in dam cores. Section 4.3.3 provides information on the slope at which unraveling will initiate.

Cette section traite du confortement lorsque les remblais reposant sur des fondations sableuses sont vulnérables à la rupture ou aux dommages causés par l'érosion régressive. Les analyses utilisant la Figure 4.4 et d'autres informations dans le Volume 1 fourniront une estimation du gradient critique (H/L) auquel l'érosion régressive conduira à la rupture. La Figure 5 du Volume 1 CIGB 2017 (2.5 du prétirage) définit H/L, la profondeur de l'eau H et la largeur du fond du talus L.

Si l'analyse montre que le gradient doit être réduit pour empêcher l'érosion régressive, et que la largeur du fond L est augmentée en prolongeant le talus par une tapis amont, le tapis doit être construit avec des matériaux résistants à l'érosion régressive. L'expérience de Shikwamkwa (section 2.3.1) a montré que les tapis amont vulnérables à l'érosion régressive peuvent être érodées par la base. Les conduits d'érosion régressive ont progressé vers l'amont sous le remblai puis vers le haut à travers la couche de matériaux fins en amont pour émerger dans le réservoir.

Il convient de noter que la Figure 20 du Volume 1 (Figure 4.4 du prétirage) fournit le gradient critique pour un écoulement bidimensionnel de largeur infinie dans un sol de fondation sableux. Dans ce contexte, l'écoulement bidimensionnel signifie que l'eau peut s'écouler librement au pied du talus à partir des conduits d'érosion régressive situés sous le talus. Elle ne se limite pas à s'échapper par des ouvertures dans une "couche de confinement" d'argile ou d'autres sols fins, ce que l'on appelle l'écoulement tridimensionnel (Vandenboer et al, 2014). Par conséquent, la restauration basée sur l'analyse de la Figure 20 du Volume 1 doit intégrer des sorties "libres" en continu le long du pied, y compris l'excavation d'un fossé à travers toute couche de confinement, si nécessaire.

Il convient également de noter que les tumulus de sable et autres dommages peuvent se produire à des niveaux d'eau H inférieurs au niveau critique parce que des conduits d'érosion régressive commencent à se former à des niveaux d'eau inférieurs à celui de H tiré de la Figure 20 du Volume 1. Ce point est examiné par Van Beek et al (2014). Si l'analyse montre que le remblai est vulnérable à l'érosion régressive à la largeur actuelle de la base, L, ou presque, des conseils supplémentaires peuvent être nécessaires.

On a trouvé peu de références sur les mesures correctives contre l'érosion régressive. Les principales solutions sont les suivantes :

- L'extension de la base L du remblai, en utilisant des matériaux résistants à l'érosion régressive, pour ainsi réduire le gradient, ces mesures sont appelées "bermes d'infiltration" aux États-Unis;

- la réduction de la perte de charge H, en prévoyant des déversoirs pour limiter la charge (ou en réduisant H par des mesures temporaires très simples telles que l'augmentation de la hauteur des tumulus avec des sacs de sable),

- La pose de filtre au pied des barrages et des digues susceptibles d'être érodés par l'érosion régressive pour empêcher le drainage "libre", interrompant ainsi la formation et le développement des chenaux d'érosion régressive. Pour assurer une capacité de drainage suffisante, les systèmes de drainage filtrants devraient être constitués de deux couches, une couche filtrante en contact avec la surface du sol, recouverte d'une couche de filtre plus grossier pour assurer la capacité de drainage.

- L'installation de paroi moulée pour couper toutes les couches à travers lesquelles les chenaux d'érosion régressive peuvent se former. Les parois moulées du barrage de remplacement de Shikwamkwa (Donnelly et al, 2007) et des digues de la rivière Feather en Californie (Chowdhury et al, 2014) s'étendent jusqu'au substratum rocheux, mais en utilisant les nouvelles connaissances sur l'érosion régressive données dans ce bulletin, il pourrait être possible, dans des conditions géologiques favorables, d'identifier et de couper uniquement les couches à travers lesquelles les chenaux d'érosion régressive pourraient se former.

This section deals with remediation where embankments resting on sandy foundations are vulnerable to failure or damage by backward erosion. Analyses using Figure 4.4 and other information in Volume 1 will provide an estimate of the critical gradient (H/L) at which backward erosion will lead to failure. Figure 5 in Volume 1 (Figure 2.5 in preprints) defines H/L, the water depth H, and the bottom width of the embankment, L.

If analysis shows that the gradient should be decreased to prevent backward erosion, and the bottom width L is increased by extending the embankment upstream, the blanket should be constructed using materials resistant to backward erosion. Experience at Shikwamkwa (Section 2.3.1) has shown that upstream blankets vulnerable to backward erosion can be eroded from below. Backward erosion pipes there progressed upstream under the embankment and upwards through the upstream blanket of fine materials to emerge into the reservoir.

It should be noted that Figure 20 in Volume 1 (Figure 4.4 in preprints) provides the critical gradient for infinitely wide two-dimensional flow in the sandy foundation soil. Two-dimensional flow in this context means that water can discharge freely at the toe of the embankment from backward erosion pipes under the embankment. It is not restricted to escape through openings in a 'confining layer' of clay or other fine soil, which is referred to as three-dimensional flow (Vandenboer et al, 2014). Consequently, remediation based on analysis using Figure 20 in Volume 1 should incorporate 'free' outlets continuously along the toe, including excavation of a ditch through any confining layer, if necessary.

It should also be noted that sand boils and other damage may occur at water levels H less than critical because backward erosion pipes start to form at water levels lower than the H derived from Figure 20 in Volume 1, ICOLD 2017, (Figure 4.4 in preprints). This is discussed by Van Beek et al (2014). If analysis shows that the embankment is vulnerable to backward erosion at or near the present bottom width, L, further advice may be needed.

Few references about remediation against backward erosion have been found. The main options are as follows:

- Extending the embankment, using materials resistant to backward erosion, to increase L and thereby reduce gradient, such measures are called 'seepage berms' in the United States,

- To reduce H, by providing overflows to limit H (or reducing H by very simple temporary measures such as raising the height of sand boils with sandbags),

- Filtering the flow from the toe of dams and levees susceptible to backward erosion to prevent 'free' drainage, thereby interrupting the formation and development of backward erosion pipes. To provide sufficient drainage capacity filtered drainage systems may need to be in two layers, a filter layer in contact with the soil surfaces, covered by a coarser filter layer to provide drainage capacity.

- Installing slurry walls to cut off all the layers through which backward erosion pipes may form. Slurry walls at the replacement Shikwamkwa dam (Donnelly et al, 2007) and at levees on the Feather River in California (Chowdhury et al, 2014) extend to bedrock, but by using the new knowledge of backward erosion given in this Bulletin, it may be possible in favorable geological conditions to identify and cut off only those layers through which backward erosion pipes could form. Alternatively, a wall of sufficient length to avoid heave may be inserted.

Koelewijn et al (2013) ont fait état de quatre techniques testées lors des essais à IJkdijk, comme suit :

- Tuyaux de drainage contrôlable sous le remblai, pour intercepter et drainer l'eau et ainsi détourner les eaux souterraines des chenaux d'érosion régressive ;
- Installation d'un mur de géofiltre vertical pour obstruer l'écoulement dans la fondation de sable à environ 0,5 m de la base du talus ;
- Pose d'un filtre à sable grossier pour filtrer et drainer l'écoulement et interrompre la formation des chenaux d'érosion régressive, comme décrit ci-dessus. Koelewijn et al. (2017), Forster et al. (2019), Rosenbrand et al. (2021) and Bezuijen et al (2021).

Tous ont été couronnés de succès lors des essais. Des collecteurs contrôlant le drainage de plus de 125 m de longueur ont été installés par forage directionnel horizontal à Groningue, aux Pays-Bas, en 2012, comme le montre la figure 5.6 (Nieuwenhuis et al., 2016). Des écrans de géofiltres verticaux ont été installés avec succès dans quatre digues, également aux Pays-Bas (Förster et al, 2015). L'application pilote de la barrière de sable grossier comme défense primaire contre les inondations (comparable à un barrage à haut risque en termes d'exigences de sécurité) a été achevée à Gameren en 2021 (Koelewijn et al, 2021).

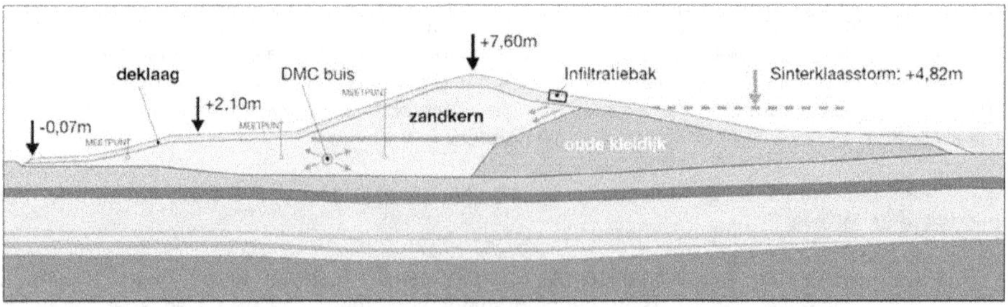

Fig. 5.6
Collecteur contrôlant le drainage installé sur la digue maritime de Groningue (indiqué par " DMC buis ") (Niewenhuis et al., 2016)

Une description détaillée de la restauration par l'installation d'une paroi en bentonite-ciment au barrage A V Watkins est donnée par Paul (2019) et discutée dans la section 2.3.1 ci-dessus.

5.4. RÉPARATION EN CAS D'ÉROSION DE CONTACT

Une paroi moulée a été réalisée dans la digue d'Avignon présentée au 2.56 et a permis de stopper toutes les fuites visibles et le transport de fines. Les mesures thermométriques ont montré que les vitesses de Darcy qui étaient initialement proches de 10^{-2} m/s au centre de la zone ont été fortement réduites et sont toutes inférieures à 10^{-4} m/s après les travaux.

La vitesse de Darcy dans la couche grossière qui provoquera une érosion par contact dans la couche de sol fin peut être estimée à partir de la Figure 23 du Volume 1, CIGB, 2017, (Figure 5.2 du prétirage).

Si cela est possible, l'érosion de contact menant à la rupture peut être évitée en prévoyant des déversoirs pour limiter la profondeur d'eau, et donc le gradient hydraulique, et éviter l'activation du chemin d'écoulement préférentiel dans la partie supérieure du remblai. Cela empêche la vitesse

Koelewijn et al (2013) reported on trials of three techniques at IJkdijk, as follows:

- Controllable drainage tube under the embankment, to intercept and drain water and thereby divert groundwater away from incipient backward erosion pipes,
- Vertical geofilter wall to obstruct flow in the sand foundation within about 0.5 m of the base of the embankment,
- Coarse sand filters or barriers installed near the landside toe, at the top of the sand layer susceptible to backward erosion piping, to intercept the growth of the pipe. The downstream pipe provides for the necessary drainage from the filter. This technique has been investigated and developed further under the name of 'coarse sand barrier' (CSB). Key papers describing the research, and the requirements and capabilities of this technique are Koelewijn et al. (2017), Förster et al. (2019), Rosenbrand et al. (2021) and Bezuijen et al (2021).

All were successful in the trials. Controlled drainage tubes over 125 m long were installed by horizontal directional drilling at Groningen, Netherlands, in 2012 as shown in Figure 5.6 (Nieuwenhuis et al., 2016). Vertical geofilter walls have been successfully installed in four dikes, also in the Netherlands (Förster et al, 2015). The pilot application of the coarse sand barrier as a primary flood defense (comparable to a high hazard dam in terms of safety requirements) was completed at Gameren in 2021 (Koelewijn et al., 2021).

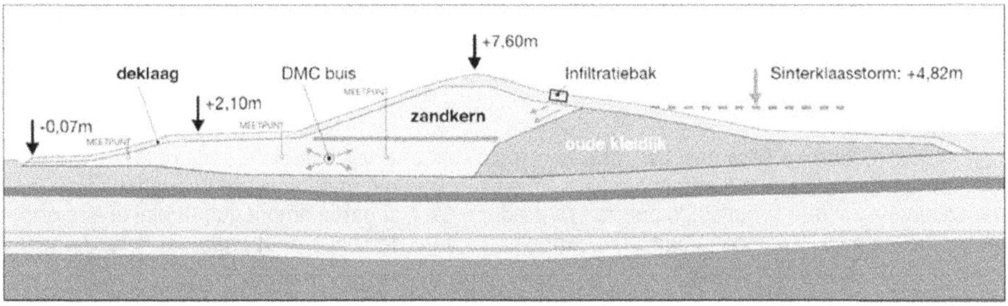

Fig. 5.6
Controlled drainage tube as installed at the Groningen Sea dike (indicated by 'DMC buis') (Niewenhuis et al., 2016)

A detailed description of the remediation by the installation of a cement-bentonite cut-off wall at A V Watkins dam is given by Paul (2019) and discussed in the A V Watkins section in 2.3.1 above.

5.4. REMEDIATION TO RESIST CONTACT EROSION

A diaphragm wall was installed in the Avignon dike shown in Figure 2.56. It stopped all the visible leakages and the transport of fines. Thermometry measurements have shown that the Darcy velocities that were initially close to 10^{-2} m/s in the center of the zone reduced markedly and were all below 10^{-4} m/s after the works.

The Darcy velocity in the coarse layer that will cause contact erosion in the fine layer can be estimated from Figure 23 in Volume 1, ICOLD, 2017, (Figure 5.2 in preprints).

If feasible, contact erosion to failure could be prevented by providing overflows to limit the water depth, and thereby the hydraulic gradient, to be below that at which preferential flow paths would be activated in the upper part of the dam. The limited hydraulic gradient also prevents the Darcy

de Darcy d'atteindre la vitesse critique à laquelle l'érosion de contact conduira à la rupture. Les tapis filtrants sur le parement amont peuvent également réduire le gradient hydraulique dans le sol grossier et ainsi maintenir la vitesse de Darcy inférieure à la vitesse critique,

La réhabilitation à l'aide de tapis filtrants lestés sur le parement aval, avec un drainage filtrant en pied, protégera les remblais sensibles à l'érosion de contact à travers le remblai. Cela se produit souvent dans les remblais stratifiés des remblais non zonés (souvent appelés "homogènes"), comme le montre la figure 9 (figure 2.9 du prétirage) du volume 1 (CIGB, 2017).

Les tapis aval ne peuvent pas protéger de manière fiable contre les situations où une érosion de contact peut se produire à l'interface remblai-fondation ou plus profondément dans la fondation. Dans de tels cas, des parois au coulis ou des parois filtrantes, placées sous forme de bio-polymères pour des raisons de commodité, à travers le remblai et dans la fondation, à une profondeur où les vitesses d'infiltration seront trop faibles pour provoquer une érosion de contact, interrompront l'écoulement et empêcheront l'érosion de contact.

5.5. RÉPARATION EN CAS DE SUFFUSION

Les principales solutions de restauration comprennent la pose d'écrans ou de recharges avec filtres.

Des écrans peuvent être installées pour couper l'écoulement et empêcher la suffusion dans les matériaux de remplissage et de fondation suffusifs. Cependant, toute fuite à travers les écrans ou aux extrémités des écrans qui ne s'étendent pas au-delà de toute la surface des matériaux suffusifs dans le barrage et sa fondation peut relancer la suffusion, ce qui peut provoquer un tassement local de la crête et du parement aval.

Les recharges filtrantes ne pourraient protéger que les remblais construits en matériaux suffusifs; elles ne peuvent empêcher la suffusion dans les matériaux de fondation. Une autre préoccupation est que la suffusion pourrait se produire dans la partie amont du remblai et être arrêtée par le filtre en aval. Dans certaines circonstances, la perte des fines peut entraîner le tassement de la recharge et de la crête amont.

velocity from attaining the critical velocity at which contact erosion through the embankment will lead to failure. Filter blankets on the upstream slope may also reduce the hydraulic gradient in coarse soil and thereby keep the Darcy velocity lower than critical,

Remediation using weighted filter blankets on the downstream slopes with filtered drainage at the toe will protect vulnerable embankments against contact erosion through the embankment. This often occurs in layered fill in unzoned (often called 'homogeneous') embankments as shown in Figure 9 (Figure 2.9 in preprints) in Volume 1 (ICOLD, 2017).

Downstream blankets cannot reliably protect against situations where contact erosion may occur at the embankment-foundation interface or deeper in the foundation. In such cases slurry walls or filter walls, placed as bio-polymers for convenience, through the embankment and into the foundation, to a depth where seepage velocities will be too low to cause contact erosion, will interrupt flow and prevent contact erosion.

5.5. REMEDIATION TO RESIST SUFFUSION

The principal remediation options include barriers and filtered berms:

Barriers can be installed to obstruct flow and inhibit suffusion in suffusive fill and foundation materials. However, any leaks in barriers or barriers that do not extend over the full width of the suffusive materials in the dam could re-initiate suffusion, possibly causing local settlement in the crest and downstream slope.

Filtered berms could only protect embankments constructed in suffusive fill; they cannot prevent suffusion in suffusive foundation materials. Another concern is that suffusion may occur in the upstream part of the fill and be arrested by the downstream filter. In some circumstances the loss of fines may result in settlement of the upstream shoulder and crest of the embankment.

6. SURVEILLANCE

6.1. OBJECTIFS ET PRINCIPES DE LA SURVEILLANCE DÉDIÉE A L'ÉROSION INTERNE

6.1.1. Objectifs et références

Ce chapitre traite spécifiquement de la surveillance de l'érosion interne. Une introduction complète et de nombreux détails sont donnés dans le chapitre 11 du Volume 1, qu'il convient de lire avant ce chapitre.

Fry et al (2007) donnent une introduction utile à la détection de l'érosion interne. Des informations et des conseils sur la surveillance et le suivi des barrages en général sont donnés dans les Bulletins CIGB suivants :

Bulletin 158 (2014, préimpression) : Guide sur la surveillance des barrages

Bulletin 157 (2013) : Conception, surveillance et réhabilitation des petits barrages

Bulletin 154 (2014, préimpression) Gestion de la sécurité des barrages en exploitation

Bulletin 138 (2009) Éléments de base de la surveillance dans un processus de sécurité des barrages

Bulletin 118 (2000) Systèmes automatisés de surveillance des barrages

L'objectif de ce chapitre est de donner plus de détails sur la surveillance et le suivi afin de confirmer la performance satisfaisante des barrages en matière d'érosion interne, à la lumière des résultats des investigations et après la remise en état si elle a été nécessaire. Il couvre les moyens de surveillance pour déterminer les gradients hydrauliques et la perméabilité par des méthodes conventionnelles et thermométriques, y compris l'utilisation de fibres optiques.

6.1.2. Le principe : baser l'auscultation de l'érosion interne sur les reconnaissances et les évaluations du risque d'érosion interne

Le chapitre reconnaît et donne des conseils sur la manière de répondre au principe important selon lequel la surveillance de l'érosion interne ne peut être efficace que si la vulnérabilité d'un barrage à l'érosion interne a été étudiée. Le niveau d'eau auquel le barrage devient vulnérable à l'érosion interne doit être estimé au préalable par une analyse. Des mesures correctives peuvent être nécessaires dans certains cas, mais tous les points particuliers de vulnérabilité doivent être identifiés et le système de surveillance doit être conçu pour les maintenir sous observation.

La surveillance visant à détecter le début de l'érosion interne avant qu'elle ne se déclenche est un défi majeur. Dans l'érosion régressives, l'érosion de contact et la suffusion, l'initiation se produit à des niveaux d'eau inférieurs à ceux requis pour entraîner une rupture. Dans les érosions de conduit, en particulier les nouvelles fuites se produisant dans les ouvertures causées par un claquage hydraulique, une progression rapide vers l'élargissement et la rupture pourrait se produire. Dans tous les cas, les dommages aux charges sous-critiques peuvent être considérables, alarmants et inacceptables, et si une grave crue se produisait, le niveau de l'eau pourrait monter rapidement jusqu'au niveau critique, ce qui entraînerait une rupture rapide.

6. SURVEILLANCE

6.1. SURVEILLANCE IN RELATION TO INTERNAL EROSION

6.1.1. Objectives and references

This chapter deals specifically with surveillance in relation to internal erosion. A comprehensive introduction and many details are given in Chapter 11 of Volume 1, which should be read before reading this chapter. Chapter 9 in Volume 1 dealing with the engineering assessment of the vulnerability of dams to internal erosion should also be read.

Fry et al (2007) give a useful introduction to the detection of internal erosion. Information and guidance on surveillance and monitoring in relation to dams generally is given in the following ICOLD Bulletins:

Bulletin 158 (2014, preprint): Dam surveillance guide

Bulletin 157 (2013): Small dams design, surveillance and rehabilitation

Bulletin 154 (2014, preprint) Dam safety management in operation

Bulletin 138 (2009) Surveillance basic elements in a dam safety process

Bulletin 118 (2000) Automated dam monitoring systems

The objective of this Chapter is to give more details on surveillance and monitoring to confirm the on-going satisfactory performance of dams in relation to internal erosion, in the light of the findings of the investigations and after remediation if it has been necessary. It covers the means of monitoring to determine hydraulic gradients and permeability by conventional and thermometric methods, including the use of optic fibers.

6.1.2. Principle: investigate and analyze to provide framework for internal erosion monitoring

The chapter recognizes and gives guidance on how to respond to the important principle that monitoring for internal erosion cannot be effective unless the vulnerability of a dam to internal erosion has been investigated. The water level at which the dam becomes vulnerable to internal erosion should be estimated beforehand by analysis. Remediation may be necessary in some cases, but all particular points of vulnerability should be identified and the monitoring system designed to keep them under observation.

Monitoring to detect the onset of internal erosion before it initiates is a major challenge. In backward erosion, contact erosion and suffusion, initiation occurs at water levels lower than those required to lead to failure. In concentrated leaks, particularly new leaks occurring in openings caused by hydraulic fracture, rapid progress to enlargement and failure could occur. In all cases, damage at sub-critical loads may be considerable, alarming and unacceptable, and if a severe flood occurs, the water level may rise to the critical level rapidly, leading to rapid failure.

La détection de l'érosion interne est difficile. Parmi les incidents décrits au chapitre 2, un grand pourcentage n'a pas donné d'alerte précoce :

- Les investigations menées dans le cadre d'un examen de la sécurité ont permis de détecter la zone où la digue du Rhin s'est affaissée

- À Matahina, les inspections n'ont pas permis de détecter les fissures avant que les quantités élevées de fuites ne soient enregistrées

- À A V Watkins, la rupture a été évitée après qu'un fermier voisin ait vu des sédiments émerger dans le canal de drainage.

- L'érosion de contact a endommagé mais n'a pas causé l'effondrement des remblais à des vitesses de Darcy inférieures à celles requises pour soutenir une érosion continue.

- Dans le remblai d'essai de Beguin (2013), aucun trou d'eau ne s'est formé avant que l'érosion continue ne soit établie et n'ait formé de conduit d'érosion à travers le remblai, mais de petites déformations de surface ont été mesurées avant que les conduits d'érosion ne soient complètement développés.

Des difficultés particulières concernent les passages de fuites non visibles dans les fondations, ainsi que les déformations à long terme et les changements de pression interstitielle qui entraînent de façon imprévisible de nouvelles fissures et ouvertures et une fracturation hydraulique.

Les ouvrages annexes des barrages telles que les conduites et les évacuateurs de crues sont des endroits où l'érosion interne peut se produire. Le maintien des conduites en bon état, le colmatage des fuites et la filtration des fuites émergeant à l'extrémité aval limitent le potentiel d'érosion. Le défi est plus grand pour les évacuateurs, car les parties supérieures du remblai restent sèches pendant de longues périodes entre les inondations occasionnelles.

6.2. SURVEILLANCE ET AUSCULATION À LONG TERM

Les objectifs et les défis de la surveillance et de l'auscultation pour la détection précoce de l'érosion interne sont abordés au chapitre 11 du Volume 1. Dans ce volume, il est supposé que la surveillance et l'auscultation sont ceux requis à la suite de l'étude de la justification de la tenue à l'érosion interne et de mesures correctives éventuelles. On s'attend donc à ce que le barrage résiste à l'érosion interne. Les "fuites" visibles du barrage devraient être des "infiltrations" et ne devraient pas transporter de particules érodées (point 4 du chapitre 1).

L'objectif de la surveillance et de l'auscultation dans ces circonstances est de détecter le début d'une érosion inattendue suffisamment tôt pour avertir les personnes en aval de la possibilité d'une rupture du barrage et de prendre des mesures pour les mettre hors d'atteinte de la crue de rupture, ou de prendre des mesures pour prévenir la rupture, si possible, avant qu'elle ne se produise.

La surveillance par des instruments n'est pertinente que sur des tronçons jugés représentatifs du barrage en général, et sur des points précis d'intérêt. Par exemple, les piézomètres ne fournissent des informations sur la pression interstitielle que localement, au niveau de la crépine. Les systèmes modernes de surveillance par satellite pourraient surveiller la déformation de toute la surface exposée d'un barrage, mais les connaissances actuelles montrent que l'érosion interne n'entraîne pas de déformation de la surface tant que le processus ne se soit amorcé et poursuivi, pour former des trous d'effondrement, par exemple. Il serait alors trop tard pour donner l'alerte en temps utile aux personnes qui se trouvent en aval. Les fibres optiques peuvent fournir des données à des points particuliers, par exemple sur la crête ou au pied de l'aval, sur toute la longueur du barrage. Certains contrôles, notamment la mesure des fuites, caractérise le comportement de tout un tronçon de barrage. Les informations sur les instruments de surveillance sont résumées dans le Tableau 3.2, et les méthodes géophysiques de détection des fuites, y compris les fibres optiques, sont résumées dans le Tableau 3.4.

Detection of internal erosion is difficult. Of the incidents described in Chapter 2, a large percentage gave no early warnings:

- Investigations during a safety review detected the area where settlement of the Rhine dike occurred
- At Matahina, inspections did not detect the cracks before the high leakage quantities were recorded
- At A V Watkins, failure was averted after a neighboring farmer saw sediment emerging into a drainage channel.
- Contact erosion has damaged but not caused failure of embankments at Darcy velocities less than those required to sustain continuous erosion.
- In the Beguin (2013) trial embankment, no sinkholes formed before continuous erosion was established and formed erosion pipes through the embankment, but small surface deformations were measured before the erosion pipes were fully developed.

Particular difficulties relate to leakage paths passing unseen into the foundations, and long term deformations and pore pressure changes leading unpredictably to new cracks and openings and hydraulic fracture.

Structures through dams such as culverts and spillways present sites where internal erosion may occur. Keeping culverts in good condition, sealing leaks and filtering leakage emerging at the downstream end, limits potential for erosion. The challenge is greater for spillways because the upper parts remain dry for long periods between occasional floods.

6.2. LONG-TERM SURVEILLANCE AND MONITORING

The objectives and challenges of surveillance and monitoring for timely detection of internal erosion are addressed in Chapter 11 of Volume 1. In this volume, it is assumed that the surveillance and monitoring is that required following investigations, engineering analyses and remediation, if necessary. The dam is therefore expected to be resistant to internal erosion. Visible 'leakage' from the dam is expected to be 'seepage', not expected to carry eroded particles (Point 4 in Chapter 1).

The objective of surveillance and monitoring in these circumstances is to detect the onset of unexpected erosion soon enough to warn people downstream of the possibility of dam failure and take steps to evacuate them from the floodway, or take steps to prevent failure, if possible, before failure occurs.

Monitoring by instruments is only possible at sections selected to be typical of the dam generally, and at points of particular interest. For example, piezometers provide pore pressure information only locally at the tip. Modern satellite linked survey systems could monitor deformation of the entire exposed surface of a dam, but current evidence is that internal erosion does not result in surface deformation until the process has initiated and continued, to form sinkholes, for example. This would be too late to give timely warnings to people downstream. Optic fibers can provide data at particular points, e.g., on the crest or at the downstream toe, along the entire length of the dam. Some monitoring, notably leakage measurement, provides information from a length of the dam. Information on instruments for monitoring is summarized in Table 3.2, and geophysical leakage detection methods, including optic fibers, are summarized on Table 3.4.

La surveillance par l'inspection visuelle du barrage couvre l'ensemble du barrage, et pas seulement les parties où des équipements de surveillance ont été installés. La surveillance doit également comprendre l'examen des registres de surveillance. La surveillance est assurée par des visites d'observateurs expérimentés (exploitants, gardiens de réservoirs) à intervalles fréquents, et par des ingénieurs experts à intervalles moins fréquents. La surveillance peut également être effectuée à distance par la télévision en circuit fermé, l'imagerie par satellite ou d'autres méthodes de télédétection, mais ces méthodes doivent être étalonnées et confirmées par des inspections visuelles. Le relevé d'instruments fait partie de la surveillance.

La période des inspections de surveillance doit être déterminée de manière à donner aux observateurs suffisamment de temps pour alerter et évacuer les personnes sujettes au risque d'inondation en aval si, au cours d'une inspection, ils constatent des événements susceptibles d'entraîner une rupture, comme l'émergence d'eau contenant des sédiments provenant d'un conduit d'érosion qui s'élargit.

Un déclenchement inattendu de l'érosion interne serait plus susceptible de se produire sous des charges hydrauliques plus élevées que d'habitude. Une vigilance accrue est nécessaire pendant les périodes où les crues traversent le réservoir et augmentent les gradients hydrauliques ou la vitesse de Darcy, ou après des tremblements de terre ou de brusques changements saisonniers ou autres qui peuvent provoquer l'ouverture de fissures, le tassement de la crête ou d'autres déformations, ou l'augmentation de la pression interstitielle.

Le signe le plus évident du début de l'érosion interne sera la présence de particules érodées dans l'eau d'infiltration visible. Un réexamen de la géométrie du barrage, des propriétés du sol et de la pression interstitielle peut révéler pourquoi l'érosion a commencé, et comment l'érosion cessera après une érosion “limitée” ou une “excessive”, ou comment l'érosion continuera si les matériaux du barrage n'ont pas de capacité de filtration (section 7.6, Volume 1).

Si la fuite émerge de fissures anciennes ou nouvelles, sans provoquer d'érosion rapide, il est possible d'évaluer les dimensions de la fissure et la charge hydraulique appliquée, à partir desquelles la contrainte appliquée peut être estimée et comparée à la contrainte de cisaillement critique (Tableau 3.5, Volume 1). Des précautions et des mesures correctives peuvent être prises si nécessaire.

S'il n'y a pas de fuite visible, mais qu'il y a des signes d'érosion interne en cours, tels que des tassements, des affaissements et des changements de pression interstitielle, les matériaux érodés seront transportés en aval à travers la fondation, et peuvent pénétrer la recharge aval, à partir du noyau ou de la fondation amont. Un réexamen de la base de données pourrait révéler des caractéristiques de fondations qui expliqueraient pourquoi l'érosion interne s'est déclenchée et indiquer si l'on peut s'attendre à ce que l'érosion progresse lentement ou trop rapidement pour procéder à la restauration. Si l'on s'attend à une progression lente, des études géophysiques ou d'autres moyens peuvent permettre de déterminer la position des passages de fuite ou des conduits d'érosion qui peuvent être spécifiquement réparés.

L'érosion interne provoquant la migration des fines dans le noyau d'un barrage peut être identifiée par les enregistrements de la pression interstitielle des piézomètres. Si une migration importante se produit et que les particules sont arrêtées par un filtre, un colmatage ayant une conductivité hydraulique plus faible se formerait à proximité de l'interface noyau-filtre. Il en résulterait une augmentation des niveaux piézométriques dans le noyau et une diminution des flux d'infiltration. Cette condition n'entraînerait aucune perte de matériau du noyau. Si les fines arrachées ne sont pas arrêtées par le filtre, on s'attend à une augmentation significative des fuites ainsi qu'à une diminution des niveaux piézométriques dans le noyau en fonction de l'étendue des zones où les fines sont perdues. Cette situation entraînerait une perte de matériau du noyau et une situation plus grave. Une étude de cas sur l'évaluation de la stabilité interne d'un noyau de barrage en tenant compte des pressions interstitielles mesurées et des débits de fuite est examinée dans Smith (2012b).

Surveillance, visual inspections of the dam, covers the entire dam, not just those parts where monitoring equipment has been installed. Surveillance should also include reviews of the monitoring records. Surveillance is achieved by walk-over surveys by experienced observers (operators, reservoir keepers) at frequent intervals, and by expert engineers at less frequent intervals. Surveillance can also be carried out remotely by CCTV, satellite imagery or other remote sensing methods, but such methods must be calibrated and confirmed by visual inspections. Taking instrumentation readings is a part of surveillance.

The intervals between surveillance inspections should be determined to give the observers sufficient time to warn and evacuate people from the floodway downstream should they see events that could lead to failure, such as the emergence of water containing sediment from an enlarging erosion pipe, during an inspection.

Unexpected initiation of internal erosion would be most likely to occur under higher than usual hydraulic loads. Extra vigilance is needed during periods while floods pass through the reservoir and raise hydraulic gradients or Darcy velocity, or after earthquakes or sharp seasonal or other changes which may cause cracks to open, crest settlement or other deformation, or pore pressures to rise.

The most obvious sign that internal erosion has initiated will be the presence of eroded particles in visible seepage water. Re-examination of the dam geometry, soil properties and pore pressures may reveal why erosion has initiated, and if the erosion will cease after 'some' or 'excessive' erosion has occurred, or if the dam materials have no filtering capability and the erosion will continue (Section 7.6, Volume 1).

If leakage emerges from old or new cracks, without causing rapid erosion, assessments can be made of the crack dimensions and the applied hydraulic load from which the applied stress can be estimated and compared to the Critical Shear Stress (Table 3.5, Volume 1). Precautions can be taken and remediation carried out if necessary.

If there is no visible leakage, but there are signs that internal erosion is in progress, such as settlement, sinkholes and changing pore pressures, the eroded materials will be carried downstream through the downstream foundation, and may have entered from the downstream shoulder, from the core or through the upstream foundation. Re-examination of the database may reveal foundation features that would explain why internal erosion had initiated and indicate whether erosion could be expected to proceed slowly or too fast to carry out remediation. If slow progress is expected, investigations by geophysics or other means may identify the position of leakage routes or erosion pipes which can be specifically remediated.

Internal erosion causing migration of fines in a dam core may be identified by pore pressure records from piezometers. If significant migration occurs and particles are stopped by a filter, a cake of material with a lower hydraulic conductivity would be formed at the vicinity of the core-filter interface. This would result in increased piezometric levels in the core and a decrease in seepage flows. This condition would result in no loss of core material. If migrating fines are not stopped by the filter, a significant increase in seepage is expected as well as a decrease in piezometric levels in the core depending on the extent of zones with lost fines. This condition would result in a loss of core material and a more serious behavior condition. A case study of internal stability assessment of a dam core considering measured pore pressures and seepage quantities is discussed in Smith (2012b).

6.3. PIÉZOMÈTRES, PRESSIONS ET GRADIENTS HYDRAULIQUES

En ce qui concerne l'érosion interne, les pressions interstitielles fournissent des données permettant d'estimer le gradient hydraulique, et donc les charges hydrauliques, qui peuvent ou non être suffisantes pour déclencher l'érosion.

Ceci est pertinent pour l'érosion de contact et la suffusion. Cela n'est pas pertinent pour l'érosion de conduit, où l'érosion est déclenchée par les charges hydrauliques dans les fissures et les ouvertures, et non dans un milieu poreux. Cela n'est pas non plus pertinent pour l'érosion régressive, car c'est le gradient global (du niveau d'eau maximum prévu amont, au fond du fossé de drainage s'il y en a un, en aval, Figure 2.5 dans le Volume 1) qui est appliqué pour évaluer si l'érosion régressive va se déclencher.

Dans le cas de l'érosion de contact, il faut également mesurer les fuites, afin d'évaluer la vitesse de Darcy (quantité/secteur d'écoulement). La perméabilité apparente peut alors être évaluée et utilisée pour estimer la vitesse de Darcy à des niveaux d'eau plus élevés grâce à la relation $Q=kiA$, où k est la perméabilité, i, le gradient hydraulique et A, la surface d'écoulement.

Dans le cas de la suffusion, le gradient critique auquel la suffusion commence doit être déterminé par des tests, généralement des tests de perméabilité. Les sols sensibles à l'érosion interne peuvent être identifiés à partir de leurs caractéristiques granulométriques, mais ces propriétés n'identifient pas le gradient auquel la suffusion commencerait. Les travaux de recherche sur l'évaluation des gradients de déclenchement de la suffusion sont abordés dans la section 6.4 du Volume 1 et dans la section 4.5 Essais de suffusion du présent volume 2.

La pression interstitielle est mesurée par des piézomètres. Les piézomètres sont en contact avec le sol par l'intermédiaire de "filtres" en céramique, dont la taille des pores est conçue pour exclure l'air et mesurer uniquement la pression de l'eau interstitielle. Dans les sols saturés, les pores ne contiennent que de l'eau, mais dans les sols partiellement saturés, les pores contiennent à la fois de l'eau et de l'air. La pression d'air dans les pores est plus élevée que la pression d'eau.

Deux principaux types de piézomètres sont disponibles, les piézomètres hydrauliques et les piézomètres électriques. Les piézomètres hydrauliques permettent à l'eau de passer dans un tuyau vertical ou dans des tubes jumelés, à partir desquels la pression est mesurée directement. Les piézomètres électriques mesurent la pression à travers un diaphragme fixé à un fil, qui est électriquement vibré, mesurant la pression par des changements de fréquence provoqués par la tension variable du fil.

Les piézomètres électriques sont fiables et les signaux peuvent être facilement transmis à des stations de lecture à distance, dans une salle de contrôle centrale, par exemple, ce qui permet de contrôler n'importe quelle fréquence, si nécessaire.

Les piézomètres hydrauliques sont moins pratiques que les piézomètres électriques. Les informations des piézomètres hydrauliques peuvent également être transmises à des stations éloignées. Dans le cas des piézomètres hydrauliques bitubes, qui sont normalement installés dans les nouveaux barrages au fur et à mesure du remplissage, il faut utiliser de l'eau désaérée dans les tubes jumelés, et il faut désaérer l'eau de temps en temps. Cependant, un avantage majeur des piézomètres hydrauliques est qu'ils peuvent être utilisés pour des tests in situ afin de déterminer :

- la perméabilité des matériaux de remblai ou de fondation qui les entourent. Cela peut être utile car les variations de perméabilité au fil du temps montreraient qu'il y a suffusion

- la contrainte totale principale minimale à la crépine. Si la contrainte minimale devait être inférieure à la pression interstitielle dans certaines circonstances, une fracturation hydraulique se produirait et formerait des ouvertures par lesquelles une érosion de conduit pourrait se produire. La Figure 6.1 montre les résultats d'un "test de pression critique" effectué dans un piézomètre hydraulique à tube vertical.

6.3. PIEZOMETERS, PORE PRESSURES AND HYDRAULIC GRADIENTS

In relation to internal erosion, pore pressures provide data to estimate hydraulic gradient, and therefore hydraulic loads, which may or may not be sufficient to initiate erosion.

This is relevant to contact erosion and suffusion. It is not relevant to concentrated leaks, where erosion initiates from hydraulic loads in the cracks and openings, not the pores. Nor is it relevant to backward erosion because it is the overall gradient (from maximum expected upstream water level to ground level, or base of drainage ditch if there is one, downstream, Figure 5 in Volume 1, ICOLD, 2017, Figure 5.2 in preprints, that is applied to assess if backward erosion will initiate.

In the case of contact erosion, leakage should also be measured, in order to assess the Darcy velocity (quantity/flow area). The bulk permeability can then be assessed, and used to estimate the Darcy velocity at higher water levels through the relationship Q=kiA, where k is the permeability, i, the hydraulic gradient and A, the flow area.

In the case of suffusion, the gradient at which suffusion can be expected to initiate has to be determined by testing, usually in permeameter tests. Soils susceptible to internal erosion can be identified from their grading characteristics, but these properties do not identify the gradient at which suffusion would start. Research work on the assessment of the gradients at which suffusion will initiate is discussed in Section 6.4, Volume 1 and in Section 4.5 Suffusion Tests in this Volume 2.

Pore pressures are measured by piezometers. Piezometers contact the soil through ceramic 'tips', the pore size of which is designed to exclude air and measure only pore water pressure. In saturated soils the pores contain only water, but partially saturated soils the pores contain both water and air. The pore air pressure is higher than the pore water pressure.

Two main types of piezometers are available, hydraulic piezometers and electrical piezometers. Hydraulic piezometers allow water to pass into a standpipe or twin tubes, from which the pressure is measured directly. Electrical piezometers measure the pressure through a diaphragm attached to a wire, which is electrically vibrated, measuring pressure by changes in frequency caused by the varying tension in the wire.

Electrical piezometers are reliable and the signals can be readily transmitted to remote reading stations, in a central control room, for example, allowing any frequency of monitoring, as necessary.

Hydraulic piezometers are less convenient than electrical piezometers. Information from hydraulic piezometers can also be transmitted to remote stations. In the case of twin tube hydraulic piezometers, which are normally installed in new dams as the filling progresses, de-aired water must be used in the twin tubes, and de-airing of the water is required from time to time. However, a major advantage of hydraulic piezometers is that they can be used for in-situ testing to determine:

- the permeability of the fill or foundation materials around them. This can be useful as variations in permeability over time would show that suffusion is occurring
- the minimum principal total stress at the tip. If the minimum stress were to be lower than the pore pressure in some circumstances, hydraulic fracture would occur and form openings through which concentrated leak erosion could occur. Figure 6.1 shows the results of a 'critical pressure test' carried out in a standpipe hydraulic piezometer.

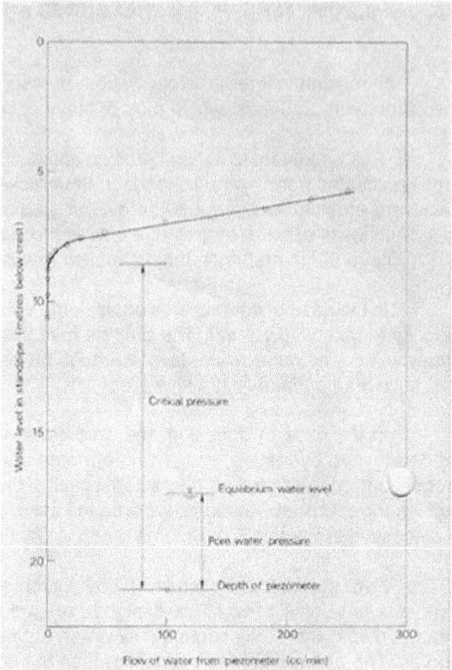

Fig. 6.1
Utilisation d'un piézomètre ouvert pour déterminer la "pression critique" de claquage en augmentant u, la pression interstitielle, jusqu'à ce qu'elle dépasse σ_3, la contrainte totale principale minimale, et provoque une fracturation hydraulique (et un débit croissant hors du tube vertical), d'après Boden et Charles (1984)

6.4. DÉTECTION DES FUITES

6.4.1. Auscultation des débits pour surveiller le comportement

La modification des propriétés hydrauliques à conditions identiques est un signe d'érosion interne. Elle peut être estimée à partir des quantités de fuites. Les fuites sont généralement visibles et peuvent être collectées par les systèmes de drainage. Le chemin que prend la fuite jusqu'au point de sortie n'est pas connu. Les quantités de fuites peuvent être mesurées par des déversoirs à encoche en V et par d'autres techniques plus adaptées à la transmission pour faciliter la lecture à distance. La turbidité est parfois enregistrée pour montrer s'il y a érosion, mais d'après ce que l'on sait maintenant sur l'érosion interne, il semble que si elle se déclenche, des quantités importantes de matériaux seront érodées et seront clairement visibles à l'œil nu ou par une télévision en circuit fermé éclairée si elle est surveillée à distance.

6.4.2. Méthode directe

Le moyen le plus direct et généralement le plus efficace de détecter les fuites consiste à recueillir l'eau qui coule dans les fossés ou les drains et à mesurer le débit par des moyens simples, des seaux chronométrés, des déversoirs, etc. Cette méthode présente également le grand avantage de permettre aux observateurs sur le terrain de vérifier facilement la quantité de fuites et de vérifier

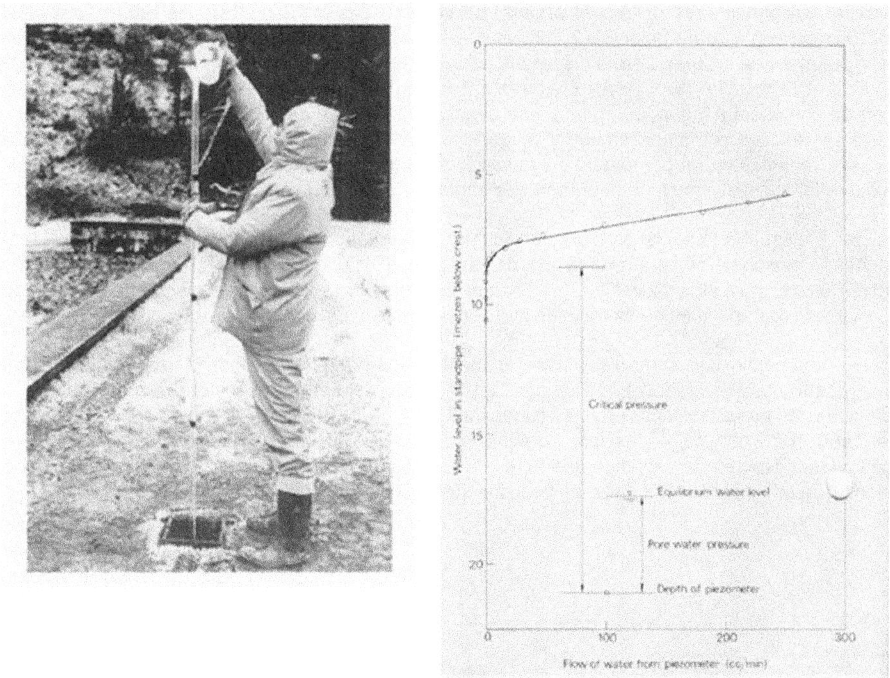

Fig. 6.1
Using a standpipe piezometer to determine the 'critical pressure' by raising u, pore pressure, until it exceeds $\sigma 3$, the minimum principal total stress, and causes hydraulic fracture (and increasing flow out of the standpipe), from Boden and Charles (1984)

6.4. LEAKAGE DETECTION

6.4.1. Leakage monitoring to check performance

Changes of hydraulic properties under constant conditions are a sign of internal erosion. It can be estimated from leakage quantities. Leaks are commonly visible and can be collected by drainage systems. The route that the leakage takes to the outlet point is not known. Leakage quantities can be measured over V-notch weirs and by other techniques more suited to transmission to facilitate remote reading. Turbidity is sometimes recorded to show if erosion is occurring, but from what is now known about internal erosion, it seems that if it initiates substantial quantities of material will be eroded and be plainly visible by eye or by illuminated CCTV if remotely monitored.

6.4.2. The direct method

The most direct and usually the most effective means of detecting leakage is by collecting leaking water in ditches or drains and measuring quantities by simple means, timed bucketfuls, weirs, etc. The method also has the great advantage that it can readily used by field observers to check quantity of leakage and whether it contains eroded materials. The visibility of eroded materials is most important because as explained in 6.1.2 above, there are no other reliable signs that internal erosion

si elles contiennent des matériaux érodés. La visibilité des matériaux érodés est très importante car, comme expliqué au point 6.1.2 ci-dessus, il n'existe aucun autre signe fiable d'érosion interne conduisant à une rupture. Divers dispositifs peuvent être installés pour transmettre les données sur le débit et la quantité de matériaux érodés à des endroits de surveillance à distance, comme une salle de contrôle. La Figure 6.2 montre une chambre de mesure des fuites mesurant les quantités de fuites par un déversoir à encoche en V, et équipée d'un dispositif de mesure du niveau d'eau et d'une caméra transmettant en permanence à la salle de contrôle des informations sur la quantité de fuites et sur le fait qu'elles contiennent ou non des particules érodées.

Il n'est pas toujours possible de recueillir toutes les fuites par la méthode directe, mais les variations saisonnières et à long terme de la partie des fuites recueillies constituent souvent un moyen alternatif valable de vérifier que l'état et la performance du barrage restent tels qu'ils étaient au moment des analyses de sa résistance à l'érosion interne.

Le chemin que prend l'eau avant d'atteindre les drains et les fossés de collecte des fuites n'est pas toujours évident d'après ce que l'on sait des propriétés des matériaux du remblai et des fondations du barrage. Dans certaines circonstances, lorsque le pied aval d'un barrage est submergé par l'eau, par exemple, il n'est pas possible de recueillir les fuites. Dans ces circonstances, des méthodes indirectes de détection des fuites doivent être utilisées, généralement par des méthodes géophysiques comme décrit dans les sections suivantes.

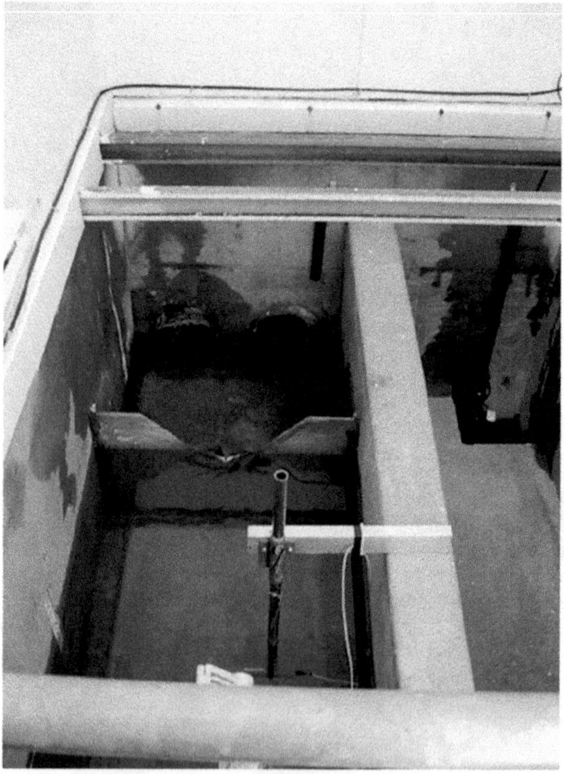

Fig. 6.2
À l'intérieur d'une chambre de mesure des infiltrations au barrage WAC Bennett. Le niveau de l'eau et les enregistrements CCTV sont transmis de la chambre à la salle de contrôle (avec l'aimable autorisation de BC Hydro)

leading to failure is occurring. Various devices can be installed to transmit the data on quantity and eroded materials to remote monitoring locations, such as a control room. Figure 6.2 shows a seepage measurement chamber measuring seepage quantities over a V-notch weir, and equipped with water level measuring device and a camera constantly transmitting information on quantity of leakage and whether it contains eroded particles to the control room.

It may not always be possible to collect all leakage by the direct method but the seasonal and long-term variations in the portion of leakage collected will often provide a valid alternative means to check that the dam's condition and performance remain as they were at the time of the analyses of its resistance to internal erosion.

The route that water takes before reaching the leakage collection drains and ditches may not always be obvious from what is known of the properties of materials in the dam fill and foundations. In some circumstances, where a dam's downstream toe is submerged below water, for example, it is not possible to collect leakage. In these circumstances, indirect methods of detection of leakage must be used, usually by geophysical methods as described in the following sections.

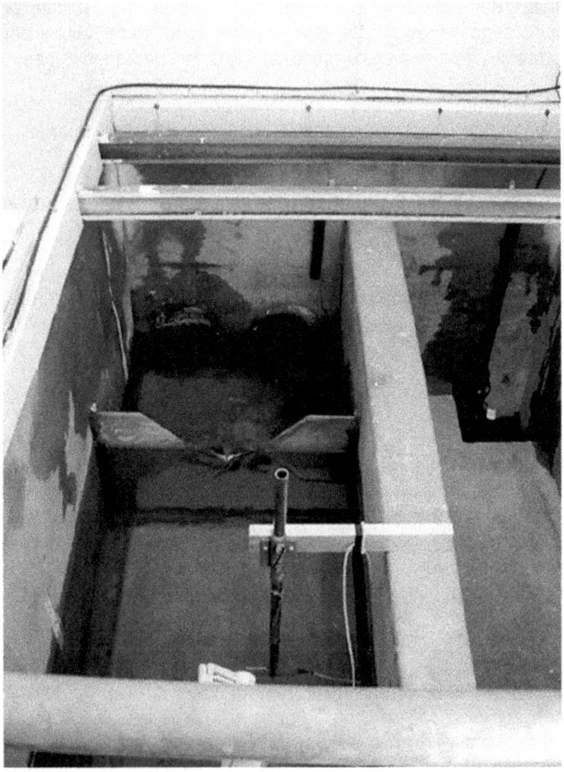

Fig. 6.2
Inside a seepage measurement chamber at WAC Bennett Dam. Water level and CCTV records are transmitted from the chamber to the control room (Courtesy of BC Hydro).

6.4.3. Mesures réparties de température par fibre optique

6.4.3.1. Intérêt de la fibre optique

Grâce au développement des fibres optiques et des capteurs de température distribués, la thermométrie est devenue le moyen le plus prometteur pour la surveillance des fuites (Cunat et al, 2009). Les fibres optiques permettent de détecter la température sur toute leur longueur avec une résolution spatiale d'un mètre. Contrairement aux instruments conventionnels, les fibres optiques fournissent simultanément une vue globale et détaillée de la zone instrumentée. Les différentes méthodes de détection des fuites par fibre optique sont résumées dans le Tableau 3.4.

Aujourd'hui, les capteurs de température répartis permettent de surveiller des linéaires d'ouvrages jusqu'à 30 km avec des résolutions spatiales (0,5 à 1,0 m) et de température (0,1 à 0,05°C) élevées (Tyler et al, 2009), qui diminuent toutefois avec l'augmentation de la longueur. En outre, La technologie de détection de température répartie offre plusieurs avantages par rapport aux capteurs conventionnels, notamment le faible coût des câbles à fibres optiques, l'utilisation de matériaux de télécommunications standard pour l'installation et la maintenance, la grande durabilité des fibres optiques développée à partir de leur utilisation intensive dans des environnements difficiles, ainsi que l'isolation électrique et l'immunité aux interférences électromagnétiques. A noter que les fibres optiques peuvent aussi permettre de réaliser des mesures de déformation réparties en compléments des mesures thermiques.

Les données de température brutes ne permettent pas toujours d'identifier immédiatement les fuites. Afin d'"inverser" (analyser) les données acquises pour surveiller les fuites, deux types de méthodes de détection ont été développés et testés :

- L'approche passive qui est une mesure des variations naturelles de température de la structure (Fry, 2004).
- L'approche active qui consiste à chauffer la fibre optique pour avoir un gradient de température accru en cas d'anomalie (Perzlmaier et al, 2007).

6.4.3.2. Méthodes passives

La méthode passive repose sur les différences de température naturelles entre le sol et l'eau d'infiltration. La température du sol reste plus ou moins constante sous les couches superficielles supérieures, qui sont affectées par la température de l'air jusqu'à une profondeur maximale d'environ 20 m dans les climats froids. Dans les zones tempérées, les changements saisonniers entraînent à certains moments des différences marquées de température entre la température du sol et celle de l'eau du réservoir. Ces "anomalies" peuvent être détectées par des mesures de température qui peuvent être "inversées" pour fournir des données sur les infiltrations, comme par exemple des estimations de vitesses.

Une première famille de méthode d'interprétation quantifie le débit avec des modélisations physiques des températures d'un écoulement de fuite (Johansson et Sjodahl, 2007). Aussi, Dornstadter et Heinemann (2012) montrent comment les mesures de température peuvent être utilisées directement et simplement pour déterminer la vitesse de l'eau s'infiltrant dans les pores à travers un barrage. Il faut enregistrer la température de manière fréquente et en temps réel en au moins deux points séparés par une distance connue, l'un dans le réservoir et l'autre au niveau d'une sonde de température dans la pente aval, par exemple. Le délai entre le moment où une température de pointe élevée dans le réservoir "atteint" une température de pointe élevée au niveau de la sonde de température permet de calculer la vitesse des pores entre les deux points. Cette méthode simple a permis de mesurer des vitesses de pores allant de 10^{-2} m/s, soit un "décalage" d'environ 20 minutes, à 10^{-6} m/s, soit un décalage de 2 à 3 mois. Elle est illustrée dans la Figure 6.3. Elle peut également être appliquée lorsque la température de l'eau du réservoir baisse, en observant le temps nécessaire à un "creux" de basse température dans le réservoir pour atteindre un creux de basse température au niveau de la sonde. Comme l'indiquent Smith et Konrad (2008), la détermination des décalages temporels et des distances entre les points doit tenir compte de la forme des lignes d'écoulement hydraulique dans la section de barrage analysée.

6.4.3. *Distributed temperature measurement by Optic Fibers*

6.4.3.1. Capabilities of optic fibers

Thanks to the development of optical fibers and distributed temperature sensors, thermometry has become the most promising means for leak monitoring (Cunat et al, 2009). Optic fibers provide the means of distributed temperature sensing along their entire length with a spatial resolution of one meter. In contrast to the conventional instruments, optic fibers simultaneously provide a global and a detailed view of the instrumented zone. The various optic fiber leakage detection method are summarized on Table 3.4.

Today, distributed temperature sensors allow probing along the entire lengths of structures up to 30 km long with high spatial (0.5 to 1.0 m) and temperature (0.1 to 0.05°C) resolutions (Tyler et al, 2009). Distributed temperature sensing technology offers several advantages over conventional sensors including the low-cost of fiber optic cable, the use of standard telecom materials for installation and for maintenance, the high durability of fiber optic developed from its extensive use in harsh environments, and the electrical isolation and immunity to electromagnetic interference. It should be noted that optical fibers can also be used to carry out deformation measurements in addition to thermal measurements.

The raw temperature data does not always identify leakage directly. In order to 'invert' (analyze) the acquired data to monitor for leakage, two types of detection methods have been developed and tested:

- The passive approach which is a measure of natural temperature variations of the structure (Fry, 2004).
- The active approach which consists of heating up the fiber optic to have an increased temperature gradient in case of anomaly (Perzlmaier et al, 2007)

6.4.3.2. Passive Methods

The Passive Method relies on naturally occurring temperature differences between the ground and seeping water. The temperature of soil remains more-or-less constant below the upper surface layers, which are affected by air temperature to depths to a maximum of about 20 m in cold climates. In temperate zones, seasonal changes at certain times lead to marked differences between the temperature of the soil and that of the reservoir water. These "anomalies" can be detected by temperature measurements that can be 'inverted' to provide data on seepage properties making it possible to estimate permeability and flow velocity.

A first family of interpretation methods was based on physical modelling of the temperatures of leakage flow (Johansson and Sjodahl, 2007). Dornstadter and Heinemann (2012) give further explanations of the passive method and show how temperature measurements can be used directly and simply to determine the speed of water seeping through the pores in the soil fill in a dam. A timed and frequent record of temperature at a minimum of two points separated by a known distance is required, one in the reservoir and the other at a temperature probe in the downstream slope, for example. The time lag between a peak high temperature in the reservoir 'reaching' a peak high temperature at the temperature probe allows the pore velocity between the two points to be calculated. This simple method has measured pore velocities from 10^{-2} m/s, a 'lag' of about 20 minutes, to 10^{-6} m/s, a lag of 2–3 months. It is illustrated in Figure 6.3. It can also be applied when reservoir water temperature drops, by observing the time taken for a 'trough' of low temperature in the reservoir to reach a trough low temperature at the probe. As discussed in Smith and Konrad (2008), the determination of time lags and distances between points must account for the shape of hydraulic flow lines in the analyzed dam section.

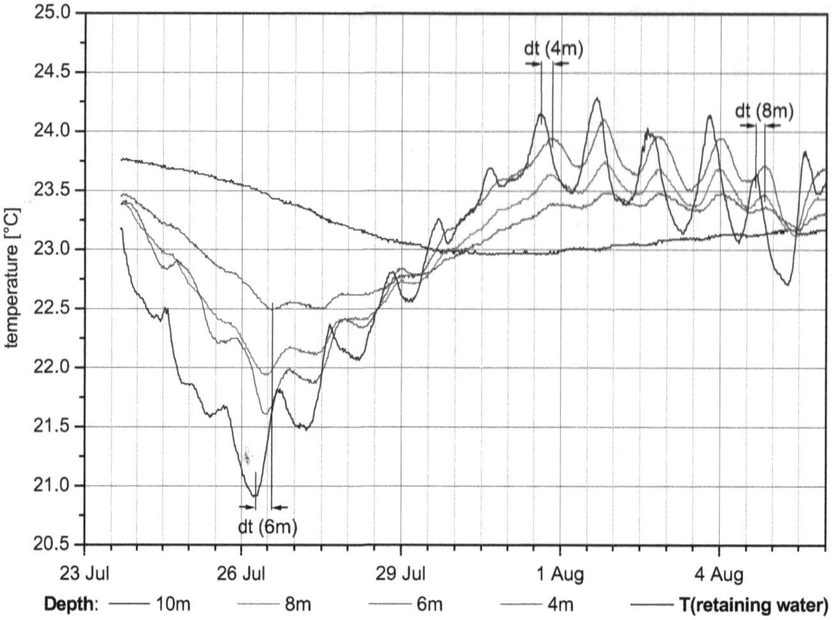

Fig. 6.3
Variations saisonnière et journalières de la température fonction du temps à différentes profondeurs (Dornstadter and Heinemann, 2012)

Johansson (1997) a été le pionnier d'une méthode d'analyse basée sur l « inversion » d'un modèle analytique d'écoulement. L'interprétation se fait alors à la fois sur le déphasage et l'amplitude et des variations de température enregistrées dans le barrage et dans l'eau du réservoir. Cette méthode a été développée pour les capteurs qui ne répondent qu'aux variations de température de l'eau; ils ne sont pas influencés de manière significative par les variations de température de l'air. Pour éviter l'influence des températures de l'air, les capteurs doivent donc être enterrés profondément dans les structures, la meilleur façon de le faire est à la construction, et être dans la nappe phréatique. Smith et Konrad (2008) discutent de cette nécessité de distinguer les variations de température dans un barrage dues aux changements saisonniers de la température de l'air des variations de température dues à l'augmentation des infiltrations.

Lorsque les câbles à fibres optiques sont peu profonds (à moins d'un mètre de profondeur) et donc influencés par l'air, d'autres méthodes ont été proposées. Le modèle de fonction de réponse impulsionnelle (Radzicki, 2009; Cunat et al, 2009; Vedrenne et al, 2009; Radzicki et Bonelli, 2010a, b), permet d'analyser l'intensité du débit de fuites et de localiser les zones de fuite sur des périodes de mesure allant de deux mois à plusieurs années. Ce modèle suppose que les variations de température observées par la fibre optique (ou un autre capteur de température) dépendent des changements thermiques externes générés aux surfaces externes en amont et en aval, principalement par les effets de la température de l'eau et de l'air et du rayonnement. On suppose également que les propriétés physiques des matériaux du barrage sont invariantes. Dans ces conditions, la réponse thermique du capteur aux variations de température en amont et en aval peut être déterminée. Les valeurs des paramètres physiques du modèle sont identifiées pour chaque mètre le long de la fibre optique en minimisant l'écart entre le modèle et la série de températures mesurées par des analyses de régression. Ces analyses permettent de distinguer les zones de convection caractéristiques du barrage le long de la fibre optique et de déterminer, qualitativement, le débit de fuites, et donc de détecter les fuites (Radzicki, 2009 : Radzicki et Bonelli, 2010a, b).

La variation du débit d'eau ou les changements des propriétés du sol avec le temps sont souvent liés aux fuites et au développement de l'érosion interne. Comme la variation du débit d'eau et les

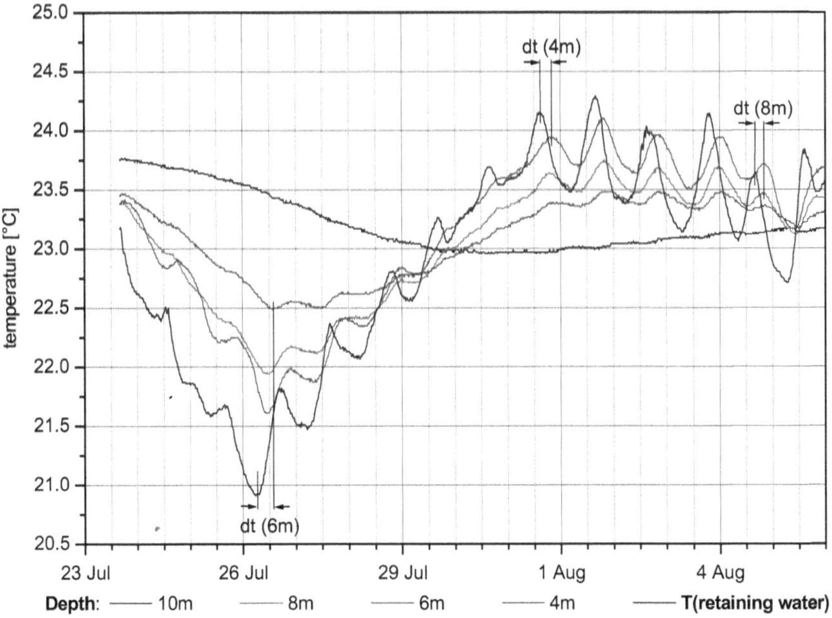

Fig. 6.3
Temperature versus time at different depths for seasonal and daily variations (from Dornstadter and Heinemann, 2012)

Johansson (1997) pioneered a method of analysis based on the "inversion" of an analytical flow model. The interpretation is made both on the phase shift and the amplitude and temperature variations recorded in the dam and in the water of the reservoir. Johansson's method was developed for sensors which respond only to water temperature variations; they are not significantly influenced by air temperature variations. To avoid the influence of air temperature variations, the temperature sensors should be buried deeply in structures and the method is best used for analysis of records from sensors buried in new dams or in regions where the water table is high. Smith and Konrad (2008) discuss the necessity of discriminating temperature variations in a dam due to seasonal air temperature changes from temperature variations due to increased seepage.

Two new passive method analytical models have been developed for shallow subsurface fiber optic cables (at less than one meter deep). One, the impulse response function model, (Radzicki, 2009; Cunat et al, 2009; Vedrenne et al, 2009; Radzicki and Bonelli, 2010a, b), makes it possible to analyze water transport intensity and locate leakage zones over measurement periods of about two months to several years. This model assumes that the temperature variations observed by the optic fiber (or other temperature sensor) depend on external thermal changes generated at the external upstream and downstream surfaces primarily by water and air temperature and radiation effects. It is also assumed that the physical properties of the dam materials are invariant. Under these conditions, the thermal response of the sensor to upstream and downstream temperature variations can be determined. Values of the physical parameters of the model are identified for each meter along the fiber optic by minimization of the deviation between the model and the measured temperature series by regression analyses. These analyses make it possible to distinguish characteristic hydro-thermal zones of the dam along the fiber optic and determine, qualitatively, the seepage intensity, and thereby detect leakage (Radzicki, 2009: Radzicki and Bonelli, 2010a, b).

Water flow variation or changes of soil properties with time are often linked to leakages and the development of internal erosion. As water flow variation and soil changes are not incorporated

modifications du sol ne sont pas intégrées dans le modèle, lorsque de tels changements se produisent, il y a un écart croissant entre les séries de température modélisées et mesurées, ce qui fournit un autre moyen d'identifier les zones de fuite. Radzicki (2009) et Cunat (2012) ont montré que la sensibilité des modèles d'analyse passive basés sur la réponse impulsionnelle à la vitesse d'écoulement et la capacité de ces modèles à quantifier le débit réel sur site restent à démontrer. Certains modèles de réponse impulsionnelle n'utilisent que l'écart entre la température mesurée et modélisée pour détecter les fuites (Cunat et al, 2009; Cunat, 2012). D'autres modèles se basent sur les mêmes principes mais en utilisant, à la place de la réponse impulsionnelle, un modèle numérique discrétisé, permettant une intégration plus complète des variables explicatives et l'estimation des débits de fuites (Courivaud et al. 2017).

Ensuite, une seconde famille concerne les méthodes à base statistiques, dédiées à l'identification d'anomalies dans les évolutions de température mesurées. L'un de ces modèles est basé sur le traitement du signal et analyse les données des fibres optiques enregistrées sur quelques jours seulement (Khan et al, 2014). Son principal objectif est d'identifier et de localiser les singularités telles que les structures existantes (drains, regards, etc.), les singularités du sol et les fuites actuelles. Cette méthode est basée sur les variations de température au cours d'une journée à différentes distances d'observation qui présentent une tendance commune à l'exception des distances présentant quelques singularités. En effet, les mesures de chaque jour sont analysées indépendamment afin d'obtenir la projection des singularités dans le domaine spatio-temporel 2-D (y, i), avec une résolution spatiale correspondant à celle de l'instrument de mesure (1,0 m dans le cas présent) et une résolution temporelle de 24 heures. Les détails complets de la méthode sont donnés dans Khan et al. (2014).

6.4.3.3. Méthodes actives

Dans certaines zones climatiques, les températures du sol et de l'eau d'infiltration peuvent être similaires tout au long de l'année. Il n'y aura donc pas d'anomalies, et la surveillance de la température ne pourra pas détecter les changements du débit d'infiltration, et peut-être pas le début de l'érosion. Dans de telles situations, la méthode passive ne peut pas être utilisée.

On utilise alors des méthodes actives dans lesquelles le changement de température peut être simulé en réchauffant le sol autour de la sonde de mesure de température. Les zones plus perméables sont identifiées par la vitesse à laquelle le sol se refroidit lorsque l'eau d'infiltration passe. C'est la méthode de l'impulsion thermique (Dornstadter, 1997). Une variante de la méthode d'impulsion de chaleur, la méthode d'impulsion de froid, peut être utilisée dans les sondes de température. Le CO_2 liquide est utilisé pour refroidir la sonde, et les zones de fuite sont identifiées par la vitesse à laquelle la sonde se réchauffe.

Dans la méthode active développée par Perzlmaier et al, 2007, la méthode passive à fibres optiques décrite ci-dessus a été développée de manière similaire pour devenir une méthode active en utilisant des fibres optiques qui incorporent un câble chauffant électrique. De la chaleur, par impulsions ou de manière constante, est appliquée à travers la fibre et réchauffe le sol autour d'elle. Aux endroits où il y a des fuites, le sol chaud se refroidit plus rapidement qu'ailleurs. Par conséquent, ces sections présentent des anomalies distinctes dans l'augmentation de la température. En général, l'analyse des données de mesure comprend l'évaluation de la différence de température entre le palier de chauffage et un palier de référence avant le chauffage (voir Figure 6.4).

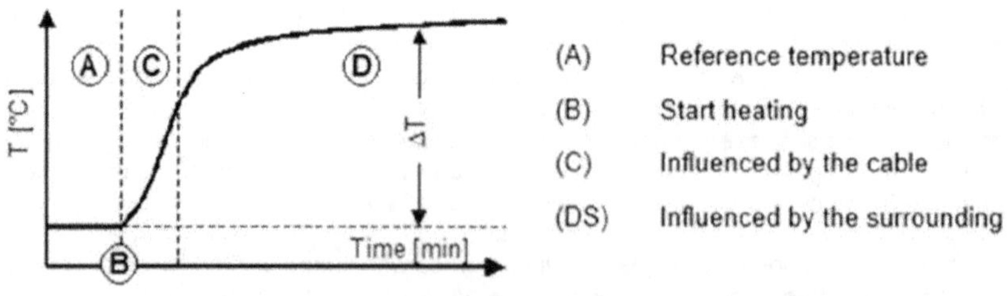

Fig. 6.4
Hausse de température dans le câble et écart thermique calculé

into the model, when such changes occur, there is an increasing deviation between the modeled and measured temperature series, providing another means of identifying leakage zones. Radzicki (2009) and Cunat (2012) have shown that the sensitivity of passive analysis models based on impulse response to flow velocity and the ability of these models to quantify actual flow at site remain to be demonstrated. Some impulse response models use only the deviation between measured and modeled temperature to detect leaks (Cunat et al, 2009; Cunat, 2012). Other models are based on the same principles but using, instead of impulse response, a discretized numerical model, allowing a more complete integration of explanatory variables and the estimation of leakage rates (Courivaud et al. 2017).

The other model is based on signal processing, and analyses optic fiber data recorded over only a few days (Khan et al, 2014). Its main aim is to identify and localize the singularities such as existing structures (drains, manholes, etc.), ground singularities and currently occurring leakages. This method is based on the temperature variations over the course of a day at different observation distances which present a common trend except for the distances having some singularities. Indeed, the measurements for each day are independently analyzed in order to obtain the projection of the singularities in the 2-D spatio-temporal domain (y, i), with a spatial resolution corresponding that of measuring instrument (1.0 m in the present case) and a temporal resolution of 24 hours. Full details of the method are given in Khan et al. (2014).

6.4.3.3. Active Methods

In some climate zones, the temperatures of the ground and the seepage water may be similar throughout the year. There will therefore be no anomalies, and temperature monitoring will be unable to detect any changes in seepage flow, and perhaps not detect the onset of erosion. In such situations the Passive Method cannot be used.

Active methods are therefore used in which the temperature change can be simulated by warming the soil around the temperature measuring device. More permeable zones are identified by the rate at which the soil cools down as the seeping water flows past. This is the Heat Pulse Method (Dornstadter, 1997). A variation of the Heat Pulse Method, the Frost Pulse Method, can be used in temperature probes. Liquid CO_2 is used to cool the probe, and the leakage zones are identified by the rate at which the probe warms up.

In the Active Method developed by Perzlmaier et al, 2007, the passive optic fiber method described above was developed similarly to become an active method by using optic fibers that incorporated an electrical heating cable. Heat, in pulses or steadily, is applied through the fiber and warms the soil around it. At any locations where there is leakage, the warm soil cools more quickly than elsewhere. Consequently, these sections show distinct anomalies in the temperature increase. Typically, the analysis of the measurement data includes the evaluation of the temperature difference between the heated stage and a reference stage before heating (see Figure 6.4).

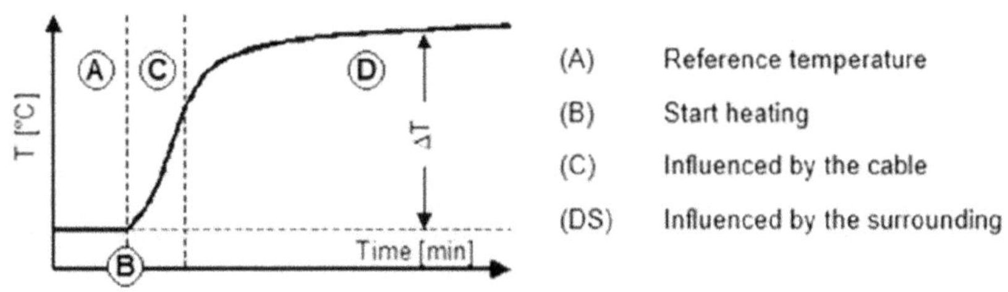

Fig. 6.4
Temperature development inside the cable and calculated temperature difference

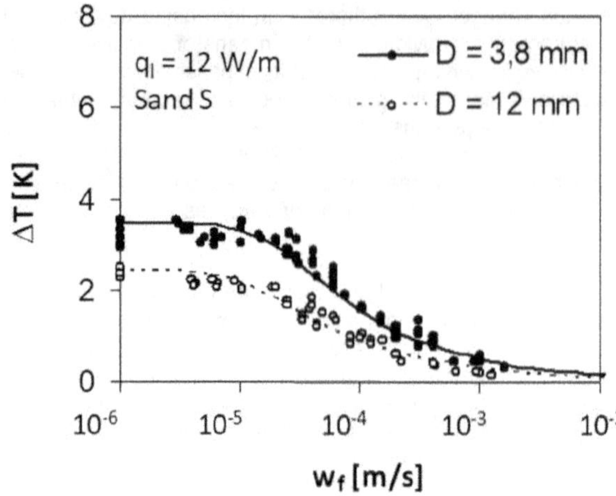

Fig. 6.5
Relations $\Delta T/w_f$ pour deux câbles dans le sable

Les techniques permettant d'inverser la réponse thermique mesurée dans la méthode active à la vitesse d'écoulement de fuite w_f (vitesse du filtre) utilisent des courbes $\Delta T/w_f$ obtenues à partir d'essais en laboratoire ou basées sur les équations de transfert de chaleur d'une source de chaleur cylindrique noyée dans un milieu poreux. Une description détaillée de la procédure est donnée dans Perzlmaier et al (2007). La Figure 6.5 montre la bonne concordance des données et de la théorie pour les essais d'impulsion de chaleur effectués dans le sable avec un apport de chaleur de 12 W/m et différents diamètres de câble.

Radzicki et al. (2021) montrent comment diverses techniques, y compris la détection thermique active, peuvent être combinées pour obtenir une compréhension approfondie des différentes zones de fuite dans une digue.

Des évolutions des méthodes d'interprétation ont depuis été proposées, permettant d'optimiser la précision et la robustesse de l'estimation de vitesse, appuyées par des validations numériques et expérimentales (Simon et al. (2021).

6.4.3.4. Fibres optiques pour la détection des fuites dans les barrages

L'utilisation des câbles à fibres optiques de manière passive dans les systèmes de détection de température distribués et de manière active dans la méthode active, où la chaleur est appliquée, a été expliquée ci-dessus. Les câbles à fibres optiques permettent de mesurer la température (et la contrainte) sur de vastes zones, tant le long des barrages et des remblais qu'à l'intérieur de ceux-ci. La Figure 6.6 ci-dessous montre les différentes configurations des câbles à fibres optiques à l'intérieur des barrages et des remblais.

Les fibres détectent des températures allant jusqu'à 0,1°C sur toute la longueur du barrage sur des distances allant jusqu'à 30 km avec une résolution spatiale de 1,0 m, et cela pour des fuites aussi faibles que 0,01 L/s (Johansson, 2006, Beck et al, 2010, Guidoux et al. 2019). Les câbles peuvent être lus sur place ou à distance. Johansson et al (2015) ont comparé les débits de fuite mesurées aux déversoirs avec ceux dérivés de l'analyse thermométrique des relevés de température des fibres optiques. Malheureusement, les valeurs étaient trop faibles (< 0,001 L/s/m) pour être suffisamment enregistrées sur les températures mesurées par les fibres optiques. Cependant, les fibres optiques réagissent à des fuites de 0,02 L/s/m ou plus, et dans ce cas, elles ont été utilisées pour fournir des alarmes afin d'avertir d'une augmentation des fuites.

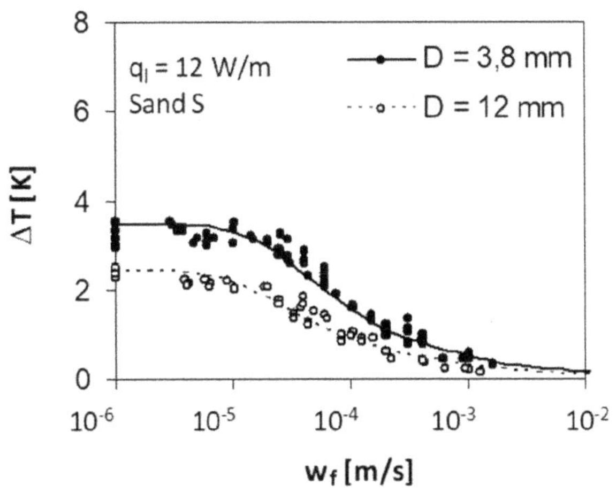

Fig. 6.5
$\Delta T/w_f$ – functions of different cables in sand

The techniques to invert the thermal response measured in the Active Method to leakage flow velocity w_f (filter velocity) use $\Delta T/w_f$ curves obtained from laboratory tests or based on the equations for heat transfer from a cylindrical heat source embedded in porous media. A detailed description of the procedure is given in Perzlmaier et al (2007). Figure 6.5 shows the good agreement of test data and theory for heat pulse tests carried out in sand with a heat input of 12 W/m and different cable diameters.

Radzicki et al. (2021) show how various techniques, including active thermal sensing, can be combined to obtain a thorough understanding of various leakage zones in a levee.

Evolutions in interpretation methods have since been proposed, making it possible to optimize the accuracy and robustness of speed estimation, supported by numerical and experimental validations (Simon et al. 2021).

6.4.3.4. Fiber optics to detect seepage in dams

The use of fiber optic cables passively in Distributed Temperature Sensing systems and actively in the Active Method, where heat is applied, has been explained above. Fiber optic cables make it possible to measure temperature (and strain) over wide areas, both along dams and embankments and within them. Figure 6.6 below shows the various configurations of fiber optic cables within dams and embankments.

The fibers detect temperatures to 0.1°C along the entire length of the dam over distances of up to 30 km with a spatial resolution of 1.0 m, and this inverts into leakage quantities as low as 0.01 litres.sec (Johansson, 2006, Beck et al, 2010, Guidoux et al, 2019). The cables can be read on site or remotely. Johansson et al (2015) compared leakage quantities measured at weirs with those derived from thermometric analysis of fiber optic temperature readings. Unfortunately, the seepage quantities were too small (< 0.001 L/s/m) to register sufficiently on the temperatures measured by the optic fibers. However, optic fibers respond to leakage of 0.02 L/s/m or more, and in this case were used to provide alarms to warn of increased leakage.

Reconnaissant qu'il est peu probable que les câbles à fibres optiques se trouvent toujours aux endroits où les conduits d'érosion peuvent se former, Radzicki et Bonelli (2010a,b) ont examiné les effets de l'écoulement dans les conduits d'érosion à des endroits éloignés des câbles sur les changements de température aux endroits où se trouvent les câbles. Dans les situations où les fuites ne passent pas par les conduits d'érosion, l'effet sur la distribution de la température du flux d'infiltration suffisant à travers les remblais a été étudié par Johansson (1997) et Radzicki et Bonelli (2012). Beguin (2011) a fait état d'études de l'influence de l'érosion de contact sur la température. Par ailleurs, Bersan (2018) a récemment proposé une analyse dimensionnelle permettant de déterminer si un système de mesure de température par fibre optique (et un système thermométrique classique, par généralisation) est en mesure de détecter précocement le développement d'une érosion régressive de conduit.

Un cas d'érosion de contact à évolution lente dans un barrage en remblai est décrit dans Smith et al. (2009) où des fibres optiques ont été utilisées pour détecter et surveiller les infiltrations. L'objectif principal de cette étude était de concevoir des procédures d'injection optimales pour réduire les débits de fuite.

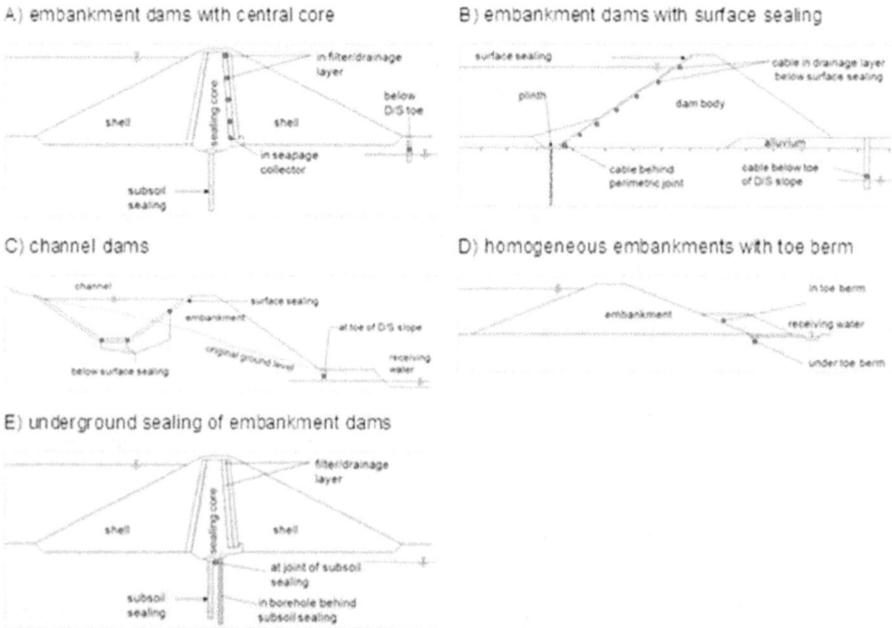

Fig. 6.6
Différents profils types de barrage en remblai avec les positions des câbles (points rouges) pertinents pour l'application de la méthode de température active (Perzlmaier et al, 2007)

Aufleger et al (2011) décrivent un essai en vraie grandeur utilisant des fibres optiques installées dans un filtre de barrage (similaire à A dans la Figure 6.6). Une fuite a été simulée et détectée avec succès par le système de fibres optiques.

Pour contrôler une étanchéité de parement amont (cas B dans la Figure 5.6), la méthode active est généralement recommandée, car les faibles contrastes thermiques naturels limitent les capacités des méthodes passives. La dépendance de l'échauffement ΔT (°C) des fibres optiques avec le débit de fuite a été vérifiée pour des débits de 1 à 10 L/min, dans le cas d'étanchéité par géomembrane (Guidoux et al., 2019; Guidoux et al. 2021). La méthode a été utilisée pour la réception d'une étanchéité en béton bitumineux d'un canal de 5 km et a donné des résultats de localisation et quantification de fuites cohérents avec les débits de drain effectivement collectés (Beck et al. 2015).

Recognizing that it is unlikely that the optic fiber cables will always be at the positions where erosion pipes may form, Radzicki and Bonelli (2010a,b) examined the effects of flow through erosion pipes at positions remote from cables on temperature changes at the cable positions. In situations where leaks are not through erosion pipes, the effect on temperature distribution of suffuse seepage flow through embankments was studied by Johansson (1997) and Radzicki and Bonelli (2012). Beguin (2011) reported on studies of the influence of contact erosion on temperature. In addition, Bersan (2018) recently proposed a dimensional analysis to determine whether a fiber optic temperature measurement system (and a conventional thermometric system, by generalization) is able to detect early the development of regressive duct erosion.

A case of slowly-evolving contact erosion in an embankment dam is described in Smith et al. (2009) where fiber optics were used to detect and monitor seepage. The main purpose if this investigation was to design optimum grouting procedures to reduce seepage quantities.

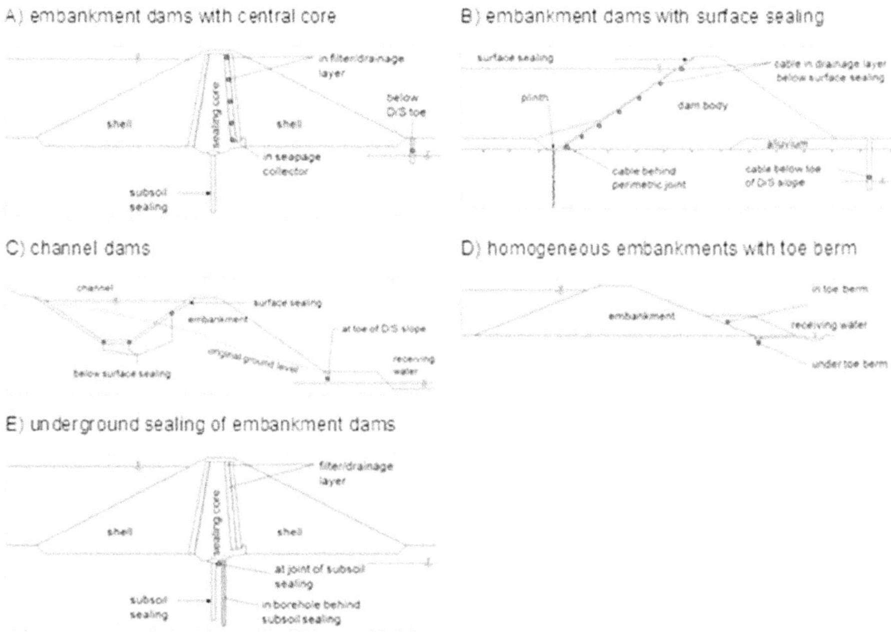

Fig. 6.6
Different embankment dam cross sections with cable positions (red dots) relevant for applying the active temperature method (from Perzlmaier et al, 2007)

Aufleger et al (2011) describe a full-scale trial using optic fibers installed in a dam filter (similar to A in Figure 6.6). A leak was simulated and successfully detected by the fiber optic system.

To control an upstream cladding seal (case B in Figure 6.6), the active method is generally recommended, as low natural thermal contrasts limit the capabilities of passive methods. The dependence of the heating ΔT (°C) of the optical fibers with the leakage rate has been verified for flow rates of 1 to 10 L/min, in the case of geomembrane sealing (Guidoux et al. 2019; 2021). The method was used for the reception of a bituminous concrete seal of a 5 km channel and gave results of localization and quantification of leaks consistent with the drain flows actually collected (Beck et al. 2015).

Des installations en pied de digue (cas C et D dans la Figure 5.6) ont été réalisées sur plusieurs digues de canaux de long linéaire, avec un objectif d'industrialisation de la technique pour la surveillance long terme mais aussi en cas d'évènement exceptionnel (Martinot et al. 2021). On note en particulier une installation destinée à la surveillance de 40 km de digue du Rhin par méthode passive avec un seul appareil (Guidoux et al. 2019). L'installation a été utilisée pour la surveillance en temps réel lors de la crue de 2016 afin de guider les équipes de surveillance vers les zones d'anomalies. La méthode a aussi été utilisée pour des contrôles post-séisme sur une digue du Rhône en 2019 (Martinot et al. 2021).

Le retour d'expérience souligne l'importance de la phase de conception du dispositif, afin de vérifier si anomalies thermiques attendues seront suffisantes pour être analysées (méthodes passives) ou si les contrastes thermiques attendus lors d'une chauffe seront suffisants (méthodes actives) (Martinot et al. 2021).

Installations at the foot of the dike (cases C and D in Figure 6.6) have been built on several dikes of linear long canals, with the objective of industrialization of the technique for long-term monitoring but also in the event of an exceptional event (Martinot et al. 2021). In particular, there is an installation for the monitoring of 40 km of Rhine dike by the passive method with a single device (Guidoux et al. 2019). The facility was used for real-time monitoring during the 2016 flood to guide monitoring teams to areas of anomalies. The method was also used for post-earthquake controls on a Dam of the Rhône in 2019 (Martinot et al. 2021).

The feedback highlights the importance of the design phase of the device, in order to check whether expected thermal anomalies will be sufficient to be analyzed (passive methods) or whether the expected thermal contrasts during heating will be sufficient (active methods) (Martinot et al. 2021).

7. REFERENCES

Des copies électroniques du volume 1 du Bulletin (en anglais ou en français) peuvent être téléchargées (gratuitement pour les membres) à partir de la section Bulletins du site Internet de la CIGB (www.icold-cigb.net). Ce projet de volume 2 peut être téléchargé à partir de l'espace partagé du Comité Technique des Barrages en Remblai sur le site de la CIGB. Il est accessible à tous les membres des comités nationaux. Un mot de passe (disponible auprès de votre Comité National) est nécessaire pour accéder à la zone réservée aux membres, et un autre mot de passe (disponible auprès de la CIGB) pour accéder à l'espace partagé du Comité Technique.

7. REFERENCES

Gillon, M.D. and Newton, C.J. 1991. Abutment repairs at the Matahina Dam. ICOLD Seventeenth Congress on Large Dams, Vienna, Q66 R50 pp 909–933

ASTM Standard D5852. *Annual Book of ASTM Standards*, Section 4: Construction, Vol. 04.08. Philadelphia, Penn.: American Society for Testing and Materials

ASTM D3441–05 Standard Test Method for Mechanical Cone Penetration Tests of Soil Go to: http://www.astm.org/Standards/D3441.htm

ASTM D5778-07 Standard Test Method for Electronic Friction Cone and Piezocone Penetration Testing of Soils Go to: http://www.astm.org/Standards/D5778.htm

Aufleger, M., Goltz, M., Dornstädter, J. and Mangarovski O. (2011). Distributed fiber optic temperature measurements in embankment dams with central core – new benchmark for seepage monitoring. *International Symposium on Dams and Reservoirs under changing Conditions, 79th ICOLD Annual Meeting, Lucerne* pp107–114

Aufleger, M., Dornstädter, J., Strobl, Th., Conrad, M., Perzlmaier, S. and Goltz, M. (2007). 10 Jahre verteilte faseroptische Temperatur-messungen im Wasserbau (10 years of Distributed Fiber Optic Temperature Sensing in hydraulic engineering). *14. Deutsches Talsperrensymposium/ 7th ICOLD European Club Dam Symposium*, pp. 8–14, Freising.

Bahmani, S.M., Shafii,I., Chen, H.-C. and Briaud, J.-L. (2021). Comparison of shear stress magnitudes in some erosion tests by numerical simulation. *Proc. 10th International Conference on Scour and Erosion, Proc. 10th International Conference on Scour and Erosion, (ICSE-10)*, Arlington, Virginia, USA. 18–21 October, 2021. Rice, J., Liu, X., McIlroy, M., Sasanakul, I., and Xiao, M. (Eds), 732–742.

Bailey, M.C. (1986). Design and construction of new spillways and other remedial works to the Litton reservoirs near Bristol. *Journal of the Institution of Water Engineers and Scientists*, Vol 40, No 1, 37–53.

Barrett, B.C. and Bliss, M. (2008). Emergency remedial actions at A.V. Watkins dam. 28th USSD Annual Conference, Portland, April, 667–686.

Bartsch, M. (2007). Internal erosion in Porjus Dam – Risk assessment and proposal for upgrading. In *Internal Erosion of Dams and their Foundations,* Editors R Fell and J-J Fry, Taylor and Francis, 35–43.

Beck, Y-L., Khan, A. A., Cunat, P., Guidoux, C., Artieres, O., Mars, J. and Fry, J-J. (2010). Thermal monitoring of embankment dams by fiber optics. *8th ICOLD European Club Symposium, Innsbruck, Austria*. 461–465.

Beguin, R. (2011). Etude multi-échelle de l'érosion de contact au sein des ouvrages hydrauliques en terre. *PhD Thesis.* Université Joseph Fourier, Grenoble, France.

Beguin, R., Guidoux, C., Faure, Y.H. and Ho, C.C. (2009). Stability conditions and erosion rates at the contact between two soils, subjected to a water flow parallel to the interface. *Presentation at ICOLD European Working Group on Internal Erosion St Petersburg* April

Beguin, R., Philippe, P., and Faure, Y. (2013). "Pore-Scale Flow Measurements at the Interface between a Sandy Layer and a Model Porous Medium: Application to Statistical Modeling of Contact Erosion." *J. Hydraul. Eng.,* 139(1), 1–11

Benahmed, N., Bonelli, S. and Chevalier, C. (2013). Concentrated leak erosion. In "Erosion of Geomaterials", Bonelli S. (Ed), Wiley/ISTE, 30pp.

Benahmed, N., Bonelli, S. and Chevalier, C. (2012). Erosion par écoulement localisé dans un conduit. In Traité MIM Risques Naturels "Erosion dans les géomatériaux", Bonelli S. (Ed), Hermes-Lavoisier, 35 p.

Benahmed, N. and Bonelli, S. (2012a). Investigating concentrated leak erosion behavior of cohesive soils by performing Hole Erosion Test. European Journal of Environmental and Civil Engineering, Vol. 16, n° 1, pp. 43–58.

Benahmed, N. and Bonelli, S. (2012b). Internal erosion of cohesive soils: laboratory parametric study. 6th International Conference on Scour and Erosion (ICSE), Paris, France, August 28–30, 2012.

Benahmed, N. and Bonelli, S. (2007). Etude expérimentale de l'érosion interne d'une kaolinite, XXV Rencontres Universitaires de Génie Civil, Bordeaux, 23–25 mai 2007.

Benamar, A. and Bennabi, A. (2014). Assessment of suffusion susceptibility of soils from a British dam. In *Scour and Erosion – Cheng, Draper & An (eds)* Proceedings of the 7th International Conference on Scour and Erosion, University of Western Australia, Perth, 2–4 December, Taylor & Francis, 189–196.

Benamar A., Karoui T., Bennabi A., Wang H. Q., Alem A. and Ahfir N-D (2012): Influence of fine particles on internal erosion of sand-clay mixtures. *Proc ICSE-6 (6th International Conference on Scour and Erosion), Paris, August 27–31, Société Hydrotechnique de France,* Paper 164, 1097–1104.

Bendahmane, F., Marot, D., Rosquoët, F. and Alexis. A. (2008). Experimental parametric study of suffusion and backward erosion. *International Journal of Geotechnical and Geoenvironmental Engineering*, 134(1):57–67.

Beyer, W. (1964). Zur Bestimmung der Wasserdurchlassigkeit von Kiesen und Sanden aus der Kornverteilungs-kurve. *Wasserwirtschaft, Wassertechnik* 14.6. 165–168

Bezuijen, A. (2017) Influence of leakage length on initiation of backward erosion piping. *Proc. 25th EWG-IE, Delft*, 88–96

Bezuijen, A.; Akrami, S., van Beek, V., and Rosenbrand E. (2021). On the Mechanism of Backward Erosion Piping in a CSB. *Proceedings of the 10th International Conference on Scour and Erosion (ICSE-10)*, Arlington, Virginia, USA. 18–21 October, 2021. Rice, J., Liu, X., McIlroy, M., Sasanakul, I., and Xiao, M. (Eds). 182–191

Bezuijen A., Klein Breteler M., Bakker K.J. (1987). Design criteria for placed block revetments and granular filters. *Proceedings of the 2nd international conference on coastal & port engineering in developing countries*, Beijing, China.

Binnie, G.M. (1978). The collapse of the Dale Dyke dam in retrospect. Quarterly Journal of Engineering Geology and Hydrogeology, 11.4 305–324.

Binnie, G.M. (1981). *Early Victorian Water Engineers.* Thomas Telford, London.

Binnie, G.M. (1983). Postscript to 'The collapse of the Dale Dyke dam in retrospect'. *Quarterly Journal of Engineering Geology and Hydrogeology 1983, v.16; p357–358*

Bishop, A.W. (1948) A new sampling tool for use in cohesionless soils below ground water level. *Geotechnique* Vol 1, No 2, 125–131

Bjerrum, L., Nash, J.K.T.L., Kennard, R.M. and Gibson, R.E. (1972). Hydraulic fracture in field permeability testing. *Geotechnique 22, No.2*, 319–332.

Bligh, W. G. (1910) *Practical design of irrigation works*, Second edition, Constable, Edinburgh.

Boden, J.B. and Charles, J.A. (1984). The safety of old embankment dams in the United Kingdom-some geotechnical aspects. *The Municipal Engineer*, Volume 111, No 2, February, 46–60.

Boleve, A. (2013). Advances in leak detection. *Water Power and Dam Construction*, July 2013, 36–39.

Bonelli, S., Fell, R. and Benahmed, N. (2013). Concentrated leak erosion. In "*Experimental Approaches to Erosion in Geomechanics and its Application to Dams and Levees*", Bonelli S. (Ed), Wiley/ISTE, 70p, 2013.

Bonelli, S. and Benahmed, N. (2011). Piping flow erosion in water retaining structures. *International Journal on Hydropower and Dams*, Vol. 18, Issue 3, pp. 94–100.

Bonelli, S., Benahmed, N., Marot, D., Reiffsteck, P., Chevalier, C., Faure, Y.-H. and Benamar, A. (2009). Érosion Interne dans les Ouvrages Hydrauliques, Essais de laboratoire. *Projet ERINOH, Rapport final.*

Bonelli, S. and Brivois. O. (2008). The scaling law in the hole erosion test with a constant pressure drop. *Int. J. Numerical Methods in Engineering*, 1573–1595.

Bonelli, S, Olivier, B. and Damien, L. (2007). The scaling law of piping erosion. *Proceedings 18th Congres Français Mecanique, Grenoble.*

Brauns J. (1985). Erosionsverhalten geschichteten Bodens bei horizontaler Durchstromung, *Wasserwirtschaft*, Vol 75, p. 448–453.

Briaud, J.-L. (2008). Case histories in soil and rock erosion: Woodrow Wilson Bridge, Brazos River Meander, Normandy Cliffs and New Orleans Levees. *J Geotech Geoenviron Eng ASCE* 134(10):1425–1447.

Briaud, J.-L., Shafii, I., Chen, H.-C. and Medina-Cetina, Z. (2019). *Relationship between erodibility and properties of soils. NCHRP research report 915*, Washington, DC, The National Academies Press. doi.org/10.17226/25470.

Bridle R. (2022). The failure of Dale Dike Dam 1864 – a case of hydraulic fracture. *Abstract EWG-1 for 28th Annual Meeting of the ICOLD European Internal Erosion Working Group*, Sheffield University, 18–22 July, Bowman E (editor), from: https://internalerosion.sites.sheffield.ac.uk/.

Bridle R. (2021). Applying internal erosion mechanics to improve internal erosion risk assessments. *Proceedings of the 10th International Conference on Scour and Erosion (ICSE-10)*, Arlington, Virginia, USA. 18–21 October, 2021. Rice, J., Liu, X., McIlroy, M., Sasanakul, I., and Xiao, M. (Eds), 1337–1346.

Bridle R (2019a). ICOLD Bulletin 164 on internal erosion – how to estimate the loads causing internal erosion failures in earth dams and levees. In ICOLD Symposium, Ottawa, on *Sustainable and Safe Dams Around the World – Tournier, Bennett & Bibeau (Eds)* © 2019 Canadian Dam Association, ISBN 978-0-367–33422 Paper 074 pp 878–892

Bridle R. (2019b). Applying old and new knowledge to explain internal erosion events. Paper EWG-1, *Book of Abstracts, 27th EWGIE*, UBC Vancouver, June 18–21, below.

Bridle R. (2019c). Overview of internal erosion mechanics. *ICOLD Workshop on Internal Erosion*, ICOLD (2019) below.

Bridle R (2018). Estimating the risk to dams from earthquakes, floods and internal erosion. *Trans. 26th ICOLD Congress, Vienna,* Q101, R3, 33–43, International Commission on Large Dams, Paris.

Bridle R (2016). Research to improve the applicability of ICOLD Bulletin 164 on internal erosion. Proc ICSE-8 (8th International Conference on Scour and Erosion) Oxford, September 12–15, John Harris, Richard Whitehouse and Sarah Moxon (Eds) Taylor & Francis Group, London, ISBN 978-1-02979-8 Abstract p132, 583–592.

Bridle, R. (2014a). Internal erosion, environmental challenges and dam safety. *ICOLD International Symposium on Dams and Global Environmental Challenges, Bali*, June, VI 216–226.

Bridle, R. (2014b). Some findings from the ICOLD Bulletin on internal erosion in existing dams. *32nd USSD Annual Meeting and Conference, San Francisco*, April 7–10, 363–377

Bridle, R. (2008). Assessing the vulnerability of a typical British embankment dam to internal erosion. *Ensuring reservoir safety into the future. 15th Conference British Dam Society.* Edited by Henry Hewlett. Thomas Telford London 13–28.

Bridle, R. and Messerklinger, S. (2015). Applications of the ICOLD Bulletin on internal erosion in geotechnical engineering. *Proceedings of the XVI ECSMGE, Edinburgh Geotechnical Engineering for Infrastructure and Development* ISBN 978-0-7277-6067-8 doi:10.1680/ecsmge.60678 297, 1971–1976.

Bridle, R., Fell, R. and Fry, J-J. (2013). The ICOLD Bulletin on Internal Erosion in Existing Dams. *Changing times: infrastructure development to infrastructure management.* Proceedings ICOLD 2013 International Symposium, Seattle, 14 August, 437–446.

Bridle, R., Delgado, F. and Huber, N. (2007). Internal erosion: continuation and filtration: current approaches illustrated by a case history. *Assessment of the Risk of Internal Erosion of Water Retaining Structures: Dams, Dykes and Levees. Intermediate Report of the Working Group of ICOLD* Deutsches Talsperren Komitee, Technical University of Munich, Nr.114 ISBN 1437–3513, ISBN 978-3-9404476-04-3 70–84

Bridle, R. and Vaughan, P.R. (2005). The perfect filter approach in reducing uncertainty in the safety evaluation of internal erosion of embankment dams. *ICOLD Symposium on reducing uncertainty in risk evaluation in dams, Tehran, Iran, Paper 065-S5.*

Bruce, D. (2013). A review of specialty geotechnical construction techniques for American dams and levees. *Changing times: infrastructure development to infrastructure management.* Proceedings ICOLD 2013 International Symposium, Seattle, 14 August, 503–513.

Burenkova, V.V. (1993). Assessment of suffusion in non-cohesive and graded soils. Proceedings, the First International Conference "Geo-Filters", Karlsruhe, Germany, 20–22 October 1992, Filters in Geotechnical and Hydraulic Engineering, Brauns, Heibaum & Schuler (eds), Balkema, Rotterdam, 357–360.

Catanach, R.B., Hall, R.B., James, R.L., O'Neill, A.L. and Von Thun, J.L. (1991). Quail creek dike failure, failure mechanisms, redesign and construction. *ICOLD. Seventeenth Congress on Large Dams, Vienna, 1991,* Q.66 – R.58. pp.1063–1085.

Chai, J.C., Agung, P.M.A., Hino, T., Igaya, Y. and Carter, J.P. (2011). Estimating hydraulic conductivity from piezocone soundings. *Geotechnique*, Vol 61, No 8 699–708 [**doi:** 10.1680/geot.10.P.009]

Chang, D.S., Zhang, L. and Xu, T.H. (2012) Laboratory investigation of initiation and development of internal erosion in soils under complex stress states. *Proc ICSE-6 (6th International Conference on Scour and Erosion) Paris, August 27–31, Société Hydrotechnique de France, Paris, Paper 58, 895–902.*

Charles, J.A. (1998) Geoffrey Binnie Lecture: Lives of embankment dams: construction to old age. *Tenth British Dam Society Conference, Bangor*, pp 99–131.

Charles, J.A., Tedd, P., Hughes, A.K. and Lovenbury, H.T. (1996). *Investigating embankment dams, a guide to the identification and repair of defects.* Building Research Establishment Report, BR 303, ISBN 1 86081 069 1, Construction Research Communications Ltd.

Chevalier, C., Haghighi, I., Pham, T.L. and Reiffsteck, P. (2010). Two complementary tests for characterizing the soil erosion, *5th International Conference on Scour and Erosion*, San-Francisco, 2010.

Chowdhury, K., Harder, L., Green, R., Weil, M., Morley, D., Hughes, M., Walberg, F. and Inamine, M. (2014) Geotechnical challenges and design approach for the Feather River West levee in California. *Dams and Extreme Events – Reducing Risk of Aging Infrastructure under Extreme Loading Conditions*, 34th Annual USSD Conference, San Francisco, California, April 7–11, 2014, 1079–1101.

Clayton, C.R.I., Matthews, M.C. and Simons, N.E. (1995) Site Investigation. Blackwell Scientific, Oxford. From (free) http://www.geotechnique.info/

Correia dos Santos, R. 2014. Experimental investigation on limitation of the progression of internal erosion in zoned dams. PhD thesis, Instituto Superior Técnico, Universidade de Lisboa (IST-UL), Lisbon, Portugal.

Correia dos Santos, R., Caldeira, L., and Maranha das Neves, E. 2014. Laboratory test for evaluating limitation of flows during internal erosion in zoned dams. Geotechnical Testing Journal, 37(3): 463–476.

Correia dos Santos, R., Caldeira, L., and Maranha das Neves, E. 2015a. Experimental study on crack filling by upstream fills in dams. Géotechnique, 65(3): 218–230.

Correia dos Santos, R., Caldeira, L., and Maranha das Neves, E. 2015b. Laboratory test for evaluating crack filling during internal erosion in zoned dams. Geotechnical Testing Journal, 38(6): 915–928.

Correia dos Santos, R., Caldeira, L., and Maranha das Neves, E. 2015c. Laboratory Tests for Evaluation of the Actions Limiting the Progression of Internal Erosion in Zoned Dams. In 25th Congress of Large Dams. International Commission on Large Dams (ICOLD), Stavanger, Norway, p. 20.

Cunat, P. (2012). Détection et évaluation des fuites à travers les ouvrages hydrauliques en remblai, par analyse des températures réparties, mesurées par fibre optique. PhD Thesis, Université de Grenoble, 243pp.

Cunat, P., Beck, Y.L., Fry, J-J., Courivaud, J.R., Fabre, J.P., Faure, Y.H. and Radzicki, K. (2009). Leakage detection based on temperature measurement with fiber optic: methods and results. *HYDRO2009 Conference*, 6pp., Lyon, France.

Dale Dike photos (1864) © www.sheffield.gov.uk/archives

Daly, E. R., Fox, G. A., Miller, R. B., & Al-Madhhachi, A.-S. T. (2013). A scour depth approach for deriving erodibility parameters from jet erosion tests. *Trans. ASABE, 56*(6), 1343–351. https://doi.org/10.13031/trans.56.10350

Delgado-Ramos, F. and Locke, M. (2000). Design of Granular Filters: Guidelines and recommendations for laboratory testing filters and drainage, in *Geotechnical and Environmental Engineering, Geofilters, W. Wolski and J. Mlynarek, Eds., A. A. Balkema, Warsaw, Poland*, pp. 115–122.

Delgado-Ramos, F., Poyatos, J. M., and Osorio, F. (2012). Internal erosion of clayey soils protected by granular filters. *La Houille Blanche*, (4–5), 42–47.

de Graauw A., van der Meulen T. and van der Does de Bye M. (1983). Design criteria for granular filters, *Publication no. 287, Delft Hydraulics Laboratory,* Emmerloord.

Deltares, DHV, HKV, MLD, PusAir, Royal Haskoning, Witteveen & Bos (2009): Field inspection and investigation, situ-situ safety inspection (S31). Report for Government of Indonesia (V&W, RNE, PfW, PU), July, Deltares, 150pp.

Detmer, D.M. (1995). Permeability, porosity, and grain-size distribution of selected Pliocene and Quaternary sediments in the Albuquerque Basin. *New Mexico Geology*, November, 79–87.

Donnelly, C.R., Rigbey, S.J., Rigby, G. and Clark, Colin (2007). The design and construction of the Shikwamkwa replacement dam. *Canadian Dam Association Annual Conference, St John's, NL, Canada*, September 22–27.

Donnelly, C.R., Rigbey, S.J., Walsh, H., Clarida, B. and Erzinclioglu, A.Z. (2000). A phased approach to the rehabilitation of an aging northern dam. *Hydrovision-New Realities, New Responses. Charlotte, North Carolina*, Paper 8a, August 8–11.

Dornstadter, J. (1997). Detection of internal erosion in embankment dams. *Nineteenth International Congress on Large Dams, Florence. Q73, R7* Vol II, 87–101. International Commission on Large Dams, Paris.

Dornstadter, J. and Heinemann, B. (2012) Temperature as tracer for in-situ detection of internal erosion. Proc ICSE-6 (6th International Conference on Scour and Erosion) Paris, August 27–31, Société Hydrotechnique de France, Paris, Paper 214, 1369–1375.

Dounias, G. T., Potts, D. M. and Vaughan, P. R. (1996). Analysis of progressive failure and cracking in old British dams. *Geotechnique 46, No. 4, 621–640*

Dunnicliff J. (1988). Geotechnical instrumentation for monitoring field performance. John Wiley and Sons, New York.

Elsworth, D. and Lee, D.S. (2005). Permeability determination from on-the-fly piezocone soundings. *J. Geotech. Geoenviron. Engng* **131**, No. 5, 643–653.

Elsworth, D. and Lee, D.S. (2007). Limits in determining permeability from on-the-fly uCPT sounding. *Geotechnique*, **57**, No 8 679–685 [**doi:** 10.1680/geot.57.8.679]

Engemoen, W.O. (2011). Bureau of Reclamation experiences with internal erosion incidents. Proc. of Workshop on Internal Erosion in embankment dams and their foundations, Brno, Czech Republic, April 2011. Institute of Water Structures, FCE, BUT, Brno, 11–18.

Engemoen, W. O. (2012a). *Personal Communication*

Engemoen, W. O. (2012b) Methods to mitigate internal erosion risks in embankment dams. Proc ICSE-6 (6th International Conference on Scour and Erosion) Paris, August 27–31, Societe Hydrotechnique de France, Paris, Paper 77, 1567–1575.

Engemoen, W. O. (2012c) Determining when to remediate an embankment for potential internal erosion concerns. Proc ICSE-6 (6th International Conference on Scour and Erosion) Paris, August 27–31, Societe Hydrotechnique de France, Paris, Paper 78, 1481–1488.

Engemoen, W.O. and Redlinger, C.G. (2009). Internal erosion incidents, Bureau of Reclamation Dams, *Proc. USSD Annual Conference, Nashville Tennessee.*

Environment Agency (2011). Lessons from historical dam incidents. Project: SC080046/R1. https://publications.environment-agency.gov.uk/skeleton/publications/

EWGIE27-UBC (2019). *Book of Abstracts –27th Internal Erosion Working Group Meeting, UBC, J Fannin (Ed), Vancouver, 18–21 June 1–4.* From: https://internalerosion.civil.ubc.ca/ewg-2019-meeting/

Fannin, J. (2010) Internal stability: geo-hydro-mechanics framework. *Presentation to ICOLD European Working Group on Internal Erosion*, Granada, Spain, 13 April 2010.

Fargier, Y., Durand, E., Rousselet, R. (2013). The Permeafor, an assessment tool for earthen hydraulic structures and their foundation. *Colloque CFBR: Modernisation des barrages, 4–5 Décember 2013*

Fargier, Y., Palma-Lopes, S., Francois, D., Fauchard, C., Joubert, A. and Cote, P. (2012). Robustness of the 2D DC-Resistivity imaging method applied to dike investigation: common practice, limitations and recent developments. *Proc ICSE-6 (6th International Conference on Scour and Erosion) Paris, August 27–31, Société Hydrotechnique de France, Paris, Paper 294, 1385–1392.*

Fell, R., Foster, M., Davidson, R., Cyganiewicz, J., Sills, G. and Vroman, N. (2008). *A Unified Method for Estimating Probabilities of Failure of Embankment Dams by Internal Erosion and Piping.* UNICIV Report R 446, The School of Civil and Environmental Engineering, University of New South Wales, Sydney, Australia 2052.ISBN:85841 413 9

Fell, R., MacGregor, P., Stapledon, D. and Bell, G. (2005) *Geotechnical Engineering of Dams.* Balkema, Leiden ISBN 04 1536 440 x

FEMA, (2013). *Filters for Embankment Dams - Best Practices for Design and Construction.* Go to: http://www.fema.gov/media-library/assets/documents/23795?id=4943

FEMA, (2007). Technical Manual: Plastic Pipe Used in Embankment Dams: Best Practices for Design, Construction, Problem Identification and Evaluation, Inspection, Maintenance, Renovation, and Repair. Go to: http://www.fema.gov/media-library/assets/documents /14054?id=3356

FEMA, (2005). *Technical Manual: Conduits through Embankment Dams.* Go to: http://www.fema.gov/media-library/assets/documents/3875?id=1827

Foster, M. A. (2007). Application of no, excessive and continuing erosion criteria to existing dams. In *Internal Erosion of Dams and their Foundations,* Editors R Fell and J-J Fry, Taylor and Francis, 103–114.

Foster, M.A. (1999). The probability of failure of embankment dams by internal erosion and piping. *PhD thesis*, School of Civil and Environmental Engineering, The University of New South Wales.

Foster, M. and Fell, R. (2001). Assessing embankment dams filters which do not satisfy design criteria. *J. Geotechnical and Geoenvironmental Engineering, ASCE*, Vol.127, No.4, May 2001, 398–407.

Foster, M.A. and Fell, R. (1999a). *Assessing Embankment Dam Filters which do not Satisfy Design Criteria.* UNICIV Report No. R376. School of Civil and Environmental Engineering. The University of New South Wales. ISBN 85841 343 4.

Foster, M.A. and Fell, R. (1999b). *A Framework for Estimating the Probability of Failure of Embankment Dams by Piping Using Event Tree Methods.* UNICIV Report No. R377. School of Civil and Environmental Engineering, The University of New South Wales. ISBN 85841 343 4.

Foster, M., Fell, R. and Spannagle, M. (2000(a)). The statistics of embankment dam failures and accidents, *Canadian Geotechnical Journal*, Vol.37, No.5, National Research Council Canada, Ottawa, 1000–1024, ISSN: 0008–3674.

Foster, M., Fell, R. and Spannagle, M. (2000(b)). A method for assessing the relative likelihood of failure of embankment dams by piping. *Canadian Geotechnical Journal*, Vol.37, No.5, National Research Council Canada, Ottawa, pp.1025–1062, ISSN: 0008–3674.

Foster, M., Spannagle, M. and Fell, R. (1998). Report on the analysis of embankment dam incidents. *UNICIV Report No.R374, School of Civil and Environmental Engineering*, University of New South Wales ISBN: 85841 349 3; ISSN 0077–880X.

Förster, U., Koelewijn, A.R., Rosenbrand, E., Van Beek, V.M., Voogt, L., Bezuijen, A. and Akrami, S. (2019). A coarse sand barrier as an alternative preventive measure against backward erosion piping. *Proc. 17th European Conference on Soil Mechanics and Geotechnical Engineering,* Reykjavik, 8 pp.

Förster, U., Bezuijen, A. and van den Berg, S.G. (2015). Vertically inserted geotextile for strengthening levees against internal erosion. *Proceedings of the XVI ECSMGE, Edinburgh Geotechnical Engineering for Infrastructure and Development* ISBN 978-0-7277-6067-8 doi:10.1680/ecsmge.60678-301, 1995–2000.

Fox, Garey A., Lucie Guertault, Celso Castro-Bolinaga, Peter Allen, Kari A. Bigham, Stephane Bonelli, Sherry Lynn Hunt, Kayla Kassa, Eddy J. Langendoen, Erin Porter, Iman Shafii, Tony Wahl, Tess Wynn Thompson (2022). Perspective: Lessons learned, challenges, and opportunities in quantifying cohesive soil erodibility with the Jet Erosion Test (JET). *American Society of Agricultural and Biological Engineers Vol. 65(2): 197–207 2022* ISSN 2769–3295 https://doi.org/10.13031/ja.14714

Fry, J-J. (2015). ERINOH Benchmark with Teton Failure DRAFT. *Personal Communication.*

Fry, J-J (2007). Current practice and new view on granular filter. Intermediate Report of the European Working Group of ICOLD. Freising, Germany, 60–69.

Fry, J-J. (2004). Détection de fuite sur les digues par acquisition de profils de température le long d'une fibre optique. *Sécurité des digues fluviales et de navigation, Actes de colloque du CFGB*, Orléans, France (in French).

Fry, J-J., Blais, J-P., Perzlmaier, S., Aufleger, M. and Goltz, M. (2007). Introduction to the detection of internal erosion. Assessment of the Risk of Internal Erosion of Water Retaining Structures: Dams, Dykes and Levees. Intermediate Report of the Working Group of ICOLD Deutsches Talsperren Komitee, Technical University of Munich, Nr.114 ISBN 1437–3513, ISBN 978-3-9404476-04-3 132–143.

Fry, J-J., Courivaud, J-R. and Laigle, F. (2010). Projet National ERINOH: Développement du renard: étude de l'effondrement. Report ERINOH 3°Tranche 2010 EDF PAREOT 0038.

Garner, S.J. and Fannin, R.J. (2010). Understanding internal erosion: a decade of research following a sinkhole event, *International Journal on Hydropower and Dams*, 17(3), 93–98.

Garner, S. J. and Vazinkhoo, S. (2007). Analysis of conventional monitoring and cross-hole seismic data for detection of internal erosion in an earthfill dam. *Assessment of the Risk of Internal Erosion of Water Retaining Structures: Dams, Dykes and Levees. Intermediate Report of the Working Group of ICOLD* Deutsches Talsperren Komitee, Technical University of Munich, Nr.114 ISBN 1437–3513, ISBN 978-3-9404476-04-3 154–166.

Garner, S.J., Warner, J., Jefferies, M.G. and Morrison, N.A. (2000). A Controlled Approach to Deep Compaction Grouting at WAC Bennett Dam. *Proceedings of the 53rd Canadian Geotechnical Conference,* Specialty Session on the WAC Bennett Dam Sinkhole, Montreal, 77–85.

Gelet, R., Kodieh A., Marot D. and Nguyen N.-S. (2021). Analysis of volumetric internal erosion in cohesionless soils: model, experiments and simulations. *International Journal for Numerical and Analytical Methods in Geomechanics.* http://dx.doi.org/10.1002/nag.3286

Gillon, M.D. (2007). Re-evaluation of internal erosion incidents at Matahina Dam, New Zealand. In *Internal erosion of dams and their foundations, Editors R Fell and J-J Fry,* Taylor Francis, 115–132

Graybeal, K. D. (1988). Seepage control at Mud Mountain dam. *Proc. ICOLD 16th Congress*, San Francisco, Q61, 539–555.

Guidoux C., Faure Y.-H., Beguin R. and Ho C.-C (2010). Contact erosion at the interface between granular filter and various base-soils with tangential flow. *Journal of Geotechnical and Geoenvironmental Engineering,* Vol 136(5), p. 655–775.

Haghighi, I., Chevalier, C., Duc, M., Guédon, S. and Reiffsteck, P. (2013). Improvement of Hole Erosion Test and Results on Reference Soils. *Journal of Geotechnical and Geoenvironmental Engineering* 139(2), 330–339

Hanson, G.J. and Cook, K.R. (2004). Apparatus test procedure and analytical methods to measure soil erodibility in-situ. *Applied Engineering in Agriculture*, 20(4), 455–462

Hanson, G.J. and Simon, A. (2001). Erodibility of cohesive streambeds in the loess area of the Midwestern, USA. *Hydrol Process* 15(1):23–38

Howard, T., Rudkin, C. and Irey, P. (2015). Large-scale filter performance tests. *Association of State Dam Safety Officials Conference 2015.*

Hughes, A. K. (2010). Modern technique for leakage detection at dams. *Managing dams: Challenges in a time of change. 16th Conference, British Dam Society.* Edited by Andrew Pepper. Thomas Telford London 121–133.

ICOLD (2019). ICOLD Internal Erosion Workshop, Ottawa, Friday, June 14. *Presentations from*: https://www.dropbox.com/sh/edmgxdgr2cjdd6y/AAC3MzUDpQD2l_XPPvOPv_u3a?dl=0

ICOLD (2017). Bulletin 164 Internal erosion of existing dams, levees and dikes, and their foundations. Volume 1 Internal erosion processes and engineering assessment. Go to: icold-cigb.org/bulletins

ICOLD Congress (2015). Question 98: Embankments and Tailings Dams: 'design and performance of interfaces between embankments and concrete structures'. To be published.

ICOLD (2016). Bulletin 164 Internal erosion of existing dams, levees and dikes, and their foundations, Volume 2: Case histories, investigations, testing, remediation and surveillance (latest preprint 6 May 2016). Go to: icold-cigb.org/bulletins.

ICOLD (2015). Bulletin 164 Internal erosion of existing dams, levees and dikes, and their foundations, Volume 1: Internal erosion processes and engineering assessment (preprint 19 February 2015). Go to: icold-cigb.org/bulletins.

ICOLD (2014). *Bulletin 158 Dam surveillance guide.* Go to: icold-cigb.org/bulletins

ICOLD (2014). *Bulletin 154 Dam safety management in operation.* Go to: icold-cigb.org/bulletins

ICOLD (2013). Bulletin 157 Small dams design, surveillance and rehabilitation. Go to: icold-cigb.org/bulletins

ICOLD (2010). *Bulletin 150 Cut-offs for dams.* Go to: icold-cigb.org/bulletins

ICOLD (2010). Bulletin 135 Geomembrane sealing systems for dams: design principles and review of experience. Go to: icold-cigb.org/bulletins

ICOLD (2009). Bulletin 138 Surveillance basic elements in a dam safety process. Go to: icold-cigb.org/bulletins

ICOLD (2000). *Bulletin 118 Automated dam monitoring systems.* Go to: icold-cigb.org/bulletins

ICOLD (1994). Bulletin 95 Embankment dams granular filters and drains. Go to: icold-cigb.org/bulletins

ICOLD (1974). *Lessons from Dam Incidents.* International Commission on Large Dams, Paris.

Independent Review Panel (1976). Report to the US Department of the Interior and the State of Idaho on the failure of Teton Dam by Independent Panel to review cause of Teton Dam Failure, Idaho Falls, Idaho, December 1976, 632pp

Independent Review Panel (1980). Report to the US Department of the Interior and the State of Idaho on the failure of Teton Dam by Independent Panel to review cause of Teton Dam Failure, Final Report. US Government Printing Office, Washington, DC

ISO 22282 (2012) Geotechnical investigation and testing. Geohydraulic testing. Parts 1–6. Go to: http://www.iso.org/iso/catalogue_ics

Jairaj, V. and Wesley, L.D. (1995). Construction of a chimney drain using bio-polymer slurry at Hays Creek dam. *International Water Power and Dam Construction*, February, 30–33.

Johansson, S. (2007). Detection of internal erosion in embankment dams using temperature, resistivity and SP measurements. In *Internal Erosion of Dams and their Foundations,* Editors R Fell and J-J Fry, Taylor and Francis, 133–149.

Johansson, S. (2006). Fiber-optics to detect seepage and internal erosion in embankment dams. *International Hydropower and Dams,* Issue 5, 2006, 94–96.

Johansson, S. (1997). Seepage monitoring in earth embankment dams. *Doctoral Thesis, TRITA-AMI PhD 1014, ISBN 91–7170–792-1*, Royal Institute of Technology, Stockholm.

Johansson, S. (1991). Localization and quantification of water leakage in ageing embankment dams by regular temperature measurements, *17th ICOLD Congress on Large Dams*, Q65, R54, Vienna, ICOLD Paris.

Johansson, S., Sjodahl, P. and Burstedt, J. (2015). Seepage monitoring system based on fiber-optic distributed temperature sensing at the tailings dams at Hötjärn, Sweden. *25th ICOLD Congress on Large Dams,* Q97 R37, Stavanger, ICOLD Paris.

Johansson, S. and Sjodahl, P. (2007). Seepage measurements and internal erosion detection using the Passive Temperature Method. *Assessment of the Risk of Internal Erosion of Water Retaining Structures: Dams, Dykes and Levees. Intermediate Report of the Working Group of ICOLD* Deutsches Talsperren Komitee, Technical University of Munich, Nr.114 ISBN 1437–3513, ISBN 978-3-9404476-04-3 186–192.

Kappelmeyer, O. (1957). The use of near surface temperature measurements for discovering anomalies due to causes at depth. *Geophysical Prospecting*, The Hague, Vol. 3, 239–258.

Karamigolbaghi, M., Ghaneeizad, S. M., Atkinson, J. F., Bennett, S.J., & Wells, R. R. (2017). Critical assessment of jet erosion test methodologies for cohesive soil and sediment. *Geomorphology,295*, 529–536. https://doi.org/10.1016/j.geomorph.2017.08.005

Kenney, T.C. and Lau, D. (1985). Internal stability of granular filters. *Canadian Geotech. J.*, Vol. 22, 215–225.

Kenney, T.C. and Lau, D. (1986). Closure to: internal stability of granular filters. *Canadian Geotech. J.*, Vol. 23, 420–423.

Khan, A. A., Vrabie, V., Beck, Y-L., Mars, J. I. and D'Urso, G. (2014). Monitoring and early detection of internal erosion: Distributed sensing and processing. *Structural Health Monitoring*, September 2014, Vol. 13, No. 5, 562–576.

Kjaernsli, B. and Torblaa, I. (1968). Leakage through horizontal cracks in the core of Hyttejuvet Dam. *Norwegian Geotechnical Institute, Publication No 80.*

Kjellberg, R., Norstedt, U. and Fagerstrom, H. (1985). Leakage in and reconstruction of the Juktan earth and rock fill dams. *Proc. 15th ICOLD Congress*, Lausanne, Q59, R35, 553–573.

Kleiner, D.E. (2016). Historical Perspectives—Dams, Hydro, and Multi-purpose Projects. *Proc. USSD Annual Conference, Denver, Colorado, April.*

Kodieh, A., Gelet, R., Marot D. and Fino, A. (2020). A study of suffusion kinetics inspired from experimental data: comparison of three different approaches. *Acta Geotechnica.* DOI: 10.1007/s11440-020-01016-5

Koelewijn, A., Van Beek, V., Förster, U. and Bezuijen, A. (2017). The development of a coarse sand barrier as an effective measure against piping underneath dikes. *Proc. 19th International Conference on Soil Mechanics and Geotechnical Engineering,* Seoul, 1295–1298.

Koelewijn, A., van Beek, V.M. and Förster, U. (2013) Tests on backward erosion measures on various scales. Presentation at *ICOLD European Working Group on Internal Erosion Meeting*, Vienna, 18–20 June

Kooed, V. O., Montgomery, J. and Gardiner, K. D. (2006). Identifying leakage paths in earthen embankments. *Improvements in reservoir construction, operation and maintenance. 14th Conference, British Dam Society.* Edited by Henry Hewlett. Thomas Telford London 119–128.

Kofoed V. O., Gardiner, K. D. and George, A. A. (2008). Locating the leakage route at Torside Reservoir using the Willowstick AquaTrack system. *Ensuring reservoir safety into the future. 15th Conference, British Dam Society.* Edited by Henry Hewlett. Thomas Telford London 1–12.

Lavelle, J. W. and Mofjeld, H. O. (1987). Do critical stresses for incipient motion and erosion really exist? *Journal of Hydraulic Engineering*, Vol. 113(3), p. 370–385.

Le, V.T., Marot D., Rochim A., Bendahmane F. and Nguyen, H.H. (2018). Suffusion susceptibility investigation by energy-based method and statistical analysis. *Canadian Geotechnical Journal*, 55(1), pp 57–68, https://doi.org/10.1139/cgj-2017-0024

Lefebvre, G., Karol, R. and Douville, S. (1985). Erosivity of natural intact structured clay: Evaluation. *Can. Geotech. J.* 22, pp. 508–517.

Leonards, G.A. and Narain, J. (1963). Flexibility of clay and cracking of earth dams. *ASCE Journal Soil Mechanics and Foundation Division*, Proceedings 3460, March, 47–98

Li, M. (2008). *Seepage-induced failure of widely-graded cohesionless soils.* Ph.D. thesis, Dept. of Civil Engineering, The University of British Columbia, Vancouver, B.C., Canada, 303p

Little, A. L. (1977). Investigating old dams. Quarterly Journal of Engineering Geology, 10(3), 271–280.

Loke, M.H., Acworth, I. and Dahlin, T. (2003). A comparison of smooth and blocky inversion methods in 2D electrical imaging surveys. *Exploration Geophysics*, 34, 182–187.

Mallet, T. (2019). Quantitative Risk Assessment for flood protection embankments using ICOLD Bulletin 164: the Symadrem experience. *ICOLD Workshop on Internal Erosion*, ICOLD (2019) above.

Mallet, T. and Fry, J-J. (2016). Probability of failure of an embankment by backward erosion using the formulas of Sellmeijer and Hoffmans. *Proceedings, ICOLD Symposium on Appropriate Technology, Johannesburg, May, USB*, p 2b-149–158.

Mallet, T., Outalmit, K. and Fry, J-J. (2014) Probability of failure of an embankment by internal erosion using the Hole Erosion Test. Proceedings of the Symposium on Dams in Global Environmental Challenges, ICOLD Annual Meeting, Bali, VI 278-VI 287

Maranha das Neves, E. 1987. Discussion Report: Ground Water Effects in Geotechnical Engineering. *In 9th European Conference on Soil Mechanics and Foundation Engineering.* Balkema, Dublin, pp. 1–9.

Maranha das Neves, E. 1989. Analysis of crack erosion in dam cores: the crack erosion test. *In De Mello Volume - a tribute to Prof. Dr. Victor F.B. de Mello.* Editora Edgard Blucher Ltda, São Paulo, Brazil. pp. 284–298.

Maranha das Neves, E. 1991. Comportamento de barragens de terra-enrocamento (in Portuguese). *PhD, Universidade Nova de Lisboa - Faculdade de Ciências e Tecnologia (UNL - FCT)*, Lisboa, Portugal.

Marchi, M., García Martínez M. F., Gottardi G. and Tonni L. (2021). Field measurements on a large natural sand boil along the River Po, Italy. *Quarterly Journal of Engineering Geology and Hydrogeology* Vol. 54 2021 qjegh 2020 097 https://doi.org/10.1144/qjegh2020-097 |

Marot, D., Tran, D.M., Bendahmane, F. and Le, V.T. (2020). Multi-directional flow apparatus for assessing soil internal erosion susceptibility. *Geotechnical Testing Journal*, 43(6), pp 1481–1498, doi:10.1520/GTJ20190254

Marot, D., Rochim, A., Nguyen, H.H., Bendahmane, F. and Sibille, L. (2016). Assessing the susceptibility of gap graded soils to internal erosion: proposition of a new experimental methodology. *Natural Hazards*, Volume 83, Issue 1, pp 365–388. DOI 10.1007/s11069-016-2319-8

Marot, D., Nguyen, H.H., Bendahmane, F., Amiri, O. and Bonnet, S. (2014a). Characterization of interface erosion sensibility on compacted cohesive soils. In *Scour and Erosion – Cheng, Draper & An (eds)* Proceedings of the 7th International Conference on Scour and Erosion, University of Western Australia, Perth, 2–4 December, Taylor & Francis, 225–232.

Marot, D., Rochim, A., Nguyen, H.H., Bendahmane, F. and Sibille, L. (2014b). Systematic methodology for characterisation of suffusion sensibility. In *Scour and Erosion – Cheng, Draper & An (eds)* Proceedings of the 7th International Conference on Scour and Erosion, University of Western Australia, Perth, 2–4 December, Taylor & Francis, 213–223.

Marot, D., Bendahmane, F. and Konrad, J.M. (2011a). Multichannel optical sensor to quantify particle stability under seepage flow. *Canadian Geotechnical Journal* 48: 1772–1787.

Marot D., Regazzoni P.L. and Wahl, T. (2011b). Energy based method for providing soil surface erodibility rankings. *Journal of Geotechnical and Geoenvironmental Engineering (ASCE)*, Vol. 137 N°12, pp. 1290–1294.

Marsal, R.J. and Pohlenz, W. (1972). The failure of Laguna Dam. *Performance of Earth and Earth-Supported Structures,* ASCE, Vol. 1, pp. *489–505.*

Matthews, J., Foster, M. and Phillips, M. (2006). Pykes Creek dam: a staged risk based approach to remedial works. *ANCOLD Conference*, 1–14.

Mejia, L. (2013). Field tests of filter materials for seismic retrofit of Matahina Dam. *Proceedings ICOLD international Symposium, Seattle*, pp 1989–2002.

Mercier F. (2013) Numerical modelling of erosion of a cohesive soil by a turbulent flow. Thesis of University of Aix-Marseille. Defended publicly on 11 June 2013. https://theses.hal.science/tel-00978589.

Mercier, F., Bonelli, S., Phillipe, P., Golay, F., Anselment, F. Pinettes, P. and Fry, J-J. (2014a) On the numerical modelling of the Hole Erosion Test. In *Scour and Erosion – Cheng, Draper & An (eds)* Proceedings of the 7th International Conference on Scour and Erosion, University of Western Australia, Perth, 2–4 December, Taylor & Francis, 309–316.

Mercier, F., Bonelli, S., Phillipe, P., Pinettes, P., Golay, F., Anselment, F. and Fry, J-J. (2014b). Results of Jet Erosion Tests numerical modelling. In *Scour and Erosion – Cheng, Draper & An (eds)* Proceedings of the 7th International Conference on Scour and Erosion, University of Western Australia, Perth, 2–4 December, Taylor & Francis, 301–308.

Messerklinger, S. (2014). Formation mechanism of large subsidence sinkholes in the Lar valley in Iran. *Quarterly Journal of Eng. Geology and Hydrogeology (QJEGH)* **47,** 237–250.

Milligan, V. (2003). Some uncertainties in embankment dam engineering. ASCE Journal of Geotechnical and Geoenvironmental Engineering, 129(9), 785–797.

Mulyantari, Fransisca (2012): Risk of small dams in Jabodetabek. ICOLD Kyoto Q93 R16 pp247–259. International Commission on Large Dams, Paris.

Nieuwenhuis, J.W., Van der Meer, M., Bakkenist, S., Pluijmers, Y., Clemens, R., Zomer, W. (2016). *LiveDijk XL Noorderzijlvest: State of the Art 2015.* Stichting Flood Control IJkdijk, Groningen, 74 pp.

Nilsson, A. (2007a). The susceptibility of internal erosion in the Suorva dam. In *Internal Erosion of Dams and their Foundations,* Editors R Fell and J-J Fry, Taylor and Francis, 167–172.

Nilsson, A. (2007b). Filters and internal erosion in Swedish dams. In *Internal Erosion of Dams and their Foundations,* Editors R Fell and J-J Fry, Taylor and Francis, 173–178.

Nilsson, A., Ekstrom, I. and Soder, C. (1999). Sinkholes in Swedish embankment dams. Stockholm, Sweden: *Elforsk, Report* 99:34.

O'Leary, Timothy M. (2022) Personal communication.

Özer, I.E., Van Leijen, F.J., Jonkman, S.N. and Hanssen, R.F. (2019). Applicability of satellite radar imaging to monitor the conditions of levees. *Journal of Flood Risk Management,* vol. 12, No. S2, e12509.

Palma-Lopes, S., Fargier, Y., Francois, D., Fauchard, C., Jacqueline, D. and Cote, P. (2012). Improving DC-Electrical resistivity imaging techniques for water infiltration detection and monitoring in earth hydraulic structures. *Proc ICSE-6 (6th International Conference on Scour and Erosion) Paris, August 27–31, Société Hydrotechnique de France, Paris, Paper 293, 1377–1383.*

Paul, D. (2019). Remediation against internal erosion through foundations – selection and installation of cut-off walls. In *ICOLD (2019)* above.

Peck, R.B. (1995). Seepage and piping, case histories and causes of failures. Video Lecture, US Dept of the Interior, Federal Interagency Committee on Dam Safety.

Perzlmaier, S., Aufleger, M. and Dornstadter, J. (2007). Detection of internal erosion by means of the Active Temperature Method. *Assessment of the Risk of Internal Erosion of Water Retaining Structures: Dams, Dykes and Levees. Intermediate Report of the Working Group of ICOLD* Deutsches Talsperren Komitee, Technical University of Munich, Nr.114 ISBN 1437–3513, ISBN 978-3-9404476-04-3 193–207.

Philippe P., Beguin R. and Faure Y.-H. (2013) Chapter 2: Contact Erosion In *Erosion in Geomechanics Applied to Dams and Levees*, Bonelli S. and Nicot F. editors John Wiley & Sons, Inc.

Plotto, P., Bendahmane, F., Marot, D. and Leroy, P. (2018). System and process of soil erosion measurement. *European Patent 18209007.6, filed November 28, 2018, and issued May 29, 2019.*

Pokhrel, P. and Kuwano, J. (2021). Parallel flow contact erosion test between coarse sand and silty clay layer. *Proceedings of the 10th International Conference on Scour and Erosion (ICSE-10),* Arlington, Virginia, USA. 18–21 October, 2021. Rice, J., Liu, X., McIlroy, M., Sasanakul, I., and Xiao, M. (Eds), 40–49

Pol, J.C., Van Klaveren, W., Kanning, W., Van Beek, V.M., Robbins, B.A. and Jonkman, S.N. (2021). Progression rate of backward erosion piping: small scale experiments. *Proceedings of the 10th International Conference on Scour and Erosion (ICSE-10),* Arlington, Virginia, USA. 18–21 October, 2021. Rice, J., Liu, X., McIlroy, M., Sasanakul, I., and Xiao, M. (Eds), 93–102.

Radzicki, K., Golebiowski, T., Cwiklik, M. and Stolinski, M. (2021). A new levee control system based on geotechnical and geophysical surveys including active thermal sensing: a case study from Poland. *Engineering Geology,* Vol. 293 106316 ödoi.org/10.1016/ j.enggeo.2021.106316

Radzicki, K. (2009). Analyse retard des mesures de températures dans les digues avec application à la détection de fuites. *PhD rapport, AgroParisTech*, Paris, 175p

Radzicki K. and Bonelli S., (2012). Monitoring of the suffusion process development using thermal analysis performed with IRFTA model, *6th International Conference on Scour and Erosion*, Paris, France, 593–600.

Radzicki, K. and Bonelli, S. (2010a). A possibility to identify piping erosion in earth hydraulic works using thermal monitoring. *8th ICOLD European Club Symposium, Innsbruck, Austria*, 643–648.

Radzicki, K., and Bonelli, S. (2010b). Thermal seepage monitoring in the earth dams with impulse response function analysis model. *8th ICOLD European Club Symposium, Innsbruck, Austria*, 649–654.

Reddi, L. N., Lee, I., and Bonala, M. V. S. (2000). Comparison of internal and surface erosion using flow pump test on a sand-kaolinite mixture. *J. ASTM Geotech. Test.*, 23(1), 116–122.

Redlinger, C.G. (2013) Wister Dam – 1949 Partial Failure. Presentation at ICOLD European Working Group on Internal Erosion Meeting, Vienna, June.

Regazzoni, P.L. and Marot, D. (2013). A comparative analysis of interface erosion tests. *Natural Hazards* 67(2), 937–950.

Regazzoni, P.L. and Marot, D. (2011). Investigation of interface erosion rate by Jet Erosion Test and statistical analysis. *European Journal of Environmental and Civil Engineering*, 15(5), 1167–1185.

Rahimi, M., Gupta, D. and Shafieezadeh, A. (2021). Incorporating monitoring information from satellite radar imaging in levee internal erosion risk analysis. *Proc. 10th International Conference on Scour and Erosion, (ICSE-10)*, Arlington, Virginia, USA. 18–21 October, 2021. Rice, J., Liu, X., McIlroy, M., Sasanakul, I., and Xiao, M. (Eds), 1054–1062.

Reiffsteck, P. (2009). Campagne de validation du Perméafor, application aux graves du Rhin, *Rapport de recherche LCPC 11P061*.

Revil, A. and Boleve A. (2007). Self-potential as a detection method to evaluate fluid flow. Assessment of the Risk of Internal Erosion of Water Retaining Structures: Dams, Dykes and Levees. Intermediate Report of the Working Group of ICOLD Deutsches Talsperren Komitee, Technical University of Munich, Nr.114 ISBN 1437–3513, ISBN 978-3-9404476-04-3 167–179.

Rice, J., Van Beek, V. and Bezuijen, A. (2021). History and future of backward erosion research. Proceedings of the 10th International Conference on Scour and Erosion (ICSE-10), Arlington, Virginia, USA. 18–21 October, 2021. Rice, J., Liu, X., McIlroy, M., Sasanakul, I., and Xiao, M. (Eds), 1–24.

RIDAS (2008). Swedish dam safety guidelines. Swedenergy.

Rinehart, R. V. and Pabst, M. W. (2014). A New Test for Cementation Potential of Embankment Dam Granular Filter Material. *Geotechnical Testing Journal*, 37(3), 1–11.

Rinehart, R., Parekh, M., Rittgers, J., Mooney, M. and Revil, A. (2012) Preliminary implementation of geophysical techniques to monitor embankment dam filter cracking at the laboratory scale. *Proc ICSE-6 (6th International Conference on Scour and Erosion) Paris, August 27–31, Société Hydrotechnique de France, Paris, Paper 103, 1401–1408.*

Ripley, C. F. (1988). Comments on Q61- R29 and R55. *Proc. 16th ICOLD Congress*, San Francisco, Vol. V, 324–330

Robertson, P. K. (2009). Interpretation of cone penetration test: A unified approach. *Canadian Geotechnical Journal, 46(1), 1337–1355.*

Robbins, B. A., Stephens, I. K., van Beek, V., Koelewijn, A. R. and Bezuijen, A. (2020). Field measurements of sand boil hydraulics *Géotechnique*, 70, No. 2, 153–160 [https://doi.org/10.1680/jgeot.18.P.151]

Rochim, A., Marot, D., Sibille, L. and Le, V.T. (2017). Effect of hydraulic loading history on the characterization of suffusion susceptibility of cohesionless soils. *Journal of Geotechnical and Geoenvironmental Engineering (ASCE)*, 143(7). DOI 10.1061/(ASCE)GT.1943–5606.0001673

Rohan, K., Lefebvre, G., Douville, S., and Milette, J.-P. (1986). A new technique to evaluate erosivity of cohesive material. Geotechnical Testing Journal, 9, 87–92.

Rönnqvist, H. (2015). On the Assessment of Internal Erosion of Dam Cores of Glacial Till. *PhD Thesis,* 390pp, Department of Civil, Environmental and Natural Resources Engineering, Division of Mining and Geotechnical Engineering, *Luleå University of Technology, Luleå, Sweden, www.ltu.se.* ISSN 1402–1544 ISBN 978–91–7583-336-1 (print) ISBN 978–91–7583-337–8 (pdf).

Rönnqvist, H., Fannin, J. and Viklander, P. (2014). On the use of empirical methods for assessment of filters in embankment dams. *Geotechnique Letters* 4, 272–282, http://dx.doi.org/10.1680/geolett.14.00055

Rosenbrand, E., Van Beek, V. and Bezuijen, A. (2022). Numerical modelling of the resistance of the coarse sand barrier against backward erosion piping. *Géotechnique,* 72, No. 3, 216–226 [https://doi.org/10.1680/jgeot.19.P.358]

Scuero, A.S. and Vaschetti, G.L. (2012). Innovative geomembrane system at Vaité embankment dam. *ICOLD International Symposium on Dams for a Changing World, Kyoto*, June (Oral\4-2-4 icold_4_0054_201202271758p.pdf).

Seemel, R.N. and Colwell, C.N. (1976). Drainage provisions and leakage investigations of Churchill Falls dams and dikes. *Transactions, Vol II, XII ICOLD*, Mexico City, April.

Sellmeijer, J.B., Lopez De La Cruz, J., Van Beek, V. M. and Knoeff, J.G. (2012). Fine tuning of the backward erosion piping model through small scale, medium scale and IJkdijk experiments. Accepted for publication in *European Journal of Environmental and Civil Engineering.*

Sembenelli, P., Sembenelli, G. and Ruffini, A. (1997). Internal erosion around relief wells in fine sand. *19th ICOLD Congress on Large Dams,* Q73 R42, Florence. ICOLD Paris.

Sherard, J.L. (1987). Lessons from the Teton Dam failure. *Engineering Geology*, 24, 239–256, Elsevier Science

Sherard, J.L. (1985). Hydraulic Fracturing in Embankment Dams. In *Seepage and Leakage from Dams and Impoundments, Volpe, R.L. and Kelly, W. (editors).* ASCE Geotechnical Engineering Division Conference.

Sherard, J. L. (1973). Embankment dam cracking. In: Embankment dam engineering, papers in honor of Arthur Casagrande, Hirschfield R.C. & Poulos S.J., Editors. Wiley Interscience, USA, pp 271–353.

Sherard, J.L. and Dunnigan, L.P. (1989). Critical filters for impervious soils. *J. Geotech. Eng. ASCE,* Vol. 115, No. 7, 927–947.

Sherard, J.L., Dunnigan, L.P. and Talbot, R.T. (1984a). Basic Properties of Sand and Gravel filters, *JASCE Geotech. Eng.* Vol. 110 No. 6.

Sherard, J.L., Dunnigan, L.P. and Talbot, R.T. (1984b). Filters for silts and clays. *JASCE Geotech. Eng.* Vol. 110 No. 6.

Sherard, J.L., Dunnigan, L.P., Decker, R.S. and Steele, E.F. (1976). Pinhole test for identifying dispersive soils. *Journal of the Geotech. Eng.* Div., ASCE, Vol. 102, N° GT1, pp. 69–84.

Sibille L., Lominé F., Poullain P., Sail Y. and Marot D. (2015). Internal erosion in granular media: direct numerical simulations and energy interpretation. Hydrological Processes, Vol. 29, Issue 9, 2149–2163. DOI: 10.1002/hyp.10351.

Sjodahl, P., Johansson, S. and Torleif, D. (2011). Investigation of shallow leakage zones in a small embankment dam using repeated resistivity measurements. In *Internal Erosion in Embankment Dams and their Foundations, J-J Fry, J Riha and T Julinek, editors, Proceedings of the Institute of Water Structures, FCE, BUT, Brno*, 165–172.

Sjodahl, P., Torleif, D. and Johansson, S. (2007). Detection of internal erosion and seepage evaluation using resistivity monitoring. *Assessment of the Risk of Internal Erosion of Water Retaining Structures: Dams, Dykes and Levees. Intermediate Report of the Working Group of ICOLD* Deutsches Talsperren Komitee, Technical University of Munich, Nr.114 ISBN 1437–3513, ISBN 978-3-9404476-04-3 180–188.

Skempton, A.W. and Brogan, J.M. (1994). Experiments on piping in sandy gravels. *Geotechnique 44, No.3*, 449–460.

Smith, M. (2012a). Embankment dam foundation analysis for the decrease of internal erosion likelihood. *Frontiers of Structural and Civil Engineering (China), Springer-Verlag. doi 10.1007/s11709-012-0183–5*

Smith, M. (2012b). Assessment of the internal stability of a dam core. *La Houille Blanche, vol. 4 54–59. doi 10.1051/lhb/2012031*

Smith, M and Cote, A. (2011). Seepage detection methods, a dam owner's perspective. In Internal Erosion in Embankment Dams and their Foundations, J-J Fry, J Riha and T Julinek, editors, Proceedings of the Institute of Water Structures, FCE, BUT, Brno, 147–156.

Smith, M., Cote, A., Noël, P. and Babin, D. (2009). Characterizing seepage at the junction of two embankment dams. *Proceedings of the Canadian Dam Association Annual Conference, Whistler, BC.*

Smith, M and Konrad, J.-M. (2008). Analysis of the annual thermal response of an earth dam for the assessment of the hydraulic conductivity of its compacted core. *Canadian Geotechnical Journal, vol. 45 185–195. doi 10.1139/T07–095*

Soroush, A., Tabatabaie Shourijeh, P. and Shams Molavi, S. (2016). Applicability of Filter Design Criteria for Wet Core Embankment Dams in Wet Climates. *ASTM Geotechnical Testing Journal*, 39(3) http://dx.doi.org/10.1520/GTJ20150109. ISSN 0149–6115.

Soroush, A., Shourijeh, P.T., Aghajani, H.F. and Mohammadinia, A. (2012). A review of the sand castle test for assessing collapsibility of filter in dams. *ASTM Geotechnical Testing Journal,* Vol 35, No 4, 1–14

Soroush, A., and Shourijeh, P. T. (2009). A review of the no-erosion filter test. *ASTM Geo-Technical Testing Journal*, 32(3), 209–218.

Soroush, A. and Aghaei Araei, A. (2006). Analysis of behavior of high rockfill dam. *Proc. Instn of Civil Engineers, Geotechnical Engineering 159 January, Issue GE1, 49–59.*

Sowers, G.F. (1993). Human factors in civil and geotechnical engineering failures. *ASCE Journal of Geotechnical and Geoenvironmental Engineering, 119(2), 238–256.*

Stateler, J.N. (2015). Using monitoring programs to manage dam safety risks. *USSD Newsletter, Issue No. 166*, July, 10–16.

Tanaka, T., Nagai, S., Doi, H. and Hirose, T. (2014). Experimental findings regarding piping failure of embankments. *Proc ICSE-7 (7th International Conference on Scour and Erosion) Perth, December 2–4, to be published.*

Terzaghi K (1939) Soil mechanics: a new chapter in engineering science. *J Instn Civ Engrs* 12 106–141

Terzaghi, K. and Peck, R.B. (1948). *Soil Mechanics in Engineering Practice*. First edition, Wiley International, New York.

Tyler, S.W., Selker, J.S., Hausner, M.B., Hatch, C.E., Torgersen, T., Thodal, C.E. and Schladow, S.G. (2009). Environmental temperature sensing using Raman spectra DTS fiber-optic methods. *Water Resources Research*, Vol. 45, 11 pp.

Ursat, P. (1995). Le Perméafor, un appareil bien adapté à l'analyse des fuites dans les digues en terre, 2nd European conference on soil mechanics and foundation engineering, 11, Copenhague vol.1, 1297–1301

Ursat, P. (1992). Le Perméafor. Un appareil de diagraphie de perméabilité. Bulletin de liaison des Ponts et Chaussées, 178, 19–26.

USACE (2022). *RMC Internal Erosion Suite*. From: US Army Corps of Engineers, Institute for Water Resources, Risk Management Center Website: *https://www.rmc.usace.army.mil/Software/RMC-Toolboxes/Internal-Erosion-Suite/.*Van Beek, V.M. (2015). Backward erosion piping, initiation and progression. PhD thesis, Delft University of Technology, Delft.

Vandenboer, K., Celette, F., and Bezuijen, A. (2019). The effect of sudden critical and supercritical hydraulic loads on backward erosion piping: small-scale experiments. *Acta Geotechnica*, *14*(3), 783–794.

Van Beek, V.M., van Essen, H.M., Vandenboer, K. & Bezuijen, A. (2015). Developments in modelling of backward erosion piping. *Geotechnique* 65, No.9, 740–754

Van Beek, V.M., Bezuijen, A., Sellmeijer, J.B. and Barends, F.B.J. (2014). Initiation of backward erosion piping in uniform sands. *Geotechnique* 64, No. 12, 927–941 [http://dx.doi.org/10.1680/geot.13.P.201]

Van Beek, V.M., Bezuijen, A. and Zwanenburg, C. (2010a). Piping: Centrifuge experiments on scaling effects and levee stability. *Physical Modelling in Geotechnics*, Zürich, Taylor and Francis Group.

Van Beek, V. M., Knoeff, J.G., J. Rietdijk, J., Sellmeijer, J.B. and Lopez De La Cruz, J. (2010b). Influence of sand and scale on the piping process - experiments and multivariate analysis. *Physical Modelling in Geotechnics*, Zürich, Taylor and Francis Group.

Van Beek, V.M., Knoeff, J.G., Förster, U. and Koelewijn, A. (2010c). Presentation on the IJkdijk trial embankment. *ICOLD European Working Group on Internal Erosion, Granada.*

Vandenboer, K., van Beek, V.M. and Bezuijen, A. (2018). 3D character of backward erosion piping. *Géotechnique 68, No. 1, 86–90 [https://doi.org/10.1680/jgeot.16.P.091]*

Vandenboer, K., Bezuijen, A. and van Beek, V.M. (2014). 3D character of backward erosion piping: small scale experiments. In *Scour and Erosion – Cheng, Draper & An (eds)* Proceedings of the 7th International Conference on Scour and Erosion, University of Western Australia, Perth, 2–4 December, Taylor & Francis, 81–86.

Vaughan, P. R. (2000). Filter design for dam cores of clay, a retrospect. Filters and drainage in geotechnical and environmental engineering, proceedings of the third international conference - Geofilters 2000, Wolski W & Mlynarek J, eds. Balkema Rotterdam. ISBN 90 5809 146 5

Vaughan, P.R. and Soares, H.F. (1982). Design of filters for clay cores of dams. *J. Geotech. Div., ASCE*. Vol. 108, GT1, 17–32.

Vaughan, P. R., Kluth, D. J., Leonard, M. W. and Pradoura, H. H. M. (1970). Cracking and erosion of the rolled clay core of Balderhead dam and the remedial works adopted for its repair. *Transactions of 10th International Congress on Large Dams, Montreal*, Volume 1, pp 73–93.

Vedrenne C., Fabre J. P., Courivaud J. R. and Fry J-J. (2009). Détection et quantifiation des fuites par thermométrie distivuée le long d'une fibre optique (Leakage Detection and quantification by distributed temperature measurements along a fiber optic). *Proc. 23rd International Congress on Large Dams*, CIGB-ICOLD, Brasilia, 15p.

Viklander, P. (2013). Personal communication, e-mail October 2, 2013.

Wahl, Tony L. (2016). The submerged jet erosion test: past-present-future. *USSD International Symposium on the Mechanics of Internal Erosion for Dams and Levees*, Salt Lake City, August 8–10, 2016

Wan, C.F. and Fell, R. (2004a). Investigation of rate of erosion of soils in embankment dams. *ASCE Journal of Geotechnical and GeoEnvironmental Engineering*, Vol. 130, No. 4, 373–380.

Wan, C.F. and Fell, R. (2004b). Laboratory tests on the rate of piping erosion of soils in embankment dams. *Geotechnical Testing Journal*, vol. 27, No.3, 295–303.

Wan, C.F. and Fell, R. (2004c). Experimental investigation of internal instability of soils in embankment dams and their foundations. *UNICIV Report No.429, School of Civil and Environmental Engineering*, The University of New South Wales, Sydney, ISBN 85841 396 5.

Wan, C.F. and Fell, R. (2007). Investigation of internal erosion by the process of suffusion in embankment dams and their foundations. In *Internal Erosion of Dams and their Foundations.* Editors R Fell and J-J Fry. Taylor and Francis, London. 219–234.

Water Power (2013). Working to improve the survival rates of dams. *International Water Power & Dam Construction,* December, 30–31.

Waltham, A.C. and Fookes, P.G. (2003). Engineering classification of karst ground conditions. *Quarterly Journal of Eng. Geology and Hydrogeology (QJEGH)* **36**, 101–118.

Watts, R., Burk, K., McLaren, M., Wolfe, J. and Zander, K. (2002). Failure of the Teton dam: geotechnical aspects. *International Water Power & Dam Construction,* July, 30–31.

Wickham, D.B. (1992). Collapse of earth embankment dam. *Dams and Reservoirs,* Volume 2 No 3, 18–19.

Zhang, L., Gelet, R., Marot, D., Smith, M. and Konrad J.-M. (2019). A method to assess the suffusion susceptibility of core soils in zoned dams based on construction data. *European Journal of Environmental and Civil Engineering*, 23(5), pp 626–644, DOI: 10.1080/19648189.2018.1474386.

Zhong, C., Le, V.T., Bendahmane, F., Marot, D. and Yin, Z.Y. (2018). Investigation of spatial scale effects on suffusion susceptibility. *Journal of Geotechnical and Geoenvironmental Engineering (ASCE)*, 144(9): 04018067. DOI: 10.1061/(ASCE)GT.1943–5606.0001935.

www.ingramcontent.com/pod-product-compliance
Lightning Source LLC
LaVergne TN
LVHW021115300926
849160LV00010B/743
* 9 7 8 1 0 3 2 9 8 7 0 6 4 *